Mathematische Herangehensweisen
beim Lösen von Einmaleinsaufgaben

AF281565

Waxmann Verlag GmbH
Steinfurter Straße 555, 48159 Münster
info@waxmann.com

Empirische Studien zur Didaktik der Mathematik

herausgegeben von

Aiso Heinze und
Marcus Schütte

Band 35

Editorial

Der Mathematikunterricht steht vor großen Herausforderungen: Neuere empirische Untersuchungen legen (erneut) Defizite und Unzulänglichkeiten offen, deren Analyse und Behebung einer umfassenden empirischen Erforschung bedürfen. Der Erfolg derartiger Bemühungen hängt in umfassender Weise davon ab, inwieweit hierbei auch mathematikdidaktische Theoriebildung stattfindet. In der Reihe „Empirische Studien zur Didaktik der Mathematik" werden dazu empirische Forschungsarbeiten veröffentlicht, die sich durch hohe Standards und internationale Anschlussfähigkeit auszeichnen. Das Spektrum umfasst sowohl grundlagentheoretische Arbeiten, in denen empirisch begründete, theoretische Ansätze zum besseren Verstehen mathematischer Unterrichtsprozesse vorgestellt werden, als auch eher implementative Studien, in denen innovative Ideen zur Gestaltung mathematischer Lehr-Lern-Prozesse erforscht und deren theoretischen Grundlagen dargelegt werden. Alle Manuskripte müssen vor Aufnahme in die Reihe ein Begutachtungsverfahren positiv durchlaufen. Diese konsequente Begutachtung sichert den hohen Qualitätsstandard der Reihe.

Kathrin Köhler

Mathematische Herangehensweisen beim Lösen von Einmaleinsaufgaben

Eine Untersuchung unter Berücksichtigung
verschiedener unterrichtlicher Vorgehensweisen
und des Leistungsvermögens der Kinder

Waxmann 2019
Münster · New York

Diese Arbeit wurde im Jahr 2019 von der Fakultät für Mathematik, Informatik und Statistik der Ludwig-Maximilians-Universität München als Dissertation angenommen.

Bibliografische Informationen der Deutschen Nationalbibliothek
Die Deutsche Nationalbibliothek verzeichnet diese Publikation in der Deutschen Nationalbibliografie; detaillierte bibliografische Daten sind im Internet über http://dnb.dnb.de abrufbar.

Empirische Studien zur Didaktik der Mathematik, Band 35

ISSN 1868-1441
Print-ISBN   978-3-8309-4058-6
E-Book-ISBN   978-3-8309-9058-1

© Waxmann Verlag GmbH, 2019
www.waxmann.com
info@waxmann.com

Umschlaggestaltung: Christian Averbeck, Münster
Titelbild: © Katrin Köhler (Zahlen); © Myst – www.stock.adobe.com (Foto)
Satz: Stoddart Satz- und Layoutservice, Münster

Gedruckt auf alterungsbeständigem Papier,
säurefrei gemäß ISO 9706

Inhalt

Danksagung

Ein großer Dank gilt allen, die zum Gelingen dieser Arbeit beigetragen haben – diese Arbeit begleitet, unterstützt und inspiriert haben.

Besonderer Dank gilt meiner Doktormutter Prof. Dr. Hedwig Gasteiger, die diese Arbeit mit stets wertvollen Anregungen und konstruktiver Kritik von Anfang an begleitet und mir zu jeder Zeit mit Rat und Tat zur Seite gestanden hat. Besonders danken möchte ich ebenfalls Prof. Dr. Christiane Benz für die Begutachtung meiner Arbeit sowie Prof. Dr. Peter Pickl für die Übernahme des Vorsitzes in der Promotionskommission.

Ein großer Dank geht auch an die Kolleginnen und Kollegen des Lehrstuhls für Didaktik der Mathematik an der Ludwig-Maximilians-Universität in München, die nicht nur meine Arbeit durch den fachlichen Austausch bereichert haben, sondern die Zeit am Lehrstuhl zu einer unvergesslichen Zeit gemacht haben. Ein besonderes Dankeschön gilt dabei insbesondere Kathrin, Kati, Bine, Ulli, Sarah und Daniel sowie meiner Bürokollegin Lisa für die grenzenlose Unterstützung über all die Jahre – in jeglicher Hinsicht und jeder Lebensfrage. Herzlich bedanken möchte ich mich auch bei Prof. Dr. Stefan Ufer, der bei Fragen jeder Art immer ein offenes Ohr hatte und unterstützend zur Seite stand.

Allen Schulleitern, Lehrkräften, Schülerinnen und Schülern, die mit ihrem Interesse an meinem Forschungsprojekt entscheidend zum Gelingen dieser Arbeit beigetragen haben, gilt ein besonderes Dankeschön. Ebenfalls danken möchte ich allen studentischen Hilfskräften für ihre Bereitschaft und ihr entgegengebrachtes großes Engagement, das erst die Umsetzung meiner Studie ermöglich hat.

Nicht zuletzt danke ich allen, die mir während der letzten Jahre immer wieder aufs Neue den Rücken frei gehalten haben, mich in meinem Vorhaben unterstützt und bestärkt haben – insbesondere meiner lieben Familie!

Zusammenfassung

Es gibt nicht die *eine* Erarbeitung des kleinen Einmaleins, vielmehr können mehrere verschiedene Wege der unterrichtlichen Behandlung unterschieden werden. In der Mathematikdidaktik herrscht derzeit allerdings weitgehend Konsens hinsichtlich einer Erarbeitung, die dem zeitgemäßen Verständnis von Lehren und Lernen im Mathematikunterricht entspricht: Eine verständnisbasierte Erarbeitung, die vorsieht, mithilfe bereits bekannter Einmaleinssätze und basierend auf Einsicht in operative Beziehungen noch unbekannte Einmaleinssätze zu erschließen (z.B. KRAUTHAUSEN & SCHERER, 2007; PADBERG & BENZ, 2011; WITTMANN & MÜLLER, 1990). Die Wirksamkeit dieser verständnisbasierten Erarbeitung ist bislang allerdings nur in vereinzelten nationalen sowie internationalen Studien analysiert worden (GASTEIGER & PALUKA-GRAHM, 2013; WOODWARD, 2006; KROESBERGEN, VAN LUIT & MAAS, 2004). Von den aktuellen didaktischen Empfehlungen bzw. Vorgaben abweichend, lassen ältere fachdidaktische Publikationen alternative Zugänge zum Einmaleins erkennen, die einen großen Fokus auf das reine *Einschleifen* von Einmaleinsreihen legen (z.B. JUNKER & SCZYRBA, 1964; KOLLER, 1958). Hinweisen aus der Unterrichtspraxis zufolge finden diese alternativen Vorgehensweisen, die man als *eher traditionell* bezeichnen kann, allerdings nach wie vor Anwendung. Inwiefern Lehrkräfte bei der Erarbeitung des kleinen Einmaleins aktuelle Vorgaben umsetzen oder tatsächlich auf alternative Vorgehensweisen zurückgreifen, ist bisher in Deutschland kaum untersucht worden.

Das Hauptziel der vorliegenden Arbeit ist somit, verschiedene Herangehensweisen von Kindern bei Aufgaben des kleinen Einmaleins im 3. Schuljahr zu erfassen. Ein weiterer Schwerpunkt dieser Arbeit liegt auf Erkenntnissen, ob und inwiefern sich unterschiedliche unterrichtliche Vorgehensweisen auf die Strategieverwendung von Kindern auswirken. Die Untersuchung der Strategieverwendung erfolgt zusätzlich auch unter Berücksichtigung eines weiteren möglichen Einflussfaktors, der individuellen Leistungsfähigkeit eines Kindes.

Anhand einer der Hauptstudie vorgeschalteten Vorstudie konnten verschiedene unterrichtliche Vorgehensweisen bei der Erarbeitung des kleinen Einmaleins ermittelt werden. Neben einer verständnisbasierten Erarbeitung, die durch das Entdecken und Anwenden von Rechenstrategien gekennzeichnet ist und den Vorgaben des zum Zeitpunkt der Untersuchung gültigen Lehrplans entspricht, konnte als alternative Vorgehensweise eine Erarbeitung identifiziert werden, die sich durch eine eher traditionelle Erarbeitungsweise auszeichnet. Diese legt den Fokus des unterrichtlichen Vorgehens weniger auf die Strategieerarbeitung bzw. -thematisierung als auf die Automatisierung von Einmaleinsaufgaben. Die Hauptstudie sah basierend auf den Ergebnissen der Vorstudie demnach zusätzlich die Prüfung der Wirksamkeit zweier grundsätzlich gegensätzlicher unterrichtlicher Vorgehensweisen vor – einer verständnisbasierten und der bereits angesprochenen eher traditionellen Erarbeitung des kleinen Einmaleins. Neben der separaten Betrachtung der Einflussfaktoren Unterricht und Individuum wurde der kindliche Lernerfolg in den verschiedenen Lehr-kraft-Gruppen auch unter dem Einfluss des individuellen Leistungsvermögens unter-sucht.

Die verschiedenen Herangehensweisen an Aufgaben des kleinen Einmaleins wur-den anhand einer empirischen Studie basierend auf zwei entwickelten Testinstru-menten evaluiert – eine Reaktionszeittestung wurde insbesondere eingesetzt, um Aussagen zum Faktenabruf aus dem Gedächtnis tätigen zu können, ein Strategie-interview, um Erkenntnisse hinsichtlich des Einsatzes von verschiedenen Herange-hensweisen an Einmaleinsaufgaben zu gewinnen.

Die statistischen Daten der Auswertung weisen darauf hin, dass Kinder verschie-denen Leistungsvermögens sich hinsichtlich der Strategieverwendung unterscheiden: Je leistungsstärker die Kinder sind, desto erfolgreicher wird der Strategieeinsatz bzw. die Strategiewahl bewältigt. Eine verständnisbasierte Erarbeitung des kleinen Ein-maleins beeinflusst darüber hinaus die kindliche Strategieverwendung positiv und macht sich im Lernerfolg der Kinder deutlicher bemerkbar als eine Erarbeitung, die den überwiegenden Fokus auf die Automatisierung von Einmaleinsaufgaben legt. Der positive Einfluss einer verständnisbasierten Erarbeitung wird zudem auch im di-rekten Vergleich der Kinder gleicher Leistungsfähigkeit ersichtlich. Insbesondere für die leistungsschwachen Kinder ist erkennbar, dass sie von einer verständnisbasierten Erarbeitung in jeglicher Hinsicht profitieren und den Strategieeinsatz bzw. die Stra-tegiewahl erfolgreicher bewältigen als die leistungsschwachen Kinder der Vergleichs-gruppe.

Eine unterrichtliche Behandlung des kleinen Einmaleins, die verschiedene Re-chenstrategien des kleinen Einmaleins basierend auf Einsicht und Verständnis er-arbeitet, ermöglicht es, Kinder im *ganzen* Leistungsspektrum zu fördern.

Abstract

There is definitely not only one correct or appropriate way to teach students multiplication facts; multiplication can surely be taught and learned in different ways. In the field of mathematical didactics a broad consensus has been reached on an approach in unison with the current understanding of teaching and learning mathematics: Following this approach, students should be taught to use basic multiplication facts to derive unknown facts (e.g. KRAUTHAUSEN & SCHERER, 2007; PADBERG & BENZ, 2011; WITTMANN & MÜLLER, 1990). However, the effectiveness of this approach, which enables students to gain a deeper understanding of the operation, has been analysed only in a small number of national and international studies so far (GASTEIGER & PALUKA-GRAHM, 2013; WOODWARD, 2006; KROESBERGEN, VAN LUIT & MAAS, 2004). Additionally, it seems that traditional ways to teach multiplication, which place the main focus on single sequences of multiples differ considerably from the current didactical recommendations (e.g. JUNKER & SCZYRBA, 1964; KOLLER, 1958). According to teaching experiences these more traditional approaches are still widely used. However, it has hardly been analyzed in Germany so far to which extent multiplication facts are taught in line with current curricular standards or whether alternative ways are being used.

Therefore, the primary goal of this study is to collect data about different multiplication strategies taught to and used by students attending grade 3 in elementary schools. Furthermore, this study focuses on proving whether different approaches of teaching multiplication facts affect the strategy chosen by students. The study analyses whether there is a link between the strategy used by the respective students and their individual capabilities as well.

The main study used was partly based on a pre-study analyzing and evaluating different instructional approaches used by elementary school teachers to teach multiplication. Two different approaches were identified: Firstly, an approach which is in line with current standards of teaching multiplication where unknown facts are derived from basic multiplication facts. Secondly, an alternative approach which can be described as the *more traditional* one – where single sequences of multiples are usually taught in isolated ways. The results of the main study are based on the effect of these two opposite teaching approaches. The main study analyses the influence of the instructional approach and the individual student's capability on strategy choice and strategy use. In addition to this, the study measured how these two factors interact with each other.

It is important to mention that the use of different multiplication strategies was examined by developing and subsequently using two testing instruments: a reaction time test and an interview (following a standardized questionnaire) to examine different multiplication strategies used by the students.

The findings of this main study indicate that strategy use and strategy choice definitely differ based on the students' individual capabilities: Students are more successful or show an higher competence in strategy use or strategy choice if the individual capability of the respective students is higher. Additionally, teaching multiplication based on a deeper understanding of the operation definitely influences students positively compared to teaching only single sequences of multiplies in isolated ways – this applies also to students with comparable individual capabilities.

And just as important – especially, students with a lower individual capability benefit most from an approach gaining a deeper understanding.

Leading to the final conclusion that teaching multiplication facts through strategies focusing on a deeper understanding makes it possible for *all* students to achieve an optimal or at least a better learning success.

Einleitung

„Das Ergebnis habe ich schon, jetzt brauche
ich nur noch den Weg, der zu ihm führt."

(CARL FRIEDRICH GAUß, 1777–1855)

Mindestens von genauso bedeutender Relevanz wie das im Zitat von Carl Friedrich Gauß angeführte *Ergebnis*, ist aus heutiger Sicht der beschrittene *Weg*, der zu diesem Ergebnis führt. Die Intention eines gegenwärtigen Mathematikunterrichtes lautet demnach: „Der Weg ist das Ziel"[1] (HECKMANN & PADBERG, 2014, S. 30). Auch in dieser Arbeit wird dem beschrittenen Weg ein großer Stellenwert zuteil, geht es doch, wie dem Titel der Arbeit zu entnehmen ist, insbesondere um *mathematische Herangehensweisen beim Lösen von Einmaleinsaufgaben.*

Einmaleinsaufgaben, wie die Aufgabe 6 · 7 können auf verschiedene Art und Weise gelöst werden – zur Lösung kann z.B. auf einen Faktenabruf aus dem Gedächtnis (6 · 7 = 42) zurückgegriffen werden, es können Herangehensweisen basierend auf operativen Beziehungen zum Einsatz kommen (6 · 7 = 6 · 6 + 6) oder die wiederholte Addition gleicher Summanden (7 + 7 + 7 + 7 + 7 + 7 = 42).

Die verschiedenen Herangehensweisen könnte man dabei mit dem Erklimmen eines Berggipfels vergleichen. Man kann den Gipfel mit einer Seilbahnfahrt erreichen, man kann hinaufwandern oder beispielsweise einen Klettersteig gehen. Dabei kann man auf dem einem Weg schnell an sein Ziel gelangen, manch anderer mag sich eher als mühsam und schwer erweisen.

Einmaleinsaufgaben können nicht nur auf verschiedenen Wegen, sondern auch – wie in dem bildhaften Vergleich angedeutet – auf (vermeintlich) leichten oder schweren, langsamen oder schnellen, mehr oder weniger geeigneten Wegen gelöst werden. Aber wie sich ein Weg darstellt, variiert von Kind zu Kind und ist von verschiedenen Faktoren abhängig. Das individuelle Leistungsvermögen spielt hierbei sicherlich eine wesentliche Rolle. Wie geeignet ein gewählter Lösungsweg im Allgemeinen ist, dazu gibt es in der Mathematikdidaktik eine überwiegend einhellige Meinung. In der deutschen Fachdidaktik herrscht weitgehend Konsens darüber, noch unbekannte Einmaleinsaufgaben basierend auf operativen Beziehungen und dem Einsatz von Rechenstrategien zu lösen. In diesem Kontext wird von einer verständnisbasierten Erarbeitung des kleinen Einmaleins gesprochen, die dem aktuellen Lehr-/Lernverständnis folgend die Automatisierung von Einmaleinsaufgaben auf Basis von Einsicht anstrebt. Eine verständnisbasierte Erarbeitung zielt insbesondere auf das – nicht nur in Grundschulen – zentrale Ziel des Mathematikunterrichts: Rechenanforderungen mit einem gewissen Maß an Flexibilität zu bewerkstelligen. Ange-

---

1 Dieses Zitat wird häufig mit dem chinesischen Philosophen Konfuzius (551 v. Chr.–479 v. Chr.) in Verbindung gebracht – die Herkunft ist allerdings nicht endgültig geklärt.

strebt wird ein reflektierter Umgang mit Zahlen, verbunden mit der Entwicklung flexibler Rechenkompetenzen.

Nicht nur Rechenaufgaben können auf verschiedenen Wegen gelöst werden, sondern auch die Erarbeitung von Lösungswegen kann auf unterschiedliche Art und Weise erfolgen. Trotz weitestgehend einheitlicher Empfehlungen der Mathematikdidaktik lässt eine verständnisbasierte Erarbeitung beispielsweise unterschiedliche Schwerpunktsetzungen in der konkreten Umsetzung der Empfehlungen erkennen (z.B. KRAUTHAUSEN & SCHERER, 2007; PADBERG & BENZ, 2011; RADATZ, SCHIPPER, EBLING & DRÖGE, 1998; SCHIPPER, EBLING & DRÖGE, 2015; WITTMANN & MÜLLER, 1990). Neben einer aktuell empfohlenen, verständnisbasierten Erarbeitung sind in älteren didaktischen Empfehlungen bzw. fachdidaktischen Publikationen auch alternative Vorgehensweisen zur Erarbeitung des kleinen Einmaleins zu erkennen (z.B. JUNKER & SCZYRBA, 1964; KOLLER, 1985). Diese alternativen Zugänge scheinen auf die damalige Sichtweise von Lehren und Lernen zurückzuführen zu sein. Die behavioristische Grundauffassung stellt beispielsweise eine Erarbeitung des kleinen Einmaleins Reihe für Reihe in den Fokus, die sich durch das Lernen von Einmaleinsreihen bzw. einem Vorgehen, was umgangssprachlich auch als *Pauken* von Einmaleinsreihen bezeichnet wird, auszeichnet. Dieser alternative Zugang stellt eine grundsätzlich gegensätzliche unterrichtliche Vorgehensweise zu einer verständnisbasierten Erarbeitung des kleinen Einmaleins dar.

Einer Vielzahl an theoretischen Erkenntnissen sowie einer Reihe empirischer Studien zufolge scheint sich allerdings gerade eine verständnisbasierte Erarbeitung als geeigneter Weg zu empfehlen, um den *Berggipfel*, also die verfolgten Ziele der Erarbeitung des Einmaleins zu erreichen. Eine auf Einsicht und Verständnis basierende Erarbeitung folgt nicht nur den Grundsätzen des aktuellen Lehr- und Lernverständnisses, sondern auch einem zeitgemäßen Mathematikunterricht. Als Argument einer verständnisbasierten Erarbeitung können darüber hinaus auch die in vereinzelten empirischen Studien ermittelten positiven Auswirkungen auf den Lern- und Wissensprozess des kleinen Einmaleins selbst angeführt werden. Mithilfe einer verständnisbasierten Erarbeitung kann demnach nicht nur das grundlegende Verständnis der Rechenoperation gesichert werden, sondern eine auf Einsicht und Verständnis basierende Erarbeitung erleichtert auch das Erkennen, Behalten und Verinnerlichen sowie den erfolgreichen Abruf von Aufgaben aus dem Gedächtnis. Zusätzlich kann eine Vielzahl an positiven Auswirkungen einer verständnisbasierten Erarbeitung im Allgemeinen für leistungsschwache Schülerinnen und Schüler ermittelt werden. Vor allem die propädeutische Funktion einer verständnisbasierten Erarbeitung des kleinen Einmaleins lässt die Relevanz dieser Art der Erarbeitung ersichtlich werden. Einige theoretische und empirische Erkenntnisse sehen in alternativen Erarbeitungen, die einer behavioristischen Auffassung von Lehren und Lernen folgen und dem reinen *Einschleifen* von Einmaleinsreihen eine wichtige Rolle zuteilwerden lassen, zwangsläufig nicht zielführende alternative Wege der Erarbeitung des kleinen Einmaleins.

Auch wenn in der Theorie weitestgehend Konsens hinsichtlich einer empfehlenswerten Erarbeitung des kleinen Einmaleins besteht, diese Art der Erarbeitung auch weitestgehend als verpflichtender Lerninhalt in Lehr- Bildungs- und Rahmenplänen vorgeschrieben ist sowie einige Forschungsergebnisse für eine verständnisbasierte Erarbeitung im Allgemeinen aber auch im Hinblick auf das kleine Einmaleins sprechen, muss eine verständnisbasierte Erarbeitung nicht zwingend von allen Lehrkräften in der Unterrichtspraxis umgesetzt werden. Es gibt Hinweise aus der Praxis darüber, dass das kleine Einmaleins nach wie vor von den Empfehlungen bzw. Vorgaben abweichend – mit einem großen Fokus auf dem Auswendiglernen von Reihen – erarbeitet wird (vgl. SCHERER & MOSER OPITZ, 2010).

Inwiefern Lehrkräfte bei der Erarbeitung des kleinen Einmaleins in der Unterrichtspraxis tatsächlich auf alternative Vorgehensweisen zurückgreifen oder aktuelle Vorgaben umsetzen, kann bisher nicht sicher konstatiert werden. Denn bis heute wurden in Deutschland kaum empirische Studien durchgeführt, die die unterrichtlichen Vorgehensweisen bei der Erarbeitung des kleinen Einmaleins in den Blick nehmen. Für die Rechenoperation der Multiplikation kann zusätzlich festgehalten werden, dass sich nur ein geringer Prozentsatz nationaler sowie internationaler Studien detailliert mit der Verwendung von Herangehensweisen, den sogenannten Rechenstrategien beschäftigt, die basierend auf Einsicht in operative Beziehungen zur Aufgabenlösung führen. Das gleiche gilt für die Anzahl an Studien, die die Strategieverwendung beim kleinen Einmaleins gekoppelt mit der unterrichtlichen Vorgehensweise der Lehrkräfte betrachtet: Auch hier ist die Anzahl eher gering, da der Einsatz von Rechenstrategien bisher kaum unter Berücksichtigung der expliziten unterrichtlichen Erarbeitung von Lehrpersonen analysiert wurde.

Das Hauptziel dieser Arbeit sind Erkenntnisse in den beschriebenen Forschungslücken. Deshalb untersucht sie verschiedene Herangehensweisen von Kindern bei Aufgaben des kleinen Einmaleins im 3. Schuljahr. Es soll grundsätzlich analysiert werden, ob sich im Strategieeinsatz bei Kindern nach der Erarbeitung des kleinen Einmaleins Herangehensweisen zeigen, die basierend auf Einsicht in operative Beziehungen zur Aufgabenlösung führen. Mit Blick auf die enorme gegenwärtige Bedeutung sollen darüber hinaus Erkenntnisse gewonnen werden hinsichtlich flexibler Rechenkompetenzen bei dieser Rechenoperation. Ein Fokus der vorliegenden Arbeit liegt auch auf der Frage, ob und inwieweit sich verschiedene unterrichtliche Vorgehensweisen der Lehrpersonen in der Strategieverwendung und im Lernerfolg der Kinder bemerkbar machen. Hierbei soll die Strategieverwendung differenziert unter Berücksichtigung eines weiteren möglichen Einflussfaktors, der individuellen Leistungsfähigkeit, untersucht werden.

Mithilfe einer der Hauptstudie vorgeschalteten Vorstudie konnte analysiert werden, dass verschiedene unterrichtliche Vorgehensweisen bei der Erarbeitung des kleinen Einmaleins vorliegen. Diese ging der offenen Frage nach, inwiefern eine verständnisbasierte Erarbeitung des kleinen Einmaleins in der Praxis tatsächlich Umsetzung findet. Eine Klassifizierung von Lehrpersonen und ihren unterschiedlichen Vorgehensweisen bei der unterrichtlichen Erarbeitung wurde ebenfalls in dieser Vorstudie realisiert. Die Forschungsergebnisse dieser Vorstudie zeigen, dass in der Unterrichtspraxis verschiedene Ansätze der Erarbeitung des kleinen Einmaleins vorherrschen. Neben einer Erarbeitung, die sich durch ein Entdecken und Anwenden von Rechenstrategien auszeichnet, die auf Zusammenhängen zwischen verschiedenen Einmaleinssätzen basieren, sind, wie Erfahrungen aus der Praxis bereits vermuten ließen, auch Vorgehensweisen zu erkennen, die man als eher traditionell bezeichnen kann, da sie den Hauptfokus auf das Auswendiglernen von Reihen legen.

Basierend auf den Erkenntnissen der Vorstudie wurde in der Hauptstudie angestrebt, die Einflüsse einer verständnisbasierten Erarbeitung im Vergleich zu einer eher traditionellen Erarbeitungsweise auf die Strategieverwendung zu überprüfen.

Steht die Erarbeitung eines mathematischen Inhaltes im Fokus einer Arbeit, ist es fast zwingend notwendig, sich auch mit dem Verständnis von Lehren und Lernen im Allgemeinen sowie dem Lehren und Lernen im Mathematikunterricht zu beschäftigen. Da die beiden gegensätzlichen Erarbeitungsweisen auf jeweils unterschiedlichen Sichtweisen von Lehren und Lernen begründet zu liegen scheinen, soll in dieser Arbeit das aktuell konstruktivistische Verständnis von Lehren und Lernen einer behavioristischen Grundauffassung gegenübergestellt werden. Dies passiert in Kapitel 1. Ein weiteres Hauptaugenmerk dieses Kapitels liegt auf der Abgrenzung einer konstruktivistischen Sichtweise auf das Lehren und Lernen im Mathematikunterricht von einer behavioristischen Sichtweise sowie den Anforderungen und Zielsetzungen des Mathematikunterrichts, wie sie heute vorherrschen.

Das zweite Kapitel widmet sich im Anschluss der Erarbeitung der Einmaleinssätze in der Grundschule. Neben einem Überblick über die fachlichen Grundlagen der Multiplikation wird der Strategiebegriff in der nationalen und internationalen Literatur geklärt sowie die Vielfalt an verschiedenen Herangehensweisen zur Lösung von Einmaleinsaufgaben aus mathematiktheoretischer Sicht präsentiert. In diesem Kapitel wird zusätzlich herausgearbeitet, dass es nicht nur die *eine* Erarbeitung des Einmaleins gibt, sondern vielmehr verschiedene Wege der Erarbeitung unterschieden werden müssen. Neben einer verständnisbasierten Erarbeitung und theoretischen sowie empirischen Argumenten, die für diese Art der Erarbeitung sprechen, stehen auch weitere, alternative Vorgehensweisen im Fokus des zweiten Kapitels. Zudem sollen aktuelle Rahmenvorgaben historisch eingeordnet werden.

Das Hauptaugenmerk des dritten und zugleich letzten Theoriekapitels liegt auf gesicherten Erkenntnissen zur Entwicklung kindlicher Strategien beim kleinen Einmaleins und Forschungsergebnissen hinsichtlich der kindlichen Strategieverwendung. Die Ergebnisse nationaler sowie internationaler Studien verweisen dabei auf den bestehenden Forschungsbedarf in diesem Themengebiet. Darüber hinaus werden die bisherigen Forschungsergebnisse dargelegt, die die Abhängigkeit der Strategieverwendung vom Unterricht und dem Individuum aufzeigen. Voraussetzungen für eine erfolgreiche Strategiewahl bzw. Merkmale, die diese charakterisieren, werden in diesem Kapitel thematisiert und anhand eines Modells zur Kompetenz der Strategiewahl beim kleinen Einmaleins resümierend illustriert.

Im Kapitel 4 dieser Arbeit wird die erwähnte Vorstudie präsentiert, in der die Erkenntnisse hinsichtlich der offenen Frage gewonnen werden, ob und in welcher Ausprägung ein verständnisbasiertes Vorgehen in der Unterrichtspraxis in Deutschland tatsächlich umgesetzt wird. Alternative unterrichtliche Vorgehensweisen der Erarbeitung werden ebenfalls identifiziert und charakterisiert.

Die zentralen Fragestellungen der Hauptstudie werden anschließend im Kapitel 5 umfassend beschrieben. Zusätzlich werden das Studiendesign, die Erhebungsinstrumente, die Kodierung sowie die für die Auswertung der Daten verwendeten statistischen Methoden skizziert.

Im Kapitel 6 wird über die Ergebnisse dieser Hauptstudie berichtet, getrennt nach den verschiedenen Zielsetzungen. Der Fokus liegt hierbei auf den durchgeführten Unterschiedsanalysen, die den Einfluss verschiedener unterrichtlicher Erarbeitungen sowie der individuellen Leistungsfähigkeit eines Kindes auf die Strategieverwendung untersuchen.

Im finalen siebten Kapitel werden die Ergebnisse der vorliegenden Untersuchung zusammengefasst und auf Basis theoretischer Grundlagen kritisch reflektiert. Auch die Grenzen der vorliegenden Arbeit sollen dargelegt sowie weitere Forschungsperspektiven verdeutlicht werden. Abschließend sollen basierend auf den gesamten gewonnenen Erkenntnissen zentrale Punkte aufgezeigt werden, wie Schülerinnen und Schüler unterschiedlichen Leistungsvermögens die Erarbeitung des kleinen Einmaleins so erfolgreich wie möglich bewältigen können.

1. Aktuelles Verständnis von Lehren und Lernen

> *„Die Mathematik ist mehr ein Tun als eine Lehre.“*
>
> (LUITZEN EGBERTUS JAN BROUWER, 1881–1966)

Beschäftigt man sich mit der Erarbeitung eines mathematischen Inhaltes, ist es unumgänglich, sich auch mit dem aktuellen Verständnis von Lehren und Lernen im Allgemeinen zu befassen und sich im Speziellen mit dem Lehren und Lernen im Mathematikunterricht auseinanderzusetzen. Wie das Zitat von Luitzen E. J. Brouwer (1881–1966) bereits verdeutlicht, wird dem Tun im mathematischen Lehr- und Lernprozess eine bedeutende Rolle zuteil. Das aktuelle konstruktivistische Verständnis von Lehren und Lernen soll in Gegenüberstellung zu einer behavioristischen Auffassung von Lehren und Lernen in diesem ersten Kapitel erläutert werden, bevor ein Hauptaugenmerk dieses Kapitels auf der Sichtweise des Lehrens und Lernens im Mathematikunterricht liegt, wie sie heute vorherrscht.

1.1 Konstruktivistische Grundannahmen und konstruktivistisches Lernverständnis

> *„Menschenwürdiges Lernen ist nicht passiver Nachvollzug fremder Gedanken, sondern aktive Erzeugung eigener Sinnstrukturen.“*
>
> (SCHULZ, 1989, S. 36)

Das aktuelle Verständnis von Lehren und Lernen zeichnet sich durch eine konstruktivistische Grundposition aus (VON GLASERSFELD, 1994). John Dewey (1859–1952), Jean Piaget (1896–1980) und Lev S. Wygotski (1896–1934) können als theoretische Vordenker einer konstruktivistisch orientierten Didaktik angesehen werden. Ihre Ansätze sind gegenwärtig immer noch wichtige Impulsgeber eines Verständnisses von Lehren und Lernen, das die aktive Rolle des Individuums beim Lernprozess betont (REICH, 2008, S. 71ff.).

Dem *Konstruktivismus* kann keine einheitliche Definition zugrunde gelegt werden – in der Literatur sind vielschichtige, vielfältige und teilweise uneinheitliche Verwendungen des Begriffes vorzufinden (GERSTENMAIER & MANDL, 1995, S. 869; REINMANN-ROTHMEIER & MANDL, 1997, S. 367). Die nachfolgenden Ausführungen spiegeln Grundzüge konstruktivistischer Erkenntnistheorien wider, die sich auf die Gemeinsamkeiten verschiedener Ansätze, denen ein konstruktivistisches Lernverständnis zugrunde liegt, beschränken.

Den verschiedenen konstruktivistischen Auffassungen gemeinsam ist das Verständnis, dass Lernende ihr Wissen selbst konstruieren (HOOPS, 1998, S. 233). Lernen wird demnach als konstruktiver Prozess verstanden und zeichnet sich nach REINMANN-ROTHMEIER und MANDL (1997) durch „das Primat der *Konstruktion* aus" (ebd., S. 366, Hervorhebung im Original).

Der Lerner steht mit seinen Lernprozessen im Zentrum des Unterrichts und „dessen Gestaltung ist vordringlich eine Frage der Konstruktion" (BENDORF, 2002, S. 127f.). Fragestellungen, mit denen sich die einzelnen konstruktivistischen Ansätze beschäftigen, widmen sich demnach weniger der Wissensvermittlung als vermehrt der Wissenskonstruktion[2] (REINMANN-ROTHMEIER & MANDL, 1997, S. 366). Der Wissenserwerb stellt eine konstruktive Aufbauleistung dar, die sich nicht durch passive Aufnahme und Reproduktion kennzeichnet, sondern vielmehr durch ein Lernen, das sich durch einen aktiven Aufbau und die Rekonstruktion von Wissen auszeichnet (vgl. FREUDENTHAL, 1991; PIAGET, 1999, S. 180; TREFFERS, 1991, S. 24). „The common conviction is that knowledge can not simply be transferred ready-made [...] from teacher to student but has to be actively built up by each learner in his or her own mind (VON GLASERSFELD, 1991, xiii)."

Die Ausbreitung des konstruktivistischen Denkens hat nach REUSSER (2006) zu einer veränderten Sicht auf schulisches Lernen geführt:

> Nicht zuletzt unter dem Eindruck der modernen Entwicklungspsychologie und der Lernforschung hat sich die Perspektive auf schulisches Lernen zunehmend von den Methoden und Sozialformen des Lehrerhandelns zu den Tiefenstrukturen des Schülerlernens, von einer [...] Interventionssicht des didaktischen Handelns zu einer Fokussierung auf die bei Schülern ablaufenden psychologischen Lern- und Verstehensprozesse verlagert. (REUSSER, 2006, S. 160)

Diese Verlagerung hin zu kindlichen Verstehensprozessen ist auf die – aus konstruktivistischer Sicht – wichtige Bedeutung des Verstehens beim Lernen zurückzuführen. Einem konstruktivistischen Verständnis zufolge besteht das Ziel darin, „über die bloße Beherrschung von Fertigkeiten hinaus Verstehen beim Lernenden zu ermöglichen und zu fördern" (DINTER, 1998, S. 272). Verstehen wird nach STEBLER, REUSSER und PAULI (1994, S. 228f.) je nach theoretischer Ausrichtung vielschichtig aufgefasst – beispielsweise als *Einsicht in Zusammenhänge* (WERTHEIMER, 1964), *operatorische Beweglichkeit* (AEBLI, 1951), *Assimilation neuer Inhalte an bestehende Strukturen* (PIAGET, 1976), *Begriffsbildung* (AEBLI, 1980, 1981) oder als *Problemlösen* (REUSSER & REUSSER-WEYENETH, 1994). Verstehen kann somit als Prozess oder als Verstehensprodukt bezeichnet werden. Wobei Verstehen laut AESCHENBACHER (1994) nicht mehr als „Endprodukt eines erfolgreichen Unterrichts" (ebd., S. 128) bzw. nicht ausschließlich als Ziel und Ergebnis eines Kompetenzerwerbs am Ende

---

2 An dieser Stelle sei erwähnt, dass der Konstruktivismus eine Erkenntnistheorie ist. Die erkenntnistheoretischen Grundlagen dienen weder dazu, didaktische Ansätze zu begründen noch Unterrichtsmethoden aus ihnen abzuleiten. Laut REUSSER (1999b) können „aus radikalisierten grundlagentheoretischen Positionsbezügen [nicht] [...] in direkter Weise Orientierungen für didaktisches Handeln abgeleitet bzw. pädagogisch-didaktische Folgerungen gezogen werden" (ebd., S. 7, Ergänzung der Autorin). Im Zuge einer gründlichen pädagogischen Reflexion können erkenntnistheoretische Grundlagen verschiedene didaktische Ansätze bestenfalls untermauern (DINTER, 1998, S. 268f.; ERNEST, 1994, S. 338).

eines Lernprozesses angesehen wird – in den Mittelpunkt rückt vermehrt der Prozess des Kompetenzerwerbs.

Mit dem folgenden Zitat verweisen REUSSER und REUSSER-WEYENETH (1994) ebenfalls darauf, dass Verstehen als kognitive Konstruktion sowohl als Produkt als auch als Prozess zu sehen ist und betonen im Besonderen, dass Verstehen der Eigenaktivität des Lernenden bedarf und nicht von einer Person auf die andere übertragen werden kann:

> Wer versteht, kopiert nicht Wirklichkeit, entschlüsselt nicht eine Struktur mit gegebenem, festem Sinnbestand […], sondern schafft immer auch neue Information, stiftet oder erzeugt Sinn. Eine konstruktivistische Erkenntnisauffassung […] nimmt daher Abschied von der Vorstellung, dass es ein Beobachten ohne einen Beobachter, ein Feststellen von Wahrheit ohne einen Wahrnehmenden bzw. ein Verstehen von etwas oder von jemand ohne die aktive, strukturbildende Leistung einer Person gibt. (REUSSER & REUSSER-WEYENETH, 1994, S. 16f.)

Verstehen heißt nicht nur „eigenständig erfahren, erkennen und begreifen, wie Elemente zueinander in Beziehung stehen" (BECK, GULDIMANN & ZUTAVERN, 1994, S. 207), sondern umfasst auch, diese Erfahrungen in das bereits bestehende Wissensnetz zu integrieren, sie zu erweitern oder umzustrukturieren. So spricht VON GLASERSFELD (1997b) auch von einer „aktiven Konstruktion viabler begrifflicher Netzwerke"[3] (ebd., S. 190), um seine Auffassung von Verständnis darzulegen. Wissen ist ein „Repertoire an Begriffen, begrifflichen Beziehungen und Handlungen oder Operationen, die sich in der Verfolgung unserer Ziele als viabel erwiesen haben" (VON GLASERSFELD, 1997b, S. 202). Lernen aus konstruktivistischer Sicht stellt somit die aktive Aufnahme neuer Wissenselemente in ein bereits bestehendes Wissensnetz dar (SIEBERT, 1999, S. 20) und Verstehen kann dabei laut HÖRMANN (1983) als das „Schaffen neuer, weiter als bisher greifender Zusammenhänge" (ebd., S. 18) gesehen werden.

Ein Verständnis von Lehren und Lernen, das durch eine konstruktivistische Grundposition gekennzeichnet ist und die Eigenaktivität des Lernenden in den Mittelpunkt stellt, fordert auch Eigenverantwortung sowie Selbstorganisation von jedem Individuum. Als „Produkt von Selbstorganisation" (VON GLASERSFELD, 1997b, S. 191) wird Lernen dabei nach VON GLASERSFELD (1997b) beschrieben. Der Begriff Eigenverantwortung ist eng mit den Begriffen Selbstständigkeit, Selbststeuerung, Selbsttätigkeit, Aktivität und Autonomie verwandt (HUBER, 2004, S. 25). Stellt Lernen einen aktiven, individuellen Prozess dar, der nicht von außen zu steuern ist, dann muss Lernen im engeren Sinne immer selbstgesteuert erfolgen (HUßMANN,

---

3   Die Begriffe *viabel* und *Viabilität* wurden von ERNST VON GLASERSFELD aus der Biologie übernommen und ersetzen in der Theorie des Radikalen Konstruktivismus den Begriff der Wahrheit. „Handlungen, Begriffe und begriffliche Operationen sind dann viabel, wenn sie zu den Zwecken oder Beschreibungen passen, für die wir sie benutzen. Nach konstruktivistischer Sichtweise ersetzt der Begriff der Viabilität im *Bereich der Erfahrung* den traditionellen philosophischen Wahrheitsbegriff, der eine ‚korrekte' *Abbildung der Realität* bestimmt" (VON GLASERSFELD, 1996, S. 43, Hervorhebungen im Original).

2004, S. 6). Die Selbststeuerung kann dabei von Seiten der Lehrkraft nur angeregt werden. Wobei KONRAD und TRAUB (1999) die Notwendigkeit dieser Anregungen explizit hervorheben: „Wenn Lernen ein individueller Prozess ist, sind Anregungen unausweichlich, die die Lernenden dazu befähigen über den herkömmlichen Unterricht hinaus ihr Lernen selbst in die Hand zu nehmen" (ebd., S. 24). Selbstgesteuertes Lernen lässt sich nur schrittweise aufbauen (HUßMANN, 2004, S. 6), muss auch erst gelernt werden und bewegt sich demnach nach KONRAD und TRAUB (1999) etwas weiter gefasst auf einem Kontinuum zwischen Selbststeuerung und Fremdsteuerung (ebd., S. 30ff.). Detaillierte Erkenntnisse im Hinblick auf den Grad der Fremdsteuerung bzw. die Lehrerrolle in einer konstruktivistischen Grundauffassung von Lehren und Lernen werden im Abschnitt 1.3 aufgeführt.

1.2 Abgrenzung zu einer behavioristischen Auffassung von Lehren und Lernen

> *„Sag mir, was ich wissen muss; verlang aber nicht von mir, dass ich denke!"*
>
> (WHITNEY, 1973, S. 285)

Die Kernidee konstruktivistischer Ansätze wird im folgenden Abschnitt einem behavioristischen Verständnis von Lehren und Lernen gegenübergestellt. Die grundsätzlich verschiedenen Positionen des Lehrens und Lernens gehen aus der Gegenüberstellung der beiden Grundauffassungen besonders deutlich hervor.

Während den konstruktivistischen Ansätzen die *individuelle Konstruktion* der Erkenntnis gemeinsam ist, wird in der abbildtheoretischen Erkenntnisauffassung[4] die Erkenntnis als ein Spiegelbild der erkannten Wirklichkeit angesehen. Man geht von der Überzeugung aus, dass der Gegenstand der Erkenntnis unabhängig vom erkennenden Individuum existiert (im Sinne einer *objektiven Erkenntnis*) und nicht erst von diesem im Erkenntnisprozess konstruiert wird. Die Abbildtheorie stellte eine erkenntnistheoretische Grundlage des Behaviorismus[5] im 20. Jahrhundert dar (FATKE, 1979, S. 299). Der Behaviorismus liefert als Erklärung für die Entstehung von Wissen die mechanische Wirkung äußerer Ursachen: Von *außen* werden an den Lernenden Sinneseindrücke herangetragen, die sich als Ergebnis von ständiger Wiederholung und dabei erfolgender Bestärkung in besonderem Maße einprägen.

Kontrastiert man die Grundzüge konstruktivistischer Erkenntnistheorien mit abbildtheoretischen und behavioristischen Auffassungen, liegt demnach laut REINMANN-ROTHMEIER und MANDL (1997) ein Hauptunterschied in der Tatsache, dass Lernen nach einem konstruktivistischen Verständnis *aktiv* erfolgt (siehe Ab-

---

4   Begründer der abbildtheoretischen Erkenntnisauffassung ist John Locke (1632–1704) (FATKE, 1979, S. 299).
5   Die Hauptvertreter des Behaviorismus waren Edwald L. Thorndike (1874–1949), Ivan P. Pawlow (1849–1936) und Burrhus F. Skinner (1904–1990) (SKINNER, 1978).

schnitt 1.1) – wohingegen Lernen nach einem behavioristischen Verständnis als weitgehend *rezeptiver*[6] Prozess verstanden wird (ebd., S. 359):

> Das erkennende und lernende Subjekt bleibt passiv und gelangt durch einen rezeptiven Vorgang – im Sinne eines Einbrennens oder Einprägens – zu Erkenntnis. Da die äussere [sic] sinnliche Erfahrung die einzige Quelle des Wissens ist, spielt die Reizvermittlung die entscheidende Rolle für das geistige Wachstum des Lerners. (HESS, 2002, S. 14)

Da die Reizvermittlung nach behavioristischer Grundauffassung von bedeutender Relevanz beim Lehren und Lernen ist und der Erkenntnisvorgang weitgehend auf die passive Reizaufnahme und ein assoziatives Verknüpfen in der Vorstellung reduziert zu sein scheint (HESS, 2002, S. 14), wird Unterricht demnach als Ort der Belehrung gesehen. Lernenden wird eine passive Rolle zuteil, die Wissensvermittlung sowie die Kontrolle über den kindlichen Lernprozess liegt ausschließlich in den Händen von Lehrkräften (vgl. DEWEY, 1976; HOLT, 2003). Neben einem Lernen über Sinnesreize, einer Fremdsteuerung des Lernprozesses und einem assoziativen Lernen[7] erfolgt Lernen nach behavioristischer Auffassung auch durch mechanische Wiederholung von Wissensinhalten sowie dem Lernen durch Verstärkung bzw. Lernen am Erfolg (vgl. PAWLOW, BAADER, SCHNAPPER & DRISCHEL, 1972; SKINNER, 1978).

Im Folgenden wird ein Unterrichtsbeispiel aus der Mathematik zur Erarbeitung des kleinen Einmaleins in der Grundschule angeführt. STEINER (2008) veranschaulicht an diesem unterrichtspraktischen Beispiel zur Einführung der Einmaleinsreihe mit 8 den didaktischen Ansatz einer Lehrkraft, die das assoziative Verknüpfen und die Vermittlung von wahrnehmbaren Sinnesreizen in den Mittelpunkt stellt.[8] Die Lehrkraft hat für die Erarbeitung Honigbiskuits mitgebracht, von denen 8 Stück immer in eine vorbereitete Schachtel passen. Jede gefüllte Schachtel wird von den Schülerinnen und Schülern mit einem Kärtchen versehen, auf dem die Gesamtzahl der Honigbiskuits festgehalten wird:

> Die erste Schachtel enthielt 8 Stück, die zweite natürlich auch, aber wenn man die beiden zusammenfasste, waren das im ganzen schon 16. 2 x 8 = 16. Drei Schachteln enthielten 8 mehr, also 24. Sicherheitshalber wurde noch abgezählt, bevor man «24» als dritte Station der Reihe auf ein Kärtchen schrieb: 24, und man sagte dazu oder dachte dabei: 3 x 8 = 24. Die drei Schachteln sollten zu

---

6   Unter dem Begriff rezeptiv wird die Bereitschaft oder die Fähigkeit zur Aufnahme von Sinneseindrücken verstanden (HESS, 2002, S. 14) – der Begriff wird im Folgenden auf einen Reizempfänger oder passiven Lerner bezogen.

7   Assoziationslernen lässt sich durch die Bildung von Assoziationen zwischen Reizgegebenheit und bestimmten Reaktionsweisen erklären. Zwei Formen des assoziativen Lernens werden unterschieden: die klassische Konditionierung und die operante Konditionierung. Die klassische Konditionierung zeichnet sich durch die Verknüpfung von zwei Umgebungsreizen aus, während ein Organismus bei der operanten Konditionierung lernt, „bestimmte Verhaltensweisen mit bestimmten Konsequenzen zu assoziieren" (MIETZEL, 2007, S. 140).

8   Die teilweise überspitzten Formulierungen, die STEINER (2008) bei der Beschreibung des unterrichtspraktischen Beispiels gewählt hat, verdeutlichen bzw. deuten an, dass er diesem Ansatz kritisch gegenübersteht.

einem Block, jede neue unterhalb der vorangegangenen, auf den Tisch gelegt und nebendran jeweils mit dem richtigen Ergebnis markiert werden: 8, 16, 24 usw. Als man bei 80 angelangt war, konnte man die ganze Reihe hersagen. Einzelne Kinder sprachen sie vor, dann wurde sie auch an die Tafel und von dort ins Heft geschrieben, und wer jedesmal [sic] leise mitgesprochen hatte, der konnte mit Sicherheit schon die Hälfte der Reihe auswendig, so bis 5 x 8 oder 6 x 8! Die Lehrerin, Frau Braun, legte Wert darauf, dass auch mit den Schachteln geübt wurde: Immer wieder durfte ein Kind die Schachteln hinlegen und dazu sprechen: «1 x 8 = 8, 2 x 8 = 16» usw., bis alle 10 schön dalagen. Die Schachteln sollten nicht aufeinandergetürmt, sondern untereinander gelegt werden, weil das die Übersicht erhöhte. Dann durften alle ein vorbereitetes Blatt bemalen, auf dem die 10 Schachteln mit den je 8 Biskuits vorgedruckt waren. Die ersten 8 wurden dunkelbraun, die zweiten hellbraun angemalt, damit man die 8er-Pakete deutlich voneinander unterscheiden konnte. Frau Braun hatte dazu eigens neue hellbraune Farbstifte verteilt; die Freude der Kinder war groß, konnte man die Farbe doch auch für das Kolorieren anderer Dinge gut gebrauchen. Natürlich musste zu jeder der bemalten Schachteln die passende Rechnung mit dem entsprechenden dunkel- oder hellbraunen Stift geschrieben werden. Die letzten fünf Minuten dieser Einführungslektion galten einer, wie man sagt, spielerischen Vertiefung: Die Kinder begannen zunächst im Chor noch einmal: «1 x 8 = 8, 2 x 8 = 16, 3 x 8 = 24, 4 x 8 = 32», und so weiter, bis «10 x 8 = 80». Dann machte es die Lehrerin schwieriger: Sie wischte an der Wandtafel, wo alle Rechnungen standen, das Ergebnis von 3 x 8, also 24, aus, und wieder begannen die Schüler im Chor: «1 x 8 = 8, 2 x 8 = 16, 3 x 8 = 24 … » – «Das könnt ihr schon wunderbar», lobte Frau Braun und wischte zwei weitere Resultate, nämlich 40 und 72 weg. Lautstark ging es los: «1 x 8 = 8», nur bei 9 x 8 wurde die Lautstärke und das Unisono des jungen Arithmetikerchores etwas schwächer. Die einen zogen es vor, lieber nichts Lautes zu sagen, andere entschieden sich für 74 und wieder andere zogen durch mit 9 x 8 = 72! Genau dann läutete die Pausenglocke, und das war nicht einmal die größte Belohnung; es gab nämlich für jeden der famosen Rechner ein Biskuit, eine positive Verstärkung für 9 x 8 = 72 oder 74 oder auch «Mhm?», je nachdem, wofür man sich gerade hatte entschließen können, und da in der Pause ein spannendes Spiel die Hauptbeschäftigung war, war auch dafür gesorgt, dass die letzte arithmetische Reaktion, eben das Resultat für die 9 x 8-Rechnung mit keiner andern arithmetischen Überlegung mehr interferierte und so mit dem zuletzt gewussten, erahnten oder auch verschwiegenen Ergebnis assoziiert blieb. (STEINER, 2008, S. 274f., Hervorhebungen im Original)

Der didaktische Ansatz der Lehrerin besteht im angeführten Unterrichtsbeispiel auf der assoziativen Verknüpfung als Grundlage des Rechenlernens und entstammt demnach der klassischen bzw. behavioristischen Lerntheorie. Bei der gewählten Vorgehensweise des Aufbaus der 8er-Reihe werden die ersten beiden Zahlen (Faktoren einer Aufgabe) mit einer dritten, dem Ergebnis assoziiert. Derjenige, der dabei das Ergebnis nicht mit den beiden Faktoren der Aufgabe abgespeichert hat und somit auch nicht abrufen kann, „ist eben kein guter Rechner; umgekehrt gilt als guter Rechner, wer die richtigen Assoziationen rasch und korrekt abruft" (STEINER, 2008, S. 276f.). Merkmale dieses Ansatzes sind eine mechanische Wiederholung bei angemessener Verstärkung und einer von Seiten der Lehrkraft als günstig angesehenen Segmentierung des Unterrichtsstoffes (ebd., S. 277). SKINNER (1958) spricht von Lehrkräften als *Lehrmaschinen*, die herangezogen wurden, um einen klein- und gleichschrittigen, produktorientierten Unterricht zu gestalten: „Each step must be so small that it can always be taken, yet in taking it the student moves somewhat closer to fully competent behavior. The machine must make sure that these steps are taken in a carefully prescribed order" (SKINNER, 1958, S. 970).

Einer behavioristischen Auffassung von Lehren und Lernen folgend zeichnet sich ein *fully competent behavior* nicht – wie in konstruktivistischen Ansätzen – durch ein Verständnis des Lerninhaltes aus. Im Mathematikunterricht, wie im vorherigen Unterrichtsbeispiel dargestellt, kann die bloße Assoziation eines Zahlenpaares mit dem Ergebnis auch nicht zum Aufbau eines Verständnisses der Rechenoperation beitragen. Dies ist aber aus behavioristischer Sicht auch nicht zwingend nötig bzw. erstrebenswert, da das am Ende stehende *korrekte* Endprodukt des Lernprozesses (im angeführten Beispiel das Beherrschen der Einmaleinsaufgaben) als Ziel der Erarbeitung angegeben wird (AESCHBACHER, 1994, S. 128). Verstehensbasierte Lernprozesse, wie sie im Konstruktivismus angebahnt und angestrebt werden, spielen in der Reinform der Lehr-/Lerntheorie des Behaviorismus keine Rolle – man orientiert sich am korrekten Ergebnis des Lernprozesses, nicht am beschrittenen Lernweg.

1.3 Auswirkungen des Verständnisses von Lehren und Lernen auf die Rolle der Lehrperson

> *„Wir Lehrer – wahrscheinlich alle Menschen – werden von einer erstaunlichen Täuschung genarrt. Wir glauben, wir könnten ein Bild, eine Struktur oder ein funktionstüchtiges Modell einer Sache, die wir in unserem Geiste aufgrund langer Erfahrung und Vertrautheit zusammengesetzt haben, in den Geist einer anderen Person übertragen, indem wir es in ein langes Band aneinandergereihter Worte verwandeln."*
>
> (HOLT, 1979, S. 167)

Das zugrundeliegende Verständnis von Lehren und Lernen wirkt sich auch auf die Rolle der Lehrperson aus. Während die Aufgabe einer Lehrkraft nach behavioristischer Auffassung von Lehren und Lernen in der Vermittlung von Wissen liegt, steht bei Lehrkräften, die einer konstruktivistischen Grundauffassung folgen, das Schaffen von Lernumgebungen im Vordergrund, die gute Bedingungen für die Anregung individueller Konstruktionen bieten (TERHART, 1999, S. 636f.). In einem behavioristischen Rollenverständnis wird dem Lerner eine passive Rolle zuteil, der Lehrende übernimmt die alleinige Lernverantwortung, indem er die Segmentierung des Lernstoffs vornimmt und je nach Leistungsvermögen eines Kindes Aufgabenschwierig-keit bzw. -umfang variiert. Lernen erfolgt demnach durch die Belehrung von Sei-ten der Lehrkraft nach dem Prinzip der kleinen und kleinsten Schritte, die von der Lehrkraft isoliert dargeboten werden, und durch die wiederholte Einforderung eines Übens isolierter Schwierigkeiten. Der Lernerfolg wird von der Lehrkraft am richti-gen Ergebnis gemessen und nicht am eingeschlagenen Lernweg des Lerners – der Lehrer selbst gibt den Lernweg vor, er vermittelt Rezepte (HESS, 2002, S. 42ff.) als „fertigen Stoff" (REUSSER, 2006, S. 161).

BRUNER kehrt sich bereits 1971 von diesem Rollenverständnis ab und betont:

> To instruct someone in these disciplines is not a matter of getting him to com-mit results to mind. Rather, it is to teach him to participate in the process that makes possible the establishment of knowledge. We teach a subject not to pro-duce little living libraries on that subject, but rather to get a student to think mathematically for himself, to consider matters as an historian does, to take part in the process of knowledge-getting. Knowing is a process, not a product. (BRU-NER, 1971, S. 72)

Die Vertreter bzw. Fürsprecher einer konstruktivistischen Grundposition distanzie-ren sich ebenfalls von dem behavioristischen Rollenverständnis der Lehrperson und setzen dabei nach VON GLASERSFELD (1996) auf ein anderes Hauptaugenmerk: „Die Kunst des Lehrens hat wenig mit der Übertragung von Wissen zu tun, ihr grundlegendes Ziel muss darin bestehen, die Kunst des Lernens auszubilden" (ebd., S. 309). Laut HESS (2002) übernimmt die Lehrkraft dabei im Laufe des Lernprozes-ses einer jeden Schülerin und eines jeden Schülers die Funktion eines Lernbegleiters mit zunehmend geringerer Lenkungsfunktion. Durch die anfängliche Unterstützung beim Aufbau eines zielgerichteten Lernverhaltens soll Lernen auf Schülerseite zuneh-mend selbstorganisiert funktionieren (ebd., S. 44f.). REUSSER (2006) betont eben-falls die Wichtigkeit der Zurücknahme „der Dominanz der Steuerung" (ebd., S. 165) und plädiert für einen, die Verantwortung abgebenden, „adaptiven Lernhelfer" (ebd., S. 165).

Sowohl für die Beschreibung der Schüler- als auch der Lehrerrolle der beiden unterschiedlichen Ansätze von Lehren und Lernen setzt KÜHNEL (1916) auf die beiden gegensätzlichen Begriffspaare „Leitung und Rezeptivität" vs. „Organisation und Aktivität" (ebd., S. 70). Die konkrete Gegenüberstellung der konträren Rollen von Lehrkräften eines behavioristisch orientierten im Vergleich zu einem konstruk-tivistisch gestalteten Unterricht ist dabei auch in einigen Veröffentlichungen der letz-ten Jahre aufgeführt (GALLIN & RUF, 1990, S. 19; HESS, 2002, S. 45; WINTER, 1984a, S. 26; WINTER, 2016, S. 4f.; WITTMANN, 1997, S. 28). In Tabelle 1 wird eine Gegenüberstellung – in ihren Extremausprägungen – in gekürzter Form darge-boten.

Tabelle 1: Gegenüberstellung der behavioristischen und der konstruktivistischen Lehrkraft-Rolle

Behavioristische Lehrkraft-Rolle	Konstruktivistische Lehrkraft-Rolle
Lehrperson als Belehrer, Leiter, Instrukteur	Lehrperson als Lernbegleiter, Organisator, Konstrukteur
Belehren nach dem Prinzip der kleinen und kleinsten Schritte	Anregen individueller Konstruktionen mithilfe von Lernumgebungen
Reduzieren der Schwierigkeit der Lerninhalte	Beibehalten der Komplexität der Lerninhalte
Vermitteln von isolierten Einzelfakten	Anregen verständnisbasierter Lernprozesse

Der Konstruktivismus hat ein nach REUSSER (2006) „für die Pädagogik attraktives, empirisch verankertes *Lernparadigma* hervorgebracht" (ebd., S. 161, Hervorhebung im Original) und dabei den Blick auf die Lernwelten der Schülerinnen und Schüler gerichtet. Evident erscheint, dass sich damit auch ein Wandel der Lehrerrolle vollzogen hat – von einer direkten zu einer eher indirekten Instruktion. Dieser Wandel des Rollenverständnisses geht mit der neuen Aufgabe der Lehrkraft einher, eine Lernumgebung zu schaffen, die einer konstruktivistischen Auffassung von Lehren und Lernen Rechnung trägt:

> Das Handeln von Lehrpersonen vermag zwar günstige Bedingungen für verständnisvolles Lernen zu schaffen und damit das Lernfeld abzustecken, das Lernen von individuellen Schülern aber kann es weder zwingend in Gang setzen noch sicher zum Erfolg führen. Das heisst [*sic*], keine Lehrperson kann einem Lernenden den Vollzug einer gedanklichen Verknüpfung abnehmen. (REUSSER, 2006, S. 160f.)

Welche Bedingungen allerdings eine gute Lernumgebung für die Anregung subjektiver Konstruktionen erfüllen muss, geht nicht einheitlich aus der Literatur hervor (TERHART, 1999, S. 637). Je nach zugrunde liegender konstruktivistischer Position – von radikal bis hin zu gemäßigt – unterscheiden sich die Sichtweisen der jeweiligen Ansätze, indem sie einerseits vermehrt die Selbsttätigkeit der Schülerinnen und Schüler hervorheben oder andererseits die gezielte Anleitung durch die Lehrkraft betonen (DUIT, 1995, S. 916). Aus diesen verschiedenen Ansätzen innerhalb des konstruktivistischen Verständnisses geht bereits hervor, dass Unterricht nach aktuellem Verständnis von Lehren und Lernen immer eine Balance zwischen Konstruktion und Instruktion darstellt – das *ausgewogene* Maß an Instruktion für den individuellen Lernprozess allerdings nicht klar formuliert zu sein scheint.

Nach REUSSER (1994) lässt sich die Rolle der Lehrkraft weder „auf einfache Metaphern des Typs ‚der *Lehrer als* x oder *als* y' reduzieren, noch der Wandel sich durch simplifizierende Formeln des Typs ‚*von* der Rolle x *zur* Rolle y' qualifizieren" (ebd., S. 34, Hervorhebungen im Original). Er sieht die beiden Lernkulturen, die behavioristische und die konstruktivistische, nicht schwarz/weiß, sondern eher im Sinne einer Schwerpunktverlagerung, die noch auf der Suche nach der entsprechenden Balance zu sein scheint (HESS, 2002; REUSSER, 1999a). Seiner Meinung

nach schlägt der Wandel des Rollenverständnisses von einem „direkt instruieren-
den Stoffdarsteller, Unterweiser und Lektionengeber [zu einem] indirekt arrangieren-
den Lerndesigner, […] Moderator, Lernberater und Coach" (REUSSER, 2006, S. 161,
Ergänzung der Autorin) zwar eine positive Richtung ein, aber Folgerungen für die
didaktische Rolle von Lehrern bzw. eine Theorie des Lehrerhandelns sind nur un-
zureichend gegeben. Die Schwierigkeit besteht nach REUSSER (2006) darin, einen
Unterricht zu konzipieren, der gründliches, in die Tiefe gehendes, fachliches Verstehen *und* Autonomisierung jedes Lernenden zugleich anstrebt – denn individuelle
Lernwege den Kindern zu ermöglichen und die Konstruktion von Wissen anzutrei-
ben, geht immer auch damit einher, dieses Freisetzen von Subjektivität wieder zu begrenzen (ebd., S. 161ff.). Es geht nicht um die „totale Selbststeuerung, sondern um
eine Integration von Anleitung und Selbstständigkeit, Instruktion und Konstruktion
(GUDJONS, 2006, S. 17). Doch wann, wie und wie stark Lehrpersonen unterstützen,
anleiten oder instruieren sollen, sind offene Fragen, welche die Unterrichtsforschung
noch nicht detailliert geklärt hat (REUSSER, 2006, S. 164ff.).

1.4 Historischer Abriss und gegenwärtige Aktualität behavioristischer und konstruktivistischer Auffassungen von Lehren und Lernen

> *„Wer sich zum Konstruktivismus bekennt, ist nicht nur ‚in‘, er darf*
> *sich auch eines weitläufigen Kreises (scheinbar) Gleichgesinnter*
> *erfreuen."*

(REUSSER, 1999b, S. 1, Hervorhebung im Original)

Nicht die ausschließliche Selbststeuerung, sondern eine Integration fordert GUD-
JONS (2006) in seinem Zitat im vorausgehenden Abschnitt, das zugleich als ein Indiz angeführt werden kann, dass aktuelle Lehr-/Lerntheorien durchaus sowohl konstituierende Elemente des Behaviorismus als auch des Konstruktivismus einschließen.
Die Begriffe Anleitung und Instruktion können als kennzeichnende Merkmale einer
behavioristischen Grundauffassung geführt sowie Selbstständigkeit und Konstruktion unter der konstruktivistischen Sichtweise subsumiert werden (siehe Abschnitte 1.1 und 1.2). Der folgende Abschnitt soll einen kleinen historischen Abriss der behavioristischen und konstruktivistischen Sicht auf Lehren und Lernen skizzieren und
die gerade angesprochene, aktuelle Gegenwärtigkeit behavioristischer *und* konstruktivistischer Auffassungen von Lehren und Lernen aufzeigen.

Die Wurzeln des Konstruktivismus liegen weit in der Vergangenheit, sie gehen
zurück auf den Philosophen Xenophanes (570 v. Chr.–470 v. Chr.), der sich als einer
der ersten mit dem Begriff des Wissens philosophisch auseinandersetzte. Xenophanes betonte, „dass wir es nur mit Erfahrung zu tun haben und nie mit Dingen an
sich" (VON GLASERSFELD, 1997a, S. 9) und bereitete damit „unwillkürlich den Bo-
den […], aus dem zweieinhalb Jahrtausende später die konstruktivistische Denk-
weise sprießen konnte" (ebd., S. 9). Richtig durchgesetzt und präzisiert wurde die-

se philosophische Position – wie man dem Zitat von VON GLASERSFELD (1997a) entnehmen kann – zunächst allerdings nicht. Die „Machthaber in allen Sparten" (VON GLASERSFELD, 1997a, S. 9) beruhten lange Zeit auf dem Standpunkt, „sie allein hätten Zugang zur endgültigen Wahrheit gefunden, und darum müsse man ihnen folgen" (ebd., S. 9). Lehr- und Lerntheorien wurden vornehmlich von den Ideen des Behaviorismus geprägt, Unterricht wurde demnach als Ort der Belehrung verstanden und Lernen als passivistisch angesehen (vgl. DEWEY, 1976; HOLT, 2003). Gerade für Didaktiker und Pädagogen gestaltete sich diese Theorie des Lernens als besonders ansprechend, sicherte sie doch die „Berechenbarkeit von Lernen sowie die *suggerierte Kontrollierbarkeit* von Unterricht und seinen Wirkungen" (BRÜGELMANN, 2005, S. 61f., Hervorhebungen im Original). Diese behavioristische Sicht auf Lehren und Lernen konnte weit bis ins 20. Jahrhundert aufrecht erhalten werden – bis zu diesem Zeitpunkt bestand kein Anreiz, sich mit den Denkprozessen der Kinder auseinanderzusetzen. Alles Wissen, über das Kinder verfügen, wurde den Kindern *eingeflößt* oder wie die Metapher des *Nürnberger Trichters* (als rein mechanische Wissensvermittlungsmethode) sehr treffend bildlich veranschaulicht, in den Kopf der Kinder *hinein geschüttet* (ANDRESEN & DIEHM, 2006, S. 263f.). Es gab einzelne frühe Bewegungen, die das Lernen unter konstruktivistischer Perspektive betrachtet haben und den Versuch unternommen haben, diese Perspektive auf den Unterricht zu übertragen. Aber erst Anfang des 20. Jahrhunderts wurde der Grundgedanke des Konstruktivismus durch die Reformpädagogik und ihre Forderungen nach einer aktiven Rolle der Kinder im Lernprozess aufgegriffen und die konstruktivistisch ausgerichtete Erkenntnistheorie erfuhr einen stärkeren Einfluss. Mitte des 20. Jahrhunderts wurde demnach immer deutlicher, dass sich Verhaltensweisen der Menschen und Prozesse nicht rein mit behavioristischen Mitteln erklären lassen. Der Konstruktivismus ist ab diesem Zeitpunkt auf dem Vormarsch und ist aus heutiger Sicht nicht mehr wegzudenken – „konstruktivistisches Denken scheint ‚im Trend' zu liegen" (SIEBERT, 1999, S. 5, Hervorhebung im Original). „Es ist jedoch eine Tatsache, dass die behavioristische Bewegung nicht nur vor einigen Jahrzehnten außerordentlich einflussreich war; ihre Schlüsselbegriffe sind heute noch lebendig und in den Vorstellungen vieler Erzieher wirksam" (VON GLASERSFELD, 1996, S. 287). Dies ist sicherlich auch darauf zurückzuführen, dass dem Behaviorismus laut HESS (2002) vereinzelt auch Positives abgewonnen werden kann: Verhaltensweisen oder -muster können angebahnt und gefestigt, vermittelte Fertigkeiten ausgebildet werden (ebd., S. 19). Einzelne Ansichten eines behavioristischen Verständnisses von Lehren und Lernen nehmen auch in der aktuellen Lehr-/Lerntheorie bzw. der gegenwärtigen Diskussion eine nicht zu vernachlässigende Rolle ein.

Nach diesen vorgeschalteten, allgemeinen und nicht explizit mathematikspezifischen Ausführungen zum Lehren und Lernen wird im folgenden Abschnitt die Bedeutsamkeit der Diskussion um verschiedene Lerntheorien (Abschnitt 1.1 bis 1.4) auf die Mathematik-Didaktik in den Blick genommen. Die Mathematik-Didaktik beruft sich auf verschiedene wissenschaftliche Bezugsdisziplinen[9], „*eine* interdisziplinär angelegte Leitschiene" (HESS, 2002, S. 8, Hervorhebung im Original) verläuft dabei von einer behavioristischen zu einer konstruktivistischen Auffassung von Lehren und Lernen. Welche fachdidaktischen Auswirkungen einer gewissen Tragweite die veränderte Sichtweise auf das Lehren und Lernen im Mathematikunterricht hat, soll im Folgenden näher ausgeführt werden.

1.5 Veränderte Sichtweise auf das Lehren und Lernen im Mathematikunterricht

> *„Learning mathematics is a constructive activity. Something which contradicts the idea of learning as absorbing knowledge which is presented or transmitted."*
>
> (TREFFERS, 1991, S. 24)

Die Entwicklung des Mathematikunterrichts der Grundschule Ende des letzten Jahrhunderts bis in die Gegenwart ist nach KRAUTHAUSEN (2000) dem Paradigmenwechsel von einer behavioristischen zu einer konstruktivistischen Sichtweise auf das Lehren und Lernen geschuldet (siehe Abschnitt 1.1 bis 1.3) (ebd., S. 13). In diesem Abschnitt soll präzisiert werden, inwieweit bzw. inwiefern sich die veränderte Sichtweise bezogen auf die Lehr- und Lernprozesse im Allgemeinen auf das Lehren und Lernen im Fach Mathematik widerspiegelt. Der Abschnitt 1.5 bietet zu Beginn einen historischen Abriss, der im Vergleich zum vorherigen Abschnitt die historische Entwicklung des Lehr- und Lernverständnisses im Mathematikunterricht in den Fokus stellt und einen Blick auf die gegenwärtige Aktualität der beiden Grundauffassungen von Lehren und Lernen in diesem Fach richtet. Im Zentrum der Ausführungen steht die Auseinandersetzung mit einem – vor dem Hintergrund des sogenannten Paradigmenwechsels – *revidierten* Verständnisses von Mathematikunterricht, welches das Lernen und nicht mehr das Lehren in den Mittelpunkt stellt, die aktive Rolle des Lernenden betont sowie dem Verstehensprozess im Mathematikunterricht eine zentrale Rolle zuteilwerden lässt. Wie eine konkrete, konzeptuelle Vorgehensweise in einem Mathematikunterricht, der auf einem konstruktivistischen Lehr-Lernverständnis beruht, aussehen kann, wird zum Abschluss dieses Abschnittes diskutiert.

---

9   Als bedeutendste Bezugsdisziplinen der Mathematikdidaktik führt z.B. WITTMANN (1995b) die verschiedenen Bereiche der Mathematik, die Pädagogik, die Allgemeine Didaktik, die Lernpsychologie, die Pädagogische Psychologie, die Kognitionspsychologie, die Entwicklungspsychologie, die Neurophysiologie sowie die Philosophie an (ebd., S. 1f.).

1.5.1 Historische Entwicklung zweier miteinander konkurrierender Ansätze des Lehrens und Lernens im Mathematikunterricht

Laut WITTMANN (1990) sind die konstruktivistische und die behavioristische Grundauffassung von Lehren und Lernen zwei Ansätze, die sich auch auf das Lehren und Lernen von Mathematik ausgewirkt haben. Insbesondere seit Beginn des 20. Jahrhunderts konkurrieren diese beiden Ansätze miteinander und werden in der einschlägigen fachdidaktischen Diskussion des Öfteren als *Idealtypen*[10] gegenübergestellt (vgl. z.B. AHMED, 1987; GALLIN & RUF, 1990; KRAUTHAUSEN, 2000; KÜHNEL, 1916; WINTER, 2016; WITTMANN, 1990). Historisch betrachtet war „die Praxis des Unterrichts [bis weit ins 20. Jahrhundert] durchwegs von der passivistischen Sichtweise beherrscht, obwohl es immer Einzelgänger gegeben hat, die für aktives Lernen eingetreten sind" (WITTMANN, 1990, S. 153, Ergänzung der Autorin). So plädierte der bedeutende Rechendidaktiker Johannes Kühnel (1869–1928) bereits Anfang des 20. Jahrhunderts für eine notwendige Veränderung der Schüler- und Lehrerrolle im Mathematikunterricht und reihte sich damit in eine frühe Bewegung ein, die der Forderung nach einer aktiven Rolle der Kinder bezogen auf Lernprozesse im Allgemeinen nachkam (siehe Abschnitt 1.4). Die Hauptintention KÜHNELS (1916) bestand bereits zu diesem frühen Zeitpunkt darin, Kinder angemessen zu fördern und effektives Lernen zu erzielen – KÜHNEL (1916) formulierte diese Intention in seinem Werk *Neubau des Rechenunterrichts* wie folgt:

> *Beibringen, darbieten, vermitteln* sind vielmehr Begriffe der *Unterrichtskunst vergangener Tage* und haben für die Gegenwart geringeren Wert; denn der pädagogische Blick unserer Zeit ist nicht mehr stofflich eingestellt. Wohl soll der Schüler auch künftig Kenntnisse und Fertigkeiten gewinnen – wir hoffen sogar noch mehr als früher, aber wir wollen sie ihm *nicht beibringen*, sondern er soll sie sich *erwerben*. (KÜHNEL, 1916, S. 136, Hervorhebungen im Original)

Diese Sichtweise konnte sich allerdings lange Zeit auch in der Mathematikdidaktik nicht durchsetzen (vgl. KRAUTHAUSEN, 2000; SCHIPPER, 2009) – wurden doch die didaktischen Möglichkeiten des Lehrers dauerhaft überschätzt und das geistige Potential der Schülerinnen und Schüler unterschätzt (WITTMANN, 1995a, S. 12). Zudem war die Vorstellung allgegenwärtig, dass die starke Fachstruktur der Mathematik[11] nur als Folge kleiner und kleinster Schritte vermittelt werden konnte, da „für die Mathematik [ein] kleinschrittiger hierarchischer Aufbau aus Elementen geradezu als naturgemäß" (WITTMANN, 1995a, S. 13, Ergänzung der Autorin) angesehen wurde. Fachspezifisch betrachtet für das Fach Mathematik vollzog sich erst gegen Ende des letzten Jahrhunderts die *konstruktivistische Wende* mit dem unauf-

---

10 Die beiden Positionen dieser Dichotomie – der belehrende Unterricht im Zuge der behavioristischen Position und ein aktiv-entdeckender Unterricht im Sinne einer konstruktivistischen Auffassung – werden teilweise mit unterschiedlichen Begrifflichkeiten beschrieben, in ihren Grundaussagen herrscht allerdings Einigkeit.
11 Unter *Fachstruktur der Mathematik* wird nach BUSCHKÜHLE, DUNCKER & OSWALT (2009) die „Fachsystematik der Wissenschaftsdisziplin Mathematik" (ebd., S. 48) verstanden.

haltsamen Aufstieg aktivistischer und dem gleichzeitigen Rückgang passivistischer Theorien. Die *konstruktivistische Wende* stellte dabei nach KRAUTHAUSEN (2000) für den Mathematikunterricht allerdings nur eine – wenn auch extreme – Akzentverschiebung dar, die nicht mit dem „Absolutheitsanspruch des einen oder anderen Typs" (KRAUTHAUSEN, 2000, S. 18) einherging. Für die Mathematikdidaktik und den Mathematikunterricht läutete die konstruktivistische Sichtweise auf das Mathematiklernen einen mit der Formel „Mathematik entdecken" (WINTER, 1987) gekennzeichneten Umbruch ein, der für einen Mathematikunterricht plädierte, der den Kindern das Lernen auf eigenen Wegen ermöglicht (SCHIPPER, 2009, S. 66).

Das von STEINER (2008) bereits im Jahr 1988 in seiner Erstauflage illustrierte Beispiel zur Einführung der Einmaleinsreihe mit 8 in der Grundschule (siehe Abschnitt 1.2) aus dem Buch *Lernen – 20 Szenarien aus dem Alltag* scheint auch noch heute eine mögliche Alltagssituation zu veranschaulichen – abbildtheoretische und behavioristische Annahmen gehören nicht vergangenen Tagen an, sondern scheinen didaktisch gegenwärtig zu sein (HESS, 2002, S. 16). Auch KRAUTHAUSEN (2000, S. 13ff.) verweist darauf, dass behavioristische Vorstellungen von Lernen und Lehren von Mathematik nicht an Aktualität in der Unterrichtsrealität bzw. -praxis verloren haben (ebd., S. 13ff.; FREESEMANN, 2014, S. 17; KRAUTHAUSEN & SCHERER, 2007, S. 103).[12] Nach BAUER (1995) besteht in der pädagogisch-didaktischen Literatur weitgehend Konsens bezüglich einer veränderten Sichtweise auf das Lehren und Lernen von Mathematik. Die „Realisierung [in der Unterrichtspraxis] ist allerdings schwierig und anstrengend" (ebd., 1995, S. 15, Ergänzung der Autorin). Auch in den Niederlanden, die bezüglich dieser veränderten Sichtweise in der Mathematikdidaktik eine führende Rolle innehatte, wurden Schwierigkeiten in der Umsetzung eines konstruktivistisch orientierten Mathematikunterrichts wahrgenommen – die Praxis spiegelte auch dort ein anderes Bild wider als die Fachdidaktik und die Lehrbücher. TREFFERS (1997) betont, dass die „Erneuerung, die gegenwärtig in den Lehrbüchern erkennbar wird, in der Praxis noch lange nicht umgesetzt wird" (ebd., S. 21). WITTMANN (1990) sieht eine ähnliche Entwicklung, wenn er davon spricht, dass vermehrt Stimmen gegen die behavioristische Sichtweise laut werden und gleichzeitig die Akzentverschiebung zu einer konstruktivistischen Auffassung von Lehren und Lernen einen sehr breiten Konsens gefunden hat. Auch in den Lehrplänen verdichten sich zunehmend die Anzeichen für ein konstruktivistisches Verständnis von Lernen und Lehren. „Trotzdem ist nicht zu erwarten, dass sich die Schulwirklichkeit in kurzer Zeit von selbst auf die didaktischen Prinzipien der neuen Richtlinien und Lehrpläne einstellen wird" (ebd., S. 154). Verwunderlich scheint dies nicht, bedenkt man, dass laut KUHN (1993) ein Paradigmenwechsel, wie der skizzierte, durchaus 20–25 Jahre benötigt, um breite Anerkennung zu erlangen.

---

12 Nach KRAUTHAUSEN (2000) gibt es dafür auch einige Gründe, die durchaus nachvollziehbar erscheinen, „u.a. die eigene Lernbiographie, [die] Altersstruktur und [der] Aus- und Fortbildungsstand der Kollegen […] – abgesehen vom prinzipiellen Zeitbedarf eines Paradigmenwechsels" (ebd., S. 13, Ergänzungen der Autorin), der im weiteren Verlauf dieses Abschnittes auch von KUHN (1993) beschrieben bzw. aufgezeigt wird.

Einer Aussage von PLANCK (1948) zufolge, scheint ein aufgrund eines Paradigmenwechsels wünschenswerter Umbruch in der Unterrichtspraxis bezogen auf das Lehren und Lernen im Allgemeinen nur unter drastischen Voraussetzungen vonstattengehen zu können: „Eine neue wissenschaftliche Wahrheit pflegt sich nicht in der Weise durchzusetzen, daß [sic] ihre Gegner überzeugt werden, sondern viel mehr dadurch, daß [sic] die Gegner allmählich aussterben und daß [sic] die heranwachsende Generation von vorneherein mit der Wahrheit vertraut gemacht ist" (PLANCK, 1948, S. 22).

Was man nach derzeitigem Verständnis als *neue wissenschaftliche Wahrheit* – wie es PLANCK (1948) in seinem angeführten Zitat genannt hat – im Hinblick auf das Lehren und Lernen von Mathematik versteht, soll im folgenden Abschnitt einer detaillierten Betrachtung unterzogen werden. Das Hauptaugenmerk liegt dabei auf dem Primat des Verstehens. Darüber hinaus soll einerseits die konstruktivistische Sichtweise auf das Lehren und Lernen im Mathematikunterricht von einer behavioristischen Sichtweise abgegrenzt und andererseits aufgezeigt werden, inwiefern behavioristische Elemente Bestandteil einer konstruktivistischen Auffassung von Lehren und Lernen im Mathematikunterricht aus heutiger Sicht sind.

1.5.2 Primat des Verstehens im Mathematikunterricht

Einem behavioristischen Verständnis von Lehren und Lernen zufolge wird Erkenntnis von *außen* an den Lernenden herangetragen und durch wiederholtes Üben und damit einhergehender Bestärkung eingeprägt (siehe Abschnitt 1.2). Die ursprünglich behavioristische Position sah die Schule demnach als „Ort [an], an dem kenntnisreiche Lehrkräfte dafür sorgten, dass die Lebenserfahrungen und Denkprodukte anderer Leute in wohlproportionierten Häppchen der nächsten Generation vermittelt wurden" (BECK et al., 1992, S. 9, Ergänzung der Autorin). Diese Unterrichtsauffassung, die auch den Mathematikunterricht entscheidend geprägt hat, konnte in erster Linie aufgrund der starken Fachstruktur der Mathematik im Fach Mathematik lange nicht überwunden werden. Die Fachstruktur verlangte nach damaliger Vorstellung von Natur aus die Übersetzung in „eine methodisch gestufte Folge «kleiner und kleinster Schritte», die unter «Isolierung der Schwierigkeit» vom «Leichten zum Schweren» und vom «Einfachen zum Zusammengesetzten» durchlaufen" wird (WITTMANN, 1995a, S. 13, Hervorhebungen im Original). In Anlehnung an den Behaviorismus avancierte Lernen im eigentlichen Sinne auch im Mathematikunterricht zum Nebenprodukt, von zentraler Bedeutung war das Einüben eines richtigen Lösungsweges bzw. das Anwenden eines Verfahrens, um schnellstmöglich zum richtigen Ergebnis zu gelangen (KRAUTHAUSEN, 2000, S. 14f.). Wird Mathematik dieser behavioristischen Auffassung zufolge „als *Fertigprodukt* verstanden, dann kann ein Unterrichtsziel als erreicht gelten, wenn der angebotene Inhalt adäquat <übernommen> wurde, d.h. das Kind ein für geeignet erachtetes Endverhalten zeigt" (ebd., S. 16, Hervorhebungen im Original). FREUDENTHAL beschreibt die Gegebenheiten 1973 mit folgenden Worten: „Die Mathematik ist bis heute nur als Fertigprodukt analysiert worden, und wenn dann auf die Analyse eine formalisierte Synthese folgt, so wird das Ergebnis als Fertigprodukt präsentiert" (ebd., S. 110). Dieses Lern- bzw. Unterrichtsverständnis stimmt mit dem teilweise auch noch gegenwärtigen Bild von der Mathematik als einem Anhäufen von Definitionen, Regeln und Verfahren im Umgang mit Zahlen überein. Schülerinnen und Schüler eignen sich einen sogenannten *Königsweg*, eine aus Sicht der Lehrkraft elegante Vorgehensweise zur Lösung von Aufgaben, an und führen diese ohne jegliches mathematisches Denken – wie ein *Rezept* – durch (GALLIN, RUF & SITTA, 1985). Es erweckt den Anschein, als würden feste Methoden bzw. Prozeduren oder Formeln als Ersatz für Denkleistungen zum Einsatz kommen (BENEZET, 1988, S. 363).

Die folgende Zusammenschau (siehe Tabelle 2) kontrastiert pointiert angelehnt an FREESEMANN (2014) die charakteristischen Merkmale eines rezeptiv gestalteten Mathematikunterrichts und seines Pendants, eines konstruktivistischen Mathematikunterrichts (ebd., S. 17f.).

Tabelle 2: Zusammenfassende Gegenüberstellung von Merkmalen eines rezeptiv gestalteten und konstruktivistisch orientierten Mathematikunterrichts (in Anlehnung an FREESEMANN, 2014, S. 17f.)

Rezeptiv gestalteter Mathematikunterricht	Mathematikunterricht orientiert am konstruktivistischen Lernen
Mathematik wird auf das Rechnen verkürzt	Verständnis von Zusammenhängen, von Zahlbeziehungen und arithmetischen Operationen
Betonung der (schriftlichen) Algorithmen; Einüben von Rechenschritten	Einsicht ist wichtiger als Automatisieren; „Inhaltliches Denken vor Kalkül" (PREDIGER, 2009)
Kleinschrittigkeit, didaktisches Vereinfachen; geringeres Anspruchsniveau	Lernen in komplexen Problemstellungen; hohes Anspruchsniveau
Lehrperson als Belehrer	Lehrperson als Lernbegleiter
Belehrung durch die Lehrperson im Sinne des Vormachens und Nachmachens	Mathematiktreiben als aktives Entdecken durch die Schülerinnen und Schüler
Vorgabe fester Rechenwege	Schülerinnen und Schüler entwickeln eigene Lösungen
Auswendiglernen und mechanisches Üben	Von- und miteinander lernen; begründen, argumentieren, vergleichen, nachvollziehen

Mit dem Paradigmenwechsel von einer behavioristischen Sichtweise zu einer konstruktivistischen Sicht wird gerade dem *Verstehen der Lern- und Denkprozesse* eine besondere Bedeutung zuteil – geht man doch heute davon aus, dass Lernen zentral darin besteht, dass von jedem Individuum kognitive Strukturen aufgebaut werden (siehe Abschnitt 1.1). Die folgenden Ausführungen widmen sich ausführlich dem Primat des Verstehens der konstruktivistischen Grundauffassung von Lehren und Lernen.

Das konstruktivistische Lehr-/Lernverständnis wirkt sich ebenso wie die behavioristische Auffassung von Lehren und Lernen auf die Gestaltung des Mathematikunterrichtes aus. Die Vorstellung, dass die starke Fachstruktur der Mathematik keine Öffnung des Unterrichtes zulässt, wurde in den 70er Jahren aufgelöst, „als neue Erkenntnisse und Entwicklungen in der Wissenschaftsgeschichte, Wissenschaftstheorie und Philosophie der Mathematik" (WITTMANN, 1995a, S. 13) einhergehend mit dem aufkommenden Konstruktivismus zu einem vollkommen neuen Verhältnis von Wissenschaft und Unterricht führten. WITTMANN (1995a) beschreibt die neue Beziehung von mathematischer Wissenschaft und dem Mathematikunterricht wie folgt:

> Lernprozesse [werden] nicht mehr von den logischen Begriffsstrukturen der Mathematik bestimmt. Maßgebend sind vielmehr die mathematischen Erkenntnis**prozesse**, die in sinnvollen Problemsituationen nach ihrer eigenen Logik ablaufen. Mathematik wird vorrangig als **Tätigkeit** gesehen, die gekennzeichnet ist durch die mathematische Beschreibung von problemhaltigen Situationen, durch das Entdecken und Begründen von Beziehungen sowie durch die mündliche und schriftliche Mitteilung der Lösungswege und Ergebnisse. (WITTMANN, 1995a, S. 13, Hervorhebungen im Original, Ergänzung der Autorin)

Dass Schülerinnen und Schüler ihr Wissen individuell konstruieren müssen bzw. mathematische Konzepte entwickeln müssen, indem sie sich auf mathematische Aktivitäten einlassen, ist mittlerweile weit verbreitet und allgemeiner Konsens der Mathematikdidaktik (vgl. KÄPNICK, 2014, S. 36ff.; KRAUTHAUSEN, 2000, S. 28; SCHERER & MOSER OPITZ, 2010, S. 17ff.; SCHIPPER, 2009, S. 32ff.; SCHÜTTE, 2008, S. 45ff.; WINTER, 2016; WITTMANN, 1990, 1995a). Nach WINTER (1984b) wird Lernen demnach als ein „aktiver, schöpferischer Prozess, den man zwar durch eine geeignete Lernumgebung von außen begünstigen kann und freilich auch muss, den man aber nicht einfach (durch gutes Erklären) beliebig herbeiführen kann" (WINTER, 1984b, S. 27), verstanden. Wissen ist nach heutiger Auffassung prinzipiell nicht vermittelbar – wie TRIVETT (1977, S. 41f., übersetzt nach E. CH. WITTMANN) bereits 1977 in folgendem Zitat betont:

> Es kann sehr leicht sein, dass Kinder von Natur aus so leistungsfähige Lerner sind, dass das Rechnen, das wir ihnen beizubringen versuchen, viel leichter von ihnen gelernt werden könnte, wenn wir als Lehrer nicht so darauf fixiert wären, es ihnen beibringen zu wollen. (TRIVETT, 1977, S. 41f., übersetzt nach E. CH. WITTMANN)

REVUZ (1980) weist darüber hinaus darauf hin: „On ne peut comprendre les mathématiques qu'en les faisant soi-même, en n'admettant rien de quelque autorité que cela provienne […] Dans un sens, on ne peut enseigner véritablement les mathématiques qu'à soi-même"[13] (ebd., S. 140). Verstehen wird dabei nach CARPENTER und LEHRER (1999) nicht als „static attribute of an individual's knowledge" (ebd.,

---

13 Man kann die Mathematik nur verstehen, indem man sie selbst erschafft und autonom bewertet […]. In einem bestimmten Sinn kann man sich die Mathematik nur selbst beibringen (Übersetzung der Autorin).

S. 20) beschrieben, sondern als „mental activity that contributes to the development of understanding" (ebd., S. 20). HIEBERT und CARPENTER (1992) führen folgende Definition von Verstehen von Mathematik an, die durch ein konstruktivistisches Lernverständnis geprägt ist: „Understanding in mathematics is making connections between ideas, facts or procedures" (ebd., S. 67). Verstehen bedeutet demnach das Herstellen von Verknüpfungen, Beziehungen oder Zusammenhängen zwischen mathematischen Ideen, Prozeduren und Konzepten – die zu umso tieferem Verständnis führen, je zahlreicher und ausgedehnter die mentalen Verbindungen sind (HIEBERT & GROUWS, 2007, S. 380). Tiefes Verstehen erzeugt Strukturen, die sich durch Flexibilität und Beweglichkeit auszeichnen und den Transfer erleichtern bzw. begünstigen. Verstehen trägt aber auch zum Erinnern bei und reduziert somit das, was erinnert werden muss. Wer auf ein tiefes Verständnis zurückgreifen kann, dem dürfte auch das weitere Verstehen mühelos von der Hand gehen – kann dieses doch in ein strukturiertes und verknüpftes Netzwerk leichter integriert werden (DROLLINGER-VETTER, 2011, S. 28f.).

Es sei an dieser Stelle allerdings nach FREUDENTHAL (1973) auf die Notwendigkeit hingewiesen, dass nicht die fertige Mathematik als Ausgangspunkt für Verstehensprozesse anzusehen ist (ebd., S. 100f.), sondern ein Begriff bzw. die Mathematik als verstanden betrachtet werden kann, wenn man an der Erschaffung auch selbst mitwirkt (REVUZ, 1980, S. 140f.). Verstehen kann demnach in Anlehnung an eine konstruktivistische Auffassung (siehe Abschnitt 1.1) auch im Mathematikunterricht als (Verstehens-) Prozess oder aber als Produkt bzw. Ziel dieses Prozesses angesehen werden (STEBLER et al., 1994, S. 228f.). Nach DROLLINGER-VETTER (2011) sollte beides „in der Mathematik vor allem in Bezug auf die Darstellung von mathematischen Objekten und Zusammenhängen deutlich voneinander getrennt werden" (ebd., S. 29). Bei einer korrekt angewandten Prozedur kann beispielsweise nicht zwangsläufig auf ein Verständnis dieser Prozedur geschlossen werden, da diese auch auswendig gelernt korrekt durchgeführt werden kann. Das Verständnis einer Prozedur stellt allerdings auch keine notwendige Voraussetzung für deren fehlerfreie Durchführung dar.

SCHOENFELD (1988) spricht in dieser Diskussion von der Diskrepanz zwischen der instrumentellen Rechenfertigkeit, einer Fertigkeit, Regeln auch ohne Einsicht anzuwenden und dem wirklichen Verstehen der zugrunde liegenden mathematischen Konzepte. Während in der Vergangenheit ein häufiger Diskussionsbedarf bestand, ob die Aneignung von Fertigkeiten oder das Verstehen beim Mathematiklernen priorisiert werden soll bzw. nach behavioristischer Auffassung von Lehren und Lernen ausschließlich Fertigkeiten angestrebt werden sollen, wird in der aktuellen Diskussion vermehrt die Beziehung zwischen prozeduralem und konzeptuellem Wissen in den Blick genommen und als Schlüssel zum Verständnis vieler Lernprozesse angesehen (HIEBERT, 1986, S. 2ff.; HIEBERT & LEFEVRE, 1986, S. 1ff.). Konzeptuelles Wissen wird als Wissen aufgefasst, das reich an Beziehungen ist. Es wird definiert als zusammenhängendes Netz von Wissensbestandteilen, das sich aus Einzelfakten und ihren Beziehungen zueinander zusammensetzt und sich durch eine Verknüpfung bzw. Verbindung alter und neuer Informationen entwickelt (BAROODY, 2003,

S. 12). Durch eine Verbindung dieser alten und neuen Wissensbausteine oder einer kognitiven Neuorganisation entsteht Einsicht bzw. Verständnis. Konzeptuelles Wissen kann demnach nur zusammen mit Einsicht und Verständnis entwickelt werden.

> Der Grad des Verständnisses wird bestimmt durch die Anzahl und die Stärke der Verbindungen in einem Netzwerk von Informationsbestandteilen. Ein mathematisches Konzept oder eine mathematische Prozedur ist um so besser *verstanden*, je zahlreicher und stärker die Verbindungen sind zu bereits *im Individuum* etablierten Netzwerken. (GERSTER & SCHULZ, 1998, S. 32, Hervorhebungen im Original)

Während das konzeptuelle Wissen, das BAROODY (2003) mit „knowledge that involves understanding *why*" (ebd., S. 12, Hervorhebung im Original) beschreibt, auf Verständnis basiert, kann prozedurales Wissen abgekoppelt vom Verständnis angeeignet werden und stellt Wissen dar, das aus der Kenntnis über Symbole und den Regeln, die den Umgang mit diesen Symbolen regeln, besteht. Es handelt sich demnach um Wissen, „that involves knowing *how*" (ebd., S. 12, Hervorhebung im Original). Das auswendige Beherrschen von prozeduralem Wissen setzt eine kleine Anzahl an verknüpften Verbindungen voraus, genauer gesagt die Anzahl an Schritten, die zur Durchführung einer Prozedur vonnöten sind. Der Sinn der aufeinanderfolgenden Schritte bzw. ein Verständnis des mathematischen Konzeptes kann dabei vollkommen unbeachtet bleiben (GERSTER & SCHULZ, 1998, S. 32).

Mit der Ausbildung von Rechenfertigkeiten *und* der Entwicklung mathematischen Denkens und Verstehens existieren in der Literatur somit zwei zunächst komplementäre Vorstellungen in Hinblick auf das verfolgte Ziel des Mathematikunterrichts (COWAN, 2003, S. 35ff.). Dabei erfährt das Ausführen von Rechenprozeduren oder das Verinnerlichen von Einzelfakten einer Rechenoperation, wie beispielsweise das Abspeichern der Aufgaben des kleinen Einmaleins, sowie der damit einhergehende Aufbau von Rechenfertigkeiten im Sinne eines prozeduralen Wissens oft eine größere Bedeutung im Mathematikunterricht als eine verständnisbasierte Erarbeitung der Inhalte (GERSTER & SCHULZ, 1998, S. 31). Diese Erkenntnis nach GERSTER und SCHULZ (1998) zeigt – wie bereits im Abschnitt 1.4 für das Verständnis von Lehren und Lernen im Allgemeinen dargelegt – auch für den Mathematikunterricht die Aktualität konstituierender behavioristischer Elemente auf. Das folgende Zitat aus den Bildungsstandards (KMK, 2004) verdeutlicht allerdings, dass eine ausschließliche Beschränkung des Mathematikunterrichts auf die Entwicklung und Aneignung von prozeduralem Wissen nicht als wünschenswert angesehen wird: „Das Mathematiklernen in der Grundschule darf nicht auf die Aneignung von Kenntnissen und Fertigkeiten reduziert werden. Das Ziel ist die Entwicklung eines gesicherten *Verständnisses* mathematischer Inhalte" (ebd., S. 6, Hervorhebung im Original).

Aus fachdidaktischer Perspektive werden für ein erfolgreiches Mathematiklernen beide Wissensaspekte (ein konzeptuelles und prozedurales Wissen) gleichermaßen verfolgt und gekoppelt angestrebt: Der Erwerb von Rechenfertigkeiten erfolgt dabei auf der Basis mathematischer Einsicht (BAROODY, 2003, S. 8; HIEBERT & WEARNE, 1986, S. 201). Wenngleich nach BAROODY noch Uneinigkeit über die Reihenfolge und den eingeschlagenen Weg besteht (2003, S. 10ff.), sprechen zahlreiche Untersuchungen jedoch für eine Vorgehensweise, bei der zunächst Verständnis für die Symbole und ihre Prozeduren entwickelt und erst anschließend das Einüben der Regeln in den Blick genommen wird (vgl. HIEBERT, 1986; WEARNE & HIEBERT, 1988).

Die bisherigen Ausführungen dieses Abschnittes haben deutlich gezeigt, dass das zugrundeliegende Lehr-/Lernverständnis mit zentralen Folgen für den Mathematikunterricht einhergeht. Wie bereits im historischen Abriss des Abschnittes 1.5.1 dargestellt und in diesem Abschnitt präzisiert, kann das aktuelle Verständnis von Mathematikunterricht als Akzentverschiebung zwischen den Extremen einer behavioristischen und konstruktivistischen Grundauffassung von Lehren und Lernen charakterisiert werden. Die Unterrichtspraxis durchlief aber nicht nur aufgrund des Wandels des Lehr-/Lernverständnisses weitreichende Veränderungen. Weitere den Mathematikunterricht bzw. die Unterrichtspraxis beeinflussende Faktoren, die auch im weiteren Verlauf der Arbeit von Relevanz sind, werden im Folgenden angeführt.

1.5.3 Aktuelle Anforderungen und Zielsetzungen des Mathematikunterrichtes

Insbesondere die Ergebnisse der internationalen Vergleichsstudien wie TIMMS (Third International Mathematics and Science Study) und PISA (Programme for International Student Assessment), die Schwächen deutscher Kinder bei Aufgaben zum Vorschein brachten, die über die Anwendung von Routinen hinausgehen, führten zu zentralen Veränderungen der Vorgaben für die Unterrichtspraxis. Wie bereits in den bisherigen Ausführungen aufgezeigt, wird in einem gegenwärtigen Mathematikunterricht nicht mehr ausschließlich der korrekten Lösung, sondern verstärkt dem Prozess, der zur Lösung führt, die zentrale Rolle zuteil. Die stärkere Betonung des Lernprozesses geht auch auf die Verabschiedung der KMK-Bildungsstandards zurück, die als Folge des schlechten Abschneidens der Kinder bei den Vergleichsstudien beschlossen wurden. Besonders das explizite Ausweisen und die stärkere Akzentuierung allgemeiner bzw. in der Literatur häufig auch als prozessbezogen bezeichneten Kompetenzen, verdeutlicht die Intention des Mathematikunterrichts aus heutiger Sicht: „Der Weg ist das Ziel" (HECKMANN & PADBERG, 2014, S. 30). Fünf prozessbezogene Kompetenzen, die für den Mathematikunterricht als wichtig erachtet und auf deren stärkere Berücksichtigung in der Unterrichtspraxis abgezielt wird, werden häufig – unter Rückgriff auf die Bildungsstandards – unterschieden: das Problemlösen, das Argumentieren, das Kommunizieren, das Modellieren sowie das Darstellen. LEUDERS (2007b) führt vier verschiedene Prozesskontexte auf, in denen die prozessbezogenen Kompetenzen im Unterricht Anwendung finden. Er unterscheidet dabei den Prozesskontext des *Erfindens und Entdeckens*, den des *Prüfens und Beweisens*, den Prozesskontext des Überzeugens und Darstellens sowie den des *Vernetzens und Anwendens*. Betonung findet nach HECKMANN UND PADBERG (2014) in den didaktischen Veröffentlichungen dabei häufig die Phase des

Erfindens und Entdeckens (ebd., S. 30). Was die konkrete Umsetzung im Mathematikunterricht betrifft, erfahren die verschiedenen Kontexte unterschiedliche Bedeutung (LEUDERS, 2007b, S. 268ff.).

Nimmt die Phase des Erfindens und Entdeckens im Mathematikunterricht viel Raum ein bzw. werden konkrete Entdeckungen in der Unterrichtspraxis unternommen, dann sollte diesen Entdeckungen nach HECKMANN und PADBERG (2014) immer auch eine Phase des Beweisens und Prüfens nachfolgen, in der sich den Kindern die Möglichkeit bietet, ihre gemachten Entdeckungen auch zu überprüfen. Da die kognitiven Voraussetzungen in der Grundschule allerdings noch keine formalen Beweise ermöglichen, werden allenfalls beispielgebundene Beweisstrategien zum Absichern der Entdeckungen angestrebt. Der Prozesskontext des Überzeugens und Darstellens zielt im Anschluss darauf ab, die erworbenen Erkenntnisse auch für andere korrekt und verständlich zu präsentieren, schlüssige Argumente darzubieten. Dabei ist „das Bewusstsein [wichtig], dass diese Unterrichtsphasen anders als die des Entdeckens nicht mehr durch Offenheit, sondern durch Konvergenz und Zielgerichtetheit gekennzeichnet sind" (HECKMANN & PADBERG, 2014, S. 30, Ergänzung der Autorin), strebt man doch neben einem korrekten Ergebnis und einem verständlich bestrittenen Lösungsweg auch eine prägnante Argumentation an. Zu guter Letzt soll auch den Kontexten des Vernetzens und Anwendens, in denen überwiegend die Prinzipien der Anwendungs- und Strukturorientierung (siehe nachfolgenden Absatz) zum Tragen kommen, im Mathematikunterricht eine zentrale Rolle zuteilwerden (HECKMANN & PADBERG, 2014, S. 31f.). Diese vier von LEUDERS (2007b) beschriebenen Prozesskontexte, in denen die prozessbezogenen Kompetenzen Anwendung finden, dienen „als Interpretationsrahmen für eine Unterrichtsgestaltung, die mathematische Prozesse in den Fokus rückt" (ebd., S. 272) und stellen – wie bereits erwähnt – ein verfolgtes aktuelles Ziel des Mathematikunterrichtes dar.

Veränderungen in den Vorgaben für die Unterrichtspraxis sind unter anderem auch dem Anliegen der Bildungsstandards im Fach Mathematik geschuldet, vermehrt *Anwendungs-* und *Strukturorientierung* im Unterricht zu ermöglichen. Unterricht soll der Umwelterschließung, „also der Aneignung von Fähigkeiten und Kenntnissen zum Leben in der Umwelt dienen bzw. signalisieren, dass mathematische Fragestellungen aus Problemen der Lebenswelt entstanden sind" (HECKMANN & PADBERG, 2014, S. 21). Kinder sollen den Nutzen der Mathematik, die Legitimierung der Unterrichtsinhalte erfahren, der Unterricht anwendungsorientiert erfolgen. Anknüpfen soll der Mathematikunterricht demnach also nicht nur an den Vorkenntnissen, dem Wissen und bereits vorhandenen Fähigkeiten der Kinder, sondern auch an ihrer Lebenswelt. Nach KRAUTHAUSEN (2012) wird unter einem anwendungsorientierten Unterricht zweierlei gefasst:

> Einerseits wird vorhandenes Alltagswissen aufgegriffen und genutzt, um mathematische Ideen aufzuklären, zu konkretisieren, anzuwenden. Andererseits aber kann und soll auch mit Hilfe der Mathematisierung – also gerade und spezifisch durch den mathematischen Blick, durch den Einsatz mathematischer Ideen oder Verfahren – neues Fachwissen (außerhalb der Mathematik) entstehen können. (KRAUTHAUSEN, 2012, S. 99f.)

Strukturorientierung nimmt im Vergleich dazu nach HECKMANN und PADBERG (2014) „die innermathematischen Strukturen des Unterrichtsinhaltes, d.h. Regelmäßigkeiten, Beziehungen und Gesetzmäßigkeiten" (ebd., S. 23) in den Blick. Die Forderung nach einem strukturorientierten Mathematikunterricht, der auf dem Aufbau mathematischer Erkenntnisse auf Basis des Entdeckens und Nutzens der zugrundeliegenden Strukturen abzielt, deckt sich im Kern mit einer konstruktivistischen Lehr-/Lernauffassung und ihren verfolgten Zielen in der Unterrichtspraxis (HECKMANN & PADBERG, 2014, S. 23). KRAUTHAUSEN (2007) betont in diesem Zusammenhang: „Strukturen und Gesetzmäßigkeiten gilt es zum einen in der *Welt der Zahlen* und *Formen* aufzudecken, zum anderen und insbesondere aber auch in der *Lebenswelt*" (S. 300, Hervorhebungen im Original). Während man in der Geschichte des Mathematikunterrichts „eine immer wieder wechselnde Polarisierung zwischen diesen beiden Richtungen" (KRAUTHAUSEN, 2007, S. 300) feststellen konnte, ist man sich heute über die fundamentale Notwendigkeit einer engen Verknüpfung zwischen Struktur- und Anwendungsorientierung, zwischen mathematischer Ebene und Sachebene uneingeschränkt bewusst. Dabei bleibt nach PESCHEL (2009) festzuhalten:

> Mathematik ist ein faszinierendes Gebilde von Strukturen und Beziehungen, das in sich noch nicht mit Lebenswirklichkeitsorientierung o. Ä. zu tun hat. Die Entwicklung eines Zahl- und Zahlraumverständnisses, der Aufbau von Zahlbeziehungen, Rechenstrategien und Rechenfertigkeiten usw. kann in Sachsituationen veranschaulicht werden, ist aber eigentlich ein Vorgang, der losgelöst von diesen innerhalb der Mathematik selbst stattfindet und gerade durch diese Abstraktion seinen eigenen Reiz erhalten kann. (PESCHEL, 2009, S. 120f.)

Die in diesem Abschnitt beschriebenen Anforderungen sowie die Zielsetzungen des Hinterfragens von Prozeduren bzw. des Erforschens von Zusammenhängen werden in einem modernen Mathematikunterricht dadurch umgesetzt, dass Kindern Gelegenheiten gegeben werden, Mathematik selbst zu entdecken. „Ausgehend von ihren Entdeckungen sollen sie dann die Konventionen der Mathematik lernen" (SCHIPPER, 2009, S. 33). Da aber nicht alle mathematischen Inhalte durch Entdeckungen erarbeitet werden können, kann Mathematikunterricht bzw. -lernen auch nicht nur auf dem Weg „von Invention zur Konvention" stattfinden, sondern muss vielmehr als Lernen „zwischen Invention und Konvention" verstanden werden (ebd., S. 34ff.; LEUDERS, 2007a, S. 222). In diesem Sinne muss auch die aufgelistete Tabelle 2 als Gegenüberstellung von Extremausprägungen betrachtet werden, die in der Praxis, aber auch in der Theorie – wie gerade geschildert – mit großer Wahrscheinlichkeit nicht in Reinform Anwendung finden.

1.5.4 Aktiv-entdeckendes Lernen im Mathematikunterricht

In den Ausführungen des folgenden Abschnittes soll ein konzeptioneller Weg vorgestellt werden, der den aktuellen Anforderungen und Zielsetzungen des Mathematikunterrichtes (siehe Abschnitt 1.5.3) gerecht wird: das *aktiv-entdeckende Lernen*. „I am not quite sure I understand anymore what discovery is and I don't think it matters very much. But a few things can be said about how people can be helped to discover things for themselves" (BRUNER, 1966, S. 101). Wenn sogar ein Verfechter des entdeckenden Lernens wie BRUNER (1966), Schwierigkeiten besitzt, den Begriff *discovery* für sich richtig zu fassen, scheint eine Begriffsklärung des (aktiv-) entdeckenden Lernens zu Beginn dieses Abschnittes umso mehr von Relevanz zu sein. Erst vor dem Hintergrund dieser Begriffsklärung wird es anschließend möglich sein, die Kritik aber vor allem den Zuspruch, den dieser konzeptionelle Weg im Mathematikunterricht in den letzten Jahren erfahren hat, zu begründen.

Zum Begriff (aktiv-)entdeckendes Lernen

Entdeckendes Lernen ist kein neuer Begriff in der Mathematikdidaktik, trotzdem kann „eine endgültige und formal befriedigende Definition" (WINTER, 2016, S. 1) dieses Begriffes nicht in Aussicht gestellt werden. Die Wurzeln des entdeckenden Lernens gehen auf Johannes Kühnel und den Beginn des 20. Jahrhunderts zurück (RATZ, 2009, S. 41). Auch bezogen auf Lernprozesse im Allgemeinen liegen die Wurzeln weit in der Vergangenheit und stehen für weitere bekannte Pädagogen oder namhafte Vertreter der sogenannten reformpädagogischen Bewegung wie z.B. Johann A. Comenius (1592–1670), Jean-Jacques Rousseau (1712–1778), Johann H. Pestalozzi (1746 – 1827), Adolph Diesterweg (1790–1866), Maria Montessori (1870–1852), John Dewey (1859–1952) oder Martin Wagenschein (1896–1988). Fachspezifisch betrachtet für das Fach Mathematik ging die Präzisierung des Begriffes *entdeckendes Lernen* auf *aktiv-entdeckendes Lernen* und die zunehmende Ausrichtung des Mathematikunterrichts auf aktiv-entdeckendes Lernen mit dem Paradigmenwechsel des Lehr-/Lernverständnisses und dem damit einhergehenden veränderten Verständnis von Mathematikunterricht einher. Der Entwurf des entdeckenden Lernens nach Heinrich Winter wurde dabei um das Präfix *aktiv*[14] ergänzt, um die eigene Aktivität, das Aktive, augenscheinlich hervorzuheben (RATZ, 2009, S. 41 ff.). Für die Mathematikdidaktik haben vor allem Hans Freudenthal (vgl. z.B. FREUDENTHAL, 1973), Heinrich Winter (vgl. z.B. WINTER, 2016) sowie Erich C. Wittmann und Gerhard N. Müller (vgl. z.B. WITTMANN & MÜLLER, 1994a,b)[15] zur Konzeption des aktiv-entdeckenden Lernens beigetragen (HESS, 2002, S. 39), wobei vor al-

---

14 Der Begriff *aktiv-entdeckendes Lernen* ist aus dem Programm *Mathe 2000* heraus entstanden, einem im Jahre 1987 ins Leben gerufenen Projekt der Universität Dortmund, das auf die Ausarbeitung eines konkreten Konzeptes von Mathematiklernen hinzielte (RATZ, 2009, S. 41 ff.).

15 Bei der Begründung des *aktiv-entdeckenden* Lernens berufen sich beispielsweise WINTER (1984b, 2016) und WITTMANN (1995a) insbesondere auf Johannes Kühnel, dessen Ideen bis heute noch fortbestehen (HASEMANN & GASTEIGER, 2014, S. 82).

lem die drei letztgenannten Personen dem aktiv-entdeckenden Lernen zum Durchbruch in Deutschland verholfen haben.

WINTER (2016) vertritt folgende Hauptthese:

> Das Lernen von Mathematik ist umso wirkungsvoller – sowohl im Hinblick auf handfeste Leistungen, speziell Transferleistungen, als auch im Hinblick auf mögliche schwer fassbare bildende Formung –, je mehr es im Sinne eigener aktiver Erfahrungen betrieben wird, je mehr der Fortschritt im Wissen, Können und Urteilen des Lernenden auf selbständigen entdeckerischen Unternehmungen beruht. (WINTER, 2016, S. 1)

Mit der Ausarbeitung einer Reihe von Argumenten für das entdeckende Lernen im Mathematikunterricht stützt WINTER (2016) seine aufgestellte These und liefert neben didaktischen und lernpsychologischen Gründen zudem sogar eine fachinhärente Begründung des entdeckenden Lernens (ebd., S. 1):

> Die *spezifische Wissensstruktur* mathematischer Inhalte erlaubt grundsätzlich das Lernen durch eigenes Erfahren, da diese Inhalte einerseits eine denkbar helle innere logische Verflechtung besitzen – und somit vielfältig intern kontrollierbar sind – und andererseits in vielen anschaulich zugänglichen Situationen repräsentiert sein können, die die Möglichkeit eigenständigen Erkundens – oft aus dem Alltagswissen heraus – zulassen. (WINTER, 2016, S. 2, Hervorhebungen im Original)

WINTER (2016) beschreibt entdeckendes Lernen wie folgt:

> ‚Entdeckendes Lernen' ist […] ein theoretisches Konstrukt, die Idee nämlich, dass Wissenserwerb, Erkenntnisfortschritt und die Ertüchtigung in Problemlösefähigkeiten nicht schon durch Informationen von außen geschieht, sondern durch eigenes aktives Handeln unter Rekurs auf die schon vorhandene kognitive Struktur, allerdings in der Regel angeregt und somit erst ermöglicht durch äußere Impulse. (ebd., S. 3, Hervorhebung im Original)

Dass entdeckendes Lernen „weniger die Beschreibung einer Sorte von beobachteten Lernvorgängen" (WINTER, 2016, S. 3) ist, stellt auch HENGARTNER (1992) heraus, indem er den Begriff folgendermaßen beschreibt: „Entdeckendes Lernen […] ist eher eine umfassende Idee vom Lernen und Lehren und weniger ein eindeutig bestimmbarer, beobachtbarer Lernvorgang" (HENGARTNER, 1992, S. 19).

KÄPNICK (2014) spricht in diesem Zusammenhang von einem Konzept des aktiv-entdeckenden Lernens, das sich durch die folgenden aufgelisteten, allgemeinen Merkmale charakterisieren lässt:

- „die Förderung der Eigenaktivität jedes Kindes,
- eine ganzheitliche Erschließung größerer Stoffeinheiten […],
- ein Anknüpfen und Nutzen der jeweiligen Vorkenntnisse der Kinder […],
- Freiräume für die Eigendynamik kindlicher Lernprozesse und die Realisierung einer natürlichen Differenzierung vom Kinde aus […],

- eine veränderte Rolle des Lehrers,
- gründlich erprobte und vielseitig einsetzbare Lernmittel [...]" (KÄPNICK, 2014, S. 37).

FREUDENTHAL (1991) hebt ebenso wie KÄPNICK (2014) hervor, dass sich das aktiv-entdeckende Lernen nicht in einem isolierten, kleinschrittigen Vorgehen äußert, sondern komplexer Situationen bedarf (ebd., S. 28). Unterricht muss demnach *„ganzheitliche Kontexte* bereitstellen, in denen die größeren Zusammenhänge der Inhalte, ihre strukturellen Beziehungen erkennbar bleiben" (KRAUTHAUSEN, 2000, S. 35, Hervorhebungen im Original). Die Forderung nach *inhaltlicher Ganzheitlichkeit*[16] stellt – im Gegensatz zu einem kleinschrittigen Vorgehen – den übergeordneten Zusammenhang des Inhaltes in den Mittelpunkt und ermöglicht es, die so erlangten Fertigkeiten und Kenntnisse in möglichen Anwendungskontexten auch wahrzunehmen (SCHERER, 1999, S. 9).

In einem aktiv-entdeckenden Unterricht besteht die Aufgabe der Lehrkraft in der *„Veranlassung der Gelegenheit* und [...] [in der] *Anregung* [der Schülerin und des Schülers] *zu eigener Entwicklung"* (KÜHNEL, 1916, S. 70, Hervorhebungen im Original, Ergänzungen der Autorin). Die zu bewältigende Aufgabe der Praxis ist es dabei, Unterricht so zu konzipieren, dass Entdeckungen bei möglichst vielen Schülerinnen und Schülern in Gang gesetzt und aufrechterhalten werden. Dies erweist sich aber laut WINTER (2016) als schwieriges Unterfangen, wenn man davon ausgeht, dass „sich ein entdecken lassender Unterricht in der Regel nicht selbst trägt.[17] Es bedarf des planmäßigen, professionellen Angebots an Erfahrungs- und Übungsmöglichkeiten" (WINTER, 2016, S. 4, Ergänzung der Autorin). Laut WINTER (2016) wird in diesem Zusammenhang von einem Lernen durch *gelenktes Entdecken* gesprochen, was allerdings eine sehr unpräzise bzw. ungenaue Formulierung darstellt, wenn das Ausmaß und die Art der Lenkung ungewiss bleiben (ebd., S. 4). LEUDERS (2007a) hebt in diesem Kontext hervor, dass aktiv-entdeckendes Lernen „nicht das *ausschließlich* entdeckenlassende Lernen" (ebd., S. 222, Hervorhebung im Original) impliziert. Was einen Unterricht, der Lernen auf Basis von Entdeckungen anstrebt, kennzeichnet, versucht WINTER (2016, S. 4f.) in einer Gegenüberstellung des Lernens durch Entdeckenlassen und dem Gegenpart, einem Lernen durch Belehren (siehe Abschnitte 1.1 bis 1.3), zu verdeutlichen. Diese „gewollt idealtypische Polarisierung" (WINTER, 2016, S. 6), die in einigen aktuellen Veröffentlichungen für eine vermeintliche Begriffsklärung eines *entdeckenden Unterrichts* publiziert wird, ähnelt der im Abschnitt 1.5.2 aufgeführten zusammenfassenden Gegenüberstellung von

---

16 Diese inhaltliche Ganzheitlichkeit ist abzugrenzen von einem ganzheitlichen Ansprechen der Person des Kindes und dem Anspruch, „die *verschiedenen Aspekte* der schwerpunktmäßig ins Blickfeld gerückten Sache *aufzuschließen* (anschaulich, erlebnismäßig, muttersprachlich, rechnerisch, musisch-prakt.)" (BACH, 1969, zit. nach SCHERER, 1995, S. 53f., Hervorhebungen im Original). Ganzheitlichkeit wird an dieser Stelle nicht im Sinne eines Lernens auf verschiedenen „Kanälen" (SCHÜTTE, 2008, S. 60) verstanden.

17 Entdeckendes Lernen stellt hohe Anforderungen an die oder den Lehrenden – nach WINTER (2016) zeigt sich die „Professionalität des Lehrenden gerade darin, [...] durch gekonntes Unterrichten zu führen" (ebd., S. 4).

Merkmalen eines rezeptiv gestalteten und eines konstruktivistisch orientierten Mathematikunterrichts. Laut WINTER (2016) wird insbesondere durch den Vergleich ersichtlich, wie viel mehr Voraussetzungen ein Unterricht zu erfüllen hat, der Entdeckungen der Kinder in den Mittelpunkt stellt im Vergleich zu seinem Pendant, dem belehrenden Unterricht (ebd., S. 6). Nach WITTMANN (1995a) stellt sich in diesem Kontext die Frage, inwiefern ein mehr an Voraussetzungen für Kinder unterschiedlichen Leistungsvermögens geeignet ist. Häufig werden Zweifel und Vorbehalte von Seiten einiger Skeptikerinnen und Skeptiker gegenüber der Praktikabilität des aktiv-entdeckenden Lernens bei leistungsschwachen Schülerinnen und Schülern geäußert – der folgende Abschnitt soll Aufschluss darüber geben, inwieweit diese Skepsis Berechtigung hat bzw. entkräftet werden kann.

Zuspruch zum und Kritik am (aktiv-)entdeckenden Lernen

Obwohl die Forderung nach einem aktiv-entdeckenden Mathematikunterricht plausibel und überzeugend wirkt und das aktiv-entdeckende Lernen im Zuge eines konstruktivistischen Lehr- und Lernverständnisses in den letzten Jahren im Mathematikunterricht eine stärkere Ausrichtung erfahren hat, ist die Praxis – wie die Ausführung der vorangegangenen Abschnitte 1.5.1 und 1.5.2 dargelegt haben – teilweise noch geprägt von einem reglementierten, kleinschrittigen Unterricht. Laut WITTMANN (1990) würden viele Praktikerinnen bzw. Praktiker der Auffassung des Lernens nach den Prinzipien des aktiven und entdeckenden Lernens „zwar ‚theoretisch' zustimmen und sie ‚im Prinzip' gerne übernehmen […], dann aber doch eine Reihe gewichtiger Einwände und Vorbehalte gegen ihre unterrichtliche Realisierung erheben" (ebd., S. 159, Hervorhebungen im Original). Ein Einwand, der von Seiten der Skeptikerinnen und Skeptiker häufig genannt wird, liegt darin begründet, dass kleinschrittiger Mathematikunterricht auch Erfolge aufzuweisen hat (ebd., S. 159). Des Weiteren scheint es eine weit verbreitete Meinung zu sein, „man dürfe die Kinder anfangs nicht mit der Komplexität des zu lernenden Systems konfrontieren, da sie zur Bewältigung derart komplizierter Sachverhalte nicht in der Lage wären" (DONALDSON, 1982, S. 117). Dieser Kritikpunkt wird vor allem im Hinblick auf lernschwache Schülerinnen und Schüler angeführt, die beim entdeckenden Lernen durch die Komplexität der Lerninhalte überfordert zu sein scheinen (KRAUTHAUSEN, 2000, S. 31ff.).

Zweifel und Vorbehalte bezüglich des aktiv-entdeckenden Lernens können nach WITTMANN (1995a) durch eine Reihe von Befunden entkräftet werden, die betonen, dass gerade die leistungsschwache Personengruppe von einem auf Verständnis angelegten Lernen profitiert (ebd., S. 17ff.). Schwierigkeiten für leistungsschwache Kinder entstehen laut TRIKETT und SULKE (1993) in erster Linie durch Maßnahmen, die ursprünglich als Hilfen angedacht waren, wie beispielsweise die Zerlegung des Unterrichts in kleinste Segmente, das Entfernen möglicher Stolpersteine und das ausschließliche bzw. bevorzugte Üben von Rechenfertigkeiten. LORENZ (1992) kommt nach einer intensiven und langjährigen Arbeit mit leistungsschwachen Kindern zu der Erkenntnis, dass dem Verständnisaufbau im Mathematikunterricht gerade bei diesen Kindern höchste Bedeutung zugemessen werden muss. Nach SCHE-RER (1995) profitieren sogar lernbehinderte Schülerinnen und Schülern von einem aktiv-entdeckenden Ansatz, der im Gegensatz zu einem engmaschigen, gelenkten Mathematikunterricht mehr Spielraum für alle Beteiligten ermöglicht. Auch MO-SER OPITZ (2001) bestätigt einen Lerngewinn im heilpädagogischen Umfeld, der aus einem aktiv-entdeckenden Unterricht resultiert. HECKMANN und PADBERG (2014) messen dem Aufbau von Verständnis bei leistungsschwachen Kindern eben-falls wie die bereits zitierten Autoren eine enorme Bedeutung zu. Sie verweisen ex-plizit darauf, dass Lernwege, die zum Verständnis führen sollen, individuell verschie-den sein können, nicht nur ein Weg als zielführend angesehen wird und das Kind den für sich optimalen Weg beschreiten kann (siehe Abschnitt 1.5.2). Dabei dürfen ihren Vorstellungen zufolge leistungsschwache Kinder auch sehr kleinschrittige Wege für ihre eigenen Entdeckungen gehen (ebd., S. 31) – in erster Linie von Relevanz, „ist das Verständnis für den Weg, um ihn auf ähnliche Probleme übertragen zu kön-nen" (HECKMANN & PADBERG, 2014, S. 31).

WITTMANN (1995a), der die Förderung aller Kinder – der leistungsstarken und der leistungsschwachen – als übergeordnetes Ziel tituliert, betont im Hinblick auf einen aktiv-entdeckenden Mathematikunterricht für *alle* und folglich auch für die leistungsschwachen Schülerinnen und Schüler: „**Es ist […] festzuhalten, daß** [*sic*] **es das Konzept des aktiv-entdeckenden Lernens ermöglicht, Kinder im gesamten Leistungsspektrum zu fördern und in den Unterricht zu integrieren – ein klarer Beweis für die pädagogische Leistungsfähigkeit dieses Konzepts**" (WITTMANN, 1995a, S. 20, Hervorhebungen im Original).

WINTER (2016) betont, dass entdeckender Unterricht allerdings „keineswegs ein Königsweg zur Mathematik" (ebd., S. 6) ist und auch ein „pädagogisches Schlüssel-problem" (ebd., S. 6) anspricht – das der „Doppelnatur pädagogischer Kompetenz" (ebd., S. 6):

> Einerseits soll der Lehrer (gekonnt) auf das Kind einwirken, es verändern. Und er lebt von dem Glauben, dass dies auch möglich ist, wie und in welchem Maße auch immer. Andererseits soll er […] die Individualität und individuelle Würde des Kindes einfühlend und hingebend respektieren. (WINTER, 2016, S. 6)

Eine mögliche Lösung dieses von WINTER (2016) bezeichneten Schlüsselprob-lems kann in der Integration von Entdeckungen in geleitete Lernphasen, wie bei-spielsweise dem fragend-entdeckenden Unterrichtsgespräch, gesehen werden (VON HOFE, 2001, S. 7f.). Nach HECKMANN und PADBERG (2014) sind diese „fron-talen, lehrerzentrierten Phasen grundsätzlich [nicht] zu verdammen […]; auch sie haben durchaus ihre Berechtigung" (ebd., S. 35, Ergänzung der Autorin), wenn sie nicht als rein darbietender Unterricht verstanden werden. Dies bestätigen auch For-schungsergebnisse, die der direkten Instruktion nicht nur negative Wirkung bezogen auf die Leistung der Schülerinnen und Schüler zuschreiben. Ein Zuviel an offenen Lernformen scheint sich im Gegensatz dazu als eher nicht positiv bzw. optimal he-rauszukristallisieren (WALTHER, VAN DEN HEUVEL-PANHUIZEN, GANZER &

KÖLLER, 2011). Es scheint alles in allem also entscheidend zu sein, offene und geleitete Unterrichtsphasen, die sich durch konstruktive, aktive Phasen der Lernenden und der expliziten Instruktion durch die Lehrperson charakterisieren lassen, zu *verbinden*.

In Ergänzung zu den bisherigen Ausführungen einer veränderten Sichtweise auf das mathematische Lehren und Lernen in diesem Abschnitt soll allerdings abschließend explizit auf Folgendes verwiesen werden: Der Wandel des Lehr-/Lernverständnisses im Fach Mathematik stellt kein Indiz dafür dar, dass die Unterrichtspraxis im Mathematikunterricht der aktuellen Auffassung von Lehren und Lernen, wie in den vorherigen Ausführungen beschrieben, entspricht bzw. folgt. Ebenso trifft dies auch auf den breiten Konsens, der diesem aktuellen Lehr-/Lernverständnis in der Didaktik entgegengebracht wird, zu – in den Abschnitten 1.4 sowie 1.5.1 wurde darauf bereits durch einen historischen Abriss und die gegenwärtige Aktualität der beiden konkurrierenden Sichtweisen verwiesen.

In Kapitel 2 dieser Arbeit wird nach diesem vorgeschalteten Einführungskapitel das Hauptaugenmerk auf das kleine Einmaleins und deren Erarbeitung im Unterricht gelegt. Die Umsetzung dieses konkreten mathematischen Inhaltes nach aktuellem Verständnis von Lehren und Lernen und der Versuch einer Balance zwischen „Invention und Konvention" (SCHIPPER, 2009, S. 33), zwischen „Anleitung und Selbstständigkeit, Instruktion und Konstruktion" (GUDJONS, 2006, S. 17) bzw. „Selbststeuerung und Fremdsteuerung" (HUßMANN, 2004, S. 13) soll im folgenden Kapitel aufgezeigt werden.

Zusammenfassung

Die konstruktivistische und die behavioristische Grundauffassung von Lehren und Lernen im Allgemeinen repräsentieren zwei Ansätze, die sich auf das Lehren und Lernen von Mathematik ausgewirkt haben und auswirken. In der Mathematikdidaktik herrscht gemäß dem aktuellen konstruktivistischen Lehr- und Lernverständnis der allgemeine Konsens, dass Schülerinnen und Schüler, indem sie sich auf mathematische Aktivitäten einlassen, ihr Wissen individuell konstruieren und mathematische Konzepte entwickeln sollen. Das aktuelle Verständnis von Lehren und Lernen setzt sich allerdings nicht ausschließlich aus Elementen des Konstruktivismus zusammen, sondern schließt auch konstituierende Elemente des Behaviorismus ein. Vor allem in der Unterrichtspraxis scheinen behavioristische Ansätze von Lehren und Lernen von Mathematik nicht an Aktualität verloren zu haben. Nach VON GLASERSFELD (1996) sind – wie in den Ausführungen des ersten Kapitels erwähnt – „ihre Schlüsselbegriffe [...] heute noch lebendig und in den Vorstellungen vieler Erzieher wirksam" (ebd., S. 287).

Dem Verstehen der Lern- und Denkprozesse wird im Mathematikunterricht gemäß der aktuellen Sichtweise auf Lehren und Lernen eine besondere Bedeutung zuteil. Oberstes Ziel des Mathematikunterrichtes ist das gesicherte *Verständnis mathematischer Inhalte*. Nicht ausschließlich prozedurales Wissen ist somit von bedeutender Relevanz, vielmehr zeichnet sich erfolgreiches Mathematiklernen durch beide Wissensbestandteile – das konzeptuelle und das prozedurale Wissen – aus, die gleichermaßen angestrebt werden sollen. Der Erwerb von Rechenfertigkeiten erfolgt somit auf Basis von Verständnis bzw. der Einsicht beim Mathematiklernen.

Einen konzeptionellen Weg, der den aktuellen Anforderungen und Zielsetzungen im Mathematikunterricht gerecht wird, stellt das aktiv-entdeckende Lernen dar. Im Fokus des entdeckenden Lernens stehen eigenständige entdeckerische Unternehmungen, die bei möglichst allen Schülerinnen und Schülern in Gang gesetzt und aufrechterhalten werden sollen. In dieser Arbeit wird unter einem aktiv-entdeckenden Lernen nicht ein *rein entdeckenlassendes Lernen* verstanden, sondern ein *gelenkt-entdeckendes Lernen*. Das gelenkte Lernen zeichnet sich durch teils geleitete und teils offene Unterrichtsphasen aus. Konstruktive, aktive Phasen der Lernenden werden ergänzt durch die expliziten Instruktionen der Lehrenden. Die Art und das Ausmaß der geeigneten Lenkung scheinen bisher allerdings eher ungewiss bzw. nicht klar formuliert zu sein.

An dieser Stelle soll – auch im Hinblick auf die Bedeutung für die weitere Arbeit – explizit hervorgehoben werden: Ob und inwiefern Verstehensprozesse beim Kind angeleitet werden bzw. inwieweit diese gekoppelt mit dem Erwerb von Rechenfertigkeiten ausgebildet werden und welche Rolle dabei das Entdecken und Entwickeln mathematischer Konzepte einnimmt, ist abhängig von der Vorstellung der Lehrkraft, wie Lernen und Lehren beim Individuum vor sich geht. Empirische Ergebnisse zeigen nach STAUB und STERN (2002), dass sich vor allem Vorstellungen der Lehrkraft von Lernen und Lehren im Allgemeinen (siehe Abschnitte 1.1 bis 1.3), aber im Besonderen auch fachspezifisch von Mathematiklernen (siehe Abschnitt 1.5) auf den Unterricht auswirken (ebd., S. 354).

Die in diesem ersten Kapitel angerissene Debatte zwischen einem behavioristischen und dem konstruktivistischen Lehr-/Lernverständnis sowie die damit einhergehende Veränderung des aktuellen Verständnisses von Mathematikunterricht mit der stärkeren Ausrichtung auf ein aktiv-entdeckendes Lernen, soll dazu dienen, die Ausführungen der folgenden Kapitel zum kleinen Einmaleins besser verstehen und auch historisch einordnen zu können.

2. Einmaleinssätze und ihre Erarbeitung nach einem aktuellen Verständnis von Mathematikunterricht

> *„Mathematik ist eine Geistesverfassung, die man sich handelnd erwirbt, und vor allem die Haltung, keiner Autorität zu glauben, sondern immer wieder ‚warum' zu fragen [...] Warum ist 3 · 4 dasselbe wie 4 · 3? Warum multipliziert man mit 100, indem man zwei Nullen anhängt?"*

> (FREUDENTHAL, 1982, S. 140, Hervorhebung im Original)

Die Multiplikation stellt eine der vier Grundrechenarten der Arithmetik dar, die in der Grundschule eingeführt und erarbeitet wird. Der Aufbau bzw. die Entwicklung grundlegender mathematischer Kompetenzen in diesem Inhaltsbereich – sowie in den anderen Grundrechenarten – schafft „die Grundlage für das Mathematiklernen in den weiterführenden Schulen und für die lebenslange Auseinandersetzung mit mathematischen Anforderungen des täglichen Lebens" (KMK, 2004, S. 6). Das Kapitel 2 thematisiert die Erarbeitung der Einmaleinssätze[18] in der Grundschule nach aktuellem Verständnis von Lehren und Lernen – wie in Kapitel 1 ausführlich ausgeführt. Als Einstieg in dieses 2. Kapitel wird ein Überblick über die fachlichen Grundlagen der Multiplikation gegeben, indem die Multiplikation definiert sowie die zentralen Rechengesetze der Multiplikation aufgeführt werden. Es folgt ein Abschnitt, in dem verschiedene Herangehensweisen zur Lösung von Einmaleinssätzen aufgezeigt und skizziert werden. Im Anschluss wird die verständnisbasierte Erarbeitung des kleinen Einmaleins beschrieben, die in der deutschen Fachdidaktik auf weite Zustimmung stößt. Unterschiedliche Nuancen der Erarbeitung sollen herausgearbeitet sowie die gemeinsamen Grundgedanken aufgezeigt werden. Es wird anschließend kritisch hinterfragt, ob und inwieweit empirische Argumente vorliegen, die für die in der Fachdidaktik in Deutschland auf weiten Konsens treffende, verständnisbasierte Erarbeitung des kleinen Einmaleins sprechen. Da aber nicht nur *eine* bzw. nur die in der Theorie empfohlene Erarbeitung in der Unterrichtspraxis existiert bzw. in der Vergangenheit existierte, soll als Abschluss dieses Kapitels ein Überblick über alternative Vorgehensweisen bei der unterrichtlichen Behandlung gegeben werden. Dies ist in erster Linie im Hinblick auf die später vorgestellte Studie dieser Arbeit von Relevanz, in der ebenfalls unterschiedliche Vorgehensweisen der Erarbeitung ermittelt werden konnten. Dabei werden diese Vorgehensweisen unter historischen Gesichtspunkten betrachtet. Dazu wird exemplarisch die Lehrplanentwicklung des Bundeslandes Bayern (dort wurde auch die Studie durchgeführt) vorgestellt. Aktuelle, weitere Lehr- und Bildungspläne in Deutschland sollen im Hinblick auf ihre verpflichtenden Inhalte bezüglich des kleinen Einmaleins ebenfalls Thema dieses Kapitels sein.

---

18 Unter Einmaleinssätzen werden in den folgenden Ausführungen Zahlensätze des kleinen Einmaleins verstanden wie beispielsweise x · 2 oder 2 · x. Als exemplarisches Beispiel einer Einmaleinsaufgabe des Einmaleinssatzes x · 2 kann die Aufgabe 3 · 2 angeführt werden.

2.1 Fachliche Grundlagen – Multiplikation

> *„Neben der inhaltlichen Kompetenz oder Fertigkeit des*
> *Rechnenkönnens spielt die Sicht auf die Operation selbst und*
> **die Entdeckung der Eigenschaften dieser Operation** *[...] eine*
> *wesentliche Rolle."*
>
> (STEINWEG, 2013, S. 123, Hervorhebungen im Original)

Die im Folgenden angeführte Definition der Multiplikation sowie das Darstellen und beispielgebundene Beweisen der zentralen Rechengesetze dient als mathematischer Einstieg in das Inhaltsgebiet und stellt zugleich die Grundlage für ein tieferes Verständnis der unterrichtlichen Behandlung des kleinen Einmaleins dar: Rechenstrategien zur Lösung von Aufgaben zum kleinen Einmaleins beruhen auf Rechengesetzen, die Kinder in der Grundschulzeit als Rechenvorteile kennenlernen. Die Rechengesetze können anhand von Punktemustern auch bereits für Grundschulkinder anschaulich erläutert und somit einsichtig gemacht werden – wie die Ausführungen der Abschnitte 2.1.1 und 2.1.2 veranschaulichen.

2.1.1 Definition und Rechengesetze

Die Einführung der Multiplikation natürlicher Zahlen kann unter Rückgriff auf Mengenoperationen auf zwei unterschiedlichen Wegen erfolgen: über die „Vereinigung paarweise elementfremder, gleichmächtiger Mengen (kurz: über die **Mengenvereinigung**), d.h. auf der *Zahlenebene* über die wiederholte Addition gleicher Summanden (kurz: **wiederholte Addition**)" (PADBERG & BÜCHTER, 2015, S. 204ff., Hervorhebungen im Original) oder über das Kreuzprodukt bzw. das kartesische Produkt zweier Mengen.[19] Da die Mengenvereinigung bzw. die wiederholte Addition „für die Schule der natürlichere" (GRAUMANN, 2002, S. 45) Zugang ist und den Haupteinführungsweg der Multiplikation in der Grundschule darstellt (PADBERG, 2007, S. 199f.), wird im Folgenden nach einigen Vorbemerkungen die Multiplikation der natürlichen Zahlen als Mengenvereinigung definiert.

Bei der Einführung über die Mengenvereinigung bzw. die wiederholte Addition müssen die Summanden jeweils gleichgroß bzw. die Mengen, die vereinigt werden sollen, die gleiche Mächtigkeit besitzen. Eine weitere Voraussetzung besteht darin, dass die gegebenen Mengen insgesamt über kein gemeinsames Element verfügen bzw. mathematisch formuliert, disjunkt sind. PADBERG und BÜCHTER (2015) halten eine zusätzliche Bedingung fest:

---

19 Die Einführung der Multiplikation erfolgte in den 70er Jahren kurzzeitig, wie einigen Grundschulwerken zu entnehmen ist, über das Kreuzprodukt. In der Grundschule findet der Ansatz über das Kreuzprodukt in der Regel nur ergänzend – anhand einiger ausgewählter Sachaufgaben – Berücksichtigung (PADBERG & BÜCHTER, 2015, S. 211f.) bzw. „nur noch implizit bei kombinatorischen Aufgaben" (GRAUMANN, 2002, S. 46).

Da [...] jedoch zwei oder auch (viel) mehr Mengen vorliegen, reicht es *nicht* aus zu verlangen, dass die gegebenen Mengen insgesamt disjunkt sind, also *insgesamt* kein gemeinsames Element besitzen, sondern wir müssen verlangen, dass schon *jeweils zwei* Mengen nie ein gemeinsames Element besitzen, dass die gegebenen Mengen also **paarweise disjunkt** sind. (ebd., S. 205, Hervorhebungen im Original)

PADBERG und BÜCHTER (2015) definieren die Multiplikation natürlicher Zahlen wie folgt:[20]

Das *Produkt a · b* zweier natürlicher Zahlen a und b (mit $a \neq 0$ und $a \neq 1$) erhalten wir folgendermaßen:

Wir wählen *a paarweise disjunkte* Mengen $B_1, B_2, \ldots, B_a$ als Repräsentanten der Zahl b, also mit *card* $B_1 =$ *card* $B_2 = \cdots =$ *card* $B_a = b$. Dann ist das Produkt $a \cdot b$ die Kardinalzahl der Vereinigungsmenge $B_1 \cup B_2 \cup \cdots \cup B_a$. (PADBERG & BÜCHTER, 2015, S. 206, Hervorhebungen im Original)

PADBERG und BÜCHTER (2015, S. 206ff.) ergänzen ihre vorgenommene Definition durch folgende Bemerkungen:

- Als Kurzschreibweise der aufgelisteten Definition kann formuliert werden: $a \cdot b :=$ *card* $(B_1 \cup B_2 \cup \cdots \cup B_a)$ mit *card* $B_1 =$ *card* $B_2 = \cdots =$ *card* $B_a = b$ und $B_1, B_2, \ldots, B_a$ paarweise disjunkt bzw. kürzer $B_i \cap B_j = \{\}$ für $i \neq j$ mit $i, j \in \{1, 2, \ldots, a\}$.

- Die Produkte $0 \cdot b$ und $1 \cdot b$ werden in der Definition der Multiplikation als Mengenvereinigung nicht definiert, da eine Vereinigungsmenge von keiner oder einer Menge nicht gebildet werden kann.
  Sie werden separat definiert: $0 \cdot b := 0$ und $1 \cdot b := b$.

- Der Zusammenhang zwischen Multiplikation und wiederholter Addition gleicher Summanden wird bei der Definition deutlich ersichtlich wie am Beispiel $2 \cdot b$ für die paarweise disjunkten Mengen B_1, B_2 mit *card* $B_1 =$ *card* $B_2 = b$ aufgezeigt werden kann:[21]
  $2 \cdot b =$ *card* $(B_1 \cup B_2) = b + b$.

- Bei der Einführung der Multiplikation über die Mengenvereinigung ist die Unterscheidung der beiden Faktoren des Produktes $a \cdot b$ als Multiplikator (a) und Multiplikand (b) von Bedeutung (a gibt die Anzahl der Mengen glei-

---

20 Für die Definition der Multiplikation wird die Definition der Kardinalzahl vorausgesetzt: „Die Kardinalzahl einer Menge M (kurz *card M*) ist die *Äquivalenzklasse* aller zu M gleichmächtigen Mengen" (PADBERG & BÜCHTER, 2015, S. 193, Hervorhebungen im Original).

21 „Die *Summe a + b* zweier natürlicher Zahlen a und b erhalten wir folgendermaßen: Wir wählen einen Repräsentanten A von a und einen dazu disjunkten Repräsentanten B von b. Die Kardinalzahl von $A \cup B$, also *card* $(A \cup B)$, ist dann die Summe $a + b$" (PADBERG & BÜCHTER, 2015, S. 196, Hervorhebung im Original). Die Definition der Addition kann wie folgt festgehalten werden: „$a + b :=$ *card* $(A \cup B)$ mit $a =$ *card A*, $b =$ *card B* und $A \cap B = \{\}$" (PADBERG & BÜCHTER, 2015, S. 196).

cher Mächtigkeit wieder, *b* die Anzahl der Elemente in diesen gleichmächtigen Mengen).[22]

- Der Zusammenhang zwischen Multiplikation und wiederholter Addition gleicher Summanden lässt sich anschaulich durch rechteckig angeordnete Punktmuster darstellen (siehe Abbildung 1), im Folgenden am Produkt 2 · 4 verdeutlicht:

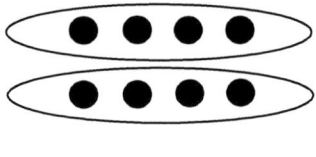

$$2 \cdot 4 = 4 + 4$$

Abbildung 1:   Punktemuster des Produktes 2 · 4.[23]

Der Einführungsweg über die Mengenvereinigung bzw. die wiederholte Addition bietet die Möglichkeit, Rechengesetze bzw. Eigenschaften[24] der Multiplikation mithilfe beispielgebundener Beweisstrategien (siehe Abschnitt 2.1.2) zu begründen und in etwas adaptierter oder vereinfachter Form im Unterricht der Grundschule zu behandeln (PADBERG & BÜCHTER, 2015, S. 204ff.). Dieser Einführungsweg stellt nicht zuletzt aus diesem Grund den wichtigsten Weg zur Einführung der Operation dar. SCHIPPER (2009) beschreibt die Multiplikation über die wiederholte Addition als die „erste und wichtigste Grundvorstellung der Multiplikation" (ebd., S. 147).

Im Folgenden werden die Rechengesetze der Multiplikation angeführt und im darauffolgenden Abschnitt erfolgt die Begründung anhand beispielgebundener Beweisstrategien.

Für die Multiplikation gelten drei zentrale Rechengesetze (PADBERG & BÜCHTER, 2015, S. 207ff.):

---

22 Zur Beschreibung des Vereinigungsprozesses verschiedener Mengen ist die Unterscheidung der beiden Faktoren von Relevanz, zur Ermittlung des Produktes ist diese aufgrund der vorliegenden Kommutativität der Multiplikation und der damit gegebenen gleichen Behandlung der Faktoren nicht mehr zwingend erforderlich.

23 Auf die in Abbildung 1 im Kontext der mathematischen Beweisführung veranschaulichte Darstellung der vorausgesetzten disjunkten Mengen wird in den folgenden Abbildungen dieser Arbeit bewusst verzichtet.

24 Rechengesetze stellen wesentliche Eigenschaften einer Operation dar (LEUDERS, 2016, S. 6). Die Begrifflichkeit *Gesetz* kann dabei nach LEUDERS (2016) missverstanden werden, „denn eigentlich handelt es sich ja nicht um eine Verhaltensvorschrift, sondern um Eigenschaften, die Operationen besitzen – oder eben nicht" (ebd., S. 6, Hervorhebung im Original). Nach STEINWEG (2013) wird in Schulbüchern und im unterrichtlichen Diskurs für Eigenschaften der Begriff *Gesetz* verwendet (ebd., S. 124, Hervorhebung im Original). In den folgenden Ausführungen dieser Arbeit werden die Begrifflichkeiten *Gesetz* und *Eigenschaft* synonym verwendet.

1) das Kommutativgesetz (oder Vertauschungsgesetz): Für alle natürlichen Zahlen a, b gilt:

$$a \cdot b = b \cdot a$$

2) das Assoziativgesetz (oder Verbindungsgesetz): Für alle natürlichen Zahlen a, b, c gilt:

$$(a \cdot b) \cdot c = a \cdot (b \cdot c)$$

3) das Distributivgesetz (Verteilungsgesetz):

a) Für alle natürlichen Zahlen a, b, c gilt:

(1) $\quad a \cdot (b + c) = a \cdot b + a \cdot c$

(2) $\quad (a + b) \cdot c = a \cdot c + b \cdot c$

b) Für alle natürlichen Zahlen a, b, c mit $b > c$ bzw. $a > b$ gilt:

(3) $\quad a \cdot (b - c) = a \cdot b - a \cdot c$

(4) $\quad (a - b) \cdot c = a \cdot c - b \cdot c$

Auf ein weiteres Rechengesetz der Multiplikation soll in dieser Arbeit ebenfalls verwiesen werden:

4) das Gesetz der Konstanz des Produktes (Ausgleichsgesetz): Für alle natürlichen Zahlen a, b und $\frac{1}{n} \cdot b$ gilt:

$$(n \cdot a) \cdot \left(\frac{1}{n} \cdot b\right) = \left(n \cdot \frac{1}{n}\right) \cdot (a \cdot b) = a \cdot b$$

2.1.2 Beispielgebundene Beweisstrategien zu den Eigenschaften

Wie im Abschnitt 2.1.1 bereits erläutert, kann die Multiplikation natürlicher Zahlen als mehrfach hintereinander ausgeführte Addition angesehen werden.

Für alle natürlichen Zahlen a, b gilt:

$$a \cdot b = card\,(B_1 \cup B_2 \cup \cdots \cup B_a) = card\,(B_1) + card\,(B_2) + \cdots + card\,(B_a) =$$

$$\underbrace{b + b + \ldots + b.}_{a\text{-mal}}$$

Dabei ermöglicht der Einführungsweg über die Mengenvereinigung bzw. die wiederholte Addition Kindern – wie bereits im Abschnitt 2.1.1 erwähnt – Rechengesetze bzw. Eigenschaften der Multiplikation, die bei der Nutzung von Rechenstrategien bzw. Rechenvorteilen eingesetzt werden, bereits im Grundschulalter auf Basis von Verständnis und Einsicht kennenzulernen. REISS und SCHMIEDER (2014) verweisen in ihrem Fachbuch *Basiswissen Zahlentheorie* auf einen kleinen Trick, der anschaulich verdeutlicht, warum beispielsweise anstelle der Ausgangsaufgabe $a \cdot b$ auch die Tauschaufgabe $b \cdot a$ zur Lösung herangezogen werden kann. Die natürlichen Zahlen a und b müssen in diesem Zusammenhang als „Rasterpunkte eines zweidimensionalen Gitters" (REISS & SCHMIEDER, 2014, S. 24) angesehen werden (siehe Abbildung 2).

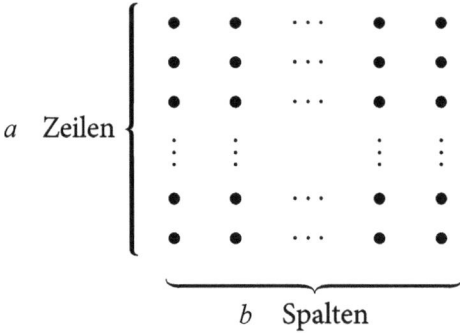

Abbildung 2:   Veranschaulichung der Aufgabe $a \cdot b$ bzw. $b \cdot a$ anhand von Rasterpunkten eines zweidimensionalen Gitters (angelehnt an REISS & SCHMIEDER, 2014, S. 25).

Für die Begründung der Kommutativität $a \cdot b = b \cdot a$ ist es hilfreich, die Produkte über die mehrfach hintereinander ausgeführte Addition – wie die Multiplikation einleitend definiert wurde – auszudrücken:

$$a \cdot b = \underbrace{b + b + \ldots + b}_{a\text{-mal}} = \underbrace{a + a + \ldots + a}_{b\text{-mal}} = b \cdot a.$$

Ermittelt man zunächst die Anzahl b der Punkte in den einzelnen Zeilen und addiert das Ergebnis wiederholt so oft, wie es Zeilen gibt, also a-mal, erhält man die gleiche Anzahl an Rasterpunkten, als ob man umgekehrt mit der Bestimmung der Anzahl a der Punkte in den einzelnen Spalten beginnt und das Ergebnis wiederum so oft addiert, wie es die b Spalten vorsehen (REISS & SCHMIEDER, 2014, S. 25). Damit gilt für alle natürlichen Zahlen a und b das Kommutativgesetz $a \cdot b = b \cdot a$.

REISS und SCHMIEDER (2014) halten bezugnehmend auf diese graphische Repräsentation fest: „Selbstverständlich kann diese anschauliche Betrachtung nicht den formalen Beweis ersetzen, aber sie kann sicherlich zum Verständnis beitragen" (ebd., S. 25).

Von der Grundidee, angelehnt an die anschauliche Betrachtung an Rasterpunkte eines zweidimensionalen Gitters von REISS und SCHMIEDER (2014), werden in den folgenden Ausführungen die zentralen Rechengesetze der Multiplikation – insofern möglich – mithilfe von Punktefeldern bzw. angeordneten Punktemustern (siehe Abschnitt 2.1.1) beispielgebunden bewiesen. „Diese Form des Begründens [das beispiel- bzw. anschauungsgebundene Begründen] ist bei der Behandlung von Rechengesetzen effektiv, da sich solche Begründungen bzgl. der Logik der Argumentation nicht vom Beweis der allgemeinen Aussage unterscheiden und dabei an einem Spezialfall der allgemeine Fall deutlich wird" (KÄPNICK, 2014, S. 105, Ergänzung der Autorin).

Kommutativgesetz

Die Grundvorstellung, die der Kommutativität der Multiplikation zugrunde liegt, ist die „Möglichkeit, zwei oder mehrere Dinge in unterschiedlicher Reihenfolge miteinander [...] zu einem Produkt zu verknüpfen, [...] das trotz der unterschiedlichen Reihenfolge unverändert bleibt [...]" (STEINWEG, 2013, S. 126). In der Variablendarstellung kann das Kommutativgesetz verkürzt für alle natürlichen Zahlen a, b wie bereits in Abschnitt 2.1.1 angeführt, wie folgt dargestellt werden:

$$a \cdot b = b \cdot a.$$

Die Kommutativität der Multiplikation ist gut an Punktemustern – wie die graphische Repräsentation zu Beginn dieses Abschnittes von REISS und SCHMIEDER (2014) veranschaulicht hat – nachzuvollziehen. Anhand folgender beispielgebundener Beweisstrategie soll dies erneut verdeutlicht werden:

Die Betrachtung ein und desselben Punktemusters bzw. Punktefeldes aus verschiedenen Blickwinkeln (siehe Abbildung 3) ermöglicht je nach eingenommener Perspektive das Erkennen eines 3 · 4-Feldes oder eines 4 · 3-Feldes. Je nach Blickwinkel werden drei Zeilen mit je vier Punkten (3 · 4 Punkte) oder vier Zeilen mit je drei Punkten (4 · 3 Punkte) wahrgenommen, wobei sich die Gesamtanzahl der abgebildeten Punkte nicht ändert. Demnach gilt für das konkrete Beispiel: 3 · 4 = 4 · 3.

$$3 \cdot 4 \qquad\qquad 4 \cdot 3$$

Abbildung 3:   Interpretation des Punktemusters bzw. Punktefeldes als 3 · 4-Feld (links) oder 4 · 3-Feld (rechts).

Dieser am Beispiel veranschaulichte Beweis ist nicht auf die speziell verwendeten Zahlen 3 und 4 beschränkt, sondern kann für beliebige natürliche Zahlen a, b ungleich 0 geführt werden. Unabhängig von der Blickrichtung bleibt die Gesamtzahl der Punkte gleich, es gilt somit auch für alle natürlichen Zahlen a und b (ungleich 0) $a \cdot b = b \cdot a$. Für die Sonderfälle $a = 0$ und $a = 1$[25] kann ebenfalls auf die Gültigkeit der Kommutativität verwiesen und $a \cdot b = b \cdot a$ festgehalten werden (PADBERG & BÜCHTER, 2015, S. 208). Nach REISS und SCHMIEDER (2014) ist die „beschriebene Methode zur Erklärung der Kommutativität durchaus geeignet [...], auch jün-

---

25 Die beiden Fälle $a = 0$ und $a = 1$ werden von PADBERG und BÜCHTER (2015) erneut als Sonderfälle aufgeführt basierend auf der Definition der Multiplikation als Mengenvereinigung (siehe Abschnitt 2.1.1), welche die Produkte $0 \cdot a$ und $1 \cdot a$ nicht erklärt (siehe Bemerkung im Abschnitt 2.1.1).

geren Kindern eine Vorstellung davon zu vermitteln (und natürlich ist bei so kleinen konkreten Zahlen alles ganz einfach und das Bild schon der Beweis)" (ebd., S. 26). Die Entdeckung und Begründung der Assoziativität, der Distributivität sowie des Gesetzes der Konstanz des Produktes wird anhand der folgenden Ausführungen demonstriert.

Assoziativgesetz

Ebenso wie für die Addition, gilt für die Multiplikation natürlicher Zahlen neben dem Kommutativgesetz auch das Assoziativgesetz. Das beliebige Zusammenfassen der Faktoren eines Produktes wird dabei üblicherweise durch die Klammersetzung angedeutet. Für alle natürlichen Zahlen a, b, c gilt:

$$(a \cdot b) \cdot c = a \cdot (b \cdot c).$$

Die Assoziativität wird nur dann im Unterricht der Grundschule explizit zum Thema, wenn in den Lehrplänen Klammern als verpflichtende Lerninhalte vorgeschrieben sind. Dies ist allerdings nicht in allen Bundesländern verbindlich gefordert (STEINWEG, 2013, S. 136), so z.B. auch nicht im bayerischen Lehrplan.[26] „Die grundsätzliche Idee, dass Verbindungen zwischen drei oder mehr [...] Faktoren beliebig eingegangen werden können, ohne die Äquivalenz der Terme zu zerstören, kann jedoch unabhängig von der Darstellung in Termstrukturen erkannt werden" (STEINWEG, 2013, S. 136).

Nach STEINWEG (2013) kann die Darstellung von Punktemustern – unter der Bedingung, dass ein Verständnis der Kommutativität vorliegt – Anstöße liefern, „unterschiedliche ‚Zählweisen' bzw. Perspektiven des Hineindeutens von Produkten zu erproben" (ebd., S. 137, Hervorhebung im Original). Dieses *Herantasten* an Variationen verschiedener Zählweisen ermöglicht zwar keine verallgemeinerbare Interpretation zur Klärung der Assoziativität der Multiplikation, es kann allerdings aufgezeigt werden (siehe Abbildung 4), dass ein Punktemuster unterschiedlich interpretiert, zu einer gleichen Anzahl an Punkten führt bzw. dass die beiden Produkte $4 \cdot (2 \cdot 2)$ und $2 \cdot (4 \cdot 2)$ zum selben Ergebnis führen.

---

26 Der gemeinsame Rahmenlehrplan von Berlin und Brandenburg, der ab dem Schuljahr 2017/2018 eingeführt wird, fordert auf Niveaustufe C (in Jahrgangstufe 3–5) beispielsweise das „Nutzen, Darstellen, Beschreiben von [...] Rechengesetzen [...] (Kommutativgesetz, Assoziativgesetz, Distributivgesetz, gleich- und gegensinniges Verändern)" (BERLINER SENATSVERWALTUNG FÜR BILDUNG, JUGEND UND WISSENSCHAFT & MINISTERIUM FÜR BILDUNG, JUGEND UND SPORT DES LANDES BRANDENBURG, 2015, S. 35) sowie das „Verknüpfen mehrerer Grundrechenoperationen unter Beachtung der Punkt-vor-Strich-Regel und der Klammerregeln im Bereich der natürlichen Zahlen" (ebd., S. 35). Die Assoziativität der Multiplikation ist in diesem exemplarisch angeführten Rahmenplan somit „in der Termform [...] Gegenstand des Unterrichtes der Primarstufe" (STEINWEG, 2013, S. 136).

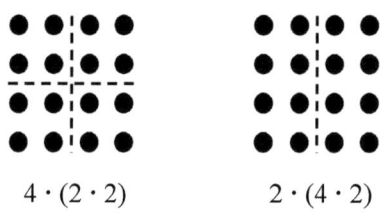

$$4 \cdot (2 \cdot 2) \qquad 2 \cdot (4 \cdot 2)$$

Abbildung 4:   Interpretation des Punktemusters als 4 · (2 · 2) und 2 · (4 · 2).

PADBERG und BENZ (2011, S. 136f.) führen als anschauliche Begründung der Assoziativität einen aus Würfeln aufgebauten Quader an, dessen Quaderkanten die drei Faktoren verkörpern. Die Gesamtzahl der Würfel bleibt unverändert, ganz abgesehen davon, wie die Würfel des Quaders Schicht für Schicht abgezählt werden: von unten nach oben oder von links nach rechts. Bei der schichtweisen Abzählung von unten nach oben erhält der abgebildete Quader (siehe Abbildung 5) als unterste Schicht 2 · 4 Würfel. Da der Quader aus zwei Schichten besteht, kann für das konkrete Beispiel die Gesamtwürfelzahl 2 · (2 · 4) ermittelt werden. Bei einer Schichtung von links nach rechts kann die Anzahl der Würfel auf ähnliche Weise über (2 · 2) · 4 gefunden werden. Die Anzahl der Würfel ändert sich nicht durch eine Variation in der Zählweise – es gilt demnach: 2 · (2 · 4) = (2 · 2) · 4.

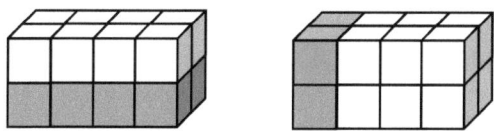

Abbildung 5:   Quader bestehend aus 2 · (2 · 4) (links) bzw. (2 · 2) · 4 Würfeln (rechts).

Verallgemeinert gilt diese Argumentation nicht nur für die im Beispiel aufgeführten Zahlen 2, 2 und 4, sondern auch für alle beliebigen natürlichen Zahlen a, b und c.

Distributivgesetz

Das Distributivgesetz beschreibt den bestehenden Zusammenhang zwischen Addition und Multiplikation, das Zusammenspiel zwischen multiplikativen und additiven Verknüpfungen (PADBERG & BÜCHTER, 2015, S. 207). Für alle natürlichen Zahlen a, b, c gilt:

$$a \cdot (b + c) = a \cdot b + a \cdot c.$$

Eine beispielgebundene Beweisstrategie der Distributivität (der Addition) lässt sich nach PADBERG und BENZ (2011, S. 137) über ein Punktemuster mit zwei unterschiedlichen Farben sehr gut veranschaulichen (siehe auch PADBERG & BÜCHTER, 2015, S. 208f.). Die Gesamtzahl der Punkte kann dabei auf zwei unterschiedlichen

Wegen ermittelt werden: Bei einer reihenweisen Bestimmung kann die Gesamtzahl über das Produkt 3 · (5 + 2), bei einer Bestimmung aufgrund der unterschiedlichen Farben mittels 3 · 5 + 3 · 2 (siehe Abbildung 6) berechnet werden.

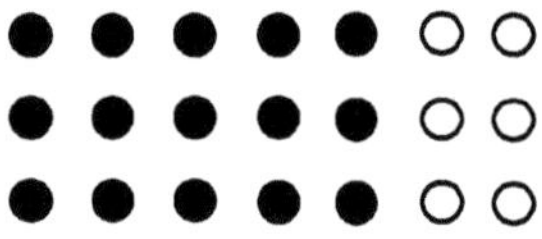

$$3 \cdot (5 + 2) = 3 \cdot 5 + 3 \cdot 2$$

Abbildung 6: Interpretation des Punktemusters reihenweise als 3 · (5 + 2), getrennt nach Farben als 3 · 5 + 3 · 2.

Da in beiden Fällen sämtliche Punkte berücksichtigt wurden und die Zahl der Punkte übereinstimmt, gilt: 3 · (5 + 2) = 3 · 5 + 3 · 2. Die am Beispiel dargestellte Argumentation gelingt dabei nicht ausschließlich bei den speziellen Zahlen 3, 5 und 2, sondern auch entsprechend bei beliebig eingesetzten natürlichen Zahlen. STEINWEG (2013, S. 142) beschreibt die Verallgemeinerung der Distributivität folgendermaßen:

> Ein Punktefeld kann als räumlich-simultane Anschauung eines Produktes in zwei Teile (Teil-Produkte) zerlegt werden. [...] [E]ine Länge des Punktefeldes [wird] aufgeteilt, die andere bleibt bei beiden Teilprodukten erhalten. Das Produkt und die Summe der Teilprodukte bestimmen jeweils die gleiche Anzahl von Punkten und sind somit gleichwertig (äquivalent). (STEINWEG, 2013, S. 142, Ergänzung der Autorin)

Konstanz des Produkts

Der Konstanzsatz der Multiplikation lautet wie folgt: Produkte bleiben gleich, wenn der eine Faktor mit einem bestimmten Wert multipliziert wird und der andere gleichzeitig durch diesen Wert dividiert wird (*gegensinniges Verändern*) (KRAUTHAUSEN & SCHERER, 2007, S. 42). Der mathematische Hintergrund des Konstanzsatzes ist dabei nach PADBERG und BENZ (2011) die „Beziehung $(n \cdot a) \cdot (\frac{1}{n} \cdot b) = (n \cdot \frac{1}{n}) \cdot (a \cdot b) = a \cdot b$, die wegen des Kommutativ- und Assoziativgesetzes im Bereich der rationalen Zahlen (Bruchzahlen) generell gilt" (ebd., S. 141, Hervorhebungen im Original). Soll das Ergebnis des Produktes eine natürliche Zahl sein, ist das Ausgleichsgesetz nur bei speziellen Faktoren anwendbar – wenn $\frac{1}{n} \cdot b$ bzw. die Division von b durch n, selbst eine natürliche Zahl ergibt (PADBERG & BENZ, 2011, S. 141).

Für alle natürlichen Zahlen a, b und $\frac{1}{n} \cdot b$ gilt:

$$(n \cdot a) \cdot (\tfrac{1}{n} \cdot b) = (n \cdot \tfrac{1}{n}) \cdot (a \cdot b) = a \cdot b.$$

Die beispielgebundene Beweisstrategie kann wiederum anhand eines Punktefeldes geführt werden. Die Gesamtzahl der Punkte des Punktefeldes ändert sich nicht, wenn die Anzahl der Reihen eines Punktefeldes verdoppelt (bzw. verdreifacht etc.) wird und im Gegenzug die Anzahl der Spalten des Punktefeldes halbiert (bzw. gedrittelt etc.) wird. Als Endprodukte entstehen zwei unterschiedliche Punktefelder (siehe Abbildung 7) mit derselben Gesamtpunktzahl (STEINWEG, 2013, S. 156) – das Produkt bleibt konstant gegenüber der gegensinnigen Veränderung der Faktoren: $4 \cdot 6 = (2 \cdot 4) \cdot (\frac{1}{2} \cdot 6) = 8 \cdot 3$.

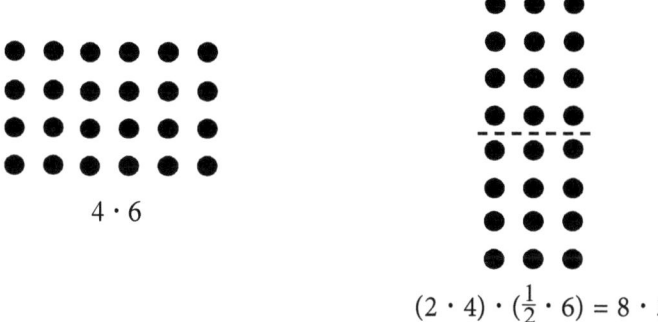

$$4 \cdot 6$$

$$(2 \cdot 4) \cdot (\tfrac{1}{2} \cdot 6) = 8 \cdot 3$$

Abbildung 7:   Konstantes Produkt gegenüber der gegensinnigen Veränderung der Faktoren: $4 \cdot 6 = (2 \cdot 4) \cdot (\frac{1}{2} \cdot 6) = 8 \cdot 3$.

Die in diesem Abschnitt angeführten Interpretationen der Punktemuster (bzw. des Quaders im Falle der Argumentation der Assoziativität) bieten die Möglichkeit, Eigenschaften der Multiplikation – die Kommutativität, die Assoziativität, die Distributivität und die Konstanz des Produktes – nicht lediglich aufgabenspezifisch zu erfassen, sondern diese auch anschaulich und allgemeingültig zu begründen. Inwieweit bzw. inwiefern die beispielgebundenen Beweisstrategien in etwas adaptierter oder vereinfachter Form in der Unterrichtspraxis der Grundschule zum Einsatz kommen und welche bedeutende Rolle ihrer verständnisbasierten Erarbeitung zuteil wird, soll bei der Darstellung der unterrichtlichen Erarbeitung des kleinen Einmaleins konkretisiert werden.

2.2 Strategiebegriff und Herangehensweisen zur Lösung von Einmaleinsaufgaben

> *„The fact that children use diverse strategies is not a mere idiosyncracy of human cognition. Good reasons exist for people to know and use multiple strategies."*
>
> (SIEGLER, 1991, S. 90)

Arithmetische Aufgabenstellungen und in diesem Sinne auch Aufgaben zum kleinen Einmaleins können auf verschiedenen Wegen gelöst werden. Dabei werden aus mathematikdidaktischer Sicht elegantere von weniger eleganten Herangehensweisen bzw. effizientere von weniger effizienten unterschieden. Der Abschnitt 2.2 stellt verschiedene Herangehensweisen zur Lösung von Einmaleinsaufgaben dar. Zu Beginn wird ein Überblick über die Verwendung des Begriffes *Strategie* gegeben. Der Abschnitt 2.2.1 gibt dabei gewissermaßen einen Einblick in die uneinheitliche Verwendung des Begriffes. Daran anschließend werden im Abschnitt 2.2.2 unterschiedliche Herangehensweisen zur Lösung von Einmaleinsaufgaben aus mathematikdidaktischer Sicht dargestellt. Die in der vorliegenden Arbeit verwendeten Begrifflichkeiten für verschiedene Lösungswege von Einmaleinsaufgaben werden im Folgenden erläutert und voneinander abgegrenzt. Im Abschnitt 2.2.3 erfolgt die für diese Arbeit finale Positionierung hinsichtlich des Strategiebegriffes beim kleinen Einmaleins. Der abschließende Abschnitt 2.2.4 widmet sich in einem Exkurs dem Begriff Strategie bezogen auf das Einmaleins aus internationaler Perspektive. Dieser Exkurs ist erforderlich, da im Kontext Einmaleins internationalen Studien teils ein anderes Strategieverständnis zugrunde liegt als der Fachdidaktik in Deutschland und dieser Arbeit.

2.2.1 Strategiebegriff allgemein

ASHCRAFT (1990) bezeichnet unter dem Begriff *Strategie* „how some task is performed mentally" (ebd., S. 186) und umschreibt Strategie als „any mental process or procedure in the stream of information-processing activities that serves a goal-related purpose" (ebd., S. 207). CARR und HETTINGER (2003) stimmen mit der Definition von ASHCRAFT (1990) überein, indem sie den Begriff Strategie ganz weit gefasst wie folgt festlegen: „Mathematics strategies [...] will be defined broadly as any method used to solve a mathematics problem" (ebd., S. 34). Ihrem Begriffsverständnis nach erfolgt der Einsatz von Strategien „with a specific outcome in mind" (CARR & HETTINGER, 2003, S. 34). Dies steht im Einklang mit der Bezeichnung „goal-related" bei ASHCRAFT (1990). Ein wesentlicher Bestandteil jeder Strategie besteht demnach in ihrer *Zielgerichtetheit* (vgl. ASHCRAFT, 1990, S. 186; CARR & HETTINGER, 2003, S. 34; GAIDOSCHIK, 2010, S. 10; STERN, 1992, S. 102; THRELFALL, 2009, S. 541f.).

Eine Spezifizierung bzw. Ausdifferenzierung des Strategiebegriffes liefert THREL-FALL (2009) bezüglich der sogenannten „approach-strategy" (S. 541), die er als „the general form of mathematical cognition used for the problem" (ebd., S. 541) beschreibt. Unter strategischen Herangehensweisen an ein mathematisches Problem werden beispielsweise das Zählen, der Faktenabruf, die Anwendung einer gelernten Methode, die Visualisierung einer Prozedur oder der Rückgriff auf bekannte Zahlbeziehungen gefasst. Dem Verständnis von THRELFALL (2009) zufolge werden mit dem Begriff *Strategie* sowohl *bewusste bzw. gezielt ausgeführte* als auch *unbewusste* Herangehensweisen beschrieben – ein Strategieverständnis, das im Laufe der weiteren Ausführungen noch modifiziert werden wird.

SHERIN und FUSON (2005) verwenden den Begriff *computational strategies* und beziehen sich auf „*patterns in computational activity, viewed at a certain level of abstraction*" (SHERIN & FUSON, 2005, S. 350, Hervorhebungen im Original). Dabei grenzen sie sich gezielt von alternativen begrifflichen Darstellungen ab, die Strategien als „*knowledge (cognitive structures) possessed by individuals*" (ebd., S. 350, Hervorhebungen im Original) beschreiben. Computational strategies stellen „a pattern in the steps taken toward producing a numerical result" (ebd., S. 350) dar, aber nach SHERIN und FUSON (2005) kein Wissen im eigentlichen Sinne. Kinder müssen demnach zur Aufgabenlösung nicht über explizites Strategiewissen verfügen. Strategien können ähnlich wie bei THRELFALL (2009) durchaus auch *unbewusst* ablaufen (SHERIN & FUSON, 2005, S. 349). Vereinzelte, einfache Beziehungen zwischen einer speziellen Strategie und dem *Wissen* eines einzelnen Kindes können zuweilen aber auch bestehen. Nach SHERIN und FUSON (2005) muss dies allerdings nicht zwingend der Fall sein: „Sometimes, […] there is a simple relationship […], but this need not always be the case" (ebd., S. 350). Die Tatsache, dass SHERIN und FUSON (2005) Strategien nicht oder nur eingeschränkt mit dem Begriff *knowledge* gleichsetzen, soll allerdings nicht zu dem Schluss führen, dass Strategien nicht auf Wissen basieren. Ganz im Gegenteil werden bei SHERIN und FUSON (2005) Strategien danach klassifiziert, welche zahlspezifischen Fertigkeiten zur Aufgabenlösung verlangt werden bzw. erforderlich sind: „We associate classes of strategies with the type of number-specific computational resources that underpin those strategies" (ebd., S. 356).

Inwiefern eine *Strategie* als *wissensbasierter* oder *nicht wissensbasierter* Prozess verstanden wird, kann im Hinblick auf den Strategiebegriff in der Literatur diskutiert werden. Autoren für die Strategien im Gegensatz zu SHERIN und FUSON (2005) Wissen oder kognitive Strukturen – im beschriebenen Sinne – darstellen, sollen anhand der folgenden Ausführungen exemplarisch angeführt werden.

STERN (1992) betont ebenso wie SHERIN und FUSON (2005), dass strategisches Verhalten eine Basis an Wissen voraussetzt, welche als „gut organisierte Wissensstruktur vorliegt, auf deren Grundlage neues Wissen aufgebaut werden kann" (STERN, 1992, S. 103). Die Notwendigkeit einer zugrundeliegenden Wissensstruktur wird dabei ihrer Meinung nach umso deutlicher, wenn man berücksichtigt, dass sich eine Strategie durch keinen bekannten oder festgelegten Handlungsschritt kennzeichnet (STERN, 1992, S. 103). STERN (1992) unterscheidet nämlich zwischen einer Prozedur und einer Strategie: „Während bei der Prozedur die einzelnen Schritte festgelegt sind und der Lernprozeß [sic] darin besteht, die Abfolge dieser zu optimieren, gibt es bei der Strategie keinen vorher bekannten und festgelegten Handlungsablauf" (ebd., S. 103). Strategien sind im Vergleich zu Prozeduren, bei denen Handlungsschritte in der richtigen Reihenfolge ausgeführt werden, deutlich komplexer und schwerer zu fassen. Der Strategiebegriff wird mit übergeordneten kognitiven Prozessen in Verbindung gebracht: „Kognitive Prozesse, die sich mit den Begriffen Flexibilität, Zielorientiertheit und Effizienz charakterisieren lassen, werden unter dem Begriff ‚Strategie' zusammengefasst" (STERN, 1992, S. 102, Hervorhebung im Original). Nach STERN (1992) und einer von ihr durchgeführten Literaturrecherche liegt darin der Minimalkonsens der Vielfalt an Begriffserklärungen (ebd., S. 102). Neben der bereits zu Beginn dieses Abschnittes angesprochenen Zielorientiertheit, stellen nach STERN (1992) darüber hinaus auch die *Flexibilität* und *Effizienz* kennzeichnende Merkmale einer Strategie dar.

BISANZ und LEFEVRE (1990) betonen ebenso wie STERN (1992), dass eine Voraussetzung für strategisches Vorgehen in einem gut strukturierten Wissensnetz liegt. Bei ihrer ebenfalls getroffenen Unterscheidung zwischen den Begrifflichkeiten Strategie und Prozedur führen sie als entscheidendes Charakteristikum den Entscheidungsspielraum an – von einem gezielten, strategischen Vorgehen kann nach BISANZ und LEFEVRE (1990) nur dann gesprochen werden, wenn zwischen verschiedenen Lösungswegen gewählt werden kann (ebd., S. 236). Nach BISANZ und LEFEVRE (1990) ist eine Strategie definiert als „a procedure that is invoked in a flexible, goal oriented manner and that influences the selection and implementation of subsequent procedures" (ebd., S. 236). Während sich eine Prozedur durch eine erfolgreiche Ausführung einer bekannten und festgelegten Lösungsmethode kennzeichnen lässt und nicht zwingend konzeptuelles Verständnis erfordert, bedeutet der Gebrauch einer Strategie, „looking for facilitatory methods instead of running long winded and time consuming procedures" (STERN, 1992, S. 266f.). STERN (1992) zufolge stellt die bewusste Auswahl einer Strategie mit einem spezifischen Zielgedanken einen wesentlichen Aspekt des Strategieeinsatzes dar. Strategien sind auch gemäß BISANZ und LEFEVRE (1990) auf Entscheidungen beschränkt, die vor der tatsächlichen Berechnung einer Aufgabe getroffen werden und eine flexible Auswahl zwischen verschiedenen Herangehensweisen zur Zielerreichung vorsehen. In dieser *bewussten* bzw. flexiblen Auswahl liegt auch der Unterschied zum Begriffsverständnis von SHERIN und FUSON (2005) begründet – nach STERN (1992) sowie BISANZ und LEFEVRE (1990) scheint Wissen um eine Strategie explizit erforderlich zu sein. Andernfalls kann keine bewusste Entscheidung für oder gegen eine Strategie erfolgen. Der Faktenabruf wird von BISANZ und LEFEVRE (1990) dabei nicht als Strategie angesehen, da sie unter Faktenabruf folgendes fassen: „A fundamental property of the cognitive system, it is not an optional procedure, and hence it is not strategic" (BISANZ & LEFEVRE, 1990, S. 237).

Somit ähnelt die Verwendung des Begriffs Strategie bei BISANZ und LEFEVRE (1990) dem Strategieverständnis von STERN (1992), welche – wie bereits im vorherigen Absatz erwähnt – neben der Zielorientierung auch die Flexibilität als weiteres

Kriterium einer Strategie anführt. Nach CARR und HETTINGER (2003) sprechen sich BISANZ und LEFEVRE (1990) auch für eine saubere Abgrenzung des Strategiebegriffes von anderen kognitiven Prozessen bzw. Vorgehensweisen aus. Sie fordern demzufolge „a more constrained use of the term so as to discriminate strategies from other cognitive procedures" (CARR & HETTINGER, 2003, S. 34).

In Anlehnung an STERN (1992, S. 102f.) versteht RATHGEB-SCHNIERER (2006) unter Strategien „übergeordnete, bewusste handlungsleitende Prinzipien, die altersabhängig, aufgabenabhängig, wissensabhängig und motivabhängig sind" (ebd., S. 55). Strategischem Vorgehen bedarf es dann, wenn keine geschlossene bzw. „durchgängige[...] Lösungsmethode" (RECHTSTEINER-MERZ, 2013, S. 24) zur Verfügung steht und demnach zur Problemlösung strategische Werkzeuge erforderlich sind (RATHGEB-SCHNIERER, 2006, S. 55f.). Unter strategischen Werkzeugen[27] werden „Zahlzerlegungen, regelgestützte Veränderungen von Aufgaben sowie Nutzung von Hilfsaufgaben, Nutzung des Analogiewissens und Auswendigwissens" (RATHGEB-SCHNIERER, 2010, S. 270) verstanden – vorwiegend liegen diesen Werkzeugen numerische Prinzipien und Rechengesetze zugrunde. „Charakteristisch für diese strategischen Werkzeuge ist ihre Aufgabenunabhängigkeit sowie die Kombinierbarkeit mehrerer strategischer Werkzeuge beim Lösen einer Aufgabe" (RATH-GEB-SCHNIERER, 2006, S. 55). Nach RATHGEB-SCHNIERER (2006) benötigen Kinder somit explizites Wissen zur Ausführung einer Strategie – das erforderliche Strategie- und Basisfaktenwissen bezeichnen sie mit der Begrifflichkeit *strategisches Werkzeug*.

THRELFALL (2002) spricht von „analytic strategies" (ebd., S. 42) und widerspricht in Bezug auf den Begriff *Strategie* der Annahme einiger Autoren, dass Schülerinnen und Schüler vor dem Lösen einer Aufgabe eine geeignete Strategie, in Form eines kompletten – bekannten und festgelegten – Lösungsweges, auswählen:

> It [the analytic strategy] is not learned as a general approach and then applied to particular cases. The solution path taken may be interpreted later as being the result of a decision or choice, and be called a 'strategy', but the labels are misleading. The 'strategy' (in the holistic sense of the entire solution path) is not decided, it emerges. That is why the classifications of strategies do not map easily onto the differences that there are in practice. They are a post-hoc construct applied to a different kind of cognitive product. In this interpretation, the mental 'strategies' that can actually occur are not solution strategies, but analytic strategies. They are ways of thinking about mental calculations that do not describe the whole sequence to the solution, but concern just some of the steps, for example ways of beginning, ways of thinking about the numbers, and ways of relating the numbers to other knowledge. (THRELFALL, 2002, S. 42, Hervorhebungen im Original, Ergänzung der Autorin)

Eine Strategie kann sich, wie dem Zitat von THRELFALL (2002) zu entnehmen ist, demnach auch in Abhängigkeit vom individuellen Wissen und Erkennen entwickeln

---

27 Die an dieser Stelle aufgelisteten strategischen Werkzeuge beziehen sich auf die Lösung von Additions- und Subtraktionsaufgaben (RATHGEB-SCHNIERER, 2006, S. 55).

und weniger vorneweg als gesamter Lösungsweg ausgewählt werden. Nach SIEGLER (1988) scheint es sogar möglich zu sein, „that people make at least some of their strategy choices without reference to explicit knowledge of capacities, strategies, and problem characteristics" (ebd., S. 258). Selbst wenn eine Strategie in der Theorie als intuitiv ablaufende oder als bewusst getroffene Herangehensweise definiert wird – in der Praxis ist es vereinzelt nur schwer möglich zwischen diesen beiden Fällen zu unterscheiden, wie das Zitat von THRELFALL (2009) zeigt:

> In any particular case, it may not be possible to say from its form whether a number-transformation-strategy was an example of purposeful calculation based on number knowledge or the 'blind' application of a learned method. (THREL-FALL, 2009, S. 542, Hervorhebung im Original)

Der dargebotene Einblick über die Verwendung des Begriffs Strategie verdeutlicht, dass dieser in der Literatur – sowohl national als auch international – sehr vielfältig genutzt und ihm verschiedene Bedeutungen zugewiesen werden.

Zusammenfassung

Die verschiedenen Definitionen fassen unter dem Begriff Strategie sowohl bewusst als auch unbewusst ablaufende Herangehensweisen, andere wiederum beschränken sich auf gezielt ausgeführte Prozesse. Nach Meinung einiger Autoren ist eine Strategie mit dem zur Lösung explizit erforderlichen Wissen gleichzusetzen, andere wiederum behaupten, dass eine Strategie kein Wissen im eigentlichen Sinne darstellt. Je nach Definition werden neben der Zielorientiertheit auch die Begrifflichkeiten Flexibilität und Effizienz mit Strategien in Verbindung gebracht.

Vor allem aber sind die bewusst ablaufenden Prozesse, bei denen Zahlbeziehungen genutzt werden, die größtenteils auf Rechengesetzen beruhen, von besonderem Interesse. Dies trifft auch auf die vorliegende Arbeit zu. Im Abschnitt 2.2.2 werden die verschiedenen Herangehensweisen – im Hinblick auf das kleine Einmaleins bzw. die Multiplikation – detailliert erläutert.

Die bisherigen Ausführungen dieses Abschnittes sollten allerdings auch unter dem Gesichtspunkt betrachtet werden, dass Begriffsdefinitionen zwar allgemeingültig bzw. unabhängig von einer konkreten Operation formuliert werden, je nach Rechenoperation aber auch unterschiedliche Ausdifferenzierungen aufweisen können. Die bereits erwähnte Aussage von THRELFALL (2002) „the ‚strategy' (in the holistic sense of the entire solution path) is not decided, it emerges" (ebd., S. 42, Hervorhebung im Original) könnte beispielsweise eher auf das exemplarisch angeführte Beispiel der halbschriftlichen Addition zutreffen als für das kleine Einmaleins. Aufgrund der begrenzten Anzahl an und einer beschränkten Anzahl zu lösender Aufgaben, ist es denkbar, dass durchaus – im Widerspruch zur Aussage von THRELFALL (2002) –, eine Strategie als „general approach" (THRELFALL, 2002, S. 42) gelernt und dann auf spezielle Fälle angewendet wird und weniger im Rechenprozess entsteht. Kinder merken sich möglicherweise für die begrenzte Anzahl an Aufgaben aus dem kleinen Einmaleins, welche Aufgabe wie gut zu lösen ist. Im Zahlenraum bis 1000 müssen Kinder im Gegensatz dazu immer wieder neu nachdenken, wie sie Aufgaben berechnen.

2.2.2 Herangehensweisen zur Lösung von Einmaleinsaufgaben

Die Vielfalt an verschiedenen Lösungswegen für Einmaleinssätze unabhängig davon, ob sie gezielt ausgeführt, automatisiert ablaufen, unter den Begriff *Wissen* fallen oder nicht (siehe Abschnitt 2.2.1), werden in den folgenden Ausführungen dieser Arbeit mit dem Oberbegriff *Herangehensweisen* bezeichnet bzw. tituliert. Die Begrifflichkeit orientiert sich an den im Abschnitt 2.2.1 ebenfalls sehr weit gefassten Strategie-Definitionen von ASHCRAFT (1990) sowie CARR und HETTINGER (2003), die es ermöglichen, die Gesamtheit der unterschiedlichen Ausprägungen an Herangehensweisen an eine Aufgabe zu erfassen. Was in der vorliegenden Arbeit unter dem Begriff *Strategie* gefasst wird, wird nach der Beschreibung der unterschiedlichen Herangehensweisen aufgeführt.

Trotz unterschiedlicher Bezeichnung und teilweise unterschiedlichen Ausdifferenzierungen der Lösungswege von Einmaleinsaufgaben in der mathematikdidaktischen Literatur können nach SELTER (1994) vier verschiedene Herangehensweisen an Einmaleinssätze klassifiziert werden (ebd., S. 75f.), „deren einzelne Kategorien verschiedene Grade an Eleganz und Effizienz aufweisen" (SETER, 1994, S. 75). Die Zusammenfassung einiger Studienergebnisse liefert gemäß SELTER (1994) die folgende Klassifikation (ebd., S. 75f.): das Zählen, das Addieren, das Ableiten aus bereits bekannten Einmaleinsaufgaben sowie die auswendige Verfügbarkeit des Einmaleinssatzes.

Für diese Arbeit werden die unterschiedlichen Herangehensweisen beim Lösen von Einmaleinssätzen neu klassifiziert – dabei werden die ersten beiden Kategorien von SELTER (1994) zusammengefasst:
* *Zählen und wiederholtes Addieren (gleicher Summanden)*
* *Ableiten aus bereits bekannten Einmaleinsaufgaben*
* *Faktenabruf*

In den folgenden Absätzen sollen die verschiedenen Herangehensweisen zur Lösung von Aufgaben des kleinen Einmaleins und ihre kennzeichnenden Merkmale einer genaueren Betrachtung unterzogen werden.

Zählen und wiederholtes Addieren (gleicher Summanden)

Den mit Abstand geringsten Grad an Eleganz und Effizienz – im Vergleich zum Ableiten aus bereits bekannten Einmaleinsaufgaben und der Automatisierung – weisen die Herangehensweisen des *Zählens und wiederholten Addierens* auf (vgl. RADATZ et al., 1998, S. 87; SCHIPPER et al., 2015, S. 109). Dabei unterscheiden sich auch die verschiedenen Lösungswege beim Zählen und wiederholten Addieren deutlich mit

Blick auf eine elegante und/oder effiziente Möglichkeit zur Lösung einer Einmaleinsaufgabe, wie anhand der folgenden Ausführungen verdeutlicht wird.

Einen Lösungsweg, der bereits vor der unterrichtlichen Behandlung der Multiplikation gewählt wird, stellt das *Auszählen* dar. Das vollständige Auszählen jedes einzelnen Objekts oder das direkte Modellieren mit Material kann dabei nach SHERIN und FUSON (2005) „paper-based" oder „finger-based" (ebd., S. 364f.) vollzogen werden.

Beim *rhythmischen Zählen* erfolgt die Aufgabenlösung wiederum über das Zählen, allerdings unter Betonung der gleichgroßen Teilabschnitte (1, 2, 3, <u>4</u>, 5, 6, 7, <u>8</u>, 9, 10, 11, <u>12</u>). Eine Variante des rhythmischen Zählens stellt das rhythmische Zählen mit Fingern dar. Die Finger werden dabei zur Anzahlbestimmung der gleich großen Teilabschnitte eingesetzt. Generell kann für alle Schülerinnen und Schüler unabhängig vom Leistungsvermögen festgehalten werden: „Count-all strategies can be the most time-consuming and most difficult to enact correctly when the operands are large" (SHERIN & FUSON, 2005, S. 363).

Zum Lösen von Einmaleinsaufgaben kann auch die *wiederholte Addition* gleicher Summanden (4 + 4 + 4) genutzt werden. Auch dieser Lösungsweg ist eher zeitaufwändig und fehleranfällig – laut SHERIN und FUSON (2005) aber „less time-consuming and easier to enact than count-all strategies" (ebd., S. 367). Bei dieser Herangehensweise wird, gegebenenfalls auch unter Zuhilfenahme der Finger, die Anzahl der durchgeführten Teiladditionen vermerkt.

Eine weitere Herangehensweise nach PADBERG und BENZ (2011) stellt die „Benutzung von Zahlenfolgen" (ebd., S. 126) (z.B. 4, 8, 12) dar, welche auch unter dem synonymen Begriff *Aufsagen der Einmaleinsreihe* in der Literatur geführt wird. Das Aufsagen der Einmaleinsreihe führt nach RADATZ et al. (1998) „zu einem anderen, nicht weniger aufwendigen und fehleranfälligen Verfahren" (ebd., S. 87). „The tradeoff is that a count-by sequence must be learned for each number" (SHERIN & FUSON, 2005, S. 370). Bei großen Faktoren scheint es auch bei dieser Herangehensweise hilfreich, zur Entlastung des Kurzzeitgedächtnisses, die Finger zum Zählen heranzuziehen.

Ableiten aus bereits bekannten Einmaleinsaufgaben

Eine Lösung über ein Ableiten aus bekannten Einmaleinsaufgaben repräsentiert eine Herangehensweise, die auf Zahlbeziehungen, bekannte Einmaleinssätze oder bestimmte Muster zur Problemlösung zurückgreift. In der mathematikdidaktischen Literatur werden mit Blick auf das kleine Einmaleins in der Mehrzahl der Fälle folgende fünf Herangehensweisen, die noch unbekannte Einmaleinsaufgaben aus bereits bekannten Einmaleinsaufgaben ableiten, unterschieden (vgl. PADBERG & BENZ, 2011, S. 139; SCHIPPER et al., 2015, S. 110):

- die Tauschaufgabe,
- die Verdopplung bzw. Halbierung eines Faktors,
- die Zerlegung eines Faktors,

- die Nachbaraufgabe und
- das gegensinnige Verändern beider Faktoren.

Im Folgenden sollen diese fünf Herangehensweisen spezifiziert werden:

Tauschaufgabe
Beim Lösen von Einmaleinsaufgaben sollen Kinder die Tauschaufgabe als einen Lösungsweg kennenlernen, der – wenn die Tauschaufgabe bekannt ist – einfacher zur Lösung führen kann, als eine für die ursprüngliche Aufgabe alternative Herangehensweise. Grundlage für die Tauschaufgabe, bei der die Faktoren der Aufgabe vertauscht werden, um somit auf das Ergebnis des leichteren oder bereits bekannten Einmaleinssatzes zurückzugreifen, ist das Kommutativgesetz der Multiplikation ($a \cdot b = b \cdot a$) (siehe Abschnitt 2.1.2). Wegen der Gültigkeit des Kommutativgesetzes kann beispielsweise anstelle der noch nicht bekannten Aufgabe $7 \cdot 3$, zur Aufgabenlösung die bereits bekannte Aufgabe $3 \cdot 7$ genutzt werden (PADBERG, 2005, S. 202f.). Die Begründung der Tauschaufgabe kann anhand eines beispielgebundenen Beweises wie im Abschnitt 2.1.2 bereits veranschaulicht, grundschuladäquat aufgezeigt werden. Die Anzahl der zu erlernenden Aufgaben kann um fast die Hälfte reduziert werden, wenn Kinder die Tauschaufgabe zum Lösen von Aufgaben einsetzen (RADATZ et al., 1998, S. 88).

Verdopplung bzw. Halbierung eines Faktors
Wegen der Gültigkeit des Assoziativgesetzes (siehe Abschnitt 2.1.2) können Einmaleinsaufgaben über die Verdopplung bzw. Halbierung eines Faktors gelöst werden. Soll ein Kind beispielsweise die noch unbekannte Aufgabe $4 \cdot 7$ lösen, fällt es ihm unter Umständen leichter, auf eine bereits bekannte Aufgabe wie beispielsweise $2 \cdot 7$ zurückzugreifen. Die Lösung der Aufgabe $4 \cdot 7$ kann dann durch die Verdopplung des Ergebnisses der Aufgabe $2 \cdot 7$ erfolgen. In ähnlicher Weise kann die Halbierung zur Aufgabenlösung beitragen: Ist einem Kind bekannt, dass $5 \cdot 6$ die Hälfte von $10 \cdot 6$ darstellt, dann kann die Aufgabe $5 \cdot 6$ leicht über $5 \cdot 6 = 60 : 2 = 30$ ermittelt werden.

Zerlegung eines Faktors
Beim Lösen einer Aufgabe über das Zerlegen eines Faktors werden zwei Aufgaben, deren Ergebnisse bereits bekannt sind, zur Lösung der ursprünglichen Aufgabe herangezogen. Bei der Zerlegung kann sowohl der erste als auch der zweite Faktor additiv oder subtraktiv zerlegt werden. Das Distributivgesetz $a \cdot (b + c) = a \cdot b + a \cdot c$ bzw. $a \cdot (b - c) = a \cdot b - a \cdot c$ (siehe Abschnitt 2.1) bildet die Grundlage für das Zerlegen von Aufgaben (wie beispielsweise der Aufgabe $6 \cdot 4$) in zwei bekannte Teilaufgaben ($4 \cdot 4$ und $2 \cdot 4$) und deren schrittweise Berechnung im Anschluss ($6 \cdot 4 = 4 \cdot 4 + 2 \cdot 4 = 16 + 8 = 24$).

Nachbaraufgabe

Nachbaraufgaben sind Spezialfälle der Zerlegung eines Faktors. Einer der beiden Faktoren wird auch bei diesem Lösungsweg additiv oder subtraktiv verändert, allerdings genau um eins. Die Lösung der Aufgabe 6 · 4 kann über die leicht zu lösende bzw. bereits bekannte Einmaleinsaufgabe 5 · 4 erfolgen. Im angeführten Beispiel wird zu der Nachbaraufgabe 5 · 4, die 4 bzw. das Ergebnis der Teilaufgabe 1 · 4 addiert, so dass insgesamt das Ergebnis der Aufgabe über 6 · 4 = 5 · 4 + 1 · 4 = 20 + 4 = 24 ermittelt werden kann.

Gegensinniges Verändern beider Faktoren

Bei der Anwendung des gegensinnigen Veränderns wird die Konstanz des Produkts genutzt (siehe Abschnitt 2.1). „Wird der erste Faktor verdoppelt und der zweite Faktor halbiert oder allgemein ein Faktor mit einer natürlichen Zahl n multipliziert und zugleich der andere Faktor durch diese natürliche Zahl n dividiert, so bleibt das Produkt unverändert" (PADBERG & BENZ, 2011, S. 141). Durch die Halbierung des ersten Faktors und der gleichzeitigen Verdopplung des zweiten Faktors bleibt das Produkt konstant gegenüber dem gegensinnigen Verändern. Das gegensinnige Verändern findet im Bereich der Grundschule allerdings nur bei speziellen Faktoren Anwendung – die Variation des Faktors durch Halbieren, Dritteln, Vierteln etc. kann in der Grundschule eigentlich nur unter der Bedingung vorgenommen werden, dass eine natürliche Zahl entsteht (siehe Abschnitt 2.1.2).

Wie bereits angemerkt, werden allerdings nicht alle diese fünf beschriebenen Herangehensweisen einheitlich von allen Autoren aufgeführt. Beispielsweise wird vereinzelt das gegensinnige Verändern nicht als Herangehensweise gelistet (LORENZ & RADATZ, 1993, S. 141; SCHIPPER, 2009, S. 145) oder die Tauschaufgabe (RADATZ et al., 1998, S. 87). SCHIPPER (2009) listet hingegen beispielsweise die Verwendung der Umkehraufgabe ebenfalls als *operative Strategie* auf, wodurch er sich von den anderen Autoren unterscheidet (ebd., S. 145).

Neben den in diesem Abschnitt angeführten Herangehensweisen zur Lösung von Einmaleinsaufgaben lassen sich auch eine Vielzahl von Übergangsformen erkennen – so kann das Ergebnis einer Aufgabe beispielsweise auch ermittelt werden über die Benutzung von Zahlenfolgen und einem anschließenden Zählen in Einzelschritten (PADBERG & BENZ, 2011, S. 127). Ein weiteres Beispiel einer „hybrid strategy" wie SHERIN und FUSON (2005) diese kombinierten Herangehensweisen nennen, ist die Nutzung einer Zerlegungsstrategie und der anschließenden wiederholten Addition zur Aufgabenlösung anstelle der Addition des restlichen Teilproduktes. „Hybrid strategies are based on combinations of [...] strategies [...]. In principle, there is a moderately large number of possible ways that existing strategies can be composed to form hybrid strategies" (SHERIN & FUSON, 2005, S. 374).

Faktenabruf

Neben den bereits angeführten Herangehensweisen des Zählens und wiederholten Addierens gleicher Summanden sowie den verschiedenen Rechenstrategien kann zur Lösung von Aufgaben des kleinen Einmaleins auch auf den Faktenabruf zurückgegriffen werden.

In der englischsprachigen Literatur wird die auswendige Verfügbarkeit von Einmaleinsaufgaben häufig unter dem Begriff *knowledge of facts* geführt, so dass MULLIGAN und MITCHELMORE (1997) von *known multiplication facts* sprechen, KOUBA (1989) von *recalled number facts* und ANGHILERI (1989) von *known facts*. Eine weitere gängige Bezeichnung für den Faktenabruf ist der Begriff *retrieval* (vgl. COONEY, SWANSON & LADD, 1988; LEFEVRE, BISANZ, DALEY, BUFFONE, GREENHAM & SADESKY, 1996; LEMAIRE & SIEGLER, 1995; SIEGLER, 1988). SHERIN und FUSON (2005) sprechen von *learned product*. Sie vermeiden bei ihrer Begriffswahl bewusst die Begriffsbestandteile *fact* oder *retrieval*, da diese nach ihrem Verständnis eher einem „rote lockup, as if from a mental table" entsprechen (SHERIN & FUSON, 2005, S. 373).

Auch BAROODY (1985) führt ähnlich wie SHERIN und FUSON (2005) eine Erklärung für die in seiner Arbeit bevorzugt verwendete Begrifflichkeit *number combination* anstelle von *number fact* an. Mit den Begriffen *basic number combinations* und *(basic) number facts* assoziiert BAROODY (1985) folgendes: „Number fact connotes a mechanical or rote associative process and will be used to denote that meaning. Number combinations may be learned in a meaningful manner, and I prefer this less prejudicial term" (BAROODY, 1985, S. 83). Die beiden Begrifflichkeiten stehen für ein- und dasselbe Ziel bzw. Endprodukt des Lernprozesses, das Beherrschen von Grundaufgaben. Sie unterscheiden sich aber – wie aus dem Zitat hervorgeht – bezüglich der Inhalte des Lernprozesses, die zum Lernprodukt führen. Dies bringt BAROODY auch in seinem 1985 erschienenen Artikel mit dem Titel *Mastery of Basic Number Combination: Internalization of Relationships or Facts?* zum Ausdruck.

Bezogen auf das auswendige Beherrschen von Einmaleinsaufgaben wird in der deutschsprachigen fachdidaktischen Literatur eine ähnliche Diskussion geführt. Der Faktenabruf steht für das Lösen einer Aufgabe durch einen direkten Abruf der Lösung aus dem Gedächtnis. Voraussetzung für diesen unmittelbaren Faktenabruf stellt das „Auswendigwissen" (SCHIPPER et al., 2015, S. 102) dar. Nach GERSTER (1994) ist *Auswendigwissen* das Ergebnis eines Prozesses, der mit den Begriffen *Auswendiglernen* oder *Automatisieren* bezeichnet wird (ebd., S. 37ff.; SCHERER & MOSER OPITZ, 2010, S. 62). Unberücksichtigt bleibt dabei nach SCHERER und MOSER OPITZ (2010) häufig, dass Lernen und somit auch das Auswendiglernen auf Einsicht und Verständnis beruht (ebd., S. 62). Dieser Aussage liegt eine konstruktivistische Sichtweise auf Lernen zugrunde (siehe Abschnitt 1.1 und 1.5), die „mit Automatisieren […] nicht das bloße Abspeichern von isolierten Einzelfakten […] [meint], sondern das vernetzte Verinnerlichen dieser Inhalte" (ebd., S. 61, Ergänzung der Autorin). Diese Einsichten in Beziehungen und Zusammenhänge sind es wiederum, die unweigerlich zur Automatisierung führen (WOODWARD, 2006, S. 271). Im Gegensatz dazu wird – einer behavioristischen Sicht auf Lernen folgend (siehe Abschnitte 1.2 und 1.5) – Auswendiglernen bzw. Automatisieren als Endprodukt eines mechanischen Lernens durch Wiederholung verstanden und gleichgesetzt mit dem Abrufen isolierter Fakten.

Unter dem Begriff Faktenabruf wird in dieser Arbeit der schnelle, korrekte Abruf von auswendig beherrschten Einmaleinsaufgaben gefasst – der beschrittene Weg, wie die Automatisierung erfolgt, kann dabei je nach zugrundeliegendem Lernverständnis ein anderer gewesen sein, das Lernprodukt ist allerdings dasselbe. Die Herangehensweise *Faktenabruf* zeichnet sich demnach dadurch aus, dass Ergebnisse der Aufgaben „rasch, sicher und mühelos (wie automatisch) aus dem Gedächtnis abgerufen werden können" (GERSTER & SCHULTZ, 1998, S. 271). Bei einigen Autoren wie beispielsweise bei KOUBA (1989) wird – im Gegensatz zu der vorliegenden Arbeit – auch das blitzschnelle Ableiten der Ergebnisse unter Nutzung von Aufgabenbeziehungen bzw. Rechenstrategien unter *recalled number facts* geführt (ebd., S. 153).

2.2.3 Strategiebegriff – Positionierung

Nach der allgemeinen Begriffsklärung Strategie (Abschnitt 2.2.1) und der Darstellung der verschiedenen Herangehensweisen im Abschnitt 2.2.2 soll in diesem Abschnitt eine finale Positionierung hinsichtlich des Strategiebegriffes beim kleinen Einmaleins für diese Arbeit erfolgen. In der mathematikdidaktischen Literatur werden mit Blick auf das kleine Einmaleins unter dem Begriff *Strategie* Herangehensweisen gefasst, bei denen Zahlbeziehungen und bereits bekannte Einmaleinssätze zur Aufgabenlösung genutzt werden. Neben dem Begriff *Strategie* (SCHERER & MOSER OPITZ, 2010, S. 127) werden auch Begrifflichkeiten wie *Rechenstrategie* (PADBERG & BENZ, 2011, S. 139; KRAUTHAUSEN & SCHERER, 2007, S. 32), *heuristische Strategie* (PADBERG, 2005, S. 129), *operative Strategie* (SCHIPPER, 2009, S. 145; SCHIPPER et al., 2015, S. 110), *operative Grundstrategie* (RADATZ et al., 1998, S. 97) oder *Ableitungsstrategie* (SCHIPPER, 2009, S. 145) als Bezeichnung für diese ablaufenden Prozesse angeführt.

In Anlehnung an PADBERG und BENZ (2011) sowie KRAUTHAUSEN und SCHERER (2007) wird in dieser Arbeit der Begriff *Rechenstrategie* verwendet. Unter diesem Begriff werden in den folgenden Ausführungen – gemäß aktueller mathematikdidaktischer Publikationen – Herangehensweisen geführt, die auf Zahlbeziehungen, bekannte Einmaleinssätze oder bestimmte Muster zur Problemlösung zurückgreifen. Als Rechenstrategien werden somit die im Abschnitt 2.2.2 beschriebenen Herangehensweisen *Ableiten aus bereits bekannten Einmaleinsaufgaben* gefasst.

In der vorliegenden Arbeit ist ein Charakteristikum des Begriffs Strategie die *Zielgerichtetheit* mit dem vordergründigen Zweck der *Aufgabenbewältigung unter Nutzung von Zahlbeziehungen*. Inwiefern eine Aufgabenlösung über Rechenstrategien allerdings tatsächlich unter Einsicht in Beziehungen und Zusammenhängen erfolgt oder Rechenstrategien im Sinne einer Prozedur bzw. einem erlernten Verfahren

– gegebenenfalls auch unverstanden – Anwendung finden, kann in der Unterrichtspraxis wie bereits erwähnt nur schwer unterschieden werden. Idealerweise erfolgt der Einsatz einer Rechenstrategie allerdings auf Basis von Einsicht und Verständnis. Angelehnt an die Definition von SHERIN und FUSON (2005) ist für den Einsatz einer Rechenstrategie das explizite Wissen um diese nicht zwingend erforderlich (siehe Abschnitt 2.2.1), ein Kind kann aber durchaus über dieses explizite Wissen verfügen. Zur Ausführung einer Rechenstrategie wird allerdings – so auch der weitgehend übereinstimmende Konsens (siehe ebenfalls Abschnitt 2.2.1) – Wissen benötigt. RATHGEB-SCHNIERER (2006) spricht in diesem Kontext von *strategischen Werkzeugen*, SHERIN und FUSON (2005) sprechen von *zahlspezifischen Fertigkeiten* (siehe ebenfalls Abschnitt 2.2.1). Anhand der detaillierten Beschreibungen zu den Rechenstrategien in den vorausgehenden Ausführungen des Abschnitt 2.2.2 werden die benötigten Wissensbausteine je Rechenstrategie sehr gut ersichtlich.

Darüber hinaus wird jede Herangehensweise an eine Einmaleinsaufgabe als Rechenstrategie bezeichnet, die auf Zahlbeziehungen und bekannte Einmaleinssätze zurückgreift – unabhängig davon, ob die Anwendung einer Rechenstrategie sich durch bereits bekannte, festgelegte Handlungsschritte kennzeichnen lässt, intuitiv verläuft, als gesamter Lösungsweg vorneweg ausgewählt oder nach THRELFALL (2002) erst entwickelt wird. Entgegen dem Strategieverständnis von STERN (1992) sowie BISANZ und LEFEVRE (1990) ist für das Strategieverständnis dieser Arbeit keine Auswahl zwischen verschiedenen Lösungswegen notwendig, um eine Herangehensweise als Rechenstrategie bezeichnen zu können.

Automatisierte Prozesse wie das Auswendigbeherrschen werden angelehnt an die Studie von GASTEIGER und PALUKA-GRAHM (2013) nicht unter dem Begriff *Rechenstrategie* gefasst (ebd., S. 8) – eine klare Abgrenzung der Rechenstrategien von einem reinen Wissen oder Beherrschen liegt demnach vor.

Ebenfalls ausgeschlossen bzw. nicht unter dem Begriff *Rechenstrategie* geführt werden Herangehensweisen, die zählend zur Aufgabenlösung führen sowie die wiederholte Addition gleicher Summanden (siehe Abschnitt 2.2.2). Im Falle einer Aufgabenlösung über die wiederholte Addition wird die Multiplikation von den Kindern unter Umständen noch nicht als eine von der Addition deutlich zu unterscheidende Rechenoperation wahrgenommen (vgl. ANGHILERI, 1989, S. 381f.). Ein Ausschluss der zählenden Aufgabenlösung erfolgt, da Kinder die Rechenoperation der Multiplikation vermutlich noch nicht als Operation der Vereinigung gleichmächtiger Mengen verstanden haben (siehe Abschnitt 2.1.1). Bei der Anwendung von Lösungswegen, die in der Arbeit unter dem Begriff *Rechenstrategie* geführt werden, wird davon ausgegangen, dass die Kinder die Multiplikation bereits als eigene, sich von der Addition deutlich unterscheidende, Operation erkannt haben.

Ob die sukzessive Addition bei der Lösung von Multiplikationsaufgaben als *Rechenstrategie* bezeichnet werden kann, ist sicherlich nicht zweifelsfrei zu beantworten – die Zuordnung der wiederholten Addition scheint einen Grenzfall darzustellen. „Students have prior learning experiences relating to addition" (SHERIN & FUSON, 2005, S. 367) und der Einführungsweg über die Mengenvereinigung bzw. die wiederholte Addition gleicher Summanden wurde im Abschnitt 2.1.1 als wichtigster Weg zur Einführung der Operation angeführt. Nicht verwunderlich ist es demnach, dass die wiederholte Addition „von nicht wenigen Kindern als zentraler (einziger) Lösungsweg" (RADATZ et al., 1998, S. 86) angesehen wird. Unter der Bedingung, dass einer der beiden Faktoren relativ klein ist, kann das Ergebnis auch über die wiederholte Addition schnell ermittelt werden. SHERIN und FUSON (2005) bestätigen dies: „Indeed, it is not implausible that an answer could be produced quite quickly using this latter strategy [repeated addition]" (ebd., S. 376, Ergänzung der Autorin). MABBOTT und BISANZ (2003) betonen ebenfalls die Abhängigkeit der Lösungsgeschwindigkeit von der Größe der Faktoren einer Aufgabe: „Finally, if children use [...] repeated addition to solve multiplication problems, the solution latency will be a direct function of the magnitude of the operands" (ebd., S. 1093). Bei entsprechender Aufgabencharakteristik kann der Einsatz der wiederholten Addition zur Aufgabenlösung durchaus überlegt bzw. reflektiert erfolgen. Greifen Kinder zur Lösung der Aufgabe 7 · 3 zum Beispiel auf die Tauschaufgabe zurück und ziehen im Anschluss die wiederholte Addition zur Beantwortung der Aufgabe 3 · 7 heran, kann von einem reflektierten Einsatz gesprochen werden (GASTEIGER & PALUKA-GRAHM, 2013). Da die sukzessive Addition zum Lösen von Einmaleinsaufgaben allerdings – wie in den Ausführungen bereits erwähnt – nur vereinzelt einen reflektierten und sinnvollen Einsatz ermöglicht, ist der Lösungsweg über die wiederholte Addition bei vielen Einmaleinssätzen vorwiegend sehr zeitaufwändig und fehleranfällig (RADATZ et al., 1998, S. 86) und stellt somit für die Lösung von Einmaleinssätzen *eine eher ungeeignete* Herangehensweise dar. Aus diesem Grund fällt die sukzessive Addition in dieser Arbeit nicht per se unter den Begriff der Rechenstrategie.

2.2.4 Exkurs: Strategieverständnis im Zusammenhang mit dem Lösen von Einmaleinsaufgaben in der internationalen Literatur

Wie bereits in den Definitionen zu Beginn des Abschnittes (Abschnitt 2.2.1) ersichtlich, wird der Begriff *Strategie* in der englischsprachigen Literatur des Öfteren sehr weit gefasst. Auch aus der schon thematisierten Ausdifferenzierung nach THRELFALL (2009), bei der Herangehensweisen an ein mathematisches Problem wie das Zählen und Auswendigwissen unter dem Begriff Strategie gefasst werden, ist ein weit gefasstes Strategieverständnis deutlich zu erkennen. Dass dies auch für den Strategiebegriff beim kleinen Einmaleins zutrifft, soll als kleiner Exkurs, der für die Interpretation einiger Studienergebnisse im weiteren Verlauf der Arbeit relevant wird, aufgezeigt werden. Nach SHERIN und FUSON (2005) „researchers still differ greatly on the strategies described as well as in the terminology used" (ebd., S. 347). Die in der englischsprachigen Literatur genannten Herangehensweisen bzw. aufgestellten Kategorien stimmen nicht eins-zu-eins mit den in Deutschland vorliegenden Kategorien, die im Abschnitt 2.2.2 aufgelistet wurden, überein. Exemplarisch wurde bereits im vorausgehenden Abschnitt bezogen auf die Automatisierung betont, dass KOUBA (1989) beispielsweise unter der Kategorie *recalled number facts* nicht nur die Automatisierung, sondern auch *derived facts* fasst, die in der deutschsprachigen Literatur – und explizit auch in dieser Arbeit – als Rechenstrategien tituliert werden.

In der englischsprachigen Literatur wird auch eine Kategorisierung einiger Herangehensweisen in *pattern-based strategies* vorgenommen (vgl. COONEY et al., 1988; LEFEVRE et al., 1996; SHERIN & FUSON, 2005, S. 371). Nach SHERIN und FUSON (2005) fallen darunter: „A number of specific patterns, such as N × 1 = N and N × 0 = 0" (ebd., S. 359). Charakteristisch für diese Herangehensweisen (*0's rule, 1's rule, 10's rule*) ist die schnelle Aufgabenlösung ohne erkennbare Berechnungen (SHERIN & FUSON, 2005, S. 371). Nach SHERIN und FUSON (2005) gestaltet sich die Unterscheidung zwischen dem Anwenden einer Regel (*0's rule, 1's rule, 10's rule*) und einem Faktenabruf (*learned product*) in der Unterrichtspraxis relativ schwierig, führen doch beide Vorgehensweisen zu einer schnellen Lösung der jeweiligen Aufgabe (ebd., S. 371). „Nonetheless, we believe that it makes sense to treat these strategies as a part of a separate category (from learned product) because they are based on a very different sort of number-specific resource" (SHERIN & FUSON, 2005, S. 371). Dass in der deutschsprachigen Literatur *pattern-based strategies* nicht separiert aufgelistet werden, kann unter anderem darauf zurückgeführt werden, dass Einmaleinssätze mit 1 und 10 – wie im nächsten Abschnitt detailliert beschrieben – bereits zu einem sehr frühen Zeitpunkt der Erarbeitung automatisiert und nicht im Sinne einer zu erlernenden Regel erarbeitet werden. Unter *pattern-based strategies* wird nach SHERIN und FUSON (2005) auch eine weitere Herangehensweise gelistet, die *9's patterns*:

> Students first consider 9's patterns based on thinking of 9 as 10 – 1. For example, for the product 6 × 9, they first flash 10 fingers 6 times, then fold down 6 fingers from the last 10, leaving 4 ones. Then they raise 5 fingers to show the 5 tens, thus showing 5 tens with one hand and 4 ones with the other. (SHERIN & FUSON, 2005, S. 371)

Diese angewandte *Regel* kann unter Zuhilfenahme der Finger zur schnellen Lösung der Aufgaben mit einem Faktor 9 führen: Bei der Aufgabe 6 · 9 muss das Kind den sechsten Finger einklappen – die Anzahl der Finger links von dem eingeknickten gibt die Anzahl der Zehner wieder, die Anzahl rechts die der Einer (LEFREVRE et al., 1996, S. 289; MABBOTT & BISANZ, 2003, S. 1095; SHERIN & FUSON, 2005, S. 371f.). Ein Großteil der Studien aus dem englischsprachigen Raum führt diesen Lösungsweg nicht wie gerade beschrieben in einer separaten Kategorie auf, integriert diesen jedoch als regelbasierte Herangehensweise in die Kategorie *learned product* (SHERIN & FUSON, 2005, S. 371f.). Die Herangehensweise der *9's patterns* verdeutlicht im Kontext Einmaleins, dass auch innerhalb internationaler Studien – und nicht nur im Vergleich zur Fachdidaktik in Deutschland – keine Übereinstimmung hinsichtlich der Kategorisierung vorliegt. In Deutschland werden die in der englischsprachigen Literatur sogenannten *pattern-based strategies* bei Faktoren mit 0, 1 und 10 als automatisiert verfügbare Einmaleinssätze (Faktenabruf) geführt, was vergleichbar zu der Herangehensweise des *learned products* ist – dies trifft definitiv aber nicht für den eingeschlagenen Lösungsweg der letztgenannten *Regel (9's patterns)* zu. Das „Fingerrechnen beim Neuner-Einmaleins" (GERSTER & SCHULTZ, 1998, S. 407) wie diese Vorgehensweise nach GERSTER und SCHULTZ (1998) genannt und in der Abbildung 8 am Beispiel 8 · 9 veranschaulicht wird, stellt weder eine Herangehensweise dar, bei der Zahlbeziehungen und bereits bekannte Einmaleinssätze zur Aufgabenlösung genutzt werden (siehe Abschnitt 2.2.2), noch einen schnellen, korrekten Abruf von auswendig beherrschten Einmaleinsaufgaben aus dem Gedächtnis (siehe Abschnitt 2.2.2). In dieser Arbeit wird eine Vorgehensweise wie das Fingerrechnen beim Neuner-Einmaleins, die nach SHERIN und FUSON (2005) die Lösung einer Einmaleinsaufgabe durchaus erleichtern kann, aber ohne Einsicht in Zahlzusammenhänge oder -beziehungen angewendet wird, als separate Herangehensweise gelistet und als weniger tragfähig angesehen.

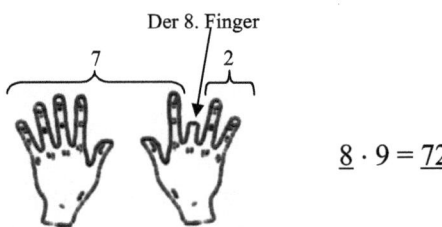

Der 8. Finger

7   2

$8 \cdot 9 = 72$

Abbildung 8:   Fingerrechnen beim Neuner-Einmaleins (GERSTER & SCHULZ, 1998, S. 407).

In den bisherigen Ausführungen dieses Abschnittes wurde sehr deutlich herausgearbeitet, dass den internationalen Untersuchungen teils ein anderes Strategieverständnis als dieser Arbeit zugrunde liegt – die Kategorisierungen der Herangehensweisen einiger Studien stimmen teils mit den in der deutschsprachigen Literatur und dieser Arbeit vorgenommenen Zuordnungen überein, andere wiederum nicht. Für die Interpretation der Ergebnisse der in den folgenden Abschnitten vorgestellten Studien muss somit immer berücksichtigt werden, welches Verständnis von Strategie der jeweiligen Studie zugrunde liegt, um die Ergebnisse richtig einordnen bzw. korrekt interpretieren zu können.

Darüber hinaus muss bei der kritischen Auseinandersetzung mit der internationalen Literatur bzw. den entsprechenden Studienergebnissen berücksichtigt werden, dass sich die Studien zur Multiplikation auch erheblich in der ausgewählten Stichprobe, den gestellten Aufgaben und den erfassten Daten unterscheiden (SHERIN & FUSON, 2005, S. 360). Mit dem variierenden Lebensalter der untersuchten Kinder weicht beispielsweise auch das verwendete Zahlenmaterial der einzelnen Studien stark voneinander ab. Demnach beschränken sich einige internationale Studien nicht ausschließlich – wie die vorliegende Arbeit – auf Multiplikationsaufgaben mit Faktoren zwischen 1 und 10 bzw. auf das kleine Einmaleins, sondern fordern auch die Lösung von Einmaleinsaufgaben mit Faktoren größer als 10 ein. Nach SHERIN und FUSON (2005) bleibt festzuhalten: „For these reasons, we must expect significant differences in the types of strategies reported" (ebd., S. 361).

Ebenfalls soll an dieser Stelle die Tatsache erwähnt werden, dass ein erheblicher Teil der internationalen Forschungsliteratur sich in erster Linie mit der Frage beschäftigt, wie Kinder zu einem schnellen Faktenabruf gelangen (vgl. CAMPBELL & GRAHAM, 1985; COONEY et al., 1988, STEEL & FUNELL, 2001). Viele der Autorinnen und Autoren, die ihren Fokus auf die Automatisierung bei Kindern legen, unterscheiden in ihren Studien zwei Hauptkategorien von Herangehensweisen – die der Automatisierung und die Kategorie *andere*. Dabei wird ein nur wenig detaillierter Einblick in die Kategorie *andere* ermöglicht bzw. anders als in dieser Arbeit der Fokus nicht auf Strategien gelegt.

2.3 Unterrichtliche Behandlung des kleinen Einmaleins aus mathematikdidaktischer Sicht

> *„Die Schüler müssen [...] die grundlegende Strategie lernen:*
> *Schwierige Aufgaben löst man über geeignete leichte Aufgaben."*
>
> (WINTER, 1996, S. 43)

Im Fokus dieses Abschnittes steht die unterrichtliche Behandlung des kleinen Einmaleins in der Grundschule. Da es im weiteren Verlauf der Arbeit notwendig wird, verschiedene Herangehensweisen der Erarbeitung des kleinen Einmaleins in der Unterrichtspraxis zu identifizieren und zugleich charakterisieren zu können, soll zunächst die Erarbeitung des kleinen Einmaleins vorgestellt werden, wie sie derzeit in der Mathematikdidaktik weitgehend übereinstimmend als sinnvoll erachtet wird. Die Grundgedanken des Lernens, die in den Abschnitten 1.1 bis 1.4 dieser Arbeit beschrieben wurden und die den Mathematikunterricht im Allgemeinen (siehe Abschnitt 1.5) und die Erarbeitung des Einmaleins im Besonderen beeinflussen, sollen in den folgenden Ausführungen aufgegriffen werden. Für ein besseres Verständnis der aktuell vorgeschlagenen Vorgehensweise der Behandlung des kleinen Einmaleins sind auch die Ausführungen zu den fachlichen Grundlagen des Abschnittes 2.1 von Relevanz, auf die in diesem Abschnitt ebenfalls Bezug genommen wird.

Im Zentrum dieses Abschnittes kann allerdings nicht *die* Erarbeitung des kleinen Einmaleins stehen, da viele Möglichkeiten unterschieden werden können, das Einmaleins zu erarbeiten. In der Fachdidaktik herrscht weitgehend Einigkeit, wie eine Erarbeitung basierend auf dem derzeitigen Verständnis von Mathematikunterricht aussehen sollte. Im Folgenden soll die Kernidee, über die derzeit Konsens herrscht, herausgearbeitet sowie einzelne Facetten, in denen sich die Autoren in ihren Sichtweisen unterscheiden, aufgezeigt werden. Da dabei auch Arbeitsmittel eine entscheidende Rolle einnehmen, wird in einem weiteren Abschnitt deren Funktion bei der Erarbeitung des kleinen Einmaleins detailliert erläutert.

2.3.1 Automatisierung auf Basis von Einsicht

Als langfristiges Ziel der Erarbeitung des kleinen Einmaleins ist das „geläufige Beherrschen einer Grundfertigkeit [...], d.h. dessen Automatisierung zu sehen" (SCHERER & MOSER OPITZ, 2010, S. 128). Was den sicheren und schnellen Abruf von Einmaleinsaufgaben als oberstes Ziel betrifft, besteht ausnahmslos Einigkeit in der Literatur (vgl. KRAUTHAUSEN & SCHERER, 2007; PADBERG & BENZ, 2011, S. 137ff.; RADATZ et al., 1998, S. 81ff.; SCHERER & MOSER OPITZ, 2010, S. 122ff.; SCHIPPER, 2009, S. 143ff.; SCHIPPER et al., 2015, S. 102ff.; WITTMANN & MÜLLER, 1990, S. 107ff.). Gerade mit Rückgriff auf das aktuelle Verständnis von Lernen (siehe Abschnitte 1.1 bis 1.4) ist auch der beschrittene Weg hin zur Automatisierung – von der Kernidee – vorgezeichnet und nach SCHERER und MOSER OPITZ (2010) „von entscheidender Bedeutung" (ebd., S. 122). Nach einem aktuellen, konstruktivistischen Lernverständnis ist demnach der „Weg [...] [zur Automatisierung] keine Gedächtnisübung, sondern eine Verstandesübung" (SCHIPPER, 2009, S. 143, Ergänzung der Autorin). SCHIPPER et al. (2015) halten fest: „Die Erarbeitung voneinander isolierter Einmaleinsreihen gehört der Vergangenheit an. Statt das Gedächtnis zu schulen, wird Verständnis für Aufgabenbeziehungen entwickelt" (ebd., S. 101f.). Damit beschreiben sie weitgehend die Konsensmeinung in der Mathematikdidaktik.

Um dieses „Beziehungsgeflecht zwischen Einmaleinsaufgaben" (SCHIPPER et al., 2015, S. 110) bzw. ein „Verständnis des strukturellen Beziehungsreichtums" (KRAUTHAUSEN & SCHERER, 2007, S. 32) entwickeln zu können, müssen operative Beziehungen, die zwischen den einzelnen Einmaleinsaufgaben bestehen, von den Kindern erkannt und genutzt werden. Schülerinnen und Schüler müssen, wie im einführenden Zitat von WINTER (1996) angeführt, die grundlegende Strategie erlernen, dass die Lösung schwieriger Aufgaben über Hilfsaufgaben leichter gelingt. Dabei sieht die Erarbeitung des kleinen Einmaleins vor, mithilfe bereits bekannter Einmaleinssätze und auf Basis von Einsicht in operative Beziehungen noch unbekannte Aufgaben zu erschließen (WITTMANN & MÜLLER, 1990). Dieses Zurückführen auf bekannte Einmaleinsaufgaben setzt dabei zunächst das Beherrschen eines Grundstockes an Einmaleinsaufgaben voraus. Diese Aufgaben werden in der fachdidaktischen Literatur häufig unter dem Begriff *Kernaufgaben*[28] geführt – je nach Literatur werden darunter Einmaleinssätze mit 1, 2, 5 und 10 (z.B. BAYERISCHES STAATSMINISTERIUM FÜR UNTERRICHT UND KULTUS, 2000, S. 99) oder Einmaleinsaufgaben mit 1 · x, 2 · x, 5 · x und 10 · x (vgl. KRAUTHAUSEN & SCHERER, 2007, S. 33; LORENZ & RADATZ, 1993, S. 141; PADBERG & BENZ, 2011, S. 142; SCHIPPER, 2009, S. 146; SCHIPPER et al., 2015, S. 110; WITTMANN & MÜLLER, 1990, S. 115) verstanden. Quadrataufgaben werden teils als Kernaufgaben angesehen (PADBERG & BENZ, 2011, S. 142), in der Mehrzahl der fachdidaktischen Publikationen allerdings nicht.

---

28 Neben dem Begriff *Kernaufgabe* werden für diesen Grundstock an Aufgaben auch Begrifflichkeiten wie Stützpunktaufgabe, Königsaufgabe, Sonnenaufgabe (SCHIPPER et al., 2015, S. 110) oder Grundaufgabe verwendet (SCHIPPER, 2009, S. 146).

Diese sogenannten „kurzen Reihen" (WITTMANN & MÜLLER, 1990, S. 114) sollen nach einstimmigem Konsens die ersten den Kindern gedächtnismäßig zur Verfügung stehenden Aufgaben darstellen, die aus vermeintlich trivialen Multiplikationen (z.B. $1 \cdot x$ und $10 \cdot x$) sowie aus der Verdopplung ($2 \cdot x$) und Halbierung ($5 \cdot x$) dieser Aufgaben, die den Kindern bereits aus der Addition und Subtraktion bekannt sind, entstehen (KRAUTHAUSEN & SCHERER, 2007, S. 32). Sie bilden die Grundlage für das Ableiten bzw. das Lösen weiterer noch unbekannter Einmaleinsaufgaben unter Nutzung von Aufgabenbeziehungen bzw. Rechenstrategien (siehe Abschnitt 2.2.2). Eine besondere Bedeutung wird dabei vor allem der Tauschaufgabe zuteil, die sich – aufgrund der Gültigkeit des Kommutativgesetzes bei der Multiplikation – den folgenden Rechenvorteil zu Nutze macht (siehe Abschnitt 2.1.1 und 2.1.2): Neue Aufgaben können auf bereits bekannte Aufgaben zurückgeführt werden – anstelle der noch nicht bekannten Aufgabe $7 \cdot 3$ wird zur Aufgabenlösung die bereits bekannte Aufgabe $3 \cdot 7$ herangezogen (PADBERG, 2005, S. 202f.). Die Anzahl der zu erlernenden Aufgaben kann somit durch die Nutzung des Kommutativgesetzes um fast die Hälfte reduziert werden (RADATZ & SCHIPPER, 1998, S. 88). Weitere unbekannte Einmaleinssätze können auf Basis der zunächst erarbeiteten Kernaufgaben über die im Abschnitt 2.2.2 detailliert erläuterte Verdoppelung bzw. die Halbierung, mithilfe von Nachbaraufgaben sowie einem Zerlegen und Zusammensetzen von Faktoren abgeleitet werden.

Beziehungen zwischen Einmaleinsaufgaben zu nutzen, erlaubt die Lösung von Aufgaben auf unterschiedlichen Wegen. Die folgende Abbildung 9 veranschaulicht das Beziehungsnetz zwischen Einmaleinsaufgaben und verdeutlicht auch die vielfältige Art und Weise der Aufgabenlösung ein und derselben Aufgabe (RADATZ & SCHIPPER, 1998, S. 84).

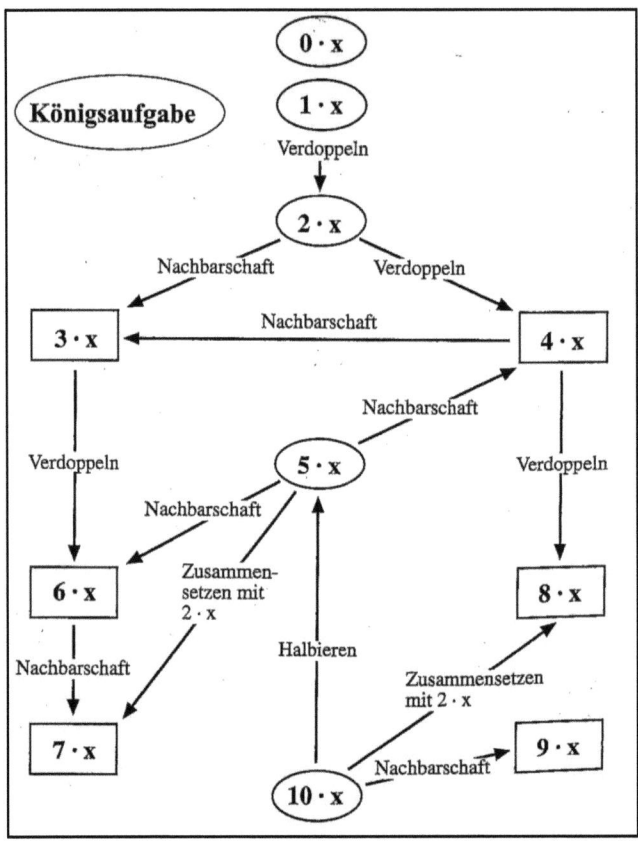

Abbildung 9:   Beziehungsnetz zwischen Einmaleinsaufgaben unter Berücksichtigung der Rechenstrategien der Verdopplung/Halbierung eines Faktors, der Bildung von Nachbaraufgaben sowie der Zerlegung eines Faktors (hier: Zusammensetzen mit 2 · x) (RADATZ
& SCHIPPER, 1998).

Den Fokus auf diese *„vielfältigen Vernetzungen* der einzelnen Aufgaben" (PADBERG
& BENZ, 2011, S. 143, Hervorhebungen im Original) zu legen, stößt in der mathematikdidaktischen Literatur auf breite Akzeptanz und hat den „Effekt, dass sich
Grundschulkinder nicht einen Wust von vielen, unverbunden nebeneinanderstehen-
den Fakten mühsam einprägen müssen, sondern stattdessen ein System übersichtlich
miteinander verbundener Aussagen" (ebd., S. 143). Eine auf Verständnis basierende
Erarbeitung unterstützt bzw. erleichtert das angestrebte Ziel der Erarbeitung – das
automatisierte Beherrschen der Einmaleinssätze. Laut fachdidaktischer Publikationen schafft „nicht das isolierte Memorieren von Einmaleinsreihen […] dauerhaftes
Auswendigwissen, sondern ein solches Aufgabennetz ist die Verständnisgrundlage
für einen zunehmend größeren Vorrat an auswendig gewussten Aufgaben" (SCHIP-
PER, 2009, S. 143). Theoretische Ausführungen sowie empirische Studien, die diese
Aussage von SCHIPPER (2009) untermauern bzw. bekräftigen, werden im Abschnitt
2.4 als Argumente für eine auf Einsicht und Verständnis basierende Erarbeitung des
kleinen Einmaleins angeführt.

Aufgabenbeziehungen bzw. Rechenstrategien verständnisbasiert zu verinnerlichen, was in den bisherigen Ausführungen als beschrittener Weg bzw. Prozess hin zur Automatisierung herausgearbeitet wurde, kann – neben einem schnellen Faktenabruf von Einmaleinsaufgaben – als Ziel der Erarbeitung des kleinen Einmaleins angesehen werden. „Strategien zur Herleitung neuer Aufgaben sind nicht als Schematismus zu verstehen, sondern müssen von Schülern aktiv konstruiert werden" (SCHERER & MOSER OPITZ, 2010, S. 126), um auch gezielt Einsicht und Verständnis aufbauen, vertiefen und erweitern zu können (SCHIPPER, 2009, S. 154). Erfolgreiches Einmaleinslernen bedingt demnach ebenso wie erfolgreiches Mathematiklernen im Allgemeinen das gleichmäßige Verfolgen beider Wissensaspekte (siehe Abschnitt 1.5): das Automatisieren und die Einsicht.

In den nationalen fachdidaktischen Publikationen zum Mathematikunterricht der Grundschule herrscht demnach weitgehend Einigkeit, was die Grundidee der Erarbeitung des kleinen Einmaleins in der Grundschule bzw. die mit der Erarbeitung verfolgten Ziele betrifft. In den didaktischen Veröffentlichungen sind allerdings im Hinblick auf die konkreten didaktischen Empfehlungen zur Umsetzung unterschiedliche Schwerpunktsetzungen zu erkennen. Diese werden nachfolgend herausgearbeitet (vgl. KRAUTHAUSEN & SCHERER, 2007; PADBERG & BENZ, 2011; SCHERER & MOSER OPITZ, 2010; SCHIPPER et al., 2015; WITTMANN & MÜLLER, 1990).

Zu Beginn soll dabei auf WITTMANN und MÜLLER (1990) Bezug genommen werden, die mit ihren Ausführungen basierend auf einem aktuellen Verständnis von Lehren und Lernen bereits 1990 „neue Möglichkeiten […] [für die Erarbeitung des kleinen Einmaleins] eröffnen" (ebd., S. 107, Ergänzung der Autorin). In dem Bewusstsein, dass ihr vorgeschlagener ganzheitlicher Zugang zum Einmaleins durchaus nicht „kompromißlos [sic] und ausschließlich zu vertreten" (WITTMANN & MÜLLER, 1990, S. 107) ist, werden verschiedene Stufen mit zunehmend ganzheitlicher[29] Behandlung des kleinen Einmaleins unterschieden. In einer ersten Stufe werden zahlreiche Anregungen als Ergänzung zu einem gewohnten Lehrgang, der Einmaleinsreihen der Reihe nach behandelt, gegeben. Die nächste Stufe lässt sich durch einen ganzheitlichen Einstieg[30] in das Einmaleins charakterisieren, an den sich das Abarbeiten der einzelnen Reihen und eine „integrierende […] Wiederholung" (WITTMANN & MÜLLER, 1990, S. 107) anschließt. Die Behandlung der *kurzen Reihen* ersetzt in der nächsten Stufe die Behandlung der kompletten Reihe, bevor als

---

29 Die Begriffe *ganzheitlich* bzw. *Ganzheitlichkeit* stehen in den folgenden Ausführungen für eine Behandlung des kleinen Einmaleins, die die Erarbeitung der Einmaleinsaufgaben mithilfe verschiedener Lösungswege bzw. Rechenstrategien vorsieht, ohne dabei den Fokus gezielt auf einzelne Reihen zu richten (KRAUTHAUSEN & SCHERER, 2007; PADBERG & BENZ, 2011; WITTMANN & MÜLLER, 1990).

30 Ein ganzheitlicher Einstieg soll nach WITTMANN und MÜLLER (1990) die anschauliche Grundlage für das Einmaleins legen, indem alle Einmaleinsaufgaben von Beginn an für die individuelle Arbeit geöffnet sind. „In dieser Phase besteht nicht der geringste Anlaß [sic] oder gar Druck, Ergebnisse auswendig lernen zu lassen" (WITTMANN & MÜLLER, 1990, S. 112). Bei einem ganzheitlichen Einstieg in das Themengebiet sollen nach KRAUTHAUSEN und SCHERER (2007) Kinder „gemäß ihrem individuellen Vermögen und auf natürliche Weise in die Struktur des Einmaleins hineinwachsen" (ebd., S. 31).

Endstufe eine „wahrhaft ganzheitliche Behandlung des 1×1" (ebd., S. 107) vorgesehen ist.

Während sich die gemäß WITTMANN und MÜLLER (1990) unterschiedenen Stufen der Erarbeitung von einer systematischen Erarbeitung hin zu einer ganzheitlichen Erarbeitung bewegen, ist man sich in Fachkreisen weitgehend einig, dass gerade die ausgewogene Kombination zwischen *Ganzheitlichkeit* und *systematischer Erarbeitung* sich erfolgversprechend auszuwirken scheint (vgl. KRAUTHAUSEN & SCHERER, 2007; PADBERG & BENZ, 2011). Nach KRAUTHAUSEN und SCHERER (2007) schließt dabei ein „ganzheitliches Vorgehen keineswegs aus […], dass man sich zu gegebener Zeit an gegebener Stelle auch einmal genauer mit einzelnen Reihen beschäftigen kann und soll sowie mit den Zusammenhängen zwischen speziellen (>verwandten<) Reihen" (ebd., S. 31, Hervorhebung im Original).

Eine ausgewogene Kombination dieser beiden Wege zeichnet sich nach PADBERG und BENZ (2011) dadurch aus, dass Einmaleinsaufgaben einerseits zunächst ganzheitlich mithilfe von Anschauungsmitteln (siehe Abschnitt 2.3.2) erarbeitet werden, so dass „konsequent auf Zusammenhänge zwischen den einzelnen Einmaleinsaufgaben unabhängig vom Korsett der Einmaleinsreihen hingearbeitet wird und […] Kinder exemplarisch Rechenstrategien entdecken können" (PADBERG & BENZ 2011, S. 139). Andererseits sollen die Einmaleinssätze auch durch eine systematische Betrachtung der einzelnen Reihen unter Berücksichtigung der Zusammenhänge behandelt werden (siehe Abschnitt 2.3.1).

Im Vergleich dazu steht bei SCHIPPER et al. (2015) von Anfang an die systematische Erarbeitung der Einmaleinsreihen im Fokus – „die Behandlung der verschiedenen Einmaleinsreihen beginnt jeweils mit der Erarbeitung der Kernaufgaben" (SCHIPPER et al., 2015, S. 110). Bei der Erarbeitung von Einmaleinsaufgaben innerhalb einer Reihe sowie bei der Reihenfolge der Erarbeitung der einzelnen Einmaleinsreihen empfehlen SCHIPPER et al. (2015) operative Beziehungen zu nutzen: Das 2er-Einmaleins wird über die Idee des Verdoppelns entwickelt, das 10er-Einmaleins durch Verzehnfachen sowie im Anschluss das 5er-Einmaleins über die Halbierung des 10er-Einmaleins. Ausgehend von dem 2er-Einmaleins können dann das 4er- und das 8er-Einmaleins über die jeweilige Verdopplung ermittelt, das 3er-Einmaleins (abgeleitet aus dem 2er-Einmaleins) führt über die Verdopplung zum 6er-Einmaleins und ein Zusammensetzen des Einmaleins der 3 und 6, dann zum 9er-Einmaleins. Letztgenanntes kann allerdings auch über die Nachbarschaft zum 10er-Einmaleins ermittelt werden. Die 7er-Reihe wird über das Zusammensetzen aus der Multiplikation mit 5 und 2 erarbeitet (vgl. PADBERG & BENZ, 2011, S. 142; SCHIPPER, 2009, S. 154; SCHIPPER et al., 2015, S. 110).

RADATZ et al. (1998) geben zwar in den einleitenden Worten des Multiplikationskapitels ihres Didaktikbuches von 1998 an, dass ihr Handbuch bei „den didaktischen Prinzipien der Behandlung des Einmaleins wie isolierte Behandlung oder ganzheitliche Behandlung der Einmaleinsreihen […] durchweg eine offene Position ein[nimmt]" (ebd., S. S. 81, Ergänzung der Autorin), doch die aufgelisteten Stufen einer Unterrichtseinheit zu diesem Thema sprechen ein anderes Bild. Keine der angeführten Stufen lässt eine systematische Erarbeitung einzelner Reihen erkennen, einzig die letzte von sechs Stufen führt das Herausarbeiten und Lernen der Kernaufgaben an. Alle vorangehenden Stufen legen das Hauptaugenmerk auf das Untersuchen von operativen Beziehungen bzw. das Entdecken und Erarbeiten von unterschiedlichen Lösungswegen, ohne den Blick gezielt auf einzelne Reihen zu richten.

Die bisherigen Ausführungen dieses Abschnittes zeigen unter anderem unterschiedliche Nuancen der Realisierung der unterrichtlichen Erarbeitung des kleinen Einmaleins einiger gängiger Fachbücher auf. Während sich ein empfohlener Weg durch eine vorwiegende Behandlung von Einmaleinssätzen unabhängig von den Einmaleinsreihen auszeichnet (PADBERG & BENZ, 2011, S. 138f.), steht die systematische Erarbeitung der Einmaleinsreihen des kleinen Einmaleins unter Berücksichtigung von Beziehungen für einen weiteren denkbaren Weg. Die beschriebenen Wege zu kombinieren – wie bereits von PADBERG und BENZ (2011) betont –, trifft dabei auf weite Zustimmung in den mathematikdidaktischen Veröffentlichungen (PADBERG & BENZ, 2011, S. 139): *„Mittlerweile* gibt es erfreulicherweise einen *breiten* Konsens, dass nur eine *ausgewogene Kombination* dieser […] Zugangswege zum Einmaleins zu einer nachhaltigen Steigerung des Lernerfolges beiträgt (ebd., S. 139, Hervorhebungen im Original).

Unabhängig vom beschrittenen Zugangsweg bzw. den unterschiedlichen Nuancen der Realisierung der unterrichtlichen Erarbeitung des kleinen Einmaleins nimmt „neben der inhaltlichen Kompetenz oder Fertigkeit des Rechnenkönnens" (STEINWEG, 2013, S. 123) vor allem die *Entdeckung der Eigenschaften der Multiplikation* eine zentrale Rolle ein. STEINWEG betont in ihrem 2013 veröffentlichten Werk *Algebra in der Grundschule*: „Der Mathematikunterricht der Grundschule nutzt die Eigenschaften von Operationen. Sie werden nicht nur bei den ersten Hinführungen, sondern auch als Besonderheiten der Operation und für Rechenhilfen implizit eingesetzt bzw. genutzt" (ebd., S. 123). Die Entdeckung der Eigenschaften der Multiplikation bzw. die Entdeckung von Rechengesetzen stellt die Grundlage für die auf Einsicht basierende Nutzung von Zusammenhängen und Beziehungen zwischen Einmaleinssätzen und der Anwendung von Rechenstrategien zur Lösung von Einmaleinsaufgaben dar (siehe auch Abschnitt 2.2.2). Für die Umsetzung in der Unterrichtspraxis wird sich in den mathematikdidaktischen Publikationen und den Empfehlungen auf eine ähnliche Kernidee berufen – nicht die Eigenschaften selbst nehmen im Mathematikunterricht der Grundschule die zentrale Rolle ein, sondern vor allem deren implizite Nutzung im Sinne von Rechenhilfen bzw. Rechenvorteilen. Flexibles bzw. geschicktes Rechnen bei der Erarbeitung des kleinen Einmaleins über Kernaufgaben und operative Beziehungen (siehe Abschnitt 2.3.1) setzt im Wesentlichen laut KRAUTHAUSEN und SCHERER (2007) ein „Ausnutzen struktureller Merkmale der konkreten Aufgabenstellungen auf der Basis von Rechengesetzen" (ebd., S. 40) voraus (siehe Abschnitte 2.1.1 und 2.1.2). Kinder sollen somit bereits in der Grundschule die Eigenschaft der Kommutativität, der Distributivität sowie der Assoziativität der Multiplikation als Rechenvorteile kennenlernen (PADBERG & BENZ, 2011, S. 134-137; SCHIPPER, 2009, S. 155; SCHIPPER et al., 2015, S. 110-

113).[31] Nach SCHIPPER (2009) werden diese Eigenschaften nicht in separaten Stunden erarbeitet, sondern entwickeln sich vielmehr parallel durch ihren Einsatz und die Erfahrungen, die man bei der Behandlung der Multiplikation mit ihnen macht (ebd., S. 150). STEINWEG (2013) sieht den „Schlüssel [...] [allerdings] in der bewussten und damit expliziten Thematisierung der Eigenschaften der Operationen" (ebd., S. 124, Ergänzung der Autorin). Einem konstruktivistischen Lehr-/Lernverständnis folgend besteht Einigkeit in den fachdidaktischen Publikationen, dass eine Operationseigenschaft „der Lehrerin dann nicht nur geglaubt zu werden braucht, sondern von den Kindern selbst – wenn auch an einigen exemplarischen Fallbeispielen, so dennoch allgemein gültig begründbar – anschaulich entdeckt werden kann" (KRAUTHAUSEN & SCHERER, 2007, S. 32). Dabei kann die Begründung dieser Rechengesetze laut PADBERG und BÜCHTER (2015) durch beispielgebundene Beweisstrategien, wie im Abschnitt 2.1.2 bereits ausführlich aufgeführt, geleistet werden (ebd., S. 214).

Besonders geeignet zur Begründung, aber auch zur Veranschaulichung oder Entdeckung der Eigenschaften erweisen sich räumliche Darstellungen, da an ihnen die algebraischen Gesetzmäßigkeiten gut nachzuvollziehen sind (PADBERG & BENZ, 2011, S. 134–137; SCHIPPER, 2009, S. 155; SCHIPPER et al., 2015, S. 110–113). „Werden [...] Mengen als Repräsentanten für die Zahlen genutzt, können die Kinder im Konkreten das Abstrakte bzw. Allgemeine erkennen" (KÄPNICK, 2014, S. 105). Die Relevanz einer verständnisorientierten Erarbeitung, die mit räumlichen Darstellungen bzw. der anschaulichen Darbietung der Operationseigenschaften bzw. Rechenvorteile einhergeht, zeigt sich auch am nachfolgenden Zitat von SCHIPPER (2009) bezogen auf die Distributivität der Multiplikation: „Solche Zerlegungen zu *sehen*, ist eine der wichtigsten Fähigkeiten, die bei der Behandlung der Multiplikation zu entwickeln ist" (ebd., 151, Hervorhebung im Original).

Welche konkreten räumlichen Darstellungen bzw. Arbeitsmittel dazu bevorzugt genutzt werden und welche Rolle Arbeitsmittel bei der Erarbeitung des kleinen Einmaleins einnehmen, wird in den Ausführungen des nächsten Abschnittes herausgearbeitet.

2.3.2 Arbeitsmittel als Mittel zum Rechnen, als Argumentations- und Beweismittel

Dieser Abschnitt beginnt mit einer inhaltlichen Klärung der im weiteren Verlauf der Arbeit verwendeten Begrifflichkeit *Arbeitsmittel*. Sowohl in fachdidaktischen Publikationen als auch in der Unterrichtspraxis liegt kein einheitlicher Sprachge-

---

31 Da die Rechenstrategie des gegensinnigen Veränderns nur in seltenen Fällen – bei geeignetem Zahlenmaterial (siehe Abschnitt 2.2.2) – zur Lösung von Einmaleinsaufgaben eingesetzt werden kann, scheint auch dem ihr zugrunde liegenden Gesetz der Konstanz des Produktes in den fachdidaktischen Publikationen eher eine vernachlässigte Rolle zuzukommen. Die nur vereinzelte Thematisierung in Publikationen (z.B. KRAUTHAUSEN & SCHERER, 2007, S. 42; PADBERG & BENZ, 2011, S. 141; STEINWEG, 2013, S. 156), verstärkt diese Vermutung.

brauch bzw. eine einheitliche Begriffsverwendung der Begrifflichkeit *Arbeitsmittel* vor (KRAUTHAUSEN & SCHERER, 2007, S. 240ff.). Nach KRAUTHAUSEN und SCHERER (2007) können je nach Art des Einsatzes Veranschaulichungsmittel und Anschauungsmittel unterschieden werden (ebd., S. 242). Erstere werden von Seiten der Lehrkraft zum Illustrieren von mathematischen Ideen wie z.B. dem Darstellen bzw. Veranschaulichen von Zusammenhängen genutzt. Dabei liegt ein *passiv-rezeptives* Grundverständnis von Lehren und Lernen zugrunde (siehe Abschnitte 1.2 und 1.3), dass Lehrende Wissen an Lernende vermitteln können (WITTMANN, 1998, S. 155) – Veranschaulichungsmittel sind nach diesem Verständnis demnach als *Werkzeuge der Lehrerin oder des Lehrers* zu verstehen. Anschauungsmittel stehen im Gegensatz dazu für Kinder „als Werkzeuge ihres eigenen Mathematiktreibens […] zur (Re-)Konstruktion mathematischen Verstehens" (KRAUTHAUSEN & SCHERER, 2007, S. 243) und entsprechen somit einem eher *aktiv-konstruktiven* Lernverständnis (siehe Abschnitte 1.1 und 1.3). Als Oberbegriff führen KRAUTHAUSEN und SCHERER (2007) dabei das Begriffspaar *Arbeitsmittel und Veranschaulichungen* an und unterscheiden ebenso wie SCHIPPER (2009), der in diesem Zusammenhang von *Materialien und Veranschaulichungen* spricht, zwischen „konkret-gegenständlichen Materialien und deren bildliche Darstellungen" (SCHIPPER, 2009, S. 288). In der vorliegenden Arbeit wird als Sammelbegriff für konkret-gegenständliche Materialien aber auch zweidimensionale Darstellungen, die sowohl zur Veranschaulichung bzw. Illustration von mathematischen Sachverhalten zum Einsatz kommen als auch von Kindern selbst zum Entwickeln mathematischen Verständnisses genutzt werden, die Begrifflichkeit *Arbeitsmittel* verwendet. Unter dem Begriff *Arbeitsmittel* werden somit Veranschaulichungsmittel als auch Anschauungsmittel gefasst. Diese begriffliche Unterscheidung wird in dieser Arbeit wie auch bei KRAUTHAUSEN und SCHIPPER (2007) nicht als trennscharfe Abgrenzung verstanden – sie soll vielmehr ins Bewusstsein rufen, dass Arbeitsmittel je nach Art des Einsatzes eine Veranschaulichungsfunktion von Seiten der Lehrkraft oder eine Anschauungsfunktion für das Kind einnehmen können. Ein möglicher Einsatz bzw. der konkrete Einsatz des Arbeitsmittels kann dabei abhängig von der Vorstellung der Lehrkraft sein, wie Lehren und Lernen bei einem Individuum vor sich geht (siehe Kapitel 1).

Die Ausführungen des vorausgehenden Abschnittes 2.3.1 haben den großen Stellenwert der Einsicht bzw. des Verstehens bei der Erarbeitung des kleinen Einmaleins herausgearbeitet bzw. hervorgehoben. Um mathematisches Verständnis aufzubauen, sind anschauliche Begründungen und Argumentationen anhand von Arbeitsmitteln von besonderer Relevanz, da diese nach WITTMANN (2011) erst die in den Eigenschaften der Operation „verborgenen Handlungen zur Geltung" (ebd., S. 52) bringen und somit wiederum erst zu einem tiefgreifenden Verständnis führen. Dabei ist „Anschauung nicht eine Konzession an angeblich theoretisch schwache Schüler, sondern fundamental für Erkenntnisprozesse überhaupt" (WINTER, 1996, S. 9).

Im Folgenden werden zwei zentrale Funktionen von Arbeitsmitteln, die für den Verständnisaufbau in einem modernen Mathematikunterricht und für die Erarbeitung des kleinen Einmaleins von bedeutender Relevanz sind, genauer beschrieben

– die Funktion als Mittel zum Rechnen und als Argumentations- oder Beweismittel (KRAUTHAUSEN & SCHERER, 2007, S. 257ff.; SCHULZ, 2014, S. 73).[32]

In einem zeitgemäßen Mathematikunterricht werden mithilfe von Arbeitsmitteln Rechenoperationen dargestellt bzw. veranschaulicht. Arbeitsmittel werden dabei nach dem Kriterium ausgewählt, den Kindern unterschiedliche Zugänge und Lösungswege zu ermöglichen. SCHULZ (2014) betont in diesem Zusammenhang explizit, dass Arbeitsmittel „nicht bloß auf die Funktion als Lösungshilfe reduziert werden sollten. Stattdessen sollten sich aus den konkreten Lösungsfindungen am Material individuelle Kopfstrategien entwickeln können" (ebd., S. 74). Nach SCHERER und STEINBRING (2001) ermöglicht „nicht schon die Kenntnis eines Rechen*wegs*, sondern erst die Wahrnehmung der *Struktur* der Rechnung […] *mathematisches Verstehen*" (SCHERER & STEINBRING, 2001, S. 200, Hervorhebungen im Original). Dabei trägt das Arbeitsmittel durch die Funktion als Argumentations- oder Beweismittel dazu bei, bestimmte gewonnene Einsichten, wahrgenommene Regelmäßigkeiten oder Muster zu begründen bzw. nachzuweisen (siehe Abschnitt 2.1.2). Arbeitsmittel bieten laut KRAUTHAUSEN und SCHERER (2007) dank ihrer Funktion als Mittel zum Argumentieren und Beweisen nicht nur eine „Stützfunktion" (ebd., S. 259), sondern ihnen wird eine „eigenständige Bedeutung" (ebd., S. 259) zuteil.

Die zunächst allgemeinen Ausführungen dieses Abschnittes zu Arbeitsmitteln und ihren Funktionen können auf den Inhaltsbereich der Multiplikation übertragen werden. Arbeitsmittel nehmen bereits beim Aufbau von Grundvorstellungen der Multiplikation eine unverzichtbare Rolle ein: Konkrete bildliche Darstellungen bilden neben den vorausgehenden Handlungen den Ausgangspunkt für eine fundierte mathematische Vorstellung für die Multiplikation (HASEMANN & GASTEIGER, 2014, S. 109; RADATZ et al., 1998, S. 83; SCHIPPER et al., 2015, S. 103ff.). Feldstrukturen, die den Kindern bereits aus vielen multiplikativen Mustern der Umwelt bekannt sind, kommen dabei bevorzugt zum Einsatz. Ein Untersuchen und multiplikatives Interpretieren dieser Felderanordnungen (räumlich-simultane Anschauung) steht im Mittelpunkt der anfänglichen Behandlung des kleinen Einmaleins: Bereits in Feldstruktur dargestellte Einmaleinsaufgaben sollen erkannt und erste Lösungsversuche unternommen werden (KRAUTHAUSEN & SCHERER, 2007, S. 27ff.; RADATZ et al., 1998, S. 83; SCHERER & MOSER OPITZ, 2010, S. 122ff.; SCHIPPER et al., 2015, S. 103ff.; WITTMANN & MÜLLER, 1990, S. 108ff.).

„Eine wichtige Rolle spielen die Arbeitsmittel […], um Strategien und Beziehungen zu zeigen, aber auch um Vorgehensweisen zu beschreiben und zu begründen" (SCHERER & MOSER OPITZ, 2010, S. 128). Dies wird im Folgenden anhand der sogenannten Punktefelder bzw. des Hunderterfeldes[33] und der Einmaleinstafel bzw.

---

32 Dabei nimmt die Funktion als Mittel zum Rechnen nach KRAUTHAUSEN und SCHERER (2007, S. 257) eine bereits relativ lange Tradition ein, der Funktion als Argumentations- oder Beweismittel wird im Bereich der Grundschule im Vergleich dazu erst seit kurzem eine zentrale Rolle zuteil, die mit der stärkeren Betonung der prozessbezogenen Kompetenzen einhergeht (siehe Abschnitt 1.5.3).

33 Unter Punktefeld wird eine beliebige rechteckige Anordnung von Punkten verstanden. Das Hunderterfeld oder auch Hunderterpunktefeld genannt, zeichnet sich durch 10 Reihen mit

-tabelle[34], zwei in Fachkreisen gängigen Arbeitsmitteln zur Behandlung des kleinen Einmaleins, veranschaulicht.

Für operative Untersuchungen multiplikativer Aufgaben in der Grundschule sind vor allem Punktefelder bzw. das Hunderterfeld (siehe Abbildung 10) unverzichtbar.

Abbildung 10:   Hunderterfeld.

Operationseigenschaften können mit ihrer Hilfe entdeckt und veranschaulicht werden, so dass diese in Form von Rechenvorteilen bewusst und verständnisbasiert genutzt werden können (siehe Abschnitt 2.1.2). Punktefelder bzw. das Hunderterfeld eignen sich demnach dazu, verschiedene Lösungswege von Multiplikationsaufgaben aufzuzeigen bzw. zu erarbeiten: die Tauschaufgabe (Kommutativgesetz), die Verdopplungs- bzw. Halbierungsaufgabe (Assoziativgesetz) sowie die Zerlegung eines Faktors (Distributivgesetz) mit ihrem Sonderfall, der Nachbaraufgabe (PADBERG & BENZ, 2011, S. 135ff.). Die didaktischen Empfehlungen zur Entdeckung von Operationseigenschaften in der Unterrichtspraxis entsprechen in leicht adaptierter Form den im Abschnitt 2.1.2 zu den fachlichen Grundlagen ausführlich dargestellten beispielgebundenen Beweisstrategien. An zwei Rechenstrategien, der Tauschaufgabe und der Nachbaraufgabe sollen Einsatzmöglichkeiten des Punktefeldes bzw. Hunderterfeldes in der Unterrichtspraxis exemplarisch dargestellt bzw. veranschaulicht werden.

Weit verbreitet in fachdidaktischen Publikationen und in Schulbüchern sind im Hinblick auf die Erarbeitung der Tauschaufgabe bzw. des Kommutativgesetzes Abbildungen, die Kinder zeigen, die ein Punktefeld bzw. Hunderterfeld aus unterschiedlicher Perspektive betrachten (siehe Abbildung 11).

---

jeweils zehn Punkten und eine 5er-Struktur aus (siehe Abbildung 10) – im Folgenden wird dafür der Begriff *Hunderterfeld* verwendet.

34 Unter Einmaleinstafel bzw. -tabelle wird eine spezielle Anordnung und unter Umständen Einfärbung sämtlicher Aufgaben des kleinen Einmaleins verstanden (siehe Abbildung 13). Im Folgenden wird der Begriff *Einmaleinstafel* verwendet.

Abbildung 11: Betrachtung des Punktefeldes bzw. Hunterfeldes aus zwei unterschiedlichen Perspektiven (Zahlenzauber 2, 2014, S. 70).

Alternativ sind in Publikationen aber auch rechteckige Darstellungen bzw. Punktefelder um 90 Grad gedreht dargestellt, die die Tauschaufgabe bzw. das ihr zugrundeliegende Kommutativgesetz veranschaulichen (vgl. KÄPNICK, 2014, S. 106; KRAUTHAUSEN & SCHERER, 2007, S. 32; PADBERG & BENZ, 2011, S. 135; RADATZ et al., 1998, S. 85; SCHERER & MOSER OPITZ, 2010, S. 121; SCHIPPER, 2009, S. 150; SCHIPPER et al., 2015, S. 112; WITTMANN & MÜLLER, 1990, S. 108f.). Die „Bilder praktisch aus verschiedenen Perspektiven zu *lesen* und diese Perspektiväderungen damit zunehmend als Erfahrung ebenfalls mit dem inneren Punktefeld […] auch vor dem inneren Auge einzunehmen" (STEINWEG, 2013, S. 136, Hervorhebung im Original), führen verstärkt zu der Überzeugung, dass die Reihenfolge, in der die Faktoren multipliziert werden, das Ergebnis der Multiplikationsaufgabe nicht verändert.

Den Ausführungen der vorherigen Abschnitte (siehe Abschnitt 2.1.1, 2.1.2, 2.2.2 und 2.3.1) bereits zu entnehmen, war die enorme Bedeutung der Distributivität bei der Erarbeitung des kleinen Einmaleins. SCHIPPER (2009) hat in diesem Zusammenhang bezogen auf die Distributivität der Multiplikation betont: „Solche Zerlegungen zu *sehen*, ist eine der wichtigsten Fähigkeiten, die bei der Behandlung der Multiplikation zu entwickeln ist" (ebd., S. 151, Hervorhebung im Original). Das Hunterfeld eignet sich auch für die operative Untersuchung der distributiven Zusammensetzung bzw. Zerlegung von Einmaleinsaufgaben (vgl. KRAUTHAUSEN & SCHERER, 2007, S. 37; PADBERG & BENZ, 2011, S. 137; RADATZ et al., 1998, S. 85; SCHERER & MOSER OPITZ, 2010, S. 126; SCHIPPER, 2009, S. 155; SCHIPPER et al., 2015, S. 112f.). Dies wird in Abbildung 12 anhand eines Schulbuchbeispiels anschaulich verdeutlicht. Die Lösung der Aufgabe 7 · 4, die nicht zu den Kernaufgaben gehört, kann am Hunterfeld über 5 · 4 + 2 · 4 veranschaulicht bzw. erarbeitet werden, was der Anwendung einer additiven Zerlegung des Faktors 7 unter Zuhilfenahme der bereits bekannten Kernaufgaben 5 · 4 und 2 · 4 entspricht.

Nach STEINWEG (2013) zeigen sich „bereits im Primarbereich an vielfältigen Stellen Begegnungen mit den Eigenschaften der Distributivität" (ebd., S. 153), die dann wiederum mithilfe einer Darstellung am Punktefeld „für die Entwicklung algebraischen Denkens […] zusätzlich fruchtbar gemacht werden [können], wenn die

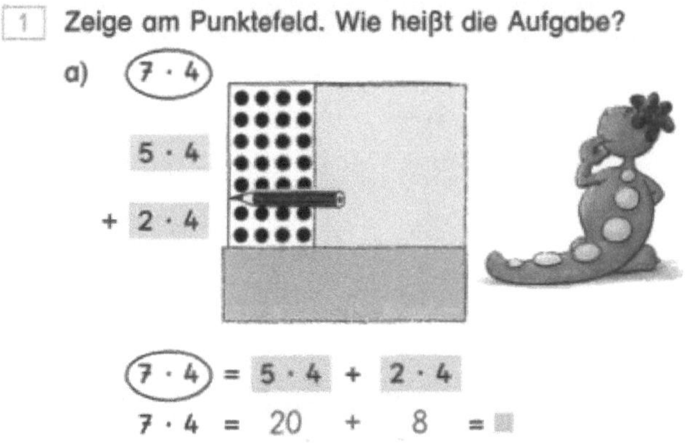

Abbildung 12: Erarbeitung der Aufgabe 7 · 4 über 5 · 4 + 2 · 4 (Welt der Zahl 2, 2014, S. 117).

Eigenschaften nicht nur wie von Zauberhand genutzt werden und im Hintergrund bleiben, sondern wenn eine angemessene Explizitheit der Eigenschaft eingefordert und unterstützt wird" (ebd., S. 153, Ergänzung der Autorin; siehe auch Abschnitt 2.1.2).

Neben Punktefeldern bzw. dem Hunderterfeld bieten sich für die Gewinnung von Einsicht in die beziehungsreiche Struktur des kleinen Einmaleins allerdings auch Einmaleinstafeln (siehe Abbildung 13) an (KRAUTHAUSEN & SCHERER, 2007, S. 33; PADBERG & BENZ, 2011, S. 144; RADATZ et al., 1998, S. 48f.; SCHIPPER, 2009, S. 155f.; SCHIPPER et al., 2015, S. 113f.; WITTMANN & MÜLLER, 1990, S. 119ff.).

Laut RADATZ und SCHIPPER (1998) stehen sie „zur Verfügung, um für die schwierigen Multiplikationsaufgaben Ableitungen von bereits bekannten Aufgaben zu erkennen" (ebd., S. 89) sowie „das Argumentieren und anschauliche Begründen in diesem Rahmen zu üben" (KRAUTHAUSEN & SCHERER, 2010, S. 33). Sie bieten ebenfalls die Möglichkeit, Beziehungen zwischen Aufgaben zu untersuchen und zeigen mögliche unterschiedliche Lösungswege auf (SCHIPPER, 2009, S. 155).

Entscheidend scheint es – nicht nur für das Mathematiklernen im Allgemeinen, sondern auch für die Erarbeitung des Einmaleins im Speziellen – zu sein, dass Lehrkräfte sich nicht auf die Veranschaulichungsfunktion der Arbeitsmittel beschränken, indem sie diese ausschließlich als Demonstrationsmaterial einsetzen, sondern Kinder vielmehr befähigen, eigenständig Entdeckungen am Arbeitsmittel vorzunehmen (KRAUTHAUSEN & SCHERER, 2007, S. 243).

BAUERSFELD (2000) formuliert darüber hinaus:

Jede Veranschaulichung eines mathematischen Sachverhalts, so treffend, isomorph und ablenkungsfrei Experten sie auch einschätzen mögen, muß [sic] gelernt werden. Und das heißt, ihre Bedeutung muß [sic] in der angeleiteten Auseinandersetzung mit der Sache vom lernenden Subjekt konstruiert werden. In der Regel stützt nicht die Veranschaulichung das mathematisch Gemeinte, sondern umgekehrt: Die Mathematik gibt der Veranschaulichung einen (bestimmten) Sinn. (BAUERSFELD, 2000, S. 119)

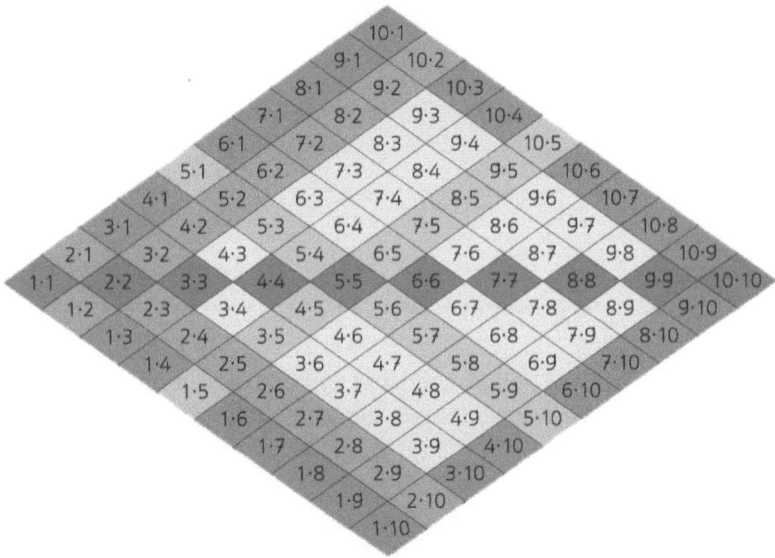

Abbildung 13: Einmaleinstafel (Zahlenzauber 2, 2014).

Nach SCHULZ (2014) kann eine „*Fokussierung* auf die intendierten *mathematischen* Aspekte des Materials" (ebd., S. 78, Hervorhebungen im Original) sowohl vom Kind als auch von der Lehrkraft erfolgen. Bei der Nutzung von Arbeitsmitteln geht es nicht „um eine Entscheidung [...] zwischen belehrendem, instruktivem Vorgehen des Lehrers auf der einen Seite und der konstruktiven Erschließung durch die Kinder auf der anderen" (ebd., S. 79). Vielmehr muss die Lehrkraft den Unterricht auf die relevanten mathematischen Aspekte bzw. Strukturen lenken, die am Arbeitsmittel erschlossen werden können.

Die Rechenoperation der Multiplikation zu verstehen und zu beherrschen ist gegenwärtiges Ziel eines zeitgemäßen Mathematikunterrichts (siehe auch Kapitel 1). Im Fokus stehen dabei – wie den Ausführungen des Abschnittes 2.3 zu entnehmen ist – die Entdeckungen der Eigenschaften der Operation, die bei Rechenvorteilen und -strategien zum Tragen kommen und mithilfe von Arbeitsmitteln für Kinder leicht zugänglich gemacht werden können. Die Einigkeit bzw. Übereinstimmung in den Kernideen der Erarbeitung des kleinen Einmaleins in den mathematikdidaktischen Veröffentlichungen ist sicherlich auch auf theoretische und empirische Erkenntnisse zurückzuführen, die eine Vielzahl an Argumenten für eine verständnisbasierte Erarbeitung des kleinen Einmaleins liefern. Im folgenden Abschnitt sollen diese Argumente dargestellt werden.

2.4 Argumente für eine verständnisbasierte Erarbeitung des kleinen Einmaleins

> *„Drill activities have often been overemphasized in the mathematics classrooms. Practice and drill are carried to extremes when computational skill is considered sufficient to gain the goals of mathematics. Routine learning of skills results in poor retention, little understanding, and almost no application in daily problems. It is evident that the key to learning skills is through meaningful experiences, discovery and applications."*
>
> (JOHNSON & RISING, 1967, S. 102)

Im Zentrum dieses Abschnittes stehen Argumente einer auf Einsicht basierenden Erarbeitung des kleinen Einmaleins. Sieht man diese Art der Erarbeitung aus einem aktuellen Verständnis von Lehren und Lernen bzw. dem aktuellen Verständnis von Mathematikunterricht abgeleitet, kann diese Gegebenheit allein schon – im weiteren Sinne – auch als Argument für diese Behandlung angeführt werden (Abschnitt 2.4.1). Inwiefern ein Fokus auf operative Beziehungen und die Anwendung von Rechenstrategien bei der Erarbeitung unbekannter Einmaleinssätze sich auf die Ausführung der Rechenoperation selbst auswirkt sowie auch für leistungsschwache Schülerinnen und Schülern erfolgsversprechend sein kann, soll in den Abschnitten 2.4.2 und 2.4.4 detailliert beleuchtet werden. Aber auch die propädeutische Funktion einer verständnisbasierten Erarbeitung des kleinen Einmaleins für das weitere algebraische Lernen bzw. zukünftiges Lernen soll in diesem Abschnitt diskutiert werden (Abschnitt 2.4.5). Ebenso sollen alternative Wege der Erarbeitung des kleinen Einmaleins im Hinblick auf ihre Praktikabilität untersucht bzw. analysiert werden (Abschnitt 2.4.3).

Die folgenden Abschnitte (2.4.1 bis 2.4.5) führen sowohl theoretische als auch empirische Argumente an, die für eine auf Verständnis basierende Erarbeitung des kleinen Einmaleins sprechen. Den Abschluss des Abschnittes 2.4 bildet eine finale Zusammenschau der Erkenntnisse (Abschnitt 2.4.6).

2.4.1 Aktuelles Lehr- und Lernverständnis sowie das aktuelle Verständnis eines zeitgemäßen Mathematikunterrichtes

In einem um Verständnis und einsichtsvolles Rechnen bemühten, zeitgemäßen Mathematikunterricht erfolgt die Erarbeitung und Automatisierung des kleinen Einmaleins – wie im Abschnitt 2.3 anschaulich dargelegt – über operative Beziehungen. Weit gefasst kann als ein Argument für ein „Netz von Beziehungen zwischen den Aufgaben zur Multiplikation" (SCHIPPER, 2009, S. 154) und ihrer Entdeckung, das aktuelle Verständnis von Lehren und Lernen angeführt werden (siehe Abschnitt

1.1). Denn einem konstruktivistischen Lehr- und Lernverständnis folgend ist „menschenwürdiges Lernen […] nicht passiver Nachvollzug fremder Gedanken, sondern aktive Erzeugung eigener Sinnstrukturen" (SCHULZ, 1989, S. 36). Auch auf die verständnisbasierte Erarbeitung des kleinen Einmaleins, die den aktiven Aufbau eines strukturierten Wissensnetzes zwischen Einmaleinssätzen anstrebt (siehe Abschnitt 2.3.1), trifft die Aussage von SCHULZ (1989) zu. Die auf Einsicht in operative Beziehungen basierende Behandlung des kleinen Einmaleins folgt demnach den Grundsätzen des aktuellen Lehr- und Lernverständnisses.

Einem zeitgemäßen Mathematikunterricht, der neben der Rechenfertigkeit gerade den kindlichen Verstehensprozessen eine besondere Bedeutung zuteilwerden lässt (siehe Abschnitt 1.5.2), wird die aktuelle Erarbeitung des kleinen Einmaleins ebenfalls gerecht, indem sie die Automatisierung der Einmaleinssätze auf Basis von Einsicht anstrebt (siehe Abschnitt 2.3). Nicht nur aus Sicht der Mathematikdidaktik, sondern auch aus Sicht der empirischen Unterrichtsforschung ist einem verständnisorientierten Unterricht eine enorme Relevanz beizumessen (FREESEMANN, 2014, S. 71). Forschungsergebnisse belegen, dass Schülerinnen und Schüler von einem kognitiv aktivierenden und fachlich anspruchsvollen Unterricht stark profitieren. Als *kognitiv aktivierend* kann dabei nach LIPOWSKY (2007) „die Anregung der Lernenden zu einem vertieften fachlichen Nachdenken über den Unterrichtsinhalt" (ebd., S. 28) verstanden werden. Vor allem für das Fach Mathematik ist die kognitive Aktivität von Bedeutung (BAUMERT, KUNTER, BLUM, BRUNNER, VOSS & JORDAN, 2010; RAKOCZY, KLIEME, LIPOWSKY & DROLLINGER-VETTER, 2010, S. 233ff.; STERN 2005, S. 145). Die Forschungsergebnisse der SCHOLASTIK-Studie belegen positive Effekte auf den Lernerfolg der Kinder, die von Lehrpersonen mit einer konstruktivistischen Einstellung zum Lehren und Lernen unterrichtet wurden und somit eine aktive Auseinandersetzung mit anspruchsvollen Aufgaben im Unterricht verfolgten. Schülerinnen und Schüler in Klassen, in denen Lehrpersonen keine konstruktivistische Einstellung zeigten, sondern Lehren und Lernen als direkte Instruktion im Sinne eines eher behavioristischen Grundverständnisses ansahen, wiesen einen geringeren Lernfortschritt auf (STERN & STAUB, 2000). Nach KROESBERGEN und VAN LUIT (2002) trifft dies auch auf die Erarbeitung des kleinen Einmaleins zu: „Research suggests that instruction based on constructivist principles leads to better results than more direct, traditional mathematics education" (ebd., S. 364). Dabei erweist sich ein konstruktivistisch orientierter Unterricht allerdings nicht nur vielversprechend für den Lernzuwachs von Kindern (COBB et al., 1991; KLEIN, 1998), sondern scheint sich auch positiv auf die Motivation der Schülerinnen und Schüler auszuwirken. Forschungsergebnisse verweisen darauf, dass Lernen auf eine konstruktivistische Art und Weise motivierender, spannender und herausfordernder für Kinder ist (AMES & AMES, 1989; GINSBURG-BLOCK & FANTUZO, 1998).

Ergebnisse der empirischen Unterrichtsforschung sind konform zum aktuellen, konstruktivistischen Lehr- und Lernverständnis des Mathematikunterrichts (FREESEMANN, 2014, S. 53). Die positiven Effekte, die sich offensichtlich durch konstruktivistisches Lernen und Unterrichten zeigen, kann man dann vermutlich auch erwarten, wenn das Einmaleins auf die in Abschnitt 2.3 geschilderte Weise verständnisbasiert erarbeitet wird. In den folgenden Abschnitten 2.4.2 bis 2.4.5 werden weitere Argumente für eine verständnisbasierte Erarbeitung der Einmaleinssätze diskutiert.

2.4.2 Positive Auswirkungen auf den Lern- und Wissensprozess bei der Erarbeitung des kleinen Einmaleins

Im Abschnitt 2.3 dieser Arbeit wurde bereits herausgearbeitet, dass das Auswendiglernen der Einmaleinssätze gemäß fachdidaktischer Empfehlungen immer auf einer gesicherten Verständnisgrundlage aufbauen sollte. Ob und inwiefern eine verständnisbasierte Erarbeitung positive Auswirkungen auf den Lern- und Wissensprozess im Hinblick auf das kleine Einmaleins selbst hat, soll in den folgenden Ausführungen aufgezeigt werden.

Anhand der Ergebnisse bzw. Erkenntnisse der Studien, die im folgenden Abschnitt diskutiert werden, soll aufgezeigt werden, dass eine verständnisbasierte Erarbeitung dazu beiträgt, *„grundlegendes Verständnis* [zu] *sichern"* (SCHERER & MOSER OPITZ, 2010, S. 122, Hervorhebungen und Ergänzung der Autorin), *„das Erlernen, Verinnerlichen und Behalten* [zu erleichtern] und [...] eine *erfolgreiche Automatisierung* [der Einmaleinssätze zu erreichen]" (ebd., S. 122, Hervorhebungen und Ergänzung der Autorin).

Grundlegendes Verständnis sichern

Die Erarbeitung der Einmaleinssätze auf Basis automatisierter Kernaufgaben und operativer Beziehungen erweist sich laut einiger Studien als erfolgversprechend – sie sichert das grundlegende Verständnis des Lerninhaltes. Nach BAROODY (1985) gelingt es Kindern, die eine verständnisbasierte Erarbeitung des kleinen Einmaleins erfahren haben, ein ganzheitliches Beziehungsgefüge aufzubauen (ebd., S. 94). Die Einsicht in vielfältige Beziehungen bzw. die Betonung von Strategien bei der Erarbeitung des kleinen Einmaleins hilft Kindern „[to] organize facts into a coherent knowledge network" (WOODWARD, 2006, S. 271, Ergänzung der Autorin). Sie sind in der Lage, wie eine Studie von BAROODY im Jahre 1999 zeigt, noch unbekannte Einmaleinsaufgaben mithilfe bereits angeeigneten Faktenwissens und unter Nutzung operativer Beziehungen zu lösen (ebd., S. 184). Aus den Ergebnissen seiner Studie schließt BAROODY (1999) auf die zentrale Rolle der Einsicht in Beziehungen und Zusammenhänge beim Erarbeiten von Einmaleinssätzen.

> The results of this study indicate that past work in the field of mathematical cognition has focused too narrowly on the role of simple associative mechanisms and has neglected the potentially central role of relational knowledge, such as multiplicative commutativity, in the learning of basic number combinations. (BAROODY, 1999, S. 189)

STEEL und FUNNELL (2001) bestätigten die positiven Forschungsergebnisse von BARRODY (1999). Sie untersuchten den Einfluss einer Lernbedingung auf die Strategievielfalt und den Abruf von Einmaleinsaufgaben bei einer Gruppe von englischsprachigen Kindern zwischen 8 und 12 Jahren, „who were taught by discovery methods" (ebd., S. 37).[35] Sie kamen zu der Erkenntnis, dass die vom National Curriculum verpflichtende Betonung entdeckerischer Aktivitäten sich bei der Erarbeitung des kleinen Einmaleins positiv auswirkt. Neben der Bestätigung der Ergebnisse von BAROODY (1999), dass bereits gelernte Einmaleinsaufgaben mithilfe von Einsicht in Strategien zum Lösen anderer Aufgaben herangezogen werden können, ist auch eine Abkehr von weniger tragfähigen Strategien zu erkennen. Diese Abkehr von weniger tragfähigen Strategien – die sich auch als fehleranfälliger und zeitaufwändiger bei der Lösung von Multiplikationsaufgaben herauskristallisiert haben (STEEL & FUNNELL, 2001, S. 49) – hin zu Rechenstrategien –, führt nicht nur zu einer geringeren Fehlerquote, sondern auch zu schnelleren Lösungszeiten bei der Beantwortung von Einmaleinsaufgaben. Allerdings zeigen die Ergebnisse der Studie von STEEL und FUNNELL (2001) auch, dass die Anzahl an automatisiert abrufbaren Einmaleinsaufgaben im Durchschnitt eher gering ausfällt: „By the last year of primary school (age 11 years), 20% children had failed to learn multiplication facts for even the simplest operands and only 61% retrieved facts for all problems up to 6 × 6" (ebd., S. 46).

Im deutschsprachigen Raum konnten SELTER (1994) sowie GASTEIGER und PALUKA-GRAHM (2013) die internationalen Forschungsergebnisse anhand weiterer Studien untermauern. SELTER (1994) untersuchte die Wirksamkeit von Eigenproduktionen in einem Unterrichtsversuch zum multiplikativen Rechnen. *Eigenproduktionen* sind nach SELTER (1994) „alle Aktivitäten, bei denen die Schüler selbst Aufgabenstellungen *erfinden*" (ebd., S. 30, Hervorhebung im Original) und gelten „als exponierte Form der Mitgestaltung des Unterrichtes durch die Schüler" (ebd., S. 29). In diesem Unterrichtsversuch von SELTER (1994), in dem Rechenstrategien von den Kindern genutzt und auch diskutiert, und in Bezug auf ihre Eleganz und Effizienz bewertet wurden, zeigte sich, dass Kinder sich Beziehungen zwischen den einzelnen Aufgaben zur Ermittlung aber auch zur Einprägung von Ergebnissen zunutze machen (ebd., S. 285f.). Sofern Kinder die Einmaleinssätze noch nicht auswendig abrufen konnten, griffen sie auf das Ableiten mithilfe von *Stützpunkten* (bereits bekannte Einmaleinsaufgaben, die sogenannten Kernaufgaben) zurück (ebd., S. 286f.). GASTEIGER und PALUKA-GRAHM (2013) konnten in ihrer explorativen Studie ebenfalls zeigen, dass Kinder in der Lage sind, auf der Basis operativer Beziehungen Einmaleinsaufgaben zu lösen. Ein geringer Anteil an wenig tragfähigen Strategien sowie der gleichzeitig hohe Anteil an eingesetzten Rechenstrategien zur Aufgabenlösung „kann als Anzeichen dafür gesehen werden, dass die [...] Erarbeitung

---

35 „In England, [...] didactic teaching methods have given way to "discovery methods" in which children find the best methods of calculation for themselves" (STEEL & FUNNELL, 2001, S. 39, Hervorhebung im Original). Die verbindliche Vorgehensweise der Erarbeitung des kleinen Einmaleins in England ähnelt dabei der in der deutschsprachigen Literatur vorgeschlagenen Erarbeitung – „multiplication facts relating to multiples of 2, 5, and 10 are taught, and these facts are used to learn other facts, such as using double multiples of 2 to produce multiples of 4 as a basis for finding answers to novel questions" (ebd., S. 39).

des Einmaleins unter dem Fokus der Vernetzung und Strategieentwicklung gelingen kann" (ebd., S. 17).

Ein weiteres Argument für die vorgeschlagene verständnisorientierte Erarbeitung liefert WOODWARD (2006) – in seiner durchgeführten Studie haben Kinder, die vier aufeinanderfolgende Wochen lang jeden Tag für 25 Minuten auf Basis von Einsicht die Einmaleinssätze erarbeitet haben, einen deutlichen Lernzuwachs zwischen Vor- und Nachtest erzielt. Während bei den Vortestungen nur 68% der Multiplikationsaufgaben von den Kindern korrekt gelöst wurden, erreichten die Kinder nach einer vierwöchigen verständnisbasierten Erarbeitungsphase im Vergleich zu einer Kontrollgruppe „mastery level (i. e., 90% correct)" (WOODWARD, 2006, S. 280) mit durchschnittlich 94% korrekten Antworten. Eine zweite Testung der *Hard Multiplication Facts* (Einmaleinsaufgaben, deren korrekte Beantwortung den Kindern in der Vortestung üblicherweise Schwierigkeiten bereitet) wurde im Nachtest von den Kindern mit einer deutlich höheren durchschnittlichen Lösungsquote von 64% gelöst, als noch im Vortest (durchschnittliche Lösungsquote von 30%). Signifikante Unterschiede zwischen den beiden Testzeitpunkten sind zu erkennen, wobei im Durchschnitt kein Kind „achieved mastery of these facts by the end of the four-week intervention" (WOODWARD, 2006, S. 283).

TER HEEGE (1985) stellt folgendes fest: „Children have trouble remembering isolated basic facts. They tend to remember arithmetical facts by skillfully applying a number of strategies" (ebd., S. 386). Sollten sie aber auf keine Strategien zurückgreifen können bzw. über das nötige konzeptuelle Verständnis nicht verfügen, besitzen sie nicht die Möglichkeit sich vergessene Prozeduren zu erschließen – und verweisen somit nach TER HEEGE (1985) geringere Erfolge bei der rechnerischen Bewältigung von Aufgabenstellungen (ebd., S. 386). „Das Prinzip, dass ‚grundlegendes Verstehen' nachhaltiger ist als ‚dressierte Fertigkeit'" (PREDIGER, HUßMANN, LEUDERS & BARZEL, 2011, S. 24, Hervorhebungen im Original), ist bereits diesen Forschungsergebnissen zu entnehmen. *Dressierte Fertigkeit* oder das bloße Auswendiglernen ohne verständnisvolles Verinnerlichen ermöglicht – wie in den weiteren Ausführungen dieses Abschnittes noch geschildert – keine Rekonstruktion von Vergessenem. STERN (1992) betont ein weiteres Problem fehlenden konzeptuellen Wissens. Kinder, die dazu angehalten werden, eine bestimmte Strategie ohne Einsicht in ihre Zusammenhänge anzuwenden, laufen Gefahr, sogenannte Oberflächenstrategien zu entwickeln. Dies führt zu einem Einsatz der Strategie ähnlich einer Schablone ohne verinnerlichtes Verständnis. Erfolgt das Anwenden der Strategie zunächst erfolgreich, gestaltet es sich nach STERN (1992) deutlich schwerer, das bestehende konzeptuelle Defizit später zu beheben (ebd., S. 120f.). ANTHONY und KNIGHT (1999) halten in diesem Zusammenhang mit Bezug auf das kleine Einmaleins fest: „Where understanding is adequate, strategies will tend to be effective, but where understanding is inadequate, ‚malrules' and error-prone strategies will result" (ebd., S. 31, Hervorhebung im Original).

BASTABLE und SCHIFTER (2008) führen als ein weiteres aussagekräftiges Argument für eine verständnisbasierte Erarbeitung des kleinen Einmaleins eine gesteigerte Flexibilität erlernter Inhalte an. Kinder sind den Ergebnissen ihrer Studie zufolge fähig, über die Gesetzmäßigkeiten der Multiplikation zu reflektieren sowie allgemeingültige Begründungen vorzunehmen. Das damit einhergehende Verständnis bzw. das konzeptuelle Wissen, ist dann wiederum von enormer Relevanz im Hinblick auf die flexible Anwendung gelernter Inhalte (BAROODY, 2003). Die Anwendung von Strategien baut auf Einsicht in Zahlbeziehungen sowie einem verständigen Umgang mit Zahlen auf und „erfordert damit nicht nur ein Gefühl für Zahlen und den Umgang mit ihnen, sondern fördert es auch" (FREESEMANN, 2014, S. 123; KRAUTHAUSEN & SCHERER, 2007, S. 43). WOODWARD (2006) gelangt in seiner bereits angeführten Studie von 2006 zur gleichen Erkenntnis: „Strategies help increase a student's flexible use of numbers" (ebd., S. 271). Eine auf Verständnis abzielende Erarbeitung stellt nach THRELFALL (2002) die Voraussetzung dar, Flexibilität in der Anwendung von Strategien anzubahnen bzw. auszubilden (ebd., S. 44f.). Gemäß KROESBERGEN et al. (2004) wirkt sich die Strategiethematisierung positiv auf die Vielfalt und Angemessenheit der Strategien des kleinen Einmaleins aus (ebd., S. 247). Die Bandbreite an verfügbaren Strategien kann dann wiederum dazu beitragen, dass operative Beziehungen bzw. Zusammenhänge zwischen Zahlen eher erkannt und flexibel zur Aufgabenlösung eingesetzt werden (THRELFALL, 2009, S. 548) und somit flexibles Rechnen im Hinblick auf das Lösen von Einmaleinsaufgaben ermöglichen (SCHIPPER, 2009, S. 107). TER HEEGE erkannte bereits 1985: „An approach based on the use of supports and strategies would seem to be much more flexible […]. The source of this flexibility is the great potential for applying the strategies within the area of basic multiplication" (ebd., S. 387).

Ob und inwiefern sich eine verständnisbasierte Erarbeitung auch über die bereits vorgestellten Erkenntnisse hinaus positiv auf den Strategieeinsatz bzw. die Strategiewahl auswirkt, wird im Abschnitt 3.3.3 dieser Arbeit noch detailliert betrachtet. In den Ausführungen dieses Abschnittes liegt der Fokus allerdings im Weiteren auf einem zusätzlichen Argument, das für eine verständnisbasierte Erarbeitung des kleinen Einmaleins spricht – das Erleichtern des Erlernens, Behaltens und Verinnerlichens sowie der erfolgreichen Automatisierung.

Erleichtern des Erlernens, Behaltens und Verinnerlichens sowie der erfolgreichen Automatisierung

Nach ANTHONY und KNIGHT (1999) liegt eine Fehlvorstellung vor „concerning the relationship between skills and understanding" (ebd., S. 28). Diese besagt, „that if the student really understands then the skills will follow *automatically*" (ANTHONY & KNIGHT, 1999, S. 28, Hervorhebung im Original). Andererseits „it is not appropriate to think of the end products of learning as a straightforwardly internalized version of the multiplication table" (SHERIN & FUSON, 2005, S. 385). Forschungsergebnisse leisten einen entscheidenden Nachweis dafür, dass die Verbindung zwischen konzeptuellem Verständnis auf der einen Seite und dem Abspeichern und Abrufen von Kombinationen auf der anderen von großer Relevanz ist (ANTHONY & KNIGHT, 1999, S. 32). Sie verweisen darauf, dass die Entwicklung von Strategien „associated with meaningful basic fact learning is interwoven with the development of automaticity" (ebd., S. 31; ENGLISH & HALFORD, 1995). „There is no cognitive ‚magic‘ that produces appropriate performance automatically" (ENGLISH & HALFORD, 1995, S. 80, Hervorhebung im Original). Dennoch scheint der Strategieerwerb auch zur Entwicklung von Fertigkeiten zu führen: „Children acquire more and more skill in the use of strategies [...]. They can (quickly) become so skilled at this that the border between ‚figure out‘ and ‚know by heart‘ seems to blur" (TER HEEGE, 1985, S. 386, Hervorhebungen im Original). Der Weg über das Verstehen und die Einsicht in zentrale Beziehungen bei der Erarbeitung des kleinen Einmaleins fördert somit den Automatisierungsprozess von Einmaleinssätzen (ANTHONY & KNIGHT, 1999, S. 31). Wenn man bedenkt, welche entscheidende Rolle dem automatisierten Abruf von Einmaleinsaufgaben zukommt, wird auch die Bedeutung einer verständnisbasierten Erarbeitung ersichtlich: Nicht nur beim Lösen von noch unbekannten Aufgaben über Rechenstrategien wird dem automatisierten Abruf eine entscheidende Rolle zuteil, sondern auch im Hinblick auf das weitere Lernen und das Lernen leistungsschwacher Schülerinnen und Schüler (siehe Abschnitte 2.3.1, 2.4.4 und 2.4.5).

Sichtbar wird die Bedeutung allerdings auch, wenn man den Forschungsergebnissen von LEMAIRE und SIEGLER (1995) Aufmerksamkeit schenkt. Die Ergebnisse zeigen, dass Kinder, die Einmaleinsaufgaben über das Zählen oder wiederholte Addieren gleicher Summanden lösen, zu einem geringeren Automatisierungsgrad von Einmaleinsaufgaben gelangen. Sie setzen vermehrt weniger tragfähige Lösungswege ein und führen diese zudem häufig fehlerhaft aus. Damit bestätigt sich die von LEMAIRE und SIEGLER (1995) für das kleine Einmaleins getätigte Prognose, dass „early incorrect use of backup strategies should lead to more frequent later use of backup strategies (rather than retrieval)" (ebd., S. 94).

Forschungsergebnisse aus dem Bereich der Addition und Subtraktion zeigen allerdings auch, dass Kinder, die den Beziehungen Beachtung schenken und diese verstehen, „are better equipped to store or retrieve [...] combinations in mathematics" (CANOBI, REEVE & PATTISON, 1998, S. 890). Gleiches trifft auch auf das kleine Einmaleins und ihre verständnisbasierende Erarbeitung zu. „Facilitating long-term retention and direct recall" (WOODWARD, 2006, S. 271) ist nach WOODWARD (2006) ein weiterer positiver Effekt, der durch eine verständnisbasierte Erarbeitung und den Aufbau eines bereits erwähnten „coherent knowledge network" (ebd., S. 271) erzielt werden kann. Die Studie von WOODWARD (2006) scheint auch dafür einen empirischen Nachweis zu liefern, indem sie belegt, dass die langfristige Automatisierung von Einmaleinssätzen auf Basis einer Erarbeitung von Einmaleinsstrategien erreicht werden kann. Im Vergleich zu einer Kontrollgruppe ergab die Behaltensleistung nach einer 10-tägigen unterrichtsfreien Zeit bedingt durch Schulferien annähernd gleichbleibende Lösungsquoten wie im Nachtest – „group remained at a mastery level" (ebd., S. 280). Isoliert erworbenes Einzelwissen, das nicht wirklich verstanden bzw. rein mechanisch auswendig gelernt wurde, „erweist sich als leichter anfällig, dem Vergessen anheimzufallen, als Wissensnetze" (SCHERER, 2003, S. 11; SCHIPPER, 1990; SELTER, 1994, S. 19). Es besteht somit wenig Zweifel, dass mithilfe einer verständnisbasierten Erarbeitung die Automatisierung umso leichter gelingt

(SCHERER, 2003, S. 16; SCHERER & MOSER OPITZ, 2010, S. 74) und langfristig gesehen erfolgsversprechend ist (SCHERER, 2003, S. 21).

Es kann abschließend festgehalten werden, dass „nicht das isolierte Memorieren von Einmaleinsreihen [...] dauerhaftes Auswendigwissen [schafft], sondern ein solches Aufgabennetz ist die Verständnisgrundlage für einen zunehmend größeren Vorrat an auswendig gewussten Aufgaben" (SCHIPPER, 2009, S. 143, Ergänzung der Autorin). Eine auf Einsicht basierende Erarbeitung bzw. das Denken in Beziehungsnetzen kann das Abspeichern unterstützen, erleichtern sowie beschleunigen (GERSTER, 1994, S. 94ff.) und – den Ergebnissen dieses Abschnittes folgend – den Grundstein für eine langfristige Automatisierung legen.

Dieses Unterstützen, Erleichtern oder Beschleunigen des Abspeicherns von Einmaleinssätzen wirkt sich allerdings wiederum positiv auf den Lern- und Wissensprozess bei der Erarbeitung des kleinen Einmaleins selbst aus – indem ein Grundstock an automatisierten Einmaleinsaufgaben, die sogenannten Kernaufgaben, den Schülerinnen und Schülern zur Erschließung anderer Einmaleinssätze mithilfe von Rechenstrategien bereitsteht (siehe Abschnitt 2.3.1). Ein möglicher schneller Faktenabruf stellt auch eine effiziente Vorgehensweise zur Lösung von Multiplikationsaufgaben dar (STEEL & FUNELL, 2001, S. 49). Dabei ist es wissenschaftlich gesichert, dass die Automatisierung unseren Arbeitsspeicher entlastet und freie Kapazitäten ermöglicht (BORN & OEHLER, 2009b, S. 89), die beispielsweise für die Anwendung von Strategien vonnöten sind: „Automatisieren durch gehirngerechtes Abspeichern und Verarbeiten von Informationen ermöglicht den Schülern, die mit den Aufgaben verbundene Informationsmenge drastisch zu reduzieren. Dies wirkt sich nachhaltig positiv sowohl auf eine gute Behaltensleistung mathematischer Inhalte aus als auch auf ein schnelles Rechnen" (BORN & OEHLER, 2009b, S. 90).

Nach ANTHONY und KNIGHT (1999) können Kinder ihre Aufmerksamkeit zur selben Zeit nur auf eine begrenzte Anzahl an Informationen richten. Die Automatisierung nimmt dabei eine bedeutende Rolle ein, sie vergrößert die Kapazität des Arbeitsgedächtnisses (ebd., S. 29):

> If it takes children's full concentration to carry out the procedural steps required to solve a problem, they may not have the cognitive resources to appreciate the conceptual aspects of what they are doing [...]. Thus, in order to be able to pay attention to one thing we may need to stop paying attention to something else. (ebd., S. 29)

WOODWARD (2006) kommt zur gleichen Erkenntnis, als er betont, dass „students are likely to experience a high cognitive load" (ebd., S. 269), wenn ihnen das schnelle Abrufen von Fakten nicht gelingt. Dabei entsteht diese zusätzliche Informationsverarbeitung durch ineffiziente Lösungswege, die anstelle eines Abrufes aus dem Gedächtnis zur Aufgabenlösung eingesetzt werden. Ergebnisse, wie die gerade angeführten, heben die Bedeutung der Automatisierung hervor und verdeutlichen die enorme Relevanz, die dem Erleichtern und Beschleunigen des Abrufes von Einmaleinsaufgaben mithilfe einer verständnisbasierten Erarbeitung zukommt.

Eine auf Einsicht basierende Erarbeitung, die das Abspeichern von Fakten im Allgemeinen, aber auch von Einmaleinssätzen im Speziellen, erleichtert oder beschleunigt, ist auch aus einem weiteren Grund von bedeutender Relevanz – bestärkt sie doch durch den ermöglichten schnellen Faktenabruf auch ein entfaltetes Gefühl „of security about their own abilities" (ANTHONY & KNIGHT, 1999, S. 29). Der Lernstoff kann durch die gemachten Erfahrungen oder Erfolgserlebnisse positiv bewertet (BORN & OEHLER, 2009b, S. 90) und Vertrauen in das eigene Lernen sowie Mathematiklernen aufgebaut werden (ANTHONY & KNIGHT, 1999, S. 29).

Inwiefern dem schnellen Abruf von Einmaleinsaufgaben darüber hinaus große Bedeutung beizumessen ist, wird vor allem im Abschnitt 2.4.5 deutlich, wenn die propädeutische Funktion für das algebraische bzw. zukünftige Lernen diskutiert wird.

Im folgenden Abschnitt 2.4.3 werden alternative Wege der Erarbeitung des kleinen Einmaleins auf ihre Praktikabilität überprüft und als zwangsläufig wenig zielführend charakterisiert. Denn FREESEMANN (2014) bringt es auf eine einfache Formel mit seiner in den Raum geworfenen Frage: „Wie kann ein Training von Fertigkeiten ohne die Erarbeitung des konzeptuellen Verständnisses die Schülerinnen und Schüler dazu befähigen, die für das kleine Einmaleins auswendig gelernten Aufgaben zum Ableiten anderer Aufgaben zu nutzen?" (ebd., S. 66).

2.4.3 Alternative Wege der Erarbeitung nicht zwangsläufig zielführend

Eine Erarbeitung und Automatisierung des kleinen Einmaleins auf Basis von Einsicht, geht – wie im Abschnitt 2.4.2 anhand einiger theoretischer, aber auch empirischer Erkenntnisse aufgezeigt werden konnte – mit positiven Auswirkungen auf den Lern- und Wissensprozess des kleinen Einmaleins selbst einher. Der folgende Abschnitt soll diese angeführten Argumente einer verständnisbasierten Erarbeitung bestärken bzw. untermauern, indem aufgezeigt wird, dass ein möglicher alternativer Weg der Erarbeitung nicht zwangsläufig zielführend ist. Da alternative Vorgehensweisen bei der Erarbeitung des kleinen Einmaleins und ein diesbezüglicher Blick in die Historie ausführlich Thema im Abschnitt 2.5 sind, soll an dieser Stelle als kleiner Vorgriff angeführt werden, was unter alternativen Vorgehensweisen bei der Erarbeitung des kleinen Einmaleins verstanden wird. Erst vor diesem Hintergrund wird es anschließend möglich sein, diese kritisch zu diskutieren und Forschungsergebnisse vorstellen sowie reflektieren zu können.

Ein möglicher alternativer Weg der Erarbeitung des kleinen Einmaleins folgt einer behavioristischen Auffassung von Lehren und Lernen (siehe Abschnitt 1.2) und stellt „das Rechnen und nicht das konzeptuelle Verständnis" (MOSER OPITZ, 2013, S. 34f.) in den Vordergrund. „Practice and drill are carried to extremes when computational skill is considered sufficient to gain the goals of mathematics" (JOHNSON & RISING, 1967, S. 102). Übertragen auf das kleine Einmaleins steht einer verständnisbasierten Erarbeitung demnach als alternativer Weg ein reines Memorieren oder „Einschleifen" (LAUTER, 1982, S. 102) der Einmaleinssätze gegenüber. Eine Behandlung nach dieser *Drill and practice*-Methode konzentriert sich „ausschließlich auf die *Erarbeitung von Einmaleinsreihen* und baut so das ganze Einmaleins schrittweise auf" (PADBERG & BENZ, 2011, S. 139, Hervorhebungen im Original) ohne Zusammenhänge oder Beziehungen zwischen den einzelnen Aufgaben in den Blick zu nehmen.

Vor allem das isolierte Erarbeiten und Abspeichern von Einmaleinsaufgaben wird häufig als Kritikpunkt dieser alternativen Vorgehensweise bei der Erarbeitung des kleinen Einmaleins angeführt. Nach SCHERER (2003) kann die Aufsplittung in kleine und kleinste Schritte – wie bei alternativen Vorgehensweisen vorgesehen – die Einsicht in den größeren Zusammenhang erschweren oder behindern (ebd., S. 10; vgl. HENGARTNER 1992; SELTER, 1994). SELTER (1994) betont, dass „das schrittweise Rezipieren und Abspeichern unzusammenhängender Einzelfakten besonders denjenigen Schülern Schwierigkeiten bereiten kann, die nicht oder nur ansatzweise in der Lage sind, die entsprechende – zuvor aus der Erwachsenenperspektive zerlegte – ‚Lernganzheit‘ (wieder) aufzubauen" (ebd., S. 19, Hervorhebung im Original). Das Lernen auf Basis von Einsicht und Sinnzusammenhängen verringert den Stoffdruck, weil nach HENGARTNER (1992) gerade davon auszugehen ist, dass „die Segmentierung […] [den Stoffdruck] vermutlich miterzeugt und ein Lernen in größeren sinnvollen Zusammenhängen eher entlastend wirkt" (ebd., S. 19, Ergänzung der Autorin; GALLIN & RUF, 1990; SELTER, 1994). Der zu investierende Aufwand, der mit dem isolierten Abspeichern von Einzelfakten einhergeht, erzeugt Stoff- aber auch Zeitdruck: „Immer wieder müssen Kenntnisse und Fertigkeiten aufgefrischt werden, die längst ‚sitzen‘ sollten" (WITTMANN, 1993, S. 162, Hervorhebung im Original). Im Gegensatz dazu kann, wie bereits im Abschnitt 2.3 beschrieben – anders als bei individuell zu lernenden arithmetischen Fakten – bei einer verständnisbasierten Erarbeitung ein Transfer von Rechenstrategien bzw. Rechengesetzen auf ungeübte Aufgaben stattfinden (BAROODY, 1985; BAROODY, 1999).

Bereits erwähnt wurde in diesem Zusammenhang auch (siehe Abschnitt 2.4.2), dass isoliert erworbenes Einzelwissen von den Schülerinnen und Schülern deutlich leichter vergessen wird als Wissen, das in Wissensnetzen abgespeichert ist (RESNICK & FORD, 1981; SCHERER, 2003, S. 11; SCHIPPER, 1990). Die „natürliche Ganzheit in isolierte Partikel" (SELTER, 1994, S. 20) zu zerlegen, führt dazu, dass Kinder beim Abspeichern bzw. Einprägen vieler isolierter Einzelfakten an die Grenze ihrer Speicherkapazitäten gelangen (BAROODY, 1985, S. 94). Dies geht verständlicherweise aber auch mit Schwierigkeiten bzw. Problemen einher – Kinder „may feel overwhelmed with such a chore and may give up trying to learn the basic combinations" (ebd., S. 94). Negative motivationale Konsequenzen können auch durch eine Unterforderung aufgrund der Isolierung von Schwierigkeiten bzw. der Aufgliederung des Lernprozesses in kleine und kleinste Schritte hervorgerufen werden (HOLT, 1979, S. 107; SELTER 1994, S. 19). Laut HOLT (1979) kann nämlich davon ausgegangen werden, dass „Kinder […] in dieser Komplexität glücklich arbeiten" (ebd.,

S. 107).[36] „Ein Unterricht, der das Lernen durch Zerlegen in kleine isolierte Schritte zu vereinfachen sucht, [hilft] den Kindern nicht […], sondern [legt] ihnen nur Steine in den Weg" (ebd., S. 107, Ergänzungen der Autorin).

Wie im einleitenden Zitat dieses Abschnittes bereits angeführt, betonen JOHNSON und RISING bezogen auf den Mathematikunterricht bereits 1967: „Routine learning of skills results in poor retention, little understanding and almost no application in daily problems" (S. 102). Zu einer ähnlichen Erkenntnis gelangen auch BRUNS (1994) sowie ANTHONY und KNIGHT (1999). ANTHONY und KNIGHT (1999) äußern sich in diesem Zusammenhang folgendermaßen: „It is commonly accepted that learning basic facts in a rote, unthinking manner, almost always ensures mediocrity" (ebd., S. 34). Des Weiteren verweisen ANTHONY und KNIGHT (1999) auf ein Hauptproblem alternativer, kleinschrittig aufgebauter Vorgehensweisen, die keine Einsicht in Beziehungen oder Zusammenhänge anstreben:

> At the very least, it deprives students of maximising their own potential for more effective performance: Students have little chance to construct relations between these procedures and other things they might know and failure to capitalise on the efficiencies of mathematics, such as commutativity. (ANTHONY & KNIGHT, 1999, S. 34)

Explizit bezogen auf das kleine Einmaleins halten SHERIN und FUSON (2005) fest, dass man die größten Effekte erzielt, „when ,facts' are not treated in isolation" (ebd., S. 385, Hervorhebung im Original). TER HEEGE (1985) betont darüber hinaus: „I would like to mention here that the learning of rows of multiplications (the 'tables') by rattling them off repeatedly can obstruct the mastery of individual multiplication facts" (ebd., S. 378, Hervorhebung im Original). Der Aussage von TER HEEGE (1985) zufolge kann somit beim Reihenlernen unter Umständen das Ergebnis einer Einzelaufgabe gar nicht wiedergegeben werden. Psychologisch ausgerichteten Studien zur Multiplikation stellen eine Praxis, die das Einmaleins Reihe für Reihe erarbeitet und der Thematisierung von Beziehungen und Strategien keine relevante Rolle zuteilwerden lässt, ebenfalls in Frage (CAMPBELL, 1987; GRAHAM, 1987). BROWNELL und CHAZAL haben bereits 1935 darauf verwiesen, dass mechanisches Auswendiglernen den Lernerfolg der Kinder deutlich weniger positiv beeinflusst als zunächst angenommen. Ein in erster Linie auf Drill ausgerichteter Unterricht kann eine Effektivitätssteigerung einzelner Lösungswege zur Folge haben, führt allerdings nicht zwangsläufig zum Ablegen wenig tragfähiger Strategien. Kinder lösen Aufgaben mithilfe von wenig tragfähigen Strategien zwar schneller und haben eine geringere Fehlerquote – „not because the month's drill had materially raised the level of the pupils' performance, not because drill had supplied more mature methods of thinking of the combinations, but because the old methods were, on the second occasion, employed with greater proficiency" (BROWNELL & CHAZAL, 1935, S. 24). BROWNELL und CHAZAL (1935) halten diesbezüglich fest: „It may be conceded

---

36 HOLT (1979) assoziiert mit dem Begriff *Komplexität* einen anspruchsvollen Unterricht, der durch die Forderung eines Lernens in Sinnzusammenhängen bzw. durch eine auf Verständnis zielende Erarbeitung der Lerninhalte erzeugt werden kann.

that drill increases, fixes, maintains and rehabilitates efficiency" (ebd., S. 20), „[but] still its showing is scarcely creditable" (ebd., S. 24, Ergänzung der Autorin).[37] Einer Studie von BROWNELL und CARPER (1943) folgend, fördert eine auf Einsicht basierende Erarbeitung die Automatisierung von Einmaleinsaufgaben effektiver als die alternative Behandlung basierend auf reinem Drill einzelner Fakten. BAROODY (1985) geht in diesem Zusammenhang ebenfalls von Folgendem aus: „Children do not learn and store basic number combinations as so many separate entities or bonds (as hundreds of specific numerical associations)" (ebd., S. 83). Mehrfach verweisen Forschungsergebnisse auf die negativen Auswirkungen eines zu frühen oder reinen Eintrainierens von Ergebnissen (BAROODY, 1985; BROWNELL & CHAZAL, 1935; SELTER, 1994): „Drill makes little, if any, contribution to growth in quantitative thinking by supplying maturer ways of dealing with numbers" (BROWNELL & CHAZAL, 1935, S. 26). Nach WOODWARD (2006) sind in der Literatur zwei Ansätze, die zur Automatisierung von Einmaleinssätzen führen, vorzufinden – die Strategiethematisierung und eine rein auf Automatisierungsübungen ausgelegte Behandlung. In der bereits im Abschnitt 2.4.2 angeführten Studie vergleicht WOODWARD (2006) die ausschließlich auf Automatisierungsübungen basierende Behandlung (timed practice only group) (ebd., S. 269) mit einer Behandlung, die sowohl Automatisierungsübungen sowie die Thematisierung von Strategien (integrated group) (ebd., S. 269) im Unterrichtsgeschehen vorsieht. Dabei bestätigen die Ergebnisse seiner Studie, dass sich beide Ansätze als effektiv erweisen und zu einer hohen Automatisierungsquote von Einmalsaufgaben führen (WOODWARD, 2006, S. 285). Bei durchschnittlich 64% korrekt gelösten Einmaleinsaufgaben in beiden Gruppen in der Vortestung erzielte die Strategie-Gruppe (integrated group) mit 94% korrekter Antworten in der Nachtestung eine etwas höhere durchschnittliche Lösungsquote als die Vergleichsgruppe mit 86%. Bei den sogenannten „Hard Multiplication Facts" (ebd., S. 279) erlangten beide Gruppen identische durchschnittliche Lösungsquoten, so dass auch dieses Ergebnis ein besseres Abschneiden der Strategie-Gruppe darlegt, da diese in den Vortestungen geringere Lösungsquoten aufwies. CAMPBELL und GRAHAM (1985) konnten darüber hinaus zeigen, dass gerade ein systematisches Lernen der Einmaleinssätze, Reihe für Reihe, dazu beizutragen scheint, dass Kinder zu bestimmten Einmaleinsaufgaben falsche Ergebnisse assoziieren – in erster Linie Ergebnisse anderer Einmaleinsaufgaben (ebd., S. 359). Dies ist unter Betrachtung der Ergebnisse aus Abschnitt 2.4.2 insofern nicht verwunderlich, da ein mechanisches Automatisieren der Einmaleinssätze das Zahlverständnis nicht zwangsläufig fördert (BROWNELL & CHAZAL, 1935, S. 26).

Ein rein auf Automatisierungsübungen ausgerichteter Unterricht erschwert es Kindern laut SELTER (1994) den „Beziehungsreichtum des Lerninhalts zu nutzen" (ebd., S. 92, Hervorhebung im Original). Dies ist vor allem aber vor dem Hinter-

---

37 Mit der Formulierung *showing is scarcely creditable* verweisen BROWNELL und CHAZAL (1935) erneut darauf, dass reiner Drill nicht zwangsläufig den Einsatz wenig tragfähiger Herangehensweisen reduziert: „Counting and guessing combined still contributed more than 70 percent as many responses as did immediate recall" (BROWNELL & CHAZAL, 1935, S. 24).

grund unglücklich, da Forschungsergebnisse nach ISAACS und CARROLL (1999) sogar betonen, dass Schülerinnen und Schüler auf natürliche Art und Weise Strategien entwickeln, um zur Automatisierung zu gelangen (vgl. MULLIGAN & MITCHELMORE, 1997; SHERIN & FUSON, 2005).

Eine von TER HEEGE (1985) durchgeführte Studie zeigt in diesem Kontext ebenfalls, dass Kinder auch ohne explizite Thematisierung von Strategien in der Lage sind, Strategien selbst zu entdecken und adäquat anzuwenden (ebd., S. 380). TER HEEGE (1985) äußert sich über einen Schüler, der zur Lösung einer Einmaleinsaufgabe auf eine Rechenstrategie zurückgreift, wie folgt: „It is certain that he [the test person] has never had to learn the multiplication […] in this way" (ebd., S. 380, Ergänzung der Autorin).

Das mechanische Auswendiglernen ist aber auf keinen Fall gänzlich aus dem Unterricht zu verbannen (siehe Abschnitte 2.3.1 und 2.4.2) – es darf lediglich nicht Alleinstellungsmerkmal sein. „Practice must be done in such a way that it helps students become familiar with, and continues to support student understanding of, the patterns and structure across computational resources, so that each child can form a rich network of number-specific resources" (SHERIN & FUSON, 2005, S. 385f., Hervorhebung der Autorin). Das im Zitat von SHERIN und FUSON (2005) angesprochene Netzwerk ist allerdings kein Ziel alternativer Wege der Erarbeitung des kleinen Einmaleins, die ausschließlich das reine Memorieren der Einmaleinssätze in den Fokus stellen – wie bereits in diesem Abschnitt mehrfach herausgestellt wurde.

Eine weitere alternative Vorgehensweise bei der Erarbeitung des kleinen Einmaleins bzw. eine Merkstrategie, die an dieser Stelle nicht unerwähnt bleiben soll, da sie auch in der Forschungsliteratur der Multiplikation existiert, stellt die Mnemotechnik dar. Was konkret unter dieser Strategie verstanden wird, soll anhand der Studie von WOOD, FRANK und WACKER (1998) veranschaulicht werden. Drei rechenschwache Schüler nahmen in der Studie von WOOD et al. (1998) an einem speziellen Unterrichtsprogramm für Kinder mit Rechenschwäche teil. Jeder Teilnehmer erhielt eine Förderung in Kleingruppen von vier bis sechs rechenschwachen Kindern. Die Kinder wurden dabei unterrichtet, die Mnemotechnik anzuwenden. MASTROPIERI und SCRUGGS (1991) verstehen darunter „a device, procedure, or operation that is used to improve memory" (ebd., S. 271). Eine detailliertere Definition lautet „specific reconstruction of target content intended to tie new information more closely to the learner's existing knowledge base and, therefore, facilitate retrieval" (MASTROPIERI & SCRUGGS, 1991, S. 271f.). Die Kinder erzielten erhebliche, umgehende Effekte. Um Aufgaben der Neuner-Einmaleinsreihe und ihre Tauschaufgaben zu lösen, wird beispielsweise eine „linking procedure" (WOOD et al., 1998, S. 326) verwendet:

> Number from 1 through 8 were linked as follows: $1 \rightarrow 8$, $2 \rightarrow 7$, $3 \rightarrow 6$, $4 \rightarrow 5$. Participants learned and practiced the links until they could immediately respond with the appropriate link when orally given a number by the teacher. In the multiplication fact 9×4, after classifying the problem as being in the nines category, participants subtracted 1 from the 4 and wrote the answer (i. e., 3) in

the tens column under the problem, then put the link to this answer (i.e., 6) in the ones column under the problem. (WOOD et al., 1998, S. 327)

Nach WOOD et al. (1998) sind diese Strategien abgestimmt auf Individuen oder Gruppen von rechenschwachen Schülerinnen und Schülern und ihre speziellen Defizite (ebd., S. 323). Da Kinder mit Rechenschwierigkeiten häufig Probleme mit dem Auswendiglernen haben, sollen bei der Erarbeitung des kleinen Einmaleins insbesondere Reime zum Einsatz kommen, die allerdings wiederum auf keinerlei Verständnis oder Einsicht in Zahlbeziehungen beruhen wie folgendes Beispiel exemplarisch aufzeigen soll:

> For example, in the problem 3 × 4, the pegwords were tree (rhymes with three) and door (rhymes with four); the picture representing this problem was a tree with a door in it and an elf (rhymes with 12, the answer) standing nearby. (WOOD et al., 1998, S. 327)

Die Studie von GREENE (1999) kommt zu ähnlichen Ergebnissen wie die Untersuchung von WOOD et al. (1998): „Special education teachers should consider the use of mnemonics as a viable means for remediation of math fact deficits" (EUBANKS, 2013, S. 4). MASTROPIERI und SCRUGGS (1991) resümieren in Bezug auf die Mnemotechnik folgendes: „Mnemonic strategies have produced some of the largest, most consistently positive outcomes in special education intervention research" (ebd., S. 271f.).

Die Mnemotechnik scheint – im Gegensatz zu den in diesem Abschnitt aufgeführten alternativen Wegen der Erarbeitung – eine zwangsläufig zielführende Erarbeitung bzw. Merkstrategie für eine bestimmte Personengruppe darzustellen. Jedem Kind zum Abruf von Faktenwissen bzw. zur Automatisierung von Einmaleinsaufgaben zu verhelfen, sollte ausnahmslos im Fokus der Erarbeitung stehen – in der mathematikdidaktischen Diskussion herrscht allerdings Konsens, dass die Automatisierung bzw. das Abspeichern von Einmaleinssätzen nicht oder nicht ausschließlich mithilfe von Reimen erfolgen, sondern auch auf Verständnis und Einsicht in die Rechenoperation beruhen sollte. Es kann resümiert werden, dass sowohl die Mnemotechnik als auch ein reines Automatisieren nicht der in der fachdidaktischen Literatur in Deutschland geforderten Vorgehensweise entspricht, unbekannte Einmaleinssätze über bereits zur Verfügung stehende Einmaleinssätze und operative Beziehungen zu lösen.

Inwiefern sich eine verständnisbasierte Erarbeitung des kleinen Einmaleins insbesondere auch für leistungsschwache Schülerinnen und Schüler als geeignet erweist, wird in den Ausführungen des folgenden Abschnittes aufgezeigt. Mögliche alternative Vorgehensweisen der Erarbeitung des kleinen Einmaleins bei rechenschwachen Schülerinnen und Schülern – neben der Mnemotechnik, die bereits in diesem Abschnitt erläutert wurde – werden im folgenden Abschnitt 2.4.4 ebenfalls diskutiert.

2.4.4 Positive Auswirkungen auf leistungsschwache Schülerinnen und Schüler

Die in den vorausgehenden Abschnitten (2.4.1 bis 2.4.3) aufgeführte Vielzahl an Erkenntnissen aus Theorie und Empirie spricht für eine verständnisbasierte Erarbeitung des kleinen Einmaleins. Nach SELTER (1994) besteht die „Kernidee des Lernens in Sinnzusammenhängen [...] darin, die Kinder mit *Komplexitäten* zu konfrontieren" (ebd., S. 18, Hervorhebung im Original). In der Schulpraxis und der Fachwissenschaft ist in diesem Zusammenhang eine häufig diskutierte Frage, inwiefern sich ein höheres Anspruchsniveau durch eine auf das Verständnis der Kinder zielende Erarbeitung für die Rechenschwachen als eher wenig geeignet bzw. förderlich erweist (FREESEMANN, 2014, S. 53). Dabei bezieht sich die geäußerte Skepsis oftmals nicht auf die konkrete Vorgehensweise ganz generell, sondern insbesondere auf die Gestaltung der Förderung rechenschwacher Schülerinnen und Schüler.[38] In den letzten Jahren steht vermehrt die Frage im Raum, ob und inwiefern ein am Konstruktivismus orientierter Unterricht genauso effektiv für leistungsschwache Rechnerinnen und Rechner wie für leistungsstarke ist (vgl. FREESEMANN, 2014; WOODWARD & BAXTER, 1997). Im Abschnitt 1.5.4 dieser Arbeit wurde mit dem *aktiv-entdeckenden Lernen* bereits ein konzeptueller Weg vorgestellt, der den Anforderungen an einen zeitgemäßen Mathematikunterricht gerecht wird und nach WITTMANN (1995a) zudem ermöglicht, „Kinder im *gesamten* Leistungsspektrum zu fördern und in den Unterricht zu integrieren" (ebd., S. 20, Hervorhebung im Original). Aber auch bereits in diesen Ausführungen zum aktiv-entdeckenden Lernen wurde auf die Zweifel und Vorbehalte verwiesen, die in diesem Zusammenhang gerade für die leistungsschwache Personengruppe vorliegen. In der Literatur ist insbesondere im Hinblick auf die Förderung rechenschwacher Schülerinnen und Schüler ein Rückgriff auf einen rezeptiven Unterricht, eine rezeptive Interventionsform, zu erkennen (MOSER OPITZ, 2013, S. 34ff.; SCHERER, 1999, S. 53ff.; SCHERER, 2008, S. 278). Dass diese Förderung – basierend auf einem rezeptiven Unterricht – schwacher Rechnerinnen und Rechner von einem derzeit gängigen Verständnis von Mathematiklernen abweicht (SCHERER, 2008, S. 278), halten auch KROESBERGEN und VAN LUIT (2002) fest: „The recommendations mentioned in the literature for teaching students with learning disabilities or low-performing students appear to be in clear opposition to the constructivist principle of guided reinvention" (S. 364). Nach MOSER OPITZ (2013) muss in diesem Zusammenhang aber zwischen Ansätzen zum Lehren und Lernen von Mathematik im Fachbereich der Mathematikdidaktik und der Sonderpädagogik unterschieden werden (ebd., S. 34). Klar zu erkennen ist jedenfalls laut KROESBERGEN et al. (2004) Folgendes: „A discrepancy thus exists between the application of constructiv-

---

38 Als rechenschwache Schülerinnen und Schüler werden in den folgenden Ausführungen Kinder verstanden, die unterdurchschnittliche Mathematikleistungen zeigen. Die Begriffe *Rechenschwäche, rechenschwache Rechnerinnen und Rechner* sowie *leistungsschwache Rechnerinnen und Rechner* werden dabei synonym verwendet – sie schließen sowohl das Rechnen als auch das Verständnis grundlegender Mathematikinhalte ein.

ist learning theories in general education, as promoted by the current mathematics reforms, and the application of more explicit instruction, as recommended for low achievers" (ebd., S. 234).

Offensichtlich und manifest scheint, dass ein Unterricht, der alle Kinder unabhängig von ihrem Leistungsvermögen fördern soll und auf Basis eines aktuellen Verständnisses von Mathematikunterricht konzipiert ist, den *speziellen Status* Rechenschwacher berücksichtigen soll – „the special status of these children, who clearly have more difficulties with knowledge generalization, connecting new information to old, and the automatization of basic facts" (KROESBERGEN & VAN LUIT, 2002, S. 364).

Die folgenden Erkenntnisse aus Theorie und Empirie zeigen Argumente auf, die für eine verständnisbasierte Erarbeitung *im Mathematikunterricht* bei rechenschwachen Schülerinnen und Schülern sprechen. Dabei soll konkret herausgearbeitet werden, wovon und unter welchen Bedingungen leistungsschwache Rechnerinnen und Rechner von einem Vorgehen profitieren, das auf Einsicht in Zusammenhänge Wert legt.

In erster Linie spricht die begrenzte Speicherfähigkeit leistungsschwacher Schülerinnen und Schüler für ein Ausnutzen von Strategien bzw. ihre implizite Nutzung im Sinne von Rechenhilfen bzw. Rechenvorteilen. „Unfortunately, decades of research show that academically low-achieving students as well as those with learning disabilities […] exhibit considerable difficulty in developing automaticity in their facts" (WOODWARD, 2006, S. 271). Probleme bei der Speicherung und dem Abruf mathematischen Faktenwissens bei schwachen Rechnerinnen und Rechnern werden dabei häufig in Verbindung mit Beeinträchtigungen des Arbeitsgedächtnisses diskutiert (FREESEMANN, 2014, S. 26f.; MABBOTT & BISANZ, 2008). Lernen in größeren Sinnzusammenhängen kann – wie bereits im Abschnitt 2.4.2 erwähnt – den Stoffdruck verringern und entlastend wirken (HENGARTNER, 1992; SELTER, 1994), da nicht eine Vielzahl von Aufgaben isoliert voneinander abgespeichert werden muss. SCHERER und MOSER OPITZ (2010) betonen ebenfalls, dass Abspeichern und Abrufen umso besser funktionieren, „je mehr Anknüpfungspunkte im eigenen Wissen vorhanden sind" (ebd., S. 18) – das Fehlen solcher Anknüpfungspunkte ist häufig für Lernschwierigkeiten verantwortlich. Insbesondere leistungsschwächere Schülerinnen und Schüler sind auf Verständnis basierende Rechenstrategien angewiesen, weil sie wieder und wieder gesicherte Resultate ein ums andere Mal vergessen (WITTMANN, 1993, S. 162). Eine auf Verständnis basierende Erarbeitung kann die Rekonstruktion von Vergessenem ermöglichen.

Ein Unterricht, der die Kleinschrittigkeit und die Reduktion des Lernstoffes in das Zentrum stellt, kann für schwache Rechnerinnen und Rechner fatale Auswirkungen haben. Das Lernen unzusammenhängender Einzelfakten führt dazu, dass Schülerinnen und Schüler ein Beziehungsnetz im Hinblick auf die Einmaleinssätze selbst knüpfen müssen. Während dies für leistungsstarke Rechnerinnen und Rechner kein allzu großes Hindernis darstellt, sind leistungsschwache Schülerinnen und Schüler damit meistens – wie bereits im Abschnitt 2.4.4 verwiesen – überfordert (SELTER, 1994, S. 19). Den Kindern wird es erschwert, den „*Beziehungsreich-*

tum des Lerninhaltes zu nutzen und den einzelnen Elementen durch die Einordnung in eine Struktur mehr *Sinn* zu verleihen" (ebd., S. 92, Hervorhebungen im Original). Erarbeiten Kinder Einmaleinsaufgaben auf eine kleinschrittige, isolierende Art und Weise, stellt nach SELTER (1994) das blinde und mechanische Auswendiglernen die „einzige ‚Überlebensstrategie' dar" (ebd., S. 20, Hervorhebung im Original). Dass eine derartige Vorgehensweise auch mit negativen motivationalen Auswirkungen für alle Schülerinnen und Schüler einhergehen kann, ist nicht weiter verwunderlich und wurde bereits (Abschnitt 2.4.3) bzw. wird im Abschnitt 2.4.5 nochmals diskutiert: Eine verständnisbasierte Erarbeitung stellt im Gegensatz zu einer Erarbeitung nach dem Prinzip der kleinen und kleinsten Schritte für die leistungsschwachen kein reines mechanisches Abspeichern isolierter Einmaleinsaufgaben dar. SCHERER (2003) verweist in diesem Zusammenhang auf die enorme Bedeutung, die der intrinsischen Motivation bei lernschwachen Schülerinnen und Schüler zuteil wird (ebd., S. 12). Nur die Motivation aus der Sache heraus führt zu wünschenswerten langfristigen positiven Auswirkungen (BÖHM, DREIZEHNTER, EBERLE & REISS, 1990).

In den einleitenden Ausführungen dieses Abschnittes wurde bereits angeführt, dass „man die Kinder anfangs nicht mit der Komplexität des zu lernenden Systems konfrontieren [dürfe], da sie zur Bewältigung derart komplizierter Sachverhalte nicht in der Lage" (DONALDSON, 1982, S. 117, Ergänzung der Autorin) seien. Auf diese immer noch weit verbreitete Ansicht, die von dem derzeit gängigen Verständnis von Mathematikunterricht abweicht und auf einem rezeptiven Verständnis von Lehren und Lernen im Mathematikunterricht basiert, wird insbesondere für die Förderung von rechenschwachen Schülerinnen und Schülern zurückgegriffen (FREESEMANN, 2014, S. 53ff.; MOSER OPITZ 2013, S. 34ff.; SCHERER, 2008, S. 278). Während Forschungsergebnisse (siehe Abschnitte 2.4.1 und 2.4.2) bereits positive Effekte auf den Lernerfolg von Kindern zeigen konnten, wenn das dem Unterricht zugrundeliegende Lehr-Lernverständnis ein konstruktivistisches ist, so mehren sich die Belege dafür, dass dieses Vorgehen auch für leistungsschwächere Schülerinnen und Schüler positive Auswirkungen hat. FREESEMANN (2014) kommt bei ihrer Sichtung der Forschungsliteratur zu dem Ergebnis, dass „eine am Verständnis orientierte Förderung und das entdeckende Lernen auch für schwache Rechnerinnen und Rechner erfolgreich umgesetzt werden könne […]" (ebd., S. 82). Laut STERN (2005) profitieren rechenschwache Lernende von einem anspruchsvollen Unterricht deutlich mehr als unter weniger anspruchsvollen Lernbedingungen (ebd., S. 148). So konnte die bereits erwähnte SCHOLASTIK-Studie belegen, dass ein um Einsicht bemühter Unterricht sowohl leistungsstarken als auch leistungsschwachen Kindern den Aufbau bzw. das Erweitern ihres mathematischen Verständnisses ermöglicht (STERN & STAUB, 2000, S. 96f.). Dabei ist bei rechenschwachen Schülerinnen und Schülern laut den Ergebnissen der empirischen Unterrichtsforschung die hohe Qualität des Unterrichtes von großer Relevanz, während diese für die leistungsstärkeren eine nicht so entscheidende Rolle einnimmt (HELMKE et al., 2007, S. 20; LIPOWSKY, 2007, S. 37). Insbesondere sind die leistungsschwachen Kinder auf eine angemessene Begleitung bzw. Unterstützung durch die entsprechende Lehrerin oder den entsprechenden Lehrer angewiesen.

Die in diesem Abschnitt bisher angeführten Argumente, die für eine verständnis-basierte Erarbeitung bei leistungsschwachen Schülerinnen und Schüler sprechen, ha-ben sich zunächst größtenteils auf den Mathematikunterricht ganz generell und die dort behandelten Lerninhalte bezogen – was die auf Einsicht basierende Erarbeitung des kleinen Einmaleins natürlich ebenfalls einschließt.

In den weiteren Ausführungen soll die Frage geklärt werden, ob und inwieweit die angeführten Argumente einer Erarbeitung auf Basis von Einsicht bei leistungs-schwachen Schülerinnen und Schülern sich auch empirisch mit Bezug auf das *klei-ne Einmaleins* bestätigen lassen. Ob und inwiefern leistungsschwache Schülerinnen und Schüler von einer verständnisbasierten Erarbeitung des kleinen Einmaleins pro-fitieren können bzw. sich andere Ansätze als besonders effektiv herausstellen, soll im Folgenden anhand bisheriger Forschungsergebnisse zu diesem Lerninhalt ver-deutlicht werden. Im Zuge der nachfolgenden Zusammenschau der Ergebnisse sol-len auch Besonderheiten der einzelnen Studien sowie die Repräsentativität für die Grundgesamtheit Beachtung finden – nur eine reflektierte Analyse der Studien und ihrer Studiendesigns ermöglicht es, die richtigen Schlüsse aus den ermittelten For-schungsergebnissen zu ziehen.

Einige Forschungsergebnisse bestätigen zunächst die positive Auswirkung einer verständnisbasierten Erarbeitung für schwache Rechnerinnen und Rechner. Die schon mehrmals angeführte Studie von WOODWARD (2006) stellt nicht nur zwei unterschiedliche Ansätze zur Erarbeitung von Einmaleinssätzen gegenüber. Die Stichprobe setzt sich auch aus Schülerinnen und Schülern mit durchschnittlichem Leistungsvermögen und rechenschwachen Kindern zusammen. Die Ergebnisse der Studie zeigen, dass innerhalb der Gruppe der rechenschwachen Schülerinnen und Schüler sowohl ein integrierender Ansatz als auch reine Automatisierungsübungen zu einem Anstieg der Lösungsquoten vom Vor- zum Nachtest führen. Allerdings muss nach WOODWARD (2006) berücksichtigt werden: „It should be noted that students with LD [Learning Disabilities] in both groups were still below the mas-tery level" (ebd., S. 280, Ergänzung der Autorin). Bei Betrachtung der einzelnen Lö-sungsquoten der rechenschwachen Schülerinnen und Schüler wird allerdings ersicht-lich, dass die Kinder, die Einmaleinssätze über Strategien und daran anschließende Übungen zur Automatisierung erarbeitet haben, nach zunächst niedrigeren Lösungs-quoten in der Vortestung im Nachtest sowie in einer weiteren Testung – 10 Tage im Anschluss an den Nachtest – bessere Ergebnisse erzielen konnten als ihre Vergleichs-gruppe. An dieser Stelle muss aber angemerkt werden, dass die Stichprobe der Stu-die nicht repräsentativ für die Grundgesamtheit zu sein scheint, da sich die gesamte Stichprobe auf nur 58 Schülerinnen und Schüler beläuft. Nur sieben bzw. acht Kin-der je Unterrichtsansatz wurden als rechenschwache Schülerinnen und Schüler iden-tifiziert und deren erzielte Leistungen in den vorherigen Ausführungen aufgeführt. Nichtsdestotrotz können die Forschungsergebnisse von WOODWARD (2006) als erster Hinweis gesehen werden, dass rechenschwache Schülerinnen und Schüler von einer auf Einsicht basierenden Erarbeitung zu profitieren scheinen.

VAN LUIT und NAGLIERI (1999) zeigen mit ihren Forschungsergebnissen eben-falls auf, dass eine am Verständnis orientierte Förderung auch für schwache Rechnerinnen und Rechner effektiv sein kann. Sie konnten die Effizienz eines Förderprogrammes – „designed to encourage strategies utilization with multiplication" (ebd., S. 98) – nachweisen, an dem 84 rechenschwache Schülerinnen und Schüler teilnahmen. Im Rahmen dieses Trainingsprogrammes wurden Rechenstrategien für Multiplikationsaufgaben erlernt sowie die Automatisierung aller Einmaleinssätze angestrebt. Die Lehrerin bzw. der Lehrer stellte in diesem Training in Kleingruppen sicher, dass jedes Kind die unterschiedlichen Lösungswege versteht und bestärkte die Kinder darin, die effektivsten Strategien zu wählen. Eine von KROESBERGEN und VAN LUIT (2002) an 75 schwachen Rechnerinnen und Rechnern durchgeführte Gruppenvergleichsstudie untersuchte die Effektivität eines konstruktivistischen Ansatzes, der direkten Instruktion sowie des regulären Unterrichts (Kontrollgruppe) bei der Erarbeitung des kleinen Einmaleins. Beide Interventionsgruppen schnitten im Vergleich zur Kontrollgruppe, die einen regulären Unterricht erfahren hat, signifikant besser ab. Wobei die Ergebnisse verdeutlichen, dass rechenschwache Schülerinnen und Schüler der konstruktivistisch orientierten Gruppe bessere Leistungen erzielten als die Kinder, die der Interventionsgruppe der direkten Instruktion zugeteilt wurden. Die im Jahr 2004 replizierte Studie von KROESBERGEN et al. ermittelte an einer größeren Stichprobe und gleichem Design erneut die Effektivität einer konstruktivistisch geprägten und einer expliziten Einmaleinserarbeitung mit einer am regulären Unterricht teilnehmenden Kontrollgruppe bei leistungsschwachen Schülerinnen und Schülern. Die resultierenden Daten aus einer Stichprobe von 265 leistungsschwachen Schülerinnen und Schülern ermöglichen dabei eine weitere Unterteilung der Schülergruppe in Schülerinnen und Schüler, die eine Regelschule besuchen, und Kinder, die eine Schule für Sonderpädagogik aufsuchen aufgrund von Lernschwierigkeiten oder geistiger Behinderung. Auswahlkriterien für alle an der Studie teilnehmenden Kinder waren ähnliche Fertigkeiten im Lösen von Einmaleinsaufgaben. Ein durchgeführter Automatisierungstest zeigte keine Unterschiede zwischen den beiden Experimentalbedingungen, jedoch bessere Leistungen der Experimentalgruppen im Vergleich zu der Kontrollgruppe (ebd., S. 244ff.). Schülerinnen und Schüler der Schule für Sonderpädagogik schnitten dabei schlechter ab als Kinder, die eine Regelschule besuchten. Ein drei Monate nach dem Nachtest stattfindender Automatisierungstest ergab insgesamt ähnliche bzw. etwas schlechtere Lösungsquoten im Hinblick auf das schnelle Lösen von Einmaleinsaufgaben und wiederum keine Unterschiede in Bezug auf die beiden Experimentalgruppen. Das bessere Abschneiden beim Lösen von Multiplikationsaufgaben mit einem einstelligen und einem zweistelligen Faktor (zwischen 10 und 20), einigen Problemlöseaufgaben mit großen Faktoren sowie Textaufgaben der Schülergruppe, die einen eher behavioristisch orientierten Unterricht erfahren haben, ließ die Autoren zu dem Fazit kommen, „that recent reforms in mathematics instruction requiring students to construct their own knowledge may not be effective for low-achieving students" (KROESBERGEN et al., 2004, S. 233). Um die richtigen Schlüsse aus dieser Studie ziehen zu können, muss die gesamte Konzeption, aber vor allem der erteilte Unterricht in den beiden Experimentalgruppen einer genaueren Betrachtung unterzogen werden. Jede Experimentalgruppe erhielt über fünf Monate zweimal die Woche eine dreißigminütige Unterrichtseinheit zum kleinen Einmaleins, die in Kleingruppen von 4 bis 6 Kindern durchgeführt wurde. Dies ist insbesondere vor dem Hintergrund von Interesse, da die Kinder in der restlichen Unterrichtszeit durchaus eine andere *Form* von Unterricht erfahren haben. Nach KROESBERGEN und VAN LUIT (2002) kann in diesem Zusammenhang festgehalten werden: „It is plausible that the general math instruction also influences the students' learning of multiplication, which would decrease the effects of a special intervention" (ebd., S. 374). In der genannten Studie von KROESBERGEN et al. (2004) nahmen die Kinder an den drei Tagen, die keine Förderung in Kleingruppen vorsah, am regulären Unterricht teil. Wurde in dieser Zeit das kleine Einmaleins im regulären Unterricht behandelt, erhielten die Kinder der Experimentalgruppen Arbeitsblätter zur Bearbeitung – was eine zusätzliche, nicht vorgesehene Behandlung des Einmaleins nicht zwangsläufig ausschließt (ebd., S. 237). Außerdem ist davon auszugehen, dass Unterricht in Kleingruppen im Allgemeinen deutlich effektiver ist als Klassenunterricht.

Des Weiteren müssen die beiden Unterrichtsansätze der Studie bzw. das zugrundeliegende konstruktivistische und behavioristische Lehr-/Lernverständnis analysiert und berücksichtigt werden. Die beiden Ansätze der Studie von KROESBERGEN et al. (2004) verfolgen beide die nachstehend angeführten Ziele: „The two most important goals of the current elementary mathematics curriculum in The Netherlands [...] the automatized mastery of basic operations and the acquisition of adequate problem-solving strategies" (ebd., S. 235). Die Studie überprüft bzw. untersucht das Erreichen dieser Ziele allerdings auf zwei unterschiedlichen Wegen. In dem als konstruktivistisch bezeichneten Weg unterstützt der Lehrer „student learning by asking questions and promoting discussion among students [...] by helping students classify strategies and posing questions about the usefulness of particular strategies" (ebd., S. 240). Dabei demonstriert der Lehrende den Kindern keine Strategie explizit. Der gegenübergestellte Ansatz, der „explicit instruction" (ebd., S. 240) – wie dieser Ansatz von KROESBERGEN et al. (2004) genannt wird – unterscheidet sich von dem als konstruktivistisch bezeichneten Ansatz deutlich im Hinblick auf die größere Bedeutung der Belehrung von Seiten der Lehrkraft. „In the explicit condition, the teacher gives direct instruction, that is, the teacher always tells students how and when to apply a new strategy" (ebd., S. 240). Die erzielten Ergebnisse der Interventionsgruppen müssen unter Umständen etwas relativiert betrachtet werden, kann doch unter Berücksichtigung bisheriger Forschungsergebnisse davon ausgegangen werden, dass der Aufbau des konzeptuellen Verständnisses der Multiplikation in der konstruktivistisch orientierten Interventionsgruppe nicht vollkommen ausgeschöpft werden konnte. „These students have special needs, to which their instruction should be adapted" (KROESBERGEN et al., 2004, S. 249). In einem Unterricht, der ausschließlich – wie in dieser Studie – auf den Ideen der schwachen Rechnerinnen und Rechner fußte und keine Strategiethematisierung von Seiten der Lehrkraft vorsah, bleiben unter Umständen die Bedürfnisse dieser Personengruppe für den Aufbau eines konzeptionellen Verständnisses unberücksichtigt.

Ein vermehrt auf Belehrung gründender Unterricht (explicit instruction) bei rechenschwachen Schülerinnen und Schülern hat sich auch in der Einzelfallstudie von ZHANG, XIN, HARRIS und DING (2014) als gute Möglichkeit herauskristallisiert, Strategien mit rechenschwachen Kindern zu erarbeiten. Dabei zeichnet sich die durchgeführte Studie nicht ausschließlich durch einen rein auf Belehrung basierenden Unterricht aus: „This study also suggested the importance of integrating explicit demonstration with students' self-exploration" (ZHANG et al., 2014, S. 26). In einem individuell abgestimmten Trainingsprogramm verbesserten drei Studienteilnehmer den Einsatz von vorteilhaften Strategien und ihre Flexibilität im Gebrauch von Back-up-Strategien. Im Vergleich zu durchschnittlichen Rechnerinnen und Rechnern wurden Rechenstrategien selten zur Aufgabenlösung eingesetzt, was nach ZHANG et al. (2014) vermutlich wie folgt zusammenhängt: „Decomposition strategy is working-memory demanding because it requires students to break down one or two multiplicands and hold these complex procedures in mind" (ebd., S. 27). Wenn ZHANG et al. (2014) vom Einsatz vorteilhafter Strategien sprechen, darunter ihrer Aussage zu Folge aber keine Rechenstrategien fallen, dann müssen die Ergebnisse dieser Studie auch mit Vorsicht interpretiert werden. Denn Backup-Strategien wie das Zählen oder wiederholte Addieren sind nicht tragfähige Strategien, die nicht als Endprodukte einer verständnisbasierten Erarbeitung des kleinen Einmaleins stehen sollten – auch nicht bei leistungsschwachen Schülerinnen und Schülern. Diese Lösungswege sind recht anspruchsvoll, zeitintensiv und fehleranfällig (siehe Abschnitt 2.2.2) – Teilergebnisse der einzelnen Zählschritte und der Multiplikator müssen beispielsweise zeitgleich beachtet werden (ANGHILERI 1989; KRAUTHAUSEN & SCHERER, 2007, S. 14f.; SCHERER & MOSER OPITZ, 2010, S. 126). Dies stellt enorme Anforderungen an das Arbeitsgedächtnis dar, was wiederum bei schwachen Rechnerinnen und Rechnern nicht im gleichen Maße ausgebildet ist wie bei durchschnittlichen oder starken Rechnerinnen und Rechnern (SCHERER & MOSER OPITZ, 2010, S. 126). Zudem sollte berücksichtigt werden, dass die angeführte Studie von ZHANG et al. (2014) eine Einzelfallstudie darstellt. Diese ist aufgrund ihrer Stichprobengröße weder repräsentativ für die Grundgesamtheit noch können die Ergebnisse der Studie auf den regulären Klassenunterricht übertragen werden, da die Teilnehmer des Strategie-Programmes eine individuelle Intervention erhalten haben bzw. „were consequently given differentiated tasks to promote their [individual] strategic development" (ebd., S. 26). ZHANG et al. (2014) beschreiben eine der bedeutenden Limitationen ihrer Studie wie folgt: „First, the nature of case studies with three participants limited the generalization of the intervention effects. Because of the descriptive nature of the data in case studies, there is a lack of inferential analyses" (ebd., S. 27).

Neben den Forschungsergebnissen im Hinblick auf eine verständnisbasierte Erarbeitung bei leistungsschwachen Schülerinnen und Schülern im Allgemeinen, liefern die vereinzelten Untersuchungen im Bereich der Multiplikation ein erstes Indiz dafür, dass sich eine Erarbeitung des kleinen Einmaleins auf Basis von Einsicht durchaus auch für rechenschwache Kinder als erfolgsversprechend erweisen kann. Allerdings nur, wenn auch den individuellen Bedürfnissen dieser Personengruppe in angemessener Weise Rechnung getragen wird. Den empirischen Erkenntnissen dieses Abschnittes zufolge profitieren rechenschwache Schülerinnen und Schüler demnach von einer angemessenen Begleitung bzw. Unterstützung durch die Lehrkraft.

Deutlich ersichtlich wurde in diesem Abschnitt auch die enorme Bedeutung bzw. Notwendigkeit einer reflektierten Analyse der Untersuchungsdesigns, um korrekte Schlüsse aus den teilweise uneinheitlichen Forschungsergebnissen ziehen zu können. Die begrenzte Anzahl an Studien hinsichtlich einer verständnisbasierten Erarbeitung des kleinen Einmaleins bei leistungsschwachen Kindern verdeutlicht die Notwendigkeit weiterer Untersuchungen in diesem Kontext.

2.4.5 Propädeutische Funktion für das weitere algebraische bzw. zukünftige Lernen im Mathematikunterricht

Es gibt einige Gründe bzw. eine Reihe von Argumenten – wie in den vorherigen Abschnitten bereits ausführlich geschildert –, die dafür sprechen, den Fokus auf operative Beziehungen und die Anwendung von Strategien bei der Erarbeitung unbekannter Einmaleinssätze zu legen. Dabei wirkt sich diese Erarbeitung, die zugleich Verständnis und die Automatisierung der Rechenoperation anstrebt, positiv auf „many tasks across all domains of mathematics and across many subject areas" (WONG & EVANS, 2007, S. 91) aus. Der folgende Abschnitt widmet sich der propädeutischen Funktion einer verständnisbasierten Erarbeitung des kleinen Einmaleins für das weitere algebraische bzw. zukünftige Lernen im Mathematikunterricht.

Eine verständnisbasierte Erarbeitung erleichtert nicht nur, wie in den Abschnitten 2.3.1 und 2.4.2 beschrieben, die Automatisierung von Einmaleinssätzen, sondern führt auch dazu, dass diese erfolgreich langfristig aus dem Gedächtnis abgerufen werden können und somit das Fundament für das weitere Mathematiklernen legen (WONG & EVANS, 2007, S. 91). WOODWARD (2006) betont in diesem Zusammenhang: „Automaticity in math facts is fundamental to success in many areas of higher mathematics" (ebd., S. 269). WONG und EVANS (2007) halten dazu fest: „to succeed in higher-order skills, these lower-order processes need to be executed efficiently" (ebd., S. 91). LAUTER (1982) hebt in diesem Zusammenhang hervor, dass die Automatisierung von Einmaleinssätzen weder Selbstzweck noch Schikane einer Lehrperson darstellt, sondern vielmehr für die Bewältigung komplexerer Aufgaben der Schulmathematik aber auch in zahlreichen weiteren Lebenssituationen von enormer Relevanz ist (ebd., S. 102). Bezogen auf das kleine Einmaleins stellt der automatisierte Faktenabruf die Basis dar, um komplexere Aufgaben – wie im Folgenden veranschaulicht – zu lösen (ANTHONY & KNIGHT, 1999, S. 28; GRUBE, 2005; HASSELHORN & GOLD, 2006, S. 128; ISAACS & CAROLL, 1999; LÖRCHER, 1985; TER HEEGE, 1985, S. 378; WONG & EVANS, 2007, S. 91; WOODWARD, 2006, S. 287). Die Relevanz eines Grundstockes an automatisiert verfügbaren Einmaleinsaufgaben wird insbesondere auch bei der Gruppe der rechenschwachen Schülerinnen und Schüler ersichtlich, die über ein begrenztes Arbeitsgedächtnis verfügen und durch ein sicheres Abrufen des kleinen Einmaleins Kapazitäten einsparen (siehe Abschnitte 2.4.2 und 2.4.4) und somit bei der Bewältigung komplexerer Aufgaben einer Überlastung des Gedächtnisses entgegenwirken (LÖRCHER, 1985, S. 191f.). Das erfolgreiche Abspeichern und Abrufen von Fakten kann dabei nicht nur dazu beitragen, mehrstellige Multiplikationsaufgaben oder Divisionsaufgaben zu lösen, die verpflichtende Grundschulinhalte darstellen, sondern auch über die ganzen Zahlen hinaus, Kinder beispielsweise beim Finden von Vielfachen bei der Bruchaddition mit unterschiedlichen Nennern zu unterstützen oder algebraische Gleichungen zu faktorisieren – um zwei exemplarische Beispiele aus der Sekundarstufe genannt zu haben (WOODWARD, 2006, S. 269). „Automaticity in facts is still relevant to proficiency in traditional algorithms" (WOODWARD, 2006, S. 269), wie anhand der beiden folgenden Studien verdeutlicht werden kann. Eine Studie von CAWLEY, PARMER, YAN und MILLER (1998) ermittelte die Testleistungen von Schülerinnen und Schülern bei der Lösung mehrstelliger Multiplikationsaufgaben mit Bezug zu den Basisfertigkeiten der Kinder. Dabei wurden die Kinder nicht nur angehalten eine mehrstellige Multiplikationsaufgabe zu lösen, sondern auch im Nachgang Aufgaben aus dem kleinen Einmaleins, die zur Berechnung der Ausgangsaufgabe nötig gewesen sind. Die Untersuchung zeigte dabei negative Auswirkungen einer mangelnden Automatisierung auf mathematische Inhalte – in der Untersuchung von CAWLEY et al. (1998) bei den schriftlichen Algorithmen. LÖRCHER (1985) kam in seiner Modellrechnung auch zu dem Schluss, dass Kinder Einmaleinsaufgaben sicher beherrschen müssen:

> Wenn ein Schüler das Einmaleins nur mit 90%iger Sicherheit beherrscht, liegt seine Erfolgswahrscheinlichkeit bei der schriftlichen Multiplikation einer 4- mit einer 3-stelligen Zahl unter 30% […] und selbst bei 95%iger Beherrschung nur knapp über 50% – vorausgesetzt, dass er 100%ig über alle anderen für die schriftliche Multiplikation notwendigen Kenntnisse verfügt. (LÖRCHER, 1998, S. 191)

Die erfolgreiche Automatisierung bildet somit eine der entscheidenden Voraussetzungen, komplexere Rechenanforderung erfolgreich meistern zu können. Zu diesen komplexeren Rechenanforderungen, für die Faktenwissen von Vorteil ist, gehören auch das flexible Kopfrechnen, das Lösen von Schätzaufgaben sowie Problemlöseaufgaben (ANTHONY & KNIGHT, 1999; ISAACS & CARROLL, 1999; WONG & EVANS, 2007; WOODWARD, 2006). Dabei legt nach ANTHONY und KNIGHT (1999) die Automatisierung erst „the foundation for flexible mental calculations, estimation skills and problem-solving (ebd., S. 28). WONG und EVANS (2007) bilanzieren: „The importance of automaticity becomes apparent when it is absent" (WONG & EVANS, 2007, S. 91) und TER HEEGE hält bereits 1985 fest, dass automatisiert zur Verfügung stehendes Wissen wichtig ist für einen erfolgreichen Fortschritt in allen Teilbereichen der Arithmetik. Wie bereits in den Ausführungen angeführt sowohl im Hinblick auf „column arithmetic, as well as flexible mental arithmetic" (TER HEEGE, 1985, S. 378). Gemessen an der enormen Bedeutung, die der erfolgreichen Automatisierung – wie in diesem Absatz aufgeführt – zuteil wird, wird auch ersichtlich, welche Relevanz einer verständnisbasierten Erarbeitung zukommt, welche die Grundvoraussetzung eines erfolgreichen Faktenabrufes darzustellen scheint.

Als ein Argument für eine verständnisbasierte Erarbeitung ist anzuführen, dass „strategy instruction also includes an emphasis on the link between facts and extended facts" (WOODWARD, 2006, S. 271). Gerade dieser Anknüpfungspunkt hilft Schülerinnen und Schülern dann wiederum Schätz- und Kopfrechenaufgaben auch im größeren Zahlenraum erfolgreich zu bewältigen (ebd., S. 271). In diesem Zusammenhang scheint die auf Einsicht basierende Erarbeitung mit der Entwicklung eines verbesserten Zahlverständnisses bzw. der Einwicklung eines *number sense* einherzugehen (WOODWARD, 2006, S. 287). Wie bereits im Abschnitt 2.4.2 angeführt, erfordert die Nutzung von Strategien nicht nur Einsicht in Zahlbeziehungen und Zusammenhänge, sondern trägt auch zu einer weiteren Förderung und einem flexiblen Lösen von Einmaleinsaufgaben bei (FREESEMANN, 2014; KRAUT-HAUSEN & SCHERER, 2007; TER HEEGE, 1985; THRELFALL, 2009; SCHIPPER, 2009; WOODWARD, 2006). Die Strategienutzung bezogen auf das kleine Einmaleins erhöht den flexiblen Umgang mit Strategien und formt „an underlying structure, which can produce extremely flexible mental activity structures" (TER HEEGE, 1985, S. 386), die sich als vorteilhaft für viele Bereiche der Mathematik herausstellen und über die Behandlung des kleinen Einmaleins hinausgehen. Ein konzeptuelles Verständnis von Mathematik bzw. das Strategiewissen im Hinblick auf das kleine Einmaleins stellt ein tiefgreifendes und nachhaltiges Wissen dar (VAN DE WALLE, 2007, S. 30), das sich – wie die weiteren Forschungsergebnisse hierzu zeigen werden – positiv auf die darauf aufbauenden Fertig- und Fähigkeiten auswirken kann.

Laut einer von WOODWARD (2006) durchgeführten Studie kann die Anbahnung von Strategien, die beim mündlichen Rechnen mit größeren Zahlen und beim halbschriftlichen Rechnen eine zentrale Rolle einnehmen und für deren Durchdringung operative Beziehungen unumgänglich sind, durch eine verständnisorientierte Erarbeitung der Einmaleinssätze erreicht werden (ebd., S. 287). Der informelle Umgang mit Rechengesetzen, den die Kinder anhand von Rechenvorteilen als zentrale Grundlage der Anwendung des Prinzips von Rechenstrategien erfahren bzw. nutzen, ist ebenfalls als befürwortendes Argument anzuführen (PADBERG & BENZ, 2011, S. 135ff.; STEINWEG, 2013, S. 124). Denn nur ein angemessenes, explizites Thematisieren der Eigenschaften der Operation führt dazu, „dass sich die Eigenschaften als transferierbare ‚Regeln' im Verständnis der Schülerinnen und Schüler entwickeln und die Operationen als Objekte der Auseinandersetzung zu einem fortgeschrittenen, algebraischen [...] Denken verleiten" (STEINWEG, 2013, S. 153, Hervorhebung im Original). Nach STERN (1998) müssen mathematische „Prinzipien auf generalisierbarem Niveau explizit verfügbar sein" (S. 215), wenn Kinder den Anforderungen des algebraischen Denkens gewachsen sein wollen. Aus der Perspektive der Förderung dieses Denkens spielt somit die Entdeckung der Operation eine entscheidende Rolle, da sie zum Verinnerlichen einer allgemeingültigen Regel führen kann (siehe Abschnitt 2.1.2). Forschungsergebnisse, die belegen, dass Kinder in der Lage sind, transferierbare Regeln aufzustellen, liefert FRENCH (2005). Er stellte in seiner Studie fest, dass Kinder die implizite Nutzung von Rechengesetzen im Sinne von Rechenvorteilen nach ihrer Thematisierung zur Lösung kleiner Einmaleinsaufgaben auch auf Multiplikationsaufgaben mit zweistelligen Faktoren übertragen können. WOODWARD konnte in seiner 2006 durchgeführten Studie signifikante Unterschiede in den Lösungsquoten der sogenannten *extended facts*, Multiplikationsaufgaben mit einem einstelligen und einem zweistelligen Faktor, feststellen bei Kindern, die eine verständnisbasierte Erarbeitung des kleinen Einmaleins erfahren haben, und Kindern, deren Fokus ausschließlich auf Automatisierungsübungen lag. Schülerinnen und Schüler, die Einsicht in operative Beziehungen erhielten, schnitten dabei mit durchschnittlich 90% richtiger Lösungen deutlich erfolgreicher ab als ihre Vergleichsgruppe mit 72% korrekten Aufgabenlösungen. Dabei zeigen sich ähnlich deutliche Unterschiede auch innerhalb der Gruppen der leistungsschwachen und durchschnittlichen Schülerinnen und Schüler – in beiden Gruppen erwies sich eine verständnisbasierte Erarbeitung als effektiver (WOODWARD, 2006, S. 281ff.). Die beiden Interventionsgruppen waren allerdings nicht komplett vergleichbar. Während die Kinder der Gruppe, die eine auf Einsicht basierende Erarbeitung erfuhren, durchwegs halbschriftlich rechneten, lösten die Kinder der anderen Gruppe die Aufgaben ausschließlich schriftlich (WOODWARD, 2006, S. 274).

In einem von STEINWEG (2013) mit Grundschulkindern durchgeführtem Algebraprojekt wurden Kinder aufgefordert, die distributive Verknüpfung $10 \cdot 5 - 4 \cdot 5 = \underline{\hspace{1cm}} \cdot \underline{\hspace{1cm}}$ zu komplettieren. Zu Beginn des Projektes konnten die teilnehmenden Schülerinnen und Schüler diese Aufgabenstellung nicht lösen. Nach der Projektarbeit, in der distributive Zusammenhänge ebenfalls behandelt wurden, gelingt es einem Drittel der Kinder diese Aufgabe zu lösen, zwei Dritteln nicht – ein Drittel konnte keine Antwort geben, ein weiteres Drittel verrechnete die Faktoren auf beliebige Art und Weise. Um den Fokus auf die Beziehungen und nicht ein mögliches Ausrechnen der Aufgabe zu legen, wurde im Algebraprojekt auch eine Aufgabe gewählt, die sich „einer rechnerischen Lösung noch entzieht und die Gleichwertigkeit auf anderen Wegen argumentativ begründet werden muss" (ebd., S. 146). Die erhaltenen Antworten unterscheiden sich allerdings nicht von der vorangegangenen Aufgabe – erneut ein Drittel konnte die Verknüpfung korrekt vervollständigen. Als Fazit dieses Projektes kann festgehalten werden, dass „sich etliche Indizien finden, die auf eine verstehende Nutzung der Eigenschaft der Distributivität schließen lassen" (STEINWEG, 2013, S. 146). Implizit wird eine *verstehende Nutzung der Eigenschaften der Distributivität* bei einer auf Einsicht basierenden Erarbeitung des kleinen Einmaleis über Strategien geschult, was sich in ähnlicher Weise wie die Intervention im Algebraprojekt als hilfreich erweisen kann. Sind die Eigenschaften der Multiplikation erst einmal verstanden, können sie auf beliebige Zahlen übertragen werden. Einer bereits erwähnten Studie von BASTABLE und SCHIFTER (2008) zufolge sind Kinder auch in der Lage, Gesetzmäßigkeiten der Multiplikation, wie beispielsweise die Kommutativität zu reflektieren und die Allgemeingültigkeit der Eigenschaft zu erkennen sowie nicht allein aufgabenspezifisch wahrzunehmen (siehe auch Abschnitte 2.1.2, 2.3.1 und 2.4.2).

Den Forschungsergebnissen der aufgeführten Studien folgend setzt der informelle Umgang mit Rechengesetzen im Zuge einer verständnisbasierten Erarbeitung des kleinen Einmaleins den Grundstock algebraischen Denkens in der Grundschule und besitzt somit eine propädeutische Funktion für das weitere algebraische Lernen in höheren Jahrgangsstufen (FUJII & STEPHENS, 2008).[39] „Die Rechengesetze sind nämlich die grundlegenden Strukturen (Muster) der Multiplikation, von denen aus das Lernen, Üben und Anwenden der Multiplikation in wachsenden Zahlenräumen [...] gesteuert werden kann" (WITTMANN & MÜLLER, 2007, S. 53). Neben dem überwiegenden impliziten Einsatz als Rechenhilfen in der Grundschule stellt die Auseinandersetzung mit den Eigenschaften der Operation aber auch den Weg von der Arithmetik zum algebraischen Lernen und Denken dar: Die Eigenschaften der Operation kommen auch als Term- und Äquivalenzumformungen in der Sekundarstufe zum Tragen (FUJII & STEPHENS, 2008; LINK, 2012, S. 11; STEINWEG, 2013, S. 124f.). NUNES und BRYANT (1996) sowie PARK und NUNES (2000) betonen sogar noch weitreichendere Auswirkungen einer Einsicht in Zahlbeziehungen und Zusammenhänge bei der Multiplikation.

Zudem zeigen Untersuchungen, dass die Problemlöse- und Denkfähigkeit der Kinder gefördert werden können (BAROODY, 1999, S. 191; NUNES & BRYNT, 1996; PARK & NUNES, 2000; THRELFALL, 2009, S. 543; WOODWARD, 2006, S. 287), weshalb dem Entdecken und Erarbeiten bei der unterrichtlichen Erarbeitung eine bedeutende Rolle zugewiesen wird. Dabei betonen KROESBERGEN und VAN LUIT (2002), dass eine Förderung der Problemlösefähigkeit gerade die Entdeckerhaltung der Kinder verlangt:

> Students who learn to apply active learning strategies are also expected to acquire more useful and transferable knowledge because, for example, problem solving requires active participation on the part of the learner. (GABRYS et al., 1993; vgl. KROESBERGEN & VAN LUIT, 2002, S. 363)

Verbunden mit anschaulichen Begründungen und Argumentationen unterschiedlicher Lösungswege, unterschiedlicher Rechenstrategien und dem informellen Umgang mit Rechengesetzen (siehe Abschnitt 2.1.2) besteht die Chance, auch prozessbezogene Kompetenzen wie z.B. das Argumentieren oder Kommunizieren bei Kindern weiterzuentwickeln. In diesem Zusammenhang sollte insbesondere die bedeutende Rolle der prozessbezogenen Kompetenzen bei der Entwicklung der auf Einsicht und Verständnis beruhenden inhaltlichen mathematischen Kompetenzen, wie der Erarbeitung des kleinen Einmaleins, nicht unberücksichtigt bleiben (WALTHER et al., 2011, S. 20). Das Erkennen, Beschreiben und Untersuchen von operativen Beziehungen sowie ihre Begründung kann wiederum inhaltsbezogene Lernprozesse anstoßen (LINK, 2012, S. 14f.) bzw. Wissen im arithmetischen Kontext vertiefen (FUJII & STEPHENS, 2008).

---

39 Die Arithmetik und die Algebra, zwei häufig getrennt betrachtete Teilgebiete, verdeutlichen durch ihre gemeinsamen charakteristischen Merkmale, dass die Arithmetik nicht als getrennt von der Algebra zu betrachten ist (CARRAHER & SCHLIEMANN, 2007). „Insgesamt ist eine Tendenz dahin zu erkennen, dass algebraisches Denken mehr und mehr in arithmetisches Denken eingebettet und zusammen und nicht getrennt von diesem unterrichtet wird" (SPECHT, 2009, S. 55). Die Entwicklung des algebraischen Denkens in der Grundschule zielt auf die Vorbereitung der Algebra in der Sekundarstufe ab – es handelt sich „folglich nicht um eine *frühe*, sondern eine *propädeutische* Entwicklung der Algebra" (AKINWUMNI, 2012, S. 79, Hervorhebungen im Original).

Laut WITTMANN und MÜLLER (2007) wird den allgemeinen mathematischen Kompetenzen eine bedeutende Rolle zuteil (siehe Abschnitt 1.5.3), da diese „zentrale mathematische Prozesse bei der mathematischen Tätigkeit erfassen – im Forschungsprozess wie im Lernprozess. […] Die inhaltsbezogenen mathematischen Kompetenzen erhalten mathematisches Leben nur in Verbindung mit den allgemeinen Kompetenzen" (ebd., S. 49f.). Nach WALTHER et al. (2011) ist ein „zentrales Anliegen […] ein vernetztes, kumulatives, anschlussfähiges und auf Verstehen ausgerichtetes Lernen, bei dem den allgemeinen mathematischen Kompetenzen im *kognitiven* und *affektiven* Bereich eine zentrale Rolle zukommt (WALTHER et al., 2011, S. 22, Hervorhebungen der Autorin). Mit der Erarbeitung von Strategien beim kleinen Einmaleins können die prozessbezogenen Kompetenzen gefördert und dadurch auch die Freude am Fach gesteigert werden. Mit der folgenden zentralen Textstelle der Bildungsstandards der Kultusministerkonferenz wird dies zum Ausdruck gebracht:

> Die allgemeinen mathematischen Kompetenzen sind mit entscheidend für den Aufbau positiver Einstellungen und Grundhaltungen zum Fach. In einem Mathematikunterricht, der diese Kompetenzen in den Mittelpunkt des unterrichtlichen Geschehens rückt, wird es besser gelingen, die Freude an der Mathematik und die Entdeckerhaltung der Kinder zu fördern und weiter auszubauen. (KMK, 2005, S. 6)

Kinder sollen nach BEZOLD (2010) Entdeckungen machen, ihre gemachten Entdeckungen beschreiben bzw. mitteilen, sie hinterfragen und in einem letzten Schritt auch grundschulspezifisch begründen lernen. Das Finden möglicher Begründungen bzw. Begründungsideen wird dabei nach BEZOLD (2009) erweitert um das „Finden inhaltlich-anschaulicher Begründungen" (ebd., S. 38), wie in den Abschnitten 2.1.2 und 2.3.2 bereits für die Multiplikation ausführlich dargestellt. Diese Begründungen dienen nicht nur maßgeblich zur Sicherung von Erkenntnissen (siehe Abschnitt 2.4.2), sondern können auch als Vorstufe für die in höheren Jahrgangsstufen zu führenden Beweise gesehen werden, die hinsichtlich Schlüssigkeit und Korrektheit im Vergleich zu Begründungen deutlich größere Ansprüche an Lernende stellen (KÄPNICK, 2014, S. 106). Dabei fällt es einigen Kindern im Grundschulalter zunächst noch schwer, ihre Entdeckungen bezüglich des kleinen Einmaleins schriftlich aber auch mündlich eindeutig bzw. verständlich zu formulieren. Ein verständnisbasierte Erarbeitung der Multiplikation, die Kinder aber von Anfang an darin motiviert, wird auch in diesen Bereichen Fortschritte erzielen. MÜLLER et al. (2004) geben in diesem Zusammenhang Folgendes zu bedenken: „Ein Verständnis für Präzision lässt sich nur in einem langfristig angelegten Prozess des Präzisierens entwickeln, nicht durch formale Setzungen von außen" (ebd., S. 3).

Generell besitzt das Verstehen von Beziehungen und Zusammenhängen zwischen Zahlen demnach eine wichtige propädeutische Funktion für das weitere algebraische bzw. zukünftige Lernen – vor allem aber schafft das Durchdringen der operativen Beziehungen eine Grundlage für das strategische Rechnen über das kleine Einmaleins hinaus. Dies bestätigen auch Ergebnisse nach MOSER OPITZ (2013) und HUMBACH (2008), die in ihren Studien beide die bedeutende Relevanz eines Verständnisses zentraler Inhalte der Grundschulmathematik, wie des kleinen Einmaleins, für das zukünftige Lernen in der Sekundarstufe hervorheben. Die Studie von MOSER OPITZ (2013) offenbart, dass sich die Einsicht in Mathematikinhalte der Grundschule als Prädiktor für das Lernen bzw. die Leistung im Fach Mathematik in den Jahrgangsstufen 5 und 8 erweist (ebd., S. 217ff.). HUMBACH (2008) zeigt eindrucksvoll auf, dass Inhalte der Grundschulmathematik eine notwendige Bedingung darstellen für „tragfähige, weiterführende schulmathematische Kenntnisse" (ebd., S. 65). Nach FREESEMANN (2014) verweisen auch internationale Studien darauf, dass fehlendes mathematisches Basiswissen bei Schülerinnen und Schülern „eine Hürde beim Erlernen weiterführender Inhalte darstellt" (ebd., S. 34) und diese „deshalb fast zwangsläufig an den Anforderungen des weiteren Mathematikunterrichts scheitern" (GAIDOSCHIK, 2008, S. 287). Dabei sind es natürlich überwiegend die leistungsschwachen Schülerinnen und Schüler, die aufgrund eines unzureichenden Verständnisses Defizite in den erwähnten Bereichen aufweisen. Eine verständnisorientierte Erarbeitung der grundschulrelevanten Themengebiete und somit auch des kleinen Einmaleins scheint unbedingt notwendig – denn den Ergebnissen der Studien zufolge ist es das Verständnis, das sich als prädiktiv erweist.

Wie die vorherigen Abschnitte aufgezeigt haben, kann nach AKINWUMNI (2012) nicht nur im Hinblick auf das kleine Einmaleins, aber eben auch für das Einmaleins und insbesondere für rechenschwache Schülerinnen und Schüler folgendes Fazit gezogen werden: „Wird in der Arithmetik [...] von Anfang an bereits Wert auf Struktursinn oder den *verständnisvollen* Gebrauch von mathematischen Zeichen gelegt, so [...] [liegt] hierin eine mögliche Grundlage für [...] Einsichten in die Algebra" (AKINWUMI, 2012, S. 75, Hervorhebung und Ergänzung der Autorin; vgl. FUJII & STEPHENS, 2008).

2.4.6 Zusammenfassung

Eine verständnisbasierte Erarbeitung des kleinen Einmaleins trifft nicht nur in der aktuellen mathematikdidaktischen Literatur auf breiten Konsens (siehe Abschnitt 2.3), sondern erweist sich darüber hinaus auch in einigen Publikationen bzw. Studien als positiv bzw. erfolgsversprechend – wie dieser Abschnitt 2.4 anhand von theoretischen aber auch einer Reihe von empirischen Argumenten detailliert veranschaulichen konnte.

Zu Beginn dieses Abschnittes wurde skizziert, dass eine auf Einsicht in operative Beziehungen basierende Behandlung des kleinen Einmaleins den Grundsätzen des aktuellen Lehr- und Lernverständnisses entspricht und einem zeitgemäßen Mathematikunterricht folgt (siehe Abschnitt 2.4.1). Als weiteres Argument einer verständnisbasierten Erarbeitung des kleinen Einmaleins wurden in vereinzelten empirischen Studien die positiven Auswirkungen auf den Lern- und Wissensprozess bei der Erarbeitung des kleinen Einmaleins selbst angeführt (siehe Abschnitt 2.4.2). Durch die vorgesehene Erarbeitung kann laut einiger theoretischer und empirischer Erkenntnisse nicht nur das grundlegende Verständnis der Rechenoperation gesichert werden, sondern eine verständnisbasierte Erarbeitung erleichtert den Erkenntnissen dieses Abschnittes zufolge auch das Erlernen, Behalten und Verinnerlichen sowie die erfolgreiche Automatisierung von Einmaleinssätzen. Da – wie bereits erwähnt – ein Teil der Erkenntnisse theoretischen Ursprungs ist oder sich auf eine verständnisbasierende Erarbeitung im Allgemeinen bezieht, wird an dieser Stelle der bestehende Forschungsbedarf hinsichtlich möglicher positiver Auswirkungen einer verständnisbasierten Erarbeitung des kleinen Einmaleins sehr gut ersichtlich.

Einer auf Einsicht und Verständnis basierenden Erarbeitung gegenüber stehen zwangsläufig nicht zielführende alternative Wege der Erarbeitung des kleinen Einmaleins. Alternative Erarbeitungen, die einer behavioristischen Auffassung von Lehren und Lernen folgen, stellen das Rechnen und nicht die Einsicht bzw. das Verständnis in den Vordergrund – einer verständnisbasierten Erarbeitung steht demnach das reine Einschleifen von Einmaleinsreihen gegenüber, ohne Zusammenhänge oder Beziehungen einzelner Aufgaben in den Fokus zu rücken. Theoretische und empirische Erkenntnisse sehen insbesondere im isolierten Erarbeiten und Abspeichern der Einmaleinssätze den entscheidenden Kritikpunkt alternativer Vorgehensweisen. Einige wenige Studien, die einen alternativen Weg der Erarbeitung mit einer verständnisbasierten Erarbeitung verglichen, konnten nachweisen, dass Kinder, die eine verständnisbasierte Erarbeitung des kleinen Einmaleins erfahren haben, besser bzw. erfolgreich in der Lage waren, Einmaleinsaufgaben zu lösen, Beziehungen zwischen einzelnen Aufgaben zur Lösung heranzuziehen sowie Einmaleinssätze langfristig sicher aus dem Gedächtnis abzurufen. Die im Abschnitt 2.4.3 erwähnte Mnemotechnik, die ebenfalls als alternative Herangehensweise angesehen werden kann, erzielte vor allem bei der Gruppe der rechenschwachen Kinder positive Forschungsergebnisse. Die Kernidee der Mnemotechnik besteht darin, rechenschwachen Kindern unter anderem mithilfe von Reimen das Auswendiglernen von Faktenwissen zu erleichtern. Diese Vorgehensweise entspricht nicht dem aktuellen Lehr- und Lernverständnis bzw. einem zeitgemäßen Mathematikunterricht und sollte aus diesem Grund nicht die sehr einheitlichen Forschungsergebnisse des Abschnittes 2.4.3 einer auf Einsicht basierenden Erarbeitung in Frage stellen. Die Mnemotechnik kann aber bereits als kleiner Hinweis betrachtet werden, dass vor allem bezogen auf die leistungsschwachen Schülerinnen und Schüler und eine verständnisbasierte Erarbeitung des kleinen Einmaleins ein nicht ganz so einheitliches Bild in der Forschungsliteratur existiert.

In den Ausführungen des Abschnittes 2.4.4 konnten eine Vielzahl an positiven Auswirkungen einer verständnisbasierten Erarbeitung auf leistungsschwache Schülerinnen und Schüler präsentiert werden. Ein aus Sicht der Mathematikdidaktik guter Mathematikunterricht lässt sich als ein Unterricht charakterisieren, der mithilfe eines konstruktivistischen Lehr- und Lernverständnisses auf das konzeptuelle Verständnis aller Kinder zielt, eine aktive Auseinandersetzung mit dem Unterrichtsstoff verlangt sowie die Begleitung durch die Lehrperson einschließt (siehe Kapitel 1). Nach FREESEMANN (2014) sowie im Abschnitt 1.5 bereits thematisiert, ist im Hinblick auf einen konstruktivistischen Unterricht „offen, wie viel Strukturierung oder Begleitung durch die Lehrperson die Schülerinnen und Schüler erfahren. Dies sind aber wichtige Faktoren, die die Lernerfolge der Schülerinnen und Schüler beeinflussen können" (ebd., S. 66). Dass rechenschwache Kinder auf eine ausreichende Begleitung durch eine Lehrperson angewiesen sind, geht aus den wenigen Forschungsergebnissen zum kleinen Einmaleins und der unterrichtlichen Erarbeitung bei rechenschwachen Schülerinnen und Schülern hervor. In Übereinstimmung mit den Erkenntnissen, die FREESEMANN (2014) für eine Förderung rechenschwacher Kinder aus seiner Metaanalyse abgeleitet hat (ebd., S. 71), kann auch bezogen auf das kleine Einmaleins festgehalten werden:

- Rechenschwache Schülerinnen und Schüler scheinen von der direkten Instruktion zu profitieren (siehe Abschnitt 2.4.4).
- Die Ergebnisse konstruktivistisch orientierter Unterrichtsansätze sind für Schülerinnen und Schüler mit schwachen Mathematikleistungen abhängig von der Begleitung durch die Lehrperson (siehe Abschnitt 2.4.4). Wird beispielsweise kein *rein* entdeckender Unterricht, sondern ein entdeckendes Lernen, das von der Lehrperson begleitet wird – wie in der Studie von KROESBERGEN und VAN LUIT (2003) – in die Praxis umgesetzt, dann scheinen Kinder von einem konstruktivistischen Ansatz profitieren zu können.

MERCER, JORDAN und MILLER (1994) sprechen von einem „explicit-to-implicit continuum of constructivism" (ebd., S. 290).[40] Ihrer Meinung nach sind rechenschwache Kinder auf die Hilfe der Lehrperson angewiesen und benötigen einen stärker auf Belehrung ausgelegten Unterricht, der trotzdem mit einem konstruktivistischen Lehr- und Lernverständnis vereinbar ist (siehe auch KROESBERGEN & VAN LUIT, 2002). MERCER, JORDAN und MILLER (1994) betonen in diesem Zusammenhang mit Bezug auf rechenschwache Schülerinnen und Schüler:

> Constructivists differ concerning the degree of help the teacher should provide; however, some common instructional practices of the teacher include modeling cognitive processes, providing guided instruction, encouraging reflection about thinking, giving feedback, and encouraging transfer. The teacher focuses on guiding the student to achieve success and become a self-regulated strategic learner. (ebd., S. 292)

In diesem angeführten Zitat von MERCER et al. (1994) wird ebenfalls wie bereits von FREESEMANN (2014) – und im Kapitel 1 dieser Arbeit – darauf verwiesen, dass konstruktivistischen Ansätzen keine einheitliche Definition zugrunde gelegt werden kann und die Ergebnisse der Studien aus diesem Grund teilweise viel Raum zur Interpretation lassen. Nach FREESEMANN (2014) weisen viele Autorinnen und Autoren „im Fazit ihrer Veröffentlichungen auf den Bedarf an qualitativ hochwertigen Studien und einer wissenschaftlich fundierten und umfangreichen Darstellung der Durchführung dieser Studien sowie ihrer Ergebnisse hin" (ebd., S. 72).

---

40 „Mercer identifies a single continuum from explicit (most teacher assistance) to implicit (least teacher assistance) instruction. The continuum is about the movement from teacher regulation through shared regulation to student regulation of learning" (NORWICH, 2013, S. 89).

Offensichtlich scheint aber für eine verständnisbasierte Erarbeitung des kleinen Einmaleins, dass insbesondere Schülerinnen und Schüler mit schwachen Mathematikleistungen die Hilfe der Lehrperson benötigen, um auch – wie ihre leistungsstärkeren Mitschüler und Mitschülerinnen – aktive und selbstregulierte Lerner werden zu können. „Therefore, a more explicit instruction is needed, but this can nevertheless be designed in accordance with constructivist principles" (KROESBERGEN & VAN LUIT, 2002, S. 364f.).

Der Abschnitt bezugnehmend auf die propädeutische Funktion einer verständnisbasierten Erarbeitung des kleinen Einmaleins für das weitere algebraische bzw. zukünftige Lernen im Mathematikunterricht lässt keine Zweifel offen, dass sich eine auf operative Beziehungen basierende Erarbeitung nach WONG und EVANS (2007) auf alle Bereiche der Mathematik und darüber hinaus auf weitere Fachgebiete (ebd., 2007, S. 91) positiv auswirkt. Dies konnte in dem Abschnitt 2.4.5 belegt werden.

Der folgende Abschnitt 2.5 widmet sich nach einem kleinen Vorgriff, der bereits in diesem Abschnitt vorgenommen wurde, im Detail den alternativen Vorgehensweisen der Erarbeitung des kleinen Einmaleins. Dabei steht ein kurzer historischer Abriss unterrichtlicher Vorgehensweisen bei der Erarbeitung des kleinen Einmaleins im Mittelpunkt der Ausführungen sowie deren unterrichtspraktische Umsetzung, die anhand von vereinzelten Schulbuchbeispielen veranschaulicht wird. Im Anschluss wird analysiert, welche Erarbeitung der Multiplikation in den deutschen Lehr- und Bildungsplänen sowie Rahmenplänen jeweils vorgeschrieben wird.

2.5 Alternative Vorgehensweisen bei der Erarbeitung – ein Blick in die Historie und auf einzelne Bundesländer

> *„Für viele Menschen ist die Erinnerung an das Erlernen des kleinen Einmaleins mit der Vorstellung endloser Paukerei verbunden, bis diese Aufgaben endlich ‚im Schlaf' beherrscht wurden. Multiplizieren haben sie als reine Gedächtnisübung empfunden."*
>
> (SCHIPPER et al., 2015, S. 101, Hervorhebung im Original)

Der historische Abriss des Abschnittes 1.4 hat sehr deutlich aufgezeigt, dass es eine Zeit gab, in der die behavioristische Grundauffassung von Lehren und Lernen eher vorherrschend war und derzeit aktuelle Lehr-/Lerntheorien durchaus konstituierende Elemente des Behaviorismus aufweisen. Abschnitt 1.5.1 zeigt ein ähnliches Bild für den heutigen Mathematikunterricht. Wie die Behandlung bzw. Erarbeitung des kleinen Einmaleins auszusehen hat, besteht weitgehend Einigkeit (siehe Abschnitt 2.3). Auch empirische Argumente, die für eine verständnisbasierte Erarbeitung sprechen, gibt es reichlich – wie im vorherigen Abschnitt 2.4 geschildert. Allerdings wurde in diesem Abschnitt auch bereits auf alternative Vorgehensweisen der Erarbeitung des kleinen Einmaleins in der Forschungsliteratur hingewiesen.

Bisher wurde der Fokus allerdings überwiegend auf aktuelle didaktische Empfehlungen gelegt und kein detaillierter historischer Rückblick auf unterrichtliche Vorgehensweisen der Vergangenheit vorgenommen. Da die Vorgehensweisen, die in der Fachdidaktik bzw. im Unterricht vergangener Tage vorzufinden waren, unter Umständen auch noch in die Gegenwart nachwirken, sollen im folgenden Abschnitt alternative Zugänge aufzeigt werden. Auch auf Schulbücher dieser Zeit – die den fachwissenschaftlich bzw. fachdidaktisch aufbereiteten Unterrichtsstoff darbieten – soll der Fokus gerichtet werden. Des Weiteren sollen in diesem Abschnitt Lehr- und Bildungspläne sowie Rahmenpläne in Deutschland bezüglich festgeschriebener Lerninhalte das kleine Einmaleins betreffend untersucht werden. Zunächst wird ein Überblick über die Lehrplanentwicklung in Bayern gegeben, bevor in einem weiteren Abschnitt ein Vergleich aller aktuellen deutschen Lehrplaninhalte erfolgt.

2.5.1 Ein kurzer historischer Abriss unterrichtlicher Vorgehensweisen bei der Erarbeitung des kleinen Einmaleins

Der breite Konsens in den didaktischen Veröffentlichungen der letzten Jahre im Hinblick auf die Erarbeitung des kleinen Einmaleins wurde bereits im Abschnitt 2.3 dieser Arbeit detailliert beschrieben. Eine Kombination aus Entdeckung und Erarbeitung operativer Beziehungen zwischen einzelnen Einmaleinssätzen „unabhängig von dem Korsett der Einmaleinsreihen" (PADBERG & BENZ, 2011, S. 139) sowie die systematische Behandlung der einzelnen Einmaleinsreihen unter Berücksichtigung ihrer Zusammenhänge kennzeichnet die gegenwärtige Vorgehensweise. Die aufgeführten Argumente für diese Art der Behandlung (siehe Abschnitt 2.4) untermauern dabei die derzeit etablierten Empfehlungen der Fachdidaktikbücher.

Von Seiten einiger Fachdidaktiker wird diese Erarbeitung bereits viele Jahre eingefordert – zahlreiche Hinweise in der didaktischen Literatur des letzten Jahrhunderts verweisen darauf, wie wichtig das Herausarbeiten von Beziehungen bzw. die Erarbeitung des kleinen Einmaleins über Strategien ist (FRICKE, 1970; KÜHNEL, 1916; LAUTER, 1982; OEHL, 1962). Die unterschiedlichen Ansichten bzw. verschiedene alternative Zugänge, die sich in der Vergangenheit entwickelt haben, sollen in diesem Abschnitt dargestellt bzw. beschrieben werden. Da die didaktischen Empfehlungen sich auch auf die Konzeption von Schulbüchern auswirkt und Schulbücher als Orientierung für Lehrerinnen und Lehrer und die Gestaltung der Unterrichtspraxis fungieren, sollen in diesem Abschnitt auch Schulbücher im Hinblick auf die vorgeschriebene Erarbeitung analysiert werden.

Belege für eine Erarbeitung des kleinen Einmaleins über Beziehungen gibt es bereits Anfang des letzten Jahrhunderts. So plädierte KÜHNEL bereits 1916 dafür, dass die Verwandtschaft der einzelnen Reihen bei der Behandlung des kleinen Einmaleins berücksichtigt werden muss. Laut KÜHNEL (1916) muss „jede [Reihe] erst eine Zeitlang allein geübt, dann mit anderen in Beziehung [treten]" (ebd., S. 221, Ergänzungen der Autorin). OEHL (1962) weist den Beziehungen zwischen den Einmaleinsreihen ebenfalls eine wichtige Rolle zu und schlägt zur systematischen Erarbeitung eine Reihenfolge vor (10, 5; 2, 4, 8; 3, 6, 9), deren Grundgedanke in der heutigen Umsetzung (SCHIPPER et al., 2015) leicht erkennbar ist – „es sind jeweils verwandte Reihen zu Gruppen zusammengefasst" (OEHL, 1962, S. 73). LAUTER (1982) formuliert diese Wahl der Reihenfolge wie folgt: „Ein brauchbares Prinzip ist es, […] mit Verdopplungen zu arbeiten" (ebd., S. 104).

Neben den Beziehungen zwischen den Einmaleinsreihen wurden auch die Beziehungen innerhalb einer Reihe von einigen Didaktikern schon lange Zeit, bevor diese Beziehungen in den Schulbüchern und Lehrplänen immer mehr thematisiert wurden, eingefordert (FRICKE, 1970; LAUTER, 1982, S. 102ff.; MÜLLER & WITTMANN, 1977, S. 183; OEHL, 1962, S. 67ff.; PADBERG, 1986, S. 102ff.). Diese operative Behandlung der Einmaleinsreihen, die auch die Beziehungen innerhalb einer Reihe in den Fokus nimmt, wurde in der operativen Didaktik von Arnold Fricke und Heinrich Besuden ausgearbeitet (FRICKE, 1970, S. 90ff.). FRICKE betont bereits 1970 in diesem Zusammenhang:

> Der Blick sollte [nach der Einführung der Operation] nicht sogleich auf die Lösung des neuen Rechenfalls eingeengt werden, sondern auf die Erfassung seiner Eigenschaften und seiner inneren Struktur, auf das funktionale Gleichgewicht der in der Rechnung eingehenden Größen und ihren operativen Zusammenhang gerichtet sein. (ebd., S. 92, Ergänzung der Autorin)

Konkret auf das Einmaleins bezogen stehen wie in den derzeit weitestgehend einheitlichen Empfehlungen der Mathematikdidaktik zunächst die Eigenschaften und Gesetzmäßigkeiten im Fokus, die in operativer Weise durchgearbeitet werden (FRICKE, 1970, S. 94). OEHL (1962) spricht in diesem Sinne von funktionalen Zusammenhängen innerhalb der Reihe, die dem heutigen Ansatz des Ableitens noch unbekannter Aufgaben aus „Grundaufgaben" (ebd., S. 67) entsprechen. So wird auch laut MÜLLER und WITTMANN bereits im Jahre 1977 empfohlen die „drei elementaren Operationen, nämlich · 2, · 10, · 5" (ebd., S. 183) parat zu haben, da diese unter Einsatz operativer Beziehungen zur Erschließung der anderen Einmaleinsaufgaben führen (FRICKE, 1970; LAUTER, 1982; MÜLLER & WITTMANN, 1977; OEHL, 1962; PADBERG, 1986). Operative Beziehungen ergeben sich – damals wie heute –, wenn die Nachbaraufgaben, die Tauschaufgaben, das Verdoppeln oder Halbieren, das Zusammensetzen von Faktoren expliziert werden (vgl. FRICKE, 1970; KEMPINSKI, 1951; LAUTER, 1982; MÜLLER & WITTMANN, 1977; OEHL, 1962; PADBERG, 1986) oder die verschiedenen Reihen, im Sinne des gegensinnigen Veränderns, in Zusammenhang gebracht werden (vgl. FRICKE, 1970; MÜLLER & WITTMANN, 1977). FRICKE (1970) sieht dabei das operative Durcharbeiten – ähnlich wie heute – als „ausgiebige Phase eines […] Erforschens aller Möglichkeiten [zur Aufgabenlösung] und deren Einsatz in entsprechenden Aufgaben" (ebd., S. 94, Ergänzung der Autorin) an.

Ein Hauptunterschied zwischen den bisher beschriebenen Kernaussagen zur Erarbeitung des Einmaleins des letzten Jahrhunderts und den heute propagierten ist in dem folgenden Zitat von KEMPINSKY (1951) sehr schön zu erkennen:

Die Einmaleinsreihen bilden eine Reihe. Reihen-Wissen wird dadurch charakterisiert, daß [sic] sich die Einzelglieder der Reihe gegenseitig stützen. [...] Nicht nur die Nachbarglieder stützen sich gegenseitig, sondern auch über die nächsten Glieder hinaus lassen sich leicht Fäden ziehen, die festigend wirken. (KEMPINSKY, 1951, S. 115, Hervorhebungen der Autorin)

Die bisher aufgeführten fachdidaktischen Publikationen des letzten Jahrhunderts zeichnen sich alle durch den Reihengedanken bzw. durch eine Erarbeitung des kleinen Einmaleins *Reihe für Reihe* aus – wohingegen aktuelle Vorgehensweisen (siehe Abschnitt 2.3) zunächst für eine Behandlung losgelöst „von dem Korsett der Einmaleinsreihen" (PADBERG & BENZ, 2011, S. 139) plädieren und nach KRAUTHAUSEN und SCHERER (2007) als „ganzheitliches, aktiv-entdeckendes Vorgehen" (ebd., S. 31) bezeichnet werden.

Weitere Zugänge zum Einmaleins vergangener Tage, die in den folgenden Ausführungen herausgearbeitet werden sollen, stellen ebenfalls die Erarbeitung Reihe für Reihe in den Fokus und zeichnen sich durch das Lernen bzw. Pauken der Einmaleinsreihen aus. „Nach traditionellem Verständnis steht und fällt die Behandlung des 1×1 mit der Behandlung der Reihen" (WITTMANN & MÜLLER, 1990, S. 107). Diese Vorgehensweisen teilen aber im Gegensatz zu den bisherigen geschilderten Erarbeitungen nicht die „dynamische Sicht der Zusammenhänge bei Multiplikationsaufgaben" (WITTMANN & MÜLLER, 1977, S. 183), sondern verfolgen eine „isolierte[...] Einzelmemorierung" (ebd., S. 183) oder nach FRICKE (1970) „die Aufspaltung in kleinste Portionen und ihrer gegenseitigen Abschirmung und Isolierung" (ebd., S. 90). Nach PADBERG und BENZ (2011) liegt die Konzentration auf einem ausschließlich schrittweisen Aufbau und Einprägen der einzelnen Einmaleinsreihen (ebd., S. 139), einer „endlosen Paukerei" (SCHIPPER et al., 2015, S. 101). Dieser Unterricht ist somit weniger um Verständnis und einsichtsvolles Rechnen bemüht, als dass er sich durch „Drill und Übernahme unverstandener Rechenverfahren" (FRICKE, 1970, S. 80f.) bzw. nach SCHIPPER et al. (2015) durch eine „reine Gedächtnisübung" (ebd., S. 102f.) auszeichnet. Alle aktuellen Fachdidaktikbücher grenzen sich von dieser Art der Erarbeitung des kleinen Einmaleins, der ein behavioristisches Verständnis von Lehren und Lernen zugrunde zu liegen scheint, ab (KRAUTHAUSEN & SCHERER, 2007, S. 31; LORENZ & RADATZ, 1993, S. 139; MOSER OPITZ, 2010, S. 120; PADBERG & BENZ, 2011, S. 138f.; RADATZ & SCHIPPER, 1998, S. 81; SCHERER & SCHIPPER et al., 2015, S. 101f.; WITTMANN & MÜLLER, 1990, S. 107).

KRAUTHAUSEN und SCHERER (2007) beschreiben die Unterrichtspraxis in diesem Kontext wie folgt: „*Traditionell* haben wahrscheinlich viele [...] aus der eigenen Grundschulzeit noch eine Praxis in Erinnerung, derzufolge [sic] die einzelnen Reihen isoliert durchgenommen wurden und dann recht bald auswendig gelernt werden sollten" (ebd., S. 31, Hervorhebung im Original). Charakteristisch für diese Erarbeitung ist auch die „Veranschaulichung im Sachgebiet", wie sie JUNKER und SCZYRBA (1964) in ihrer didaktischen Veröffentlichung *Lebensnahes Rechnen* bezeichnen. Die Erarbeitung jeder einzelnen Einmaleinsreihe erfolgt getrennt und unter Einsatz einer Veranschaulichung mit Lebensbezug – das Einmaleins mit 4 wird beispielsweise im Sachgebiet *Bald beginnt die Adventzeit!* durch ein Tafelbild mit 10 Adventskränzen eingeführt (siehe Abbildung 14).

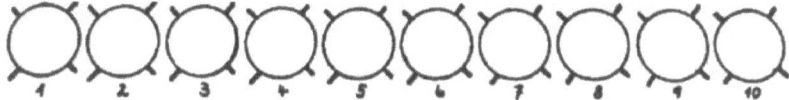

Abbildung 14:   Tafelzeichnung zur Erarbeitung des kleinen Einmaleins mit 4 im Sachgebiet Bald beginnt die Adventszeit! (JUNKER & SCZYRBA, 1964, S. 63).

Die Anzahl der benötigten Kerzen für 10 Kränze soll dabei ermittelt werden. „Zuerst schreiben die Kinder die Anzahl der Kränze und der daran befestigten Kerzen auf. Danach werden die Kerzen zusammengezählt. 4 + 4 = 8 …" (JUNKER & SCZYRBA, 1964, S. 63). So bauen sie sich wie in dem zu Beginn der Arbeit ausführlich geschilderten Unterrichtsbeispiel von STEINER (2008) (Abschnitt 1.2) Schritt für Schritt die Einmaleinsreihe auf. Nach der Erarbeitung der kompletten Einmaleinsreihe, ergeben sich weitere Aufgaben im behandelten Sachgebiet – „für jeden Adventskranz werden vier rote Seidenbänder[,] […]Lichthalter und rote Schleifen für die Kränze gebraucht" (JUNKER & SCZYRBA, 1964, S. 63). Dass dieses Vorgehen keinen Einzelfall in der damaligen Zeit darstellt, sieht man auch in den Ausführungen von KOLLER (1958). Auch nach seiner Empfehlung wird das Einmaleins Reihe für Reihe „mit wirklichen Dingen" (KOLLER, 1958, S. 177) erarbeitet:

> Wir basteln Tiere aus Rüben, Kartoffeln, Kastanien, Korken oder Plastilin. Beine und Schwänze werden mit Zündhölzchen dargestellt.[…] So haben wir in jeder Bank die Aufgaben 1 · 5 bis 10 · 5. Die konkrete Einmaleinsfrage lautet: ‚Wieviel [sic] Hölzchen hast du zu zwei Hunden gebraucht?' Vielleicht sagt ein Kind gleich die Reihe auf, während alle Kinder an der Reihe mitdeuten: ‚Ein Hund braucht fünf Hölzchen. Zwei Hunde brauchen zehn Hölzchen', usw. (KOLLER, 1958, S. 177f., Hervorhebung im Original)

Diese Sicht teilt auch BREIDENBACH (1963), der ebenfalls Mitte des letzten Jahrhunderts dafür plädiert, „jedes Einmaleins […] aus der Spielhandlung vollständig zu entwickeln" (ebd., S. 130) und im Gegensatz zu den anderen Vorgehensweisen davon abrät, Rechenvorteile wirklich auch schon bei der Erarbeitung zu berücksichtigen. „Bei der Herleitung des Einmaleinse [sic] darf noch nicht von dem Vertauschungsgesetz Gebrauch gemacht werden" (BREIDENBACH, 1963, S. 130). Widersprüchliche Aussagen bzw. Unsicherheiten bezogen auf den Einsatz oder Nutzen von Rechenvorteilen findet man allerdings auch bei Fachdidaktikern, die eigentlich für eine Erarbeitung über Beziehungen eintreten. Nach LAUTER (1982) eignet sich „das Prinzip der Nachbaraufgaben […] insbesondere bei den Multiplikationen mit 9, etwa 7 · 9 = 63, da 7 · 10 = 70. […] Der Lehrer muss abwägen, ob er den Nutzen der Nachbaraufgabe höher einschätzt als die Gefahr, […] Rechenfehler zu begünstigen" (ebd., S. 104).

Wie in den bisherigen Ausführungen dieses Abschnittes herausgearbeitet, unterscheiden sich die fachdidaktischen Veröffentlichungen sehr stark in den Empfehlungen für die Unterrichtspraxis. Ein so einheitliches Bild, wie in den derzeitigen Publikationen der Mathematikdidaktik ist im letzten Jahrhundert bei weitem nicht vorzufinden. Die Bandbreite erstreckt sich von einer verständnisbasierten Erarbeitung Reihe für Reihe bis hin zum reinen Abarbeiten und Automatisieren der Reihen. Auf der einen Seite wird „eine vorstellend-denkende Erfassung der Reihe [ermöglicht,] [...] von der aus entwickelt sich dann das verstehende Können bis zur mechanischen Fertigkeit" (OEHL, 1962, S. 66, Ergänzung der Autorin), auf der anderen Seite dient als „wichtigste Übungsform für die Mechanisierung [...] das Auswendiglernen der Einmaleinsreihen" (LAUTER, 1982, S. 104).

Auch ein Blick in die Schulbücher dieser Zeit – die den fachwissenschaftlich bzw. fachdidaktisch aufbereiteten Unterrichtsstoff darbieten – lässt erkennen, dass die Einführung des Einmaleins in der Unterrichtspraxis durchaus stark durch das Abarbeiten und Automatisieren der verschiedenen Reihen gekennzeichnet war (vgl. z.B. ALTMANN, GIERLINGER, KOBR, KRAUS, KRAUS & LANGEN, 1997; LEININGER, WALLRABENSTEIN & ERNST, 1989). Da neben den fachdidaktischen Publikationen und ihren Empfehlungen vor allem das Schulbuch einen Einfluss auf die Unterrichtspraxis der Lehrkraft zu haben scheint (OELKERS & REUSSER, 2008, S. 408) bzw. für die Planung der Unterrichtspraxis hilfreich oder als Orientierung dient, sollen einzelne bayerische Schulbücher im Hinblick auf die Behandlung des kleinen Einmaleins betrachtet werden. Die exemplarisch herangezogenen bayerischen Schulbücher aus dem letzten Jahrhundert verdeutlichen, was bereits die Analyse der fachdidaktischen Veröffentlichungen in den vorangehenden Ausführungen offenbart hat: In den Schulbüchern vergangener Tage sind alternative Vorgehensweisen der Erarbeitung des kleinen Einmaleins zu den gegenwärtig etablierten vorzufinden. Auffällig für alle im Folgenden aufgeführten Schulbücher ist die separate Behandlung der einzelnen Einmaleinsreihen.

Im Schulbuch *Rechne mit uns 2* aus dem Jahr 1982 (ALTMANN, ANSELM, GIERLINGER, KOBR & LANGEN, 1982, S. 50) werden bereits ebenso Beziehungen zwischen Einmaleinsaufgaben einer Reihe anhand einer Aufgabe gezielt behandelt (siehe Abbildung 15), wie im gleichen Schulbuch im Jahr 1997 (ALTMANN et al., 1997, S. 61) – dort trifft man auf eine etwas adaptierte Aufgabenstellung, die allerdings erneut Beziehungen bzw. eine Rechenstrategie – im konkreten Fall die Nachbaraufgabe – zum Thema macht (siehe Abbildung 16).

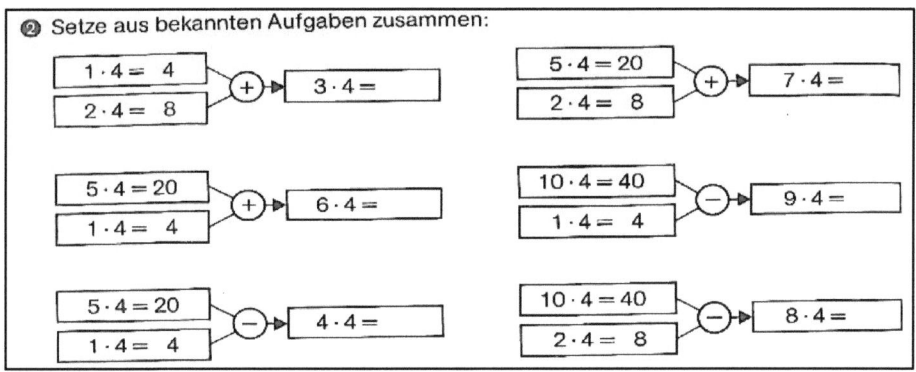

Abbildung 15: Aufgabenbeispiel aus dem Schulbuch Rechne mit uns 2 (1982) zur Behandlung von Beziehungen zwischen Einmaleinsaufgaben einer Reihe mit explizitem Verweis in der Aufgabenstellung.

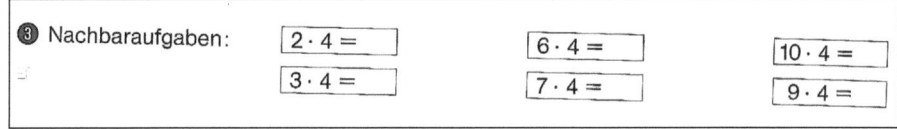

Abbildung 16: Aufgabenbeispiel aus dem Schulbuch Rechne mit uns 2 (1997) zur Behandlung von Beziehungen zwischen Einmaleinsaufgaben einer Reihe mit expliziten Verweis in der Aufgabenstellung.

Das Schulbuch *Denken und Rechnen 2* von 1978 (SCHMIDT, RIEGER, SCHMITT-DIEL, TIETZE & VESPERMANN, 1978, S. 53) enthält ebenfalls eine Aufgabe, die sich als geeignet zur Thematisierung von Beziehungen innerhalb einer Reihe erweist, dies aber im Unterschied zum erstgenannten Schulbuch nicht durch einen expliziten Verweis in der Aufgabenstellung hervorhebt (siehe Abbildung 17). Hier liegt es somit in den Händen der Lehrkraft auf die Beziehungen zwischen den Einmaleinsaufgaben zu verweisen, um einer schlichten Berechnung durch die Kinder – ohne Zusammenhänge in den Blick zu nehmen –, entgegenzuwirken.

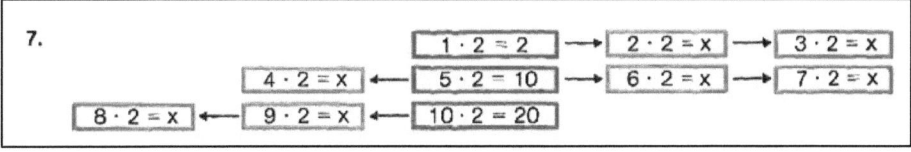

Abbildung 17: Aufgabenbeispiel aus dem Schulbuch Denken und Rechnen 2 (1978) zur Behandlung von Beziehungen zwischen Einmaleinsaufgaben einer Reihe ohne expliziten Verweis in der Aufgabenstellung.

Das letzte exemplarisch angeführte bayerische Schulbuch *Nussknacker 2* aus dem Jahre 1989 (LEININGER, WALLRABENSTEIN & ERNST, 1989, S. 73) verdeutlicht im Gegensatz zu den bisher angeführten Schulbüchern eine Behandlung des kleinen Einmaleins, die den Fokus auf das reine Abarbeiten und Automatisieren von Einmaleinsreihen legt. Die in Abbildung 18 dargestellte Schulbuchseite veranschaulicht diese isolierte, nicht auf Verständnis basierende Behandlung anhand der Einmaleinsreihe mit 4.

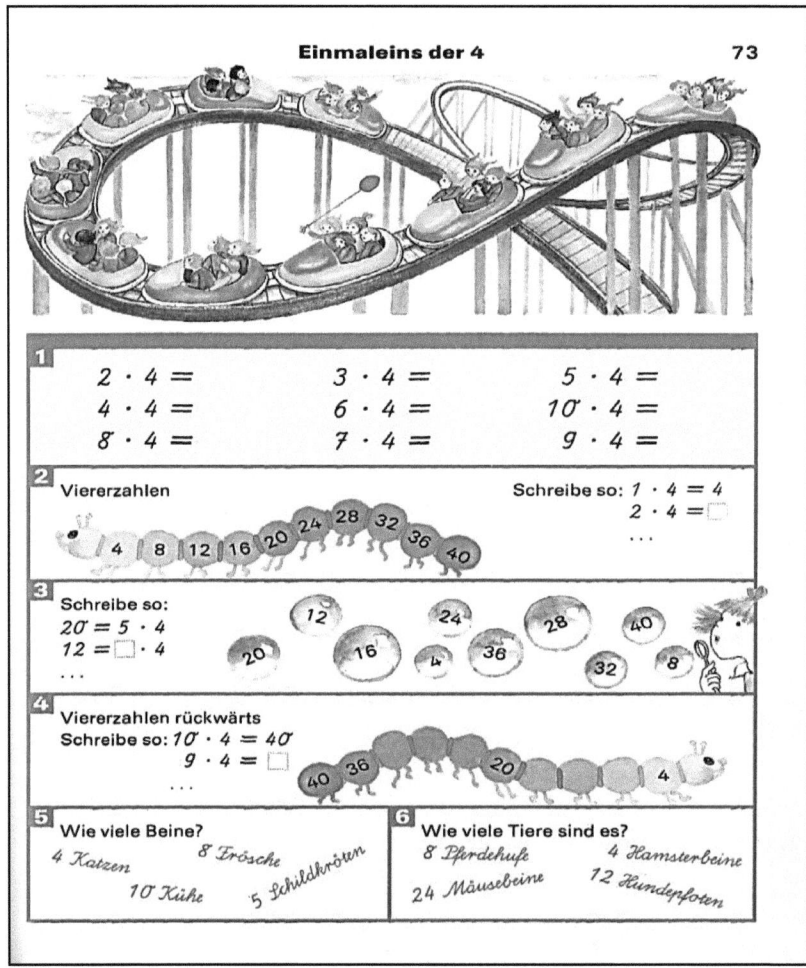

Abbildung 18:   Schulbuchseite aus dem Nussknacker 2 (1989) zur Erarbeitung des kleinen Einmaleins ohne die Thematisierung von Zusammenhängen.

Neben Schulbüchern, die nach OELKERS und REUSSER (2008) das Unterrichtsgeschehen maßgebend prägen, sollen im nächsten Abschnitt auch Lehrpläne analysiert und auf ihre vorgeschriebenen bzw. verpflichtenden Lerninhalte im Hinblick auf das kleine Einmaleins untersucht werden. Da Lehr-, Bildungs- und Rahmenpläne nicht nur über die Lehrerausbildung und die Schulbuchproduktion die Unterrichtspraxis beeinflussen, sondern auch direkt als Orientierungsfunktion für Lehrkräfte dienen, sollen diese im folgenden Abschnitt analysiert werden.

2.5.2 Erarbeitung des Einmaleins in Lehr-, Bildungs- und Rahmenplänen in Deutschland

Ob und inwiefern sich die unterschiedlichen didaktischen Empfehlungen der Behandlung des kleinen Einmaleins der letzten Jahre (siehe Abschnitt 2.5.1), die auch auf ein verändertes Lehr-/Lernverständnis (siehe Kapitel 1) zurückzuführen sind, auch auf die Konzeption der Lehr-, Bildungs- und Rahmenpläne in Deutschland ausgewirkt haben bzw. sich in diesen auch widerspiegeln, soll in den folgenden Ausführungen dieses Abschnittes aufgezeigt werden. Zunächst wird dabei die bayerische Lehrplanentwicklung in den Fokus genommen, bevor im Anschluss ein Lehr- bzw. Bildungsplanvergleich der aktuell gültigen Lehr- und Bildungspläne in Deutschland präsentiert wird.

Ein Überblick über die bayerische Lehrplanentwicklung

Ausgehend von der Annahme, dass Lehrkräfte Lehrpläne als Orientierung bzw. zur Anregung oder Hilfe zur Unterrichtsplanung und -durchführung einsetzen, stehen im Zentrum dieses Abschnittes die curricularen Vorgaben. Der vorläufige Fokus auf den bayerischen Lehrplan ist damit zu erklären, dass die Studie im Bundesland Bayern durchgeführt wurde. Da wie in den vorherigen Abschnitten aber auch der Historie und ihren verschiedenen Zugängen zum Einmaleins Aufmerksamkeit geschenkt werden soll, berücksichtigt der folgende Abschnitt anhand eines Überblicks über die bayerischen Lehrpläne auch die historische Entwicklung. Neben dem bayerischen Lehrplan von 2000, der zum Zeitpunkt der Untersuchung Gültigkeit besaß, liegt ein Hauptaugenmerk auch auf den curricularen Vorgaben Bayerns aus dem Jahre 1981 bzw. 1976. In den folgenden Ausführungen sollen die genannten Lehrpläne bzw. ihre vorgeschriebenen und verpflichtenden Inhalte bezogen auf das kleine Einmaleins angeführt und verglichen werden. Am Ende des Abschnittes wird auf den aktuell in Bayern gültigen Lehrplan Plus und mögliche Veränderungen bei der vorgeschriebenen Behandlung des kleinen Einmaleins verwiesen.

In allen drei bayerischen Lehrplänen von 1976 bis 2000 wird die Behandlung des kleinen Einmaleins in den Jahrgangsstufen 2 und 3 als verpflichtender Lerninhalt aufgeführt. In Bezug auf die Behandlung des kleinen Einmaleins am Ende der 3. Jahrgangsstufe ist ein einheitliches Lernziel auszumachen: die Automatisierung bzw. Beherrschung aller Einmaleinssätze. Ebenfalls stimmen alle drei Lehrpläne darin überein, dass die Automatisierung der Einmaleinssätze in zwei Phasen vonstattengehen soll – in Jahrgangsstufe 2 wird ein erster Teil der Einmaleinssätze automatisiert, in Jahrgangsstufe 3 die verbliebenen Sätze. Unterschiede zwischen dem Lehrplan von 2000 und den beiden älteren Fassungen sind allerdings in der konkreten Reihenfolge der geforderten Erarbeitung der Einmaleinssätze je Jahrgangsstufe zu erkennen. Während im Lehrplan von 2000 in der Jahrgangsstufe 2 zunächst die Einmaleinssätze mit 1, 2, 5 und 10 sowie die Quadratsätze als verpflichtend formuliert werden, wird in den Lehrplänen von 1976 und 1981 das „Beherrschen der Einmaleinssätze mit 10, 5, 2, 4, 8" (BAYERISCHES STAATSMINISTERIUM FÜR UNTERRICHT

UND KULTUS, 1976, S. 309) gefordert. Die im Hinblick auf die zu behandelnden Einmaleinssätze wahrzunehmenden, vermeintlich minimalen Unterschiede, können eventuell als Indiz für die verschiedenen zugrundeliegenden Kernideen der Fachdidaktik bei der Erarbeitung des kleinen Einmaleins stehen: Die Fachdidaktik um die Jahrtausendwende plädierte ebenso wie die heutigen fachdidaktischen Veröffentlichungen (siehe Abschnitt 2.3) für ein Vorgehen, das mithilfe bereits bekannter Einmaleinssätze und auf Basis von Einsicht in operative Beziehungen noch unbekannte Aufgaben erschließt. Dies setzt einen Grundstock an beherrschten Einmaleinsaufgaben voraus – die Einmaleinssätze mit 1, 2, 5 und 10 sowie die Quadratsätze –, deren Automatisierung im bayerischen Lehrplan von 2000 in der Jahrgangsstufe 2 gefordert wird. Erst in Jahrgangsstufe 3 sollen Schülerinnen und Schüler dann die verbliebenen bzw. „alle Einmaleinssätze automatisieren" (BAYERISCHES STAATSMINISTERIUM FÜR UNTERRICHT UND KULTUS, 2000, S. 188). Im Vergleich dazu wird in den curricularen Vorgaben von 1976 und 1981 in der Jahrgangsstufe 2 auch die Beherrschung der Einmaleinssätze mit 4 und 8 gefordert. Dies kann unter Umständen als ein Hinweis angesehen werden, dass die Einmaleinsaufgaben Reihe für Reihe erarbeitet werden sollen und nicht mithilfe bekannter Einmaleinsaufgaben auf noch unbekannte geschlossen wird.

Die verpflichtenden Lerninhalte der Lehrpläne von 1976 und 1981 fordern in der 3. Jahrgangstufe das „Beherrschen aller Einmaleinssätze" (BAYERISCHES STAATSMINISTERIUM FÜR UNTERRICHT UND KULTUS, 1976, S. 310) oder die Beherrschung der „Einmaleinssätze mit 10, 5; 2, 4, 8; 3, 6, 9; 7" (BAYERISCHES STAATSMINISTERIUM FÜR UNTERRICHT UND KULTUS, 1981, S. 598). Die im letztgenannten Lernziel der Fassung aus dem Jahr 1981 vorgenommene Trennung der Einmaleinssätze durch Semikolon dient vermutlich als Verweis auf die Zusammenhänge verwandter Reihen, die nach dem Abarbeiten der einzelnen Reihen in den Fokus des Unterrichts rücken. An der folgenden Empfehlung zur Unterrichtsgestaltung wird dies besonders gut ersichtlich: „Aufstellen von *Einmaleinsreihen* und untersuchen ihrer *Beziehungen*" (BAYERISCHES STAATSMINISTERIUM FÜR UNTERRICHT UND KULTUS, 1981, S. 598, Hervorhebung der Autorin).

Unterschiede in den Vorgehensweisen bei der Erarbeitung des kleinen Einmaleins werden auch im expliziten Ausweisen von Rechenstrategien als verpflichtender Lerninhalt ersichtlich. Während die Lehrpläne von 1976 und 1981 für das Einmaleins einzig die Automatisierung der Einmaleinssätze fordern – wie den vorhergehenden Ausführungen geschildert – steht im Lehrplan von 2000 auch die Erarbeitung von Strategien im Fokus. In der Jahrgangsstufe 2 wird als verpflichtender Lerninhalt gefordert, „Strategien zum Lösen von Multiplikationsaufgaben [zu] entwickeln und an[zu]wenden" (BAYERISCHES STAATSMINISTERIUM FÜR UNTERRICHT UND KULTUS, 2000, S. 99, Ergänzungen der Autorin). Dabei sollen Schülerinnen und Schüler von bekannten Einmaleinssätzen, den Kernaufgaben, auf das Ergebnis anderer Aufgaben schließen, indem sie „Nachbaraufgaben zu den Kernaufgaben lösen" (ebd., S. 99) oder „Kernaufgaben additiv zusammensetzen bzw. Malaufgaben in Kernaufgaben zerlegen" (ebd., S. 99). In Jahrgangsstufe 3 wird als verbindliches Lernziel die Wiederholung der Strategien zum Lösen von Einmaleinsaufgaben und

– wie bereits erwähnt – die anschließende Automatisierung aller Einmaleinssätze gefordert.

Der aktuell in Bayern gültige Lehrplan Plus[41] sieht im Kern eine ähnliche Erarbeitung wie der vorangegangene Lehrplan von 2000 vor. Schülerinnen und Schüler sollen „Kernaufgaben des kleinen Einmaleins (Einmaleinssätze mit 1, 2, 5, 10 und die Quadratsätze) zur Lösung weiterer Aufgaben (z.B. $9 \cdot 8 \rightarrow 9 \cdot 8 = 10 \cdot 8 - 1 \cdot 8 \rightarrow 9 \cdot 8 = 80 - 8 = 72$)" (BAYERISCHES STAATSMINISTERIUM FÜR BILDUNG UND KULTUS, WISSENSCHAFT UND KUNST, 2014, S. 276) nutzen. Kernaufgaben, die eine Grundlage für die Anwendung von Strategien darstellen (siehe auch Abschnitte 2.2.2 und 2.3.1), sollen laut Lehrplan Plus ebenfalls nach Jahrgangsstufe 2 automatisiert zur Verfügung stehen. Unterschiede mit Blick auf die Fassung von 2000 stellen die Forderungen nach einer automatisierten und *zugleich flexiblen* Anwendung der Zahlensätze dar sowie die konkrete Aufforderung in Jahrgangsstufe 3 und 4, „auch beim Kopfrechnen, […] Kenntnisse zu den Zahlsätzen des kleinen Einmaleins" (ebd., S. 282) zu übertragen. Durch die Orientierung am Erwerb von Kompetenzen berücksichtigt der Lehrplan Plus im Gegensatz zu den älteren Fassungen auch explizit die Bildungsstandards der Kultusministerkonferenz. Die bereits erwähnte stärkere Akzentuierung der prozessbezogenen Kompetenzen in den letzten Jahren (siehe Abschnitt 1.5) wird auch bei den Kompetenzerwartungen und Inhalten des Lehrplan Plus zum kleinen Einmaleins sichtbar und trägt „entscheidend zu einer verständnisbasierten mathematischen Bildung bei" (ebd., S. 104), wie an folgenden verbindlichen Vorgaben für Schülerinnen und Schüler exemplarisch aufgezeigt werden kann. Kinder nutzen am Ende der Jahrgangsstufe 2 bezogen auf die vier Grundrechenarten „Rechenstrategien […], vergleichen sowie bewerten Rechenwege und begründen ihre Vorgehensweisen" (ebd., S. 276). Am Ende der Grundschulzeit werden ähnliche Kompetenzerwartungen bzw. Inhalte verbindlich gefordert: Schülerinnen und Schüler „nutzen und erklären Rechenstrategien und entwickeln vorteilhafte Lösungswege; sie vergleichen und bewerten Rechenwege und begründen ihre Ergebnisse" (ebd., S. 282).

Der bayerische Lehrplan von 2000 sowie der aktuell gültige Lehrplan Plus fordern eine auf Einsicht in operative Beziehungen basierende Erarbeitung des kleinen Einmaleins, die sich mit den aktuellen Empfehlungen der Fachdidaktik in Deutschland deckt. Inwiefern dies für die Lehr-, Bildungs- bzw. Rahmenpläne der anderen Bundesländer ebenfalls zutrifft, soll der Vergleich der curricularen Vorgaben der Bundesländer zeigen.

Vergleich der Lehr-, Bildungs- und Rahmenpläne einzelner Bundesländer

Durch die Kulturhoheit der Länder besitzt jedes Bundesland seinen landesspezifischen Lehr-, Bildungs- oder Rahmenplan, der sich im Aufbau und der inhaltlichen Ausgestaltung von Bundesland zu Bundesland erheblich unterscheiden kann. In den einzelnen Bundesländern werden zum Teil unterschiedliche Bezeichnungen für die

---

41 Der Lehrplan Plus wurde für die Jahrgangsstufen 1 und 2 im Schuljahr 2014/2015 für verbindlich erklärt, 2016 für die Jahrgangsstufe 3 und 2017 für die Jahrgangsstufe 4.

curricularen Vorgaben ausgeführt. So werden diese beispielsweise in Bayern, Nordrhein-Westfalen, Sachsen, Sachsen-Anhalt, Schleswig-Holstein und Thüringen als Lehrplan, in Saarland als Kernlehrplan und in Brandenburg und Berlin sowie in Bremen und Mecklenburg-Vorpommern als Rahmenlehrplan bezeichnet. In Niedersachsen und Hessen wird die Bezeichnung Kerncurriculum und in Rheinland-Pfalz Rahmenplan verwendet. In Baden-Württemberg und in Hamburg sind die verbindlichen Vorgaben im Bildungsplan formuliert.

Dieser Abschnitt strebt einen Vergleich der aktuell verbindlichen Vorgaben der Erarbeitung des kleinen Einmaleins der einzelnen Bundesländer an. Unterschiede bzw. Gemeinsamkeiten der Lehrplan- bzw. Bildungsplaninhalte sollen herausgearbeitet und in den Ausführungen dieses Abschnittes dargestellt werden. Die Analyse bzw. der Vergleich wird dabei auf die in der fachdidaktischen Literatur auf breiten Konsens treffende verständnisbasierte Erarbeitung des kleinen Einmaleins bezogen (siehe Abschnitt 2.3) sowie mit den vorgestellten bayerischen Lehrplaninhalten in Verbindung gebracht.

Bei der Analyse der Inhalte der jeweiligen Lehr-, Bildungs- und Rahmenpläne kann zunächst beobachtet werden, dass in den curricularen Vorgaben aller Bundesländer – mit Ausnahme des Bundeslandes Hamburg – das kleine Einmaleins konkret Erwähnung findet. In den Ausführungen des Bundeslandes Hamburg wird als Beobachtungskriterium am Ende der Jahrgangsstufe 2 das Anwenden der vier Grundrechenarten formuliert sowie als Regelanforderung am Ende der Jahrgangsstufe 4 das Beherrschen der „vier Grundoperationen im Zahlenraum bis 100 im Kopf" (BEHÖRDE FÜR SCHULE UND BERUFSBILDUNG FREIE UND HANSESTADT HAMBURG, 2011, S. 20) gefordert. Eine konkrete Vorgabe der Erarbeitung des kleinen Einmaleins, die zum Beherrschen einer der Grundoperationen führen soll, ist dem Bildungsplan nicht zu entnehmen. Die Beobachtungskriterien verweisen auf das Anwenden von Rechenstrategien und das Nutzen von Rechenvorteilen, ohne sich dabei explizit auf das kleine Einmaleins zu berufen bzw. zu beziehen.

Die anderen 15 Bundesländer, die das kleine Einmaleins explizit in den Lehr-, Bildungs- und Rahmenplänen thematisieren, unterscheiden sich deutlich in der Ausführlichkeit der Darstellung sowie den verpflichtend geforderten Inhalten bzw. Kompetenzerwartungen. In Nordrhein-Westfalen und Sachsen-Anhalt sowie in Bremen und Mecklenburg-Vorpommern wird ausschließlich die Automatisierung der Einmaleinssätze des kleinen Einmaleins verbindlich gefordert. In Nordrhein-Westfalen sollen Schülerinnen und Schüler am Ende der Schuleingangsphase „die Kernaufgaben und einzelne weitere Aufgaben des kleinen Einmaleins" und am Ende der vierten Jahrgangsstufe „alle Zahlensätze des kleinen Einmaleins automatisiert wieder[geben]" (MINISTERIUM FÜR SCHULE UND WEITERBILDUNG DES LANDES NORDRHEIN-WESTFALEN, 2008, S. 62, Ergänzung der Autorin). Über „die Grundaufgaben des Multiplizierens" (KULTUSMINISTERIUM SACHSEN-ANHALT, 2007, S. 8) sicher zu verfügen bzw. „die Grundaufgaben der Multiplikation [...] [zu] nutzen" (MINISTERIUM FÜR BILDUNG, JUGEND UND SPORT DES LANDES BRANDENBURG, SENATSVERWALTUNG FÜR BILDUNG, JUGEND UND SPORT BERLIN, SENATOR FÜR BILDUNG UND WISSENSCHAFT BRE-

MEN & MINISTERIUM FÜR BILDUNG, WISSENSCHAFT und KULTUR MECK-LENBURG-VORPOMMERN, 2004, S. 33, Ergänzung der Autorin), sind Inhalte bzw. Kompetenzerwartungen, die in den Lehrplänen Sachsen-Anhalts sowie in Bremen und Mecklenburg-Vorpommern formuliert sind. Weitere Ausführungen, die den Weg oder den Prozess hin zur gewünschten Automatisierung in den Fokus nehmen, sind in diesen letztgenannten Lehrplänen ebenfalls nicht aufgeführt.

Aus den Formulierungen des Lehrplans des Landes Schleswig-Holstein geht die vorgesehene Erarbeitung des kleinen Einmaleins ebenfalls nicht im Detail hervor. In den Klassenstufen 1 und 2 sollen Schülerinnen und Schüler laut Lehrplan „tragfähi-ge Strategien zur Lösung von Gleichungen entwickeln und anwenden, Zahlen multi-plizieren [...]" (MINISTERIUM FÜR BILDUNG, WISSENSCHAFT, FORSCHUNG UND KULTUR DES LANDES SCHLESWIG-HOLSTEIN, 1997, S. 82) sowie in Klassenstufe 3 das „Kleine Einmaleins gedächtnismäßig beherrschen" (ebd., S. 84).

Allgemein formuliert – ohne konkreten Bezug auf das kleine Einmaleins – wird im Lehrplan Nordrhein-Westfalens von den Schülerinnen und Schülern das Nut-zen von „Zahlbeziehungen und Rechengesetzen für vorteilhaftes Rechnen" (MI-NISTERIUM FÜR SCHULE UND WEITERBILDUNG DES LANDES NORD-RHEIN-WESTFALEN, 2008, S. 62) am Ende der Schuleingangsphase sowie am Ende der Klasse 4 „bei allen vier Grundrechenarten" (ebd., S. 62) erwartet. Ähnliche allge-meine Forderungen bezogen auf die Anwendung von Rechengesetzen bzw. Rechen-vorteilen sind auch in den Lehrplänen von Bremen, Mecklenburg-Vorpommern und Sachsen-Anhalt zu verzeichnen.

Detailliertere Vorgaben zur konkreten Erarbeitung des kleinen Einmaleins bzw. verbindliche Vorgehensweisen sind in den verbliebenen Bundesländern zu finden. In Baden-Württemberg, Niedersachen, Thüringen und der Rheinland-Pfalz wird in den Lehr-, Bildungs- oder Rahmenplänen am Ende der Jahrgangsstufe 2 nicht nur gefor-dert, „die Kernaufgaben des kleinen 1 × 1 automatisiert wieder[zugeben]" (NIEDER-SÄCHSISCHES KULTUSMINISTERIUM, 2006, S. 21, Hervorhebung im Original, Ergänzung der Autorin) und mit Abschluss der Jahrgangsstufe 3 „die Grundaufga-ben des Kopfrechnens (Einmaleins) aus dem Gedächtnis ab[zu]rufen" (MINISTE-RIUM FÜR KULTUS, JUGEND UND SPORT BADEN-WÜRTTEMBERG, 2016, S. 26, Ergänzung der Autorin), sondern auch der Weg, wie Schülerinnen und Schü-ler zur Automatisierung gelangen sollen, wird skizziert. Im Sinne einer Erarbeitung auf Basis von Einsicht in operative Beziehungen können bzw. sollen Kinder „Ab-leitungsstrategien [...] zum Berechnen weiterer Aufgaben nutzen" (MINISTERIUM FÜR BILDUNG, WISSENSCHAFT, WEITERBILDUNG UND KULTUR RHEIN-LAND-PFALZ, 2014, S. 28), „Aufgaben des kleinen Einmaleins aus den Kernauf-gaben ableiten und deren Beziehungen zueinander nutzen" (MINISTERIUM FÜR KULTUS, JUGEND UND SPORT BADEN-WÜRTTEMBERG, 2016, S. 14) bzw. „die Ergebnisse weiterer Aufgaben ab[leiten]" (NIEDERSÄCHSISCHES KULTUSMI-NISTERIUM, 2006, S. 21, Ergänzung der Autorin). In Einklang mit den fachdidak-tischen Empfehlungen (siehe Abschnitt 2.3) müssen Kinder „Zusammenhänge zwi-schen den 1 × 1-Reihen und 1 × 1-Aufgaben zur Lösung von weiteren Aufgaben" (MINISTERIUM FÜR BILDUNG, WISSENSCHAFT, WEITERBILDUNG UND

KULTUR RHEINLAND-PFALZ, 2014, S. 28) erkennen und als „Rechenvorteile, Rechenregeln, Rechenstrategien und Gesetzmäßigkeiten […] beim Rechnen anwenden" (THÜRINGER MINISTERIUM FÜR BILDUNG, WISSENSCHAFT UND KULTUR, 2010, S. 11).

Das Bundesland Saarland fordert im Kernlehrplan „von den Kernaufgaben […] des ‚Kleinen Einmaleins' andere Aufgaben ab[zu]leiten" (MINISTERIUM FÜR BILDUNG, FAMILIE, FRAUEN UND KULTUR SAARLAND, 2009, S. 8, Hervorhebung im Original, Ergänzung der Autorin) und geht somit mit den Forderungen der letztgenannten Lehrpläne konform. Einziger Unterschied besteht im Zeitpunkt der angestrebten Automatisierung – die Aufforderung „Aufgaben des ‚Kleinen Einmaleins' automatisiert wieder[zu]geben" (MINISTERIUM FÜR BILDUNG, FAMILIE, FRAUEN UND KULTUR SAARLAND, 2009, S. 9, Hervorhebung im Original, Ergänzung der Autorin) erfolgt bereits in den Jahrgangsstufen 1 und 2.

Im sächsischen Lehrplan wird ebenfalls das „Zurückführen [unbekannter Aufgaben] auf bekannte Aufgaben, insbesondere Grundaufgaben des Einmaleins" (SÄCHSISCHES STAATSMINISTERIUM FÜR KULTUS, 2009, S. 10, Ergänzung der Autorin) betont. Allerdings scheint die Erarbeitung der Einmaleinssätze Reihe für Reihe vorgesehen zu sein, da im Lehrplan für die Jahrgangsstufe 2 das „Erarbeiten aller Malfolgen" (ebd., S. 10) sowie in Klassenstufe 3 das „Beherrschen aller Malfolgen des kleinen Einmaleins" (ebd., S. 19) gefordert wird.

Der Rahmenplan von Hessen lässt – wie der sächsische Lehrplan – den Reihengedanken im Vordergrund vermuten, wenn „das Multiplizieren […] aus konkreten Handlungen heraus entwickelt […] und in den **Einmaleinsreihen** systematisiert" (HESSISCHES KULTUSMINISTERIUM, 1995, S. 154, Hervorhebung im Original) werden soll. Neben dem gedächtnismäßigen Beherrschen der Einmaleinsreihen bis zur Mitte des dritten Schuljahres soll allerdings auch bei diesen verbindlichen Vorgaben „auf denkendes und bewegliches Rechnen durch Ausnutzen von Rechengesetzen und Zahlbeziehungen" (ebd., S. 154) hingearbeitet werden.

Der gemeinsame Rahmenlehrplan von Berlin und Brandenburg, der ab dem Schuljahr 2017/2018 eingeführt wird, betont – im Vergleich zum derzeit noch gültigen Rahmenplan[42] – ebenfalls eine Erarbeitung des kleinen Einmaleins über Kernaufgaben und operative Beziehungen. Von den Schülerinnen und Schülern wird das „Berechnen von Produkten über auswendig gelernte Kernaufgaben (z.B. $6 \cdot 7 = 6 \cdot 5 + 6 \cdot 2$)" (BERLINER SENATSVERWALTUNG FÜR BILDUNG, JUGEND UND WISSENSCHAFT & MINISTERIUM FÜR BILDUNG, JUGEND UND SPORT DES LANDES BRANDENBURG, 2015, S. 35) verlangt, an dessen Ende ein „flexibles automatisiertes Lösen der Aufgaben des ‚kleinen 1×1'" (ebd., S. 35, Hervorhebung im Original) steht.

Der in diesem Abschnitt angestrebte Überblick der aktuell verbindlichen Vorgaben der Lehr-, Bildungs- und Rahmenpläne der einzelnen Bundesländer bescheinigt einerseits Unterschiede in der Ausführlichkeit der Darstellung der curricularen Vor-

---

42 Für die Bundesländer Berlin und Brandenburg besitzt bis zum Schuljahr 2017/2018 der gemeinsame Rahmenlehrplan der Bundesländer Berlin, Brandenburg, Bremen und Mecklenburg-Vorpommern aus dem Jahr 2004 Gültigkeit.

gaben, zeigt andererseits aber auch den weitgehenden Konsens im Hinblick auf die angestrebten Ziele bzw. Kompetenzerwartungen. Als durchweg verfolgtes Ziel ist die Automatisierung aller Einmaleinssätze am Ende der dritten bzw. vierten Jahrgangsstufe vorgesehen. Eine Automatisierung in zwei Phasen, die zunächst das Beherrschen der Kernaufgaben vorschreibt, ist ebenfalls in den curricularen Vorgaben fast aller Bundesländer vorzufinden. Eine Erarbeitung, die den aktuellen fachdidaktischen Empfehlungen für die Unterrichtspraxis (siehe Abschnitt 2.3) entspricht – eine Erarbeitung über Kernaufgaben und Einsicht in operative Beziehungen, wird hingegen in nur wenigen Lehrplänen explizit thematisiert. Zwar liegt es nahe, dass Lehr-, Bildungs- und Rahmenpläne, die zunächst die Automatisierung der Kernaufgaben verlangen und erst zu einem späteren Zeitpunkt das Beherrschen aller Einmaleinssätze einfordern, aufgrund dieser Konzeption auch eine auf Einsicht basierende Behandlung des kleinen Einmaleins anstreben. Doch geht dies aus den entsprechenden Lehrplänen für die Lehrerinnen und Lehrer nicht deutlich hervor. Sollten Lehrpläne – wie in den einführenden Worten dieses Abschnittes erwähnt – eine Orientierungsfunktion für Lehrkräfte einnehmen bzw. als Anregung oder Hilfe bei der Unterrichtsplanung und -durchführung dienen, muss kritisch reflektiert werden, ob die aktuellen Lehrpläne diese Orientierungsmöglichkeit für die Erarbeitung des kleinen Einmaleins wirklich umfangreich bieten.

Die Lehr- und Bildungspläne, die sich in ihren Kompetenzerwartungen nicht allein auf die Automatisierung der Einmaleinssätze beschränken, sondern dieses Ziel auf Basis von Einsicht zu erreichen versuchen, verwirklichen die Intention eines aktuellen Mathematikunterrichts, der *auch* den Weg als Ziel hat (siehe Abschnitt 1.5). In einigen Lehr- und Bildungsplänen ist mit der vorgeschriebenen verständnisorientierten Erarbeitung des kleinen Einmaleins somit die stärkere Betonung des Lernprozesses zu beobachten (vgl. BAYERISCHES STAATSMINISTERIUM FÜR UNTERRICHT UND KULTUS, 2014; BERLINER SENATSVERWALTUNG FÜR BILDUNG, JUGEND UND WISSENSCHAFT & MINISTERIUM FÜR BILDUNG, JUGEND UND SPORT DES LANDES BRANDENBURG, 2015). Diese Akzentuierung ist in den neu verabschiedeten Lehr- und Bildungsplänen allerdings nicht nur durch den zu beschreitenden Weg explizit ausgewiesen, sondern findet sich auch in der am Ende verfolgten Kompetenzerwartung die „Zahlensätze des kleinen Einmaleins […] automatisiert und *flexibel* an[zuwenden]" (BAYERISCHES STAATSMINISTERIUM FÜR UNTERRICHT UND KULTUS, 2014, S. 282, Hervorhebung und Ergänzung der Autorin; vgl. BERLINER SENATSVERWALTUNG FÜR BILDUNG, JUGEND UND WISSENSCHAFT & MINISTERIUM FÜR BILDUNG, JUGEND UND SPORT DES LANDES BRANDENBURG, 2015, S. 35) wieder.

Inwiefern die flexible Anwendung der Zahlensätze bereits die Übertragung der erworbenen Kenntnisse zur Lösung von Aufgaben aus dem kleinen Einmaleins auf das große Einmaleins einschließt, kann aus den formulierten Kompetenzen bzw. Inhalten nicht zweifelsfrei gefolgert werden. Eindeutigere Aussagen lassen sich in diesem Zusammenhang bezogen auf einige wenige weitere aktuelle Lehr-, Bildungs- oder Rahmenpläne vornehmen. Die Übertragung der Kenntnisse bzw. der Verweis auf die propädeutische Funktion von Rechenstrategien beim kleinen Einmaleins –

wie im Abschnitt 2.4.5 bereits ausführlich diskutiert – wird in den aktuellen Lehr-, Bildungs- und Rahmenpläne nur vereinzelt bzw. erst zu einem späteren Zeitpunkt im Zuge des halbschriftlichen Rechnens erläutert.

In Hamburg wird als Mindestanforderung mit Blick auf das Gymnasium gefordert, dass „Schülerinnen und Schüler […] ihre Kenntnisse zu den vier Grundoperationen [nutzen] und […] diese auf analoge Aufgaben in größeren Zahlenräumen [übertragen]" (BEHÖRDE FÜR SCHULE UND BERUFSBILDUNG FREIE UND HANSESTADT HAMBURG, 2011, S. 21, Ergänzungen der Autorin). Konkreter werden die Teilkompetenzen am Ende von Jahrgangsstufe 3/4 in Baden-Württemberg formuliert: „Die Schülerinnen und Schüler können […] die Grundaufgaben des Kopfrechnens (Einmaleins) aus dem Gedächtnis abrufen […] und diese Grundkenntnisse auf analoge Aufgaben in größeren Zahlenräumen übertragen und nutzen" (MINISTERIUM FÜR KULTUS, JUGEND UND SPORT BADEN-WÜRTTEMBERG, 2016, S. 26). Im Bundesland Saarland wird in Jahrgangsstufe 3 nach der Erarbeitung des kleinen Einmaleins das Nutzen von Rechenvorteilen gefordert. In den konkreten Umsetzungsvorschlägen wird dabei auch auf Rechenaufgaben des großen Einmaleins wie beispielsweise $9 \cdot 15$ verwiesen, die unter Zuhilfenahme der bereits bekannten Nachbaraufgabe $9 \cdot 15 = 10 \cdot 15 - 1 \cdot 15$ einfacher gelöst werden können (MINISTERIUM FÜR BILDUNG, FAMILIE, FRAUEN UND KULTUR SAARLAND, 2009, S. 16). Die Aufforderung das kleine Einmaleins zu beherrschen „und bei Aufgaben mit größeren Zahlen anwenden" zu können (MINISTERIUM FÜR BILDUNG, WISSENSCHAFT, FORSCHUNG UND KULTUR DES LANDES SCHLESWIG-HOLSTEIN, 1997, S. 84) beantwortet nicht, inwiefern auch eine Übertragung von Rechenstrategien auf große Zahlen vorgesehen ist. Der zum Zeitpunkt der Untersuchung dieser Arbeit noch gültige bayerische Lehrplan fordert die Multiplikation mit 10 und 100, stellt aber darüber hinaus in der Jahrgangsstufe 3 keine verbindlichen Lernziele im Hinblick auf einen Transfer von Rechenstrategien heraus (BAYERISCHES STAATSMINISTERIUM FÜR UNTERRICHT UND KULTUS, 2000, S. 189).

Im Vergleich dazu sehen die Kompetenzerwartungen und Inhalte des bayerischen Lehrplan Plus vor, dass „Schülerinnen und Schüler […] auch beim Kopfrechnen, ihre Kenntnisse zu den Zahlensätzen des kleinen Einmaleins […] in größere Zahlenräume" übertragen (BAYERISCHES STAATSMINISTERIUM FÜR BILDUNG UND KULTUS, WISSENSCHAFT UND KUNST, 2014, S. 282). Das MINISTERIUM FÜR BILDUNG, WISSENSCHAFT, WEITERBILDUNG UND KULTUR RHEINLAND-PFALZ (2014) verlangt als Kompetenzerwartung am Ende der Jahrgangsstufe 4, dass Kinder „Nachbaraufgaben, Tausch- und Umkehraufgaben, Verdoppeln, Halbieren … zur Lösung von großen 1×1-Aufgaben nutzen" (ebd., S. 28). Neben dem bayerischen Lehrplan und dem Rahmenplan von Rheinland-Pfalz, wird auch im sächsischen Lehrplan ein konkreter Verweis auf die Übertragung von Rechenstrategien – in der Jahrgangsstufe 3 unmittelbar nach der Erarbeitung der Einmaleinssätze – gegeben, indem das Lösen der „Aufgabe mit benachbarter Zahl" sowie das „gegensinnige Verändern" (SÄCHSISCHES STAATSMINISTERIUM FÜR KULTUS, 2009, S. 18) im größeren Zahlenraum postuliert wird.

Die abschließenden Ausführungen zur Übertragung der erworbenen Kenntnisse zur Lösung von Aufgaben aus dem kleinen Einmaleins auf das große Einmaleins zeigen sehr deutlich, dass die propädeutische Funktion von Rechenstrategien bzw. Rechenvorteilen durchaus auch für die Rechenoperation der Multiplikation im Bewusstsein zu sein scheint, wie der Hamburger Bildungsplan – der an dieser Stelle wie zu Beginn der Ausführungen nochmals zitiert wird – sehr treffend formuliert: „Schülerinnen und Schüler [sollen] […] ihre Kenntnisse zu den vier Grundoperationen [nutzen] und […] diese auf analoge Aufgaben in größeren Zahlenräumen [übertragen]" (BEHÖRDE FÜR SCHULE UND BERUFSBILDUNG FREIE UND HANSESTADT HAMBURG, 2011, S. 21, Ergänzungen der Autorin). Allerdings wird nur in einigen wenigen aktuellen Lehr-, Bildungs- oder Rahmenplänen explizit auf diese *transferierbaren Regeln* (siehe Abschnitte 2.1.1, 2.1.2 und 2.4.5) verwiesen.

Dies ist vor allem oder gerade aus der Annahme heraus, dass – wie bereits in diesem Abschnitt erwähnt – Lehrpläne nicht nur die Lehrerausbildung und die Schulbuchkonzeption beeinflussen, sondern auch als unmittelbare Orientierungsfunktion für Lehrerinnen und Lehrer fungieren sollen, nicht besonders *glücklich*.

2.6 Zusammenfassung und Desiderat

Es gibt nicht die *eine* Erarbeitung des kleinen Einmaleins, vielmehr können mehrere verschiedene Wege der Behandlung unterschieden werden. In der Mathematikdidaktik herrscht derzeit allerdings weitgehend Konsens hinsichtlich einer Erarbeitung, die dem zeitgemäßen Verständnis von Lehren und Lernen im Mathematikunterricht folgt bzw. entspricht: Die *verständnisbasierte Erarbeitung* des kleinen Einmaleins zeichnet sich durch ein Entdecken und Anwendenlernen von Rechenstrategien aus, die auf Zusammenhängen zwischen verschiedenen Einmaleinssätzen basieren. Mithilfe bereits bekannter Einmaleinssätze und dem Wissen über Rechenstrategien (siehe Abschnitt 2.2.2) bzw. den zugrundeliegenden Eigenschaften der Rechenoperation (siehe Abschnitt 2.1) können weitere noch unbekannte Einmalsaufgaben erschlossen werden (siehe Abschnitte 2.2 und 2.3). Die im Abschnitt 2.4 angeführten theoretischen und empirischen Argumente für eine verständnisbasierte Erarbeitung des kleinen Einmaleins liefern erste Hinweise der Relevanz bzw. Effektivität dieser in der deutschen Fachdidaktik empfohlenen Vorgehensweise. Da sich die Vielzahl an präsentierten Argumenten teils auf verständnisbasierte Erarbeitungen im Allgemeinen bezieht, teils auf theoretischen Erkenntnissen beruht und nur begrenzt auf empirischen Studien zum kleinen Einmaleins basiert, wird der Bedarf einer fundierten empirischen Untersuchung hinsichtlich einer verständnisbasierten Erarbeitung des kleinen Einmaleins ersichtlich. Insbesondere fehlt in diesem Kontext eine Studie, die in Deutschland durchgeführt und mit dem Strategieverständnis der deutschsprachigen Literatur übereinstimmt, da Erkenntnisse internationaler Studien sich nur schwer auf den Unterricht und die fachdidaktische Diskussion in Deutschland übertragen lassen (siehe Abschnitt 2.2).

Um der offenen Frage nachgehen zu können, wie die Erarbeitung des kleinen Einmaleins in der Unterrichtspraxis tatsächlich aussieht, wurden weitere, alternative Vorgehensweisen in den Fokus des zweiten Kapitels gestellt (Abschnitt 2.5). Wie bereits die Ausführungen zum Lehren und Lernen des ersten Kapitels offenbaren, ist vor allem der historische Rückblick für die Charakterisierung der gegenwärtigen oder möglichen Sichtweisen bzw. Grundauffassungen der Lehrkräfte von bedeutender Relevanz. Denn verschiedene Wege der Erarbeitung des kleinen Einmaleins, die in der Fachdidaktik bzw. im Unterricht vergangener Tage vorzufinden waren, können auch noch in der Gegenwart nachwirken und die Unterrichtspraxis maßgeblich prägen. Eine Zusammenschau der Erkenntnisse soll im Folgenden kurz resümiert werden. Neben etwas älteren didaktischen Empfehlungen wurden auch einzelne Schulbücher analysiert, die Lehrkräften zur Planung und Orientierung dienen bzw. dienten (siehe Abschnitt 2.5.1). Aber auch Lehr-, Bildungs- oder Rahmenpläne, die als ein die Lehrkraft bzw. das Unterrichtsgeschehen beeinflussender Faktor zu nennen sind (siehe Abschnitt 2.5.2), wurden detailliert betrachtet. Die festgeschriebenen Lerninhalte des kleinen Einmaleins werden bzw. wurden beispielsweise in der Lehrerausbildung thematisiert, dienen bzw. dienten als Orientierung für die Schulbuchproduktion oder als Anregung oder Hilfe für die Unterrichtsplanung und -durchführung.

Während bereits zahlreiche Hinweise in der didaktischen Literatur des letzten Jahrhunderts auf die enorme Relevanz des Herausarbeitens von Beziehungen und die Erarbeitung von Strategien verweisen, lassen fachdidaktische Publikationen auch alternative Vorgehensweisen der Erarbeitung erkennen. Die verschiedenen Ansichten bzw. unterschiedlichen alternativen Zugänge zum kleinen Einmaleins (siehe Abschnitt 2.5.1), die sich im letzten Jahrhundert entwickelt haben, sind auf die damalige Sichtweise von Lehren und Lernen im Allgemeinen sowie im Mathematikunterricht zurückzuführen (siehe Kapitel 1). Einer behavioristischen Grundauffassung folgend lässt sich eine traditionelle Erarbeitung durch das Lernen bzw. *Pauken* der Einmaleinsaufgaben *Reihe für Reihe* charakterisieren. Auch der Blick in die Schulbücher des letzten Jahrhunderts lässt in erster Linie die separate Behandlung einzelner Einmaleinsreihen erkennen und für die Unterrichtspraxis eine Einführung des kleinen Einmaleins über das Abarbeiten und Automatisieren vermuten (siehe Abschnitt 2.5.1). Die im Zuge der Lehrplanentwicklung analysierten älteren bayerischen Lehrpläne geben einzig das Automatisieren der Einmaleinssätze als verpflichtenden Lerninhalt vor und decken sich demnach *nicht* mit den aktuellen Empfehlungen der Fachdidaktik in Deutschland. Aber auch aus einigen aktuellen Lehr-, Bildungs- oder Rahmenplänen wird *nicht* ersichtlich, welche Erarbeitung des kleinen Einmaleis empfohlen wird.

Wie die Unterrichtspraxis tatsächlich aussieht, inwiefern Lehrkräfte auf alternative Vorgehensweisen bei der Erarbeitung zurückgreifen oder aktuelle Vorgaben bzw. Empfehlungen umgesetzt werden, ist nicht sicher zu konstatieren. In Deutschland sind bisher kaum empirische Studien bekannt, die unterrichtliche Vorgehensweisen bei der Erarbeitung des kleinen Einmaleins umfassend untersuchten. Auch wenn in der Theorie weitestgehend Konsens hinsichtlich einer empfehlenswerten Erarbeitung des kleinen Einmaleins besteht, muss eine verständnisbasierte Erarbeitung nicht zwingend von allen Lehrkräften in der Unterrichtspraxis umgesetzt werden. Auch ein Nachwirken alternativer Vorgehensweisen ist, wie bereits beschrieben, durchaus denkbar. Diese Forschungslücke versucht die vorliegende Arbeit mithilfe einer Vorstudie zu schließen, die Erkenntnisse darüber generiert, wie die Erarbeitung des kleinen Einmaleins im Unterricht (in Bayern) erfolgt (siehe Kapitel 4).

3. Strategieentwicklung und Strategieverwendung

> *„Different children use different strategies; individual children use different strategies on different problems within a single session; individual children often use different strategies to solve the same problem on two occasions close in time."*

(SIEGLER, 2006, S. 477)

Wie Kinder Strategien nutzen, ob sie wirklich über eine Bandbreite an Strategien verfügen und diese auch flexibel bzw. adäquat anwenden können, wird im dritten Kapitel dieser Arbeit anhand von empirischen Forschungsergebnissen bestätigt bzw. kritisch beleuchtet. Die im Abschnitt 3.1 angeführten Entwicklungsmodelle beschreiben bzw. skizzieren in diesem Zusammenhang den Weg von den Strategien beim Erlernen des kleinen Einmaleins zur Automatisierung von Einmaleinssätzen. Nach der Darstellung von Erkenntnissen zur Strategieentwicklung stellt der Abschnitt 3.2 Forschungsergebnisse hinsichtlich der Strategieverwendung in den Fokus. Nationale sowie internationale Studien und Untersuchungen vermitteln einen detaillierten Überblick über Forschungsergebnisse in diesem Inhaltsbereich und zeigen zugleich den noch bestehenden Forschungsbedarf auf.

Über verschiedene Herangehensweisen an eine Einmaleinsaufgabe zu verfügen, bedeutet für die Lösung ein und derselben Aufgabe auch, unterschiedliche Lösungswege zur Beantwortung einsetzen zu können. Allerdings erweist sich nicht jede Herangehensweise gleich geeignet zur Aufgabenlösung. Wie sich eine adäquate Strategiewahl kennzeichnet, wird im Abschnitt 3.3 dieser Arbeit detailliert beleuchtet. Der Abschnitt beschreibt darüber hinaus zwei die Strategiewahl beeinflussende Faktoren – das Individuum und den Unterricht. In einer abschließenden Zusammenschau des Abschnittes 3.3 wird modellhaft aufgezeigt, was eine erfolgreiche Strategiewahl auszeichnet. Das 3. Kapitel wird am Ende (Abschnitt 3.4) mit einer Zusammenfassung komplettiert.

3.1 Von der Strategie beim Erlernen des Einmaleins zur Automatisierung: Entwicklungsmodelle

> *„We must not assume that the end products of learning are [...] straightforwardly internalized versions of the multiplication table."*

(SHERIN & FUSON, 2005, S. 377)

Die Ausführungen des folgenden Abschnittes sollen teils basierend auf theoretischen Annahmen, teils aber auch gestützt auf empirischen Ergebnissen einen Einblick in sehr unterschiedliche Entwicklungsmodelle von den Strategien beim Erlernen des kleinen Einmaleins bis hin zur Automatisierung von Einmaleinssätzen geben. Besteht das übergeordnete Ziel des 3. Kapitels darin, Erkenntnisse über die kindliche Strategieverwendung beim kleinen Einmaleins zu sammeln, sollte dies immer auf Basis einer kritischen Reflexion bereits bestehender theoretischer bzw. empirisch gesicherter Erkenntnisse zur Entwicklung erfolgen.

ANGHILERI (1989, 2008) geht beim Erlernen von Strategien des kleinen Einmaleins von einer eher linearen Entwicklung aus und unterscheidet zwischen vier Phasen bzw. Stadien, die linear aufeinander folgen (ANGHILERI, 1989, S. 374ff.; ANGHILERI, 2008, S. 117). Kinder, die sich in der ersten Phase befinden, greifen auf das direkte Auszählen konkreter Objekte zurück: „At the most basic level of counting strategy, each individual item in the product set (actual or abstracted to a unitary image) was accounted for in a *unitary counting* procedure that was observed among the youngest children" (ANGHILERI, 1989, S. 374, Hervorhebung im Original). Weitere Phasen stellen das rhythmische Zählen (1, 2, 3, 4, 5, 6, 7 …), die Nutzung von Zahlenmustern (3, 6, 9 …) sowie die Automatisierung von Einmaleinssätzen dar. Bei der Beschreibung der Übergänge von einer Phase zur nächsten wird die lineare Strategieentwicklung von der ANGHILERI (1989) ausgeht, deutlich ersichtlich: „At the next stage, this unitary counting became *rhythmic* and then later the interim numbers in a count were internalised to produce a *number pattern* that was used as a count in its own right" (ebd., S. 374, Hervorhebungen im Original). Wesentlich für den Übergang vom direkten Auszählen zum rhythmischen Zählen ist, dass das Kind den Wechsel vom ordinalen zum kardinalen Aspekt vollzieht. Der anschließende Übergang vom Stadium des rhythmischen Zählens zur Nutzung von Zahlenmustern kennzeichnet sich gemäß ANGHILERI (1989) dadurch, dass das rhythmische Zählen in zunehmendem Maße automatisiert abläuft und zugleich die Aufmerksamkeit vermehrt auf die betonte Zahl gelegt wird (ebd., S. 376). Wie sich der abschließende Übergang zur Beherrschung einzelner Einmaleinssätze vollzieht, bleibt in ihrem Modell offen: „The way in which children relate number patterns to multiplication facts is not yet clear" (ebd., S. 380). In Summe könne – vergleichbar mit der Rechenoperation der Addition – ein immer umfassenderes kardinales Verständnis als Bedingung für die fortschreitende Strategieentwicklung beim kleinen Einmaleins angesehen werden (ebd., S. 384): „Transition from one stage to the next is marked by the child's ability to recognize that the single word that ends the first count represents the totality of that group" (ANGHILERI, 1989, S. 374f.).

Ein weiteres Modell, das im Zusammenhang mit der Multiplikation angeführt wird, ist das der *intuitive models* von FISCHBEIN, DERI, NELLO und MARINO (1985). Diese nehmen an, dass „each fundamental operation of arithmetic generally remains linked to an implicit, unconscious, and primitive intuitive model" (ebd., S. 4). Unter dem Begriff *intuitive models* wird demnach eine unterbewusste Steuerung bzw. Suche nach einer geeigneten, mathematischen Problemlösung verstanden. Für die Multiplikation nehmen sie als zugrunde liegendes intuitives Modell das der sukzessiven Addition an: „Specifically, in the present investigation we assumed […] the primitive model of multiplication is repeated addition" (FISCHBEIN et al., 1985, S. 14). Demzufolge existiert nur ein einziges intuitives Modell: „A single intuitive model underlies *all* understanding of multiplication" (SHERIN & FUSON, 2005, S. 349, Hervorhebung im Original). Dieses Modell ruft die allgemein bekannte Fehlvorstellung hervor, dass „multiplication makes bigger" (FISCHBEIN et al., 1985, S. 5) bzw. dass das Produkt zweier Faktoren immer größer sein müsse als die beiden zu multiplizierenden Faktoren.

Anders als ANGHILERI (1989) führen MULLIGAN und MITCHELMORE (1997) Veränderungen in der Strategieverwendung auf ein breiter werdendes Operationsverständnis zurück. Sie definieren angelehnt an FISCHBEIN et al. (1985) ein *intuitive model* als „an internal mental structure corresponding to a class of calculation strategies" (MULLIGAN & MITCHELMORE, 1997, S. 309). Die Struktur eines intuitiven Modells geht dabei aus dem vorherigen Modell hervor: „Students do not simply switch from one model to the next, but rather develop a widening repertoire of models" (MULLIGAN & MITCHELMORE, 1997, S. 309). Sie unterscheiden drei intuitive Modelle: *direct counting, repeated addition und multiplicative operation* (MULLIGAN & MITCHELMORE, 1997, S. 316ff.). Dabei werden ähnliche Herangehensweisen an Einmaleinsaufgaben in einem intuitiven Modell zusammengefasst. Diese Idee des Zusammenfassens führen sie dabei auf KOUBA (1989) zurück:

> Kouba's (1989) study suggests that it would be valuable to examine young children's solution strategies in more detail and, in particular, to look for categories of similar calculation strategies used across a range of semantic structures. Each category of calculation strategy could then be seen as evidence for an internal mental structure that children impose on multiplicative situations and that reflects particular aspects of the mathematical structure. Kouba is clearly thinking of such internal mental structures when she uses the term *intuitive model*, and we will do the same. (MULLIGAN & MITCHELMORE, 1997, S. 312, Hervorhebungen im Original)

Das intuitive Modell des *direct counting* wird in der Herangehensweise des *unitary counting* (MULLIGAN & MITCHELMORE, 1997, S. 316) sichtbar. Unter *unitary counting* wird, wie im ersten Stadium von ANGHILERI (1989), das direkte Auszählen von Objekten verstanden. Der Bedeutung gleich großer Gruppen, die im Zuge der Rechenoperation erfasst und genutzt werden können, sind sich die Kinder bei der Anwendung des *direct counting* noch nicht bewusst. MULLIGAN und MITCHELMORE (1997) betonen in diesem Zusammenhang: „A child using direct counting has not yet made the leap of regarding ‚three ones' as ‚one three'" (ebd., S. 317, Hervorhebungen im Original). Diese Erkenntnis liegt erst vor, wenn das intuitive Modell der *repeated addition* dominiert: „Repeated addition is an advance on direct counting because it takes advantage of the equal-sized groups present in the problem situation" (MULLIGAN & MITCHELMORE, 1997, S. 317). Dieses Modell vereint somit die Lösungswege des rhythmischen Zählens, des Aufsagens der Produkte sowie der wiederholten Addition gleicher Summanden. Bei dem intuitiven Modell der *multiplicative operation* können die Kinder bereits Einmaleinsaufgaben lösen ohne die Vielfachen einzelner Einmaleinsreihen aufzählen zu müssen – die Multiplikation wird in diesem Modell erstmalig als eigene, von der Addition abweichende, Rechenoperation wahrgenommen bzw. erfasst. Das Modell der *multiplicative operation* zeigt sich in Herangehensweisen wie beispielsweise dem automatisierten Abruf von Einmaleinssätzen sowie dem Einsatz von Rechenstrategien. Wie die Ausführungen zu den Theorien von MULLIGAN und MITCHELMORE (1997) gezeigt haben, gehen die drei intuitiven Modelle mit einem unterschiedlich ausgeprägten Operationsverständnis einher. Insgesamt ist auch in dieser Theorie von einer tendenziell linearen Entwicklung auszugehen – wie in den Entwicklungsstadien von ANGHILERI (1989): „The structure of each model derives from the previous one" (MULLIGAN & MITCHELMORE, 1997, S. 327). Sowohl die Stadien nach ANGHILERI (1989) als auch die Strategieentwicklung nach MULLIGAN und MITCHELMORE (1997) betreffend, ist nicht von einem unmittelbaren Übergang von einem Stadium bzw. von einem Modell zum nächsten auszugehen. „Students do not simply switch from one model to the next, but rather develop a widening repertoire of models" (MULLIGAN & MITCHELMORE, 1997, S. 327), so dass Kindern zum Lösen verschiedener Einmaleinsaufgaben durchaus unterschiedliche Herangehensweisen, die wiederum auf verschiedenen intuitiven Modellen beruhen, zur Verfügung stehen (ANGHILERI, 1989, S. 382f.; MULLIGAN & MITCHELMORE, 1997, S. 327). „Which one (or more) of all the available intuitive models is called into play to solve a particular problem depends on several factors, including previous experience of and instruction in that problem situation and knowledge of the relevant number facts" (MULLIGAN & MITCHELMORE, 1997, S. 327).

Statt ein verändertes Zahl- oder Operationsverständnis als Voraussetzung für ein Voranschreiten in der Strategieentwicklung zu sehen wie ANGHILERI (1989) oder MULLIGAN und MITCHELMORE (1997), betonen SHERIN und FUSON (2005), dass „changes in strategy use are primarily driven by the learning of number-specific computational resources" (ebd., S. 348). Neben einer umfangreichen Literaturrecherche sowie den Erkenntnissen aus einer eigens durchgeführten Studie liefern SHERIN und FUSON (2005) für ihren komplett anderen zur Diskussion gestellten Ansatz auch ohne Datenanalyse ein überzeugendes Argument: „When one considers the possibility that much of the relevant knowledge underlying single-digit multiplication is number-specific, it becomes clear that there is a prima facie case to be made for this position" (SHERIN & FUSON, 2005, S. 355f.). Eine zahlspezifische Rechenfertigkeit nach SHERIN und FUSON (2005) besteht beispielsweise darin, dass ein Kind die Rechenstrategie der Nachbaraufgabe erst zum Lösen der Aufgabe 6 · 7 einsetzen kann, wenn z.B. die Aufgabe 5 · 7 bereits sicher beherrscht wird. SHERIN und FUSON (2005) unterscheiden folgende in der Forschungsliteratur bekannte bzw. in der Praxis beobachtete Strategien: das direkte Auszählen, die sukzessive Addition, das Aufsagen der Einmaleinsreihe, das Beherrschen von Mustern, wie die Einmaleinssätze mit 0, 1, 10 und 9, auswendig gelernte Einmaleinsaufgaben sowie Kombinationen der aufgeführten Herangehensweisen. Mit Ausnahme der Zählstrategien und der sukzessiven Addition sind für alle genannten weiteren Lösungswege zahlspezifische Rechenfertigkeiten vonnöten. Das Aufsagen der Reihe, das Beherrschen von Einmaleinssätzen sowie das Nutzen von Rechenstrategien erfordert das Beherrschen von Einmaleinssätzen bzw. auf die Multiplikation bezogener spezifischer Fertigkeiten. Die Wahl der Strategie ist somit nach SHERIN und FUSON (2005) davon abhängig, welche aufgabenbezogenen Rechenfertigkeiten den Kindern zum gegebenen Zeitpunkt zur Verfügung stehen: „The primary mechanism is the incremental appropriation, by students, of number-specific computational resources" (ebd., S. 383f.). Allerdings gehen sie im Vergleich zu ANGHILERI (1989) und MULLIGAN und MITCHELMORE (1997) nicht von einer linearen Entwicklung aus, bei der vorherrschende Strategien durch ein profunder werdendes Verständnis von anderen Strategien abgelöst werden: „For a given individual, we do not expect across-the-board development in strategy use. Instead, at any given time, the strategy that a child uses will depend on the values of the operands" (SHERIN & FUSON, 2005, S. 378).[43] Insgesamt können Kinder somit über diverse, voneinander verschiedene Strategien gleichzeitig verfügen, die in der Regel abhängig vom Zahlenmaterial eingesetzt werden. Dabei sind es vor allem Strategie-Kombinationen, die für spezielle Aufgaben bzw. spezielle Faktoren entwickelt wurden, die den Ansatz von SHERIN und FUSON (2005) untermauern: „This [the observed strategy variants] suggest a richer texture to the learning than could be explained by an across-the-board conceptual shift" (ebd., S. 385, Ergänzung der Autorin). SHERIN und FUSON (2005) beschreiben die Strategieverwendung sehr treffend wie folgt: „Strategy use by individuals, in a particular circumstance, will be very sensitive to the number-specific resources available, which are in turn sensitive to details of instruction" (ebd., S. 348). Sie betonen darüber hinaus: „Our stance implied that strategies, as well as learning progressions through strategies, are sensitively dependent on certain details of instruction" (SHERIN & FUSON, 2005, S. 384). Ihrer Meinung nach ist es Kindern nicht möglich, ohne explizite unterrichtliche Behandlung z.B. einen Großteil der Einmaleinssätze zu lernen oder Einmaleinsreihen aufsagen zu können (ebd., S. 384) (siehe auch Abschnitt 3.3.3).

Einen ganz anderen Ansatz im Hinblick auf die Entwicklung von Strategien verfolgen einige weitere Modelle aus der Psychologie (z.B. ASHCRAFT, 1987; CAMPBELL, 1987; CAMPBELL & GRAHAM, 1985; LEMAIRE & SIEGLER, 1995; SIEGLER, 1988). Den Modellen ist gemeinsam, dass davon ausgegangen wird, dass Kinder Informationen zu einer bestimmten Aufgabe in einem assoziativen Netzwerk gespeichert haben und zur Aufgabenlösung auf dieses assoziative Netzwerk zurückgreifen. SIEGLER (1988) fasst die Kennzeichen der aufgestellten Modelle wie folgt zusammen: „These models share several features, particularly the assumption that knowledge of multiplication can be represented as an associative network linking problems and answers" (ebd., S. 261f.). Eine Aufgabenstellung führt zu einer Assoziation mit verschiedenen Antworten, richtigen und falschen – wobei idealerweise die Assoziation zur korrekten Antwort am deutlichsten bzw. stärksten ausgeprägt ist (LEMAIRE & SIEGLER, 1995, S. 85f.; SIEGLER, 1988, S. 259). Ob Kinder bei der Lösung einer Einmaleinsaufgabe schlussendlich auf das assoziative Netzwerk zurückgreifen bzw. die Aufgabe automatisiert abrufen, ist stark davon abhängig, inwiefern dem assozia-

---

43 Unter dem Ausdruck „across-the-board development" wird nach SHERIN und FUSON (2005) eine *lineare Entwicklung* verstanden.

tiven Ergebnis Vertrauen geschenkt wird und wie schnell man mit dieser Assoziation zur Aufgabenlösung gelangt ist. Die Assoziationen bzw. die Strukturen des assoziativen Netzwerkes ändern sich im Laufe der Zeit einhergehend mit größerer Erfahrung und der Häufigkeit der Aufgabenpräsentation (SIEGLER, 1988, S. 261). Die Stärke der Assoziation zwischen Aufgabe und Ergebnis wird dabei mit jeder korrekten Aufgabenlösung erhöht, bei jeder falschen Lösung vermindert (STERN, 1992, S. 104). Während Kinder zunächst sogenannte Backup-Strategien (ebd., S. 258), wie beispielsweise Zählstrategien oder die sukzessive Addition zur Aufgabenlösung einsetzen, werden diese weniger tragfähigen Strategien im Laufe der Zeit – wenn sich die Assoziationsstärke durch mehrmalige richtige Aufgabenberechnung vergrößert hat bzw. gegenüber alternativen Antworten deutlich abgesetzt hat – durch den automatisierten Abruf von Einmaleinssätzen aus dem assoziativen Netzwerk abgelöst. Bei verhältnismäßig schwachen Assoziationen wird erneut auf Backup-Strategien zurückgegriffen (SIEGLER, 1988, S. 262).

Ein weiteres Modell aus der Psychologie stellt ASHCRAFT (1987) auf. Er geht davon aus, dass Kinder Einmaleinssätze als mentale Repräsentationen ähnlich einer Einmaleinstabelle[44] (siehe Abschnitt 2.3.2) im Gedächtnis abgespeichert haben (ebd., S. 321). „For purposes of illustration, this network structure is isomorphic with a printed table of […] multiplication facts, where each intersection of row *i* and column *j* contains two values, the correct answer and the strength value for the pathway leading to that answer" (ASHCRAFT, 1987, S. 321, Hervorhebungen im Original). Der Faktenabruf wird bewerkstelligt, indem es zu einer Ausbreitung der Aktivierung von den beiden Faktoren der Einmaleinsaufgabe bis zu ihrem Schnittpunkt, dem Ergebnis der gesuchten Einmaleinsaufgabe, kommt. Dass die Aufgabenlösung bei großen Faktoren mehr Zeit beansprucht, kann ASHRAFT (1987) sehr einleuchtend anhand seines aufgestellten Modells erklären: Er führt die längere Abrufzeit dabei auf die längere Aktivierungsausbreitung entlang der Reihe und der Zeile – bis zu den großen Faktoren – zurück. ASHCRAFT (1987) geht somit in seinem Modell ebenso wie SIEGLER (1988) und einige weitere Forscher von einem Abruf der Einmaleinssätze aus dem assoziativen Netzwerk aus, wenn die Assoziationsstärke zwischen Aufgabe und Ergebnis ausreichend groß ist, während der Rückgriff auf Backup-Strategien bei geringer Assoziationsstärke erfolgt (ebd., S. 321f.).

Dass sich einige Modelle aus der Psychologie in vielerlei Hinsicht ähneln, soll abschließend an einem weiteren Modell von CAMPBELL und GRAHAM (1985) veranschaulicht werden – Wissen um Einmaleinssätze ist auch gemäß diesem Modell in einem Netzwerk von Assoziationen zwischen Aufgabe und Ergebnis präsentiert:

> The acquisition of simple multiplication skill is well described as a process of associative bonding between problems and candidate answers. Performance is determined by the relative strengths of correct and competing associations represented in a network structure that is searched by a process that activates associated products. The activation of competing products and competing asso-

---

44 Im Gegensatz zu der im Abschnitt 2.3.2 veranschaulichten Einmaleinstafel bzw. -tabelle können aus der mentalen Repräsentation einer Einmaleinstabelle gemäß ASHCRAFT (1987) die Ergebnisse der einzelnen Einmaleinsaufgaben abgelesen werden.

ciations with the correct product both interfere with a correct retrieval. (CAMP-BELL & GRAHAM, 1985, S. 359)

Alles in allem sind verschiedene Theorien bezogen auf die Entwicklung von Strategien beim Erlernen des Einmaleins bis zur Beherrschung von Einmaleinssätzen zu erkennen. Einerseits wird ein profunder werdendes Verständnis als Voraussetzung für die Veränderung in der Verwendung von Strategien angeführt, andererseits scheinen die immer weiter zunehmenden zahlspezifischen Fertigkeiten des Kindes für die Weiterentwicklung verantwortlich zu sein. Während einige der von den Grundannahmen sehr verschiedenen Modelle teilweise als eher lineare Entwicklungsmodelle beschrieben werden, zeichnen sich andere nicht durch eine lineare Entwicklung aus. In den meisten Modellen aus der Psychologie werden im Gegensatz zu den anderen in diesem Abschnitt vorgestellten Entwicklungsmodellen Strategien auf Basis operativer Beziehungen kaum berücksichtigt bzw. wird ihnen wenig bis gar keine Beachtung geschenkt.

Erste Studienergebnisse, die im Abschnitt 2.4 präsentiert wurden, liefern allerdings erste Indizien, dass Lösungswege auf Basis von operativen Beziehungen bzw. sogenannte Rechenstrategien beim Lösen von Einmaleinssätzen von Kindern eingesetzt werden und zur erfolgreichen Lösung führen können. Aktuelle mathematikdidaktische Publikationen (siehe Abschnitt 2.3) sowie nationale Lehrpläne (siehe Abschnitt 2.5.2) betonen ebenfalls in ihren konkreten Vorgaben für die Unterrichtspraxis die Bedeutung der Erarbeitung des kleinen Einmaleins über Rechenstrategien. Der Abschnitt 3.1 veranschaulicht sehr deutlich, dass es offensichtlich keine klaren Erkenntnisse gibt, wie Kinder von ersten informellen Herangehensweisen über Rechenstrategien zum Automatisieren gelangen. Dies trifft vor allem auch auf den deutschsprachigen Raum zu, in dem keine Erkenntnisse aus empirischen Untersuchungen vorliegen. Die verschiedenen bestehenden theoretischen bzw. empirisch gesicherten Erklärungsansätze können kritisch reflektiert zur Entwicklung eigener Theorien beitragen.

Der folgende Abschnitt 3.2 stellt nationale sowie internationale Untersuchungsergebnisse zum kleinen Einmaleins vor, die den Strategieeinsatz konkret fokussieren: Das Hauptaugenmerk liegt dabei auf der Vielfalt an eingesetzten Strategien in der Unterrichtspraxis, der Häufigkeit des Einsatzes einzelner Herangehensweisen sowie der korrekten Ausführung in Abhängigkeit vom bevorzugt eingesetzten Lösungsweg. Die empirischen Ergebnisse des folgenden Abschnittes sollen sich dabei nicht nur auf Rechenstrategien zur Lösung von Einmaleinsaufgaben beschränken, sondern auch den Faktenabruf einschließen.

3.2 Empirische Ergebnisse zur Strategieverwendung und zum Faktenabruf

„The state of research on single-digit multiplication differs greatly from that on addition. Although there is a growing body of research […], researchers still differ greatly on the strategies described as well as in the terminology used."

(SHERIN & FUSON, 2005, S. 347)

Nach SHERIN und FUSON (2005) wurde hinsichtlich der Rechenoperation der Addition eine Vielzahl an Studien zur Strategieverwendung veröffentlicht. Ein etwas anderes Bild zeichnet sich diesbezüglich für die Multiplikation ab – im Bereich der Multiplikation wurde bereits im letzten Jahrhundert darauf hingewiesen, dass alles in allem noch Forschungsbedarf besteht (COONEY, SWANSON & LADD, 1988; JERMAN, 1970; KOSHMIDER & ASHCRAFT, 1991; LEMAIRE & SIEGLER, 1995, S. 84; SUYDAM, 1967). KOSHMIDER und ASHCRAFT (1991) erwähnen in diesem Zusammenhang: „While many studies have focused on children's addition and counting skills, only a few have examined multiplication in children" (KOSHMIDER & ASHCRAFT, 1991, S. 56). COONEY, SWANSON und LADD (1988) verweisen ebenfalls auf die im Vergleich zur Addition und Subtraktion eher geringe Anzahl an Untersuchungen mit dem Fokus auf multiplikativen Aufgabenstellungen: „Compared with the literature on addition and subtraction skills, there have been very few investigations of the cognitive processes that underlie children's performance of mental multiplication" (ebd., S. 324). Im Mittelpunkt der wenigen durchgeführten Studien stand dabei in erster Linie der Schwierigkeitsgrad einzelner Multiplikationsaufgaben und nicht die Strategieverwendung im eigentlichen Sinne (COONEY, SWANSON & LADD, 1988, S. 324). Eine im Zeitraum von Beginn des letzten Jahrhunderts bis in die 70er Jahre durchgeführte Artikelzusammenschau wies nach SUYDAM (1967) in den USA im Bereich der Multiplikation nur neun Artikel auf, darunter lediglich drei empirische Studien. „None of these attempted to analyze in depth the strategies used by children to find the product of simple combinations" (JERMAN, 1970, S. 95).

Heute kann der Forschungsstand nach SHERIN und FUSON (2005) wie im einleitenden Zitat dieses Abschnittes beschrieben werden. SHERIN und FUSON (2005) verweisen nicht nur auf den Anstieg an Studien und Veröffentlichungen im Bereich der Multiplikation, sondern betonen auch die von Studie zu Studie höchst abweichenden ermittelten Herangehensweisen und die Unterschiede hinsichtlich der verwendeten Begrifflichkeiten – wie bereits in den Ausführungen zum Strategiebegriff (Abschnitt 2.2.1) erwähnt. Ihrer Literaturzusammenschau zufolge lassen sich Studien zum Thema Multiplikation nach vier Hauptkriterien unterscheiden bzw. charakterisieren (ebd., S. 348ff.). Die Forschung in diesem Inhaltsbereich beschäftigt sich entweder mit den *verschiedenen Grundvorstellungen* der Multiplikation, wie beispielsweise der Vereinigung gleichmächtiger Mengen oder dem kartesischem Produkt zweier Mengen (siehe Abschnitt 2.1.1) oder den *intuitiven Modellen,* wie sie im vorhergehenden Abschnitt 3.1 kurz und überblicksmäßig angeführt wurden. Ein weiterer inhaltlicher Forschungsschwerpunkt umfasst die *verschiedenen Herangehensweisen bzw. Rechenstrategien* an multiplikative Aufgabenstellungen. Studien im Bereich der Multiplikation konzentrieren sich aber auch auf den *Faktenabruf*, der, wie bereits im Kapitel 2 dieser Arbeit herausgestellt, ein übergeordnetes Ziel der unterrichtlichen Behandlung des kleinen Einmaleins einnimmt. In der Forschungsliteratur werden die einzelnen genannten inhaltlichen Schwerpunktsetzungen häufig in Untersuchungen miteinander kombiniert diskutiert, so dass Herangehensweisen an Einmaleinsaufgaben typischerweise zugleich mit Diskussionen über intuitive Modelle oder Grundvorstellungen der Multiplikation geführt werden (SHERIN & FUSON, 2005, S. 349). Forschungsergebnisse zum Faktenabruf beim kleinen Einmaleins werden ihrerseits wiederum häufig mit den Herangehensweisen an Einmaleinsaufgaben kombiniert betrachtet: „Research of this sort [with the focus on retrieval] usually has some concern with computational strategies, but when categorizing strategies, a simple binary split between retrieval and nonretrieval strategies is often made" (SHERIN & FUSON, 2005, S. 349, Ergänzung der Autorin). Einige Autoren versuchen auch in einer einzigen Studie ein ziemlich umfassendes Bild von multiplikativen Denk- und Entwicklungsprozessen aufzubauen, indem sie das Hauptaugenmerk gleichzeitig auf mehrere inhaltliche Themen der Multiplikation legen.

Bei der Betrachtung der einschlägigen Forschungsliteratur bzw. der Interpretation der Forschungsergebnisse muss vor allem das Studiendesign der Untersuchungen zur Strategieverwendung beim kleinen Einmaleins kritisch beleuchtet werden. Die Studien unterscheiden sich zum Beispiel deutlich im Untersuchungszeitraum. Es gibt Studien, die vor der unterrichtlichen Behandlung des kleinen Einmaleins die Strategieverwendung untersuchen, Studien, die während oder am Ende der Erarbeitung durchgeführt werden, sowie mit einigem Abstand zur Erarbeitung des kleinen Einmaleins. Darüber hinaus variieren die Studien auch in der Anzahl der Teilnehmer, der Zusammensetzung der Stichprobe oder der Altersstruktur. Die Unterschiede in der Altersstruktur sind dabei unter anderem auf die unterschiedlichen Zeiten der unterrichtlichen Erarbeitung der verschiedenen Länder zurückzuführen. Einige Untersuchungen sehen beispielsweise die Lösung von Einmaleinsaufgaben auf der Zahlenebene vor, andere wiederum befassen sich mit der Lösung von Textaufgaben. Ein Hauptunterschied scheint aber in den erhobenen Daten der Studien zu liegen.

Um die richtigen Konsequenzen aus den Studien zu ziehen bzw. die Erkenntnisse aus den Forschungsergebnissen korrekt einordnen zu können, werden das Studiendesign sowie Besonderheiten der nachfolgenden Untersuchungen explizit thematisiert.

Die Übertragung internationaler Forschungsergebnisse auf die deutsche Unterrichtspraxis erweist sich im Hinblick auf den Strategieeinsatz bzw. die Strategiewahl als schwierig, da diese in erster Linie im Unterricht stattfindet und neben der Vorgehensweise der Lehrkraft auch von kulturellen Gegebenheiten und der didaktischen Tradition des jeweiligen Landes abhängig zu sein scheint. Aus diesem Grund sollen insbesondere auch einige nationale Forschungsergebnisse angeführt werden. *A growing body of research* wie SHERIN und FUSON (2005) die Zunahme an Studien im Bereich der Multiplikation beschrieben haben, trifft allerdings nicht auf die Forschung in Deutschland zu – im Bereich der Multiplikation sind nur wenige nationale Studien realisiert worden.

3.2.1 Nationale und internationale Studien sowie ihre Forschungsergebnisse

Der folgende Abschnitt 3.2.1 thematisiert nationale sowie internationale Studien zur Strategieverwendung beim kleinen Einmaleins und ihre Forschungsergebnisse. Zuallererst steht ein Überblick über Erkenntnisse empirischer Studien zu den Herangehensweisen, die Kinder zur Lösung von Einmaleinsaufgaben in der Unterrichtspraxis einsetzen – inwiefern weniger tragfähige Lösungen zum Einsatz kommen, inwiefern auf konkrete Rechenstrategien zurückgegriffen wird oder die Einmaleinsaufgaben bereits aus dem Gedächtnis abgerufen werden. Neben der Strategievielfalt in der Praxis wird auch die Häufigkeit des Einsatzes der entsprechenden Herangehensweisen bzw. Rechenstrategien dargestellt. Des Weiteren wird die korrekte bzw. fehlerfreie Ausführung der Herangehensweisen veranschaulicht sowie die ermittelten Lösungszeiten zur Aufgabenbeantwortung präsentiert. Forschungsergebnisse in Abhängigkeit von der Aufgabencharakteristik sollen ebenfalls thematisiert werden. Angelehnt an die vier Dimensionen bzw. Bausteine der strategischen Kompetenz (*Four Aspects of Strategic Change*) von LEMAIRE und SIEGLER (1995) werden die Studien bzw. ihre Forschungsergebnisse hinsichtlich der folgenden vier Aspekte analysiert:
- Vielfalt an Herangehensweisen bzw. Rechenstrategien
- Häufigkeit des Einsatzes
- Korrektheit der Ausführung und Lösungszeiten
- Korrektheit der Ausführung und Lösungszeiten in Abhängigkeit von der Aufgabencharakteristik

Vielfalt an Herangehensweisen bzw. Rechenstrategien

Die Strategievielfalt soll in einem ersten Schritt anhand einer Reihe von empirischen Forschungsergebnissen zu den Vorkenntnissen und informellen Lösungsstrategien von Kindern vor der systematischen unterrichtlichen Erarbeitung des kleinen Einmaleins aufgezeigt werden (z.B. ANGHILERI, 1989; AXMANN & BÖNIG, 1994; BÖNIG, 1995; MULLIGAN & MITCHELMORE, 1997; PADBERG & VENTKER, 1997; RASCH, 2009; SELTER, 1996). Die Lösungen der überwiegend multiplikativen Kontextaufgaben belegen in überraschend großem Ausmaß das verfügbare Vorwissen der Schülerinnen und Schüler sowie die verschiedenen zur Verfügung stehenden Lösungsstrategien. PADBERG und BENZ (2011) listen mit konkretem Bezug zu Forschungsergebnissen die folgenden Lösungsmöglichkeiten für Schülerinnen und Schüler des zweiten Schuljahres vor der unterrichtlichen Erarbeitung des kleinen Einmaleins auf (ebd., S. 126f.):
- das direkte Modellieren mit Material sowie das vollständige Auszählen anhand dieses Materials,
- das rhythmische Zählen in gleichgroßen Teilabschnitten,

- die Benutzung von Zahlenfolgen,
- das wiederholte Addieren gleicher Summanden und
- den Rückgriff auf multiplikatives Faktenwissen.

Das breite Lösungsspektrum, über das Kinder bereits vor der unterrichtlichen Behandlung des kleinen Einmaleins verfügen, lässt mit Ausnahme der Herangehensweise des direkten Modellierens mit Material schon die Nutzung gleich großer Gruppen erkennen (siehe auch Abschnitt 2.1). Die genannten Herangehensweisen kommen allerdings nicht nur in ihrer Reinform zum Einsatz, sondern auch Übergangsformen konnten ermittelt werden.[45]

Während eine Reihe nationaler Studien zu den Vorkenntnissen und Lösungsstrategien vor der unterrichtlichen Erarbeitung des kleinen Einmaleins durchgeführt wurden, sind nur wenige nationale Studien zur Strategieverwendung beim kleinen Einmaleins während oder nach der Erarbeitung des kleinen Einmaleins realisiert worden. Die Untersuchungen und Forschungsergebnisse von SELTER (1994), RU-WISCH (1999) sowie GASTEIGER und PALUKA-GRAHM (2013) sollen im Folgenden neben weiteren internationalen Studien vorgestellt werden.

Die internationale Forschungsliteratur wird von DE BRAUWER und FIAS (2009) im Hinblick auf die Strategievielfalt bzw. die verschiedenen Herangehensweisen an Aufgaben des kleinen Einmaleins sehr prägnant zusammengefasst: „It has been shown that young children already rely *heavily*, but *not exclusively*, on memory retrieval to solve simple multiplication problems (i. e., with both operands smaller than 10)" (DE BRAUWER & FIAS, 2009, S. 1481, Hervorhebungen der Autorin). Bereits 2006 teilen DE BRAUWER, VERGUTS und FIAS die in Forscherkreisen häufig vertretene Meinung, dass der Faktenabruf aus dem Gedächtnis zu der am häufigsten eingesetzten Herangehensweise zur Aufgabenlösung bei Einmaleinsaufgaben gehört (ebd., S. 44). DE BRAUWER et al. (2006) betonen allerdings darüber hinaus, dass neben dem Faktenabruf auch eine Vielfalt bzw. Vielzahl an verschiedenen Herangehensweisen bzw. Rechenstrategien vorherrscht (ebd., S. 44).

Auf die Vielfalt möglicher Herangehensweisen bzw. Rechenstrategien an Einmaleinsaufgaben aus *fachdidaktischer Perspektive* wurde in dieser Arbeit bereits im Abschnitt 2.2.2 in den Ausführungen zu den *Herangehensweisen zur Lösung von Einmaleinssätzen* verwiesen, indem das *Zählen und wiederholte Addieren*, die *Rechenstrategien* sowie der *Faktenabruf* als mögliche Lösungswege für Aufgaben des kleinen Einmaleins vorgestellt bzw. genauer in den Blick genommen wurden. Die Vielfalt an Rechenstrategien bzw. Herangehensweisen in der *Unterrichtspraxis* wurde in den vereinzelten empirischen Erkenntnissen zur Strategieentwicklung im Abschnitt 3.1 ein erstes Mal ersichtlich (ANGHILERI, 1989, 2008; FISCHBEIN et al., 1985; MULLIGAN & MITCHELMORE, 1997; KOUBA, 1989; SHERIN & FUSON, 2005). Auch

---

45 Je nach kindlichem Leistungsvermögen muss aber festgehalten werden, dass die eingesetzten Herangehensweisen stark variieren: Leistungsschwache Schülerinnen und Schüler greifen vor der unterrichtlichen Behandlung vorzugsweise auf das direkte Modellieren zurück, während leistungsstärkere Kinder vereinzelt schon die wiederholte Addition oder sogar multiplikative Rechnungen zur Aufgabenlösung einsetzen (z.B. ANGHILERI, 1989, S. 379).

die vorherige Zusammenschau an Forschungsergebnissen zu den Vorkenntnissen und informellen Herangehensweisen vor der systematischen Erarbeitung des kleinen Einmaleins bestätigen die in der Fachdidaktik bzw. der Theorie beschriebene Vielfalt an Herangehensweisen.

Auf die Existenz zahlreicher Strategien zur Lösung von Einmaleinsaufgaben wird auch in weiteren Studien der internationalen Literatur verwiesen (vgl. z.B. COONEY et al., 1988; DE BRAUWER et al., 2006; KROESBERGEN et al., 2004; LEFEVRE, BISANZ, SADESKY, DALEY, BUFFONE & GREENHAM, 1996; LEFEVRE, SHANAHAN & DESTEFANO, 2004; LEMAIRE & SIEGLER, 1995; MABBOTT & BISANZ, 2003; SIEGLER, 1988; STEEL & FUNNELL, 2001; TER HEEGE, 1985). Die konkret eingesetzten Herangehensweisen variieren allerdings von Untersuchung zu Untersuchung sehr stark. Exemplarisch soll dies im Folgenden an einigen nationalen sowie internationalen Studien veranschaulicht werden.

STEEL und FUNNELL (2001) unterschieden in ihrer groß angelegten Studie in England mit N = 241 Kindern der Klasse 3 bis 7 drei große „strategy types" (ebd., S. 43): den Faktenabruf aus dem Gedächtnis, Berechnungen über Ableitungen und das Aufsagen der Reihe. Dabei ähneln oder stimmen die aufgestellten bzw. ermittelten Strategietypen sehr stark mit den in den theoretischen Ausführungen der didaktischen Literatur beschriebenen Herangehensweisen zur Aufgabenlösung an Einmaleinssätzen überein (siehe Abschnitt 2.2.2). Einzig die wiederholte Addition, eine durchaus gängige Herangehensweise zur Lösung von Einmaleinssätzen wurde von den Kindern nicht als möglicher Lösungsweg einer Einmaleinsaufgabe des kleinen Einmaleins angeführt. Ein erstes Indiz dafür, dass die Strategievielfalt auch von der unterrichtlichen Erarbeitung abhängig zu sein scheint, liefern demnach STEEL und FUNNELL (2001), die in ihrer Studie im Gegensatz zu vielen anderen Studien (z.B. LEFEVRE et al., 1996; LEMAIRE & SIEGLER, 1995) nicht den Einsatz der wiederholten Addition verzeichnen können:

> There was no evidence for the use of repeated addition, generally considered to be the most common back-up strategy employed. Since the absence of repeated addition applied to all children in our study, we assume that the learning environment was directly responsible for this absence and for the emergence of counting-in-series: a strategy rarely reported hitherto. (STEEL & FUNNELL, 2001, S. 51f.)

Die ermittelten Herangehensweisen bzw. Rechenstrategien in der Untersuchung von LEMAIRE und SIEGLER (1995), die N = 20 französische Kinder im 2. Schuljahr untersuchte, decken sich nicht bzw. nur teilweise mit den ermittelten Herangehensweisen der Studie von FUNNELL und STEEL (2001). Einerseits kamen keine Rechenstrategien zur Aufgabenlösung zum Einsatz – neben dem Faktenabruf konnte als weitere, verbreitete Herangehensweise nur die sukzessive Addition bestimmt werden. Andererseits wurden im Vergleich zur genannten Studie von STEEL und FUNNELL (2001) noch weitere separate Kategorien ermittelt, wie beispielsweise das Notieren der Aufgabe und anschließende Lösen ohne sichtbares Zählen oder Addieren sowie das Notieren von Gruppen von Zählstrichen und das anschließende Auszählen dieser Zählstriche.

Die Studie von GASTEIGER und PALUKA-GRAHM (2013) untersuchte den Strategieeinsatz von Kindern zweier bayerischer Klassen der Jahrgangsstufe 3 ($N = 22$). Die unterrichtliche Vorgehensweise der Erarbeitung des kleinen Einmaleins entsprach dabei den Vorgaben des in Bayern zum Zeitpunkt der Untersuchung gültigen Lehrplans (siehe Abschnitte 2.3 und 2.5.2). Im Vergleich zu den bereits genannten Studien berichten GASTEIGER und PALUKA-GRAHM (2013) von einer Vielfalt an Rechenstrategien: Neben dem Einsatz der Nachbaraufgabe, wurde auf das Verdoppeln bzw. Halbieren eines Faktors, auf die additive oder subtraktive Zerlegung sowie auf das gegensinnige Verändern zur Aufgabenlösung zurückgegriffen. Darüber hinaus wurden Einmaleinsaufgaben über die sukzessive Addition gelöst oder laut Aussage der Kinder bereits *gewusst*.

Die drei an dieser Stelle exemplarisch angeführten Studien von LEMAIRE und SIEGLER (1995), STEEL und FUNNELL (2001) sowie GASTEIGER und PALUKA-GRAHM (2013) verweisen auf die in der Unterrichtspraxis vorhandene Vielzahl an verschiedenen Herangehensweisen. Sie zeigen aber auch bereits auf, wie unterschiedlich die ermittelten Herangehensweisen je Studie ausfallen können. Die Forschungsergebnisse, unter Berücksichtigung der Studiendesigns betrachtet, scheinen dabei erste Indizien dafür zu liefern, dass die unterrichtliche Vorgehensweise ein Einflussfaktor ist.

Für die bereits beschriebenen aber auch alle weiteren angeführten Untersuchungen sollte berücksichtigt werden: Die vorgenommenen Kategorisierungen veranschaulichen die Vielzahl an eingesetzten Herangehensweisen, die in den Studien analysiert wurden – während in einigen Studien die Kategorien sehr detailliert und differenziert aufgestellt wurden, scheinen die Kategorien in anderen Studien eher breiter gefasst und demnach schlussendlich weniger Kategorien gebildet worden zu sein. Aus diesem geschilderten Grund identifiziert eine Studie unter Umständen weniger Herangehensweisen als eine andere.

Häufigkeit des Einsatzes

Zur Klärung der Frage, wie häufig Kinder in der Unterrichtspraxis spezielle Rechenstrategien bzw. Herangehensweisen zur Lösung von Einmaleinsaufgaben einsetzen, kann in der nationalen aber auch in der internationalen Literatur nur auf eine begrenzte Anzahl an Studien zurückgegriffen werden. Die folgenden Ausführungen stellen einige dieser Forschungsergebnisse vor – zu einem gewissen Zeitpunkt der Erarbeitung und über einen gewissen Untersuchungszeitraum hinweg.

Die Studie von SIEGLER (1988) ermittelte die Strategieverwendung von $N = 26$ Drittklässlern, die zum Erhebungszeitraum bereits ungefähr fünf Monate Erfahrung im Lösen von Einmaleinsaufgaben sammeln konnten. Wie Tabelle 3 veranschaulicht, riefen bereits 68% der Kinder nach dieser kurzen Zeit Einmaleinsaufgaben aus dem Gedächtnis ab, während weitere 22% noch auf die wiederholte Addition als Hilfe zurückgriffen. 10% der Schülerinnen und Schüler setzten weitere, weniger tragfähige Herangehensweisen zur Aufgabenlösung ein.

LEMAIRE und SIEGLER kamen in ihrer Studie 1995 zu sehr ähnlichen Forschungsergebnissen wie SIEGLER (1988), als sie die Strategieverwendung bei Einmaleinsaufgaben über drei Zeitpunkte im Schuljahr untersuchten (vor, während und nach der unterrichtlichen Behandlung des kleinen Einmaleins in der Jahrgangsstufe 2). Über diese drei Erhebungszeiträume hinweg lösten französische Schülerinnen und Schüler (N = 20) insgesamt 63% der Aufgaben über den Faktenabruf aus dem Gedächtnis, 20% über die sukzessive Addition, 16% nannten keine Aufgabenlösung und 1% der Kinder griff auf das Zählen zur Lösung der Einmaleinsaufgaben zurück (siehe Tabelle 3).

Während Kinder der Studien von LEMAIRE und SIEGLER (1995) sowie SIEGLER (1988) keine Rechenstrategien zur Aufgabenlösung einsetzten, löste in der bereits beschriebenen explorativen Interviewstudie von GASTEIGER und PALUKA-GRAHM (2013) die Mehrzahl der Kinder (66%) Einmaleinsaufgaben mithilfe von Rechenstrategien (siehe Tabelle 3). Laut Aussage der Kinder wurden 20% der Aufgaben bereits *gewusst*, weitere 14% über die sukzessive Addition gelöst. Die am häufigsten beobachtbaren Rechenstrategien stellten die Nachbaraufgabe (41%) und das Verdoppeln bzw. Halbieren (15%) dar. Deutlich weniger häufig wurde mit 8% auf das additive oder subtraktive Zerlegen sowie auf das gegensinnige Verändern (2%) zurückgegriffen (ebd., S. 13f.). Bei der Interpretation der Forschungsergebnisse muss allerdings berücksichtigt werden, dass sich nicht jede Strategie gleich gut zur Lösung von Einmaleinsaufgaben anbietet – während sich die Rechenstrategie der Nachbaraufgabe fast annähernd bei jeder Aufgabe zum kleinen Einmaleins zur Aufgabenlösung empfiehlt, ist dies beispielsweise bei der Rechenstrategie des gegensinnigen Veränderns nur bei einer bestimmten Aufgabencharakteristik möglich (siehe Abschnitt 2.2.2, GASTEIGER & PALUKA-GRAHM, 2103, S. 14). Die Studienteilnehmerinnen und -teilnehmer waren darüber hinaus in der Lage, die beiden Faktoren einer Einmaleinsaufgabe flexibel zu betrachten und mit Ausnahme von zwei Kindern die Tauschaufgabe mindestens bei einer Aufgabe zur Aufgabenlösung einzusetzen. Insgesamt konnte man bei 47 von 110 Aufgabenlösungen erkennen, dass anstelle des ersten Faktors der zweite Faktor als Multiplikator betrachtet wurde. Bei 10 der 47 Aufgaben, zu deren Lösung die Tauchaufgabe zur leichteren Lösung zum Einsatz kam, wurde die Aufgabe über die sukzessive Addition gelöst oder die Tauchaufgabe bereits auswendig beherrscht (GASTEIGER & PALUKA-GRAHM, 2013, S. 16f.).

Inwiefern Erwachsene bei der Lösung von Einmaleinsaufgaben ausschließlich auf den Faktenabruf aus dem Gedächtnis zurückgreifen oder – wie gerade anhand der Studien an Kindern gezeigt – zudem andere Herangehensweisen zur Aufgabenbeantwortung heranziehen, haben LEFEVRE et al. (1996) in ihren zwei Studien mit Studentinnen und Studenten der Psychologie (N = 60 und N = 23) zu ermitteln versucht (siehe Tabelle 3). Den Forschungsergebnissen der Studie zufolge setzt sich der aufgezeigte Trend *internationaler* Studien fort, dass der Faktenabruf zu einer der bevorzugt eingesetzten Herangehensweisen gehört. Er überwiegt in der Studie von LEFEVRE et al. (1996) deutlich mit durchschnittlich 88% bzw. 81% Nennungen. Allerdings variiert er von Person zu Person zwischen 23% und 100%. Im Gegensatz zu der Vermutung, dass Erwachsene Einmaleinsaufgaben des kleinen Einmaleins immer aus dem Gedächtnis abrufen (SIEGLER, 1988), zogen in den zwei Studien von LE-FEVRE et al. (1996) nur insgesamt 28% der Teilnehmer den Faktenabruf zur Lösung aller gestellten Einmaleinsaufgaben heran. Neben dem Faktenabruf konnten die wiederholte Addition, das Aufsagen der Reihe und die Ableitungsstrategien als weitere Herangehensweisen der Aufgabenbeantwortung ermittelt werden. Ableitungsstrategien stellten mit je 6% die am zweithäufigsten eingesetzte Herangehensweise dar, gefolgt von der wiederholten Addition und dem Aufsagen der Reihe (LEFEVRE et al., 1996, S. 292f.).

Die bisher angeführten Studien, die Forschungsergebnisse zu einem gewissen Zeitpunkt der Erarbeitung präsentieren, weisen deutliche Unterschiede hinsichtlich des Einsatzes des Faktenabrufes und der Verwendung von Rechenstrategien auf. Einzig die Studie von GASTEIGER und PALUKA-GRAHM (2013) zeichnet sich durch einen hohen Prozentsatz an Rechenstrategien aus. Studien, die Herangehensweisen an Einmaleinsaufgaben über einen längeren Erhebungszeitraum oder über mehrere Zeitpunkte im Schuljahr untersucht haben, werden im Folgenden vorgestellt und liefern zusätzliche Erkenntnisse hinsichtlich der Häufigkeit des Einsatzes von Strategien und Herangehensweisen sowie deren Entwicklung.

Tabelle 3: Überblick der Forschungsergebnisse zentraler Studien hinsichtlich der Häufigkeit des Einsatzes verschiedener Herangehensweisen

Studie	Stichprobe	Herangehensweisen				
	Anzahl/Alter	Faktenabruf[46]	Rechenstrategien	sukz. Addition/ Aufsagen der Reihe[47]	Zählen	sonstige Herangehensweisen
SIEGLER (1988)	N = 26 3. Klasse	68%	–	22%	–	10% (sonstige Herang.)
LEMAIRE und SIEGLER (1995)	N = 20 2. Klasse	63%	–	20%	1%	16% (keine Lösung)
GASTEIGER und PALUKA-GRAHM (2013)	N = 37 3. Klasse	20%	66%	14%	–	–
LEFEVRE et al. (1996)	N = 60 Studierende	88%	6%	2% / 3%	–	2% (keine Lösung)
	N = 23 Studierende	81%	6%	4% / 5%	–	5% (keine Lösung)

46 In der Studie von GASTEIGER UND PALUKA-GRAHM (2013) verweisen die Autorinnen explizit darauf, dass kindliche Äußerungen wie beispielsweise gewusst nicht mit dem Faktenabruf aus dem Gedächtnis gleichzusetzen sind. Diese Problematik wird im Abschnitt 3.2.2 ausführlich erläutert. Der in Tabelle 3 angeführte Prozentsatz beschreibt, wie häufig Kinder laut Selbstberichten auf den Faktenabruf zurückgriffen.

47 In der Forschungsliteratur werden die sukzessive Addition und das Aufsagen der Reihe teilweise separat erfasst, wie dies beispielsweise in der Studie von LEFEVRE et al. (1996) der Fall ist oder unter einer Kategorie zusammengefasst (z.B. LEMAIRE & SIEGLER, 1995). In Tabelle 3 werden dementsprechend eine oder zwei Prozentsätze gelistet.

Fortsetzung Tabelle 3

Studie	Stichprobe Anzahl/Alter	Faktenabruf	Rechenstrategien	Herangehensweisen sukz. Addition/ Aufsagen der Reihe	Zählen	sonstige Herangehensweisen
MABBOTT und BISANZ (2003)	N = 120 4./6. Klasse	4. Klasse 67% — 6. Klasse 88%	4. Klasse 16%[48] — 6. Klasse 8%	4. Klasse 8% / 5% — 6. Klasse 2% / 1%	—	4. Klasse 3% Raten — 6. Klasse <1% Raten
COONEY et al. (1988)	N = 20 3./4. Klasse	3. Klasse 55% — 4. Klasse 74%	3. Klasse 1% — 4. Klasse 6%	3. Klasse 17% — 4. Klasse 11%		3. Klasse 17% k. L.[49] 9% k. Z.[50] — 4. Klasse 9% k. L.
SHERIN und FUSON (2005)	N = 37 3. Klasse	v. 7% w. 9% n. 58%	v. 9%[51] w. 16% n. 8%	v. 8% / 25% w. 27% / 13% n. 4% / 13%	v. 9% w. 20% n. 3%	v. 41% k. L. w. 16% k. L. n. 12% k. L. 4% Patternbased
LEMAIRE und SIEGLER (1995)	N = 20 2. Klasse	v. 36% w. 62% n. 92%	v. — w. — n. —	v. 30% w. 22% n. 6%	v. — w. — n. —	v. 32% k. L. w. 15% k. L. n. 2% k. L.

48 Die für das 4. und 6. Schuljahr aufgeführten Prozentsätze der Studie von MABBOTT und BISANZ (2003) spiegeln nicht ausschließlich die Verwendung von Rechenstrategien wider, sondern beschreiben den Einsatz sogenannter special tricks. Neben Ableitungsstrategien wird unter special tricks auch das Fingerrechnen beim Neuner-Einmaleins gefasst (siehe Abschnitt 2.2.4).

49 Konnten Einmaleinsaufgaben von den Studienteilnehmerinnen und -teilnehmern nicht gelöst werden, wird dies in Tabelle 3 mit k. L. (keine Lösungen) abgekürzt bzw. vermerkt.

50 Wird die Abkürzung k. Z. in Tabelle 3 aufgelistet, konnte keine Zuordnung der von den Kindern angewandten Herangehensweisen vorgenommen werden.

51 Die für das 3. Schuljahr (vor, während und nach der Erarbeitung) aufgeführten Prozentsätze der Studie von SHERIN und FUSON (2005) spiegeln nicht ausschließlich die Verwendung von Rechenstrategien wider, sondern beschreiben den Einsatz von sogenannten Hybrids bzw. Mischstrategien. Neben Rechenstrategien wie der Faktorzerlegung wird beispielsweise auch das Aufsagen der Reihe und das anschließende schrittweise Weiterzählen darunter gefasst (ebd., S. 360) und in Tabelle 3 als Rechenstrategien geführt.

Die bereits in den vorherigen Ausführungen beschriebene Studie von LEMAIRE und SIEGLER (1995) liefert ähnliche Erkenntnisse hinsichtlich der Entwicklung von Herangehensweisen bzw. Strategien über einen Untersuchungszeitraum hinweg, wie die weiteren in Tabelle 3 aufgeführten Studien von COONEY et al. (1988), MABBOTT und BISANZ (2003) sowie SHERIN und FUSON (2005).

Betrachtet man die Entwicklung der Strategieverteilung der Untersuchung von LEMAIRE und SIEGLER (1995) über das 2. Schuljahr hinweg, fallen vor allem ein deutlicher Anstieg des Faktenabrufes aus dem Gedächtnis und die Abnahme der sukzessiven Addition ins Auge (siehe Tabelle 3). Während bereits zu Beginn des Schuljahres, vor der unterrichtlichen Erarbeitung 36% der Aufgaben über den Faktenabruf gelöst wurden, stieg der Abruf im Verlauf der unterrichtlichen Erarbeitung auf 62% an und stellte sich am Ende der Erarbeitung wiederum als bevorzugt eingesetzte Herangehensweise (92%) bei fast allen Kindern heraus. Die sukzessive Addition, die zu Beginn der Erarbeitung von 30% der Kinder zur Aufgabenlösung eingesetzt wurde, kam am Ende der Erarbeitung nur noch in 6% der Fälle zum Einsatz. Ebenfalls nahm die Anzahl der Kinder, die über keine Aufgabenlösung verfügte, über den Erhebungszeitraum ab (von 32% auf 2%).

Eine von SHERIN und FUSON (2005) im 3. Schuljahr durchgeführte Studie an zwei Klassen ($N = 37$) veranschaulicht ebenso die Entwicklung des Einsatzes von Herangehensweisen an Einmaleinsaufgaben über den Erhebungszeitraum von einem Schuljahr (siehe Tabelle 3). Nach der Erarbeitung des kleinen Einmaleins kann der Faktenabruf wiederum als bevorzugt eingesetzte Herangehensweise identifiziert werden. Darüber hinaus nimmt auch der gegen Mitte der Erarbeitung vermeintlich hohe Anteil an Aufgabenlösungen über das Zählen und wiederholte Addieren zum Schuljahresende wieder ab. Im Unterschied zur Studie von LEMAIRE und SIEGLER (1995) wird allerdings zur Aufgabenlösung auch auf Rechenstrategien zurückgegriffen: Im Laufe des Schuljahres setzen noch 16% der Kinder diese Herangehensweise ein, gegen Ende der Erarbeitung nur noch 8% der Schülerinnen und Schüler.

COONEY et al. (1988) untersuchten die Strategieverwendung in einer 3. und einer 4. Klasse (je $N = 10$) einer amerikanischen Schule (siehe Tabelle 3). Drittklässler wurden mit Beginn des 3. Schuljahres in der Multiplikation eingeführt und erfuhren im Laufe des Schuljahres „drill and practice" (COONEY et al., 1988, S. 328) durch ein Computer-Programm, das zusätzlich zum regulären Unterricht zum Einsatz kam. Nach dem Faktenabruf wurde die sukzessive Addition bzw. das Aufsagen der Einmaleinsreihe als zweithäufigste Herangehensweise ermittelt. Die sehr niedrigen Prozentsätze der Ableitungsstrategien fallen erneut auf – in der jüngeren Altersgruppe wurden die Ableitungsstrategien nur von 1% der Schülerinnen und Schüler eingesetzt, im 4. Schuljahr von 6% der Kinder.

An der Studie von MABBOTT und BISANZ (2003) nahmen $N = 120$ kanadische Kinder der Klasse 4 und 6 teil. Während in Kanada in der Jahrgangsstufe 3 erste Erfahrungen bezüglich der Multiplikation angebahnt werden, wird von den Schülerinnen und Schülern am Ende des 4. Schuljahres die Automatisierung aller Einmaleinsaufgaben des kleinen Einmaleins vorausgesetzt bzw. verlangt. Die Forschungsergebnisse der Studie von MABBOTT und BISANZ (2003) ähneln im Hinblick auf den Faktenabruf sehr stark den Studienergebnissen der Untersuchung von LEMAIRE und SIEGLER (1995), die von einer sehr hohen Automatisierungsquote berichten (siehe Tabelle 3). Sowohl in Jahrgangsstufe 4 als auch in 6 wurde eine Vielfalt an Herangehensweisen an Einmaleinsaufgaben beobachtet – der Faktenabruf wurde allerdings mit 67% im 4. Schuljahr und 88% im 6. Schuljahr als häufigste Herangehensweise an Einmaleinsaufgaben ermittelt. In Jahrgangsstufe 4 wurde noch häufiger auf die wiederholte Addition (8%), das Aufsagen der Reihe (5%), das Raten (3%) und Ableitungsstrategien bzw. das Fingerrechnen beim Neuner-Einmaleins (16%) zurückgegriffen, als dies in Jahrgangsstufe 6 der Fall war. Die wiederholte Addition, das Aufsagen der Reihe oder das Raten der Ergebnisse wurden im 6. Schuljahr kaum noch zur Aufgabenlösung herangezogen (1–2%).

Resümierend kann für die vier letztgenannten Studien von COONEY et al. (1988), LEMAIRE und SIEGLER (1995), MABBOTT und BISANZ (2003) sowie SHERIN und FUSON (2005) festgehalten werden: Der Faktenabruf stellt mit Abstand die am häufigsten eingesetzte Herangehensweise dar, ein deutlicher Anstieg der Automatisierungsquoten ist sowohl innerhalb eines Schuljahres als auch über ein Schuljahr hinaus zu erkennen. Weniger tragfähige Herangehensweisen wie das Zählen oder die sukzessive Addition bzw. das Aufsagen der Reihe werden von den Kindern mit zunehmendem Alter weniger häufig eingesetzt. In der Mehrzahl der Studien weisen diese Herangehensweisen aber nicht zu vernachlässigende, vergleichsweise hohe Prozentsätze auf. Rechenstrategien nehmen in den beschriebenen Studien erneut keine bedeutende Rolle bei der Aufgabenlösung ein. Der höchste Prozentsatz (16%) wurde in den Studien von SHERIN und FUSON (2005) sowie von MABBOTT und BISANZ (2003) erreicht[52] und unterscheidet sich beispielsweise deutlich von dem erreichten Prozentsatz der Studie von GASTEIGER und PALUKA-GRAHM (2013).

Die im Folgenden weiter aufgeführten Studien weisen Besonderheiten im Studiendesign oder in der Auswertung der erhobenen Daten auf und werden aus diesem Grund separat von den bisherigen Studien bzw. der tabellarischen Darstellung beschrieben.

HEIRDSFIELD, COOPER, MULLIGAN und IRONS (1999) ermittelten in ihrer Studie an N = 95 australischen Kindern den Strategieeinsatz im Bereich der Multiplikation und Division zwischen Klasse 4 bis 6.[53] In jedem Schuljahr wurden zwei Interviews (Mitte und Ende des Schuljahres) durchgeführt. Lediglich drei Multiplikationsaufgaben wurden zur Überprüfung der Strategieverwendung eingesetzt. Im Folgenden sollen die Forschungsergebnisse *der Multiplikationsaufgabe* zum kleinen Einmaleins vorgestellt werden. Über alle Klassenstufen hinweg ist eine deutliche Ent-

---

52 Da die aufgelisteten Prozentsätze der Tabelle 3 aber nicht ausschließlich aus dem Einsatz von Rechenstrategien ermittelt wurden, fällt ihre tatsächliche Verwendung unter Umständen sogar noch geringer aus. Erneut erwähnt sei, dass MABOTT und BISANZ (2003) sowie SHERIN und FUSON (2005) unter den sogenannten *special tricks* oder den sogenannten *Hybrids,* die in Tabelle 3 als Rechenstrategien geführt werden, nicht ausschließlich den Einsatz von Rechenstrategien erfasst haben.

53 Die Einführung in die Multiplikation wird nach dortigem Lehrplan im 2. Schuljahr vorgenommen und im 3. Schuljahr das Multiplikationssymbol eingeführt.

wicklung vom Zählen zum Abruf oder Ableiten von Fakten zu erkennen. Während im ersten Interview die gestellte Einmaleinsaufgabe von 54% der Kinder über das Zählen und 38% über den Faktenabruf bzw. über das Ableiten gelöst wurde, wurde gegen Ende des Schuljahres von nur 23% der Kinder das Zählen als bevorzugte Herangehensweise eingesetzt, von 74% allerdings bereits auf den Faktenabruf oder Ableitungsstrategien zurückgegriffen.[54] Mit zunehmendem Alter rufen fast alle Kinder Einmaleinsaufgaben ausschließlich aus dem Gedächtnis ab bzw. setzen Ableitungsstrategien zur Aufgabenlösung ein, während der Prozentsatz an Lösungen über das Zählen gegen null läuft. Inwiefern der hohe Prozentsatz der Faktenabrufe bzw. Ableitungsstrategien tatsächlich auf den Einsatz von Ableitungsstrategien zurückzuführen ist, geht aus der Studie nicht hervor.

In der Studie von STEEL und FUNNELL (2001) wurde der Strategieeinsatz von $N = 241$ Kindern im Alter zwischen 8 und 12 Jahren erfasst, die in England nach den *discovery methods* (siehe Abschnitt 2.4.2) unterrichtet wurden. Im Alter zwischen 5 und 7 Jahren sammelten Schülerinnen und Schüler erste Erfahrungen im Bereich der Multiplikation, lernten die Einmaleinssätze mit 2, 5 und 10 und nutzten diese, um weitere Einmaleinssätze daraus abzuleiten. Im Alter zwischen 7 und 12 Jahren wurden Schülerinnen und Schülern Möglichkeiten zur Lösung der Aufgaben bis 10 · 10 aufgezeigt, bereits bekannte Einmaleinssätze zur Aufgabenlösung eingesetzt (STEEL & FUNNELL, 2001, S. 39). Die Studie von STEEL und FUNNELL (2001) unterscheidet sich von den bisher beschriebenen Studien wie folgt: Es wird nicht erfasst, wie häufig jede Herangehensweise zum Einsatz kommt, sondern wie häufig Schülerinnen und Schüler *ausschließlich* auf eine Herangehensweise zur Aufgabenlösung zurückgreifen. In der Altersgruppe der 8- bis 9-Jährigen nutzten 11% der Kinder ausschließlich den Faktenabruf zur Aufgabenlösung, 12% den Faktenabruf oder Ableitungsstrategien, 13% ausschließlich das Aufsagen der Reihe und 10% der Kinder konnten keine Herangehensweise zur Lösung der Aufgaben anführen. Am häufigsten (54%) setzten Schülerinnen und Schüler verschiedene Herangehensweisen (Faktenabruf, Ableitungsstrategien oder das Aufsagen der Reihe) zur Lösung ein. Während im Alter von 8 Jahren nur 4% der Kinder ausschließlich auf den Faktenabruf aus dem Gedächtnis zurückgriffen, belief sich der Prozentsatz bei den 9-Jährigen im Vergleich auf durchschnittlich 20%. Der Einsatz verschiedener Herangehensweisen zur Lösung von Einmaleinsaufgaben erwies sich in beiden Jahrgängen als präferierte Vorgehensweise. In der Altersgruppe der 10- bis 12-Jährigen riefen durchschnittlich 20% der Kinder Einmaleinsaufgaben ausschließlich aus dem Gedächtnis ab, 37% nutzten den Faktenabruf oder Ableitungsstrategien, 23% unterschiedliche Strategien und 20% lediglich das Aufsagen der Reihe. Der unmittelbare Vergleich der Altersgruppen verdeutlicht, dass die 11-Jährigen häufiger Einmaleinsaufgaben ausschließlich über den Faktenabruf lösten und weniger das Aufsa-

---

54 HEIRDSFIELD et al. (1999) verstehen unter dem Begriff *Counting*: „Any form of counting strategy, skip counting forwards and backwards, repeated addition and subtraction, and halving and doubling strategies" (ebd., S. 91). Der Einsatz von Ableitungsstrategien und der Faktenabruf aus dem Gedächtnis werden zusammengefasst unter dem Begriff *Basic Fact* geführt.

gen der Reihe zur Hilfe nahmen. Im Alter von 12 Jahren war kein Anstieg für den reinen Faktenabruf zur Lösung von Einmaleinsaufgaben des kleinen Einmaleins zu verzeichnen, allerdings wurde auf Schülerseite auch fast nicht mehr auf das Aufsagen der Einmaleinsreihen als alleinige Herangehensweise zurückgegriffen (STEEL & FUNNELL, 2001, S. 43ff.). Den Forschungsergebnissen der Studie von STEEL und FUNNELL (2001) zufolge weisen die getesteten Kinder eher geringe Automatisierungsquoten auf: „By the last year of primary school (age 11 years), 20% children had failed to learn multiplication facts for even the simplest operands and only 61% retrieved facts for all problems up to 6 × 6" (STEEL & FUNNELL, 2001, S. 46).

Auf eine weitere nationale Studie, die Studie von RUWISCH (1999) soll in diesem Abschnitt ebenfalls kurz verwiesen werden. Die Untersuchung setzte sich zum Ziel, Lösungsstrategien und Handlungsmuster von Grundschulkindern (N = 122) beim Bearbeiten multiplikativer *Sachsituationen* zu erfassen sowie zu beschreiben. RUWISCH (1999) verweist als auffälligstes Ergebnis ihrer Untersuchung auf die Beobachtung, dass der Addition als Lösungsstrategie nur eine untergeordnete Rolle zuteil wird. Ebenso wenig war ein Rückgriff auf distributive oder assoziative Zerlegungen bei der Bearbeitung von Sachsituationen zu erkennen. Während Zweitklässler in einer Sachsituation zu zwei Dritteln noch Zählstrategien und lediglich zu einem Achtel die Addition zur Aufgabenlösung nutzten, wurde die Addition in der 3. Klasse dagegen von keinem Kind mehr eingesetzt (ebd., S. 253).[55] 60% der Kinder der Jahrgangsstufe 3 bevorzugten zur Lösung das Aufsagen der Reihe. RUWISCH (1999) deutete ihre Forschungsergebnisse bezüglich der Addition und dem Aufsagen der Reihe wie folgt:

> Daß [*sic*] die beteiligten Drittklässler eher Einmaleinsreihen zur Lösungsermittlung einsetzten als die Addition, könnte darauf zurückgeführt werden, daß [*sic*] sie die Multiplikation im Unterricht in der Regel durch das Aufsagen der Einmaleinsreihen gelernt haben, ihr Multiplikationswissen – sofern nicht als Multiplikationsgleichung isoliert abrufbar – deshalb an diese gekoppelt ist. (RUWISCH, 1999, S. 254)

Nach RUWISCH (1999) scheint die Wahl der Lösungsstrategie somit durch die unterrichtliche Erarbeitung des kleinen Einmaleins mitbestimmt zu sein. Diese Vermutung lässt sich auch anhand einiger bisheriger Forschungsergebnisse untermauern. Die explizite unterrichtliche Erarbeitung von Rechenstrategien, wie sie beispielsweise in der Studie von GASTEIGER und PALUKA-GRAHM (2013) sowie in der Studie von STEEL und FUNNELL (2001) umgesetzt wurde, führt auch unmittelbar zum Einsatz der Rechenstrategien in der Unterrichtspraxis bzw. den durchgeführten Testungen. STEEL und FUNNELL (2001) führen – wie bereits in den vorherigen Ausführungen zur Strategievielfalt verwiesen – ebenso wie RUWISCH (1999) den Nicht-Einsatz der sukzessiven Addition und die Verwendung des Aufsagens der Rei-

---

55 Die an der Studie von RUWISCH (1999) beteiligten Kinder aus zweiten Klassen besaßen zum Untersuchungszeitraum noch keine Erfahrung mit der Rechenoperation der Multiplikation, die teilnehmenden Kinder aus den dritten Klassen hatten dahingegen bereits alle Einmaleinsreihen im Unterricht behandelt.

he auf die fehlende bzw. vorhandene unterrichtliche Thematisierung zurück. Da allerdings in einer Vielzahl von Studien keine detaillierten Erkenntnisse bezüglich des Unterrichts vorliegen, können diese aufgestellten Vermutungen teilweise weder bestärkt noch entkräftet werden (RUWISCH, 1999, S. 254). In der Mehrzahl der Studien, die in ihrer Arbeit nicht bzw. nicht detailliert auf die Erarbeitung in der Unterrichtspraxis Bezug nehmen (z.B. HEIRDSFIELD et al., 1999; COONEY et al., 1988), fällt es somit schwer, die ermittelten Forschungsergebnisse zu interpretieren und Erkenntnisse, die beispielsweise aus internationalen Studien gezogen werden, auch auf die nationale Ebene zu übertragen.

Die nationalen und internationalen Forschungsergebnisse zur Strategieverwendung lassen Tendenzen erkennen, konkret liegen aber keine einheitlichen Forschungsergebnisse zur Häufigkeit des Einsatzes einzelner Herangehensweisen vor. Aus den bisherigen Ausführungen geht hervor, dass Schülerinnen und Schüler mit zunehmendem Alter Einmaleinsaufgaben gehäuft über den Faktenabruf lösen und der Einsatz der weniger tragfähigen Herangehensweisen (z.B. die sukzessiven Addition oder das Aufsagen der Reihe) im Laufe der Zeit zurückgeht. Dabei unterscheiden sich die Automatisierungsquoten und Häufigkeiten des Einsatzes von Rechenstrategien sowie weiterer ermittelten Herangehensweisen an Einmaleinsaufgaben von Studie zu Studie sehr. Der Einsatz von Rechenstrategien fiel allerdings in allen beschriebenen Studien mit Ausnahme der Studie von GASTEIGER und PALUKA-GRAHM (2013) eher gering aus. Vereinzelte Forschungsergebnisse liefern erste Hinweise, dass der Einsatz von Rechenstrategien bzw. die Strategieverwendung im Allgemeinen abhängig von der unterrichtlichen Thematisierung zu sein scheint (z.B. STEEL & FUNNELL, 2001; RUWISCH, 1999; GASTEIGER & PALUKA-GRAHM, 2013).

Korrektheit der Ausführung und Lösungszeiten

Wenn im Zusammenhang mit der Strategiewahl bzw. -ausführung von der Effizienz einer Strategie gesprochen wird, werden in der internationalen Literatur häufig die beiden Faktoren *Lösungsgeschwindigkeit* und *Korrektheit der Aufgabenlösung* als Charakteristika angeführt. Die folgenden Ausführungen sollen Forschungsergebnisse im Hinblick auf die Korrektheit und die Lösungsgeschwindigkeit verschiedener Herangehensweisen aufzeigen – als Grundlage hierfür dienen unter anderem die bereits beschriebenen bzw. angeführten Studien des Abschnittes 3.2.1. Zunächst werden Forschungsergebnisse zur Lösungskorrektheit berichtet.

LEMAIRE und SIEGLER (1995) ermittelten in ihrer sehr klein angelegten Studie zu Beginn der Erarbeitung eine sehr hohe Fehlerquote von insgesamt 55%. Im Laufe des 2. Schuljahres nahm diese deutlich ab, so dass am Ende der Erarbeitung die Fehlerquote nur noch 12% betrug. Zum ersten Untersuchungszeitraum wurden 27% der Aufgaben, die über den Faktenabruf aus dem Gedächtnis abgerufen wurden, falsch gelöst, am Ende der Erarbeitung lag der Prozentsatz bei 9%. Der Einsatz der wiederholten Addition erwies sich als fehleranfälliger. 40% der Kinder konnten die wiederholte Addition zu Beginn des Schuljahres nicht fehlerfrei einsetzen, der Prozentsatz gegen Ende des Schuljahres nahm lediglich minimal auf 29% ab. MABBOTT und BISANZ (2003) verzeichneten ebenso wie LEMAIRE und SIEGLER (1995) für alle ermittelten Herangehensweisen über die Zeit sinkende Fehlerquoten (MABBOTT & BISANZ, 2004, S. 1097). Nichtsdestotrotz kamen sie für die Jahrgangsstufe 4 zu folgender Erkenntnis: „Children in Grade 4 were almost always accurate when they reported using retrieval and were less accurate when they used nonretrieval procedures" (ebd., S. 1097). In der Studie von COONEY et al. (1988) erwies sich die Anzahl der gemachten Fehler als sehr gering über alle Herangehensweisen hinweg – im Vergleich zur Studie von MABBOTT und BISANZ (2004) ergab die Analyse für den Faktenabruf allerdings mehr Fehler im 4. Schuljahr als noch im 3. Schuljahr. Nach HEIRDSFIELD et al. (1999) sowie nach STEEL und FUNNELL (2001) lösten Kinder mit zunehmendem Alter immer mehr Aufgaben über den Faktenabruf oder mithilfe von Ableitungsstrategien richtig. Während im ersten Interview gemäß HEIRDS-FIELD et al. (1999) nur 37% der Aufgaben korrekt gelöst wurden, stieg der Prozentsatz korrekt gelöster Aufgaben zum zweiten Interviewzeitpunkt bereits auf 71%. Den Forschungsergebnissen von STEEL und FUNNELL (2001) folgend, stellen der Faktenabruf und der Einsatz von Ableitungsstrategien die zwei erfolgreichsten Herangehensweisen an Einmaleinsaufgaben dar. Keine Abnahme der Fehlerquote, sondern der gegenteilige Fall liegt in der Untersuchung von HEIRDSFIELD et al. (1999) für die wiederholte Addition bzw. das Aufsagen der Reihe vor – mehr Fehler wurden von den Schülerinnen und Schülern mit zunehmendem Alter beim wiederholten Addieren oder beim Aufsagen der Reihe gemacht. Dies kann unter Umständen darauf zurückgeführt werden, dass zu einem späteren Zeitpunkt bevorzugt leistungsschwächere Schülerinnen und Schüler auf diese Herangehensweisen zurückgreifen und diese wiederum weniger erfolgreich in der Ausführung sind als beispielsweise leistungsstärkere Kinder, die zu Beginn ebenfalls die wiederholte Addition oder das Aufsagen der Reihe als Lösungsweg genutzt haben. Unabhängig von dieser möglichen Erklärung erwies sich die wiederholte Addition erneut als sehr fehleranfällige Herangehensweise.

Die Forschungsergebnisse von SIEGLER (1988) sind mit den Erkenntnissen von LEMAIRE und SIEGLER (1995) im zweiten Schuljahr vergleichbar. Zu einem sehr frühen Zeitpunkt nach der unterrichtlichen Erarbeitung des kleinen Einmaleins konnten 78% der Aufgaben, die über den Faktenabruf gelöst wurden bereits fehlerfrei gelöst werden, während nur 59% der Schülerinnen und Schüler über die wiederholte Addition zu einem korrekten Ergebnis gelangten. Die zwei Studien von LEFEVRE et al. (1996), welche die Strategieverwendung von Studierenden untersuchten, offenbaren eine sehr niedrige Fehlerquote. Bei 3% bzw. 4% der Aufgaben, die über den Faktenabruf gelöst wurden, konnte keine korrekte Aufgabenlösung erzielt werden. Ableitungsstrategien wurden von einem etwas höheren Prozentsatz der Studierenden nicht korrekt angewendet (7% bzw. 8%). Das Aufsagen der Reihe wurde von den Teilnehmerinnen und Teilnehmern der ersten Studie immer korrekt ausgeführt, für die zweite Studie von lediglich 6% nicht. Für die wiederholte Addition ist ein ähnliches Fehlerbild zu erkennen – während in der ersten Untersuchung die sukzessive Addition von 5% der Studierenden nicht korrekt durchgeführt wurde, konnte in der zweiten Studie die gesamte Stichprobe mithilfe der Addition zur richtigen Lösung der Einmaleinsaufgaben gelangen. So gut wie keine Aussagen bzw. Erkenntnisse im Hinblick auf mögliche Fehler bei der Ausführung einzelner Rechenstrategien und Herangehensweisen an Einmaleinsaufgaben liefern die beschriebenen nationalen Studien. In der Studie von GASTEIGER und PALUKA-GRAHM (2013) wurde unabhängig vom eingesetzten Lösungsweg jede Aufgabe korrekt gelöst. In einer weiteren nationalen Studie, der Studie von SELTER (1994)[56], waren etwa zwei Drittel der Schülerinnen und Schüler nach einer 5-stündigen Erarbeitung von Rechenstrategien in der Lage, ausgehend von den Ergebnissen der kurzen Reihen bzw. den sogenannten Kernaufgaben durch Addition und Subtraktion (Zerlegung eines Faktors) noch unbekannte Einmaleinsaufgaben zu lösen (ebd., S. 171f.). Das restliche Drittel konnte diese Rechenstrategie nicht unmittelbar zur Lösung einsetzen: „Nach und nach gewannen jedoch nahezu alle Schüler Einsicht in die zugrundeliegenden Prinzipien und waren in der Lage, sie anzuwenden" (SELTER, 1994, S. 172). Im weiteren Verlauf des Unterrichtsversuches wurden Rechenstrategien auch diskutiert bzw. bezüglich ihrer Eleganz und Effizienz bewertet. Die Vorgehensweisen des Verdoppelns und des Ableitens wurden in diesem Zusammenhang an zwei fiktiven Schülerbeispielen behandelt. Im Anschluss an die Diskussion konnte zumindest eine der beiden erwähnten Strategien von fast allen Schülerinnen und Schülern angewendet werden, die Hälfte verfügte über Sicherheit im Umgang mit beiden Rechenstrategien, dem Verdoppeln und dem Ableiten.

Eine Zusammenschau der vorgestellten Forschungsergebnisse hinsichtlich der Lösungskorrektheit liefert für die Rechenoperation der Multiplikation kein einheitliches Bild. Während einige Studien über insgesamt sehr hohe Fehlerquoten berichten, sind auch Studien mit sehr geringen Fehlerquoten oder ausschließlich korrekten Aufgabenlösungen beschrieben worden. In der Mehrzahl der Studien lösen die Kinder Aufgaben des kleinen Einmaleins über die Zeit zunehmend fehlerfrei. Auch hinsichtlich einzelner Herangehensweisen wurden mit zunehmender Erfahrung der Kinder in der Regel weniger Fehler verzeichnet. Als eher fehleranfällige Herangehensweise wurde die sukzessive Addition identifiziert, im Gegensatz dazu ging der Faktenabruf mit niedrigen Fehlerquoten einher. Welche konkreten Fehler Kinder bei der Lösung von Einmaleinsaufgaben machen bzw. beim Einsatz unterschiedlicher Herangehensweisen praktizieren, ist in der Forschungsliteratur noch relativ unerforscht.[57]

---

56 SELTER (1994) verfolgte in einem mehrmonatigen Unterrichtsversuch das Ziel, Eigenproduktionen im Mathematikunterricht der Grundschule auf die unterrichtliche Realisierung bzw. Praktikabilität hin zu überprüfen. Er versuchte nachzuweisen, dass Schülerinnen und Schüler jedes Leistungsniveaus von Eigenproduktionen profitieren sowie auch essentielle Inhalte thematisiert werden können. In einer zweiten Klasse ($N = 21$) wurden Eigenproduktionen zum multiplikativen Rechnen erprobt (ebd., S. 72ff.).

57 Eine Vielzahl an Studien im Bereich der Multiplikation liefert Erkenntnisse hinsichtlich praktizierter Fehler unabhängig von der eingesetzten Herangehensweise. So unterscheiden Studien beispielsweise zwischen „table-errors" oder „miscellaneous errors" (CAMPBELL & GRAHAM, 1985, S. 350f.) und ermitteln in diesem Zusammenhang, inwiefern nicht korrekte Aufgabenlösungen, Lösungen der gleichen Einmaleinsreihe (table-related) oder anderer Einmaleinsreihen (table-unrelated) darstellen oder das Ergebnis keiner Einmaleinsaufga-

Neben dieser kurzen Zusammenfassung der Forschungsergebnisse zum korrekten Einsatz einzelner Herangehensweisen bzw. Rechenstrategien, werden im Folgenden die benötigten *Lösungszeiten* für Einmaleinsaufgaben detailliert betrachtet.

Zwei der wenigen Studien, die auch Lösungszeiten unterschiedlicher Lösungswege von Kindern bei Einmaleinsaufgaben ermittelten, sind die Untersuchungen von LEMAIRE und SIEGLER (1995) sowie von MABBOTT und BISANZ (2003). In Tabelle 4 sind zur besseren Übersicht die Lösungszeiten der jeweils erhobenen Herangehensweisen der beiden Studien aufgelistet.

Tabelle 4: Gemittelte Lösungszeiten (in Sekunden) über alle Teilnehmenden der Untersuchungen von LEMAIRE und SIEGLER (1995) sowie von MABBOTT und BISANZ (2003)

Herangehensweisen	LEMAIRE & SIEGLER (1995) 2. Schuljahr			MABBOT & BISANZ (2003)	
	vor	während	nach	4. Schuljahr	6. Schuljahr
Faktenabruf	5.9 s	2.8 s	2.9 s	2.2 s	1.5 s
Wiederholte Addition	18.8 s	14.7 s	11.8 s	4.8 s	2.8 s
Aufsagen der Reihe	–	–	–	3.8 s	1.5 s
Special trick	–	–	–	5.7 s	3.7 s

Wie der Überblick anhand der Tabelle 4 veranschaulicht, nehmen für fast alle aufgeführten Herangehensweisen die Lösungszeiten mit zunehmendem Alter ab bzw. die Herangehensweisen werden mit zunehmender Erfahrung in der Anwendung schneller zur Aufgabenlösung eingesetzt. LEMAIRE und SIEGLER (1995) verweisen im Zuge der Analyse der Forschungsergebnisse ihrer Studie nicht nur auf quantitative Veränderungen im Hinblick auf die Lösungszeiten und die Korrektheit der Aufgabenlösung, sondern erkennen auch qualitative Anpassungen:

> The improved execution of the strategies reflected qualitative as well as quantitative changes. Repeated addition provided the clearest evidence for such qualitative changes in strategy execution. Part of the improvement in the speed and accuracy of this strategy was due to children increasingly adding the larger addend the number of times indicated by the smaller, rather than vice versa. (LEMAIRE & SIEGLER, 1995, S. 94)

Im Laufe des 2. Schuljahres nimmt in der Studie von LEMAIRE und SIEGLER (1995) die benötigte Lösungszeit zur Aufgabenlösung – unabhängig von den Herangehensweisen – über alle Erhebungszeiträume hinweg substantiell ab. Der Faktenabruf findet am Schuljahresende im Vergleich zum Schuljahresbeginn mehr als doppelt so schnell statt. Deutlich schneller werden Aufgaben mit zunehmender

---

be (miscellaneous errors) zuzuordnen ist (z.B. BAROODY, 1993; CAMPBELL & GRAHAM, 1985; COONEY et al., 1988; LEFEVRE et al., 1996). Typische Fehlerbilder je angewandter Herangehensweise sind bisher allerdings nicht unterschieden bzw. differenziert worden.

Erfahrung auch über die wiederholte Addition gelöst, was nicht nur auf den zunehmenden Gebrauch der Herangehensweise zurückzuführen ist, sondern wie im Zitat von LEMAIRE und SIEGLER (1995) bereits betont, auch auf die effizientere Nutzung. Im Gegensatz zur Untersuchung von MABBOTT und BISANZ (2003) ermittelten LEMAIRE und SIEGLER (1995) in ihrer Studie allerdings außerordentlich hohe Lösungszeiten (siehe Tabelle 4). Am Ende des 2. Schuljahres beläuft sich die Bearbeitungszeit einer Einmaleinsaufgabe über die wiederholte Addition auf fast 12 Sekunden, während MABBOTT und BISANZ (2003) im 4. Schuljahr 4.8 Sekunden als Lösungszeit ermittelten. Dieser deutliche Unterschied in der Bearbeitungszeit kann einerseits auf die zunehmende Erfahrung im Hinblick auf Additionen in höheren Jahrgangsstufen zurückgeführt werden, ebenso kann aber auch das Aufgabenmaterial für diese Unterschiede verantwortlich sein. Fordert eine Studie zum Beispiel hauptsächlich die Lösung komplexer Aufgaben aus dem kleinen Einmaleins mit je zwei großen Faktoren (z.B. beide Faktoren größer als 5) im Gegensatz zum vermehrten Einsatz von Aufgaben mit jeweils einem kleinen Faktor bzw. zwei kleinen Faktoren in der anderen Studie, so stellt sich die wiederholte Addition bei letztgenanntem Aufgabenmaterial als vermeintlich geeignetere Herangehensweise heraus, die deutlich schneller zur korrekten Aufgabenlösung führt.[58] Wird die wiederholte Addition in der Studie von MABBOTT und BISANZ (2003) beispielsweise von den Schülerinnen und Schülern nur bei relativ kleinen Faktoren eingesetzt, während Kinder der Studie von LEMAIRE und SIEGLER (1995) auch zur Lösung komplexer Aufgaben mit großen Faktoren auf diese Herangehensweise zurückgreifen, dann sind die enormen Abweichungen in der Bearbeitungszeit ebenfalls – wie gerade bereits in einem ähnlichen Zusammenhang angeführt – nicht weiter verwunderlich. Stichproben, die sich in der Leistungsstärke unterscheiden, könnten ebenfalls zu Abweichungen der Lösungszeiten führen.

Über die zwei bereits genannten Studien hinaus, wurden auch in der Studie von STEEL und FUNNELL (2001) Lösungszeiten ermittelt. Wie bereits in dem Abschnitt *Häufigkeiten des Einsatzes von Herangehensweisen* bzw. *Rechenstrategien* berichtet, besteht eine Besonderheit der Auswertung darin, zu erfassen, wie häufig Schülerinnen und Schüler auf ein und dieselbe Herangehensweise oder verschiedene Herangehensweisen zur Aufgabenlösung zurückgriffen. Die Lösungszeiten dieser Studie wurden erneut unter diesem Gesichtspunkt analysiert. Die durchschnittlich schnellste Lösungszeit der Studie von STEEL und FUNNELL (2001) konnte für die Personengruppe ermittelt werden, die ausschließlich auf den Faktenabruf zurückgriff. Der Abruf von Einmaleinsaufgaben aus dem Gedächtnis sowie der Rückgriff auf Ableitungsstrategien führte zur zweitschnellsten Lösungszeit, gefolgt von der Personengruppe,

---

58 BIEWALD (1998), STEEL und FUNNELL (2001) sowie LEFEVRE et al. (2004) sprechen von schweren Aufgaben des kleinen Einmaleins, wenn sich die Aufgaben aus zwei Faktoren größer als fünf zusammensetzen (BIEWALD, 1998, S. 58; LEFEVRE et al., 2004, S. 1019; STEEL & FUNNELL, 2001, S. 48). Aufgaben mit zwei kleinen Faktoren (LEFEVRE et al., 2004, S. 1019; STEEL & FUNNELL, 2001, S. 48) oder einem kleinen und einem großen Faktor (BIEWALD, 1998, S. 58) sind einfacher zu berechnen.

die zusätzlich noch das Aufsagen der Reihe nutzte. Das ausschließliche Aufsagen der Reihe hat sich als am zeitintensivsten herauskristallisiert.

Eine Erkenntnis kann allerdings im Hinblick auf die wiederholte Addition unabhängig von der Bandbreite an Bearbeitungszeiten festgehalten werden: Die wiederholte Addition stellt eine weniger tragfähige Herangehensweise dar (siehe Abschnitt 2.2.2), da ihr kein bewusster Einsatz von Zahlbeziehungen zugrunde liegt. Ihr Einsatz ist zudem häufig zeitintensiver als der Einsatz anderer ermittelter Herangehensweisen an Einmaleinsaufgaben des kleinen Einmaleins (siehe Tabelle 4). Je nach Aufgabencharakteristik kann die sukzessive Addition allerdings vereinzelt auch überlegt und sinnvoll eingesetzt und somit schnell und fehlerfrei zur Aufgabenlösung führen. Der Faktenabruf aus dem Gedächtnis führt am schnellsten zur Lösung von Einmaleinsaufgaben (LEMAIRE & SIEGLER, 1995; MABBOTT & BISANZ, 2003; SIEGLER, 1988; STEEL & FUNNELL, 2001). Bei Anwendung von Ableitungsstrategien ist es auf Basis der vorgestellten Studien eher schwierig, Aussagen zu den konkreten Lösungszeiten dieser Herangehensweise zu tätigen. Sowohl in der Studie von MABBOTT und BISANZ (2003) als auch in der Studie von STEEL und FUNNELL (2001) wurden Ableitungsstrategien nur indirekt erhoben.[59]

Die Lösungszeiten von Erwachsenen sind der Studie von LEFEVRE et al. (1996) zufolge durchwegs sehr niedrig. Für den Faktenabruf benötigten Studierende im Durchschnitt 1.2 Sekunden. Der Einsatz von Ableitungsstrategien führte in 3.1 bzw. in 2.2 Sekunden zur korrekten Aufgabenlösung. Im Vergleich wurde die korrekte Einmaleinsaufgabe mithilfe des Aufsagens der Reihe (in 1.7 bzw. 1.8 Sekunden) und unter Verwendung der wiederholten Addition (in 1.2 Sekunden in beiden Studien) deutlich schneller ermittelt als über den Einsatz von Ableitungsstrategien. Die wiederholte Addition stellt sich diesen Forschungsergebnissen zufolge als schnelle und akkurate Herangehensweise für Erwachsene heraus (LEFEVRE et al., 1996, S. 294). Dieses Ergebnis darf nicht einfach als gegeben hingenommen werden, sondern muss einer genauen Analyse unterzogen werden. Berücksichtigt man, dass die wiederholte Addition in genannter Studie hauptsächlich bei Aufgaben mit Faktor 2 zur Aufgabenlösung herangezogen wurde, wird die Aussage „repeated addition was a fast and accurate procedure" (LEFEVRE et al., 1996, S. 294) relativiert.

Besteht das Ziel einer Studie darin, aussagekräftige Erkenntnisse zur Effizienz einzelner Herangehensweisen bzw. Rechenstrategien zu erzielen, sollten nicht ausschließlich die Korrektheit und die Lösungszeiten verschiedener Lösungswege erfasst werden, sondern idealerweise auch berücksichtigt werden, welche Herangehensweise bei welchem Aufgabentyp bzw. bei welchen Faktoren bevorzugt zum Einsatz kommt. Nur aufgrund der zusätzlichen Information der Studie von LEFEVRE et al. (1996), dass die sukzessive Addition in erster Linie bei Einmaleinssätzen mit Faktor 2 zur

---

59 In der Studie von MABBOTT und BISANZ (2003) wurden Rechenstrategien sowie das Fingerrechnen beim Neuner-Einmaleins unter die sogenannten *special tricks* geführt und eine gemeinsame Lösungszeit ermittelt. Die berichteten Lösungszeiten der Studie von STEEL und FUNNELL (2001) fassen einerseits Lösungszeiten für Rechenstrategien und Faktenabrufe zusammen und andererseits Lösungszeiten für Rechenstrategien, Faktenabrufe und das Aufsagen von Einmaleinsreihen.

Aufgabenlösung eingesetzt wurde, konnte der deutliche Unterschied zwischen den ermittelten Lösungszeiten von durchschnittlich 1.2 Sekunden im Vergleich zu den deutlich höheren Zeiten der anderen Studien relativiert werden. Auch die Lösung von Einmaleinsaufgaben über das Aufsagen der Reihe wird in der Studie von LE-FEVRE et al. (1996) den Lösungszeiten zufolge als durchaus schnelle Lösungsvariante geführt – doch scheint die geringe Lösungszeit bei Erwachsenen auch auf einen geschickten Einsatz zurückzuführen zu sein. Das Aufsagen der Reihe wurde am häufigsten für Faktoren mit 3 oder 5 eingesetzt und bei anderen Faktoren gab immer der kleinere Faktor die Anzahl an Schritten vor. Die Lösung von Einmaleinsaufgaben mithilfe von Ableitungsstrategien beanspruchte im Durchschnitt 2- bzw. 3-mal mehr Zeit als ein Abruf von Aufgaben aus dem Gedächtnis. Eine sinnvolle bzw. nachvollziehbare Erklärung liefern dafür LEFEVRE et al. (1996): „Derived-fact solutions presumably involve both retrieval and some additional operation and thus would be expected to be slower and less accurate than retrieval" (ebd., S. 295).

Neben den bereits erwähnten Studien wurden weitere Untersuchungen im Bereich der Multiplikation durchgeführt, die Lösungszeiten von Kindern allerdings *unabhängig* von den eingesetzten Herangehensweisen erfassen und somit keine Aussagen im Hinblick auf Bearbeitungszeiten je Herangehensweise ermöglichen. Als exemplarisches Beispiel wird an dieser Stelle auf die Studie von KOSHMIDER und ASHCRAFT (1991) verwiesen: „No direct measure of strategic processing was either planned or obtained in this study" (KOSHMIDER & ASHCRAFT, 1991, S. 61). KOSHMIDER und ASHCRAFT (1991) untersuchten in ihrer Studie Bearbeitungszeiten zur Lösung von Einmaleinsaufgaben des kleinen Einmaleins im 3., 5., 7. und 9. Schuljahr sowie bei Studentinnen und Studenten zwischen 18 und 25 Jahren ($N = 90$). Das Studiendesign dieser Studie unterscheidet sich von den bisher vorgestellten Untersuchungen. Während Kinder in den bisherigen Studien in den Interviewsituationen aufgefordert wurden, die Ergebnisse der kontextfrei gestellten Einmaleinsaufgaben möglichst schnell zu lösen, werden in der Studie von KOSHMIDER und ASHCRAFT (1991) die Aufgabenstellung sowie eine mögliche Lösung gleichzeitig präsentiert und Kinder aufgefordert, Aussagen zur Fehlerfreiheit bzw. Korrektheit schnellstmöglich zu tätigen. Die ermittelten Reaktionszeiten von im Durchschnitt 2542 ms, 1642 ms, 1370 ms, 1140 ms und 1084 ms in den Jahrgangsstufen 3, 5, 7, 9 und bei Studentinnen und Studenten müssen dabei unter zweierlei Gesichtspunkten betrachtete werden. Nur die Reaktionszeiten der korrekt gelösten Aufgaben werden zur Analyse von durchschnittlichen Reaktionszeiten herangezogen und Ausreißer – Aufgaben, deren Lösung besonders viel Zeit in Anspruch genommen haben – wurden nach bestimmten Vorgaben aus den Berechnungen ausgeschlossen. „The RTs from trials on which an error occurred were eliminated from further consideration, as were RTs identified as extreme scores beyond the .05 level (for Dixon's test for outliers [...])" (KOSHMIDER & ASHCRAFT, 1991, S. 59).

Um aus den beschriebenen Untersuchungen die richtigen Schlüsse ziehen zu können bzw. die gesammelten Erkenntnisse final zusammenfassen oder vergleichen zu können, müssen – wie in den bisherigen Ausführungen beschrieben – immer auch eine Fülle an Informationen oder Rahmenbedingungen berücksichtigt werden. Ohne Berücksichtigung der Aufgabencharakteristik sind beispielsweise Erkenntnisse im Hinblick auf Lösungszeiten von Herangehensweisen nur schwer einzuschätzen. Welche weiteren Aspekte darüber hinaus Berücksichtigung finden sollten, wird anhand der folgenden Ausführungen veranschaulicht.

Die in der Vergangenheit am häufigsten eingesetzte Methode zur Ermittlung von Lösungskorrektheit und Lösungszeiten einzelner Herangehensweisen ist die sogenannte „*choice* method" (LUWEL, ONGHENA, TORBEYNS, SCHILLEMANS & VERSCHAFFEL, 2009, S. 351, Hervorhebung im Original; SIEGLER & LEMAIRE, 1997, S. 71), die auch in den bisher beschriebenen Untersuchungen in erster Linie zum Einsatz kam. „It involves presenting a set of problems to a group of participants, assessing their strategy use on each problem, and then calculating the mean speed and accuracy for each strategy" (LUWEL et al., 2009, S. 251). Nach SIEGLER und LEMAIRE (1997) weist die Methode der freien Strategiewahl allerdings zwei nicht zu vernachlässigende Mängel auf, die auch auf die bisher beschriebenen Forschungsergebnisse durchaus zutreffen können: „Unfortunately, the estimates of strategy characteristics generated by the choice method are biased by selection effects. These selection effects involve both the problems on which strategies are used and the people who use each strategy most often" (SIEGLER & LEMAIRE, 1997, S. 71f.). Eine Herangehensweise oder Rechenstrategie, die bevorzugt zur Lösung von einfachen Aufgaben herangezogen wird oder in erster Linie von den leistungsfähigeren Kindern eingesetzt wird, wird den Eindruck erwecken eine effizientere Strategie darzustellen als eine Herangehensweise oder Rechenstrategie, auf die fast ausschließlich bei schwierigeren Aufgaben zurückgegriffen wird oder bei weniger qualifizierten Kindern zum Einsatz kommt (LUWEL et al., 2009, S. 251; SIEGLER & LEMAIRE, 1997, S. 71f.).

Die Interpretation der Forschungsergebnisse bzw. der Vergleich von Studien hinsichtlich der Effizienz verschiedener Herangehensweisen wird somit nicht nur durch die Nicht-Berücksichtigung der Aufgabencharakteristika erschwert, sondern auch durch viele weitere Zusatzinformationen, die häufig nicht oder nicht detailliert genug berichtet werden. Studien, die sich mit Lösungszeiten im Allgemeinen oder dem Faktenabruf von Einmaleinsaufgaben im Speziellen beschäftigen, sollten beispielsweise viel differenzierter die folgenden Fragestellungen beantworten:

- *Welche Verfahren werden zum Ausschluss von Reaktionszeiten, die als Ausreißer identifiziert werden, herangezogen?*
  Dies ist aus folgendem Grund von bedeutender Relevanz: Werden keine Ausreißer ausgeschlossen, so sind die Reaktionszeiten entsprechend höher, ebenso für den Fall, dass die angewandte Ausschluss-Regel einer Studie moderater als die einer anderen Studie ist.
- *Wie viel Zeit wird den Kindern zur Beantwortung der Einmaleinsaufgaben zugestanden?*
  Verfügen die Studienteilnehmerinnen und -teilnehmer beispielsweise wie in der Studie von LEFEVRE et al. (1996) nicht länger als 5 Sekunden zur Aufgabenbeantwortung (ebd., S. 293), sind auch die sehr geringen Lösungszeiten, die in die-

ser Untersuchung ermittelt werden konnten, nicht zwingend überraschend. Erfolgt in einer Studie dahingegen keine Begrenzung der Antwortzeit oder wird eine andere Zeitspanne zur Begrenzung angesetzt, können variierende durchschnittliche Lösungszeiten verschiedener Studien unter anderem auch darin begründet liegen.

- *Wie groß ist der Prozentsatz der Schülerinnen und Schüler, deren Abruf aufgrund eines nicht korrekten Ergebnisses nicht für die Analysen berücksichtigt wurde?*
Rufen Kinder viele Aufgaben aus dem Gedächtnis fehlerhaft ab, kann dies auch zu einer Verzerrung der Gesamtstichprobe führen. Unter Umständen lösen vor allem leistungsschwächere Schülerinnen und Schüler Einmaleinsaufgaben deutlich weniger häufig korrekt, so dass möglicherweise ein Großteil der Lösungszeiten auf Basis der Nennungen leistungsstärkerer Kinder erfolgen und die Lösungszeiten dementsprechend niedriger ausfallen.

Forschungsergebnisse in Abhängigkeit von der Aufgabencharakteristik

Neben der aufgezeigten Vielfalt an Herangehensweisen bzw. Rechenstrategien an Einmaleinsaufgaben, der Häufigkeit des Einsatzes, den berichteten Lösungszeiten und der Lösungskorrektheit soll in diesem Abschnitt auch die *Abhängigkeit von der Aufgabencharakteristik* nicht unberücksichtigt bleiben. Nicht zuletzt aufgrund seiner allgegenwärtigen Präsenz in der Forschungsliteratur soll zunächst der *problem-size effect* analysiert werden.[60] Aussagen im Zusammenhang mit diesem Effekt wie beispielsweise von MABOTT und BISANZ (2003) „one of the most pervasive findings in research" (ebd., S. 1092) oder laut DOMAHS, DELAZER und NUERK (2006) „one of the core findings in simple arithmetic is the problem-size effect" (ebd., S. 275) verdeutlichen dabei seinen Stellenwert. Ganz allgemein versteht man unter diesem Effekt, dass mit zunehmender Größe der Operanden bei arithmetischen Aufgabenstellungen die Lösungszeiten und die Anzahl gemachter Fehler wachsen (CAMPBELL & GRAHAM, 1985; KOSHMIDER & ASHCRAFT, 1991). „Problems with smaller operands [...] are solved more quickly and accurately than problems with larger operands" (LEFEVRE et al., 1996, S. 284). Für die Multiplikation bedeutet dies konkret, dass Einmaleinsaufgaben mit großen Faktoren (z.B. 7 · 8) tendenziell längere Lösungszeiten und mehr Fehler hervorrufen als Aufgaben mit kleineren Faktoren (z.B. 2 · 3) (CAMPBELL & GRAHAM, 1985; DE BRAUWER et al., 2006; KOSHMIDER & ASHCRAFT, 1991; LEFEVRE et al., 1996; LEFEVRE, SHANAHAN & DESTEFANO, 2004; MABBOTT & BISANZ, 2003, S. 1092; SIEGLER, 1988). Explizite Ausnahmen stellen die Quadrataufgaben und Einmaleinssätze mit 5 dar: Quadrataufgaben werden in der Regel schneller gelöst als Nicht-Quadrataufgaben (*tie ef-*

---

60 Einen der ersten Nachweise für den *problem-size effect* lieferte Frank L. Clapp im Jahr 1921, als er an 10.945 Schülerinnen und Schülern der Klassen drei bis acht an insgesamt 3.862.332 Aufgabenstellungen – alle möglichen Aufgabenkombinationen der Addition, Subtraktion, Multiplikation und Division – den Schwierigkeitsgrad ermittelte. Im Zusammenhang mit der Multiplikation beobachtete er, dass einfache Kombinationen mit großen Faktoren sich als schwieriger zur Lösung herauskristallisierten als Aufgaben mit kleinen Faktoren (CLAPP, 1924).

fect), Einmaleinsaufgaben mit einem Faktor 5 schneller und korrekter als Aufgaben mit vergleichbar großen Faktoren (*five effect*) (CAMPBELL & GRAHAM, 1985). Die Effekte konnten sowohl in Untersuchungen mit Kindern als auch mit Erwachsenen ermittelt werden: „In sum, the effects that are robustly observed in adult multiplication (the problem size, five, and tie effects) have been observed in children as well" (CAMPBELL & GRAHAM, 1985, S. 350; DE BRAUWER et al., 2006, S. 1481; LE-FEVRE et al., 1996, S. 291).

Nach CAMPBELL und GRAHAM (1985) können diese Effekte bereits sehr früh im Lernprozess verzeichnet werden und sind bis in das Erwachsenenalter festzustellen. „Thus, although problem size is a reliable predictor of latencies and errors, it provides an incomplete account of the variability in solution latencies on single-digit multiplication problems" (LEFEVRE et al., 1996, S. 284f.). CAMPBELL und GRA-

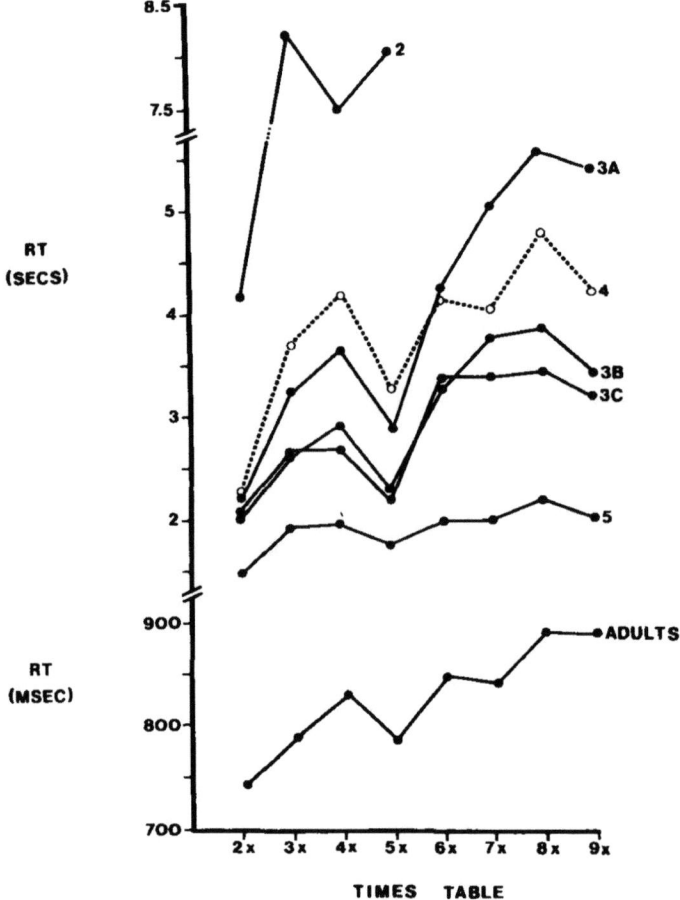

Abbildung 19:   Lösungszeiten der Studie von CAMPBELL und GRAHAM (1985) in Sekunden bzw. Millisekunden sortiert nach Einmaleinssätzen und den Klassenstufen 2, 3, 4, 5 sowie der Erwachsenenstichprobe (ebd., S. 348). Die Reaktionszeiten der Teilnehmerinnen und Teilnehmer der Jahrgangsstufe 3 wurden zu drei Messzeitpunkten (A, B, C) erhoben. Zwischen der ersten und der zweiten Messung lagen sieben Wochen, zwischen der zweiten und der dritten fünf Wochen.

HAM (1985) veranschaulichen anhand der Abbildung 19 sehr deutlich, dass die Reaktionszeiten mit zunehmender Größe der Faktoren nicht einfach linear oder kurvenförmig verlaufen – wie beim *problem-size effect* intendiert (CAMPBELL & GRAHAM, 1985, S. 349). Neben den Einmaleinssätzen mit 5, die schneller gelöst werden als Aufgaben mit ähnlicher Faktorgröße (z.B. Einmaleinssätze mit 4 oder 6) sind auch Aufgaben mit einem Faktor 9 größtenteils leichter zu lösen als die Aufgabenkombinationen, die den kleineren Faktor 8 aufweisen.

Eine Studie von KOSHMIDER und ASHCRAFT (1991) ermittelte für die Klassen 3, 5, 7, 9 und für Studierende im Durchschnitt 317 ms langsamere Lösungszeiten für Einmaleinsaufgaben mit hohen Ergebnissen im Vergleich zu Aufgaben, deren Produkt klein ausfiel.[61] Während sich der *problem-size-effect* zwischen kleinen und großen Aufgabenkombinationen im 3. Schuljahr noch auf 703 ms belief, wurde mit zunehmendem Alter eine deutliche Abnahme dieses Effektes erkennbar – 233 ms, 194 ms, 164 ms und 161 ms für das 5., 7. und 9. Schuljahr sowie für das Erwachsenenalter (KOSHMIDER & ASHCRAFT, 1990, S. 60). Ähnliche Entwicklungen wie die gerade beschriebenen wurden auch für die Anzahl der Fehler ermittelt. Drittklässler beispielsweise konnten lediglich 4% der kleinen Aufgaben nicht korrekt lösen, bei großen Aufgaben stieg der Prozentsatz auf 19% (ebd., S. 62). Während die bereits vorgestellten Untersuchungen von CAMPBELL und GRAHAM (1985) sowie KOSHMIDER und ASHCRAFT (1991) davon ausgehen, dass der *problem-size effect* hinsichtlich der Reaktionszeiten drastisch und sukzessive abnimmt mit zunehmendem Alter, stabilisiert sich der Effekt allerdings laut DE BRAUWER et al. (2006) ab dem 6. Schuljahr. Ein Grund für die unterschiedlichen Ergebnisse liegt nach DE BRAUWER et al. (2006) in der Nicht-Berücksichtigung der altersbedingten Unterschiede der ermittelten Reaktionszeiten: „However, these studies also reported major differences in mean RTs among age groups. As effect sizes scale up or down with increasing or decreasing RTs, their conclusions can be an artifact of the observed differences in mean RTs" (ebd., S. 53; DE BRAUWER & FIAS, 2009). DE BRAUWER et al. (2006) kommen zu folgendem Fazit: „Our results indeed demonstrate the importance of cautiously interpreting age group by condition interactions in developmental research when confronted with between-group differences in mean RTs". Während Uneinigkeit hinsichtlich einer Stabilisierung des problem-size effects nach dem 5. Schuljahr herrscht, ist allerdings das Antreffen dieses Effektes in der Primarstufe unbestritten.

In einer bereits in den vorherigen Abschnitten erwähnten Untersuchung an *N* = 241 Kindern im Alter zwischen 8 und 10 Jahren konnten STEEL und FUNNELL (2001) ebenfalls nachweisen, dass Lösungszeiten für Aufgaben mit großen Faktoren (7 bis 12) signifikant größer waren im Vergleich zu kleinen Faktoren (1 bis 6) (ebd., S. 48f.). Während in den anderen erwähnten Studien der problem-size effect nicht für einzelne Herangehensweisen betrachtet wurde, werteten STEEL und FUNNELL (2001) diesen auch getrennt nach Herangehensweisen aus. Der pro-

---

61 In der Studie von KOSHMIDER und ASHCRAFT (1991) wurden die Einmaleinsaufgaben unterteilt in *kleine* und *große* Aufgaben basierend auf der Größe ihres Produktes. Von kleinen Aufgaben wird bei einem Produkt zwischen 1 und 18 gesprochen, von *großen* Aufgaben bei einem Produkt zwischen 20 und 81 (ebd., S. 58).

blem-size effect ist nicht nur präsent für die Fehlerrate insgesamt über alle Herangehensweisen, sondern auch für alle Strategiegruppen separat betrachtet. Während beispielsweise der Faktenabruf für kleine Fakten nur in 2% der Fälle nicht korrekt durchgeführt wurde, stieg die Anzahl der Fehler bei dieser Herangehensweise auf 13% für große Faktoren. Darüber hinaus konnte diese Studie auch nachweisen, dass verschiedene Einmaleinsaufgaben innerhalb einer Einmaleinsreihe unabhängig von der Faktorengröße schneller gelöst werden als die gleiche Anzahl an bunt gemischten Aufgaben aus verschiedenen Einmaleinsreihen. „Children clearly benefited from the fact that, on banded screens, all questions were drawn from the same multiplication series" (STEEL & FUNNELL, 2001, S. 43).

Die Untersuchung von STEEL und FUNNELL (2001) stellt eine der wenigen Studien im Bereich der Multiplikation dar, die die verschiedenen zur Lösung der Aufgabe eingesetzten Herangehensweisen bzw. Strategien auch unter dem Gesichtspunkt der Aufgabencharakteristik betrachtet. Dabei trifft die Studie Aussagen darüber, welche Herangehensweisen bevorzugt bei Aufgaben mit kleinen bzw. großen Faktoren zum Einsatz kamen. 54% der Kinder zwischen 10 und 12 Jahren haben zur Lösung bei Aufgaben mit kleinen Faktoren ausschließlich den Faktenabruf eingesetzt. Faktenabruf und Ableitungsstrategien nutzten 10% der Kinder bei Aufgaben mit kleinen Faktoren, auf verschiedene Herangehensweisen griffen 16% der Kinder zurück sowie ein Fünftel der Kinder auf das Aufsagen der Reihe. „Overall, there was a significant shift away from retrieval strategies for low numbers toward less efficient strategies for high operands" (STEEL & FUNNELL, 2001, S. 45). Anstelle die effektivste verfügbare Herangehensweise zur Aufgabenlösung einzusetzen – wie zur Lösung der Einmaleinsaufgaben mit kleinen Faktoren –, griffen Kinder bei großen Faktoren auf die zweiteffektivste zur Verfügung stehende Herangehensweise zurück. Kinder, die Aufgaben mit kleinen Faktoren ausschließlich über den Faktenabruf lösten, riefen die Lösung für große Faktoren erneut aus dem Gedächtnis ab und nutzten Ableitungsstrategien. Wurden der Faktenabruf und Ableitungsstrategien zur Lösung von Einmaleinsaufgaben mit kleinen Faktoren bevorzugt eingesetzt, lösten dieselben Kinder Aufgaben mit großen Faktoren über den Faktenabruf, über Ableitungsstrategien und das Aufsagen der Reihe. Kinder, die den Faktenabruf, Ableitungsstrategien und das Aufsagen der Reihe zur Lösung von Aufgaben mit kleinen Faktoren einsetzten, wählten zur Aufgabenlösung mit großen Faktoren nur noch ausschließlich das Aufsagen der Reihe. Obwohl sich gezeigt hat, dass Aufgabenmerkmale einen Einfluss auf die Wahl der Herangehensweisen und Rechenstrategien haben, wurden diese nur in wenigen Studien (z.B. LEFEVRE et al., 1996; STEEL & FUNNELL, 2001) gezielt betrachtet. Im Fall der Studie von LEFEVRE et al. (1996) allerdings auch nur bei Erwachsenen. Vor allem für das Erwachsenenalter kann in diesem Zusammenhang festgehalten werden: „Selection of procedures was not random, but was systematically related to problem characteristics" (LEFEVRE et al., 1996, S. 295).

Zusammenfassung

Eine Zusammenstellung der Forschungsergebnisse der nationalen und internationalen Studien macht deutlich, dass insgesamt eher wenige Studien zur Multiplikation bzw. zum kleinen Einmaleins existieren. Darüber hinaus beschäftigt sich vor allem nur eine begrenze Anzahl an Untersuchungen mit dem Strategieeinsatz bzw. der Strategieverwendung beim kleinen Einmaleins. Vor allem die relativ geringe Gesamtzahl an nationalen Studien in diesem Forschungsgebiet wurde in den Ausführungen dieses Abschnittes ersichtlich. In der internationalen Literatur, die im Vergleich zu den nationalen Studien deutlich mehr Studien in diesem „thread in single-digit multiplication" (SHERIN & FUSON, 2005, S. 349) aufweist, fiel allerdings der größtenteils unbedeutend geringe Einsatz an Rechenstrategien ins Auge. Welche Wirkung bzw. welchen Einfluss eine Erarbeitung des kleinen Einmaleins über Rechenstrategien auf die Strategieverwendung und das langfristige Ziel des Faktenabrufes besitzt, muss somit bisher weitgehend unbeantwortet bleiben. Da diese Art der Erarbeitung die in Deutschland verpflichtend vorgeschriebene Vorgehensweise seit einigen Jahren darstellt (siehe Abschnitt 2.5.2), wird der vorhandene Forschungsbedarf in diesem Kontext besonders deutlich. Erste Indizien sprechen laut der gesammelten Forschungsergebnisse dafür, dass der Einsatz von Rechenstrategien abhängig von der unterrichtlichen Erarbeitung zu sein scheint. Wie allerdings die konkrete unterrichtliche Erarbeitung des kleinen Einmaleins detailliert vonstattengeht, kann aus der Mehrzahl der Studien nicht entnommen werden. Um zukünftig Aussagen hinsichtlich der Strategieverwendung beim kleinen Einmaleins treffen zu können, muss die unterrichtliche Erarbeitung mehr in den Fokus gerückt werden.

3.2.2 Methodische Schwierigkeiten bei der Kategorisierung der verschiedenen Herangehensweisen beim Lösen von Einmaleinsaufgaben

Wie bereits im Abschnitt 3.2.1 angeführt bzw. an der ein oder anderen Stelle dieser Arbeit darauf verwiesen, müssen die Forschungsergebnisse teilweise sehr vorsichtig bzw. unter Berücksichtigung des Studiendesigns oder Besonderheiten der durchgeführten Studien interpretiert werden. Vor allem bei der gesonderten Betrachtung einzelner Herangehensweisen oder ermittelter Lösungszeiten muss bei der Beurteilung bzw. Interpretation der Ergebnisse beachtet werden, dass die von den Kindern genannten Herangehensweisen an Einmaleinsaufgaben unter Umständen nicht den wirklich eingesetzten Lösungswegen entsprechen. „Students do just what they are instructed to do, they do sometimes follow recent teaching, or do what is usually expected in the class" (THRELFALL, 2009, S. 545). THRELFALL (2009) geht davon aus, dass Schülerinnen und Schüler ihre Antworten im Interview unter Umständen entsprechend dem Schulkontext anpassen und dementsprechend die von ihnen erwarteten Herangehensweisen äußern, ohne diese tatsächlich zur Lösungsfindung eingesetzt zu haben. Ein Grund den Angaben der Schülerinnen und Schüler zur Strategiewahl kritisch gegenüberzustehen sieht nach THRELFALL (2009) wie folgt aus:

„One is that the school context, or any other particular context in which data collected, is also a constrained context, and the subject may say what they feel is expected of them" (ebd., S. 549). Möglicherweise werden in den Interviews aber auch besonders leicht zu beschreibende Herangehensweisen genannt anstelle der ursprünglich angewandten Lösungswege (THRELFALL, 2009, S. 549). Auch ASHCRAFT (1990) nimmt in diesem Zusammenhang an: „Verbalised solutions may not reflect the subject's true solution strategy, but merely one that is somewhat easier to verbalise" (ebd., S. 201).

In dieser Arbeit wurden bereits mehrmals mögliche Kategorisierungen von Herangehensweisen zum Lösen von Einmaleinsaufgaben des kleinen Einmaleins erläutert. Die Herangehensweisen bzw. die gebildeten Kategorien erweisen sich dabei im Bereich der Multiplikation im Vergleich zur Addition und Subtraktion als sehr überschaubar. Allerdings stellt gerade im Bereich der Multiplikation der angewandte Lösungs- bzw. Rechenweg viel mehr noch als in den anderen Rechenoperationen „a challenge for categorization" (SHERIN & FUSON, 2005, S. 376) dar. An dieser Stelle soll zur Veranschaulichung auf ein Fallbeispiel von SHERIN und FUSON (2005) Bezug genommen werden:

> In this episode, Cayla was given the task of multiplying 2 × 3, and she responded, relatively quickly, with an answer of 6. Then, when prompted to explain, she explained that 'you could add three plus three.' The point is that it is unclear how to categorize an episode of this sort in terms of our taxonomy. The initial answer was produced very quickly, which suggests that this is an episode of learned product. However, in her explanation, Cayla said that the answer could be found by adding 3 + 3. Indeed, it is not implausible that an answer could be produced quite quickly using this latter strategy. (SHERIN & FUSON, 2005, S. 376, Hervorhebung im Original)

Auf die beschriebene Situation scheint die Aussage von TER HEEGE (1985), auf die bereits im Abschnitt 2.4.2 Bezug genommen wurde, sehr treffend zu passen: Schülerinnen und Schüler werden zunehmend so erfahren bzw. bewandt, dass es nur schwierig möglich ist, zu unterscheiden, ob Kinder auf einen Faktenabruf zur Aufgabenlösung zurückgreifen oder die Einmaleinsaufgabe mithilfe anderer Herangehensweisen lösen (TER HEEGE, 1985, S. 386). Nach SHERIN und FUSON (2005) wird eine eindeutige Zuordnung eines Lösungsweges bzw. einer Herangehensweise darüber hinaus umso schwieriger mit zunehmender Erfahrung hinsichtlich der Rechenoperation: „We believe that coding becomes increasingly difficult as students move toward expertise, because of a real merging of the strategies" (SHERIN & FUSON, 2005, S. 393).

In diesem Zusammenhang stellt sich die berechtigte Frage, wie man bei Schülerinnen und Schülern den Einsatz einer Herangehensweise bzw. Rechenstrategie von dem Abruf einer Aufgabe aus dem Gedächtnis präzise und vor allem vertretbar unterscheidet. In der Forschungsliteratur werden verschiedene Methoden differenziert. Einerseits sind Studien im Bereich der Multiplikation vorzufinden, die ausschließlich aufgrund von verbalen Äußerungen der Studienteilnehmerinnen und

-teilnehmer Zuordnungen vornehmen (z.B. COONEY et al., 1988; LEFEVRE et al., 1996; MABBOTT & BISANZ, 2003; SIEGLER, 1988; STEEL & FUNNELL, 2001). Nach COONEY et al. (1988) werden Aussagen wie „I just knew it", „It just came to me" oder „I remembered it" (ebd., S. 330) als Faktenabruf klassifiziert. Die Zuordnung von LEFEVRE et al. (1996) sowie von MABBOTT und BISANZ (2003) sah zudem noch als weitere Voraussetzung vor, dass kein Hinweis für offensichtliche Berechnungen vorlag. Den gleichen Standpunkt teilten auch SIEGLER (1988) sowie LEMAIRE und SIEGLER (1995): „On trials in which no overt behavior (e. g., subvocal counting, use of fingers, or writing) was evident, children were classified as having retrieved the answer" (LEMAIRE & SIEGLER, 1995, S. 88; SIEGLER, 1988, S. 264). STEEL und FUNNELL (2001) berücksichtigten für ihre Klassifikation noch eine zeitliche Komponente – Schülerinnen und Schüler mussten die Aufgabenlösung ohne Zögern bzw. Verzögerung unmittelbar nach der Aufgabenpräsentation nennen (ebd., S. 42). Was allerdings unter „without hesitation" (STEEL & FUNNELL, 2001, S. 42) zu verstehen ist, liegt in diesem Fall vermutlich in der subjektiven Einschätzung der Testleiterin oder des Testleiters.

Wie bereits in den vorherigen Ausführungen erwähnt, sieht auch SIEGLER (1988) eine Schwachstelle bezüglich der vorgeschlagenen Klassifikationen: „This classification procedure had the potential weakness that if children executed backup strategies covertly, they would be misclassified as having used retrieval" (ebd., S. 264). Während alle erwähnten Studien Aussagen darüber treffen, wie viele Aufgaben Kinder zu einem Erhebungszeitraum bereits automatisiert beherrschen, verweisen GASTEIGER und PALUKA-GRAHM (2013) darauf, dass eine kindliche Äußerung wie *gewusst* oder Ähnliches nicht mit der Lösungsquote für Automatisierung bzw. dem Faktenabruf aus dem Gedächtnis gleichgesetzt werden kann (ebd., S. 17f.). GASTEIGER und PALUKA-GRAHM (2013) berufen sich in diesem Zusammenhang auf VERSCHAFFEL et al. (2007, S. 564f.), die ebenso wie SHERIN und FUSON (2005) die Meinung vertreten, dass selbst eine sehr schnelle Lösung der Aufgabe keinen Rückschluss auf einen Faktenabruf zulässt (SHERIN & FUSON, 2005, S. 376). Wie von SHERIN und FUSON (2005) am Beispiel von Cayla veranschaulicht, kann beispielsweise auch die sukzessive Addition bei kleinen Faktoren angewandt zu einer sehr schnellen Lösung der Aufgabe führen (ebd., S. 376).

Zeitlich fixe Obergrenzen zur Unterscheidung zwischen dem Faktenabruf und anderen Herangehensweisen

Studien, die im Vergleich zu den bereits gerade genannten Untersuchungen den Fokus ihrer Erhebung auf den Faktenabruf legen, setzen andere Kriterien zur Unterscheidung zwischen dem *Faktenabruf* aus dem Gedächtnis und anderen Herangehensweisen – *keinem Faktenabruf* – fest. Der Faktenabruf aus dem Gedächtnis zeichnet sich in der Forschungsliteratur zur Automatisierung durch eine korrekte und schnelle Aufgabenlösung aus. Die schnelle Aufgabenlösung wird dabei als charakteristisches Merkmal des Faktenabrufes im Vergleich zu der Durchführung von Berechnungen angeführt: „To minimize confounding due to computation, mastery was operationalized as a response that was both correct and fast" (BAROODY, 1999, S. 172). In weniger als 3 Sekunden sollen Schülerinnen und Schüler von der Präsentation einer Aufgabe zur korrekten Aufgabenlösung gelangen. BAROODY (1999) begründet die Wahl des „3-s criterion" (BAROODY, 1999, S. 172) oder auch „3-second per fact criterion" (WOODWARD, 2006, S. 286) wie folgt: In der frühen Erarbeitung des kleinen Einmaleins war noch nicht davon auszugehen, dass Kinder über eine hohe Automatisierungsrate verfügen und zudem hat sich die 3-Sekunden-Grenze für den Faktenabruf in anderen Studien, die zu ähnlichen Erhebungszeiträumen durchgeführt wurden, als durchaus geeignet erwiesen (ebd., S. 172). Dass sich die 3-Sekunden als *benchmark* in der Forschungsliteratur etabliert haben, zeigen auch einige weitere nationale sowie internationale Studien, die diese anführen (z.B. BAROODY, 1999; GERSTER, 2005; HATFIELD, EDWARDS & BITTER, 2000; VAN DE WALLE & WATKINS, 1993). THORNTON (1990) schlägt basierend auf den Ergebnissen seiner Arbeit mit Kindern 2 Sekunden als geeignete Grenze vor. Nach BORN und OEHLER (2009a) kann im Gegensatz zu den bisher genannten Referenzwerten lediglich bei einer halben Sekunde, innerhalb welcher das Kind das Ergebnis einer Aufgabe nennt, gesichert davon ausgegangen werden, dass das Ergebnis einer Aufgabe auswendig gewusst wird (ebd., S. 160). Nach LÖRCHER (1985) sollte „jede einzelne Kombination in weniger als 5 Sekunden abrufbereit" (ebd., S. 192) sein.

Kritik an zeitlich fixen Obergrenzen und Alternativen zur Ermittlung automatisierter Einmaleinsaufgaben

Die Abgrenzung zwischen einem Faktenabruf und einer anhaltenden Nutzung von Herangehensweisen bzw. Rechenstrategien zur Lösung von Einmaleinsaufgaben ist – wie sich im vorhergehenden Abschnitt zeigt – weniger eindeutig (BAROODY, 1999, S. 110; SHERIN & FUSON, 2005, S. 376f.; WOODWARD, 2006, S. 286), als in der Literatur oftmals proklamiert. BAROODY (1999) betont in diesem Kontext: „Methodologically, [...] the retrieval-required task cannot distinguish between retrieved responses and responses generated by relatively fast, covert estimation or reasoning strategies" (ebd., S. 110). Einige Kinder sind in der Lage, Einmaleinsaufgaben innerhalb von drei Sekunden zu lösen, indem sie auf verfügbares Faktenwissen sowie ihre strategischen Kenntnisse zurückgreifen (WOODWARD, 2006, S. 286). Nach SHERIN und FUSON (2005) trifft dies auch für relativ schwierige Einmaleinsaufgaben zu, die Schülerinnen und Schüler unter Einsatz von Ableitungsstrategien schnell lösen. Kinder verfügen, auch wenn sie in der Lage sind, Aufgaben innerhalb von 3 Sekunden zu lösen, weiterhin über strategisches Wissen, das sie auch zur Aufgabenlösung einsetzen. Nach SHERIN und FUSON (2005) kann festgehalten werden, dass schnelle Aufgabenlösungen eine Herausforderung für die Kategorisierung darstellen: „The answers are produced moderately quickly, after about 3 seconds in each case. This suggests that learned product *may* be an appropriate coding" (SHERIN & FUSON, 2005, S. 376, Hervorhebung der Autorin). Die Aussage, dass der Faktenabruf im beschriebenen Fall eine angemessene Kodierung darstellen *kann*, ist aber wenig zufriedenstellend, um ein klareres Bild der Entwicklung im Bereich der Arithmetik zu erhalten. Gemäß BAROODY (1999) werden andere, neue Abgrenzungen notwendig: „Researchers will need to devise methods that disentangle retrieved and nonretrieved responses" (ebd., S. 191).

Neben einer zeitlich fixen Obergrenze für den Faktenabruf bedienen sich einige Autoren in ihren Studien auch einer anderen Methode zur Ermittlung automatisierter Einmaleinsaufgaben bei Kindern. Auch in diesen Untersuchungen spielt das Kriterium Zeit eine ausschlaggebende Rolle. Allerdings wird nicht die benötigte Lösungszeit einer Einmaleinsaufgabe herangezogen, um Aussagen über einen möglichen Faktenabruf zu tätigen, sondern die Anzahl an gelösten Aufgaben in einem vorgegebenen Zeitintervall. Nach KROESBERGEN et al. (2004) stellt die Anzahl der korrekt gelösten Einmaleinsaufgaben demnach die Lösungsquote der automatisiert verfügbaren Einmaleinsaufgaben dar. Die in dieser Studie eingesetzten Automatisierungstests erfassen aber nicht die Lösungsquoten für Automatisierung bzw. können nicht als Anzeichen für eine Automatisierung gewertet werden. Von den Kindern wird lediglich verlangt in 2 Minuten möglichst viele der 40 Einmaleinsaufgaben zu lösen (KROESBERGEN et al., 2004, S. 239) – ob diese wirklich über den Faktenabruf aus dem Gedächtnis gelöst werden oder andere Herangehensweisen herangezogen werden, bleibt ungeklärt. Studien, wie die von KROESBERGEN et al. (2004) durchgeführte, können somit Aussagen darüber treffen, dass eine Gruppe von Kindern mehr Aufgaben als eine Vergleichsgruppe in der vorgegebenen Zeit lösen konnte, jedoch keine Aussage im Hinblick darauf, worauf diese Leistungsunterschiede tatsächlich zurückzuführen sind. Die Untersuchungen von WOODWARD (2006) sowie von WONG und EVANS (2007) können als weitere Beispiele aufgeführt werden, die ebenso wie die Studie von KROESBERGEN et al. (2004) Lösungsquoten für einen (vermeintlichen) Faktenabruf ermitteln und berichten, die im Grunde genommen aber nicht mit den Lösungsquoten für einen Faktenabruf gleichzusetzen sind (WOODWARD, 2006, S. 279; WOOD & EVANS, 2007, S. 94).

Im Mittelpunkt des Abschnittes 3.3 steht die Kompetenz der Strategiewahl beim kleinen Einmaleins. Merkmale bzw. Voraussetzungen, die zu einer erfolgreichen Strategiewahl führen, werden im folgenden Abschnitt vorgestellt. Mögliche die Strategiewahl beeinflussende Faktoren werden ebenfalls präsentiert.

3.3 Strategiekompetenz und Einflussfaktoren auf die Strategiewahl

> *„They [the students] had started to develop what we consider as the most subtle and difficult aspect of strategy competency, namely, knowing when to apply what strategy."*
>
> (TORBEYNS, VERSCHAFFEL & GHESQUIÈRE, 2005, S. 16, Ergänzung der Autorin)

Im Abschnitt 3.3, der den Theorieteil abschließt, liegt der Fokus der Ausführungen vorrangig auf den flexiblen/adaptiven Rechenkompetenzen von Kindern bezüglich der Rechenoperation der Multiplikation. Über die Relevanz der Entwicklung flexiblen/adaptiven Rechnens bei Grundschulkindern herrscht innerhalb der mathematikdidaktischen Diskussion weitgehend Konsens – was konkret unter flexiblem/adaptivem Rechnen verstanden wird und inwiefern es empirische Erkenntnisse zum flexiblen/adaptiven Rechnen bezüglich der Multiplikation gibt, soll in diesem Abschnitt beleuchtet werden. Ebenso sollen mögliche Einflussfaktoren auf die Strategiewahl präsentiert werden.

Der Abschnitt 3.3.1 widmet sich zunächst der Klärung der Begrifflichkeiten *Flexibilität* und *Adaptivität* sowie der Begriffsverwendung in der vorliegenden Arbeit. Im anschließenden Abschnitt 3.3.2 werden die Forschungsergebnisse einer *flexiblen bzw. adaptiven* Strategiewahl vorgestellt sowie geklärt, woran sich eine *adäquate* Strategiewahl in dieser Arbeit festmachen lässt. Ein wichtiger Aspekt der Strategiekompetenz, der bereits im Zitat von TORBEYNS et al. (2005) angeführt wurde – „knowing when to apply what strategy" (ebd., S. 16), wird dabei offengelegt. Im Abschnitt 3.3.3 werden das Individuum und die unterrichtlichen Vorgehensweisen der Lehrkräfte als beeinflussende Faktoren auf die Strategiewahl näher betrachtet. Den Abschluss bilden die Ausführungen des Abschnittes 3.3.4, die anhand einer graphischen Darbietung den Prozess einer erfolgreichen Strategiewahl differenziert veranschaulichen sowie die Begriffsverwendung der vorliegenden Arbeit erneut aufgreifen. Die Merkmale bzw. Voraussetzungen, die eine erfolgreiche Strategiewahl auszeichnen, werden ebenfalls anhand des aufgestellten Modells illustriert sowie die beeinflussenden Faktoren.

3.3.1 Flexibilität und Adaptivität – Begriffsklärung

Die enorme Bedeutung flexibler Rechenkompetenzen ist in der heutigen Literatur unbestritten (HEINZE, STAR & VERSCHAFFEL, 2009; RATHGEB-SCHNIERER, 2006, 2010; SELTER 2000, 2009; THRELFALL, 2002, 2009; TORBEYNS, DE SMEDT, GHESQUIÈRE & VERSCHAFFEL, 2009; VERSCHAFFEL, LUWEL, TORBEYNS & VAN DOOREN, 2009). „The flexible/adaptive use of strategies [...] is considered as an important aspect of mathematical competence that mathematics classrooms should address" (HEINZE et al, 2009, S. 535). Die Förderung des flexiblen Rechnens wird demnach auch in den Bildungsstandards und gegenwärtigen Lehrplänen postuliert (BAYERISCHES STAATSMINISTERIUM FÜR BILDUNG UND KULTUS, WISSENSCHAFT UND KUNST, 2014; KMK, 2005; NCTM, 2000). Nach THRELFALL (2009) zeichnet sich der Stellenwert des flexiblen Rechnens allerdings nicht ausschließlich durch die erfolgreiche Bewältigung von mathematischen Aufgaben aus: „Flexible mental calculation is valued not so much because of the benefits to the child of being effective in calculation, but because it is the start of, or evidence for, something more mathematical than the acquisition of factual and procedural knowledge" (ebd., S. 543). THRELFALL (2009) spricht im Zuge der Entwicklung flexiblen Kopfrechnens von einer besonderen Art und Weise des Umgangs mit Zahlen: „One which has implications for other mathematics learning" (ebd., S. 543).

Obwohl sich Forscherinnen und Forscher sowie Praktikerinnen und Praktiker im Hinblick auf die große Bedeutung flexibler Rechenkompetenzen einig sind, herrscht in der Literatur längst kein Konsens, was explizit unter flexiblem Rechnen bzw. unter einer flexiblen Strategiewahl zu verstehen ist (HEINZE et al., 2009; SELTER, 2009; THRELFALL, 2002; TORBEYNS et al., 2009; VERSCHAFFEL et al., 2009). Das flexible Rechnen wird in der englischsprachigen Literatur mit den beiden Begriffen „flexibility" und „adaptivity" (VERSCHAFFEL et al., 2009, S. 337) in Verbindung gebracht (z.B. HEINZE et al., 2009, S. 536; SELTER, 2009, S. 620; VERSCHAFFEL et al., 2009, S. 337). Der beiden Begrifflichkeiten wird sich allerdings nicht konsequent bedient (BLÖTE et al., 2001; THRELFALL, 2002), so dass die Begrifflichkeiten entweder als Alternativen geführt – und nur eine der beiden bevorzugt eingesetzt wird – (BAROODY, 2003) oder diese mit unterschiedlicher Bedeutung verwendet werden (z.B. HEINZE et al., 2009; SELTER, 2009; VERSCHAFFEL et al., 2009). Einer Literaturrecherche von VERSCHAFFEL et al. (2009) zufolge können die beiden Begriffe Flexibilität *(flexibility)* und Adaptivität *(adaptivity)* inhaltlich folgenderweise unterschieden werden: „The term ‚flexibility' is primarily used to refer to switching (smoothly) between different strategies, whereas the term ‚adaptivity' puts more emphasis on selecting the most appropriate strategy" (ebd., S. 337, Hervorhebungen im Original). VERSCHAFFEL et al. (2009) gehen mit dieser in der Mehrzahl der Fälle getroffenen begrifflichen Differenzierung konform: „The dual term ‚flexibility/adaptivity' as the overall term, ‚flexibility' for the use of multiple strategies, and ‚adaptivity' for making appropriate strategy choices" (ebd., S. 337f., Hervorhebungen im Original). In der deutschsprachigen Literatur beschäftigten sich unter anderem RATHGEB-SCHNIERER (2006) und RECHTSTEINER-MERZ (2013) sehr ausführlich mit der Entwicklung flexibler Rechenkompetenzen. Wenn die Begriffe *Flexibilität* und/oder *flexibles Rechnen* für „aufgabenadäquates Handeln" (RATHGEB-SCHNIERER, 2006, S. 59) stehen, dann stellt der flexible Wechsel zwischen Strategien bzw. Herangehensweisen ihrer Meinung nach nur einen Aspekt von *Flexibilität* dar (RECHTSTEINER-MERZ, 2013, S. 74). RATHGEB-SCHNIERER (2006) und RECHTSTEINER-MERZ (2013) unterscheiden nicht, wie in den bisherigen Ausführungen beschrieben, zwischen den beiden Begriffen Flexibilität und Adaptivität. Unter dem Begriff Flexibilität wird nicht ausschließlich der Wechsel zwischen Strategien oder Herangehensweisen verstanden, sondern eher der Aspekt der Adäquatheit eines Lösungsweges, was VERSCHAFFEL et al. (2009) mit dem Begriff Adaptivität bezeichnen.

Sehr herausfordernde, fundamentale theoretische Fragen im Zusammenhang mit der Vielzahl an verschiedenen Definitionen zum flexiblen bzw. adaptiven Rechnen lauten nach HEINZE et al. (2009) wie folgt: „When should a strategy be considered as appropriate and which criteria are relevant to this?" (ebd., S. 536). Sobald die Adäquatheit der Strategiewahl analysiert werden soll, muss im Prinzip normativ festgelegt sein, welche Herangehensweise bzw. Rechenstrategie bei welchen Aufgaben mehr oder weniger geeignet ist. Wer diese normative Festsetzung allerdings vornimmt, stellt eine weitere fundamentale Frage in diesem Kontext dar. Hinsichtlich des Einsatzes bzw. der Wahl einer Strategie geht es darum – wie im einleitenden Zitat angeführt – zu wissen: „Knowing when to apply what strategy" (TORBEYENS et al., 2005, S. 16).

VERSCHAFFEL et al. (2009) beziehen sich in ihrer Arbeit auf folgende Arbeitsdefinition, um zum Ausdruck zu bringen, was unter einer adaptiven Strategiewahl zu verstehen ist: *„By an adaptive choice of a strategy we mean the conscious or unconscious selection and use of the most appropriate solution strategy on a given mathematical item or problem, for a given individual, in a given sociocultural context"* (ebd., S. 343, Hervorhebungen im Original). Auch bei der Definition von VERSCHAFFEL et al. (2009) wird allerdings nicht ersichtlich, wer letztlich entscheidet, was als *geeignet* gilt. Wie bereits im vorausgehenden Absatz angesprochen, bleibt diese fundamentale Frage erneut unbeantwortet. Einen wichtigen Aspekt, der in der Definition angesprochen wird, stellt die bewusste oder unbewusste Wahl einer Herangehensweise sowie die Wahl des adäquatesten Lösungsweges dar – dabei werden in der Definition insbesondere individuelle Kriterien, aufgaben- und kontextspezifische Kriterien eingeschlossen. VERSCHAFFEL et al. (2009) verweisen explizit darauf, dass die Wahl und Durchführung einer speziellen Herangehensweise – auch wenn der Begriff *Strategiewahl* dies unter Umständen assoziiert – an eine Aufgabe nicht „rational, deliberate and conscious" (THRELFALL, 2009, S. 545) erfolgen muss: „Strategy selection can also occur implicitly, without conscious consideration of alternative strategies" (VERSCHAFFEL et al., 2009, S. 338). Die Definition von VERSCHAFFEL et al. (2009) nimmt keinen Bezug auf das Ausmaß des Bewusstseins und der Absicht einer Strategiewahl – wie am Beispiel der Addition und Subtraktion exemplarisch veranschaulicht wird:

> Many researchers believe that metacognitive processes – here defined as conscious awareness and deliberate control – regulate strategy selection and, thus, strategy flexibility/adaptivity. [...]. It is commonly agreed that conscious monitoring and control are involved, at least to some extent, in such strategy choices. [...]. On the other hand, there is quite a lot of evidence suggesting that in quick and simple strategy selections, like doing simple additions or subtractions in the number domain up to 20, people's selection of a particular strategy does not result from deliberate consideration of the choices and conscious awareness of the factors that influenced that choice, but rather from more autonomous, implicit processes. (VERSCHAFFEL et al., 2009, S. 338)

Laut TORBEYNS et al. (2009) liegen verschiedene Auffassungen vor, was unter einem flexiblen bzw. adaptiven Strategieeinsatz zu verstehen ist. Die Definitionen unterscheiden sich bezüglich ihrer Komplexität. Es wird von *einfacheren* Definitionen im Hinblick auf eine flexible bzw. adaptive Strategiewahl gesprochen, wenn beispielsweise lediglich eine Vielzahl an Herangehensweisen eingesetzt werden oder die Strategiewahl angepasst an die spezielle Aufgabencharakteristik erfolgt. *Komplexere* Definitionen enthalten individuelle Faktoren wie die Korrektheit und Geschwindigkeit der Aufgabenlösung als auch Kontextvariablen (ebd., S. 582f.). In ihrer Studie definieren sie eine flexible bzw. adaptive[62] Strategiewahl auf zweierlei Art und Weise. Einerseits verstehen sie darunter, die Wahl zwischen verschiedenen Herangehensweisen schlicht und einfach auf Basis der Aufgabencharakteristik.[63] „Second we also applied a more sophisticated definition wherein strategy flexibility is conceived as selecting the strategy that brings the child most quickly to an accurate answer to the problem" (TORBEYNS et al., 2009, S. 583).

Laut VERSCHAFFEL et al. (2009) zeichnet sich ein adaptiver Strategieeinsatz allerdings als deutlich scharfsinniger und mehrdimensionaler aus – „we certainly do not simply mean ‚the strategy that leads most quickly to the correct answer' (as in the cognitive-psychological sense of the term)" (VERSCHAFFEL et al., 2009, S. 343, Hervorhebung im Original). Die Adaptivität einer gewählten Strategie lässt sich nach Meinung von VERSCHAFFEL et al. (2009) nicht durch die Lösungskorrektheit und die Lösungsgeschwindigkeit bestimmen – eine Strategie wird demnach nicht allein als adaptiv bezeichnet, wenn sie am schnellsten zur korrekten Antwort führt (ebd., S. 340).

Eine flexible bzw. adaptive Strategiewahl allein über die Charakteristik der Aufgaben zu definieren, wird von VERSCHAFFEL et al. (2009) sowie von THRELFALL (2002) ebenfalls als eher problematisch angesehen. „Even though some problems do seem to suit some ‚strategies' more than others, ‚choice' could not be just about the number characteristics of the problem" (THRELFALL, 2002, S. 39, Hervorhebungen im Original).[64] Definitionen zum flexiblen bzw. adaptiven Rechnen, die eine Strategiewahl in Abhängigkeit von der Aufgabencharakteristik beschreiben, setzen voraus, dass die Charakteristik der Aufgabe bzw. die Aufgabenmerkmale spezielle Lösungswege näher legt als wiederum andere (BLÖTE et al., 2000; KLEIN et al., 1998). „By ‚flexible use of arithmetic strategies and computation procedures' we mean choice of the most appropriate and efficient strategy or procedure given the (number) characteristics of the problem at hand" (KLEIN et al., S. 449, Hervorhebung im Original). THRELFALL (2002) kritisiert, dass im Vorfeld die Eignung einer Herangehensweise für entsprechende Aufgabenmerkmale bzw. Aufgabencharakteristika bestimmt werden muss – es muss ein fixer Kriterienkatalog vorhanden sein, der festlegt, unter

---

62 Die Begrifflichkeiten Flexibilität und Adaptivität werden von TORBEYNS et al. (2009) synonym verwendet (ebd., S. 1).

63 Dabei stimmen TORBEYNS et al. (2009) in ihrer Definition mit einigen vorausgegangenen Studien überein (z.B. BLÖTE et al., 2000; KLEIN et al., 1998).

64 Neben der Aufgabencharakteristik scheint nach THRELFALL (2002) auch das individuelle Wissen einer Person eine entscheidende Rolle bei der Strategiewahl zu spielen: „The knowledge of the individual must also be very important" (THRELFALL, 2002, S. 39).

welcher Bedingung welche Herangehensweise gewählt wird bzw. welches Aufgabenmerkmal sich für welche Strategie als geeignet erweist (ebd., S. 37f.; VERSCHAFFEL et al., 2009, S. 339). Nach THRELFALL (2002, 2009) steht flexibles Rechnen allerdings vielmehr für ein situationsabhängiges, individuelles Erkennen von Aufgabenmerkmalen bzw. einer spezifischen Aufgabencharakteristik, das zur Konstruktion von Herangehensweisen im Lösungsprozess führt.

STAR, RITTLE-JOHNSON, LYNCH und PEROVA (2009) verwenden ausschließlich den Begriff der Strategieflexibilität, der sehr dem Verständnis einer adaptiven Strategiewahl nach VERSCHAFFEL et al. (2009) ähnelt. Übereinstimmend mit der Definition von RATHGEB-SCHNIERER (2006) und RECHTSTEINER-MERZ (2013) verstehen sie unter Flexibilität: „Strategy flexibility is defined here as knowledge of multiple strategies and the ability to select the most appropriate strategy for a given problem and a given problem-solving goal" (STAR et al., 2009, S. 570). HATANOS (2003) Definition von Adaptivität beinhaltet die Adverbien „flexibly" und „creatively" (ebd., xi) – der Wechsel von einer Herangehensweise zu einer anderen wird mit dem Begriff *Flexibilität* bezeichnet, unter *Kreativität* wird die Fähigkeit verstanden, neue Ansätze bzw. Vorgehensweisen zu erfinden oder bereits vorhandene zu modifizieren. Nach SELTER (2009) sollte die adaptive Strategiewahl, angelehnt an HATANO (2003), um die Bezeichnung *Kreativität* ergänzt werden, da die Anwendung einer neuen Strategie bzw. Herangehensweise nicht mit dem flexiblen Wechsel zwischen Herangehensweisen gleichzusetzen ist (SELTER, 2009, S. 620). Aus diesem Grund modifiziert bzw. erweitert SELTER (2009) die Definition von VERSCHAFFEL et al. (2009) und unterscheidet zwischen den folgenden drei Begrifflichkeiten:

• „Creativity is the ability to invent new or modify known strategies.
• Flexibility is the ability to switch between different strategies.
• Adaptivity is the ability to use appropriate strategies the individual has creatively developed or flexibly selected" (ebd., S. 620).

Eine adaptive Strategiewahl kennzeichnet sich nach SELTER (2009) wie folgt: „Adaptivity is the ability to creatively develop or to flexibly select and use an appropriate solution strategy in a (un)conscious way on a given mathematical item or problem, for a given individual, in a given sociocultural context" (ebd., S. 624). Wie in der Definition von SELTER (2009) fixiert, kann sich die Adäquatheit eines Lösungsvorgehens auch am soziokulturellen Kontext (ebd., S. 624; VERSCHAFFEL et al., 2009, S. 340), an „context-specific criteria" (HEINZE et al., 2009, S. 536) bzw. an „contextual variables" (TORBEYNS, 2009, S. 582) orientieren. TORBEYNS (2009) fasst unter dem *soziokulturellen Kontext*: „Fitting strategy choices to those aspects of strategic behavior that are valued most in the given socio-cultural setting" (ebd., S. 582).

Nach RECHTSTEINER-MERZ (2013) sollen beim Rechnen bzw. bei der Strategiewahl in der Regel Zahl-, Term- und Aufgabenbeziehungen herangezogen werden. Die Auswahl einer Herangehensweise bzw. Rechenstrategie kann sich aber zum Beispiel auch auf Hilfsmittel stützen oder auf erlernte, routinemäßig angewandte Verfahren (RATHGEB-SCHNIERER, 2006, S. 16; RECHTSTEINER-MERZ, 2013, S. 76f.; THRELFALL, 2009). RATHGEB-SCHNIERER (2006) und RECHT-

STEINER-MERZ (2013) sprechen in diesem Kontext von der Adäquatheit des Referenzrahmens (RATHGEB-SCHNIERER, 2006, S. 16; RECHTSTEINER-MERZ, 2013, S. 76f.). Unter Referenzen werden die den Schülerinnen und Schülern im Lösungsprozess hilfreichen Erfahrungen verstanden: ein erlerntes, routinemäßig angewandtes Verfahren oder das Kennen von Aufgabenmerkmalen, die im Lösungsprozess den Referenzkontext darstellen. Inwiefern ein Lösungsweg auf einem gelernten Verfahren oder auf erkannten Aufgabenmerkmalen und Zahlbeziehungen basiert oder inwiefern aus einer Kombination, kann häufig nicht anhand des Lösungsweges erschlossen oder durch Beobachtungen rekonstruiert werden (RATHGEB-SCHNIERER, 2006, S. 16; RECHTSTEINER-MERZ, 2013, S. 76). Greifen Schülerinnen und Schüler zur Lösung unabhängig von der Aufgabe ausschließlich auf ein erlerntes, nach *Schema F* angewandtes Verfahren zurück, fällt diese Strategiewahl nach THRELFALL (2009) und RATHGEB-SCHNIERER (2006) nicht unter flexibles Rechnen. Lösungen, die sich auf das Erkennen und Nutzen von Aufgabenmerkmalen und Beziehungen stützen, werden im Gegensatz dazu als flexibel bezeichnet (RATHGEB-SCHNIERER, 2006, S. 19; THRELFALL, 2009, S. 542): „Bei der Berücksichtigung des Referenzrahmens […] wird aufgabenadäquates Handeln als Rechnen mit Rückgriff auf Zahl-, Term- und Aufgabenbeziehungen definiert" (RECHTSTEINER-MERZ, 2013, S. 79).

Der Vergleich der verschiedenen Definitionen zur flexiblen bzw. adaptiven Strategiewahl verdeutlicht die Bedeutungsunterschiede in der Forschungsliteratur im Hinblick auf die Identifikation der Vorgehensweise, die als *appropriate* bzw. *adäquat* angesehen wird.

Einer Zusammenschau dieses Abschnittes zufolge und angelehnt an RECHTSTEINER-MERZ (2013) kann sich eine adaptive Strategiewahl an der Adäquatheit

- von individuellen Kriterien (Lösungskorrektheit und Lösungsgeschwindigkeit),
- von beschrittenem Lösungsweg und der Aufgabencharakteristik oder
- des Referenzrahmens zeigen (ebd., S. 74).

Einen Vorschlag, wann ein Vorgehen als *adäquat* tituliert werden kann, liefert SELTER (2009): „The only way out of this dilemma seems to be that appropriateness has to be defined in different contexts in different ways according to the specific requirements" (ebd., S. 620).

Flexibilität, Adaptivität und Transferierbarkeit – Begriffsverwendung in der vorliegenden Arbeit

Da in dieser Arbeit nicht auf bereits bestehende Definitionen im Hinblick auf eine *flexible/adaptive Strategiewahl* im Bereich der Multiplikation zurückgegriffen werden kann, werden im Folgenden Definitionen – orientiert an den im Abschnitt 3.3.1 vorgestellten – aufgestellt, die den Besonderheiten des kleinen Einmaleins Rechnung tragen, den kulturellen Rahmenbedingungen entsprechen und fachdidaktische Vorstellungen bzw. Vorgaben berücksichtigen.

In der vorliegenden Arbeit sollen in Anlehnung an die Definition von SELTER (2009) die drei folgenden Begrifflichkeiten unterschieden werden: Flexibilität, Adaptivität und Transferierbarkeit. [65]

- Eine Strategiewahl lässt sich als *flexibel* bezeichnen, wenn die Strategiewahl basierend auf Strategie-Alternativen erfolgt.
- Eine Strategiewahl lässt sich als *adaptiv* bezeichnen, wenn aus einem Strategie-Repertoire auf eine jeweils adäquate bzw. geeignete Herangehensweise zur Lösung zurückgegriffen wird.
- Eine Strategiewahl lässt sich als *transferierbar* bezeichnen, wenn Kinder eine adäquate Herangehensweise auf einen größeren Zahlenraum übertragen bzw. modifizieren können.

Eine flexible Strategiewahl geht in dieser Arbeit in Einklang mit STAR et al. (2009) mit einer oder mehreren alternativen Rechenstrategien einher, die den Schülerinnen und Schülern zur Aufgabenlösung zur Verfügung stehen: „First, strategy flexibility involves knowledge of multiple strategies" (ebd., S. 570). Dabei muss eine Strategie – „in the holistic sense of the entire solution path" (THRELFALL, 2002, S. 42) – allerdings nicht bereits gelernt sein, sondern kann sich vielmehr auch noch entwickeln (siehe Abschnitt 2.2.1). „It is inappropriate to think of strategies as ready-made methods or techniques that are available in the repertoire of the children, waiting to be selected and applied in a particular situation" (VERSCHAFFEL et al., 2009, S. 344).

Die dieser Arbeit zugrundeliegenden Definitionen von Flexibilität, Adaptivität und Transferierbarkeit stimmen auch mit der folgenden Aussage von THRELFALL (2009) überein: „The value of knowledge of strategies need not be because knowledge of strategies gives options to choose, it can be because represented strategies are descriptions of number relationships, and knowledge of them adds to the repertoire of what might be noticed about numbers and possibilities for operating on them" (ebd., S. 548). Eine flexible bzw. adaptive Strategiewahl liegt in dieser Arbeit somit in der Vertrautheit bzw. Familiarität mit gewissen Zahlbeziehungen begründet (VERSCHAFFEL et al., 2009, S. 344). Auch für die Transferierbarkeit nimmt diese Vertrautheit bzw. Familiarität eine entscheidende Rolle ein. Der Aspekt der Transferierbarkeit bei der Strategiewahl wird anstelle des Aspekts der Kreativität betrachtet, da bei der Rechenoperation der Multiplikation z.B. im Vergleich zur halbschriftlichen Addition dem Finden neuer Herangehensweisen oder dem Modifizieren der bereits bekannten ein eher geringerer Stellenwert zuteilwird. Von immer bedeutenderer Relevanz ist im Hinblick auf das kleine Einmaleins allerdings die Transferierbarkeit der tragfähigen Herangehensweisen auf große Zahlenräume. Die Bedeutung wird nicht zuletzt auch in den neueren Lehrplänen ersichtlich, die bereits mit der Thematisierung des kleinen Einmaleins auch die Übertragung der Rechenstrategien auf das große Einmaleins explizit fordern (siehe Abschnitt 2.5.2).

---

65 Anstelle der von SELTER (2009) vorgenommenen Ergänzung der zu unterscheidenden Begrifflichkeiten um die Bezeichnung *Kreativität*, wird in der vorliegenden Arbeit der Begriff *Transferierbarkeit* verwendet.

Der folgende Abschnitt stellt Forschungsergebnisse hinsichtlich einer flexiblen bzw. adaptiven Strategiewahl im Bereich der Multiplikation vor. Darüber hinaus soll aufgezeigt werden, woran sich eine *adäquate* Strategiewahl in dieser Arbeit festmachen lässt.

3.3.2 Forschungsergebnisse zur Flexibilität und Adaptivität im Bereich der Multiplikation – Positionierung

Die bereits im Abschnitt 3.3.1 angeführte Aussage von SELTER (2009) – „The only way out of this dilemma seems to be that appropriateness has to be defined in different contexts in different ways according to the specific requirements" (ebd., S. 620) – stellt die Grundlage der weiteren Ausführungen dieses Abschnittes dar. Im Folgenden sollen bisherige Forschungsergebnisse zur flexiblen bzw. adaptiven Strategiewahl im Bereich der Multiplikation vorgestellt und die Begriffsverwendung *flexibles/ adaptives* Rechnen „according to the specific requirements" (SELTER, 2009, S. 620) beschrieben werden. In dieser Arbeit erweist es sich aus verschiedenen Gründen als besonders notwendig, die Begriffsverwendung auf die spezifischen Anforderungen bzw. die Rechenoperation der Multiplikation anzupassen bzw. auszurichten. Die bisher dargestellten Definitionen zum flexiblen Rechnen (siehe Abschnitt 3.3.1) beziehen sich hauptsächlich auf den Zahlenraum ab hundert[66] und fast ausschließlich auf den Themenbereich der Addition und/oder der Subtraktion. Insgesamt gibt es eine Vielzahl an Studien im Bereich der Addition und Subtraktion, die sich explizit mit dem flexiblen Rechnen beschäftigt (z.B. BLÖTE et al., 2000; HEINZE et al., 2009; RATHGEB-SCHNIERER, 2006; RECHTSTEINER-MERZ, 2013; SCHÜTTE, 2004; SELTER, 2009; THRELFALL 2002, 2009; TORBEYNS et al., 2009). Demgegenüber sind bis dato kaum Untersuchungen bekannt, die ihren Hauptfokus explizit auf einen flexiblen bzw. adaptiven Strategieeinsatz bei Einmaleinsaufgaben legt bzw. gelegt hat.

Wird unter dem Begriff *Flexibilität* das flexible Wechseln zwischen verschiedenen Herangehensweisen verstanden (z.B. SELTER, 2009; VERSCHAFFEL et al., 2009), trifft man im Bereich der Multiplikation auf vereinzelte Forschungsergebnisse, die von den durchschnittlich je Kind zur Verfügung stehenden Herangehensweisen an Einmaleinsaufgaben berichten. Diese Vielfalt an Strategien bzw. Herangehensweisen wird allerdings in den ermittelten Studien nicht mit dem Begriff *Flexibilität* oder ähnlichen Begrifflichkeiten in Verbindung gebracht. Erkenntnisse bezüglich der Fähigkeit zwischen verschiedenen Rechenstrategien zu wählen bzw. verschiedene Rechenstrategien zur Aufgabenlösung bei Einmaleinsaufgaben einzusetzen, werden im Folgenden präsentiert.

---

66 Zwei Ausnahmen sind im Hinblick auf die Definitionen und Anmerkungen zu verzeichnen. Die der Arbeit von RECHSTEINER-MERZ (2013) zugrundeliegenden Definitionen beziehen sich auf die Förderung flexiblen Rechnens in Jahrgangsstufe 1, die Studie von RATH-GEB-SCHNIERER (2006) hingegen untersuchte die Rechenwegsentwicklung bei Kindern im 2. Schuljahr im Themenbereich Subtraktion vor der Einführung der halbschriftlichen und schriftlichen Verfahren.

SHERIN und FUSON (2005) sprechen von „variability in strategy use at a given time during the instructional sequence" (ebd., S. 378) und verweisen darauf, dass Kinder über den Untersuchungszeitraum im 3. Schuljahr hinweg auf den Einsatz verschiedener Herangehensweisen bzw. Rechenstrategien zurückgriffen. Im Abschlussinterview am Ende des 3. Schuljahres werden pro Kind durchschnittlich drei verschiedene Strategietypen eingesetzt. Strategietypen, die in der Untersuchung unterschieden wurden, sind neben dem Auszählen die wiederholte Addition, das Aufsagen der Reihe, regelbasierte Herangehensweisen, die sogenannten Hybrids (Misch-Strategien) und der Faktenabruf. Die Studie fordert es kritisch zu hinterfragen, inwiefern unter den je Individuum im Durchschnitt drei verfügbaren Strategietypen auch tragfähige Herangehensweisen beinhaltet sind – d.h. Kinder als Lösungsvarianten nicht ausschließlich wenig tragfähige Herangehensweisen, wie das Auszählen, wiederholte Addieren oder das Aufsagen der Reihe nutzten. In der Studie von LEMAIRE und SIEGLER (1995) setzte jedes der 20 teilnehmenden Kinder mindestens zwei verschiedene Herangehensweisen zur Lösung von Einmaleinsaufgaben ein, im Durchschnitt über die drei Untersuchungszeiträume im 2. Schuljahr hinweg sogar mehr als drei. Die Anzahl der Rechenstrategien bzw. Herangehensweisen belief sich zu Beginn des Schuljahres (nach 1-wöchiger Einmaleinserarbeitung) auf durchschnittlich $M = 3.1$ unterschiedliche Herangehensweisen, in der Mitte des 2. Schuljahres auf $M = 3.7$ und gegen Ende der Erarbeitung auf durchschnittlich $M = 2.4$ verschiedene Herangehensweisen bzw. Rechenstrategien zur Aufgabenlösung (LEMAIRE & SIEGLER, 1995, S. 88). Den Rückgang der eingesetzten Herangehensweisen gegen Ende der Erarbeitung führen LEMAIRE und SIEGLER (1995) darauf zurück, dass „a single strategy potentially works best on all problems" (ebd., S. 88). Als unterschiedliche Herangehensweisen wurden in dieser Studie der Faktenabruf, die wiederholte Addition, die Aussage *I don't know*, das Notieren der Aufgabe und anschießende Lösen sowie das Notieren von Gruppen von Zählstrichen und das anschließende Auszählen dieser Zählstriche ermittelt. Auch wenn die Studie von LEMAIRE und SIEGLER (1995) Erkenntnisse hinsichtlich einer flexiblen Strategiewahl liefert, muss kritisch angemerkt und bei der Interpretation der Ergebnisse berücksichtigt werden, dass die genannten Herangehensweisen – nach dem dieser Arbeit zugrunde liegendem Verständnis – nicht unter dem Begriff Rechenstrategie[67] gefasst werden und die Aussage *I don't know* wahrlich keine Herangehensweise darstellt. Schülerinnen und Schüler der Studie von MABBOTT und BISANZ (2003) griffen im 4. Schuljahr im Durchschnitt auf $M = 2.86$ verschiedene Herangehensweisen zurück. Am Ende der 4. Klasse sollten die Kinder laut Curriculum über alle Einmaleinsaufgaben automatisiert verfügen. Im 6. Schuljahr, als Kinder Aufgaben deutlich häufiger aus dem Gedächtnis abriefen, wurde ein Rückgang der Anzahl an verschiedenen Herangehensweisen bzw. Rechenstrategien auf $M = 1.85$ Herangehensweisen verzeichnet (ebd., S. 1097). Neben dem Faktenabruf griffen Kinder in dieser Untersuchung auf die wiederholte Addition, das Aufsagen

---

67 Einzig die Herangehensweise der wiederholten Addition kann unter Umständen – in Abhängigkeit von der Aufgabencharakteristik – als Rechenstrategie angesehen werden.

der Reihe, das Raten, andere nicht zuordenbare Herangehensweisen oder einen *special trick* (Ableitungsstrategien oder das Fingerrechnen beim Neuner-Einmaleins) zurück. Definiert man Flexibilität nach VERSCHAFFEL et al. (2009) oder nach SELTER (2009) kann in den aufgeführten Studien demnach von einem flexiblen Strategieeinsatz im Bereich der Multiplikation gesprochen werden. Wobei man erneut kritisch reflektieren muss, ob es sich nicht eher um das Anwenden verschiedener – auch nicht tragfähiger – Herangehensweisen handelt als um einen flexiblen *Strategie*-Einsatz. Keine Auskünfte lassen diese Forschungsergebnisse über die *Adaptivität* der entsprechenden Strategiewahlen zu. Wie bereits an der Studie von SHERIN und FUSON (2005) kritisch hinterfragt, bleibt offen, inwiefern der flexible Strategieeinsatz der beschriebenen Studien auf effizienten bzw. geeigneten Rechenstrategien beruht.

Inwiefern eine Strategiewahl als adaptiv angesehen wird, hängt – wie bereits im Abschnitt 3.3.1 zur Begriffsklärung ausführlich thematisiert – davon ab, was als adäquat identifiziert wird. Im Folgenden sollen die verschiedenen vorgestellten Ansätze einer adaptiven Strategiewahl und eventuell vorhandene Forschungsergebnisse in diesem Zusammenhang mit Blick auf das kleine Einmaleins beschrieben werden.

Adäquatheit von Lösungskorrektheit und Lösungsgeschwindigkeit

Wird die Adäquatheit der Strategiewahl auf Basis individueller Fähigkeiten der Aufgabenlöser betrachtet, dann wird eine ausgewählte Strategie bzw. Herangehensweise als adäquat bewertet, wenn sie am schnellsten – im Vergleich zu anderen Herangehensweisen – zur korrekten Lösung der entsprechenden Aufgabe führt (siehe Abschnitt 3.3.1). Im Bereich der Multiplikation sind nur einige wenige Studien zu verzeichnen, die neben der Korrektheit der Aufgabenlösung auch die Lösungsgeschwindigkeit einzelner Herangehensweisen bzw. Rechenstrategien erheben (siehe Abschnitt 3.2.1 – Korrektheit der Ausführung und Lösungszeiten). Aus diesem Grund ist die Anzahl an Studien, die sich unter Umständen mit diesem Ansatz von Adäquatheit beschäftigt, von vornherein stark begrenzt. Zudem besteht das Ziel der erwähnten Studien nicht darin, Aussagen über einen adäquaten Strategieeinsatz je Individuum zu tätigen, sondern vornehmlich darin, Erkenntnisse bezüglich schneller und fehlerfreier Herangehensweisen im Allgemeinen zu erlangen. Häufig wird dabei beispielsweise der Faktenabruf als schnellster Lösungsweg für die Gesamtstichprobe identifiziert. Über Studien bzw. Untersuchungen, wie die gerade beschriebenen, und ihre Forschungsergebnisse wurden bereits im Abschnitt 3.2.1 (Korrektheit der Ausführung und Lösungszeiten) detailliert berichtet.

Wie ebenfalls bereits im vorherigen Abschnitt erwähnt wurden im Bereich der Multiplikation hauptsächlich Studien konzipiert und durchgeführt, die eine freie Strategiewahl nach der sogenannten *choice-method* vorsahen. Neben der bereits erwähnten Schwachstelle dieser Methode hinsichtlich der Ermittlung effizienter Herangehensweisen (siehe Abschnitt 3.2.2), verweisen LUWEL et al. (2009) auf einen weiteren Schwachpunkt der *freien Strategie-Wahl*:

A second serious shortcoming with the choice method is that it does not allow studying the adaptivity of people's strategy choices. Indeed, if one assumes that adaptive individuals select the strategy that leads fastest to a correct answer on a specific problem, then a proper investigation of that adaptivity should involve the examination of whether strategy preferences are associated with these strategies' benefits. This, however, requires unbiased estimates of the efficiency of the different strategies in an individual's repertoire, which can act as a criterion to compare against their actual strategy choices. (LUWEL et al., 2009, S. 352)

Die Mehrheit der bislang beschriebenen Studien wäre demnach – gemäß LUWEL et al. (2009) – gar nicht imstande, Erkenntnisse im Hinblick auf die Adäquatheit der Strategiewahl beim kleinen Einmaleins zu generieren. Zumindest nicht, wenn die Adäquatheit an der Lösungskorrektheit sowie der Lösungsgeschwindigkeit festgemacht wird. Um eine adäquate Strategiewahl unter den geforderten Voraussetzungen ermitteln zu können, riefen SIEGLER und LEMAIRE (1997) die „choice/no-choice method" (ebd., S. 71ff.) ins Leben. Diese Methode sieht die Testung jeder Person unter zwei Bedingungen vor: einer *Wahl*-Bedingung (choice condition) und zwei oder mehr *Nicht-Wahl*-Bedingungen (no-choice conditions). In der *Wahl-Bedingung* können Studienteilnehmerinnen und -teilnehmer frei wählen, welche Strategie bzw. Herangehensweise sie aus einer Reihe von Alternativen zur Aufgabenlösung einsetzen. In der *Nicht-Wahl*-Bedingung wird der teilnehmenden Person für den gleichen Aufgabenpool eine Herangehensweise zur Lösung vorgeschrieben. Dabei existieren im Regelfall so viele *Nicht-Wahl*-Bedingungen wie verschiedene Herangehensweisen bzw. Rechenstrategien bei freier Strategiewahl eingesetzt wurden (LUWEL et al., 2009, S. 352; SIEGLER & LEMAIRE, 1997, S. 72).[68]

In einem schematischen Überblick aller durchgeführten Studien von LUWEL et al. (2009), die auf die *Choice/no-choice*-Methode zurückgreifen, wird deutlich, dass diese Methode in vielen Bereichen zum Einsatz kommt. Vor allem fand sie bis zum Zeitpunkt der Zusammenschau bevorzugt im Bereich der Addition und Subtraktion Anwendung. Für die Multiplikation bzw. das kleine Einmaleins sind zwei Studien vorzufinden – zunächst die Vorreiterstudie von SIEGLER und LEMAIRE (1997) sowie die Untersuchung von IMBO und VANDIERENDONCK (2007). Letztgenannte hat die *Choice/no-choice*-Methode allerdings nicht für Messungen der Adäquatheit der Strategiewahl herangezogen. Im Gegensatz dazu konnten SIEGLER und LEMAIRE (1997) unter anderem die Nützlichkeit ihrer alternativen Methode im Hinblick auf die Ermittlung der Adäquatheit spezieller Herangehensweisen an Einmaleinsaufgaben nachweisen:

Data from the usual choice condition would have led to the conclusion that mental arithmetic was the faster strategy. However, data from the no-choice condition showed that this finding was entirely due to selection effects. When each strategy had to be used equally often on each problem (the no-choice condition), the speeds differed significantly in the opposite direction. Use of the cal-

---

68 Nähere Erläuterungen und Anmerkungen zu der *choice/no-choice*-Methode werden in den Ausführungen zur Hauptstudie im Kapitel 5 vorgenommen.

culator yielded more accurate performance in both conditions, but the amount of difference was far greater in the no-choice condition. Thus, examining performance under no-choice conditions seems essential for obtaining accurate assessments of the speed and accuracy characteristics of each strategy. (SIEGLER & LEMAIRE, 1997, S. 80)

Die darüber hinaus ermittelten Forschungsergebnisse der Studie werden aufgrund fehlender Relevanz für diese Arbeit nicht detailliert in den Blick genommen.[69]

Die Ausführungen dieses Abschnittes veranschaulichen sehr deutlich, dass es zur Adäquatheit der Strategiewahl auf Basis individueller Kriterien (Lösungskorrektheit und Lösungsgeschwindigkeit) im Bereich der Multiplikation noch vergleichsweise wenig Forschung gibt. Ein in Gänze anderes Bild zeichnet sich vergleichsweise im Bereich der Addition und Subtraktion ab.

Adäquatheit von beschrittenem Lösungsweg und der Aufgabencharakteristik

Die Forschungsliteratur im Bereich der Multiplikation hat in einer Vielzahl von Studien Aufgabenlösungen unter Berücksichtigung der Aufgabencharakteristik analysiert. Im Bereich der Multiplikation wurde dabei vor allem ein Effekt besonders detailliert erforscht: „Research on the problem-size effect, one of the most pervasive findings in research" (MABBOTT & BISANZ, 2003, S. 1092). Dieses Forschungsgebiet zeichnet sich dadurch aus, dass gewisse Aufgabencharakteristika mit kurzen oder langen Reaktionszeiten in Verbindung gebracht werden. Ein differenzierter Überblick über die in diesem Zusammenhang ermittelten Forschungsergebnisse zur Multiplikation wurde bereits im Abschnitt 3.2.1 (Forschungsergebnisse in Abhängigkeit von der Aufgabencharakteristik) gegeben. Die Studien und Forschungsergebnisse zum *problem-size effect* ermöglichen jedoch keine Erkenntnisse bzw. Aussagen zur Adäquatheit von beschrittenem Lösungsweg und der Aufgabencharakteristik, wie sie in den vorherigen Ausführungen erläutert wurde.

Studien, die sowohl die verschiedenen Herangehensweisen an Einmaleinsaufgaben im Detail erfassen als auch die Aufgabencharakteristik in den Blick nehmen und somit mögliche Aussagen über die Adäquatheit überhaupt gestatten, sind im Bereich der Multiplikation nur vereinzelt vorzufinden (siehe Abschnitt 3.2). Als exemplarisches Beispiel kann die bereits beschriebene Studie von STEEL und FUNNELL (2001) aufgeführt werden, die unter anderem untersucht, welche Herangehensweisen bzw. Rechenstrategien bevorzugt bei welcher Aufgabencharakteristik – kleine bzw. große Faktoren – zum Einsatz kommen. Die Studie verfolgt das Ziel, Aussagen über die Strategiewahl in Abhängigkeit von der Aufgabencharakteristik zunächst erst einmal zu ermitteln – und somit nicht per se Aufgabenmerkmale festzulegen, um anhand dieser adäquates Handeln auszumachen.

---

69 Wie aus dem Zitat von SIEGLER und LEMAIRE (1997) bereits entnommen werden kann, strebt die Studie einen Vergleich zwischen dem Einsatz eines Taschenrechners und dem Kopfrechnen zur Lösung multiplikativer Aufgaben an (SIEGLER & LEMAIRE, 1997, S. 76ff.).

Als eine von wenigen Studien liefert die Untersuchung von LEFEVRE et al. (1996) Erkenntnisse, die hinsichtlich der Aufgabencharakteristika über die Unterscheidung kleine bzw. große Faktoren hinausgehen. Die Untersuchung ermittelt, inwiefern Herangehensweisen bzw. Rechenstrategien in Abhängigkeit von den Aufgabenmerkmalen ausgewählt werden bzw. welche Herangehensweisen bei welchen speziellen Aufgabenmerkmalen bevorzugt zum Einsatz kommen. Die Stichprobe von LEFEVRE et al. (1996) ist allerdings auf das Erwachsenenalter beschränkt. „Certain problems were more likely to elicit certain procedures, and the connections between problems and procedures seemed to depend on featural similarities across problems and the efficiency of a particular procedure for a particular type of problem" (LEFEVRE et al., 1996, S. 301).

Eine weitere Studie, die die Aufgabencharakteristik der Einmaleinsaufgaben in ihre Analysen einbezieht, ist die Studie von LEMAIRE und SIEGLER (1995). Die Ergebnisse der Studie verdeutlichen, dass die Strategiewahl bzw. die Wahl zwischen dem Faktenabruf aus dem Gedächtnis oder dem Einsatz von sogenannten Back-up-Strategien maßgeblich durch die Aufgabenschwierigkeit beeinflusst wurde. LEMAIRE und SIEGLER (1995) sprechen in diesem Zusammenhang von „Adaptiveness of Strategy Choices" (ebd., S. 91), da die Wahl der Herangehensweise auf Basis des Schwierigkeitsgrades der Aufgabe erfolgte.

> Thus at all points in learning, children used retrieval most often on problems on which that fast and easy approach was likely to yield a correct answer; used repeated addition most often on problems that they could solve by that approach but were not so easy that they could solve them through retrieval; and said I 'don't know' most often on the difficult problems that they were unlikely to solve correctly by either approach. (LEMAIRE & SIEGLER, 1995, S. 93, Hervorhebung im Original)

Auch vorausgegangene Studien der genannten Forscher verwiesen bereits auf eine höchst adaptive Strategiewahl der Kinder zwischen einem Abruf aus dem Gedächtnis und dem Einsatz von Backup-Strategien. Wobei man an dieser Stelle erneut berücksichtigen sollte, dass die Herangehensweisen nicht unbedingt einvernehmlich als *adäquat* bezeichnet werden würden. Was LEMAIRE und SIEGLER (1995) als adäquat bezeichnen, wird in folgendem Zitat ersichtlich:

> This pattern of choices is highly adaptive because it enables subjects to use the faster retrieval approach on problems where it yields correct answers and to use the slower backup strategies on problems where they are needed to produce accurate performance. (LEMAIRE & SIEGLER, 1995, S. 84)

GASTEIGER und PALUKA-GRAHM (2013) können anhand der Ergebnisse ihrer Studie eine aufgabenspezifische Strategiewahl ebenfalls bestätigen. Im Vorfeld als möglich erachtete oder erwartete Rechenstrategien bzw. Herangehensweisen bildeten sich in der überwiegenden Mehrzahl der Fälle auch bei der Strategiewahl ab. So wurde beispielsweise zur Lösung der Aufgaben $8 \cdot 7$ oder $6 \cdot 9$ deutlich häufiger auf die Nachbaraufgabe zurückgegriffen als bei der Aufgabe $5 \cdot 8$, bei der sich nach GAS-

TEIGER und PALUKA-GRAHM (2013) aufgrund der Aufgabencharakteristik der Einsatz anderer Strategien deutlich eher anbot. Auch die aufgabenspezifische Analyse des Einsatzes der sukzessiven Addition, die je nach Charakteristik der Aufgabe eine mehr oder weniger tragfähige Herangehensweise darstellt, zeigt, dass die Kinder größtenteils in der Lage waren, diese adäquat einzusetzen. Resümierend lässt sich festhalten, dass die Strategiewahl „von sinnvollen, bewussten Strategieentscheidungen" (GASTEIGER & PALUKA-GRAHM, 2013, S. 18) geprägt wurde.

Im Bereich der Multiplikation kann folgendes Resümee im Hinblick auf die Untersuchungen zur Adäquatheit von beschrittenem Lösungsweg und der Aufgabencharakteristik gezogen werden: „The existing literature is somewhat sparse; there have not been systematic attempts to map, in detail, how children's strategy use varies across all multiplicand values" (SHERIN & FUSON, 2005, S. 380). Während Studien realisiert wurden, die Erkenntnisse hinsichtlich der bevorzugt eingesetzten Herangehensweisen in Abhängigkeit von der Faktorengröße (einfache oder schwere Aufgaben) liefern, sind nur vereinzelte Studien bekannt, die aufgabenadäquates Handeln im Zusammenhang mit der Aufgabencharakteristik beschreiben und – wie in den theoretischen Ausführungen zu Beginn dieses Abschnittes aufgeführt – aufgrund der Aufgabenmerkmale einen bestimmten Rechenweg für eine Aufgabe näher legen als andere. Um die Strategiewahl als adäquat bezeichnen zu können, müsste im Vorfeld normativ festgesetzt werden, welche Herangehensweisen bzw. Rechenstrategien für welche Aufgaben geeignet sind. In der nationalen Literatur hat die Studie von GASTEIGER und PALUKA-GRAHM (2013), auf die bereits in den vorausgehenden Ausführungen verwiesen wurde, erste Erkenntnisse in diesem Kontext geliefert.

Adäquatheit des Referenzrahmens

Aufgabenadäquates Handeln lässt sich auch an der Adäquatheit des Referenzrahmens identifizieren. Während die Abschnitte zu der Adäquatheit von Lösungskorrektheit und Lösungsgeschwindigkeit sowie von beschrittenem Lösungsweg und der Aufgabencharakteristik bereits gezeigt haben, dass nur wenige Untersuchungen hinsichtlich der Adäquatheit im Bereich der Multiplikation durchgeführt wurden, scheint dies auch für Studien zur Überprüfung der Adäquatheit des Referenzrahmens zuzutreffen. Ein Grund dafür könnte unter Umständen, wie bereits erwähnt, darin liegen, dass es schwierig ist, den Referenzkontext zu rekonstruieren – weder anhand eines Lösungsweges noch mithilfe von Beobachtungen (RATHGEB-SCHNIERER, 2011, S. 16; RECHTSTEINER-MERZ, 2013, S. 76).

Wie die Zusammenschau der Forschungsergebnisse der Studien und Untersuchungen im Hinblick auf das kleine Einmaleins verdeutlicht, sind die in der Theorie unterschiedenen verschiedenen Auffassungen von adäquatem Handeln bisher noch nicht oder nur vereinzelt in Studien im Bereich der Multiplikation von Relevanz gewesen bzw. realisiert worden. Untersuchungen, die sich mit verschiedenen Herangehensweisen bzw. Strategien im Bereich der Multiplikation beschäftigt haben, legen bzw. legten, wie im Abschnitt 3.2 ausgeführt, bisher andere Schwerpunkte.

Was wird in der vorliegenden Arbeit unter Adäquatheit verstanden? – Positionierung

Eine adäquate Strategiewahl liegt dem Verständnis der Arbeit zufolge vor, wenn effiziente Herangehensweisen bzw. Rechenstrategien zur Lösung von Einmaleinsaufgaben gewählt werden. Nach STAR et al. (2009) müssen dabei effiziente von weniger effizienten Herangehensweisen unterschieden werden: „More efficient [strategies] than others under particular circumstances" (ebd., S. 570, Ergänzung der Autorin). Was kann nun unter effizienteren bzw. adäquateren Herangehensweisen bzw. Rechenstrategien im Vergleich zu anderen unter den jeweiligen Gegebenheiten oder Verhältnissen verstanden werden? Mit Blick auf die fachdidaktischen Empfehlungen des Abschnittes 2.3 zur Erarbeitung des kleinen Einmaleins können Herangehensweisen an Einmaleinsaufgaben unterschiedliche Grade an „Eleganz und Effizienz" (SELTER, 1994, S. 75) aufweisen. Nach allgemeinem Konsens der Mathematikdidaktik sollen Kinder noch unbekannte Aufgaben mithilfe bereits bekannter Einmaleinssätze und auf Basis von Einsicht in operative Beziehungen, den in dieser Arbeit sogenannten Rechenstrategien (siehe Abschnitt 2.2.2), lösen. Der Einsatz von Rechenstrategien zur Lösung von Einmaleinsaufgaben stellt in dieser Arbeit somit die erste Bedingung bzw. Voraussetzung für eine adäquate Strategiewahl dar.[70] Da sich allerdings nicht jede Rechenstrategie als gleichermaßen geeignet für jeden Aufgabentyp bzw. jedes Aufgabenmerkmal einer Einmaleinsaufgabe herauskristallisiert hat (siehe Abschnitt 2.2.2), muss eine adäquate Strategiewahl in dieser Arbeit auch unter Berücksichtigung von Aufgabencharakteristika erfolgen. Kinder müssen, damit von einer adäquaten Strategiewahl gesprochen werden kann, über Rechenstrategien bzw. strategisches Wissen verfügen, um Aufgabenbeziehungen im Lösungsprozess wahrnehmen und auf dieser Basis eine adäquate bzw. geeignete Wahl in Abhängigkeit von der Aufgabencharakteristik treffen zu können. Dabei grenzt sich die dieser Arbeit zugrundeliegende Definition aufgabenadäquaten Handelns von Definitionen ab, die nach BLÖTE et al. (2000) oder KLEIN et al. (1998) davon ausgehen, dass die Aufgabencharakteristik genau einen bestimmten Rechenweg zur Lösung der Aufgabe vorsieht. Zwar wird die Eignung einer Lösungsstrategie auch im Hinblick auf die Aufgabencharakteristik abgewägt, allerdings liegt das Hauptaugenmerk auf dem Rückgriff von Beziehungen zur Aufgabenlösung. Idealerweise liegt dem Rückgriff beim Einsatz von Rechenstrategien ein Verständnis der Zahl- und Aufgabenbeziehungen zugrunde und nicht ein erlerntes Verfahren, das nach Schema F *abgearbeitet* wird. Da es nach RATHGEB-SCHNIERER (2011) schwierig ist, den Referenzkontext anhand eines Lösungsweges zu rekonstruieren (ebd., S. 16) und zu unterscheiden, inwiefern ein gelerntes, routinemäßig angewandtes Verfahren, erkannte Aufgabenmerkmale bzw. genutzte Zahlbeziehungen oder eine Kombination aus allem zur Aufgabenlösung geführt haben (siehe Abschnitt 3.3.1), wird in dieser Arbeit die Frage nach dem Referenzkontext eine womöglich nur schwer zu beantwortende Frage sein.

---

70 Das langfristige Ziel der Erarbeitung des kleinen Einmaleins ist der Faktenabruf aller Aufgaben aus dem Gedächtnis (siehe Abschnitt 2.3). Der Einsatz des Faktenabrufes zur Aufgabenlösung kennzeichnet demnach eine adäquate Strategiewahl.

Die Lösungsgeschwindigkeit und die Lösungskorrektheit werden in dieser Arbeit nicht als Kriterium für adäquates Handeln herangezogen, steht doch vorrangig – wie bereits beschrieben – das Anwenden von Herangehensweisen im Vordergrund, die auf Beziehungen und Zusammenhängen basieren und somit wiederum auch das Wahrnehmen und Erkennen von Beziehungen fordern (siehe Abschnitt 2.4.2). Nicht eine möglichst schnelle und korrekte Aufgabenlösung ist in erster Linie erstrebenswert, sondern eine Herangehensweise, die erkennen lässt, dass Beziehungen erkannt und genutzt werden sowie einen Transfer auch im größeren Zahlenraum beispielsweise beim großen Einmaleins zulässt. Die Lösungsgeschwindigkeit scheint im Bereich der Multiplikation ein schwieriges Kriterium zur Einschätzung eines adäquaten Einsatzes darzustellen. Die sukzessive Addition ist beispielsweise je nach Aufgabencharakteristik häufig eine weniger tragfähige – weil fehleranfällige – Herangehensweise, kann aber durchaus im Vergleich zum Einsatz von Rechenstrategien zu einer schnelleren Lösung von Einmaleinsaufgaben führen (z.B. LEFEVRE et al., 1996).

Die sukzessive Addition wird wie im Abschnitt 2.2.2 ausführlich beschrieben nicht per se als Rechenstrategie erfasst. Sie stellt einen Grenzfall dar: Bei entsprechender Aufgabencharakteristik kann der Einsatz der wiederholten Addition zur Aufgabenlösung durchaus überlegt bzw. reflektiert erfolgen, in einem Großteil der Fälle erweist sich der Einsatz aber vorwiegend als sehr zeitaufwendig und fehleranfällig und stellt somit für die Lösung von Einmaleinssätzen eine *eher ungeeignete* Herangehensweise dar. Für die Analyse der Adäquatheit, wie sie in dieser Arbeit definiert ist, wird der Einsatz der sukzessiven Addition anhand der Aufgabencharakteristik von Fall zu Fall individuell betrachtet bzw. abgewägt.

Eine notwendige Bedingung für eine *erfolgreiche Strategiewahl bzw. -verwendung* besteht dem Verständnis dieser Arbeit zufolge darin, dass dem Kind der Wechsel zwischen verschiedenen zur Verfügung stehenden Herangehensweisen zur Lösung von Einmaleinsaufgaben gelingt. Erweist sich das Kind darüber hinaus noch in der Lage, eine jeweils adäquate Aufgabe hinsichtlich der Aufgabencharakteristik zu wählen, kann das Kind als noch kompetenter bezüglich des Strategieeinsatzes eingestuft werden. Mit der Einführung der Begrifflichkeit der Transferierbarkeit wird zudem ein noch differenzierteres Bild der Strategiekompetenz erlangt. Der Transfer bzw. die Übertragung von tragfähigen Herangehensweisen auf den größeren Zahlenraum stellt in diesem Zusammenhang *beim kleinen Einmaleins* die größte Kompetenzleistung im Grundschulbereich dar. Die einleitenden Worte dieses Kapitels erneut aufgreifend, kann bei einer erfolgreichen Strategiewahl von einer besonderen Art und Weise des Umgangs mit Zahlen gesprochen werden – „one which has implications for other mathematics learning" (THRELFALL, 2009, S. 543).

3.3.3 Das Individuum und der Unterricht als Einflussfaktoren der Strategiewahl

Ob und welche Herangehensweisen bzw. Rechenstrategien Kinder zur Lösung von Einmaleinssätzen einsetzen, inwiefern ihre getroffene Wahl als flexibel, adaptiv oder transferierbar bezeichnet werden kann, scheint von verschiedenen Faktoren abhängig zu sein. Eine Abhängigkeit der gewählten Herangehensweise bzw. Rechenstrategie lässt sich unter anderem vom Individuum, dem dargebotenem Unterricht und der jeweiligen Aufgabenstellung beobachten. Die beiden erstgenannten Faktoren, das Individuum und der Unterricht, sollen in diesem Abschnitt detaillierter betrachtet werden. Auf die Abhängigkeit der gewählten Strategie bzw. Herangehensweise vom Zahlenmaterial wurde bereits ausführlich im Abschnitt 3.2.1 zu den Forschungsergebnissen im Hinblick auf die Aufgabencharakteristik und im Abschnitt 3.3.2 bezüglich der Adäquatheit von beschrittenem Lösungsweg und der Aufgabencharakteristik verwiesen. Aus diesem Grund wird im folgenden Absatz nur ein kurzes Resümee gezogen.

Vor allem aus dem Bereich der Addition und Subtraktion ist bekannt, dass Kinder das Zahlenmaterial der Aufgabenstellung kaum nutzen und es dementsprechend nur selten als Entscheidungsgrundlage für ihre Strategiewahl heranziehen (z.B. BENZ, 2007; BLÖTE, KLEIN & BEISHUIZEN, 2000; HEINZE, MARSCHICK & LIPOWSKY, 2009; SELTER, 2001; TORBEYNS, DE SMEDT, GHESQUIÈRE & VERSCHAFFEL, 2009; TORBEYNS, VERSCHAFFEL & GHESQUIÈRE, 2006). Für den Multiplikationsbereich verweisen vereinzelte Studien auf Zusammenhänge zwischen der gewählten Herangehensweise und der jeweiligen Aufgabenstellung. Zusammenfassend kann allerdings festgehalten werden, dass über die bereits genannten Forschungsergebnisse hinaus noch Forschungsbedarf hinsichtlich einer adäquaten Strategiewahl bezogen auf die Aufgabenstellung besteht. SHERIN und FUSON (2005) kamen in ihrer Literaturrecherche (siehe Abschnitt 3.3.2) zu einer ähnlichen Erkenntnis (ebd., S. 380).

Im Folgenden wird zunächst das *Individuum* als ein die Strategiewahl beeinflussender Faktor vorgestellt.

Einflussfaktor Individuum

Dass individuelle Dispositionen einen Einfluss auf die Wahl einer Herangehensweise bzw. Rechenstrategie haben, ist nicht weiter verwunderlich – stellen diese doch die *Schlüsselfigur in einem Entscheidungsfindungsprozess* dar. Die vom Individuum gewählte Herangehensweise scheint hierbei von den individuell vorhandenen bzw. nicht vorhandenen Voraussetzungen abhängig zu sein (KROESBERGEN et al., 2004; THRELFALL, 2002, 2009): „Some possible strategies for some students are not feasible because of what they know, or more precisely do not know" (THRELFALL, 2009, S. 548). Zur Aufgabenlösung von Einmaleinsaufgaben mithilfe von Rechenstrategien müssen Kinder beispielsweise neben einem bestimmten Faktenwissen (den sogenannten Kernaufgaben) auch über Wissen in Bezug auf operative Zusammenhänge bzw. Beziehungen zwischen Aufgabenstellungen verfügen. Da aufgabenadäquates Handeln allerdings auch Alternativen erfordert, die eine Wahl in Abhängigkeit von den Aufgabenmerkmalen erst ermöglicht, ist somit Wissen über unterschiedliche Herangehensweisen bzw. Rechenstrategien ebenfalls hilfreich bzw. von Vorteil. Die im Folgenden angeführte Auflistung von THRELFALL (2002) veranschaulicht mit Bezug auf ein möglichst großes Strategierepertoire die Vielfalt an benötigten Kompetenzen bzw. Fähigkeiten zur Lösung von Einmaleinsaufgaben auf unterschiedlichen Wegen:

- „Using related facts and doubling or halving […]
- Using closely related facts already known
- Partitioning and using the distributive law
- Using the relationship between multiplication and division
- Using known number facts and place value" (THRELFALL, 2002, S. 43).[71]

Dem Entwicklungsmodell der Multiplikation von SHERIN und FUSON (2005) zufolge muss ein Kind zahlspezifische Rechenfertigkeiten besitzen, um eine Herangehensweise bzw. Rechenstrategie anwenden zu können: „It is manifestly clear that at least some of the relevant knowledge is number-specific" (ebd., S. 384; siehe auch Abschnitt 3.1).

> For example, the count-by strategy requires that the student acquire the count-by sequences for each operand. And learned product requires that specific number triads are learned. No across-the-board conceptual development can obviate the need for the learning of these number-specific computational resources. (SHERIN & FUSON, 2005, S. 384)[72]

Die Vielfalt an Rechenstrategien bzw. die Bandbreite verschiedener Herangehensweisen, über die eine Person verfügt, kann nach THRELFALL (2009) zu einem gewissen Repertoire des Individuums beitragen, was an Zahlen bzw. dem Zahlenmaterial einer Aufgabe erkannt werden kann (ebd., S. 548). „In this way, flexible mental calculation can be seen as an individual and personal reaction with knowledge, manifested in the subjective sense of what is noticed about the specific problem" (THRELFALL, 2002, S. 42). Das adaptive Lösen einer Einmaleinsaufgabe setzt somit das *Erkennen* spezifischer Aufgabenmerkmale sowie das *Nutzen* dieser Merkmale zur Aufgabenlösung voraus. Dabei wird erneut die Abhängigkeit vom Individuum bzw. den Kompetenzen des Lernenden ersichtlich: Der Lernende muss nicht nur über das notwendige Wissen über Zahlen und ihre Beziehungen verfügen, sondern auf Basis dieses Wissens auch die spezifischen Aufgabeneigenschaften wahrnehmen, die zur Lösung genutzt werden, sowie die dementsprechend geeigneten Herangehensweisen kor-

---

71 Die Auflistung von THRELFALL (2002) beschränkt sich nicht ausschließlich auf die Multiplikation, sondern bezieht auch die Division ein (ebd., S. 43).

72 Wie bereits im Abschnitt 3.1 angeführt gehen SHERIN und FUSON (2005) bei der Multiplikation nicht von einer linearen Strategieentwicklung aus, bei der dominierende Strategien durch ein profunder werdendes Verständnis *(across-the-board conceptual development)* von anderen Strategien abgelöst werden. Nach SHERIN und FUSON (2005) sind für einen Strategiewechsel zahlspezifische Rechenfertigkeiten vonnöten (ebd., S. 348).

rekt ausführen. RATHGEB-SCHNIERER (2006) spricht in diesem Zusammenhang von einem „Zusammenspiel von Erkennen und Wissen" (ebd., S. 59). THRELFALL (2002) versteht das Wissen und Erkennen jedes Individuums wie folgt: „Personal knowledge as a determinant of how a solution path emerges in the context of particular calculations, by way of what is noticed by the individual about the numbers in the calculation" (ebd., S. 45).

Neben Wissen betont auch er die Wichtigkeit von Zahlen und deren Beziehungen für die Entwicklung flexibler Rechenkompetenzen bzw. eine adaptive Strategiewahl (ebd., S. 44). LORENZ (1998) sieht im Wissen über Zahlen, dem Verständnis von Zahlbeziehungen sowie in der Entwicklung des „Zahlensinns" (ebd., S. 60) wichtige Bedingungen für das Rechnen – in der Entwicklung des Zahlensinns sieht LORENZ (1998) sogar „das wichtigste und übergeordneteste Ziel des Arithmetikunterrichts" (ebd., S. 67). Der englische Begriff *number sense,* den LORENZ mit dem Begriff Zahlensinn gleichsetzt, scheint sich in den folgenden kindlichen Fähigkeiten bemerkbar zu machen bzw. zu äußern (LORENZ, 1998a, S. 12):
- im Zusammensetzen und Zerlegen von Zahlen,
- in der „bedeutungshaltigen" (ebd., S. 11) Verbindung von Zahl- und Operationssystemen
- im Umgang mit Regeln und ihren Auswirkungen
- im Nutzen von Zahleigenschaften im Bereich des Kopfrechnens
- in der flexiblen Verwendung von Zahlen und
- im Verstehen von Zahlen und ihren Beziehungen.

HEIRDSFIELD und COOPER (2002) arbeiteten die folgenden eher allgemeinen Merkmale heraus, durch die sich ein flexibler Rechner auszeichnet bzw. die für eine adaptive Strategiewahl eines jeden Individuums vonnöten sind:
- number facts
- numeration[73]
- estimation and sense of size of numbers
- number and operation (HEIRDSFIELD & COOPER, 2002, S. 66).

Bereits in dieser sehr allgemein gehaltenen Aufzählung von HEIRDSFIELD und COOPER (2002) wird der Stellenwert der *number* deutlich. Ähnlich wie LORENZ (1998) und THRELFALL (2002) hebt auch SCHÜTTE (2004) die Relevanz des Wissens über Zahlen hervor. „Ein reichhaltiges Wissen in Bezug auf den mathematischen Gegenstand ‚Zahlen'" (SCHÜTTE, 2004, S. 143, Hervorhebung im Original), der das Wahrnehmen von Zahleigenschaften und -beziehungen umfasst, erfährt im Zuge des Lösens von Aufgaben große Bedeutsamkeit. SCHÜTTE (2002) spricht in diesem Kontext von der „Schulung des Zahlenblicks" (ebd., S. 6).

Nach HEIRDSFIELD und COOPER (2002) weisen flexible bzw. adaptive Rechner neben einer Vielfalt an kognitiven Kompetenzen auch metakognitive und affektive Kompetenzen auf (ebd., S. 66ff.). Auch RATHGEB-SCHNIERER (2006) macht

---

73 Der Begriff *numeration* steht nach HEIRDSFIELD (2011) für das *Zahlverständnis.*

neben den mathematisch-inhaltlichen auf metakognitive Fähigkeiten aufmerksam, wenn von adaptivem Handeln bzw. Merkmalen eines Rechners gesprochen wird. Ihrer Meinung nach zeichnet sich ein adaptiver Rechner wie folgt durch:

- „[...] das Erkennen von Aufgabenunterschieden,
- das Erkennen von Zahleigenschaften und Zahlbeziehungen,
- das Nutzen von Zahl- und Aufgabeneigenschaften sowie Zahlbeziehungen beim Lösen von Aufgaben,
- das Kennen und Verstehen von strategischen Werkzeugen[74],
- der bewegliche Umgang mit strategischen Werkzeugen, das Kennen von alternativen Rechenwegen,
- das Begründen von Rechenwegen,
- die Einschätzung der Passung eines Lösungsweges und
- das Verfügen über metakognitive Kompetenzen" (RATHGEB-SCHNIERER, 2006, S. 270f.) aus.

Auch wenn sich die Anmerkungen und Aussagen von LORENZ (1998), HEIRDS-FIELD und COOPER (2002), RATHGEB-SCHNIERER (2006) sowie SCHÜTTE (2002, 2004) nicht explizit auf das Einmaleins beziehen, da sie sich in erster Linie auf Forschungsergebnisse zu Studien zur Addition und Subtraktion stützen und in diesem Kontext Merkmale flexibler bzw. adaptiver Rechner beschreiben, lassen sich viele kennzeichnende Merkmale nahezu direkt auf die Multiplikation und die Strategiewahl übertragen.

Gemäß HESS (2012) müssen Kinder im Bereich der Multiplikation „über ein fortgeschrittenes Mengen- und Operationsverständnis verfügen, bis sie [...] im Einmaleins Beziehungen nutzen und Ableitungen vornehmen können" (ebd., S. 157). Nach MABBOTT und BISANZ (2003) setzt sich ein verständnisvoller Umgang mit der Rechenoperation der Multiplikation aus mehreren miteinander verbundenen Konzepten – „related concepts" (MABBOTT & BISANZ, 2003, S. 1093) – zusammen, die zu einem adaptiven Rechnen befähigen (ebd., S. 1093). Für das Lösen von kontextfreien Einmaleinsaufgaben werden eine Reihe relevanter Konzepte von MABBOTT und BISANZ (2003) angeführt:[75]

- relations between repeated addition and multiplication: $a \cdot b = b + b + ... (a$ times)
- commutativity: $a \cdot b = b \cdot a$
- part-whole relation: $a \cdot b = a \cdot (b - 1) + b$
- relative effects of operations on numbers: $a \cdot I = a$, only when $I = 1$
- relative magnitudes of numbers: „if a $\cdot$ b = c, then c > a and c > b (natural numbers)"[76] (MABBOTT & BISANZ, 2003, S. 1106)

---

74 Nach RATHGEB-SCHNIERER (2006) wird unter der Begrifflichkeit strategisches Werkzeug das zur Ausführung einer Herangehensweise bzw. Rechenstrategie erforderliche Strategie- und Basisfaktenwissen verstanden (siehe auch Abschnitt 2.2.1).

75 Die vollumfängliche Auflistung, die auch Konzepte im Hinblick auf die Lösung von Sachaufgaben beinhaltet, wird in MABBOTT und BISANZ (2003) erwähnt (ebd., S. 1093, S. 1106f.).

76 Diese von MABBOTT und BISANZ (2003) angeführte Vorstellung ist in Bezug auf die Anschlussfähigkeit mathematischen Lernens nicht unbedenklich. Das Konzept *Relative Magni-*

- relations between concrete manipulatives and symbolic representations of specific problems (MABBOTT & BISANZ, 2003, S. 1093, S. 1106).[77]

Die von MABBOTT und BISANZ (2003) angeführten „related concepts" (ebd., S. 1093), über die ein Kind zur Aufgabenbewältigung beim kleinen Einmaleins verfügen sollte, stimmen in einigen Punkten mit den von LAMPERT (1986) beschriebenen Fähigkeiten überein, die Kinder benötigen, um verständnisbasiert Aufgaben aus dem großen Einmaleins zu lösen. Nach LAMPERT (1986) muss ein Kind die folgenden Fähigkeiten besitzen bzw. die nachfolgenden Rechengesetze kennen:
- Einsicht in das Stellenwertprinzip
- Fähigkeit Zahlen flexibel zusammenzusetzen bzw. zu zerlegen (die Zahl 76 kann auf verschiedene Art und Weise zerlegt werden, z.B. 70 + 6 oder 75 + 1)
- Assoziativität der Addition
- Kommutativität der Addition
- Fähigkeit, Zahlen in gleich große Gruppen zu zerlegen (die Zahl 76 kann auf verschiedene Art und Weise in gleich große Gruppen zerlegt werden, z.B. 38 + 38 = 2 · 38 oder 19 + 19 + 19 + 19 = 4 · 19)
- Assoziativität der Multiplikation
- Kommutativität der Multiplikation
- Distributivität (ebd., S. 310f.).

LAMPERT (1986) verdeutlicht die Wichtigkeit der aufgelisteten Gesetze und Grundsätze: „Principles are basic building blocks not only of processes used to multiply large numbers but also of much of pure mathematics. They can be used to represent the implicit conceptual knowledge of anyone who understands multiplication procedures" (LAMPERT, 1986, S. 311). Auf die Bedeutsamkeit der Rechengesetze bzw. Eigenschaften für das kleine Einmaleins, aber auch für den darauf aufbauenden größeren Zahlenraum bzw. das große Einmaleins wurde bereits im Abschnitt 2.4 verwiesen.

Zusammenfassend lässt sich bislang sagen, dass die Strategiewahl eines jeden Individuums maßgebend vom individuellen Wissen einer Person und insbesondere von der Fähigkeit Zahlbeziehungen zu erkennen beeinflusst wird. THRELFALL (2009) spricht in diesem Zusammenhang von „knowledge and skills of the individual" (ebd., S. 551). Dabei hat sich vor allem das bereits erwähnte Zusammenspiel zwischen Wissen und Erkennen als entscheidendes Kriterium der Strategiewahl herauskristallisiert. Wie eng dabei im Zuge einer adaptiven Strategiewahl die einzelnen *Wissensbausteine* miteinander verknüpft sind bzw. sich wechselseitig bedingen und

---

tudes of Numbers – „if a · b = c, then c > a and c > b " (ebd., S. 1106) – ist nur widerspruchsfrei, wenn *a*, *b* und *c* natürliche Zahlen mit *a*, *b* > 1 sind.

77 Im Gegensatz zu den bisherigen Auflistungen, wird mit dem letzten Punkt als ein relevantes Konzept für das Lösen multiplikativer Aufgaben von MABBOTT und BISANZ (2003) auf den wichtigen Zusammenhang zwischen der symbolischen Darstellung einer Aufgabe und ihrer Veranschaulichung verwiesen. Insbesondere im Bereich der Multiplikation nehmen unter anderem Arbeitsmittel eine wichtige Rolle beim Rechnen sowie beim Argumentieren und Beweisen ein (siehe Abschnitt 2.3.2).

welche Rolle dem Verständnis dieses Wechselspiels zuteilwird, hält KUHN (1984) fest: „In order to select a strategy as appropriate for solving a particular problem, the individual must understand the strategy, understand the problem, and understand how the problem and strategy intersect or map onto one another" (ebd., S. 165). Neben den mathematisch-inhaltlichen Merkmalen, wie beispielsweise dem Wissen über Zahlen – speziellen Zahleigenschaften und Zahlbeziehungen – oder dem Operationswissen der entsprechenden Rechenoperation, sind allerdings auch noch eine Reihe weiterer Faktoren für individuelle Strategieentscheidungen von Relevanz (THRELFALL, 2009).

Die Rolle des Arbeitsgedächtnisses sollte nicht unberücksichtigt bleiben mit Blick auf das Lösen von Einmaleinsaufgaben: „The role of working memory in mental calculation comes clearly to mind when thinking of calculations that involve intermediate results, such as multiplying […] in parts, and needing to ‚hold' the outcome of the first part […] while working out the other part" (THRELFALL, 2009, S. 552, Hervorhebung im Original). Nach ZHANG et al. (2014) ist der Arbeitsspeicher vor allem beim Lösen von Strategien von bedeutender Relevanz: „Decomposition strategy is working memory demanding because it requires students to break down one or two multiplicands and hold these complex procedures in mind." (ebd., S. 27). Dass Kinder vor allem beim Zwischenspeichern vorübergehender Ergebnisse von den vorhandenen Kapazitäten des Arbeitsspeichers abhängig sind, veranschaulicht TER HEEGE (1985) an folgendem Beispiel:

> Take 7 x 7 = 49, for instance: first he [a participant] ascertains that 10 x 7 = 70. He uses the result – 70 – to continue his calculations. Half of 70 is 35. This result is used to continue the procedure: 35 + 7 = 42. And finally 42 + 7 = 49. The intermediate results involved in the solution were: 70, 35, 42 and (the final answer) 49. (TER HEEGE, 1985, S. 379, Ergänzung der Autorin)

Einer Studie von IMBO und VANDIERENDONCK (2007) zufolge erfordert das Lösen von Einmaleinsaufgaben grundsätzlich Arbeitsspeicherkapazitäten (ebd., S. 1759; DE RAMMELAERE, STUYVEN & VANDIERENDONCK, 2001; DESTEFANO & LEFEVRE, 2004; LEE & KANG, 2002; SEITZ & SCHUMANN-HENGSTELER, 2000). Im Bereich der Addition und Subtraktion erweist sich die Anzahl der Forschungsergebnisse zur Rolle des Arbeitsgedächtnisses im Hinblick auf unterschiedliche Lösungsstrategien allerdings als sehr begrenzt[78], ebenso wie für die Rechenoperationen der Multiplikation und Division: „We know practically nothing about the

---

78 Nicht nur aufgrund der begrenzten Zahl an Studien in diesem Forschungsbereich sollten die Forschungsergebnisse der Addition bzw. Subtraktion nicht auf die Rechenoperation der Multiplikation (bzw. Division) übertragen werden: „Studying the role of working memory in multiplication and division strategies is far more than just an extension of previous research (IMBO & VANDIERENDONCK, 2007, S. 1760). IMBO und VANDIERENDONCK (2007) führen dies zum einen auf die verschiedenen Erarbeitungszeitpunkte zurück. „Furthermore, the acquisition of addition and subtraction skills and strategies is mainly based on counting procedures, whereas the acquisition of multiplication and division skills and strategies is based on the memorization of problem–answer pairs" (ebd., S. 1760).

role of working memory in multiplication and division strategies" (IMBO & VAN-DIERENDONCK, 2007, S. 1760).

Laut den Forschungsergebnissen von DESTEFANO und LEFEVRE (2004) variieren die Anforderungen an den Arbeitsspeicher mit der genutzten Herangehensweise und der Komplexität der Aufgabenstellung. Gemäß THRELFALL (2009) stellt die erforderte Kapazität des Arbeitsgedächtnisses somit unter anderem einen weiteren bestimmenden Faktor der individuellen Strategiewahl dar: „It is reasonable to conclude that one strategy may not be feasible for an individual just because their working memory capacity is not up to it, whereas for another student, this may not apply, and either might be used" (ebd., S. 552). Ergebnisse im Hinblick auf die Effizienz[79] einzelner Herangehensweisen führen nach IMBO und VANDIERENDONCK (2007) zu folgenden Erkenntnissen: „Results concerning strategy efficiency showed that the roles of the different working memory resources differed across strategies (ebd., S. 1765).[80]

Den Forschungsergebnissen von STEEL UND FUNNELL (2001) zufolge ist die Wahl und die Anwendung von Herangehensweisen bzw. Rechenstrategien demnach auch abhängig von der Leistungsfähigkeit des Arbeitsgedächtnisses (ebd., S. 53). Studien zeigen, dass vor allem rechenschwache Schülerinnen und Schüler über begrenzte Arbeitsgedächtnis-Kapazitäten verfügen (SWANSON & BEEBE-FRANKENBERGER, 2004; siehe Abschnitt 2.4.4) und demnach unter Umständen auch bei ihrer Strategiewahl eingeschränkt sind. Weniger effiziente[81] Herangehensweisen bzw. Rechenstrategien scheinen mehr Kapazitäten zu beanspruchen als effiziente Strategien. STEEL und FUNNNELL (2001) verweisen des Weiteren darauf, dass nicht nur die Kinder, die über ein leistungsfähiges Arbeitsgedächtnis verfügen, effizientere Strategien zur Lösung von Einmaleinsaufgaben wählen, sondern insgesamt leistungsstärkere Schülerinnen und Schüler effizientere Herangehensweisen bzw. Rechenstrategien einsetzen und den Strategieeinsatz erfolgreicher meistern. „It was the more able children who discovered the most effective strategies" (STEEL & FUNNELL, 2001, S. 54). STEEL und FUNNELL (2001) bringen in dieser zitierten Textstelle noch einmal einen anderen Aspekt ins Spiel, der ebenfalls dem Individuum zuzuschreiben ist: allgemeine mathematische Fähig- und Fertigkeiten.

Was die Abhängigkeit der Strategiewahl von allgemeinen arithmetischen Fähig- und Fertigkeiten des einzelnen Individuums betrifft, sind im Bereich der Multiplikation kaum Studien publiziert worden, die im Detail Erkenntnisse dazu liefern. Im Zusammenhang mit leistungsschwachen Schülerinnen und Schülern konnten einige

---

79 Die Effizienz eines Strategieeinsatzes wurde in der Studie von IMBO und VANDIEREN-DONCK (2007) anhand der benötigten Reaktionszeiten ermittelt.

80 Nach IMBO und VANDIERENDONCK (2007) werden die exekutiven Funktionen des Arbeitsgedächtnisses (zentrale Exekutive) beim Einsatz jeder Herangehensweise bzw. Rechenstrategie benötigt. Bei der Anwendung von Zähl-Strategien wird darüber hinaus die phonologische Schleife beansprucht (ebd., S. 1760).

81 Der Studie von STEEL und FUNNELL (2001) zufolge stellt der Faktenabruf (*retrieval*) die effizienteste Herangehensweise zur Lösung von Einmaleinsaufgaben dar. Ableitungsstrategien (*calculation using derived facts*) sind am zweiteffizientesten gefolgt von der Herangehensweise des Aufsagens der Reihe (*counting-in-series*) (ebd., S. 43–53).

wenige Studien vorgestellt werden (siehe Abschnitt 2.4.4), die erste Indizien geben, dass rechenschwache Kinder von einer verständnisbasierten Erarbeitung des kleinen Einmaleins profitieren. Zudem existieren vereinzelt Studien wie unter anderem die von WOODWARD (2006) in der Forschungsliteratur, die zwar zwischen Kindern unterschiedlichen Leistungsvermögens differenzieren und somit Aussagen im Hinblick auf das unterschiedliche Leistungsvermögen zulassen – allerdings nicht mit Blick auf die Strategiewahl, sondern bezüglich der Korrektheit und der Lösungsgeschwindigkeit der Aufgabenlösung. Ein möglicher Grund für die wenigen Erkenntnisse hinsichtlich individueller Einflussfaktoren im Allgemeinen und im Speziellen bezogen auf mathematische Fähigkeiten kann sicherlich in der generell sehr geringen Anzahl an Studien liegen, die sich mit den verschiedenen Herangehensweisen bzw. Rechenstrategien an Einmaleinsaufgaben bzw. der Strategiewahl im Speziellen beschäftigen (siehe Abschnitt 3.2).

Mit Blick auf die Strategieausführung kann festgehalten werden, dass leistungsschwächere Schülerinnen und Schüler deutlich weniger erfolgreich Einmaleinsaufgaben lösen und angewandte Strategien auch weniger erfolgreich auf Aufgaben des großen Einmaleins übertragen als leistungsstärkere Kinder (IMBO & VANDIERENDONCK, 2007, S. 1768; WOODWARD, 2006, S. 280ff.). Noch einmal bezugnehmend auf die Studie von IMBO und VANDIERENDONCK (2007) konnte ermittelt werden, dass arithmetische Fertigkeiten signifikant mit der Effizienz des Strategieeinsatzes korrelieren: „More specifically, high-skill participants were more efficient in executing both retrieval and non-retrieval strategies to solve multiplication [...] problems" (ebd., S. 1768). Insgesamt wird auch in diesem Kontext ein erneuter Forschungsbedarf ersichtlich: Vereinzelte Studien, die die Strategiewahl analysieren und zudem die individuellen Fähig- und Fertigkeiten eines jeden Individuums berücksichtigen, wurden zwar realisiert – wie beispielsweise in der Studie von IMBO und VANDIERENDONCK (2007) –, allerdings wurden bisher nicht alle relevanten Zielgruppen diesbezüglich untersucht oder eine effiziente Strategieanwendung ausschließlich hinsichtlich der Lösungsgeschwindigkeit – „more efficient (i. e., faster)" (ebd., S. 1761) – erfasst. Wie bereits im Abschnitt 3.3.2 beschrieben, ist nicht zwingend bzw. ausschließlich die Schnelligkeit der Aufgabenlösung von Relevanz, sondern ein wenn möglich flexibler, adaptiver und unter Umständen transfereierbarer Strategieeinsatz.

Nach HESS (2012) muss im Hinblick auf die Strategiewahl noch ein weiterer beeinflussender Faktor betont werden: „Nicht jedes Kind erkennt und nutzt die gleichen multiplikativen Beziehungen. Dies hängt unter anderem von [...] den persönlichen Vorlieben ab" (ebd., S. 172). Auf die persönlichen Vorlieben bzw. individuellen Präferenzen, die ebenfalls ein Entscheidungskriterium darstellen können, wird in den folgenden Ausführungen Bezug genommen. Gewissermaßen abhängig von den individuellen Kenntnissen und Fähigkeiten scheinen Strategiewahlen auch mit dem Wunsch gepaart zu sein, nach Möglichkeit leichte bzw. einfache Herangehensweisen zur Aufgabenlösung heranzuziehen (THRELFALL, 2009, S. 548). Was Kindern *leicht fällt*, spielt auch in einem anderen Zusammenhang eine Rolle: Werden Schülerinnen und Schüler aufgefordert, ihre Herangehensweisen an Einmaleinsaufgaben verbal zu erklären, greifen diese häufig auf leicht zu beschreibende Herangehensweisen bzw. Rechenstrategien zurück (ASHCRAFT, 1990, S. 201; THRELFALL, 2009, S. 549; siehe auch Abschnitt 3.2.2). Auf die Frage, inwiefern Kinder bestärkt bzw. bekräftigt werden sollen, ihre Herangehensweisen an Aufgaben zu erklären, antwortet THREL-FALL (2009): „Too much and they will prefer methods that are easy to articulate" (ebd., S. 553).

Vor allem scheint aber das Vertrauen in den Erfolg einer Herangehensweise die Strategieentscheidung maßgebend zu beeinflussen (LEMAIRE & SIEGLER, 1995). Wie bereits im Abschnitt 3.3.2 (*Adäquatheit von beschrittenem Lösungsweg und der Aufgabencharakteristik*) erwähnt, setzen Kinder bevorzugt Herangehensweisen zur Lösung von Einmaleinsaufgaben ein, die schnell und unkompliziert zur korrekten Lösung führen (LEMAIRE & SIEGLER, 1995, S. 93). Über einen etwaigen Einsatz einer Strategie bzw. einer Herangehensweise entscheidet das Kind zumeist in Abhängigkeit von der Sicherheit und Schnelligkeit, die es zur Lösung einer Aufgabe führt. Die Aussicht auf eine erfolgreiche und zudem schnellere Aufgabenlösung führt Kinder darüber hinaus auch zur Bereitschaft einen Strategiewechsel zu vollziehen (SIEG-LER & LEMAIRE, 1995). Eine Herangehensweise oder Rechenstrategie, die von Kindern bevorzugt im Auswahlprozess bestimmt wird, zeichnet sich wie folgt aus: „to be reliable, as easy as possible and viable" (THRELFALL, 2009, S. 548).

Nach HESS (1997) und STERN (1998) wählen Kinder, wenn sie aufgefordert werden, bei der Aufgabenlösung wenig Fehler zu machen, überwiegend zeitaufwändigere, aber weniger fehleranfällige Herangehensweisen aus, als die ursprünglich von den Kindern zur Aufgabenlösung vorgesehenen. So können – trotz vorhandenem Faktenwissen und Strategiewissen – beispielsweise ursprünglich geeignete bzw. adäquate Rechenstrategien nicht zum Einsatz kommen (THRELFALL, 2009, S. 551), weil fehlendes Vertrauen in eine korrekte Ausführung dieser Herangehensweise die Anwendung hemmt: „Moreover, other individual criteria such as low self-efficacy concerning the accurate execution of certain strategies can result in an inefficient strategy use despite of an adequate strategy repertoire" (HEINZE, MARSCHICK & LIPOW-SKY, 2009, S. 593). Unabhängig vom Vorhandensein oder einem Mangel an Selbstvertrauen verweist THRELFALL (2009) darauf, dass sich einige Personen schlicht und einfach nicht die Mühe machen, aus einer Reihe an Rechenstrategien eine geeignete zu wählen: „Some students can be brought to be able to operate flexibly, but then do not usually bother" (ebd., S. 554).

Manche Strategieentscheidungen erfolgen allerdings – wie in den Abschnitten 2.2.1 und 3.3.1 bereits ausgeführt – eher intuitiv und ohne bewusste Steuerung (SIEGLER, 1988): „People make at least some of their strategy choices without reference to explicit knowledge of capacities, strategies, and problem characteristics" (ebd., S. 258). Dabei muss jedoch ebenfalls berücksichtigt werden, dass auch diese unbewusst ablaufenden Prozesse wieder vom Wissenstand der jeweiligen Person abhängig zu sein scheinen und somit von Individuum zu Individuum durchaus sehr unterschiedlich vonstattengehen können.

Einen weiteren beeinflussenden Faktor, der in den folgenden Ausführungen vorgestellt werden soll, stellt der Unterricht selbst dar und gerade das, was inhaltlich in der Unterrichtspraxis gelehrt und gelernt wird.

Einflussfaktor Unterricht

Die Wahl einer Herangehensweise bzw. Rechenstrategie ist offensichtlich nicht ausschließlich von den individuellen Voraussetzungen eines Strategie-Nutzers abhängig, sondern kann auch vom Unterricht bzw. dem Unterrichtsgeschehen beeinflusst werden. Die Abkehr oder der Nicht-Einsatz einer verfügbaren adäquaten Strategie kann unter anderem aus dem folgenden Grund erfolgen: „Students who may be capable of operating flexibly, and have the number knowledge to support it, may still not choose to because they have been taught procedures that work more or less as well, and are as easy or easier to do" (THRELFALL, 2009, S. 554). Auch die Erwartung eine bestimmte Herangehensweise zur Aufgabenlösung einsetzen zu müssen, kann die Strategiewahl entscheidend beeinflussen. Wie bereits von THRELFALL (2009) betont, kann auch nach BLÖTE et al. (2000) eine als geeignet identifizierte Herangehensweise schlussendlich nicht zum Einsatz kommen: „Students who can identify the ‚best' strategy do not use it because they do not think to, or because they do what they see as more familiar or comfortable or certain to succeed, or because they believe that they are expected to do something else" (THRELFALL, 2009, S. 551, Hervorhebung im Original). Wie bereits im Abschnitt 3.2.2 angeführt können erlebte Konventionen, die sogenannten soziomathematischen Normen (YACKEL & COBB, 1996), dazu führen, dass Kinder, die von der Lehrkraft präferierte Herangehensweise einsetzen, auf die gerade im Unterricht erarbeitete Herangehensweise zurückgreifen oder ihre Antwort anpassen, angelehnt daran, was von ihnen im Schulkontext erwartet wird (THRELFALL, 2009, S. 545). Soziomathematische Normen regeln das mathematische Verhalten im Klassenzimmer – der Mathematikunterricht wird durch sie beeinflusst (YACKEL & COBB, 1996). „Die Lehrkraft hat die Rolle inne, als mathematischer Experte zu fungieren, der die kulturellen Normen der Mathematik im Klassenraum vertritt und vermittelt" (MEYER, 2015, S. 100; YACKEL & COBB, 1996). Mit der Begriffserweiterung *sozio* drücken YACKEL und COBB (1996) dabei aus, dass die aufgestellten Wertkriterien für mathematische Aktivitäten bzw. Handlungen sozial konstituiert sind. Die Ausgestaltung der Kriterien bleibt somit immer auch gebunden an die jeweilige Situation und die entsprechenden Individuen: „What becomes mathematically normative in a classroom is constrained by the current goals, beliefs, suppositions, and assumptions of the classroom participants" (ebd., S. 460). Die soziomathematischen Normen werden somit einerseits wie bereits beschrieben von der Lehrperson und ihrem Unterricht geprägt, aber inwiefern sich Schülerinnen und Schüler daran orientieren, mag von Individuum zu Individuum variieren. Die soziomathematischen Normen prägen den Unterricht und können somit auch einen das Individuum beeinflussenden Faktor bei der Strategiewahl darstellen: Das Unterrichtgeschehen ist in diesem Kontext weniger als beeinflussender Einzelfaktor anzusehen, sondern vielmehr als Wirkungskette.

SHERIN und FUSON (2005) zufolge wird dem Unterrichtsgeschehen eine bedeutende Rolle bei der Strategiewahl zuteil (ebd., S 380ff.). Ihrer Meinung nach ist es vom Ausmaß der in der Unterrichtspraxis erarbeiteten operativen Beziehungen bzw. Zusammenhänge sowie der Vermittlung bzw. Sicherung von Faktenwissen abhängig, inwiefern Herangehensweisen bzw. Rechenstrategien zur Lösung von Einmaleinsaufgaben eingesetzt werden. Die Relevanz der unterrichtlichen Behandlung nach SHERIN und FUSON (2006) wird in der folgenden Aussage ersichtlich: „Without explicit instructional attention, it is unlikely that children would learn most of the single-digit number triads or that they would learn the count-by sequences. Thus, the appearance of these strategies likely requires this instructional attention" (ebd., S. 384). Einige Einmaleinsaufgaben, vor allem die vermeintlich leichteren, werden Kinder selbstständig lernen und aus dem Gedächtnis abrufen können. Das korrekte Lösen der Vielzahl an Einmaleinsaufgaben wird allerdings zu einem erheblichen Ausmaß vom unterrichtlichen Fokus abhängen (SHERIN & FUSON, 2005, S. 383). Für die Anwendung der in der fachdidaktischen Literatur vorgesehenen Rechenstrategien (siehe Abschnitte 2.2.2 und 2.3.1) ist es unter anderem erforderlich, dass Kinder zunächst über die sogenannten Kernaufgaben verfügen. Wie bereits im Abschnitt 2.3.1 beschrieben, kann sich bei dieser Erarbeitung eine von der Lehrperson vorgegebene Reihenfolge der Vermittlung von Strategien als vorteilhaft erweisen. SHERIN und FUSON (2005) verdeutlichen die bedeutende Relevanz der unterrichtlichen Unterstützung bzw. Lenkung anhand eines konkreten Beispiels: „For example, it is less likely that students will recognize patterns in multiples of 9's if these are not addressed instructionally" (ebd., S. 383). Eine *explizite Unterstützung bzw. Sensibilisierung* der Kinder, dass eine Aufgabe wie z.B. die Einmaleinsaufgabe $9 \cdot x$ mit dem Faktor 9 immer mithilfe der entsprechende Nachbaraufgabe $10 \cdot x$ gelöst werden kann, ist ebenfalls unbedingt nötig. Nur so können Kinder im weiteren Verlauf der Erarbeitung Aufgabenmerkmale dieses Typs erkennen bzw. wahrnehmen und die entsprechende Rechenstrategie zum Lösen der Aufgabe nutzen. Im Hinblick auf die ein oder andere Herangehensweise bzw. Rechenstrategie scheint die explizite Thematisierung von Seiten der Lehrkraft förderlich oder sogar notwendig für eine korrekte Ausführung zu sein. Zusammenfassend halten SHERIN und FUSON (2005) im Hinblick auf das Unterrichtsgeschehen fest: „Thus, broadly speaking, classrooms and cultures that mobilize organized and sustained efforts for such learning will be more successful" (ebd., S. 383). Forschungsergebnisse, die die Aussagen von SHERIN und FUSON (2005) bestärken, liefern KROESBERGEN et al. (2004) in ihrer – im Abschnitt 2.4.4 bereits ausführlich beschriebenen – Studie. Sie weisen darauf hin, dass sich eine explizite unterrichtliche Behandlung von Rechenstrategien, Zahlbeziehungen und verschiedenen Lösungswegen positiv auf die Vielfalt und die Adäquatheit der gewählten Herangehensweisen auswirkt (ebd., S. 247). Die von KROESBERGEN et al. (2004) durchgeführte Studie mit leistungsschwachen Schülerinnen und Schülern kam zudem zu der Erkenntnis, dass leistungsschwache Kinder deutlich von einer expliziten unterrichtlichen Behandlung eines kleinen aber adäquaten Strategierepertoires profitieren. Der Diskussion im Unterricht, wie und wann eine Herangehensweise korrekt eingesetzt wird, wird auch ein enormer Stellenwert eingeräumt – wirkt sich diese doch positiv auf eine korrekte, adaptive Strategiewahl aus (KROESBER-GEN et al., 2004). Das Entdecken – im Sinne eines konstruktivistisch geprägten Ansatzes – hat sich ebenso als effektiv herausgestellt, aber bei weitem nicht so effektiv wie die erstgenannte explizite Behandlung. Wie bereits im Abschnitt 2.4.4 betont, zeichneten sich die beiden verglichenen Ansätze der Studie durch das verfolgte Ziel der Automatisierung von Einmaleinssätzen und dem Erwerb adäquater Lösungsstrategien aus. Der Hauptunterschied der beiden Ansätze bestand in dem Ausmaß der Belehrung durch die Lehrperson: Während in dem als konstruktivistisch bezeichneten Weg die Lehrperson keine Rechenstrategie explizit thematisierte, waren charakteristische Merkmale der direkten Instruktion unter anderem die konkrete Erarbeitung einzelner Strategien, ihre korrekte Anwendung und die Thematisierung möglicher Schwierigkeiten (KROESBERGEN et al., 2004, S. 240). Da der Unterricht, den die ausschließlich rechenschwachen Kinder der konstruktivistischen Interventionsgruppe erfuhren, lediglich auf den Ideen dieser schwachen Rechnerinnen und Rechner fußte, müssen die erzielten Ergebnisse etwas relativiert betrachtet werden. Wie bereits im Abschnitt 1.5.4 dieser Arbeit betont, erweist sich generell nicht die totale Selbststeuerung als effektiv bzw. effizient, sondern vielmehr die Interaktion von Selbstständigkeit und Anleitung bzw. Instruktion und Konstruktion.[82]

Die konkrete Behandlung von verschiedenen Herangehensweisen bzw. Rechenstrategien, die damit verbundene Einsicht in verschiedene operative Beziehungen und die Entwicklung bzw. Vermittlung von Zahlenwissen sind auch nach THRELFALL (2002) von bedeutender Relevanz für eine adaptive Strategieauswahl.

> Teaching towards flexible mental calculation must include extensive development of factual knowledge about numbers, so that children will come to notice a range of different things about the numbers when faced with a calculation, and are then better placed to develop an 'easy' solution to it. (THRELFALL, 2002, S. 44, Hervorhebung im Original)

Um eine Strategiewahl adaptiv[83] gestalten zu können, weist THRELFALL (2002) in erster Linie auf die enorme Bedeutung der ausführlichen und umfangreichen Behandlung der verschiedenen Herangehensweisen anhand konkreter Aufgabenstellungen hin (ebd., S. 44): „It seems important to the development of flexibility to keep the teaching about mental calculation strongly attached to real attempts to calculate problems, examining solutions to emphasise the possibilities for numbers that have been exemplified by what was done" (ebd., S. 45).

---

82 Das der Studie von KROESBERGEN et al. (2004) zugrundeliegende Verständnis von Konstruktivismus entspricht demnach nicht in Gänze dem aktuellen Lehr- und Lernverständnis, welches eine Kombination aus offenen und geleiteten Unterrichtsphasen vorsieht, die sich durch konstruktive Phasen der Lernenden sowie der Instruktion durch den Lehrenden charakterisieren lassen. Es scheint eher der Theorie des *Radikalen Konstruktivismus* gleich zu kommen (siehe Abschnitt 1.1).

83 THRELFALL (2002) verwendet anstelle des Begriffes *adaptiv* den Begriff *flexibel*. Unter Flexibilität wird dabei nach THRELFALL (2002) die bewusste Wahl aus einer Reihe von Herangehensweisen „based on the characteristics of the problem faced" (ebd., S. 29) verstanden.

Die bisherigen Ausführungen zu den Einflüssen der unterrichtlichen Erarbeitung auf die Strategiewahl lassen allesamt erkennen, dass es neben den benötigten individuellen Fähig- und Fertigkeiten, vor allem die explizite unterrichtliche Thematisierung bzw. Behandlung von Herangehensweisen bzw. Strategien ist, die ausschlaggebend sein könnte. So wird z.B. durch eine Vielfalt an thematisierten Rechenstrategien erst die Möglichkeit für einen flexiblen Strategieeinsatz geboten. Das Wissen um verschiedene Herangehensweisen ist darüber hinaus sehr hilfreich, um bei der Strategiewahl weiterer Aufgabenstellungen basierend auf der Aufgabencharakteristik *geeignete* Herangehensweisen zur Lösung zu erkennen (THRELFALL, 2009, S. 548). Aufgrund dieser Tatsache ist es nicht weiter verwunderlich, dass sich die explizite unterrichtliche Behandlung von Strategien auch positiv auf die Übertragbarkeit von Strategien auf Einmaleinsaufgaben mit einem einstelligen *und* einem zweistelligen Faktor auswirkt, wie die Studie von WOODWARD (2006, S. 286) offenlegt. Die Interventionsgruppe, deren Lehrpersonen neben Automatisierungsübungen auch verschiedene Herangehensweisen bzw. Rechenstrategien in den Fokus der Erarbeitung des kleinen Einmaleins nahmen, erzielte im Hinblick auf die Übertragbarkeit von Herangehensweisen bessere Ergebnisse als die Vergleichsgruppe, deren Erarbeitung rein auf Automatisierungsübungen basierte. Wie bereits im Abschnitt 2.4.3 zu den alternativen Wegen der Erarbeitung beschrieben, erwiesen sich zwar beide Ansätze als effektiv bezüglich hoher Automatisierungsquoten, die Gruppe, die Herangehensweisen bzw. Rechenstrategien thematisierte, schnitt aber im Durchschnitt erfolgreicher ab – bei der Lösung der vermeintlich einfacheren Einmaleinsaufgaben sowie den sogenannten „Hard Multiplication Facts"[84] (WOODWARD, 2006, S. 279). Auch die Lösungsquoten der zu lösenden *Schätzaufgaben*[85] ergaben mit durchschnittlich 83% korrekter Lösungen im Vergleich zu 51% richtig gelöster Aufgaben ein besseres Abschneiden der Gruppe, die Herangehensweisen bzw. Rechenstrategien im Unterricht erarbeitete (ebd., S. 284). „If educators were only considering facts as a foundation for traditional algorithm proficiency, either method would probably suffice" (ebd., S. 287). Im Hinblick auf „students' development of number sense" (ebd., S. 287) und der damit einhergehenden Übertragbarkeit von Herangehensweisen auf den größeren Zahlenraum sowie die Lösung von Schätzaufgaben zeigte sich das explizite Strategielernen jedoch als erfolgsversprechender.

Als Fazit am Ende dieses Abschnittes kann mit Blick auf das Unterrichtsgeschehen – aber auch auf die vorangegangenen Erkenntnisse – resümiert werden:

> Of course, any learning progression is somewhat dependent on the nature of instruction. Nevertheless, some learning progressions that we discover in mathematics learning may be strongly constrained by factors that are largely outside of our control, such as the inherent structure of the mathematics, the knowledge

---

84 Unter *Hard Multiplication Facts* fallen – wie bereits im Abschnitt 2.4.2 erläutert – Einmaleinsaufgaben, die Kindern in der Vortestung Schwierigkeiten bereiteten.

85 Der *Approximations Test* der Studie von WOODWARD (2006) setzte sich aus multiplikativen Aufgaben mit jeweils einem einstelligen und einem zwei- oder dreistelligen Faktor zusammen: „This 15-item test asked students to round 2 x 1 and 3 x 1 digit computational problems to produce an approximate answer" (WOODWARD, 2006, S. 280).

that students bring to their learning, nearly universal attributes of children's experience, and the more global developmental unfolding of cognitive capabilities. (SHERIN & FUSON, 2005, S. 350)

Eine Zusammenschau der Merkmale, die bei einer erfolgreichen Strategiewahl zusammenspielen, soll der folgende Abschnitt 3.3.4 liefern bzw. graphisch veranschaulichen.

3.3.4 Modell zur Kompetenz der Strategiewahl beim Einmaleins

Der abschließende Abschnitt 3.3.4 des dritten und zugleich letzten Theoriekapitels hält eine Zusammenschau bzw. ein Modell bereit, das die Voraussetzungen für einen erfolgreichen Strategieeinsatz bzw. eine erfolgreiche Strategiewahl – wie sie im Laufe des 3. Kapitels herausgearbeitet wurde – graphisch darbietet. Das Modell beschreibt dabei die *unterschiedlichen mathematischen Fähig- und Fertigkeiten*, über die ein Kind verfügen muss bzw. die gefördert werden müssen, um Rechenstrategien der Rechenoperation der Multiplikation einsetzen und die Strategiewahl flexibel, adaptiv und transferierbar durchführen zu können. Das Modell (siehe Abbildung 20) veranschaulicht insbesondere das Zusammenspiel von Erkennen und Wissen (siehe Abschnitt 3.3.3). In diesem Zusammenhang sei erneut auf das Zitat von KUHN (1984) verwiesen, die beschreibt, welche bedeutende Rolle das Verständnis im Wechselspiel zwischen Wissen und Erkennen einnimmt: „In order to select a strategy […] the individual must understand the strategy, understand the problem, and understand how the problem and strategy intersect or map onto one another" (ebd., S. 165).

Ein Fundament bzw. ein Grundstein für eine erfolgreiche Strategieanwendung liegt in dem Wissen über Zahlen und Zahlbeziehungen begründet (siehe Abschnitt 3.3.3). Darüber hinaus kann das Operationsverständnis der Rechenoperation der Multiplikation als weitere notwendige Voraussetzung für einen erfolgreichen Strategieeinsatz bzw. eine erfolgreiche Strategiewahl von Rechenstrategien angeführt werden. Speziell auf die Rechenoperation der Multiplikation bezogen ist für den Einsatz von Rechenstrategien Strategiewissen sowie entsprechendes Faktenwissen erforderlich. Unter Strategiewissen wird im Folgendem die Kenntnis von Rechenstrategien wie beispielsweise der Nachbaraufgabe oder der Zerlegung eines Faktors verstanden (z.B. THRELFALL, 2002, S. 43; Abschnitt 3.3.3). Unter Faktenwissen wird ein Grundstock an automatisierten Einmaleinsaufgaben geführt, v. a. die sogenannten Kernaufgaben, die mithilfe des erwähnten Strategiewissens die Lösung einer Aufgabe über eine Rechenstrategie ermöglichen. Die genannten Wissensbausteine dienen als Fundament für einen erfolgreichen Strategieeinsatz bzw. als notwendige Voraussetzung für eine flexible, adaptive oder transferierbare Strategiewahl (siehe Abbildung 20).

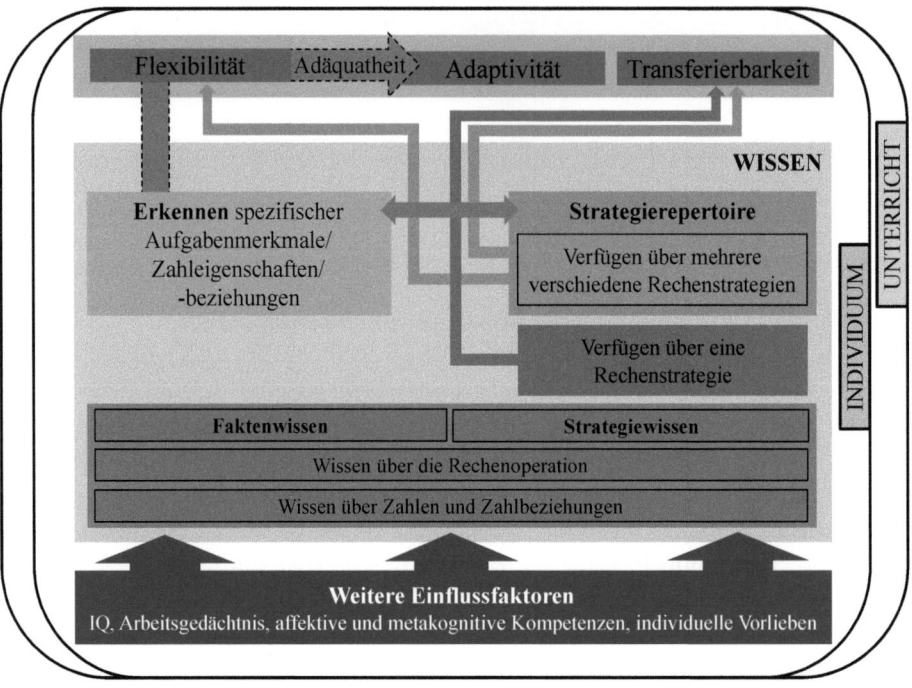

Abbildung 20:   Entwickeltes Modell zur Kompetenz der Strategiewahl beim Einmaleins.

Ein Kind, das Rechenstrategien flexibel einsetzt, kann zur Aufgabenlösung nicht nur auf eine, sondern bereits auf mehrere Rechenstrategien zurückgreifen – es verfügt hinsichtlich des Strategierepertoires über Alternativen zur Aufgabenlösung (siehe Abbildung 20). Die Fähigkeit aufgrund eines ausgeprägten Strategiewissens und des benötigten Faktenwissens zwischen verschiedenen Rechenstrategien zu wechseln bzw. wählen zu können, wird dem dieser Arbeit zugrundeliegenden Verständnis als *Flexibilität* bezeichnet (siehe Abschnitt 3.3.1).

Das Verfügen über Alternativen bei der Strategiewahl (Flexibilität) wird, wie dem Modell in Abbildung 20 zu entnehmen ist, bei einer adaptiven Strategiewahl vorausgesetzt. Erst wenn ein Kind verschiedene Rechenstrategien besitzt, kann es eine adäquate Rechenstrategie gezielt auswählen. Wie in den theoretischen Ausführungen des Abschnittes 3.3.2 im Detail beschrieben, wird unter einer adäquaten Herangehensweise vorwiegend der Einsatz von Rechenstrategien verstanden, die auf Basis von Einsicht in operative Beziehungen das Lösen von Einmaleinsaufgaben vorsehen.[86] Die Auswahl der Rechenstrategie muss sich allerdings basierend auf den Aufgabenmerkmalen auch als geeignet herausstellen. Gerade im Wechselspiel zwischen dem *Erkennen spezifischer Aufgabenmerkmale, Zahleigenschaften oder Zahlbeziehungen* und dem Wissen über verschiedene Rechenstrategien bzw. dem Verfügen über

---

86   Ebenfalls im Abschnitt 3.3.2 wurde bereits darauf verwiesen, dass bei der Anwendung der sukzessiven Addition in Abhängigkeit von der Aufgabencharakteristik entschieden werden muss, inwieweit die Wahl als adäquat bezeichnet werden kann.

Alternativen erfolgt die Wahl einer adäquaten Rechenstrategie unter Berücksichtigung der Aufgabencharakteristik. Man spricht in diesem Zusammenhang von der *Adaptivität* der getroffenen Wahl.

Wie bereits im Abschnitt 3.3.1 ausgeführt kann auch bereits bei Grundschulkindern über eine adaptive Strategiewahl hinaus der Transfer einer Herangehensweise auf einen größeren Zahlenraum bzw. das große Einmaleins angebahnt werden. Auch im Hinblick auf die Übertragbarkeit von Rechenstrategien wird dem Zusammenspiel von Erkennen und Wissen ein besonderer Stellenwert zuteil: Aufgrund der Berücksichtigung aufgabenspezifischer Merkmale oder Charakteristika der Aufgabe kann auch im großen Zahlenraum eine geeignete Rechenstrategie zur Lösung herangezogen werden. Die Übertragbarkeit von Rechenstrategien zur Lösung von Aufgaben aus dem kleinen Einmaleins auf das große Einmaleins wird in der vorliegenden Arbeit mit der Begrifflichkeit *Transferierbarkeit* bezeichnet (siehe Abschnitt 3.3.1) und stellt für den Primarbereich vermutlich die höchste Kompetenzanforderung[87] dar, die im Zuge des Strategieeinsatzes hinsichtlich der Rechenoperation der Multiplikation gegebenenfalls erreicht werden kann.[88] Kann ein Kind nicht nur flexibel zwischen Rechenstrategien wechseln, sondern setzt es Rechenstrategien unter Berücksichtigung der Aufgabencharakteristik sowohl beim kleinen als auch beim großen Einmaleins geeignet ein, kann von einer besonders hohen Kompetenz der Strategiewahl gesprochen werden. Von einer erfolgreichen Strategiewahl ist aber bereits die Rede, wenn nicht unbedingt die höchste Ausprägung der Kompetenz erreicht wird – das Kind beispielsweise in der Lage ist eine jeweils adäquate Rechenstrategie zur Aufgabenlösung beim kleinen Einmaleins auszuwählen.

Inwiefern Schülerinnen und Schüler eine ausgesprochen hohe Kompetenz der Strategiewahl erreichen, ist von den *individuell vorhandenen bzw. nicht vorhandenen Voraussetzungen* abhängig (siehe Abschnitt 3.3.3) – aus mathematischen Gesichtspunkten vom Vorhandensein oder dem Mangel an Wissensbausteinen, die im Modell (siehe Abbildung 20) detailliert aufgeführt werden. Darüber hinaus dürfen aber auch individuell unterschiedliche affektive sowie metakognitive Kompetenzen der Kinder nicht unerwähnt bleiben, ebenso weitere beeinflussende Faktoren wie beispielsweise das Arbeitsgedächtnis oder die Intelligenz des Kindes (siehe Abschnitt 3.3.3). Wie gleichfalls im Abschnitt 3.3.3 aufgeführt können sich aber auch unabhängig von den vorhandenen mathematischen Fähig- und Fertigkeiten individuelle Strategiepräferenzen bzw. individuelle Zahlpräferenzen auf die Strategiewahl auswirken. Im Hinblick auf das Individuum kann festgehalten werden: Jeder einzelne im Mo-

---

87 Der Begriff Kompetenz wird in der vorliegenden Arbeit nach WEINERT (2001) definiert. Man versteht „unter Kompetenzen die bei Individuen verfügbaren oder durch sie erlernbaren kognitiven Fähigkeiten und Fertigkeiten, um bestimmte Probleme zu lösen, sowie die damit verbundenen motivationalen, volitionalen und sozialen Bereitschaften und Fähigkeiten, um die Problemlösungen in variablen Situationen erfolgreich und verantwortungsvoll nutzen zu können" (WEINERT, 2001, S. 27f.).

88 Die folgende Aussage bezüglich der Rechenoperation der Multiplikation bezieht sich ausschließlich auf das Verfahren des Kopfrechnens. Mit Blick auf das halbschriftliche Rechnen oder das schriftliche Rechenverfahren werden im Primarbereich über die genannten Forderungen hinaus weitere Anforderungen gestellt.

dell aufgeführte Baustein, der für eine erfolgreiche oder besonders hohe Kompetenz der Strategiewahl erforderlich ist, kann – wie in der Grafik skizziert – von dem einen oder anderen individuellen Faktor entscheidend beeinflusst werden.

Als weiterer Einflussfaktor ist in der veranschaulichten Graphik der *Unterricht* explizit illustriert. Wie bereits im Abschnitt 3.3.3 erwähnt stellt das Unterrichtsgeschehen keinen beeinflussenden Einzelfaktor dar, sondern kann sich unter Umständen auf das Wissen, Erkennen und Handeln eines Individuums, das die Strategiewahl durchführt, auswirken. Wie in den Ausführungen dieser Arbeit an einigen Stellen herausgearbeitet wurde (siehe vor allem die Abschnitte 1.5 und 3.3.3), scheint vor allem die explizite unterrichtliche Thematisierung von Herangehensweisen an Einmaleinsaufgaben besonders hilfreich bzw. notwendig zu sein – denn nur mithilfe der *Unterstützung* beim Aufbau der Wissensbausteine als auch der *Sensibilisierung* im Hinblick auf das Wahrnehmen und Erkennen wichtiger Aufgabenmerkmale können sowohl leistungsstarke als auch leistungsschwache Schülerinnen und Schüler das Ziel erreichen, Rechenstrategien erfolgreich anzuwenden. „Explicit instructional attention" wie SHERIN und FUSON (2005, S. 384) die Begleitung durch die Lehrkraft nennen, steht dabei nicht im Widerspruch zu einem aktiv-entdeckenden Mathematikunterricht, der gemäß eines aktuellen Lehr- und Lernverständnisses gegenwärtig empfohlen wird (siehe Abschnitt 1.5).

Resümierend kann hinsichtlich der Strategiewahl festgehalten werden, dass das Erreichen einer flexiblen, adaptiven oder sogar transferierbaren Strategiewahl entscheidend vom individuellen Leistungsvermögen eines Kindes und den vorzufinden-den unterrichtlichen Rahmenbedingungen abhängig zu sein scheint. Wichtig ist in diesem Kontext der Hinweis, dass – dem Verständnis der vorliegenden Arbeit zufolge – bereits der flexible Strategieeinsatz die Nutzung von Zahl- bzw. Aufgabenbeziehungen auf Basis von Einsicht erfordert und somit nicht für alle Kinder realisierbar zu sein scheint. Es gibt offensichtlich Schülerinnen und Schüler, die Rechenstrategien beispielsweise im Sinne eines Verfahrens nach Schema F ohne Einsicht in die zugrundeliegenden Zahlbeziehungen oder Zahleigenschaften anwenden (siehe auch Abschnitt 3.2.2). In diesem konkreten Fall sollte eigentlich nicht von einer Strategiewahl gesprochen werden. In der Unterrichtspraxis ist die Unterscheidung einer Strategieanwendung auf Basis von Einsicht oder des Einsatzes eines routinemäßigen Verfahrens allerdings nur schwer möglich (siehe Abschnitt 3.3.2). Darüber hinaus gibt es Kinder, die über keine Rechenstrategien zur Aufgabenlösung verfügen und zur Lösung von Einmaleinsaufgaben auf weniger tragfähige Herangehensweisen wie beispielsweise das Aufsagen der Reihe oder die sukzessive Addition zurückgreifen. Die Strategiewahl dieser Schülerinnen und Schüler wird im Modell nicht abgebildet.

3.4 Zusammenfassung und Desiderat

Das den Theorieteil dieser Arbeit abschließende 3. Kapitel legt das Hauptaugenmerk auf Ausführungen zur Strategieentwicklung und der Strategieverwendung beim Kind. Die im Abschnitt 3.1 teils auf theoretischen Annahmen, teils aber auch gestützt auf empirischen Forschungsergebnissen beschriebenen Entwicklungsmodelle, skizzieren verschiedene Wege der Entwicklung von Herangehensweisen bzw. Rechenstrategien beim Erlernen des kleinen Einmaleins bis hin zur Beherrschung von Einmaleinssätzen. Nationale Forschungsergebnisse, die Rückschlüsse auf Entwicklungsprozesse beim Erlernen des kleinen Einmaleins erlauben, existieren bisher kaum. Internationale Theorien bzw. Studien verweisen auf ein profunder werdendes Zahl- oder Operationsverständnis als Voraussetzung für die Veränderung in der Verwendung von Herangehensweisen bzw. Rechenstrategien oder die immer weiter zunehmenden zahlspezifischen Fertigkeiten des Kindes, die für die Weiterentwicklung der Herangehensweisen verantwortlich sind. Während einige Modelle als lineare Entwicklungsmodelle geführt werden, zeichnen sich andere wiederum durch eine nicht lineare Entwicklung der Herangehensweisen bzw. Rechenstrategien aus.

Eine Zusammenschau der Forschungsergebnisse zur Strategieverwendung beim kleinen Einmaleins und dem automatisierten Faktenabruf im Abschnitt 3.2 verdeutlicht den bestehenden Forschungsbedarf in diesem Forschungsgebiet. Im Vergleich zur Strategieverwendung bei den Rechenoperationen der Addition und Subtraktion sind im Bereich der Multiplikation deutlich weniger Forschungsergebnisse zu verzeichnen – die geringe Anzahl an Studien bzw. Erkenntnissen zur Strategieverwendung beim kleinen Einmaleins fällt dabei allerdings besonders ins Auge. Während national nur wenige Studien die Strategieverwendung analysieren, konnten die durchgeführten internationalen Studien entweder keinen Einsatz von Rechenstrategien ermitteln oder nur unbedeutende Prozentsätze. Wie im Abschnitt 3.2.1 hervorgehoben, geht der größtenteils geringe, ermittelte Einsatz von Rechenstrategien mit wenigen Erkenntnissen hinsichtlich der Vielfalt und der Häufigkeit eingesetzter Rechenstrategien, der Lösungskorrektheit sowie der Abhängigkeit von der Aufgabencharakteristik einher.

Viele der beschriebenen Studien weisen darüber hinaus methodische Schwierigkeiten bei der Kategorisierung der unterschiedlichen Herangehensweisen auf (siehe Abschnitt 3.2.2). Vor allem die eingesetzten Methoden zur Abgrenzung des automatisierten Faktenabrufes von anderen Herangehensweisen erweisen sich als größtenteils wenig geeignet und verdeutlichen den Bedarf an neuen methodischen Vorgehensweisen. BAROODY (1999) beschreibt die Notwendigkeit wie folgt: „Researchers will need to devise methods that disentangle retrieved and nonretrieved responses" (ebd., S. 191).

Im Abschnitt 3.3 liegt der Fokus der Ausführungen auf den *flexiblen* bzw. *adaptiven* Rechenkompetenzen der Kinder. Was unter den Begriffen *Flexibilität* und *Adaptivität* in der nationalen sowie internationalen Literatur verstanden wird, kann dem Abschnitt 3.3.1 detailliert entnommen werden. In der vorliegenden Arbeit werden hinsichtlich einer Strategiekompetenz die folgenden drei Begrifflichkeiten unterschieden: *Flexibilität, Adaptivität und Transferierbarkeit*. Während eine Strategiewahl bereits als *flexibel* bezeichnet werden kann, wenn ein Kind über Alternativen zur Strategiewahl verfügt, spricht man von einer *adaptiven* Strategiewahl erst, wenn aus diesem verfügbaren Strategie-Repertoire auf eine jeweils adäquate bzw. geeignete Herangehensweise zur Lösung zurückgegriffen wird. Als *transferierbar* lässt sich eine Strategiewahl bezeichnen, wenn Kinder eine adäquate Herangehensweise auf einen größeren Zahlenraum übertragen bzw. modifizieren können. Unter Berücksichtigung der kulturellen Rahmenbedingungen, der fachdidaktischen Empfehlungen, der verbindlichen Vorgaben der Lehrpläne sowie der Besonderheiten des kleinen Einmaleins wird die Strategiewahl in dieser Arbeit als *adäquat* bezeichnet, wenn der Einsatz von *Rechenstrategien* basierend auf der Beachtung von *Aufgabencharakteristika* erfolgt (siehe Abschnitt 3.3.2). Wie im einleitenden Zitat des Abschnittes 3.3 betont, stellt die adäquate bzw. geeignete Wahl einer Herangehensweise eine herausfordernde Aufgabe dar: „They [the students] had started to develop what we consider as the most subtle and difficult aspect of strategy competency, namely, knowing when to apply what strategy" (TORBEYNS, VERSCHAFFEL & GHESQUIÈRE, 2005, S. 16, Ergänzung der Autorin). Neben dieser Positionierung hinsichtlich der Begrifflichkeit *Adäquatheit* veranschaulicht der Abschnitt 3.3.2 auch die bisherigen Forschungsergebnisse zu einer flexiblen sowie adaptiven Strategiewahl, welche sich an der Adäquatheit von beschrittenem Lösungsweg und der Aufgabencharakteristik, von individuellen Kriterien oder des Referenzrahmens zeigen kann. Wie die Zusammenschau der Forschungsergebnisse der Studien verdeutlicht, sind die in der Theorie unterschiedenen verschiedenen Auffassungen von adäquatem Handeln bisher noch nicht oder nur vereinzelt in Untersuchungen im Bereich der Multiplikation von Relevanz gewesen bzw. realisiert worden. Ergebnisse hinsichtlich eines flexiblen bzw. adaptiven Strategieeinsatzes, wie dieser in der vorliegenden Arbeit definiert wurde, existieren ebenfalls kaum.

Im Abschnitt 3.3.3 dieser Arbeit werden das *Individuum* und der *Unterricht* als Einflussfaktoren der Strategieverwendung bzw. -wahl näher beleuchtet. Sehr umfangreiche Erkenntnisse liegen vor, über welches Wissen Kinder verfügen müssen, um Aufgaben über den Einsatz von Rechenstrategien lösen zu können. Die vorgestellten Forschungsergebnisse der Studien zur Strategieverwendung bei der Addition und Subtraktion, die Merkmale flexibler bzw. adaptiver Rechner beschreiben, lassen sich auf die Rechenoperation der Multiplikation übertragen und liefern somit auch Erkenntnisse bezüglich kennzeichnender Merkmale eines flexiblen bzw. adaptiven Rechners hinsichtlich der Multiplikation.

Welche Auswirkungen bzw. welchen Einfluss allgemeine arithmetische Fähig- und Fertigkeiten eines Individuums auf die Strategiewahl haben, ist im Bereich der Multiplikation allerdings bisher kaum untersucht worden – auch in diesem Kontext wird somit Forschungsbedarf ersichtlich. Vereinzelte Studien, die sowohl die Strategiewahl analysieren als auch die individuellen Fähig- und Fertigkeiten berücksichtigen, spezialisieren sich überwiegend nur auf eine besondere Zielgruppe – und nicht auf Kinder mit unterschiedlichen Leistungsvermögen – oder untersuchen die Strategiewahl beispielsweise in erster Linie hinsichtlich der Lösungsgeschwindigkeit und nicht im Hinblick auf einen adäquaten Einsatz von Rechenstrategien unter Beachtung der Aufgabencharakteristik.

Auch der Einflussfaktor Unterricht wurde im Abschnitt 3.3.3 eingehend betrachtet. Das Unterrichtsgeschehen ist allerdings nicht wie das Individuum als beeinflussender Einzelfaktor zu verstehen, sondern ist vielmehr Teil einer Wirkungskette: Der Unterricht wirkt indirekt auf das Individuum bzw. auf die individuellen Fähig- und Fertigkeiten, die affektiven und metakognitiven Kompetenzen oder die individuellen Vorlieben eines Jeden und somit unter Umständen auch indirekt auf die Strategiewahl eines Kindes. Inwiefern bzw. inwieweit der Unterricht einen beeinflussenden Faktor der Strategiewahl darstellt, variiert letztendlich von Individuum zu Individuum. Wie allerdings bereits im Abschnitt 3.2 angeführt sprechen Indizien dafür, dass das Unterrichtsgeschehen die Strategiewahl zu beeinflussen scheint. Forschungsergebnisse vereinzelter weiterer Studien, die im Abschnitt 3.3.3 (Einflussfaktor Unterricht) vorgestellt wurden, bestätigen die bedeutende Rolle, die dem Unterrichtsgeschehen zuteil wird. Eine explizite unterrichtliche Behandlung von Herangehensweisen bzw. Rechenstrategien scheint sich nicht nur auf die Vielfalt dieser positiv auszuwirken, sondern vor allem auch zu einer adaptiven bzw. adäquaten Strategiewahl beizutragen. Alles in allem muss nichtsdestotrotz resümiert werden, dass sich nur eine begrenzte Anzahl an Studien zum Einmaleins mit dem Einflussfaktor Unterricht beschäftigt. Detaillierte Erkenntnisse zum Unterricht oder dem Vorgehen der Lehrkräfte liegen in den wenigsten Fällen vor. Nur selten können erlangte Erkenntnisse auf Basis der unterrichtlichen Vorgehensweise der Erarbeitung des kleinen Einmaleins analysiert werden und wichtige Schlüsse für eine effektive bzw. effiziente Behandlung für die Unterrichtspraxis gezogen werden. Umfassende Forschungsergebnisse zum Strategieeinsatz beim kleinen Einmaleins basierend auf einer verständnisbasierten Erarbeitung von Rechenstrategien liegen in Deutschland bisher nicht vor. Ebenfalls noch Forschungsbedarf besteht hinsichtlich möglicher alternativer unterrichtlicher Vorgehensweisen bei der Erarbeitung des kleinen Einmaleins und deren Effizienz.

Am Ende von Kapitel 3 werden in einem Modell zur Kompetenz der Strategiewahl beim Einmaleins mögliche Voraussetzungen für eine erfolgreiche Strategiewahl dargestellt und unter Umständen beeinflussende Faktoren der Strategiewahl zusammengefasst berichtet.

4. Explorative Vorstudie – Fragebogenstudie zur Klassifizierung von Lehrkräften bei der Erarbeitung des kleinen Einmaleins[89]

„Selbstständiges Erschließen von Aufgaben und flexibles Denken sind sicher gefordert und in unserer Vorstellungswelt von heute positiv besetzt. Aber: vergesst das gute alte Üben nicht."

(Zitat einer an der Vorstudie teilnehmenden Lehrkraft)

In der mathematikdidaktischen Literatur werden – wie bereits in den theoretischen Ausführungen dieser Arbeit aufgezeigt – grundsätzlich verschiedene Wege der Erarbeitung des kleinen Einmaleins unterschieden. Zahlreiche Vorzüge einer verständnisbasierten Erarbeitung des kleinen Einmaleins sind in der Fachdidaktik schon lange bekannt und werden in ähnlicher Weise auch schon viele Jahre eingefordert (siehe Abschnitt 2.5.1). Zudem sprechen einige Forschungsergebnisse für eine verständnisbasierte Erarbeitung im Allgemeinen aber auch im Hinblick auf das kleine Einmaleins (siehe Abschnitt 2.4). Obwohl dieser Ansatz darüber hinaus in den Lehr- und Bildungsplänen seit einigen Jahren größtenteils konsequent umgesetzt ist (siehe Abschnitt 2.5.2), wurde noch nicht erhoben – wie in der Zusammenfassung des 2. Kapitels bereits berichtet –, ob und in welcher Ausprägung dieses Vorgehen in der Unterrichtspraxis in Deutschland tatsächlich umgesetzt wird. Es gibt Hinweise aus der Praxis darüber, dass das kleine Einmaleins nach wie vor von den Vorgaben abweichend – mit einem großen Fokus auf dem Auswendiglernen von Reihen – erarbeitet wird (vgl. SCHERER & MOSER OPITZ, 2010).

Das Hauptziel dieser Arbeit besteht darin, in der Hauptstudie die Strategieverwendung bei Aufgaben des kleinen Einmaleins von Kindern im 3. Schuljahr genauer zu untersuchen. Der bestehende Forschungsbedarf in diesem Kontext wurde bereits in den Ausführungen des 3. Kapitels ersichtlich und in der Zusammenfassung (siehe Abschnitt 3.4) angeführt. Wenn die Strategieverwendung erhoben wird, so kann ein zentraler Bedingungsfaktor die unterrichtliche Vorarbeit darstellen. In der Forschungsliteratur wurde der Einsatz von Rechenstrategien bisher kaum unter Berücksichtigung der expliziten unterrichtlichen Erarbeitung einer Lehrperson analysiert. Um Erkenntnisse hinsichtlich der unterrichtlichen Erarbeitung in der Praxis zu erlangen, wurde der Hauptstudie der vorliegenden Arbeit eine Vorstudie vorgeschaltet.

Die explorative Vorstudie versucht der offenen Frage nachzugehen, inwiefern eine verständnisbasierte Erarbeitung des kleinen Einmaleins in der Praxis tatsächlich Umsetzung findet. Eine Klassifizierung von Lehrpersonen und ihren unterschiedlichen Vorgehensweisen bei der unterrichtlichen Erarbeitung des kleinen Einmaleins soll zudem realisiert werden. Da es sich hierbei um ein relativ unerforschtes Thema

---

[89] Teile dieses Kapitels entstammen aus folgender Vorpublikation: KÖHLER und GASTEIGER (2014). Die Datenerhebung, -auswertung und -analyse erfolgte eigenverantwortlich durch die Autorin.

handelt, erfolgte die Vorstudie explorativ (MAYRING, 2010, S. 231; BORTZ & DÖ-RING, 2006). Der zentrale Grundgedanke dieser explorativen Studie besteht darin, in der Hauptstudie an den Forschungsstand angebunden zu differenzierten Fragestellungen zu gelangen (MAYRING, 2010, S. 231f., BORTZ & DÖRING, 2006).

Die zentralen Fragestellungen der Vorstudie, die Konzeption des dazu eingesetzten Erhebungsinstrumentes, die statistischen Methoden sowie die erzielten Forschungsergebnisse werden in den folgenden Abschnitten 4.1 bis 4.4 beschrieben. Den Abschluss des 4. Kapitels bildet eine zusammenfassende Diskussion der ermittelten Forschungsergebnisse und gewonnenen Erkenntnisse hinsichtlich verschiedener unterrichtlicher Vorgehensweisen der Erarbeitung des kleinen Einmaleins. Es sei erneut darauf verwiesen, dass dieses Kapitel bzw. diese Vorstudie dazu dient, die unterrichtliche Vorarbeit der Lehrkräfte – als einen möglicherweise zentralen Einflussfaktor der Strategieverwendung in der Hauptstudie – zu analysieren.

4.1 Forschungsfragen der Vorstudie

Ob eine Erarbeitung der Einmaleinssätze auf Basis von Einsicht und der Erarbeitung verschiedener Rechenstrategien wirklich in der Praxis realisiert wird, ist bisher empirisch noch nicht überprüft. In einer in Bayern durchgeführten explorativen Fragebogenstudie an Lehrpersonen, die nicht den Anspruch erhebt, auf die Gesamtheit aller Lehrerinnen und Lehrer Rückschlüsse zu ziehen, soll diesbezüglich eine erste empirische Überprüfung erfolgen.

Im Zentrum der Fragebogenstudie steht folgende Leitfrage:
* Wird eine auf Einsicht basierende Erarbeitung des kleinen Einmaleins von Lehrpersonen in der Unterrichtspraxis umgesetzt?

Die in der Fragestellung sehr weite Formulierung *eine auf Einsicht basierende Erarbeitung* wurde dabei bewusst gewählt, da es im Zuge der Erarbeitung des kleinen Einmaleins – wie bereits im Abschnitt 2.3.1 zu den fachdidaktischen Empfehlungen erwähnt – nicht *die* eine Art der Erarbeitung des kleinen Einmaleins gibt. Zwar herrscht breiter Konsens in den fachdidaktischen Veröffentlichungen, was die Grundidee der Erarbeitung des kleinen Einmaleins in der Grundschule bzw. die mit der Erarbeitung verfolgten Ziele betrifft – im Hinblick auf die konkreten didaktischen Empfehlungen zur Umsetzung sind allerdings unterschiedliche Schwerpunktsetzungen zu erkennen. Wir vermuteten unter anderem aufgrund der nicht sehr ausführlichen Erklärungen zur Erarbeitung des kleinen Einmaleins in den aktuellen Lehr- und Bildungsplänen (siehe Abschnitt 2.5.2) und den in der Vergangenheit durchaus üblichen anderen Erarbeitungswegen des kleinen Einmaleins (siehe Abschnitt 2.5.1), dass eine auf Einsicht basierende Behandlung in der Unterrichtspraxis nicht ausschließlich umgesetzt wird. Denkbar erscheint der Einsatz alternativer Vorgehensweisen bei der Behandlung.

In den Fokus der Vorstudie rückt, was eine verständnisbasierte Erarbeitung des kleinen Einmaleins – aber auch alternative Vorgehensweisen – kennzeichnet. Die Leitfrage dieser Vorstudie wird folglich durch die folgenden Fragen ergänzt:

- Lassen sich Lehrkräfte – basierend auf ihrer unterrichtlichen Vorgehensweise bei der Erarbeitung des kleinen Einmaleins – verschiedenen Gruppen zuordnen?
- Wie lassen sich diese verschiedenen Gruppen und deren unterrichtliche Vorgehensweisen wiederum charakterisieren?

4.2 Design der Vorstudie

Im Folgenden soll die Konzeption der Fragebogenstudie detailliert betrachtet werden. Neben einer Beschreibung der Stichprobe (Abschnitt 4.2.1) wird die Konstruktion des Fragebogens erläutert sowie die konkrete Durchführung der Untersuchung beschrieben (siehe Abschnitt 4.2.2). Im Abschnitt 4.2.3 werden die Kodierung und die eingesetzten statistischen Methoden dargelegt.

4.2.1 Stichprobe

An der im Schuljahr 2011/2012 durchgeführten explorativen Fragebogenstudie nahmen insgesamt 95 bayerische Lehrkräfte teil – 46 Lehrkräfte aus Jahrgangsstufe 1 oder 2 und 49 Lehrkräfte aus Jahrgangsstufe 3 oder 4. Da Lehrkräfte im Bundesland Bayern in der Regel entweder den Turnus Jahrgangsstufe 1/2 oder 3/4 unterrichten, und in Jahrgangsstufe 2 die Erarbeitung des kleinen Einmaleins grundgelegt sowie in Jahrgangsstufe 3 abgeschlossen wird, entsprach diese Personengruppe exakt der Zielpopulation. Die Auswahl der Lehrkräfte wurde nach einem qualitativen Stichprobenplan unter besonderer Berücksichtigung einer heterogenen Wahl vorgenommen (LAMNEK, 2005). Im Fokus stand „eine bestimmte Bandbreite sozialstruktureller Einflüsse zu erfassen, indem theoretisch relevant erscheinende Merkmale in der qualitativen Stichprobe in ausreichendem Umfang durch Einzelfälle vertreten sind" (KELLE & KLUGE, 1999, S. 53). Als relevante Merkmale wurden das Alter der Lehrpersonen, die Anzahl der Jahre im Schuldienst und verschiedene Ausbildungsschwerpunkte (Fachstudium Mathematik, Mathematikdidaktik, keine universitäre Ausbildung[90]) einbezogen. Durch diese Merkmalsauswahl sollte sichergestellt werden, dass die Stichprobe die Kontextbedingungen nicht einseitig wiedergibt. Die Stichprobe setzte sich aus Lehrpersonen im Alter zwischen 20 und über 61 Jahren zusammen. Entsprechend dem ungleichen Verhältnis von Grundschullehrerinnen und Grundschullehrern im Schulalltag war auch die prozentuale Verteilung in dieser Vorstudie: Während sich der prozentuale Anteil an Frauen in dieser Voruntersuchung für die Jahrgangsstufe 1 und 2 auf 98% beläuft, nahmen an der Vorstudie

---

90 Im Bundesland Bayern kann sich die universitäre Ausbildung auf Mathematikdidaktik beschränken, es kann Mathematik als Fachstudium zusätzlich zur Mathematikdidaktik studiert werden oder es hat keine universitäre Ausbildung in Mathematikdidaktik stattgefunden.

für die Stichprobe der Jahrgangsstufe 3 und 4 94% weibliche Lehrpersonen teil. Die Mehrzahl der Studienteilnehmenden beider Untersuchungsgruppen verfügte über eine universitäre Ausbildung in Mathematikdidaktik, ein deutlich geringerer Prozentsatz besaß ein Fachstudium Mathematik zusätzlich zur Mathematikdidaktik oder verfügte über keine universitäre Ausbildung in diesem Fachdidaktikbereich (siehe Tabelle 5). Die Lehrpersonen, die im 1. und 2. Schuljahr der Grundschule unterrichteten, konnten im Durchschnitt auf eine Berufserfahrung von $M = 14.1$ Jahren zurückschauen, die der Jahrgangstufe 3 und 4 auf eine Tätigkeit im Schuldienst von durchschnittlich $M = 12.4$ Jahren. Der prozentuale Anteil an Teilnehmenden bzw. Nicht-Teilnehmenden an Fort- oder Weiterbildungsmaßnahmen im Hinblick auf die veränderte Erarbeitung des kleinen Einmaleins im Rahmen der Einführung des bayerischen Lehrplans von 2000 ergab in beiden Teilstichproben ein ausgewogenes Verhältnis (siehe Tabelle 5).

Tabelle 5: Beschreibung der Stichprobe (Vorstudie) getrennt nach dem Unterrichts-Turnus

Variable	Wert	N	%
Lehrkräfte aus Jahrgangsstufe 1 oder 2 (N = 46)			
Alter (in Jahren)	20–30	5	11
	31–40	21	46
	41–50	13	28
	51–60	5	11
	61 und älter	2	4
Geschlecht	Männlich	1	2
	Weiblich	45	98
Ausbildungsschwerpunkt	Mathematik im Unterrichtsfach (nicht vertieft)	5	11
	Mathematikdidaktik	31	67
	Keine universitäre Ausbildung in Mathematikdidaktik	10	22
Tätigkeit im Schuldienst (in Jahren)	≤ 10	17	37
	11–20	21	46
	21–30	4	8
	≥ 31	4	9
Fortbildungsmaßnahme (Einmaleins)[91]	Ja	27	59
	Nein	19	41
Lehrkräfte aus Jahrgangsstufe 3 oder 4 (N = 49)			
Alter (in Jahren)	20–30	14	29
	31–40	18	37
	41–50	8	16
	51–60	7	14
	61 und älter	2	4
Geschlecht	Männlich	3	6
	Weiblich	46	94
Ausbildungsschwerpunkt	Mathematik im Unterrichtsfach (nicht vertieft)	7	14
	Mathematikdidaktik	39	80
	Keine universitäre Ausbildung in Mathematikdidaktik	3	6
Tätigkeit im Schuldienst (in Jahren)	≤ 10	28	57
	11–20	11	23
	21–30	4	8
	≥ 31	6	12
Fortbildungsmaßnahme (Einmaleins)	Ja	25	51
	Nein	24	49

---

91 Fortbildungsmaßnahmen zur bzw. nach der Einführung des bayerischen Lehrplans im Jahre 2000, in dessen Rahmen die Erarbeitung des kleinen Einmaleins thematisiert wurde.

4.2.2 Fragebogenkonstruktion und Durchführung

Für die Vorstudie wurde die Methode einer schriftlichen Befragung gewählt, um eine möglichst große Anzahl an Lehrkräften zu erreichen und damit einhergehend einheitliche Erhebungsbedingungen zu gewährleisten. Schriftliche Befragungen werden zudem als anonymer wahrgenommen, „was sich günstig auf die Bereitschaft zu ehrlichen Angaben und gründlicher Auseinandersetzung mit der erfragten Problematik auswirken kann" (BORTZ & DÖRING, 2006, S. 237). Darüber hinaus erweist sich das Erhebungsinstrument der schriftlichen Befragungen als in höchstem Maße standardisiert (BORTZ & DÖRING, 2006, S. 236f.).

Die spezifisch für die Arbeit am kleinen Einmaleins in Jahrgangsstufe 2 und 3 entwickelten Fragebögen enthielten dabei Items zu sechs Teilbereichen. Es wurden allgemeine Angaben zur Person, zum Schulbucheinsatz und zum Zeitpunkt und Zeitraum der Erarbeitung des kleinen Einmaleins erhoben. Die drei inhaltlich zentralen Teilbereiche bezogen sich auf die Vorgehensweise bei der Erarbeitung des kleinen Einmaleins, den Arbeitsmitteleinsatz und auf Einstellungen zum Mathematikunterricht im Allgemeinen (siehe Tabelle 6).

Tabelle 6:   Überblick über den Aufbau der Fragebögen

Inhaltliche Teilbereiche	Items (Jgst. 1/2)	Items (Jgst. 3/4)
Allgemeine Angaben zur Person	4 Items	4 Items
Schulbuch-Einsatz (kleines Einmaleins)	7 Items	7 Items
Arbeitsmitteleinsatz (kleines Einmaleins)	17 Items	17 Items
Vorgehensweise bei der Erarbeitung des kleinen Einmaleins	16 Items	11 Items
Einstellungen zum Mathematikunterricht im Allgemeinen	5 Items	5 Items
Zeitpunkt/Zeitraum der Behandlung des kleinen Einmaleins	4 Items	4 Items

Da die Erarbeitung des kleinen Einmaleins in Jahrgangsstufe 2 grundgelegt und in Jahrgangsstufe 3 aufbauend auf dem vorhergehenden Schuljahr wiederholt und vertieft wird (siehe Abschnitt 2.5.2 – Ausführungen zum bayerischen Lehrplan von 2000), sieht die inhaltliche Arbeit der Lehrkräfte in Jahrgangsstufe 2 anders aus als in Jahrgangsstufe 3. In der Vorstudie kamen aus diesem Grund etwas unterschiedliche Fragebögen je Jahrgangsstufe zum Einsatz. Die inhaltlichen Teilbereiche der beiden Fragebögen unterschieden sich nur bezüglich der verwendeten Items zur Vorgehensweise bei der Erarbeitung des kleinen Einmaleins (siehe Tabelle 6) – die restlichen fünf Teilbereiche wiesen die gleiche Anzahl an Items in identischer Ausführung und Reihenfolge auf.

Im Wesentlichen wurden mithilfe der Fragebögen Selbstberichte der Lehrkräfte ermittelt. Der Fragebogen wurde allerdings so konzipiert, dass gegebenenfalls durch Widersprüche Einblick in das tatsächliche Unterrichtsgeschehen ermöglich werden sollte. Mit den Items des Teilbereiches *Vorgehensweise bei der Erarbeitung des kleinen*

Einmaleins sollten Erkenntnisse zu folgenden Fragen gewonnen werden (Jahrgangsstufe 2):

- Thematisiert die Lehrkraft verschiedene Rechenstrategien zur Lösung von Einmaleinsaufgaben und werden diese von den Kindern (laut Selbstbericht der Lehrkraft) zur Lösung eingesetzt?
- Thematisiert die Lehrkraft Beziehungen zwischen den einzelnen Aufgaben oder Einmaleinsreihen und werden diese von den Kindern (laut Selbstbericht der Lehrkraft) genutzt?
- Ermöglicht die Lehrkraft den Kindern verschiedene Rechenstrategien bzw. Beziehungen selbst zu entdecken bzw. zu erforschen?
- Welche Rolle nimmt die Automatisierung der Einmaleinsaufgaben im Unterricht der Lehrkraft ein?

Im Hinblick auf die Erarbeitung des kleinen Einmaleins in Jahrgangsstufe 3 waren die folgenden Fragen von Relevanz:

- Wiederholt die Lehrkraft Rechenstrategien zum Lösen von Einmaleinsaufgaben?
- Erarbeitet die Lehrkraft noch nicht bekannte Einmaleinsaufgaben über bereits automatisierte Aufgaben unter Einsatz von Rechenstrategien?
- Werden (laut Selbstbericht der Lehrkraft) Beziehungen zwischen den einzelnen Aufgaben von Kindern zur Aufgabenlösung genutzt oder auf das Aufsagen der Reihe zur Aufgabenlösung zurückgegriffen?
- Welchen Stellenwert nimmt die Automatisierung der Einmaleinssätze bei der unterrichtlichen Erarbeitung des kleinen Einmaleins ein?

Bei der Konstruktion der Testitems wurde im Besonderen darauf geachtet, dass sowohl die *Lenkung* durch die Lehrkraft bei der Erarbeitung überprüft bzw. hinterfragt wurde, als auch die Möglichkeit der *aktiven Entdeckung* von Seiten der Kinder.[92] Ausschlaggebend hierfür war die im Theorieteil dieser Arbeit herausgearbeitete Relevanz beider genannter Komponenten, die sich bezüglich des Lehren und Lernens im Allgemeinen (siehe Abschnitt 1.3) aber auch bezüglich mathematischer Themen wie der Multiplikation im Besonderen als ausgesprochen erfolgsversprechend herauskristallisiert haben (siehe Kapitel 1 und Abschnitt 2.3.1).

Die Items zum Arbeitsmitteleinsatz lieferten Erkenntnisse zu folgenden Fragestellungen:

- Setzen Lehrkräfte generell Arbeitsmittel zur Erarbeitung des kleinen Einmaleins im Unterricht ein und welche Arbeitsmittel kommen dabei bevorzugt zum Einsatz?
- Welche Rolle wird beim Arbeitsmitteleinsatz den Schülerinnen und Schülern zuteil?

---

92 Als exemplarische Beispiele können folgende Fragebogenitems angeführt werden: (1) Die Erarbeitung noch nicht bekannter Einmaleinsaufgaben erfolgt über bereits automatisierte Aufgaben unter Einsatz von Rechenstrategien. (2) Innerhalb einer Reihe versuchen Schülerinnen und Schüler, noch unbekannte Aufgaben über die Idee des Verdoppelns, Halbierens oder über unmittelbare Nachbarschaft zu erschließen.

- Erkennen Lehrkräfte das Potential der eingesetzten Arbeitsmittel und verwenden sie diese adäquat?[93]

Im Hinblick auf den Arbeitsmitteleinsatz und die damit einhergehende Itemkonstruktion bestand ein vordergründiges Ziel darin, Items zu erstellen, die zwischen Lehrpersonen zu unterscheiden vermögen, die Arbeitsmittel in erster Linie zur Veranschaulichung oder Demonstration einsetzen oder die zudem auch Kindern ermöglichen, an Arbeitsmitteln selbstständig Erfahrungen zu sammeln bzw. Entdeckungen zu machen (siehe Abschnitt 2.3.2). In der fachdidaktischen Literatur wird in diesem Kontext der Einsatz eines Arbeitsmittels als Veranschaulichungs- oder Anschauungsmittel unterschieden.

Da die auf Einsicht und Verständnis basierende Erarbeitung des Einmaleins unter anderem mit aktiv-entdeckendem, konstruktivem Lernen begründet wird und das reine Automatisieren der Einmaleinsreihen eher einer rezeptiven Sichtweise des Lernens entspricht, wurde der Fragebogen durch Items von STERN und STAUB (2002) zu Einstellungen der Lehrkräfte zum Mathematiklernen ergänzt. Die Items sollten dabei folgende Teilfragen beantworten:

- Ist bei den Lehrkräften eine eher konstruktivistische oder rezeptive Sichtweise zum Lehren und Lernen von Mathematik verbreitet?
- Erfolgt die unterrichtliche Arbeit eher lehrergelenkt oder im Sinne des aktiv-entdeckenden Lernens?

Um weitere Erkenntnisse im Hinblick auf die präferierte Vorgehensweise einzelner Lehrpersonen bei der Erarbeitung des kleinen Einmaleins zu ermitteln, wurde in dem beschriebenen Teilbereich des Fragebogens das zugrundeliegende Verständnis von Lehren und Lernen bei der Erarbeitung mathematischer Inhalte im Allgemeinen überprüft. In jedem der drei inhaltlich zentralen Teilbereiche (Vorgehensweise bei der Erarbeitung des kleinen Einmaleins, Arbeitsmitteleinsatz und Einstellungen zum Mathematikunterricht im Allgemeinen) wurden demnach mehr oder weniger offensichtlich für die Studienteilnehmerinnen und -teilnehmer Einstellungen erhoben, in der Hoffnung, ein final schlüssiges Bild der tatsächlichen Einstellung und damit verbunden Vorgehensweise der Erarbeitung zu erhalten. Die Items zur Ermittlung der Einstellung zum Mathematiklernen wurden dabei nicht separat aufgelistet, sondern in den Teilbereich *Vorgehensweise der Erarbeitung* integriert.

Der Fragebogen beinhaltet gebundene und freie Antwortformate. Für die im Fragebogen verwendeten gebundenen Antwortformate wurden Ratingskalen eingesetzt (siehe Abbildung 21). Sie erlauben eine quantitative Beurteilung der Eigenschaftsausprägungen der Probanden (BÜHNER, 2011, S. 115; JANKISZ & MOOSBRUGGER, 2008, S. 50). Zudem erweisen sich Beurteilungsaufgaben als leicht verständlich, einfach bezüglich der Durchführbarkeit und ökonomisch hinsichtlich des Materialverbrauchs und der Auswertbarkeit (JANKISZ & MOOSBRUGGER, 2008, S. 55f.;

---

93 Hier wurden Lehrkräfte z.B. aufgefordert zu beschreiben, wofür sie ein Arbeitsmittel verwenden oder sie sollten ein geeignetes Arbeitsmittel angeben, das sie zu einem vorgegebenen Zweck einsetzen würden.

BÜHNER, 2011, S. 115). Sie ermöglichen es, „die Differenziertheit der Fragen dem Untersuchungszweck und der Differenzierungsfähigkeit der Probanden anzupassen" (BÜHNER, 2011, S. 115). In dieser Fragebogenstudie wird auf verbale Ratingskalen zurückgegriffen. Die mit Worten bezeichneten Skalenwerte bieten den Vorteil für die Probanden, Skalenwerte intersubjektiv einheitlich interpretieren zu können (JAN-KISZ & MOOSBRUGGER, 2008, S. 52). Noch differenzierter betrachtet, kann von verbal bipolaren Skalen mit Abstufungen des Zutreffens gesprochen werden (JAN-KISZ & MOOSBRUGGER, 2008, S. 52; BÜHNER, 2011, S. 111). Dabei erfolgt die Abstufung der Antwortkategorien ausschließlich vierstufig, so dass die verbalen Abstufungen der Skala nicht zu nahe liegen bzw. noch ausreichend eindeutig sind und eine ausreichende Differenzierung sichergestellt werden kann. Bipolare Skalen kennzeichnen sich dadurch, dass der Zustimmungs- bzw. Ablehnungsbereich sich von einem Nicht-Zutreffen über einen Indifferenzbereich zu einem starken Zutreffen ausdrückt (siehe Abbildung 21). Auf eine mittlere Antwortkategorie der Ratingskala wurde verzichtet, um eine Antworttendenz zu mittleren Urteilen nicht zu ermöglichen und die Probanden indirekt zum Treffen einer Entscheidung zu bewegen. Empirisch erwiesen ist in diesem Kontext, dass Testteilnehmerinnen und -teilnehmer eine mittlere Antwortkategorie nicht ausschließlich im Sinne einer mittleren Merkmalsausprägung verwenden, sondern diese neutrale Mittelkategorie auch häufig als Ausweichoption benutzen (JANKISZ & MOOSBRUGGER, 2008, S. 53f.), was zu „erheblichen Validitätsproblemen und somit zu Verzerrungen in der Interpretation der Befunde führen" (ebd., S. 54) kann (vgl. BORTZ & DÖRING, 2006, S. 180).

In Ihrem Unterricht werden verschiedene Rechenstrategien zur Lösung von Einmaleinsaufgaben erarbeitet.

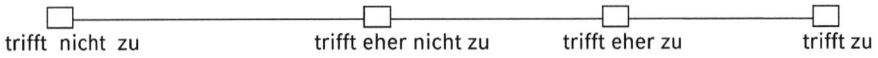

| trifft nicht zu | trifft eher nicht zu | trifft eher zu | trifft zu |

Abbildung 21:   Beispielitem für ein gebundenes Antwortformat (Rating-Skala).

Der Fragebogen wurde durch freie Aufgabenbeantwortungen ergänzt, die teilweise gezielt in Kombination mit gebundenen Antwortformaten zum Einsatz kamen. Da der Fragebogen zur Überprüfung der Umsetzung eines in Lehrplänen verankerten Lerninhaltes eingesetzt wurde, scheint vor allem die „Verfälschung" (BÜHNER, 2011, S. 125) ein nicht zu unterschätzendes Problem zu sein. Es liegt vermutlich im Interesse einiger Befragten, sich positiv darzustellen und z.B. nicht direkt anzugeben, falls die eigene Vorgehensweise im Unterricht von amtlichen Vorgaben abweicht. Um gegebenenfalls Verfälschungen aufzudecken, wurden deshalb einige auf Ratingskalen vorzunehmende Einstufungen gezielt durch offene Fragen zur gleichen Thematik ergänzt (siehe Abbildung 22).

Neben dieser Kombination freier und gebundener Antwortformate wird dem Antwortverhalten der „Sozialen Erwünschtheit" (JANKISZ & MOOSBRUGGER, 2008, S. 59) in dieser Fragebogenstudie versucht entgegenzuwirken bzw. den Effekt zu verringern, indem zu Beginn der Studie über den Untersuchungsgegenstand aufgeklärt und die Anonymität der persönlichen Angaben zugesichert wurde (ebd., S. 59f.). Die Kombination freier und gebundener Antwortformate dient zur Kontrolle, inwiefern Vorsicht bei der Interpretation der gebundenen Testergebnisse geboten ist – in den folgenden Ausführungen soll dies anhand von Beispielitems veranschaulicht werden.

Welche Rechenstrategien/Rechenwege zur Lösung von Einmaleinsaufgaben werden thematisiert?
(Sie können Ihre Rechenstrategien/Rechenwege gerne anhand von Aufgabenbeispielen erklären.)

_____
_____
_____
_____
_____
_____
_____

Abbildung 22:   Freies Beispielitem einer gezielten Kombination gebundener und freier Antwortformate (Teilbereich Vorgehensweise der Erarbeitung).

Wurden Lehrkräfte z.B. angehalten auf einer Ratingskala zu folgender Aussage Stellung zu nehmen: „In Ihrem Unterricht werden verschiedene Rechenstrategien zur Lösung von Einmaleinsaufgaben erarbeitet", so wurden sie ebenfalls mit der offenen Fragestellung konfrontiert, die zur Lösung von Einmaleinsaufgaben thematisierten Rechenstrategien bzw. Rechenwege konkret aufzulisten (siehe Abbildung 21 und Abbildung 22). Wenn Lehrkräfte bei der Ratingskala angeben, verschiedene Rechenstrategien zu erarbeiten, bei der offenen Antwort allerdings nur die sukzessive Addition als vermeintliche Rechenstrategie anführen, ergibt sich ein Widerspruch, der eine eventuell hohe Merkmalsausprägung auf dem erstgenannten Item relativiert.

Ein weiteres Beispiel der Ergänzung gebundener Antwortformate mit freien Aufgabenbeantwortungen soll aus dem Teilbereich _Arbeitsmitteleinsatz_ vorgestellt werden (siehe Abbildung 23).

Mithilfe von Arbeitsmitteln entdecken und erarbeiten Schülerinnen und Schüler in Ihrem Unterricht unterschiedliche Lösungs- bzw. Rechenwege bei Einmaleinsaufgaben.

☐———————————☐———————————☐———————————☐

trifft nicht zu   trifft eher nicht zu   trifft eher zu   trifft zu

Wenn Sie dieser Aussage ‚zustimmen', beantworten Sie bitte nachfolgende Frage.
Wenn Sie dieser Aussage ‚nicht zustimmen', können Sie die folgende Frage überspringen.

Welches Arbeitsmittel setzen Ihre Schülerinnen und Schüler dafür in erster Linie ein?

_____

_____

Abbildung 23:   Beispielitems einer gezielten Kombination gebundener und freier Antwortformate (Teilbereich Arbeitsmitteleinsatz).

Ebenso wie in dem bereits präsentierten Itembeispielen zur Vorgehensweise der Erarbeitung (siehe Abbildung 21 und Abbildung 22), wird auch in diesem Teilbereich zunächst eine Rating-Skala zur Ermittlung der Merkmalsausprägung eingesetzt. Die freie Aufgabenbeantwortung im Anschluss ermöglicht wiederum eine realistische Einordnung bzw. Einschätzung der vorgenommenen Einstufung auf der Rating-Skala. Wird die Aussage „Mithilfe von Arbeitsmitteln entdecken und erarbeiten Schüler in Ihrem Unterricht unterschiedliche Lösungs- bzw. Rechenwege bei Einmaleinsaufgaben" mit _trifft eher zu_ beantwortet und das Hunderterfeld bzw. ein Punktefeld als vorrangig eingesetztes Arbeitsmittel notiert, kann von einem geeigneten bzw. adäquaten Arbeitsmitteleinsatz zum Entdecken und Erarbeiten unterschiedlicher Rechenwege gesprochen werden. Die Nennung _Alltagsgegenstände_ im Vergleich würde die getätigte Einstufung der Rating-Skala relativieren, da deutlich geeignetere Arbeitsmittel zur Entdeckung bzw. Erarbeitung zur Verfügung stehen und ein Entdecken und Erarbeiten unterschiedlicher Lösungswege mit dem aufgeführten Arbeitsmittel unter Umständen nur schwer oder nicht realisierbar ist.

Inwiefern den Lehrkräften das Potential eines Arbeitsmittels bekannt ist, das sich zur Erarbeitung des kleinen Einmaleins als geeignet erweist (siehe Abschnitt 2.3.2), wird in weiteren Items untersucht. Die Items ermitteln in diesem Kontext, ob ein besagtes Arbeitsmittel eingesetzt wird, wie verhältnismäßig oft der Einsatz erfolgt und ob jedes Kind eine Ausfertigung dieses Arbeitsmittels zur Verfügung hat. Daran anknüpfend wird der konkrete Einsatz des Arbeitsmittels im Unterricht überprüft, indem Lehrkräfte Einsatzmöglichkeiten des Arbeitsmittels aufzeigen bzw. nennen sollen. Anhand der beschriebenen Tätigkeit der Lehrkraft kann bestimmt werden, inwiefern das Potential des eingesetzten Arbeitsmittels genutzt, nicht genutzt oder nicht vollumfänglich genutzt wurde. Abbildung 24 veranschaulicht die Ermittlung exemplarisch für das Hunderterfeld bzw. Punktefelder.

Hunderterfeld/Punktefelder ☐ ja ☐ nein

Wenn Sie ‚ja' angekreuzt haben, beantworten Sie bitte die nachfolgende Frage zu diesem
Arbeitsmittel.
Wenn Sie ‚nein' angekreuzt haben, können Sie zum nächsten Arbeitsmittel übergehen.

Wie oft wird dieses Arbeitsmittel bei der Behandlung des kleinen Einmaleins eingesetzt?

☐————☐————☐————☐————☐
sehr selten – selten – gelegentlich – oft – sehr oft

Besitzen alle Kinder eine Ausfertigung dieses Arbeitsmittels?
☐ ja   ☐ nein

Wie setzen Sie das „Hunderterfeld/Punktefelder" im Unterricht ein?

_____

_____

_____

Abbildung 24:   Überprüfung des erkannten Potentials eines zur Erarbeitung des kleinen Einmaleins
geeigneten Arbeitsmittels (Hunderterfeld/Punktefelder).

Alle ermittelten Antworten des freien Antwortformats wurden mithilfe eines Ko-
dierleitfadens auf eine vierstufige Skala übertragen, um einheitliche Skalen für alle
Fragebogenitems aufweisen zu können. Der folgende Abschnitt 4.2.3 erläutert die
Datenauswertung im Detail. Neben den bereits beschriebenen freien Aufgabenbeantwortungen und Ratingskalen wurden in dieser Fragebogenstudie vereinzelt auch weitere gebundene Antwortformate eingesetzt. Wie bereits in Abbildung 24 ersichtlich
finden auch dichotome Auswahlaufgaben (z.B. Ja-Nein-Items) Verwendung sowie
Aufgaben, die mehr als nur zwei Antwortalternativen besitzen, sogenannte Mehr-
fachwahl- oder Multiple-Choice-Aufgaben (JANKISZ & MOOSBRUGGER, 2008,
S. 48f.; BÜHNER, 2011, S. 117). Diese kamen bevorzugt bei den Fragen zur Person
und zum Zeitpunkt bzw. Zeitraum der Behandlung des kleinen Einmaleins zum Einsatz, um den Untersuchungsteilnehmerinnen und -teilnehmern eine Wahl aus vorgegebenen Antwortalternativen zu ermöglichen.

Im Vorfeld der Vorstudie erfolgte eine Pilotierung des Fragebogens mit 15 bayerischen Lehrkräften. Sie führte dazu, dass nicht eindeutige oder als missverständ-
lich identifizierte Itemformulierungen überarbeitet wurden. Die Erhebung der Vorstudie fand zu Beginn des Schuljahres 2011/2012 über einen Zeitraum von ungefähr
3–4 Wochen statt. Die Teilnahme (siehe Abschnitt 4.2.1) erfolgte dabei auf freiwilli-
ger Basis und war an keine weiteren verpflichtenden Teilnahmen an Untersuchungen oder dergleichen gekoppelt. Die Bearbeitungszeit der Vorstudie, der Wochentag
sowie die Uhrzeit der Bearbeitung konnten von Teilnehmerin zu Teilnehmer stark
variieren, einzig die Bearbeitungsdeadline war fix vorgegeben. Die Erhebungszeit
je Teilnehmerin bzw. Teilnehmer wurde auf ungefähr 15–20 Minuten veranschlagt.
Zur Gewährleistung bestmöglicher Objektivität erhielten alle Lehrkräfte auf den ersten Seiten des Fragebogens die gleichen einleitenden Erläuterungen bzw. die glei-

che Einführung zum konkreten Ablauf der Fragebogenbeantwortung. Dabei wurde auch auf die Anonymität der persönlichen Angaben verwiesen. Die Teilnehmerinnen bzw. Teilnehmer dieser Vorstudie erhielten den Fragebogen je nach Wunsch in Papierform oder in digitaler Form (PDF-Format bzw. Word-Format). Die Variante *Word-Format* ermöglichte eine Bearbeitung des Fragebogens direkt am Computer. Die Rücksendung des Fragebogens erfolgte entweder per E-Mail, eingescannt oder auf dem postalischen Weg.

4.2.3 Kodierung und statistische Methoden

Die Auswertung der Fragebogendaten erfolgte auf zweierlei Art und Weise: anhand einer qualitativen strukturierenden Inhaltsanalyse und multivariaten Datenanalysen.

Qualitative strukturierende Inhaltsanalyse

Zur Analyse der Lehrkraftantworten der freien Antwortformate (siehe Tabelle 9 – kursiv dargestellte Items) wurde eine qualitative strukturierende Inhaltsanalyse nach MAYRING (1990) durchgeführt. In einem ersten deduktiven Schritt wurde in kollegialer Zusammenarbeit ein theoriegeleitetes, selbstentwickeltes, vierstufiges Kategoriensystem ausdifferenziert. Eine erste Kodierung der freien Antwortformate zeigte, dass das Manual um relevante Kategorien ergänzt werden muss. Dieses deduktive als auch induktive Vorgehen lieferte schlussendlich ein umfassendes Kategoriensystem. Die Kodierung der erhaltenen Antworten des freien Antwortformats auf eine vierstufige Skala (vier verschiedene Niveaustufen) wurde unter anderem angestrebt, um für alle Fragebogenitems – die geschlossenen sowie die freien – auf einheitliche Skalen zurückgreifen zu können. Die aufgestellten Niveaustufen wurden demnach metrisch interpretiert. Das entwickelte Kodiermanual (Tabelle 7) wird an folgendem bereits bekannten freien Beispielitem aus dem Teilbereich *Vorgehensweise der Erarbeitung* exemplarisch erläutert: *Welche Rechenstrategien/Rechenwege zur Lösung von Einmaleinsaufgaben werden thematisiert?*

Zeigen sich Lehrkräfte nicht in der Lage, Herangehensweisen zur Lösung von Einmaleinsaufgaben anzuführen oder nennen sie die Automatisierung als einzige bekannte Herangehensweise an Einmaleinssätze, wird die Antwort der Niveaustufe 1 zugeordnet. Nennen sie nur weniger tragfähige Herangehensweisen (z.B. das rhythmische Zählen, das Aufsagen der Reihe oder die sukzessive Addition) und/oder lediglich eine Rechenstrategie (z.B. Tauschaufgabe oder Nachbaraufgabe) wird die Kodierung auf Niveaustufe 2 vorgenommen. Voraussetzung für Niveaustufe 3 ist der Kerngedanke des Zusammensetzens von Kernaufgaben bzw. des Zerlegens in Kernaufgaben. Alternativ kann die 3. Niveaustufe auch erreicht werden durch die Angabe von zwei oder mehreren verschiedenen Rechenstrategien. Zum Erreichen der 4. Niveaustufe muss erneut der Kerngedanke des Zerlegens oder Zusammensetzens von Faktoren ersichtlich werden sowie eine oder mehrere Rechenstrategien

Tabelle 7: Eigenentwickeltes Kodiermanual zur Auswertung des Items: Welche Rechenstrategien/ Rechenwege zur Lösung von Einmaleinsaufgaben werden thematisiert?

Niveaustufen	Name	Beschreibung/Indikatoren
1	–	– Angabe <u>keiner</u> Herangehensweise zum Lösen von Einmaleinsaufgaben bzw. keine Thematisierung von Herangehensweisen laut Aussage der Lehrkraft – ausschließlich *Automatisierung* wird als Herangehensweise genannt bzw. indirekt in den Ausführungen der Lehrkraft angeführt
2	… auf niedrigem Niveau	– **Angabe <u>einer</u> oder <u>mehrerer</u> weniger tragfähiger Herangehensweisen (Auswahl):** – direktes Modellieren mit Material/vollständiges Auszählen – rhythmisches Zählen in gleichgroßen Teilabschnitten – Benutzung von Zahlenfolgen (Aufsagen der Reihe) – sukzessive Addition (wiederholtes Addieren gleicher Summanden) – **Angabe <u>einer</u> Herangehensweise/Rechenstrategie zum Lösen von Einmaleinsaufgaben (Auswahl):** – Kernaufgaben (ohne weitere Erläuterungen – reine Aufzählung) – Tauschaufgabe – Nachbaraufgabe – Verdopplung/Halbierung – gegensinniges Verändern – **Angabe <u>einer</u> Herangehensweise/Rechenstrategie zum Lösen von Einmaleinsaufgaben (Auswahl):** – Kernaufgaben (ohne weitere Erläuterungen – reine Aufzählung) – Tauschaufgabe – Nachbaraufgabe – Verdopplung/Halbierung – gegensinniges Verändern **und <u>eine</u> oder <u>mehrere</u> weniger tragfähige Herangehensweisen (Auswahl):** – direktes Modellieren mit Material/vollständiges Auszählen – rhythmisches Zählen in gleichgroßen Teilabschnitten – Benutzung von Zahlenfolgen (Aufsagen der Reihe) – sukzessive Addition (wiederholtes Addieren gleicher Summanden)
3	… auf mittlerem Niveau	– **Angabe der Herangehensweise *Kernaufgabe additiv zusammensetzen/Malaufgaben in Kernaufgaben zerlegen* <u>oder</u> *Zerlegung eines Faktors*** – **Angabe von <u>zwei</u> oder <u>mehreren</u> Herangehensweisen/Rechenstrategien (Auswahl)** – Kernaufgaben (ohne weitere Erläuterungen – reine Aufzählung) – Tauschaufgabe – Nachbaraufgabe – Verdopplung/Halbierung – gegensinniges Verändern

Niveaustufen	Name	Beschreibung/Indikatoren
4	… auf hohem Niveau	– Angabe der Herangehensweise *Kernaufgabe additiv zusammensetzen/Malaufgaben in Kernaufgaben zerlegen* <u>oder</u> *Zerlegung eines Faktors* und <u>eine</u> oder <u>mehrere</u> weitere Herangehensweisen/ Rechenstrategien (Auswahl) – Tauschaufgabe – Nachbaraufgabe – Verdopplung/Halbierung – gegensinniges Verändern

angeführt werden.[94] Die Zuordnung der Herangehensweisen zu den entsprechenden Niveaustufen des Kodiermanuals basiert somit in erster Linie auf der Effizienz der Herangehensweisen zur Lösung von Einmaleinssätzen (siehe Abschnitt 2.2.2). Konform mit den fachdidaktischen Empfehlungen und den bayerischen Lehrplaninhalten wird die Strategie „Kernaufgaben additiv zusammensetzen bzw. Malaufgaben in Kernaufgaben zerlegen" (BAYERISCHES STAATSMINISTERIUM FÜR UNTERRICHT UND KULTUS, 2000, S. 99) als Voraussetzung für hohe Niveaustufen angesehen. Die Vielfalt an aufgelisteten unterschiedlichen Rechenstrategien stellt zudem eine weitere Grundlage für die Kodierung auf einem mittleren oder hohen Niveau dar.

Stellvertretend für die freien Antwortformate des Teilbereichs *Arbeitsmitteleinsatz* wird das Kodiermanual zur Ermittlung des von der Lehrkraft erkannten Potentials des Hunderterfeldes bzw. Punktefeldes vorgestellt (siehe Tabelle 8). Das aufgestellte Kategoriensystem für das Hunderterfeld, aber auch für die Einmaleinstafel unterscheidet in den vier Niveaustufen das Ausmaß des erkannten Potentials des eingesetzten Arbeitsmittels. Niveaustufe 1 ist gleichbedeutend mit *kein Einsatz des Arbeitsmittels*. Da unspezifische Antworten (wie z.B. Übung, Wiederholung oder Überblick) keine Aussage über das erkannte Potential des Arbeitsmittels auf Seiten der Lehrkraft zulassen, werden unspezifische Aussagen der 2. Niveaustufe zugeordnet. Spezifische Aussagen bezüglich des Einsatzes sind der 3. oder 4. Niveaustufe zugeordnet. Die beiden höchsten Kategorien unterscheiden sich dabei im Ausmaß des erkannten Potentials. Das Erkennen und Darstellen von Einmaleinsaufgaben mithilfe der Felderdarstellung wird z.B. als sinnvolle unterrichtspraktische Aktivität eingestuft, die allerdings das Potential des Arbeitsmittels noch nicht vollkommen ausschöpft. Die Entdeckung oder Erarbeitung von Rechenvorteilen, Rechenwegen oder -strategien anhand des Hunderterfeldes stellt im Vergleich dazu eine Tätigkeit dar, die das Potential des Hunderterfeldes vollständig berücksichtigt. Weitere exemplarische Zuordnungen veranschaulicht die aufgeführte Tabelle 8.

---

94 Von den Lehrkräften wurde an dieser Stelle nicht zwingend die korrekte Bezeichnung der jeweiligen Herangehensweise verlangt – die Herangehensweise konnte unter anderem auch anhand eines konkreten Beispiels verdeutlicht werden.

Tabelle 8: Eigenentwickeltes Kodiermanual zur Ermittlung des von der Lehrkraft erkannten Potentials des Hunderterfeldes bzw. Punktefeldes

Niveaustufen	Name	Beschreibung/Indikatoren
1	Kein Einsatz des Arbeitsmittels	Antwortalternative *nein*
2	Unspezifischer Einsatz des Arbeitsmittels	**Die Lehrkraft tätigt eine unspezifische Aussage in Bezug auf den Einsatz des Arbeitsmittels, z.B.** – Einführung (der Operation) – Übung/Wiederholung – Methodischer Einsatz – (Differenzierung, Offener Unterricht) – Angaben zur Ausführung des Materials
3	Spezifischer Einsatz des Arbeitsmittels (Potential nicht vollständig genutzt)	**Die Lehrkraft tätigt eine spezifische Aussage in Bezug auf den Einsatz des Arbeitsmittels (Potential nicht vollständig genutzt), z.B.** – Einmaleinsaufgaben erkennen/darstellen – optische Darstellung/ Veranschaulichung von Einmaleinsaufgaben – Einmaleinsaufgaben nennen – Verknüpfen von konkreten Handlungen, ikonischen Darstellungen und symbolischen Zahlensätzen – Tauschaufgabe veranschaulichen/thematisieren

4	Spezifischer Einsatz des Arbeitsmittels (Potential erkannt bzw. genutzt)	**Die Lehrkraft tätigt eine spezifische Aussage in Bezug auf den Einsatz des Arbeitsmittels (Potential erkannt bzw. genutzt), z.B.**
		– Einmaleinsaufgaben berechnen/lösen
		– von Anfang an alle Einmaleinsaufgaben am Anschauungsmittel entdecken und lösen lassen
		– zur Entdeckung von Rechenvorteilen bzw. Rechenstrategien
		  • Kommutativgesetz (Verdeutlichung der TA) (→ *ausschließlich TA – nicht ausreichend – Stufe 3*)
		  • Assoziativgesetz (Achterreihe als Verdoppelung der Viererreihe)
		  • Distributivgesetz (Zerlegung eines Faktors – Kernaufgaben)
		– verschiedene (mögliche) Rechenwege zur Lösung einer Multiplikationsaufgabe/operative Untersuchungen
		  • Tauschaufgabe (→ *ausschließlich TA – nicht ausreichend – Stufe 3*)
		  • Verdopplungs-/Halbierungsaufgabe
		  • Zerlegungsaufgabe (Nachbarschaftsbeziehungen)
		  • gegensinniges Verändern

Zur Kodierung der Antworten in den freien Formaten wurden zwei unabhängige Kodierer eingesetzt. Die Interraterreliabilität ermittelt in diesem Kontext, inwieweit die Kodierungen dieser zwei unabhängigen Beobachter übereinstimmen. Insbesondere für freie Antwortformate ist diese Übereinstimmungsanalyse von besonderer Relevanz (ARON, COUPS & ARON, 2013). Die Doppelkodierung der gesamten Datenmenge wurde durch eine geschulte Hilfskraft und die Autorin vorgenommen. Die Übereinstimmungsanalyse über alle freien Antwortformate ermittelte eine sehr gute Übereinstimmung der beiden Rater (Cohens κ > .936). Die prozentuale Übereinstimmung der Raterinnen reichte von 80% bis 98%,[95] so dass nach LANDIS und KOCH (1977) von beachtlichen oder fast vollkommenen Interraterreliabilitäten gesprochen werden kann.

Clusteranalyse – exploratives Verfahren der multivariaten Datenanalyse

Zur Identifizierung und Charakterisierung verschiedener unterrichtlicher Vorgehensweisen bei der Erarbeitung des kleinen Einmaleins wurden die mithilfe des Fragebogens gesammelten Daten einer Clusteranalyse unterzogen. Die Clusteranalyse stellt ein Verfahren dar, das der Frage nachgeht, ob zwischen beobachteten Untersuchungsobjekten Ähnlichkeiten bestehen. Für die vorliegende Arbeit ist in diesem Zusammenhang von Interesse, ob sich Gruppen von Lehrkräften (sogenannte Cluster) identifizieren lassen, die im Hinblick auf die betrachteten Merkmale oder Eigenschaften als weitgehend homogen bezeichnet werden können. Die verschiedenen ermittelten Gruppen sollen sich allerdings zugleich möglichst unähnlich sein bzw. größtmögliche Heterogenität aufweisen. Die Clusteranalyse stellt ein exploratives Verfahren der multivariaten Datenanalyse dar, insofern die einzelnen zu identifizierenden Gruppen zu Untersuchungsbeginn noch unbekannt sind und die Gruppierungen erst mithilfe eines Clusterverfahrens herbeigeführt werden (BACKHAUS, ERICHSON, PLINKE & WEIBER, 2016, S. 455ff.).

Bei der Auswahl der Items für die Clusteranalyse wurden inhaltliche Kriterien beachtet. Um die jeweiligen Unterschiede der Erarbeitung in den jeweiligen Jahrgangsstufen zu berücksichtigen, wurde auch auf Items zurückgegriffen, die spezifisch auf die Erarbeitung in der entsprechenden Jahrgangsstufe Bezug nehmen. Besondere Beachtung fand bei der Auswahl allerdings auch die Charakteristik des Fragebogens mit kombinierten freien und gebundenen Antwortformaten. So wurden in den beiden Fragebogenversionen zwei bzw. drei Items mit freiem Antwortformat (kursiv in Tabelle 9) ausgewählt, die in Kombination mit einer entsprechenden geschlossenen Frage gestellt wurden. Insgesamt wurden je Fragebogen zwölf Items zur Klassifizierung verschiedener Gruppen von Lehrkräften herangezogen (siehe Tabelle 9). Die Begrenzung auf zwölf Items erfolgte aus verschiedenen Gründen: Einige Items wurden für weitere Analysen im Zusammenhang mit der Erarbeitung des kleinen Einmaleins entwickelt und sind für die Forschungsfragen der Vorstudie nicht relevant.[96] Bei hoch korrelierenden Merkmalen wurde eine Auswahl zwischen Items getroffen, um zu vermeiden, dass bei der Fusionierung der Objekte bestimmte Aspekte überbetont werden. BACKHAUS et al. (2016) bestärken diese Vorgehensweise der Itemauswahl:

---

95 Auch die Überprüfung der Interraterreliabilität mit anderen Maßen (z.B. BORTZ & LIENERT, 2008) bestätigt den dargestellten Cohen's Kappa-Wert.

96 Die Items bzw. die aus den Antworten der Lehrpersonen gewonnen Erkenntnisse aus den Teilbereichen *Schulbucheinsatz* oder *Zeitpunkt/Zeitraum der Behandlung* des kleinen Einmaleins werden beispielsweise bei der Konzeption der Hauptstudie berücksichtigt (siehe Kapitel 5).

Ebenso wie für die Anzahl der zu betrachtenden Objekte gibt es auch für die Zahl der in einer Clusteranalyse heranzuziehenden Variablen keine eindeutigen Vorschriften. Der Anwender sollte darauf achten, dass nur solche Merkmale im Gruppierungsprozess Berücksichtigung finden, die aus theoretischen Überlegungen als *relevant* für den untersuchenden Sachverhalt anzusehen sind. Merkmale, die für den Untersuchungszusammenhang bedeutungslos sind, müssen aus dem Gruppierungsprozess herausgenommen werden. (BACKHAUS et al., 2016, S. 510, Hervorhebung im Original)

Bei den zwölf ausgewählten Items handelt es sich um Items aus den bereits angeführten zentralen Teilbereichen des Fragebogens: Arbeitsmitteleinsatz (5 Items), Vorgehensweise bei der Erarbeitung (5 Items), Einstellungen der Lehrkräfte zum Mathematiklernen (2 Items). In der Mehrzahl der verwendeten Items stimmen beide Fragebogenversionen überein – im Teilbereich *Arbeitsmitteleinsatz* kann aufgrund einer einzigen Itemumformulierung nicht von einer Übereinstimmung gesprochen werden, im Teilbereich *Vorgehensweise der Erarbeitung* unterscheiden sich die beiden Fragebogenversionen zur Klassifizierung von Lehrpersonen in zwei Items.

Tabelle 9:   Zentrale Items der Clusteranalyse (freie Items kursiv)

	Items der Clusteranalyse	Konkrete Formulierung
Arbeitsmitteleinsatz (AM)	*Erkanntes Potential der AM (Feld, Tafel)*	*Wie setzen Sie die Einmaleinstafel/-tabelle bzw. das Hunderterfeld/ Punktefelder in Ihrem Unterricht ein?*
	Demonstration von Lösungswegen	Arbeitsmittel nutzen Sie v.a. um Ihren Schülerinnen und Schülern zu demonstrieren, wie man sie zum Lösen von Einmaleinsaufgaben einsetzen kann.
	Entdecken und Erarbeiten von Lösungswegen	Mithilfe von Arbeitsmitteln entdecken und erarbeiten Schülerinnen und Schüler in Ihrem Unterricht unterschiedliche Lösungs- bzw. Rechenwege bei Einmaleinsaufgaben.
	Potential des eingesetzten AM zum Entdecken von Lösungswegen	*Welche Arbeitsmittel setzen Ihre Schülerinnen und Schüler für das Entdecken und Erarbeiten unterschiedlicher Lösungs- bzw. Rechenwege in Ihrem Unterricht in erster Linie ein?*
	Jahrgangsstufe 2	
	Hoher AM-Einsatz nach Aufbau des Operationsverständnisses	Nach dem Aufbau des Operationsverständnisses unter Arbeitsmitteleinsatz findet in der anschließenden Phase der Behandlung der Einmaleinsaufgaben ein hoher Arbeitsmitteleinsatz statt.
	Jahrgangsstufe 3	
	Geringer AM-Einsatz	In Ihrem Unterricht findet in der Jahrgangsstufe 3 bei der Behandlung der Einmaleinsaufgaben ein geringer Arbeitsmitteleinsatz statt.

	Items der Clusteranalyse	Konkrete Formulierung
Vorgehensweise Erarbeitung	Lösen durch Anwenden von Strategien	Innerhalb einer Reihe versuchen Schülerinnen und Schüler, noch unbekannte Aufgaben über die Idee des Verdoppelns, Halbierens oder über unmittelbare Nachbarschaft zu erschließen.
	Lösen durch Aufsagen der Reihe	Viele Ihrer Schülerinnen und Schüler lösen eine Einmaleinsaufgabe über das Aufsagen der Reihe.
	Übungen zum Auswendiglernen	Im Mittelpunkt Ihres Unterrichts zur Erarbeitung des kleinen Einmaleins stehen Übungen zum Auswendiglernen.
	Jahrgangsstufe 2	
	Rechenstrategien (RS)	In Ihrem Unterricht werden verschiedene Rechenstrategien zur Lösung von Einmaleinsaufgaben erarbeitet.
	RS (konkrete Nennung)	*Welche Rechenstrategien/Rechenwege zur Lösung von Einmaleinsaufgaben werden thematisiert?*
	Jahrgangsstufe 3	
	Erarbeitung über Rechenstrategien	Die Erarbeitung noch nicht bekannter Einmaleinsaufgaben erfolgt über bereits automatisierte Aufgaben unter Einsatz von Rechenstrategien.
	Wiederholung	Die Wiederholung der Strategien zum Lösen von Einmaleinsaufgaben spielt in Ihrem Unterricht eine große Rolle.
Einstellungen	Finden eigener Methoden	In der Mathematik werden Lehrziele am besten erreicht, wenn Schülerinnen und Schüler ihre eigenen Methoden finden, um die Aufgabe zu lösen.
	Aufgabenlösung nach Vorgabe der Lehrkraft	Man sollte von den Schülerinnen und Schülern verlangen, Aufgaben so zu lösen, wie es im Unterricht gelehrt wurde.

Die mithilfe des Fragebogens ermittelten Daten der Vorstudie wurden mithilfe einer hierarchischen Clusteranalyse unter Einsatz der quadrierten euklidischen Distanz untersucht. Diese wird nach BACKHAUS et al. (2016) zu einem weit verbreiteten Distanzmaß der empirischen Forschung gezählt (ebd., S. 469f.). Mit dem Single-Linkage-Verfahren erfolgte der Ausschluss von Ausreißern, das Complete-Linkage-Verfahren diente der angestrebten Klassifizierung von Gruppen. Dabei wurde das letztgenannte Verfahren als Fusionierungsalgorithmus gewählt, um neben möglichst homogenen und sich untereinander möglichst stark unterscheidenden Clustern auch die Bildung anzahlmäßig kleiner Gruppen zu ermöglichen (BACKHAUS et al., 2011, S. 484).

Diskriminanzanalyse – multivariates Verfahren zur Bestimmung von Gruppenunterschieden

Nach der Klassifizierung der Lehrkräfte im Hinblick auf ihre Vorgehensweise bei der unterrichtlichen Erarbeitung des kleinen Einmaleins wurden mithilfe von Diskriminanzanalysen die vorgegebenen Gruppen untersucht. Die Diskriminanzanalyse stellt dabei ein multivariates Verfahren zur Bestimmung von Gruppenunterschieden dar, die zwischen zwei oder mehreren Gruppen in Bezug auf eine Vielzahl an Variablen bestehen oder nicht bestehen. Sie ermöglicht es, signifikante Gruppenunterschiede hinsichtlich der Variablen zu identifizieren sowie die Eignung einzelner Variablen zur Gruppenunterscheidung zu bestimmen (BACKHAUS et al., 2016, S. 216f.). Kurz gefasst untersucht die Diskriminanzanalyse, ob und wie sich Gruppen unterscheiden.

Zur Überprüfung der Modellgüte der Diskriminanzanalyse kann basierend auf der Clusterlösung eine Diskriminanzfunktion geschätzt werden, die eine möglichst große Trennung der einzelnen Cluster ermöglicht und zudem die diskriminatorische Bedeutung der eingesetzten Fragebogenitems ermittelt. Der in diesem Zuge ermittelte Eigenwert bildet ein Maß für die Güte bzw. die Trennkraft der Diskriminanzfunktion, ist allerdings nicht auf Werte zwischen 0 und 1 normiert. Aus diesem Grund wird in dieser Arbeit auf das gebräuchlichste Kriterium zur Überprüfung – Wilks' Lambda – zurückgegriffen (BACKHAUS et al., 2016, S. 240). Darüber hinaus besteht noch eine weitere Möglichkeit, das Modell auf seine Güte hin zu überprüfen, indem die tatsächlich vorgenommene Gruppenzuordnung mit der Zuordnung basierend auf der Diskriminanzanalyse verglichen und die Anzahl insgesamt richtiger Einordnungen ermittelt wird. Nach BORTZ und SCHUSTER (2010) soll im Kontext der Diskriminanzanalyse die Frage erörtert werden, „wie gut die untersuchten Personen oder Objekte aufgrund der ermittelten Diskriminanzfaktoren den ursprünglichen Gruppen zugeordnet werden können" (ebd., S. 498).

Neben der Analyse von Gruppenunterschieden erweist sich die Diskriminanzanalyse aber auch im Hinblick auf die Hauptstudie dieser Arbeit von Vorteil. Sie ermöglicht die Prognose der Gruppenzugehörigkeit von Elementen bzw. bezugnehmend auf diese Arbeit von Lehrkräften. Dabei liefert sie eine Antwort auf die Frage, welcher Gruppe eine neue Lehrkraft, deren Gruppenzuordnung noch nicht bekannt ist, aufgrund ihrer Merkmalsausprägungen zuzuordnen ist. „Nachdem für eine gegebene Menge von Elementen die Zusammenhänge zwischen der Gruppenzugehörigkeit der Elemente und ihren Merkmalen analysiert wurden, lässt sich darauf aufbauend eine Prognose der Gruppenzugehörigkeit von neuen Elementen vornehmen" (BACKHAUS et al, 2016, S. 18).

Nach BACKHAUS et al. (2016) ergänzen sich die beiden beschriebenen Verfahren – die Clusteranalyse und die Diskriminanzanalyse – sehr gut: „Durch die Clusteranalyse werden Gruppen *erzeugt*, durch die Diskriminanzanalyse dagegen werden vorgegebene Gruppen *untersucht*" (ebd., S. 217, Hervorhebungen im Original).

4.3 Forschungsergebnisse und Interpretation der Cluster

In einem ersten Schritt wurde mithilfe des Single-Linkage-Verfahrens geprüft, ob in den beiden Teilstichproben der 46 (Jahrgangsstufe 1 und 2) bzw. 49 (Jahrgangsstufe 3 und 4) befragten bayerischen Lehrkräften sogenannte Ausreißer enthalten sind. Die zugehörigen Dendrogramme weisen für die Jahrgangsstufe 2 sowie für die Jahrgangsstufe 3 jeweils drei Ausreißer nach. Die identifizierten Ausreißer wurden aus dem Clusterungsprozess ausgeschlossen, um den Gruppierungsprozess mit dem Complete-Linkage-Verfahren nicht zu verzerren (vgl. BACKHAUS et al., 2016). Zur Identifizierung verschiedener Gruppen bei der Erarbeitung des kleinen Einmaleins standen demnach 43 bzw. 46 Lehrkräfte zur Verfügung. Beide Teilstichproben konnten bezüglich ihrer Vorgehensweise bei der Erarbeitung des kleinen Einmaleins in vier Gruppen klassifiziert werden. Einen ersten Anhaltspunkt zur Bestimmung der optimalen Clusteranzahl von vier Clustern für beide Fragebogenversionen liefert die optische Identifikation eines Sprunges in der Entwicklung des Heterogenitätsmaßes, das sogenannte Elbow-Kriterium (BACKHAUS et al., 2016, S. 494f.). Neben dieser in erster Linie visuellen Überprüfung konnte der Test von Mojena (BACKHAUS et al., 2016, S. 497) die Eignung einer 4-Cluster-Lösung für beide Fragebogenversionen ebenfalls bestätigen.

Nach der Klassifizierung der Lehrkräfte im Hinblick auf ihre Vorgehensweise bei der Erarbeitung mithilfe der Clusteranalyse wurde im Rahmen der Diskriminanzanalyse durch eine einfaktorielle ANOVA überprüft, welche der 12 Items bzw. Merkmalsvariablen der beiden Fragebogenversionen signifikant zur Clusterbildung beitragen bzw. wie gut sie jeweils isoliert zwischen den vier Gruppen unterscheiden. Die ANOVA zeigt, dass die Mehrzahl der zwölf zentralen Items dies besonders gut erfüllen – mit Ausnahme von je 4 Items für den Fragebogen der Jahrgangsstufe 2 und Jahrgangsstufe 3 trennen alle eingesetzten Items mit einer Irrtumswahrscheinlichkeit unter 5% ($p < .050$) (siehe Tabelle 10 und Tabelle 11 – Hervorhebung der Items durch kursive Schrift). Vor allem die acht signifikant zur Trennung der Gruppen maßgeblichen Fragebogenitems bzw. Merkmale werden in erster Linie zur Beschreibung und Interpretation bzw. zur Charakterisierung der unterschiedlichen Lehrkrafttypen herangezogen. Ein Grund dafür, dass für je vier Items keine signifikanten Unterschiede ($p \geq .050$) zwischen den jeweiligen Clustern ermittelt werden konnten, könnte beispielsweise in einem sehr ähnlichen Antwortverhalten der Probanden liegen.

Tabelle 10: Für die Clusteranalyse verwendete Items in Jahrgangsstufe 2 (F-Wert, Signifikanzlevel p und Effektstärke η^2)

	Variablen	F-Wert (3, 39)	Signifikanzlevel p	Effektstärke η^2
Arbeitsmitteleinsatz (AM)	Erkanntes Potential der AM (Feld, Tafel)	7.944	.001	.377
	Demonstration von Lösungswegen	1.360	.269	.095
	Entdecken und Erarbeiten von Lösungswegen	5.782	.002	.308
	Potential des eingesetzten AM zum Entdecken von Lösungswegen	10.220	< .001	.440
	Hoher AM-Einsatz nach Aufbau des Operationsverständnisses	12.135	< .001	.483
Vorgehensweise Erarbeitung	Rechenstrategien (RS)	7.459	< .001	.365
	RS (konkrete Nennung)	8.641	< .001	.399
	Lösen durch Anwenden von Strategien	1.957	.136	.131
	Lösen durch Aufsagen der Reihe	2.200	.103	.145
	Übungen zum Auswendiglernen	3.428	.026	.209
Einstellungen	Finden eigener Methoden	1.597	.017	.228
	Aufgabenlösung nach Vorgabe der Lehrkraft	2.310	.091	.145

Tabelle 11: Für die Clusteranalyse verwendete Items in Jahrgangsstufe 3 (F-Wert, Signifikanzlevel p und Effektstärke η^2)

	Variablen	F-Wert (3, 42)	Signifikanz-level p	Effekt-stärke η^2
Arbeitsmitteleinsatz (AM)	Erkanntes Potential der AM (Feld, Tafel)	3.170	.049	.203
	Demonstration von Lösungswegen	1.488	.232	.096
	Entdecken und Erarbeiten von Lösungswegen	16.953	< .001	.548
	Potential des eingesetzten AM zum Entdecken von Lösungswegen	175.819	< .001	.926
	Geringer AM-Einsatz	2.134	.110	.132
Vorgehensweise Erarbeitung	Erarbeitung über Rechenstrategien	4.313	.010	.236
	Wiederholung von Rechenstrategien	1.992	.130	.125
	Lösen durch Anwenden von Strategien	2.223	.100	.137
	Lösen durch Aufsagen der Reihe	3.750	.018	.211
	Übungen zum Auswendiglernen	9.634	< .001	.408
Einstell-ungen	Finden eigener Methoden	2.948	.044	.174
	Aufgabenlösung nach Vorgabe der Lehrkraft	5.465	.003	.281

Um die Trennschärfe bzw. die Güte dieser Clusterlösung zu überprüfen, werden zunächst die Ergebnisse der Diskriminanzanalyse berichtet. Die Gütemaße der Diskriminanzanalyse für die Jahrgangsstufe 2 sind in Tabelle 12 aufgeführt.

Tabelle 12: Prüfung der Clustergüte (Jahrgangsstufe 2) mittels Diskriminanzanalyse (Eigenwerte, Wilks-Lambda)

Fkt.	Eigen-wert	% der Varianz	Kumu-lierte %	Kanonische Korrelation	Test der Fkt.	Wilks-Lambda	Chi-Quadrat	df	Sign.
1	4.377	46.4	46.4	.902	1 bis 3	.016	138.273	39	< .001
2	3.458	36.7	83.1	.881	2 bis 3	.087	81.924	24	< .001
3	1.588	16.9	100.0	.783	3	.386	31.853	11	.001

Alle drei Diskriminanzfunktionen weisen einen Eigenwert > 1 auf (siehe Tabelle 12). Dabei ergibt sich ein kumuliertes residuelles Wilks-Lambda von 0.016.[97] Der Anteil der nicht erklärten Streuung an der Gesamtstreuung liegt demnach bei lediglich 2% bzw. nur 2% der Streuung wird nicht durch die Gruppenunterschiede erklärt. Die Ergebnisse der Diskriminanzanalyse zeigen für die Clusterbildung der Jahrgangsstufe 2 hochsignifikante Wilks-Lambda-Werte – die Güte der Clusterlösung erweist sich somit als vergleichsweise hoch (BACKHAUS et al., 2016, S. 240f.; BORTZ & SCHUSTER, 2010, S. 487ff.). Eine Zuordnung der Lehrkräfte nach Maßgabe der Diskriminanzfunktion, bei der die beobachtete bzw. tatsächliche Gruppenzuteilung gegen die

---

97 Wilkins-Lambda stellt ein inverses Gütemaß dar, das für einen Wert nahe null auf eine gute Trennfähigkeit der Diskriminanzfunktion hinweist.

geschätzte bzw. vorhergesagte Gruppenzuteilung abgetragen wird, zeigt, dass insgesamt 100% der Lehrkräfte der Jahrgangsstufe 2 richtig klassifiziert werden konnten. Dies spricht erneut für eine sehr gute Trennung durch die Fragebogenitems.

Das Gütemaß der Clusterlösung für die Jahrgangsstufe 3 kann Tabelle 13 entnommen werden. Die drei Diskriminanzfunktionen weisen erneut alle einen Eigenwert > 1 auf. Der Anteil der nicht erklärten Streuung an der Gesamtstreuung beträgt weniger als 1%, was auf ein kumuliertes residuelles Wilks-Lambda von 0.006 schließen lässt. Darüber hinaus zeigen die Ergebnisse der Diskriminanzanalyse für alle vier Clusterlösungen hochsignifikante Wilks-Lambda-Werte. Der Prozentsatz korrekt klassifizierter Lehrkräfte liegt auch in der Jahrgangsstufe 3 bei 100%.

Tabelle 13: Prüfung der Clustergüte (Jahrgangsstufe 3) mittels Diskriminanzanalyse (Eigenwerte, Wilks-Lambda)

Fkt.	Eigenwert	% der Varianz	Kumulierte %	Kanonische Korrelation	Test der Fkt.	Wilks-Lambda	Chi-Quadrat	df	Sign.
1	23.955	88.4	88.4	.980	1 bis 3	.006	186.519	39	< .001
2	1.675	6.2	94.5	.791	2 bis 3	.151	69.095	24	< .001
3	1.482	5.5	100.0	.773	3	.403	31.177	11	< .001

Mithilfe der durchgeführten hierarchischen Clusteranalyse und unter Berücksichtigung der Ergebnisse der Diskriminanzanalyse konnten – wie bereits erwähnt – sowohl für die Erarbeitung im 2. als auch im 3. Schuljahr vier verschiedene Lehrkraft-Profile identifiziert bzw. Lehrkraft-Gruppen klassifiziert werden, die sich im Hinblick auf die Vorgehensweisen bei der Erarbeitung des kleinen Einmaleins mehr oder weniger deutlich voneinander unterscheiden. Im Folgenden werden die explorierten Ergebnisse präsentiert.

In erster Linie aus Gründen der Veranschaulichung und zur besseren Orientierung in den folgenden Ausführungen werden die verschiedenen Cluster mit inhaltlichen Bezeichnungen versehen. Anhand eines Profilverlaufs und den durchschnittlichen Mittelwerten der einzelnen relevanten Merkmalsausprägungen je Cluster (siehe Abbildung 25 und Abbildung 26) sollen die je vier verschiedenen Lehrkrafttypen der Jahrgangstufe 2 und 3 charakterisiert werden.

Ergebnisse der Lehrkräfte der Jahrgangsstufe 1 oder 2

Die erste Lehrkraft-Gruppe (Cluster 1) setzt sich aus acht Lehrkräften zusammen und kann als *lehrplankonform mit Fokus auf aktiv-entdeckendes Lernen* charakterisiert werden. Im Profilverlauf dieser Gruppe sowie anhand der aufgeführten Mittelwerte der entsprechenden Items (siehe Abbildung 25) kann ein hoher und vor allem geeigneter Arbeitsmitteleinsatz als charakteristisches Merkmal dieser ersten Gruppe identifiziert werden. Lehrkräfte kennen das Potential ihrer im Unterricht eingesetzten Arbeitsmittel, setzen diese häufig und vor allem angemessen ein und ermöglichen ihren Schülerinnen und Schülern mithilfe geeigneter Arbeitsmitteln das gezielte

Entdecken von verschiedenen Lösungswegen. Zentraler Bestandteil des Unterrichts ist die Erarbeitung und die Entdeckung von verschiedenen Rechenstrategien. Mit einem Mittelwert von 3.87 ($SD = 0.35$) erzielt das lehrplankonforme Cluster unter allen Gruppen die höchste Ausprägung bei der konkreten Nennung von Herangehensweisen, was für die Kenntnis der zentralen Rechenstrategien und für eine lehrplankonforme Umsetzung der Erarbeitung des Einmaleins spricht. Ebenfalls in weitgehendem Konsens mit dem bayerischen Lehrplan, der nur die Automatisierung der Kernaufgaben im 2. Schuljahr als verpflichtend vorschreibt (siehe Abschnitt 2.5.2), nimmt das Auswendiglernen in der Jahrgangsstufe 2 zunächst noch eine eher untergeordnete Rolle ein. Einen ausgesprochen hohen Stellenwert wird in dieser Lehrkraft-Gruppe dem aktiv-entdeckenden Unterricht zuteil, der es den Kindern in angemessenem Ausmaß gestattet durch das Finden eigener Methoden Erfahrungen und Erkenntnisse zu sammeln.

Eine weitere Gruppe, bestehend aus zwölf Lehrkräften (Cluster 2), lässt sich mit *lehrplankonform ohne Arbeitsmitteleinsatz* bezeichnen. Auch im Unterricht dieser Gruppe spielt das Erarbeiten und Entdecken verschiedener Rechenstrategien eine entscheidende Rolle, was sich vor allem im Antwortverhalten der konkret zu benennenden Herangehensweisen zur Lösung von Einmaleinssätzen zeigt. Die Merkmalsausprägung fällt dabei allerdings nicht ganz so deutlich aus, wie dies im Cluster 1 der Fall war. Der Hauptunterschied zur erstgenannten Gruppe liegt, wie die inhaltliche Bezeichnung des Clusters bereits vermittelt, im geringen Arbeitsmitteleinsatz. Trotz Kenntnis verschiedener Arbeitsmittel und geeigneter Einsatzmöglichkeiten werden Arbeitsmittel in dieser Gruppe nach dem Aufbau des Operationsverständnisses offensichtlich nur selten eingesetzt ($M = 1.42$, $SD = 0.52$). Das Auswendiglernen wird hingegen in der Unterrichtspraxis intensiver als in Cluster 1 verfolgt. Eine mögliche Interpretation für die im Vergleich zur Gesamtstichprobe hohe Ausprägung auf diesem Item könnte darauf zurückgeführt werden, dass sich die Lehrkräfte eventuell vor allem auf das Auswendiglernen der Kernaufgaben beziehen. Auf einen aktiv-entdeckenden Unterricht wird in dieser Lehrkraft-Gruppe ebenfalls Wert gelegt (siehe Abbildung 25).

Als *bewusst traditionell* kann die dritte Gruppe (Cluster 3) tituliert werden, die sich aus zwölf Lehrkräften zusammensetzt (siehe Abbildung 25). Vereinzelte Rechenstrategien werden in der Unterrichtspraxis dieser Lehrkräfte zwar thematisiert, aber nicht in so großer Vielfalt, wie dies in den bereits beschriebenen Gruppen der Fall zu sein scheint. Einen vergleichsweise großen Stellenwert nimmt die Automatisierung von Einmaleinsaufgaben ein ($M = 3.17$, $SD = 0.58$). Der Unterricht zeichnet sich nicht durch das aktive Entdecken von Seiten der Kinder aus, sondern erfolgt eher lehrergelenkt: Im Hinblick auf das Item Finden eigener Methoden weist das Cluster 3 die geringste Ausprägung aller Gruppen ($M = 2.58$, $SD = 0.67$) auf. Lehrkräfte betonen mithilfe von Arbeitsmitteln verschiedene Lösungswege aufzuzeigen, das Potential von Arbeitsmitteln scheint ihnen dabei aber nicht bewusst zu sein – sowohl im Hinblick auf das Hunderterfeld als auch auf die Einmaleinstafel ist die Mehrzahl der Lehrkräfte dieses Clusters nicht in der Lage, geeignete bzw. spezifische Einsatzmöglichkeiten aufzuzeigen. Darüber hinaus scheint ihnen kein ge-

Fragebogenitems	Cluster 1 (N = 8) M (SD)	Cluster 2 (N = 12) M (SD)	Cluster 3 (N = 12) M (SD)	Cluster 4 (N = 11) M (SD)
Arbeitsmittel-Einsatz (AM)				
Erkanntes Potential der AM	2.88 (0.82)	3.34 (0.74)	2.75 (0.65)	2.55 (0.84)
Entdecken von Lösungswegen	3.38 (0.52)	2.92 (0.52)	2.50 (0.52)	3.45 (0.82)
Potential des eingesetzten AM zum Entdecken von Lösungswegen	3.63 (0.52)	3.17 (1.11)	1.58 (1.08)	1.90 (0.94)
Hoher AM-Einsatz nach Aufbau des Operationsverständnisses	3.00 (0.76)	1.42 (0.52)	2.25 (0.62)	2.36 (0.50)
Vorgehensweise				
Rechenstrategien (RS)	3.38 (0.52)	2.83 (0.72)	3.17 (0.58)	3.90 (0.35)
RS (konkrete Nennung)	3.87 (0.35)	3.17 (1.12)	2.83 (0.58)	2.00 (0.76)
Übungen zum Auswendiglernen	1.67 (0.52)	2.58 (0.90)	3.17 (0.58)	2.64 (0.92)
Einstellungen				
Finden eigener Methoden	3.13 (0.84)	2.83 (0.58)	2.58 (0.67)	3.45 (0.52)

Abbildung 25: Profilverläufe der Cluster der Jahrgangsstufe 2 (Mittelwerte und Standardabweichungen).

eignetes Arbeitsmittel zur Entdeckung verschiedener Lösungswege bekannt zu sein ($M = 1.58$, $SD = 1.08$).

Die vierte und letzte klassifizierte Gruppe (Cluster 4) besteht aus elf Lehrkräften. Für diese Gruppe von Lehrkräften hat sich die Bezeichnung *widersprüchlich* als passend herauskristallisiert. Sie scheint die aktuellen Vorgaben des bayerischen Lehrplans sowie die Empfehlungen der fachdidaktischen Literatur verinnerlicht zu haben, diese in ihrer Unterrichtspraxis aber nicht wie vorgeschrieben bzw. idealerweise vorgesehen umzusetzen. Lehrkräfte geben an, den Kindern ihrer Klasse die Möglichkeit zu geben mithilfe von Arbeitsmitteln verschiedene Lösungswege zu entdecken, zur Angabe dazu geeigneter Arbeitsmittel sind sie aber nicht oder nur geringfügig in der Lage. Ebenfalls betonen sie, verschiedene Rechenstrategien zu erarbeiten (höchste Ausprägung aller Gruppen: $M = 3.90$, $SD = 0.35$), beschreiben bzw. benennen können sie diese aber nicht konkret. Der Durchschnittswert bei der konkreten Nennung von Rechenstrategien beläuft sich in dieser Gruppe auf nur $M = 2.00$ ($SD = 0.76$) und fällt somit mit deutlichem Abstand niedriger aus als für die anderen drei Lehrkraft-Gruppen. Im Durchschnitt sind die Lehrkräfte dieses Clusters demnach nur in der Lage, maximal eine Rechenstrategie zu beschreiben (siehe Abbildung 25). Aufgrund dieser nachweislichen Widersprüche muss kritisch hinterfragt werden, ob Lehrkräfte dieser Gruppe im Unterricht wirklich Rechenstrategien thematisieren bzw. Arbeitsmittel geeignet einsetzen (siehe Abbildung 25).

Die vier Items, die laut Diskriminanzanalyse nicht signifikant zur Differenzierung der Cluster beitrugen, bekräftigen tendenziell die gefundene Klassifizierung: Alle Lehrkraft-Gruppen mit Ausnahme des bewusst traditionellen Clusters setzen Arbeitsmittel als Veranschaulichungsmittel zu Demonstrationszwecken ein – die bewusst traditionelle Gruppe bestätigt mit einer geringen Merkmalsausprägung ihren bereits durch die vorherige Analyse ermittelten begrenzten Einsatz von Arbeitsmitteln. Das Fragebogenitem *Man sollte von Kindern verlangen, Aufgaben so zu lösen, wie es im Unterricht gelehrt wurde*, bestärkt die bereits prognostizierten Einstellungen der Lehrkräfte zum Lehren und Lernen im Allgemeinen. Drei von vier Clustern bestätigen darüber hinaus, dass Kinder zur Lösung von noch unbekannten Aufgaben auf Rechenstrategien zurückgreifen. Eine hohe Zustimmung konnte in der Gruppe der Widersprüchlichen ($M = 3.27$, $SD = 0.79$) ermittelt werden, die als bewusst traditionell charakterisierte Personengruppe weist die geringste Merkmalsausprägung auf. Mit Durchschnittswerten von $M = 3.00$ ($SD = 0.74$) und $M = 3.25$ ($SD = 0.46$) bestätigen die beiden übrigen Cluster (Cluster 1 und 2) ihre mutmaßlich lehrplankonforme Behandlung des kleinen Einmaleins. Die Lösung von Einmaleinsaufgaben durch das Aufsagen der Reihe scheint sich fast über die Gesamtstichprobe hinweg nicht als die gängigste Variante zur Lösung von Einmaleinssätzen herauskristallisiert zu haben. Bei Mittelwerten in der Höhe von 2.00 ($SD = 0.62$) und 2.09 ($SD = 1.14$) trifft das Aufsagen der Reihe nur vereinzelt auf die beiden lehrplankonformen Gruppen zu, und ebenso wenig scheint dies für das widersprüchliche Cluster der Fall zu sein ($M = 1.87$, $SD = 0.35$). Inwiefern Lehrkräfte, die dem widersprüchlichen Cluster angehören, unter Umständen nur angaben, dass ihre Kinder nicht auf das Aufsagen der Reihe zurückgreifen, das Aufsagen der Reihe in der Praxis allerdings durchaus zum Einsatz kam, konnte nicht überprüft werden. Ein erzielter Mittelwert von 2.75 ($SD = 0.62$) der bewusst traditionellen Lehrkräfte lässt darauf schließen, dass die Kinder dieser Lehrkräfte auf das Aufsagen der Reihe zurückgreifen.

Ergebnisse der Lehrkräfte der Jahrgangsstufe 3 oder 4

Im Folgenden werden die verschiedenen ermittelten Lehrkraft-Gruppen bzgl. der Erarbeitung des kleinen Einmaleins im 3. Schuljahr vorgestellt. Dem ersten Cluster (Cluster 1) lassen sich 15 Lehrkräfte zuordnen, die sich als *lehrplankonform mit Fokus auf aktiv-entdeckendes Lernen* charakterisieren lassen. Ähnlich wie bereits die gleichnamige Lehrkraft-Gruppe, die im zweiten Schuljahr identifiziert werden konnte, nimmt in dieser Gruppe von Lehrpersonen der Arbeitsmitteleinsatz einen hohen Stellenwert ein. Die Lehrkräfte zeigen für den Einsatz der Einmaleinstafel geeignete Einsatzmöglichkeiten auf,[98] geben an mithilfe von Arbeitsmitteln verschiedene Lösungswege zu erarbeiten oder zu entdecken und setzen in diesem Kontext geeignete Arbeitsmittel ein. Im Hinblick auf die Erarbeitung noch unbekannter Aufgaben über bereits bekannte Einmaleinssätze erzielt diese Lehrkraft-Gruppe mit einem Mittelwert von 3.87 ($SD = 0.67$) die höchste Ausprägung unter allen Clustern. Auf das Aufsagen der Reihe wird in der Regel nicht zurückgegriffen, um eine noch unbe-

---

98 In Tabelle 9 ist unter dem Item *Erkanntes Potential der Arbeitsmittel* die Merkmalsausprägung für den Einsatz des Hunderterfeldes sowie der Einmaleinstafel zusammengefasst geführt. Die Auswertung erfolgte allerdings für jedes Arbeitsmittel separat, so dass auch das erkannte Potential für jedes Arbeitsmittel einzeln berichtet werden kann.

kannte Aufgabe zu lösen.[99] Auch das Auswendiglernen der Einmaleinssätze nimmt nach Aussage der Lehrkräfte eine eher untergeordnete Rolle ein. Auffallend im Vergleich zu der gleichnamigen Lehrkraft-Gruppe und ihrer Erarbeitung des kleinen Einmaleins in der Jahrgangsstufe 2 ist allerdings die enorme Bedeutung, die der Lenkung in diesem Cluster zuteil wird. Kinder sollen Aufgaben nach den Vorgaben der Lehrkräfte lösen, weniger nach ihren einigen Methoden (siehe Abbildung 26).

Als klassisches Beispiel einer Personengruppe, deren Antworttendenzen zu mittleren Urteilen neigen, kann die zweite Lehrkraft-Gruppe (Cluster 2) angesehen werden, die sich aus insgesamt elf Lehrkräften zusammensetzt. Im Folgenden wird diese Gruppe als *weitgehend lehrplankonform mit Tendenzen zu mittleren Urteilen* tituliert. Für die Lehrkräfte dieses Clusters spielt der Arbeitsmitteleinsatz eine eher zu vernachlässigende Rolle – sie führen in der Regel nur unspezifische Einsatzmöglichkeiten für die Einmaleinstafel und das Hunderterfeld auf und lassen ihre Kinder nicht anhand von Arbeitsmitteln Lösungswege entdecken bzw. erarbeiten. Den Aussagen der Lehrkräfte nach zu urteilen, werden noch unbekannte Einmaleinsaufgaben allerdings über Rechenstrategien erarbeitet, das Aufsagen der Reihe ist als Herangehensweise zur Aufgabenlösung ebenfalls gegenwärtig. Als *weitgehend lehrplankonform* kann dieses Cluster trotz des fehlenden Einsatzes von Arbeitsmitteln im Unterricht verstanden werden, da dies in Jahrgangsstufe 3 nicht zwingend erforderlich ist. Der verpflichtende Lehrplaninhalt, Rechenstrategien zum Lösen noch nicht bekannter Aufgaben einzusetzen, wird laut Aussagen der Lehrkräfte erfüllt. Das Item bezüglich des Stellenwerts von Übungen zum Auswendiglernen sowie die zwei Items zu einem lehrergelenkten Unterricht bestärken mit Mittelwerten von 2.64 ($SD = 0.87$) und 2.45 ($SD = 0.90$) bzw. 2.64 ($SD = 0.87$) die Tendenz zu einem mittleren Antwortverhalten (siehe Abbildung 26).

Ein drittes Cluster (Cluster 3), bestehend aus acht Lehrpersonen, kann als *mit Fokus auf dem Auswendiglernen* bezeichnet werden. Im Hinblick auf einen möglichen Arbeitsmitteleinsatz ist kein einheitliches Antwortverhalten zu identifizieren: Wie eine inhaltliche Analyse der Antworten zeigt, ist die Mehrzahl der Lehrkräfte nicht in der Lage eine adäquate Einsatzvariante der Einmaleinstafel zu nennen, für das Hunderterfeld im Gegensatz dazu schon. Für die Lehrkräfte der Jahrgangsstufe 3 steht allerdings nicht – wie eventuell zu vermuten aufgrund der hohen Ausprägung bezüglich der genannten spezifischen Einsatzmöglichkeiten des Hunderterfeldes – das Erarbeiten und Entdecken verschiedener Lösungswege anhand von Arbeitsmitteln im Fokus des Unterrichts. Dies scheint daran zu liegen, dass diese Lehrkraft-Gruppe generell wenig Fokus auf die Erarbeitung noch unbekannter Einmaleinsaufgaben über Rechenstrategien legt, wie die geringste Ausprägung auf diesem Item im Vergleich zu den anderen drei Clustern verdeutlicht. Auch das Antwortverhalten auf das Item *Wiederholung von Rechenstrategien* bestätigt diese Vermutung – ebenso wie für die Erarbeitung von Rechenstrategien berichtet, verzeichnet die Gruppe auch in diesem Kontext die minimalste Merkmalsausprägung. Das Aufsa-

---

99 Eines von vier Items, die laut Diskriminanzanalyse nicht signifikant zur Differenzierung der Cluster beitrug.

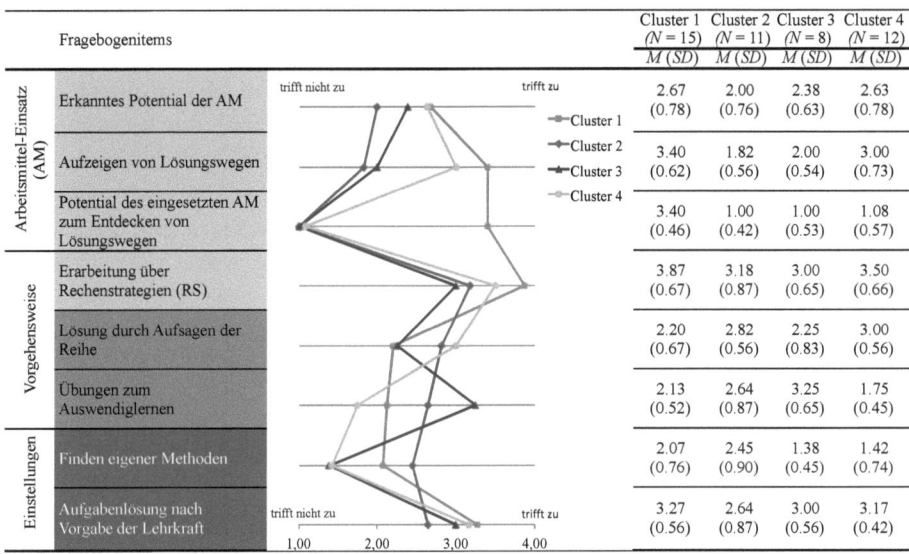

		Cluster 1 (N = 15) M (SD)	Cluster 2 (N = 11) M (SD)	Cluster 3 (N = 8) M (SD)	Cluster 4 (N = 12) M (SD)
Arbeitsmittel-Einsatz (AM)	Erkanntes Potential der AM	2.67 (0.78)	2.00 (0.76)	2.38 (0.63)	2.63 (0.78)
	Aufzeigen von Lösungswegen	3.40 (0.62)	1.82 (0.56)	2.00 (0.54)	3.00 (0.73)
	Potential des eingesetzten AM zum Entdecken von Lösungswegen	3.40 (0.46)	1.00 (0.42)	1.00 (0.53)	1.08 (0.57)
Vorgehensweise	Erarbeitung über Rechenstrategien (RS)	3.87 (0.67)	3.18 (0.87)	3.00 (0.65)	3.50 (0.66)
	Lösung durch Aufsagen der Reihe	2.20 (0.67)	2.82 (0.56)	2.25 (0.83)	3.00 (0.56)
	Übungen zum Auswendiglernen	2.13 (0.52)	2.64 (0.87)	3.25 (0.65)	1.75 (0.45)
Einstellungen	Finden eigener Methoden	2.07 (0.76)	2.45 (0.90)	1.38 (0.45)	1.42 (0.74)
	Aufgabenlösung nach Vorgabe der Lehrkraft	3.27 (0.56)	2.64 (0.87)	3.00 (0.56)	3.17 (0.42)

Abbildung 26: Profilverläufe der Cluster der Jahrgangsstufe 3 (Mittelwerte und Standardabweichungen).

gen der Reihe wird allerdings nicht als alternative Herangehensweise zur Lösung von Einmaleinsaufgaben angeführt. Mit einem Mittelwert von 3.88 (SD = 0.67) griffen Kinder bereits auf Zusammenhänge und Beziehungen zur Aufgabenlösung zurück, wie ein Item, das nicht signifikant zur Clusterbildung beitrug, aufzeigt. Da diese aber dem Antwortverhalten der Lehrkräfte zufolge nicht in der Jahrgangsstufe 3 erarbeitet wurden, muss von einer Erarbeitung in der Jahrgangsstufe 2 ausgegangen werden. Die beschriebene Lehrkraft-Gruppe lässt in der Jahrgangsstufe 3 dem Auswendiglernen die zentrale Bedeutung zukommen (M = 3.25, SD = 0.65). Eine eindeutige Interpretation dieses Clusters ist an dieser Stelle nicht möglich. Deutlich zu erkennen ist allerdings, dass der Unterricht eher lehrergelenkt erfolgt (siehe Abbildung 26).

Die anhand der Clusteranalyse klassifizierte vierte Lehrkraft-Gruppe (Cluster 4) setzt sich aus zwölf Lehrpersonen zusammen, die im Hinblick auf den Arbeitsmitteleinsatz ein widersprüchliches Antwortverhalten aufweisen. Aus diesem Grund wird diese Lehrkraft-Gruppe, in Anlehnung an das 4. Cluster der Lehrkräfte im 2. Schuljahr, als das *widersprüchliche* Cluster bezeichnet. Diese Lehrkraft-Gruppe kann ausschließlich für die Einmaleinstafel eine spezifische Einsatzmöglichkeit anführen, im Hinblick auf die Entdeckung und Erarbeitung unterschiedlicher Lösungswege sind die Lehrkräfte dieses Clusters nicht imstande ein adäquates Arbeitsmittel zu nennen. Nach Aussage der Lehrkräfte wird aber mit einem Mittelwert von 3.00 (SD = 0.73) auf einer vierstufigen Ratingskala der Entdeckung und Erarbeitung von verschiedenen Lösungswegen zugestimmt, was einen Widerspruch zum Antwortverhalten des gerade beschriebenen freien Antwortformates darstellt. Das Cluster zeichnet sich des Weiteren wie das letztgenannte Cluster ebenfalls durch einen lehrergelenkten Unterricht aus. Zudem werden hohe Merkmalsausprägungen bei der Erarbeitung noch unbekannter Einmaleinsaufgaben über Rechenstrategien erzielt, bei der Wiederholung von Rechenstrategien sowie beim kindlichen Lösen von Aufgaben unter Zuhilfenahme von Zusammenhängen und Beziehungen. Zudem aber als erneuter kleiner Widerspruch auch im Hinblick auf das Aufsagen der Reihe, das in dieser Lehrkraft-Gruppe mit einem Durchschnittswert von 3.00 (*SD* = 0.66) eine hohe bzw. die höchste Ausprägung unter allen Clustern erzielt (siehe Abbildung 26). Da die konkrete Nennung von Rechenstrategien in dieser Fragebogenvariante nicht gefordert wurde, können eventuell zu vermutende widersprüchliche Aussagen im Hinblick auf den Einsatz von Rechenstrategien in dieser Lehrkraft-Gruppe – aber unter Umständen auch in anderen – nicht genauer aufgedeckt werden.

4.4 Zusammenfassende Diskussion

Ein Hauptziel der Vorstudie bestand darin, einen Einblick zu erhalten, ob und in welcher Ausprägung Lehrkräfte – wie in den verschiedenen Lehrplänen und in der didaktischen Literatur empfohlen – eine verständnisbasierte Erarbeitung des kleinen Einmaleins mit Einsicht in Beziehungen und Zusammenhänge in der Unterrichtspraxis verwirklichen. Mithilfe der Fragebogenstudie sollte zudem eine Antwort auf die Frage ermittelt werden, ob sich Gruppen von Lehrkräften mit unterschiedlichen Vorgehensweisen identifizieren lassen und wie sich diese Gruppen gegebenenfalls charakterisieren. Der Fragebogen kommt in der Hauptstudie erneut zum Einsatz, um die Anschlussfrage zu klären, ob und inwiefern die verschiedenen Ansätze bei der Erarbeitung des kleinen Einmaleins Konsequenzen auf die Entwicklung der mathematischen Kompetenzen der Schülerinnen und Schüler haben. Aus diesem Grund muss in diesem Abschnitt auch die besondere Konzeption des Fragebogens aus geschlossenen und freien Antwortformaten im Hinblick auf eine erfolgreiche Realisierung begutachtet werden.

An dieser Stelle muss erneut angemerkt werden, dass die Stichprobe der Vorstudie nicht repräsentativ für die Grundgesamtheit ist, sondern ausschließlich explorativen Charakter aufweist. Sie liefert erste Forschungsergebnisse in Bezug auf verschiedene Vorgehensweisen der unterrichtlichen Erarbeitung des kleinen Einmaleins von Lehrkräften in Bayern.

Dreiviertel der an der Fragebogenstudie teilnehmenden bayerischen Lehrkräfte (die beiden lehrplankonformen Cluster und die widersprüchliche Personengruppe) scheinen die amtlichen Vorgaben sowie die didaktischen Empfehlungen bezüglich der Erarbeitung des kleinen Einmaleins im 2. Schuljahr verinnerlicht zu haben – bei der Umsetzung im Unterricht zeigen sich allerdings davon abweichende Ansätze. Die Erkenntnisse dieser Vorstudie bestätigen, dass in der Unterrichtspraxis offensichtlich unterschiedliche Ansätze bei der Erarbeitung des kleinen Einmaleins vorherrschen. Dabei werden aber nicht nur, wie nach PADBERG und BENZ (2011) beschrieben, zwei idealtypische Vorgehensweisen unterschieden, sondern mehrere Facetten sind vorzufinden: Lehrkräfte, die mithilfe von Kernaufgaben und Einsicht in operative Beziehungen noch unbekannte Einmaleinssätze ableiten und demnach lehrplankonform vorgehen (BAYERISCHES STAATSMINISTERIUM FÜR UNTERRICHT UND KULTUS, 2000) – jedoch im Stellenwert des Arbeitsmitteleinsatzes im Hinblick auf die Erarbeitung und Entdeckung verschiedener Lösungswege sowie dem Aufzeigen von Beziehungen und Zusammenhängen voneinander abweichen. Wiederum andere Lehrkräfte folgen einem eher traditionell einzuordnenden Ansatz, bei dem die Strategieerarbeitung und -thematisierung eine weniger bedeutende Rolle einzunehmen scheint, die Automatisierung von Einmaleinsaufgaben eher im Fokus steht, der Unterricht eher lehrergelenkt erfolgt und dem Arbeitsmitteleinsatz eine untergeordnete Rolle zuteil wird. Darüber hinaus scheinen einige Lehrkräfte zwar zu wissen, was die aktuellen Lehrpläne vorsehen, es sind allerdings berechtigte Zweifel angebracht, ob sie dies auch konsequent umsetzen. Diese Lehrkraft-Gruppe zeichnet sich durch einige konträre Aussagen aus, die teilweise im Widerspruch zu den bekannten amtlichen Vorgaben stehen.

Den Ergebnissen der Fragebogenstudie zufolge scheint im 2. Schuljahr eine Einteilung der Lehrkräfte in Gruppen bezüglich ihrer Vorgehensweise bei der Erarbeitung des kleinen Einmaleins möglich und die Cluster lassen sich inhaltlich gut interpretieren (siehe Abschnitt Ergebnisteil 4.3). Es konnten vier verschiedene Cluster ermittelt werden, deren verschiedene Facetten sich sehr differenziert herausarbeiten ließen. Als zielführend hat sich diesbezüglich mit sehr hoher Wahrscheinlichkeit die Kombination aus geschlossenen und freien Antwortformaten herausgestellt. Das Ziel mögliche *Verfälschungen bzw. ein sozial erwünschtes Antwortverhalten* von Seiten der Lehrkräfte aufzudecken (siehe Abschnitt 4.2.2), konnte mithilfe der besonderen Fragebogenkonstruktion erreicht werden – die kombinierte freie Aufgabenbeantwortung fungierte und überzeugte zugleich als Kontrolle, inwiefern Vorsicht bei der Interpretation der gebundenen Testergebnisse geboten war.

Für die Vorgehensweisen der Lehrkräfte der Jahrgangsstufe 3 kann resümiert werden, dass ebenso wie für die Lehrkräfte im 2. Schuljahr verschiedene Vorgehensweisen der Erarbeitung des kleinen Einmaleins in der Unterrichtpraxis vorliegen. Mithilfe der durchgeführten Clusteranalyse konnten Lehrkräfte identifiziert werden, deren Erarbeitung als lehrplankonform bezeichnet werden kann, da noch unbekannte Einmaleinsaufgaben über Rechenstrategien erarbeitet werden und die Wiederholung von Rechenstrategien im Fokus der unterrichtlichen Behandlung steht. Eine weitere Gruppe an Lehrpersonen wurde als weitgehend lehrplankonform beschrieben und zeichnet sich durch fast ausschließlich mittlere Tendenzen im Antwortverhalten aus. Im Vergleich zu den anderen Clustern wies eine weitere Lehrkraft-Gruppe dem Auswendiglernen einen hohen Stellenwert zu. Unklar bleibt jedoch, inwiefern die Lehrkraft-Gruppe von einer Grundlegung der Rechenstrategien ausschließlich in der Jahrgangsstufe 2 ausgeht – was nicht direkt konform mit den amtlichen Vorgaben ist und somit keine lehrplankonforme Umsetzung im eigentlichen Sinne darstellt. Die vierte und zugleich letzte ermittelte Gruppe hebt sich von den anderen Clustern durch ein widersprüchliches Antwortverhalten ab. Ähnlich wie in dem ermittelten widersprüchlichen Cluster der Jahrgangsstufe 2 scheint die Lehrkraft-Gruppe über das Wissen, was in aktuellen Lehrplänen verbindlich gefordert wird, zu verfügen. Zweifel bestehen aber erneut, inwiefern die Umsetzung diesen amtlichen Vorgaben entspricht. Die Widersprüchlichkeit ist aber in diesem Cluster nicht auf eine so eindeutige und anschauliche Art und Weise zu ermitteln, wie dies für den Fragebogen bzw. die Merkmalsausprägungen der Jahrgangstufe 2 möglich war.

Positiv zu bewerten ist die Konstruktion zweier unterschiedlicher Fragebogenvarianten für die Jahrgangsstufe 2 und 3 aus dem folgenden Grund: Zunächst ermöglicht sie die Berücksichtigung unterschiedlicher Schwerpunktsetzungen der Erarbeitungen des kleinen Einmaleins je Jahrgangsstufe. Vor allem im Teilbereich *Vorgehensweisen der Erarbeitung* können Lehrkräften somit angepasst an die jeweilige Jahrgangsstufe spezifische Fragen gestellt werden. Items wie beispielsweise die *Erarbeitung über Rechenstrategien* bzw. die *Wiederholung von Rechenstrategien* in der Fragebogenvariante für das 3. Schuljahr erhielten basierend auf dieser theoretischen Überlegung ihre Berechtigung (siehe Abschnitt 2.5.2; BAYERISCHES STAATSMINISTERIUM FÜR UNTERRICHT UND KULTUS, 2000). Die Tatsache, dass eine dieser Variablen (Erarbeitung über Rechenstrategien) auch signifikant zur Trennung der einzelnen Cluster beiträgt, bestärkt diese Ansicht. Darüber hinaus spricht auch die Prüfung der Clustergüte für die Fragebogenvariante der Jahrgangsstufe 3 für eine sehr gute Trennung durch die eingesetzten Fragebogenitems.

Als nicht optimal hat sich allerdings der Verzicht auf die Kombination geschlossener und freier Antwortformate im Teilbereich *Vorgehensweisen der Erarbeitung* der Fragebogenvariante für die Jahrgangsstufe 3 herausgestellt. Während in der Jahrgangsstufe 2 in erster Linie durch die Forderung der konkreten Nennung von Rechenstrategien einige Merkmalsausprägungen geschlossener Items relativiert betrachtet werden konnten bzw. mussten, konnte auf diese Option zur korrekten Interpretation aller Items im Zusammenhang mit Rechenstrategien für die Jahrgangsstufe 3 leider nicht zurückgegriffen werden. Die inhaltliche Clusterinterpretation erwies sich aufgrund fehlender Zusatzinformationen deshalb als deutlich schwieriger für die Jahrgangsstufe 3. Zugleich verdeutlicht das Fehlen der kombinierten Antwortformate ihre bedeutende Relevanz für ähnlich geartete Fragebogenkonstruktionen.

Wie die Erkenntnisse dieser Vorstudie in das Studiendesign der Hauptstudie einfließen bzw. welche Rolle dem Fragebogen in der Hauptstudie zuteil wird, werden die nachfolgenden Ausführungen des 5. Kapitels im Detail aufzeigen.

5. Hauptstudie – Herangehensweisen beim Lösen von Einmaleinsaufgaben

„Doch Forschung strebt und ringt, ermüdend nie,
Nach dem Gesetz, dem Grund Warum und Wie."

(JOHANN WOLFGANG VON GOETHE, 1749–1832)

In den theoretischen Kapiteln 1 bis 3 dieser Arbeit wurde bereits des Öfteren darauf verwiesen, dass es nicht nur die *eine* Art der Erarbeitung des kleinen Einmaleins gibt. Ist man sich in der Fachdidaktik in der Kernaussage, einer auf Einsicht basierenden Erarbeitung unbekannter Einmaleinssätze anhand von Rechenstrategien noch einig (siehe Abschnitt 2.3.1), so kann die Unterrichtsrealität vermutlich durch unterschiedliche Schwerpunktsetzungen geprägt sein. Bisher wurde in kaum einer empirischen Studie erhoben, ob und in welcher Ausprägung das in den deutschen Lehr- und Bildungsplänen weitgehend konsequent geforderte Vorgehen in der Unterrichtspraxis in Deutschland tatsächlich vorwiegend umgesetzt wird. Die im Kapitel 4 dieser Arbeit vorgestellte Vorstudie konnte erste Erkenntnisse in Bezug auf Vorgehensweisen bei der unterrichtlichen Erarbeitung des kleinen Einmaleins in Bayern ermitteln. Die Forschungsergebnisse zeigen, dass in der Unterrichtspraxis verschiedene Ansätze der Erarbeitung des kleinen Einmaleins vorherrschen: Neben lehrplankonformen Ansätzen sind auch, wie Erfahrungen aus der Praxis bereits vermuten haben lassen und wie dies traditionell durchaus üblich war (siehe Abschnitt 2.5.1), Vorgehensweisen mit einem großen Fokus auf dem Auswendiglernen von Reihen zu erkennen. Die Vorzüge einer verständnisbasierten Erarbeitung im Allgemeinen, aber auch im Hinblick auf das Einmaleins sind bekannt, konnten allerdings in diesem Themengebiet bisher nur an einigen wenigen Studien bestätigt werden (siehe Abschnitt 2.4). Vor allem für den deutschsprachigen Raum wird diesbezüglich Forschungsbedarf ersichtlich, kann doch bisher kaum auf Untersuchungen zum kleinen Einmaleins verwiesen werden.

Die Hauptstudie EmuS (*Einmaleins und Strategieeinsatz*) dieses Dissertationsprojektes widmet sich genau dieser Forschungslücke und untersucht anhand einer großen Stichprobe, über welche Herangehensweisen Kinder zur Lösung von Einmaleinsaufgaben verfügen und welche sie zur Lösung von Einmaleinsaufgaben explizit einsetzen. Dabei liegt ein Fokus dieses Projektes auf der Frage, ob und inwieweit sich verschiedene unterrichtliche Vorgehensweisen der Lehrpersonen in der Strategieverwendung und im Lernerfolg der Kinder bemerkbar machen. Die Berücksichtigung der unterrichtlichen Vorgehensweise ist dabei aufgrund der Zuordnung von Lehrkräften zu verschiedenen Lehrkraft-Gruppen möglich, die in der Vorstudie durch eine Clusteranalyse identifiziert und charakterisiert werden konnten (siehe Kapitel 4). Da eine in der Fachdidaktik präferierte bzw. amtlich festgelegte Behandlung sich aber auch für *alle* Schülerinnen und Schüler als realisierbar bzw. tragbar erweisen sollte, besteht ein weiteres Ziel der Hauptstudie darin, differenzierte Erkenntnisse bezüglich der Strategieverwendung bei leistungsschwachen, durchschnittlichen und leistungsstarken Kindern – ebenfalls unter Berücksichtigung der jeweiligen Erarbeitung – zu ermitteln. Neben individuellen Strategieinterviews zur Erfassung verschiedener Herangehensweisen an Einmaleinsaufgaben wurden auch Reaktionszeittestungen durchgeführt, um Aussagen bzw. Erkenntnisse bezüglich eines schnellen Faktenabrufes aus dem Gedächtnis sammeln zu können.

Das Kapitel 5 dieser Arbeit widmet sich zunächst den Forschungsfragen der Hauptstudie (Abschnitt 5.1). Im Abschnitt 5.2 wird das Studiendesign der Arbeit detailliert beschrieben. Neben dem Ablaufplan der Vor- und Hauptstudie (siehe Abschnitt 5.2.1) wird der Auswahlprozess der an der Hauptstudie teilnehmenden Lehrkräfte (siehe Abschnitt 5.2.2) basierend auf den Ergebnissen der Vorstudie präsentiert. Die Erhebungsinstrumente für die Gewinnung einer geschichteten Zufallsstichprobe (siehe Abschnitt 5.2.3) sowie die detaillierte Beschreibung der Stichproben der an der Haupterhebung teilnehmenden Lehrkräfte und Kinder (siehe Abschnitt 5.2.4) werden im Anschluss aufgeführt. Abschnitt 5.3 widmet sich den Erhebungsinstrumenten der Hauptstudie, der Reaktionszeittestung und dem Strategieinterview. Die Kodierung und die statistischen Methoden werden im Abschnitt 5.4 beschrieben.

Zunächst werden die Forschungsfragen der Hauptstudie vorgestellt.

5.1 Forschungsfragen

Wie dem Theorieteil dieser Arbeit zu entnehmen (siehe Kapitel 1 bis 3) sind die Vorzüge einer verständnisbasierten Erarbeitung des kleinen Einmaleins bekannt, die Wirksamkeit dieser Art der Erarbeitung konnte allerdings erst an einigen wenigen empirischen Studien bestätigt werden. Ein kennzeichnendes Merkmal einer verständnisbasierten Behandlung des kleinen Einmaleins kann die Lösung von Einmaleinsaufgaben auf Basis von bereits automatisierten Kernaufgaben und unter Einsatz von Rechenstrategien darstellen.

Im Zentrum dieser Arbeit steht demnach folgende Leitfrage:
• Zeigen sich im Strategieeinsatz bei Kindern nach der Erarbeitung des kleinen Einmaleins Herangehensweisen, die basierend auf Einsicht in operative Beziehungen zur Aufgabenlösung führen?

Wie im Abschnitt 3.2 ausgeführt, konnten nationale Forschungsergebnisse sowie Forschungsergebnisse aus dem englischsprachigen Raum vereinzelte Indizien für einen Einsatz von Rechenstrategien liefern. Im Zusammenhang mit der Leitfrage stellen sich die folgenden ausdifferenzierten Folgefragen:
• Welche konkreten Herangehensweisen setzen Kinder zur Lösung von Einmaleinsaufgaben ein?

- Wie häufig greifen Kinder auf diese Herangehensweisen zur Lösung von Aufgaben zum kleinen Einmaleins zurück? Wie häufig wird zur Aufgabenlösung auf den Faktenabruf, den Einsatz von Rechenstrategien oder weniger tragfähigen Herangehensweisen zurückgegriffen?
- Über welches Repertoire an verschiedenen Rechenstrategien verfügen Kinder?
- Wie fehlerfrei erfolgt der Einsatz der ermittelten Herangehensweisen und welche Fehlertypen lassen sich unterscheiden?

Die theoretischen Ausführungen des Abschnittes 3.2.2 zeigten detailliert auf, dass es bisher nicht präzise und insbesondere vertretbar gelungen ist, den Einsatz einer Strategie von dem Abruf einer Aufgabe aus dem Gedächtnis zu unterscheiden. Eine korrekte und zudem schnelle Aufgabenlösung lässt genauso wenig einen Rückschluss hinsichtlich des Faktenabrufes zu, wie beispielsweise kindliche Äußerungen, die einen Faktenabruf des Kindes vermuten lassen. Ein weiteres Ziel dieser Arbeit besteht demnach darin, eine alternative Methode zur Ermittlung schneller Abrufe von Einmaleinsaufgaben zu entwickeln, die Aussagen bezüglich des schnellen Faktenabrufes aus dem Gedächtnis ermöglicht. In diesem Kontext muss zunächst die Beantwortung der folgenden Frage angestrebt werden:
- Woran lässt sich ein schneller Faktenabruf aus dem Gedächtnis charakterisieren bzw. wie lässt sich die Grenze zwischen Faktenabruf und anderer Herangehensweisen charakterisieren?

Die Ausführungen des Abschnittes 3.3 haben für die Rechenoperation der Multiplikation zudem Forschungsbedarf offenbart bezüglich flexibler Rechenkompetenzen. Der Aufbau bzw. die Förderung flexiblen Rechnens hat in den letzten Jahren zunehmend an Stellenwert gewonnen – auch für die Rechenoperation der Multiplikation ist die enorme Bedeutung flexibler Rechenkompetenzen unbestritten (siehe Abschnitt 3.3.1). Aktuelle Lehr- und Bildungspläne haben die Förderung flexiblen Rechnens auch verbindlich für das kleine Einmaleins formuliert (siehe Abschnitt 2.5.2). Inwieweit der Aufbau bzw. die Förderung allerdings in der Unterrichtspraxis Umsetzung erfahren hat bzw. erfährt, ist bisher weitgehend ungeklärt. Die Leitfrage wird somit um eine weitere offene Folgefrage ergänzt:
- Inwiefern erfolgt die Strategiewahl bei Einmaleinsaufgaben flexibel, adäquat oder transferierbar?

Die Strategieverwendung von Kindern nach der Erarbeitung des kleinen Einmaleins soll allerdings auch differenziert unter Berücksichtigung möglicher Einflussfaktoren untersucht werden. Da die Strategiewahl entscheidend von der unterrichtlichen Vorgehensweise einer Lehrkraft und der individuellen Leistungsfähigkeit des Kindes beeinflusst zu sein scheint (siehe Abschnitte 3.3.3 und 3.3.4) und Erkenntnisse somit lediglich basierend auf einer Beachtung der genannten Einflussfaktoren aussagekräftig erscheinen, werden diese in der Hauptstudie einer genaueren Betrachtung unterzogen.

In dieser Arbeit wird deshalb auch den folgenden zwei Leifragen nachgegangen:

- Inwieweit zeigen sich Unterschiede in der Strategieverwendung und im Lernerfolg bei Aufgaben zum kleinen Einmaleins bei Kindern mit unterschiedlichem Leistungsvermögen (leistungsstark, durchschnittlich und leistungsschwach)?
- Machen sich verschiedene unterrichtliche Vorgehensweisen der Lehrpersonen in der Strategieverwendung und im Lernerfolg der Kinder bei Aufgaben zum kleinen Einmaleins bemerkbar? Wenn ja, wie?

Neben der getrennten Analyse der beiden Einflussfaktoren Unterricht und Individuum soll auch die Interaktion der beiden Einflussfaktoren untersucht werden.

5.2 Studiendesign

Der folgende Abschnitt 5.2 widmet sich dem Studiendesign der Hauptstudie. In einem ersten Schritt (Abschnitt 5.2.1) wird ein Ablaufplan zur besseren Übersicht über den Verlauf der Vor- und Hauptstudie präsentiert. Im Anschluss wird der Auswahlprozess der für die Untersuchung gewonnenen Lehrkräfte basierend auf den Forschungsergebnissen der Vorstudie vorgestellt (Abschnitt 5.2.2). Erhebungsinstrumente und die entsprechenden Selektionskriterien für die an der Interviewstudie sowie der Reaktionszeittestung teilnehmenden Schülerinnen und Schüler der ausgewählten Lehrkräfte sollen im Abschnitt 5.2.3 präsentiert werden. Eine detaillierte Beschreibung der an der Haupterhebung teilnehmenden Lehrkräfte und Kinder wird im Abschnitt 5.2.4 gegeben.

5.2.1 Ablaufplan der Vor- und Hauptstudie

Wie bereits im Abschnitt 5.1 thematisiert, besteht ein Ziel der Hauptstudie darin, die Strategieverwendung bei Aufgaben des kleinen Einmaleins nach der unterrichtlichen Erarbeitung zu untersuchen. Zentrale Bedingungsfaktoren scheinen in diesem Kontext die unterrichtliche Vorgehensweise der Lehrkräfte sowie das individuelle Leistungsvermögen der Kinder zu sein (siehe Abschnitt 3.3.3). Um Erkenntnisse hinsichtlich der unterrichtlichen Vorgehensweise in der Praxis zu erlangen und die explizite unterrichtliche Erarbeitung einer Lehrperson in der Hauptstudie berücksichtigen zu können, wurden anhand der Vorstudie (siehe Kapitel 4) verschiedene Gruppen von Lehrpersonen identifiziert. Den dafür konzipierten Fragebogen beantworteten $N = 95$ bayerische Lehrkräfte gegen Ende des Jahres 2012 (siehe Tabelle 14). Die ermittelten Gruppen stellen die Grundlage der Prognose der Gruppenzugehörigkeiten der Lehrkräfte der Hauptstudie dar.

Tabelle 14: Ablaufplan der Vor- und Hauptstudie

		Ablaufplan der Studie		
Vorstudie	Ende 2012	Explorative Fragebogenstudie → *Identifizierung verschiedener Lehrkraft-Gruppen*		$N = 95$ Lehrpersonen
Hauptstudie	Juli – September 2014	Fragebogenstudie → *Auswahl von N = 24 Lehrkraft-Tandems*		$N = 40$ Lehrkraft-Tandems
	November – Dezember 2014	Vortestungen		$N = 486$ Schülerinnen und Schüler
		HRT 1–4	CFT R-1	
	Januar – Februar 2015	Haupterhebung		$N = 144$ Schülerinnen und Schüler
		Reaktionszeittestung	Strategieinterview	

Im Zeitraum von Juli bis September 2014 sicherten insgesamt 40 Lehrkräfte an Grundschulen im Stadtgebiet München ihre Teilnahme an der Hauptstudie im Schuljahr 2014/2015 zu. Wie anhand der Forschungsfragen bereits dargelegt (siehe Abschnitt 5.1) werden in dieser Arbeit nicht lediglich Erkenntnisse hinsichtlich der Strategiewahl angestrebt, auch die Abhängigkeit der Strategiewahl von der unterrichtlichen Vorgehensweise soll einer Analyse unterzogen werden. Dies wiederum setzt die Erfassung der unterrichtlichen Erarbeitung des kleinen Einmaleins voraus. Da die Hauptstudie für Mitte des 3. Schuljahres angesetzt wurde, handelt es sich bei den genannten 40 Lehrkräften um Lehrpersonen, die die Erarbeitung des kleinen Einmaleins – aufbauend auf der Erarbeitung einer Kollegin oder eines Kollegen im 2. Schuljahr – in Jahrgangsstufe 3 fortführten und die Klasse während der Studie begleiteten. Da die Erarbeitung des kleinen Einmaleins in Bayern, wie bereits erwähnt, aber nicht nur in Jahrgangsstufe 3 erfolgt, sondern bereits im 2. Schuljahr beginnt, ist auch die Vorgehensweise der Lehrkräfte in dieser Jahrgangsstufe von besonderem Interesse. Um aussagekräftige Rückmeldungen zur gesamten unterrichtlichen Erarbeitung des kleinen Einmaleins zu erhalten, war mit der Zusicherung der Teilnahme der unterrichtenden Lehrkraft im 3. Schuljahr auch die Teilnahme der im vorherigen Schuljahr lehrenden Zweitklasslehrkraft an der Fragebogenstudie verbunden.

Von den 40 Lehrkraft-Tandems wurden letztlich 24 geeignete Tandems für die Hauptstudie ausgewählt. Wie der Auswahlprozess der teilnehmenden Lehrkräfte basierend auf der Vorstudie erfolgte, wird im folgenden Abschnitt 5.2.2 detailliert erläutert. Um die Strategiewahl auch hinsichtlich des unterschiedlichen Leistungsvermögens der Individuen untersuchen und verschiedene Leistungsgruppen bilden zu können, wurden Vortestungen mit allen Kindern der 24 Lehrkraft-Tandems durchgeführt. Insgesamt $N = 486$ Drittklässler wurden im Hinblick auf ihre mathematischen Kompetenzen (HRT 1–4) sowie allgemeine und spezifische intellektuelle Fähigkeiten (CFT 1-R) getestet. Die Mathematiktestung wurde durchgeführt, um Schülerinnen und Schüler mit unterschiedlichem Leistungsvermögen für die Haupterhebung auswählen zu können. Die Testung der intellektuellen Fähigkeiten wurde als weitere Kontrollvariable sowohl für die Auswahl der Stichprobe der Haupterhebung als auch als Kontrollvariable für die Haupterhebungen selbst herangezogen.

Mittels einer Zufallsstichprobe wurden basierend auf den Ergebnissen der Vortestungen im Mathematiktest $N = 144$ Kinder ausgewählt (siehe Abschnitt 5.2.4). Zwischen Januar und Februar 2015 nahmen diese im Zuge der Haupterhebung an einem Strategieinterview und einer Reaktionszeittestung teil.

5.2.2 Auswahlprozess der teilnehmenden Lehrkräfte auf Basis der Vorstudie

Insgesamt wurden 80 Lehrkräfte bzw. 40 Lehrkraft-Tandems aus Lehrpersonen der Jahrgangsstufe 2 und 3 im Hinblick auf ihre Vorgehensweise bei der Behandlung mithilfe der bereits im Kapitel 4 vorgestellten Fragebögen untersucht. Ähnlich wie in der Vorstudie kamen zwei unterschiedliche Fragebogenvarianten für Jahrgangsstufe 2 und 3 zum Einsatz. Während der Fragebogen zur Erarbeitung des Einmaleins im 2. Schuljahr in identischer Form wie in der Vorstudie eingesetzt wurde, fand der Fragebogen der Jahrgangstufe 3 in etwas abgeänderter Form im Vergleich zur Vorstudie Anwendung. Dies ist dem Umstand geschuldet, dass die inhaltliche Interpretation der Lehrkraft-Cluster der Jahrgangsstufe 3 durch die ursprüngliche Fragebogenkonstruktion nicht eindeutig bzw. nicht zufriedenstellend gelang (siehe Abschnitte 4.3 und 4.4). Das Grundgerüst des Fragebogens der Erarbeitung in Jahrgangsstufe 3 wurde aus den relevanten Items der Fragebogenvariante des 2. Schuljahres gebildet, ergänzt um die jahrgangsspezifischen Items der Jahrgangsstufe 3.

Für die finale Auswahl von Lehrkräften mussten mithilfe der Fragebogenstudie Lehrkraft-Tandems ermittelt werden, die nicht nur in ihrer unterrichtlichen Erarbeitung weitestgehend übereinstimmen, sondern auch einer der beiden *idealtypisch* gegensätzlichen Erarbeitungsweisen zuzuordnen waren (lehrplankonform – bewusst traditionell). Mithilfe der bereits im Kapitel 4 beschriebenen Diskriminanzanalyse erfolgte die Klassifizierung der $N = 80$ an der Untersuchung teilnehmenden Lehrkräfte in die anhand der Vorstudie ermittelten vier Lehrkraft-Gruppen.[100] Die Diskriminanzanalyse kann demnach nicht nur zur Analyse von Gruppenunterschieden – wie bereits an der Vorstudie veranschaulicht – zum Einsatz kommen, sondern sie eignet sich auch zur Prognose von Gruppenzugehörigkeiten noch nicht klassifizierter Elemente. Für die Klassifizierung von neuen Elementen bzw. Lehrpersonen wird in dieser Arbeit auf das Distanzkonzept zurückgegriffen, das eine noch nicht klassifizierte Lehrperson in dasjenige Cluster einordnet, zu dessen Gruppenmittel es die geringste Distanz aufweist. Bei der Gruppeneinteilung anhand des Distanzkonzeptes werden üblicherweise die quadrierten euklidischen Distanzen verwendet (BACKHAUS et al., 2016, S. 248f.). Die Diskriminanzanalyse kann als „statistischer Plausibilitätstest der erzielten Clusterlösung" (SCHENDERA, 2010, S. 299) verstanden

---

100 Die Gruppenzugehörigkeit der Lehrkräfte aus Jahrgangsstufe 2 und 3 wurde auf Basis der in der Vorstudie ermittelten vier Cluster für das 2. Schuljahr prognostiziert.

werden. Sie ermöglicht aufgrund der Klassifizierungsergebnisse Aussagen über die tatsächliche Gruppenzugehörigkeit sowie die vorhergesagte Gruppenzugehörigkeit. Mittels des Vergleichs der vorhergesagten mit der tatsächlichen Gruppenzugehörigkeit erfolgt die Beurteilung der Klassifikation. Der Prozentsatz richtig klassifizierter Elemente stellt die Maßzahl für die Klassifizierungsgüte dar (BACKHAUS et al., 2016, S. 231ff.). Ein Vergleich der beiden Zuordnungen in dieser Arbeit ergibt, dass alle Elemente richtig zugeordnet wurden bzw. 100% der ursprünglich gruppierten Fälle korrekt klassifiziert wurden. Die erzielte, hohe Klassifizierungsgüte deutet darauf hin, dass sich die ermittelten Gruppen gut durch die Ausgangsvariablen erklären lassen.

Die Klassifizierung der Lehrpersonen ergab dabei für die beiden Teilstichproben der Jahrgangstufe 2 und 3 folgende Verteilung (siehe Tabelle 15).[101]

Tabelle 15: Verteilung der 40 Lehrpersonen je Jahrgangstufe auf die vier identifizierten Lehrkraft-Gruppen anhand der Diskriminanzanalyse

Lehrkraft-Cluster	Lehrkräfte Jahrgangstufe 2	Lehrkräfte Jahrgangstufe 3
Lehrplankonform (aktiv-entdeckendes Lernen)	$N = 14$	$N = 5$
Lehrplankonform (ohne Arbeitsmitteleinsatz)	$N = 5$	$N = 15$
Bewusst traditionell	$N = 12$	$N = 12$
Widersprüchlich	$N = 9$	$N = 8$

Für die Hauptstudie war eine Gleichverteilung zwischen den Lehrkraft-Tandems pro Erarbeitungsweise vorgesehen. Da es aufgrund der Verteilungen der Lehrkräfte auf die verschiedenen Cluster (siehe Tabelle 15) nicht möglich war, ausschließlich Tandems aus Lehrpersonen des *lehrplankonformen (aktiv-entdeckenden Lernen)* Clusters bzw. des *bewusst traditionellen* Clusters zu bilden, wurden Tandems aus beiden *lehrplankonformen* Clustern bzw. aus der *bewusst traditionellen* und der *widersprüchlichen* Lehrkraft-Gruppe gebildet. Die lehrplankonformen Lehrkraft-Tandems kennzeichnen sich in der Mehrzahl der Fälle durch das aktiv-entdeckende Lernen in Jahrgangstufe 2 aus, während die Lehrpersonen der Jahrgangstufe 3 vermehrt aus der lehrplankonformen Lehrkraft-Gruppe ohne Fokus auf Arbeitsmittel stammen. Die gegensätzlichen, bewusst traditionellen Lehrkraft-Tandems setzen sich größtenteils aus den Lehrpersonen zusammen, die als bewusst traditionell klassifiziert wurden – vereinzelt ergänzt werden die Tandems durch Lehrpersonen aus dem

101 Die zusätzlich zu den relevanten Items der Fragebogenvariante des 2. Schuljahres eingesetzten jahrgangsspezifischen Items der Fragebogenvariante für die Lehrkräfte der Jahrgangstufe 3 bestärken die ermittelten Lehrkraft-Gruppen für diese Teilstichprobe. Für die beiden lehrplankonformen Cluster konnten z.B. deutlich höhere Ausprägungen auf den Items bzgl. der Wiederholung von Rechenstrategien sowie der Erarbeitung noch unbekannter Aufgaben über Rechenstrategien im Vergleich zu den beiden eher als traditionell einzustufenden Clustern verzeichnet werden.

widersprüchlichen Cluster. Diese unterrichten ähnlich wie ihre Tandem-Kolleginnen bzw. Tandemkollegen das kleine Einmaleins auch bewusst traditionell, mit dem kleinen Unterschied, dass sie die aktuellen Vorgaben des bayerischen Lehrplans sowie die Empfehlungen der fachdidaktischen Literatur verinnerlicht haben. Tabelle 16 liefert eine detaillierte Übersicht der Zusammensetzungen der Lehrkraft-Tandems.

Tabelle 16: Detaillierte Übersicht der Zusammensetzungen der Lehrkraft-Tandems

Jahrgangsstufe 3 Jahrgangsstufe 2	Lehrplankonform (aktiv-entdeckend)	Lehrplankonform (ohne Arbeitsmittel)	Bewusst traditionell	Wider- sprüchlich
Lehrplankonform (aktiv-entdeckend)	$N = 2$	$N = 10$	–	–
Lehrplankonform (ohne Arbeitsmittel)	–	–	–	–
Bewusst traditionell	–	–	$N = 8$	$N = 2$
Widersprüchlich	–	–	$N = 2$	–

Insgesamt konnten je Vorgehensweise 12 Lehrkraft-Tandems, in der Summe 24 Tandems, als für die Hauptstudie geeignet identifiziert werden.[102] Dies führt zu einer Anzahl von 24 Schulklassen aus 16 Münchner Schulen, die an der Hauptstudie im 3. Schuljahr teilnehmen.

Wie sich die Stichprobe der Hauptstudie im Detail zusammensetzt, wird im Anschluss an die Ausführungen zu den Erhebungsinstrumenten der Vortestungen im Abschnitt 5.2.4 veranschaulicht.

5.2.3 Erhebungsinstrumente für die Gewinnung einer geschichteten Zufallsstichprobe

Im folgenden Abschnitt werden die beiden eingesetzten Erhebungsinstrumente der Vortestung kurz dargestellt. Als standardisiertes Testverfahren zur Ermittlung der mathematischen Kompetenz fand der *Heidelberger Rechentest (HRT 1–4)* Anwendung. Die kognitiven Grundfähigkeiten wurden im Rahmen dieses Dissertationsprojektes mit der *revidierten Version des Grundlagenintelligenztests Skala 1 (CFT 1-R)* erhoben.

Die beiden standardisierten Vortestungen konnten aufgrund der Anwendbarkeit als Gruppentest im Klassenverband vorgenommen werden. Die elterliche Zustimmung zur Teilnahme wurde im Vorfeld der Testungen eingeholt. Die Erhebungen fanden an allen Schulen im Laufe eines Schulvormittages statt – ein Erhebungstag

---

102 In zwei Klassen fand nach der Jahrgangsstufe 2 kein Lehrerwechsel statt, so dass für eine lehrplankonform unterrichtende sowie für eine bewusst traditionell lehrende Lehrperson die Übereinstimmung bzgl. der Erarbeitung des kleinen Einmaleins (mit einer weiteren Lehrperson) nicht überprüft werden musste bzw. als gegeben angenommen werden konnte. Im Folgenden wird trotzdem von jeweils 12 Lehrkraft-Tandems gesprochen.

bestand dabei aus zwei Schulstunden (je 45 Minuten). Um neben einer reibungslosen Durchführung der Testungen und ohne Zeitdruck auch die Konzentrationsfähigkeit der Kinder sicherstellen zu können, wurden die Vortestungen vor und nach einer großen Schulpause angesetzt bzw. durchgeführt. Um die Datenerhebung hinsichtlich der Vortestungen auf einen möglichst engen Zeitraum begrenzen zu können und die Vergleichbarkeit zwischen den teilnehmenden Klassen gewährleisten zu können, wurden die Erhebungen von zwei geschulten Testleiterinnen und der Autorin durchgeführt. Die Testleiterinnen wurden im Vorfeld der Erhebungen in einer Testleiterschulung intensiv mit den Instruktionen der standardisierten Testverfahren vertraut und auf eine strenge Einhaltung der Vorgaben aufmerksam gemacht. Zu allen Testsitzungen war neben der Testleiterin auch die Klassenlehrkraft im Klassenzimmer anwesend, um mit ihrer Hilfe unter anderem eine anonyme Durchführung der Erhebung sicherstellen zu können.

Heidelberger Rechentest – Erfassung der mathematischen Basiskompetenzen

Der *Heidelberger Rechentest (HRT 1–4)* dient zur Erfassung mathematischer Grundlagenkenntnisse im Grundschulalter. Er ermöglicht einen Überblick bzw. Auskünfte über den Leistungsstand einzelner Kinder sowie kompletter Schulklassen hinsichtlich mathematischer Basiskompetenzen (HAFFNER et al., 2005, S. 9). Mithilfe des HRT 1–4 sollen mathematische Grundlagen überprüft werden, die eine notwendige Voraussetzung für den Erwerb mathematischen Wissens und komplexer mathematischer Fertigkeiten darstellen. „Der erfolgreiche Aufbau komplexer mathematischer Kompetenzen setzt neben der Entwicklung eines kardinalen Zahlbegriffs, der die Bedeutung der Zahl als Mengen- und Größenangabe abbildet, ein handlungs- und aufgabenorientiertes Verständnis von Rechenoperationen voraus (HAFFNER et al., 2005, S. 11).

Jedes wissenschaftlich fundierte Testverfahren bedarf einer theoretischen Verankerung (HASSELHORN, MARX & SCHNEIDER, 2005, S. 2) – dem HRT 1–4 liegt zur Erklärung und Beschreibung mathematischer Fertigkeiten das Triple-Code-Modell von DEHAENE (1992) zugrunde.[103]

In 11 Untertests werden die Beherrschung der Grundrechenarten und grundlegender Rechenoperationen sowie wichtige numerische und räumlich-visuelle Fähigkeiten überprüft. Der Heidelberger Rechentest umfasst demnach folgende zwei Bereiche und Untertests:

- Rechenoperationen (6 Untertests)
  - Addition
  - Subtraktion
  - Multiplikation
  - Division

---

103 Wie die Bezeichnung *Triple-Code-Modell* bereits vermuten lässt, geht das Modell von DEHAENE (1992) von einer modularen Zahlverarbeitung in drei voneinander getrennten Funktionseinheiten bzw. Repräsentationsformen aus: der visuell-arabischen, der auditiv-sprachlichen und der analogen Repräsentation. Für eine ausführliche Beschreibung des Triple-Code-Modells siehe DEHAENE (1992).

- Ergänzungsaufgaben
- Größer-Kleiner-Vergleiche

- Numerisch-logische und räumlich-visuelle Fähigkeiten (5 Untertests)
  - Zahlenreihen
  - Längenschätzen
  - Würfelzählen
  - Mengenzählen
  - Zahlenverbinden

Drei Skalen werden aufgrund der Untertests und der verschiedenen Teilbereiche unterschieden: die Skala der grundlegenden Rechenoperationen, die Skala zur logischen Zahlverarbeitung, der Mengenerfassung und der räumlich-visuellen Fähigkeiten sowie eine Skala der Gesamtleistung aller 11 Untertests (HAFFNER et al., 2005, S. 9; SCHNEIDER, KÜSPERT & KRAJEWSKI, 2013, S. 159). Für alle Untertests liegen Prozentrang-Werte und T-Werte[104] für vier Quartale pro Schuljahr vor. Anhand des durchschnittlichen T-Wertes aller Untertests, die einer Skala angehören, lässt sich der T-Wert der Skala für ein entsprechendes Quartal der Jahrgangsstufe ermitteln bzw. aus der Normentabelle ablesen.

Der Heidelberger Rechentest ist als Speed-Test konzipiert. Da die Durchführungszeiten je Untertest vorgeschrieben sind, weist der HRT 1–4 eine enge Zeitbegrenzung auf: Die Kinder werden bei jedem Untertest aufgefordert, so viele Aufgaben wie möglich in der vorgeschriebenen Zeit zu lösen. Dieses Testprinzip prüft demnach, wie schnell und sicher Kinder verschiedene Arten von Aufgaben beherrschen. Die Konzeption als Speed-Test wurde bei der Entwicklung des HRT gezielt vorgesehen, da die Autoren davon überzeugt sind, dass sich der Zuwachs in den Kompetenzen unter anderem durch effektivere und sichere Herangehensweisen bzw. Strategien kennzeichnet oder ausdrücken lässt (HAFFNER et al., 2005, S. 13).

Der Heidelberger Rechentest liefert eine weitgehend sprach- und lehrplanunabhängige Erfassung mathematischer Basiskompetenzen. Im Gegensatz zu den Testverfahren der DEMAT-Reihe, die lehrplanorientiert mathematisches Wissen erfassen (HAFFNER et al., 2005, S. 29ff.), bietet er ein breiter angelegtes und kompetenzorientierteres Verfahren für die Grundschule (HASSELHORN et al., 2005, S. 2), das das komplette Leistungsspektrum im Grundschulalter messen kann (HAFFNER et al., 2005, S. 13). „Mittels hoher Aufgabenzahlen und steigender Aufgabenschwierigkeiten wurde angestrebt ein breites Leistungsspektrum inkl. Rechenschwächen und Rechenstärken im Grundschulalter auszubilden und Boden- und Deckeneffekte (keine oder alle Aufgaben eines Untertests gelöst) zu vermeiden" (HAFFNER et al., 2005, S. 13; HAFFNER et al., 2005b, S. 129). Nach RICKEN und FRITZ (2009) bietet der HRT aufgrund seiner Konzeption die Möglichkeit „sichere und besonders leistungsfähige Rechner gut zu erkennen" (ebd., S. 320). Der HRT 1–4 ermöglicht nach SCHNEIDER et al. (2013) im Gegensatz zur DEMAT-Reihe allerdings auch rechen-

---

104 T-Werte klären darüber auf, wie sich die Testleistung von Kindern im Vergleich zur Altersnorm verhält. Sie zeigen auf, wie weit die erreichte Testleistung eines Kindes vom Mittelwert der Altersnorm entfernt liegt und ermöglichen den direkten Vergleich von Testleistungen.

schwache Schülerinnen und Schüler zuverlässig zu identifizieren. Obwohl beide Testverfahren die Geschwindigkeitskomponente enthalten, gelingt es beim DEMAT auch vermeintlich schwächeren Kindern, alle Aufgaben eines Untertests vollständig zu lösen. Diese Tatsache ist sicherlich neben der geringeren Anzahl an Testitems je Untertest auch der Lehrplankonformität geschuldet.

Da der zuverlässigen Identifikation leistungsschwacher aber auch leistungsstarker Rechnerinnen und Rechner in dieser Arbeit eine bedeutende Relevanz zukommt und der HRT 1–4 zudem alle Voraussetzungen und Gütekriterien eines allgemeingültigen und zuverlässigen Testverfahrens erfüllt, wird im Rahmen dieser Arbeit zur Erfassung der mathematischen Kompetenz auf den Heidelberger Rechentest zurückgegriffen. Der HRT 1–4 erweist sich aber auch aufgrund der inhaltlichen Schwerpunktsetzungen der Untertests als geeignetes Testverfahren. Mit den Untertests zur *Addition* und *Subtraktion* kann z.B. das Beherrschen grundlegender Rechenfertigkeiten, die für den Einsatz von Rechenstrategien beim kleinen Einmaleins, wie beispielsweise der additiven oder subtraktiven Faktorzerlegung, vonnöten sind, überprüft werden. Ähnliches ist auch für die beiden Untertests festzuhalten, die die Lösung von *Ergänzungsaufgaben* (z.B. 6 + □ = 7) oder *Größer-Kleiner-Vergleichen* (z.B. 6 + 1 □ 7) anstreben – auch diese Basiskompetenzen (z.B. Zahlverständnis, Teil-Teil-Ganzes) sind für die Lösung von Einmaleinsaufgaben auf Basis von operativen Beziehungen hilfreich oder sogar zwingend notwendig. HAFFNER und Kollegen (2005) halten in diesem Kontext fest:

> „Die Erfassung der Rechenoperationen […] sowie des Verständnisses für Gleichungen und Ungleichungen (Ergänzungsaufgaben, Größer-Kleiner-Vergleiche) dient der Prüfung grundlegender Rechenprozesse, die für die Entwicklung komplexer mathematischer Kompetenzen eine Voraussetzung darstellen und im Bereich der Mathematik ständig gebraucht werden" (ebd., S. 15).

Der Einsicht in Eigenschaften bzw. Rechengesetze wird bei der Erarbeitung des kleinen Einmaleins ein wichtiger Stellenwert zuteil (siehe Abschnitt 2.1.2) – erste Erkenntnisse hinsichtlich des Erkennens von Regeln bzw. des logisches Denkens können mithilfe des Untertests *Zahlenfolgen* bereits durch die Vortestung ermittelt werden. Weitere Untertests, die neben den bereits genannten zur Wahl des Heidelberger Rechentests beigetragen haben, sind die Untertests zur Rechenoperation der *Multiplikation* sowie zum *Mengenzählen*. Anhand der Testergebnisse des HRT im Untertest *Multiplikation* war bereits vor der Haupterhebung eine Überprüfung der Studienteilnehmerinnen und -teilnehmer hinsichtlich ihrer Multiplikationsleistung möglich – so konnte für die ausgewählte Zufallsstichprobe bereits festgehalten werden, dass alle Kinder aufgrund ihrer bisherigen gesammelten Erfahrungen zur Multiplikation über Herangehensweisen zur Lösung von Einmaleinsaufgaben verfügen. Mit dem Untertest *Mengenzählen*[105] besteht zusätzlich die Option, Aussagen über eine mögliche Nutzung bzw. das Erkennen multiplikativer Strukturen zu tätigen.

---

105 Im Untertest Mengenzählen sollen Kinder in einem Kästchen angeordnete Figuren so schnell wie möglich geschickt zählen. Geschicktes Zählen bedeutet in diesem Untertest die abgebildete Mengenstrukturierung zu erkennen und zu nutzen (z.B. acht Flugzeuge angeordnet in

Revidierte Version des CFT (CFT 1-R) – Ermittlung der allgemeinen und spezifischen intellektuellen Fähigkeiten

Die kognitiven Grundfähigkeiten der Kinder wurden mit den Subskalen des CFT 1-R (WEIß & OSTERLAND, 2013), einer Weiterentwicklung des Grundlagenintelligenztests Skala 1 (CFT 1; CATTELL, WEIß & OSTERLAND, 1997) erhoben. Der CFT 1 stellt eine partielle Adaption des *Culture Fair Intelligence Tests – Scale 1* von Raymond B. Cattell (1905–1998) dar (WEIß & OSTERLAND, 2013, S. 7ff.). Seit 2012 findet auch die revidierte Version des CFT 1, der CFT 1-R[106] Anwendung (WEIß & OSTERLAND, 2013).

Dem CFT 1 sowie seiner Weiterentwicklung liegt die Intelligenztheorie von CATTELL (1987) zugrunde, die davon ausgeht, dass sich der Bereich der allgemeinen intellektuellen Leistungsfähigkeit in zwei Intelligenzformen (zweifaktorielle Intelligenztheorie) gliedern lässt. Der CFT misst in diesem Kontext fast ausschließlich die Merkmale der fluiden Intelligenz (fluid general intelligence) und definiert darunter, die allgemeine Fähigkeit, Relationen bzw. Beziehungen komplexerer Art in neuartigen Situationen zu erkennen (CATTELL, 1971, S. 74; WEIß & OSTERLAND, 2013, S. 20ff.).[107] In diesem Zusammenhang wird auch von der *Messung der Grundintelligenz* einer Testperson gesprochen (HOLLING, PRECKEL & VOCK, 2004, S. 88). Darunter fallen z.B. das Erkennen und Bilden von Gesetzmäßigkeiten, Serien, Klassifikationen, Analogien und Typologien (WEIß & OSTERLAND, 2013, S. 9f.).

Das Verfahren des CFT 1-R umfasst zwei Testteile, die jeweils aus drei Untertests bestehen und unterschiedliche Bereiche der Intelligenz messen. Im ersten Testteil wird die wahrnehmungsgebundene Leistung (figurale Wahrnehmung) gemessen, im zweiten das figurale Denken. Die Gesamtleistung bildet die Grundintelligenz wieder. Dabei werden die in den sechs Subskalen erzielten Rohwerte zu einem Summenwert zusammengefasst und mittels Altersnormen in Prozentrangwerte bzw. T-Werte umgewandelt. Diese auf Basis der in den Subskalen ermittelten Testwerte werden mithilfe eines Vergleichs mit Normtabellen der Altersgruppe in IQ-Werte transformiert und dienen als Kontrollvariable für die allgemeine Intelligenz.

Insgesamt gilt der CFT 1-R wie der CFT 1 als ein standardisiertes Testverfahren, das sprachfair entwickelt und ökonomisch durchführbar ist. Eine stärkere differenzierende Intelligenzmessung differenziert insbesondere im unteren Intelligenzbereich optimal (WEIß & OSTERLAND, 2013, S. 9f.). Darüber hinaus handelt es sich um ein weit verbreitetes und durchaus bekanntes Verfahren, das über eine ausreichende Validität und Reliabilität verfügt (WEIß & OSTERLAND, 2013, S. 28).

---

zwei Reihen à vier Flugzeugen) – die Nutzung der visuellen, logischen Strukturbildung sollte dabei mit einer schnelleren Zählgeschwindigkeit einhergehen.

106 Durch eine erweiterte Aufgabenanzahl, durch die qualitative Verbesserung von Aufgaben sowie durch die Ergänzung eines weiteren Untertests konnte in der Revision des bewährten Tests eine höhere Differenzierung erreicht werden (WEIß & OSTERLAND, 2013).

107 Neben der fluiden Intelligenzform zeichnet sich das Modell von Raymond B. Cattell auch durch eine kristalline Intelligenzform (crystallized general intelligence) aus. Die kristalline Intelligenz stellt eine umweltbedingte Komponente dar, einen von Lernen, Erziehung und Umwelt abhängigen Intelligenzfaktor, der im CFT in geringerem Umfang beteiligt ist (WEIß & OSTERLAND, 2013, S. 18).

5.2.4 Stichprobe der Haupterhebung

Lehrkräfte

Im Folgenden werden die personenbezogenen Daten der $N = 46$ ausgewählten Lehrkräfte[108] der Haupterhebung vorgestellt (siehe Tabelle 17 und Tabelle 18). Tabelle 17 listet die personenbezogenen Daten der Lehrpersonen aus Jahrgangsstufe 2 und 3 zusammengefasst auf, Tabelle 18 getrennt nach Jahrgangsstufe und unterrichtlicher Vorgehensweise. Mithilfe der Fragebogenstudie wurden das Alter der Lehrpersonen, das Geschlecht und die Anzahl der Jahre im Schuldienst erhoben sowie verschiedene Ausbildungsschwerpunkte ermittelt (siehe Abschnitt 4.2.1 – Beschreibung der Stichprobe der Vorstudie). Zudem wurde die Teilnahme an einer Fortbildungsmaßnahme, die die Erarbeitung des kleinen Einmaleins nach den Vorgaben des im Jahre 2000 neu eingeführten Lehrplans[109] thematisiert hat, abgefragt. Eine Zusammenschau der personenbezogenen Daten liefern die folgenden Tabellen.

Tabelle 17:   Personenbezogene Daten der Lehrpersonen aus Jahrgangsstufe 2 und 3 zusammengefasst

Lehrplankonforme und bewusst traditionelle Lehrkräfte ($N = 48$, je $N = 24$ lehrplankonform, bewusst traditionell)			
Variable	Wert	% (lehrplankonform)	% (traditionell)
Alter (Jahre)	20–30	25	17
	31–40	46	33
	41–50	25	8
	51–60	–	29
	61 und älter	4	13
Geschlecht	Männlich	17	4
	Weiblich	83	96
Ausbildungs-schwerpunkt	Mathematik im Unterrichtsfach (nicht vertieft)	8	25
	Mathematikdidaktik	79	54
	Keine universitäre Ausbildung in Mathematikdidaktik	13	21
Tätigkeit im Schuldienst (Jahre)	≤ 10	63	50
	11–20	29	13
	21–30	8	4
	≥ 31	–	33
Fortbildungsmaßnahme[110]	Ja	46	25
	Nein	54	75

---

108 Wie bereits erwähnt unterrichteten zwei Lehrpersonen sowohl in Jahrgangsstufe 2 als auch in 3.

109 Der Lehrplan von 2000 stellt den zum Zeitpunkt der Untersuchung gültigen bayerischen Lehrplan für Grundschulen dar.

110 Fortbildungsmaßnahmen zur bzw. nach der Einführung des bayerischen Lehrplans im Jahre 2000, in dessen Rahmen die Erarbeitung des kleinen Einmaleins thematisiert wurde.

Insbesondere die Unterschiede in der Altersstruktur der beiden Teilstichproben fallen dem Betrachter für beide Jahrgangsstufen ins Auge (siehe Tabelle 17) – die bewusst traditionelle Lehrkraft-Gruppe setzt sich zu einem hohen Prozentsatz aus älteren Lehrpersonen zusammen. Während fast 42% der Lehrpersonen der bewusst traditionellen Lehrkraft-Tandems älter als 50 Jahre sind, besteht die Gruppe der lehrplankonformen Lehrpersonen fast ausschließlich (96%) aus Personen unter 51 Jahren (siehe Tabelle 17). Ein ähnliches Bild spiegelt sich dementsprechend auch für die Tätigkeit im Schuldienst wieder – 33% der bewusst traditionell unterrichtenden Lehrpersonen blicken auf 31 oder mehr Jahre Erfahrung im Schuldienst zurück. Unterschiede zwischen den beiden Lehrkraft-Gruppen sind auch hinsichtlich der Teilnahme an einer Fortbildungsmaßnahme zur Erarbeitung des kleinen Einmaleins zu beobachten. Etwas mehr als die Hälfte der Lehrkräfte der bewusst traditionellen Teilstichprobe nahm an einer Fortbildung teil, im Vergleich dazu Dreiviertel der Lehrpersonen, die lehrplankonform unterrichten.

Sehr ähnliche Verteilungen der Prozentsätze wie die gerade beschriebenen liegen auch für die personenbezogenen Daten vor, die nach Lehrkraft-Gruppen und Jahrgangsstufe getrennt dargestellt wurden (siehe Tabelle 18). In beiden Jahrgangsstufen fallen insbesondere die höheren Prozentsätze der bewusst traditionellen Lehrpersonen hinsichtlich des Alters und der Tätigkeit im Schuldienst auf.

Resümierend kann festgehalten werden, dass die bewusst traditionelle Lehrkraft-Gruppe im Vergleich zu der Mehrzahl der lehrplankonform unterrichtenden Lehrpersonen unter anderem aufgrund der Altersstruktur über eine große Berufserfahrung verfügt. In der größeren Berufserfahrung kann allerdings auch die bevorzugte Wahl einer bewusst traditionellen Vorgehensweise bei der unterrichtlichen Erarbeitung des kleinen Einmaleins begründet liegen. Liegt der Einstieg in den Schuldienst bereits einige Jahre zurück, ist – wie den theoretischen Ausführungen dieser Arbeit zu entnehmen ist (siehe Abschnitt 2.5.1) – davon auszugehen, dass Lehrpersonen die Erarbeitung des kleinen Einmaleins auf traditionelle Art und Weise erlernt haben und unter Umständen auch lehren. Einige Lehrpersonen der bewusst traditionellen Lehrkraft-Gruppe haben das Einmaleins eventuell angelehnt an die verpflichtenden Lerninhalte des Lehrplans von 1976 oder 1981 Reihe für Reihe erarbeiten lassen (siehe Abschnitt 2.5.2).

Wie bereits im Abschnitt 1.5.1 angeführt, haben nach KRAUTHAUSEN (2000, S. 13ff.) aber unter Umständen auch die eher behavioristischen Vorstellungen von Lernen und Lehren von Mathematik, aus durchaus nachvollziehbar erscheinenden Gründen, nicht an Aktualität in der heutigen Unterrichtsrealität bzw. -praxis verloren: verantwortlich können dafür „u.a. die eigene Lernbiographie, [die] Altersstruktur und [der] Aus- und Fortbildungsstand der Kollegen" (ebd., S. 13, Ergänzungen der Autorin) sein.

Tabelle 18: Personenbezogene Daten der Lehrpersonen nach Jahrgangsstufen getrennt aufgelistet

Variable	Wert	% (gesamt)	% (lehrplan-konform)	% (tradi-tionell)
Lehrkräfte aus Jahrgangsstufe 2 (*N* = 24, je *N* = 12 lehrplankonform, bewusst traditionell)				
Alter (Jahre)	20–30	17	17	17
	31–40	42	50	33
	41–50	21	33	8
	51–60	16	–	34
	61 und älter	4	–	8
Geschlecht	Männlich	8	17	–
	Weiblich	92	83	100
Ausbildungs-schwerpunkt	Mathematik im Unterrichtsfach (nicht vertieft)	17	8	25
	Mathematikdidaktik	63	67	58
	Keine universitäre Ausbildung in Mathematikdidaktik	20	25	17
Tätigkeit im Schuldienst (Jahre)	≤ 10	50	50	50
	11–20	33	50	17
	21–30	4	–	8
	≥ 31	13	–	25
Fortbildungs-maßnahme	Ja	33	42	25
	Nein	67	58	75
Lehrkräfte aus Jahrgangsstufe 3 (*N* = 24, je *N* = 12 lehrplankonform, bewusst traditionell)				
Alter (Jahre)	20–30	25	33	17
	31–40	37	42	33
	41–50	12	17	8
	51–60	13	–	25
	61 und älter	13	8	17
Geschlecht	Männlich	12	17	8
	Weiblich	88	83	92
Ausbildungs-schwerpunkt	Mathematik im Unterrichtsfach (nicht vertieft)	17	8	25
	Mathematikdidaktik	71	92	50
	Keine universitäre Ausbildung in Mathematikdidaktik	12	–	25
Tätigkeit im Schuldienst (Jahre)	≤ 10	63	75	50
	11–20	8	8	8
	21–30	8	17	–
	≥ 31	21	–	42
Fortbildungs-maßnahme	Ja	38	50	25
	Nein	62	50	75

Schülerinnen und Schüler

Wie bereits im Abschnitt 5.2.1 bezugnehmend auf den Ablaufplan der Vor- und Hauptstudie skizziert, nahmen im November und Dezember 2014 insgesamt $N = 486$ Schülerinnen und Schüler der 24 ausgewählten Lehrkräfte an zwei Vortestungen im Vorfeld der Haupterhebung teil. Der Heidelberger Rechentest (HRT 1–4) zur Untersuchung mathematischer Basiskompetenzen wurde dabei zur Ermittlung verschiedener Leistungsgruppen eingesetzt.[111] Anhand von Perzentilen (siehe Abbildung 27) konnten Kinder verschiedenen Teilstichproben zugeordnet werden, aus denen wiederum gezielt Schülerinnen und Schüler für die Haupterhebung gezogen wurden. Mithilfe einer *geschichteten Zufallsstichprobe* bzw. einer *geschichteten Stichprobe* werden nach BORTZ und SCHUSTER (2010) „Untersuchungsobjekte innerhalb der Schichten nach Zufall ausgewählt" (ebd., S. 82; ALBERS, KLAPPER, KONRADT, WALTER & WOLF, 2009). Die Stichprobenauswahl bei der Hauptstudie folgte der Vorgehensweise nach BORTZ und DÖRING (2006): Zunächst wird die Zielpopulation basierend auf einer oder mehreren Merkmalsausprägungen in Teilpopulationen (sog. Schichten) eingeteilt. Aus den je Merkmalsausprägung entstehenden Schichten werden anschließend Zufallsstichproben entnommen (BORTZ & DÖRING, 2006, S. 425). Die sogenannten Teilpopulationen wurden mithilfe von Perzentilen ermittelt, durch die drei verschiedene Leistungsgruppen (je 25% der Kinder der Gesamtstichprobe) unterschieden werden können. Sie setzten sich wie folgt zusammen: Das unterste Leistungs-Viertel, bestehend aus den 25% der Kinder, die im *Heidelberger Rechentest* am schlechtesten abschnitten, seinem Pendant, dem oberen Leistungs-Viertel sowie dem mittleren Leistungs-Viertel (25% der Kinder der Gesamtstichprobe, die sich zwischen dem 37.5ten und 62.5ten Perzentil befanden). Kinder zwischen dem 25ten und 37.5ten Perzentil sowie zwischen dem 62.5ten und 75ten Perzentil (Abbildung 27 – weißen Flächen des Perzentilbandes) wurden nicht für die Ziehung der Zufallsstichprobe berücksichtigt. Damit sollte sichergestellt werden, dass Kinder mit zwei vergleichsweise ähnlichen mathematischen Basiskompetenzen nicht in zwei unterschiedlichen Leistungsgruppen vorzufinden sind, sondern sich die einzelnen Gruppen in ihren Kompetenzen weitestgehend unterscheiden.

Leistungs-Viertel

25%		25%		25%	
Leistungsschwach (< 25tes Perzentil)		**Durchschnittlich** (37.5 – 62.5tes Perzentil)		**Leistungsstark** (> 75tes Perzentil)	

Abbildung 27:   Übersicht der drei aufgestellten Teilpopulationen/Leistungs-Viertel.

---

111 Die mittels des *CFT 1-R* berechneten allgemeinen und spezifischen intellektuellen Fähigkeiten kamen als Kontrollvariablen zum Einsatz.

Ein Vergleich der ermittelten T-Werte[112] des Heidelberger Rechentests anhand von Perzentilbändern (siehe Abbildung 28) veranschaulicht graphisch die ähnliche Verteilung in der Gesamtstichprobe und der lehrplankonform unterrichteten Schülergruppe. Die bewusst traditionell unterrichteten Schülerinnen und Schüler schnitten im Vergleich zu den beiden anderen Teilstichproben im Durchschnitt schlechter ab hinsichtlich ihrer mathematischen Basiskompetenzen – die einzelnen Gruppen unterschieden sich allerdings nicht signifikant voneinander.

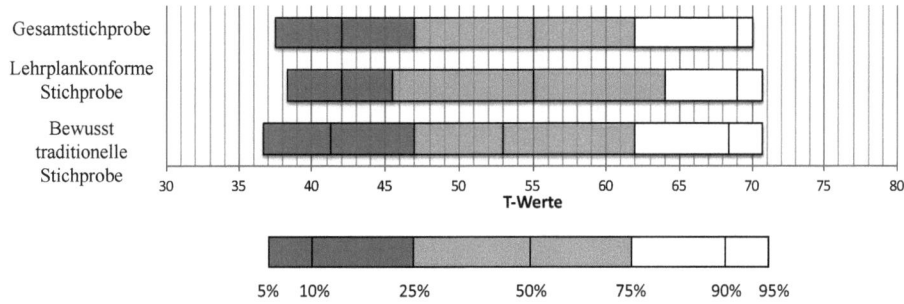

Abbildung 28: T-Wert-Vergleich der verschiedenen Teilstichproben anhand von Perzentilbändern.

Für die geschichtete Zufallsstichprobe wurden je Klasse aus jedem Leistungs-Viertel zwei Schülerinnen oder Schüler gezogen, so dass sich die Gesamtstichprobe aufgrund der 24 teilnehmenden Klassen auf $N = 144$ Kinder belief. Die folgende Übersicht veranschaulicht die Verteilung über die verschiedenen Vorgehensweisen der unterrichtlichen Erarbeitung (siehe Abbildung 29). Die zwei leistungsstarken, die zwei durchschnittlichen und die zwei leistungsschwachen Kinder, die je Klasse gezogen wurden, führen zu einer Stichprobenzusammensetzung von je 24 leistungsschwachen, durchschnittlichen und leistungsstarken Kindern der beiden Lehrkraft-Gruppen. Die angestrebte Gleichverteilung je Lehrkraft-Gruppe und individuellem Leistungsvermögen wurde mit zwei Ausnahmen erreicht – da in einer lehrplankonform unterrichteten Klasse nur ein leistungsschwaches Kind anzutreffen war, wurden in dieser Klasse zwei leistungsstarke und drei durchschnittliche Kinder gezogen, sowie das leistungsschwache Kind hinzugenommen. Je Lehrkraft-Typ stehen insgesamt $N = 72$ Kinder für Unterschiedsanalysen im Hinblick auf die Strategieverwendung bei unterschiedlichen unterrichtlichen Vorgehensweisen zur Verfügung.

---

112 Detailliertere Informationen hinsichtlich der T-Werte des Heidelberger Rechentests wurden im Abschnitt 2.5.4 bereits angeführt.

24 Klassen ($N = 144$)					
Lehrkraft-Gruppe: Lehrplankonform **12 Klassen** *($N = 72$)*			*Lehrkraft-Gruppe: Bewusst traditionell* **12 Klassen** *($N = 72$)*		
Leistungs-schwach	*Durch-schnittlich*	*Leistungs-stark*	*Leistungs-schwach*	*Durch-schnittlich*	*Leistungs-stark*
($N = 23$)	*($N = 25$)*	*($N = 24$)*	*($N = 24$)*	*($N = 24$)*	*($N = 24$)*

Abbildung 29: Stichprobenzusammensetzung unter Berücksichtigung der unterrichtlichen Erarbeitung und des individuellen Leistungsvermögens der zu untersuchenden Kinder.

Der T-Wert der Gesamtstichprobe ($N = 144$) liegt bei durchschnittlich 54.76 ($SD = 10.16$, $Min = 32$, $Max = 80$) und somit leicht über dem T-Wert der HRT-Eich-stichprobe, der sich durch einen Wert von 50 auszeichnet. Die lehrplankonform unterrichteten Kinder unterscheiden sich – ähnlich wie bereits die Gesamtstichprobe vor der Stichprobenziehung – mit einem durchschnittlichen T-Wert von 55.10 ($SD = 10.04$, $Min = 35$, $Max = 75$) nicht signifikant von der Vergleichsgruppe der bewusst traditionell unterrichteten Schülerinnen und Schüler ($T = 54.43$, $SD = 10.34$; Wald $\chi^2(1) = 0.37$, $p = .542$). Signifikante Unterschiede, wie durch die Wahl der Perzentile angestrebt, können mittels verallgemeinerter Schätzgleichungen hinsichtlich der T-Werte der verschiedenen Leistungsgruppen über beide Lehrkraft-Gruppen hinweg ermittelt werden (leistungsstark: $T = 66.38$, $SD = 4.46$; durchschnittlich: $T = 54.15$, $SD = 2.94$; leistungsschwach: $T = 43.30$, $SD = 4.14$; Wald $\chi^2(2) = 727.63$, $p < .001$). Dabei ergeben paarweise Vergleiche signifikante Unterschiede zwischen allen drei Leistungsgruppen (alle $p < .001$). Auch die Unterschiedsanalysen im Hinblick auf das Leistungsvermögen separat für beide Lehrkraft-Gruppen betrachtet, liefern signifikante Unterschiede (lehrplankonform: $T_{\text{leistungsstark}} = 66.54$, $SD = 3.75$; $T_{\text{durchschnittlich}} = 54.56$, $SD = 2.63$; $T_{\text{leistungsschwach}} = 43.23$, $SD = 3.85$; Wald $\chi^2(2) = 574.12$, $p < .001$; bewusst traditionell: $T_{\text{leistungsstark}} = 66.21$, $SD = 5.15$; $T_{\text{durchschnittlich}} = 53.71$, $SD = 3.24$; $T_{\text{leistungsschwach}} = 43.38$, $SD = 4.47$; Wald $\chi^2(2) = 263.38$, $p < .001$). Die entsprechenden paarweisen Vergleiche weisen erneut signifikante Unterschiede zwischen allen Leistungsgruppen auf (alle $p < .001$). Der Vergleich der Kinder der beiden Lehrkraft-Gruppen einer Leistungsgruppe liefert keine signifikanten Unterschiede hinsichtlich der ermittelten T-Werte für leistungsschwache, leistungsstarke sowie Kinder durchschnittlichen Leistungsvermögens (leistungsstark: Wald $\chi^2(1) = 0.07$, $p = .792$; durchschnittlich: Wald $\chi^2(1) = 0.90$, $p = .344$; leistungsschwach: Wald $\chi^2(1) = 0.02$, $p = .898$).[113]

---

113 Die konkreten T-Werte und die entsprechenden Standardabweichungen wurden bereits bei den vorausgehenden Unterschiedsanalysen berichtet.

Für alle in der Studie als leistungsschwach bezeichneten Kinder liegt laut Aussage der Lehrkräfte keine Rechenschwäche oder kein erhöhter Förderbedarf vor. Der durchschnittliche T-Wert der leistungsschwachen Kinder liegt wie bereits erwähnt bei 43.30 und kann somit einem Prozentrang von 27 zugewiesen werden. Bei den Skalenwerten sind Prozentrangwerte (PR) größer als 25 „in der Regel als unauffällig zu betrachten, d.h. das Kind zeigt eine mindestens ausreichende Leistung" (HAFFNER, BARO, PARZER & RESCH, 2005, S. 20f.).

Neben den mathematischen Basiskompetenzen wurden die allgemeinen und spezifischen intellektuellen Fähigkeiten der Kinder ermittelt. Auf Basis der in den Subskalen ermittelten Testergebnisse wurde ein Summenscore gebildet, der mithilfe der Normtabellen der Altersgruppe in entsprechende IQ-Werte transformiert werden konnte. Der durchschnittliche IQ der Gesamtstichprobe beläuft sich auf 102.57 ($SD = 12.20$, $Min = 85$, $Max = 130$). Die lehrplankonform und die bewusst traditionell unterrichteten Kinder liegen über dem Durchschnitt der Eichstichprobe eines mittleren IQs von 100 (lehrplankonform: $M = 103.75$, $SD = 12.39$; bewusst traditionell: $M = 101.40$, $SD = 11.98$). Zwischen den beiden Lehrkraft-Gruppen zeigen sich keine signifikanten Unterschiede hinsichtlich der IQ-Werte (Wald $\chi^2(1) = 1.28$, $p = .256$). Signifikante Unterschiede in den IQ-Werten können verallgemeinerte Schätzgleichungen für die verschiedenen Leistungsgruppen über beide Lehrkraft-Gruppen hinweg ermitteln (leistungsstark: $M = 110.25$, $SD = 10.01$; durchschnittlich: $M = 102.10$, $SD = 11.12$; leistungsschwach: $M = 95.04$, $SD = 10.59$; Wald $\chi^2(2) = 46.96$, $p < .001$). Paarweise Vergleiche ergeben, dass sich die leistungsstarken Kinder von den leistungsschwachen Kindern und den Kindern durchschnittlichen Leistungsvermögens signifikant unterscheiden (beide $p < .001$) und ebenfalls ein signifikanter Unterschied zwischen der leistungsschwachen und der durchschnittlichen Leistungsgruppe vorliegt ($p = .011$). Verallgemeinerte Schätzgleichungen zur Analyse der Unterschiede zwischen den Leistungsgruppen getrennt nach Lehrkraft-Gruppen ermittelten ebenfalls signifikante Unterschiede hinsichtlich der IQ-Werte (lehrplankonform: $M_{leistungsstark} = 109.33$, $SD = 12.48$; $M_{durchschnittlich} = 104.08$, $SD = 11.71$; $M_{leistungsschwach} = 97.27$, $SD = 10.21$; Wald $\chi^2(2) = 9.51$, $p = .009$; bewusst traditionell: $M_{leistungsstark} = 111.17$, $SD = 6.86$; $M_{durchschnittlich} = 100.04$, $SD = 10.30$; $M_{leistungsschwach} = 93.00$, $SD = 10.73$; Wald $\chi^2(2) = 97.31$, $p < .001$). Paarweise Vergleiche zeigen, dass sich in der bewusst traditionellen Lehrkraft-Gruppe die leistungsstarken Kinder von den Kindern durchschnittlichen Leistungsvermögens und den leistungsschwachen Kindern signifikant unterscheiden (beide $p < .001$). Kein signifikanter Unterschied liegt zwischen den leistungsschwachen Kindern und den Kindern durchschnittlichen Leistungsvermögens vor, deren Lehrkräfte der bewusst traditionell unterrichtenden Lehrkraft-Gruppe zugewiesen wurden. Für die Kinder, die lehrplankonform unterrichtet wurden, besteht nur zwischen der leistungsstarken und der leistungsschwachen Gruppe ein signifikanter Unterschied bezüglich des IQ-Wertes ($p = .006$). Die Kinder durchschnittlichen Leistungsvermögens unterscheiden sich nicht signifikant von den leistungsstarken Kindern ($p = .470$) und den leistungsschwachen Kindern ($p = .201$). Der Vergleich der Kinder der beiden Lehrkraft-Gruppen einer Leistungsgruppe liefert darüber hinaus keine signifikanten

Unterschiede hinsichtlich der ermittelten IQ-Werte für leistungsschwache und leistungsstarke Kinder sowie Kinder durchschnittlichen Leistungsvermögens (leistungsstark: Wald $\chi^2(1) = 2.75$, $p = .600$; durchschnittlich: Wald $\chi^2(1) = 1.75$, $p = .186$; leistungsschwach: Wald $\chi^2(1) = 1.87$, $p = .172$).[114]

Die Zusammensetzung der Stichprobe wird im Folgenden anhand weiterer personenbezogener Daten beschrieben, die im Rahmen der Haupterhebung ermittelt wurden. Die Stichprobe setzt sich zu 49% ($N = 71$) aus Jungen zusammen, der Anteil an teilnehmenden Mädchen fällt dementsprechend mit 51% ($N = 73$) höher aus. Insgesamt kann von einem ausgewogenen Geschlechterverhältnis gesprochen werden. Auf eine ähnliche Gleichverteilung zwischen den Geschlechtern trifft man auch hinsichtlich der Lehrkraft- und der Leistungsgruppen (siehe Tabelle 19). Das Alter der teilnehmenden Kinder liegt im Mittel bei 8 Jahren und 8 Monaten (lehrplankonform unterrichtete Kinder: 8 Jahre, 7 Monate, bewusst traditionell unterrichtete Kinder: 8 Jahre, 8 Monate; leistungsschwache, durchschnittliche und leistungsstarke Kinder: je 8 Jahre, 8 Monate; männlich: 8 Jahre, 8 Monate, weiblich: 8 Jahre, 7 Monate).

Tabelle 19: Geschlechterverhältnis im Hinblick auf die Lehrkraft-Gruppen und Leistungsgruppen

$N = 144$	Leistungsschwach ($N = 47$)		Durchschnittlich ($N = 49$)		Leistungsstark ($N = 48$)		
	m ($N = 22$)	w ($N = 25$)	m ($N = 23$)	w ($N = 26$)	m ($N = 26$)	w ($N = 22$)	
Lehrplankonform ($N = 72$)	10	13	13	12	11	13	m ($N = 34$) / w ($N = 38$)
Bewusst traditionell ($N = 72$)	12	12	10	14	15	9	m ($N = 37$) / w ($N = 35$)

5.3 Erhebungsinstrumente der Haupterhebung

Die entwickelten Testinstrumente der Haupterhebung sollen im Folgendem vorgestellt werden: Es handelt sich dabei um eine Reaktionszeittestung zur Ermittlung eines schnellen Faktenabrufes sowie ein klinisches Interview zur Erfassung verschiedener weiterer Herangehensweisen an Einmaleinsaufgaben.

Zu Beginn wurde mittels einer Reaktionszeittestung der schnelle Faktenabruf erfasst, bevor im Anschluss das Strategieinterview geführt wurde. Im Gegensatz zu den Vortestungen, die als Gruppentestung anwendbar waren, stellten sich in der Haupterhebung Einzelinterviews, die in separaten Räumen durchgeführt wurden, als sinnvoll bzw. notwendig heraus. Ein Erhebungstag erstreckte sich je Klasse über den gesamten Schulvormittag. Die Einzelinterviews wurden aufgrund der großen Stich-

---

114 Die konkreten IQ-Werte und die entsprechenden Standardabweichungen wurden bereits bei den vorausgehenden Unterschiedsanalysen berichtet.

probananzahl von einem geschulten Testleiter und der Autorin der Arbeit durchgeführt. Da die Haupterhebung im 3. Schuljahr nach Beendigung der Erarbeitung des
kleinen Einmaleins stattfinden sollte, das Ende der Erarbeitung allerdings von Klasse zu Klasse stark variierte[115], erstreckte sich der Zeitraum der Erhebung der Haupt-
untersuchung über Januar und Februar 2015 (siehe auch Tabelle 14).

5.3.1 Reaktionszeittestung

In den folgenden Ausführungen soll die Reaktionszeittestung als eines von zwei Erhebungsinstrumenten der Haupterhebung vorgestellt werden. Die Reaktionszeittestung kam im Gegensatz zum Strategieinterview, in dem der Fokus auf der individuellen Strategieverwendung von Kindern lag, mit dem vordergründigen Ziel zum
Einsatz, den Anteil an schnell abrufbaren Einmaleinsaufgaben aus dem Gedächtnis
zu ermitteln. Wie bereits im Abschnitt 3.2.2 verwiesen, lassen Aussagen im Strategieinterview, die auf den Einsatz des Faktenabrufes hindeuten, nicht zwangsläufig einen
Rückschluss auf einen tatsächlichen Faktenabruf zu. Da demnach eigentlich auch
keine Erkenntnisse hinsichtlich eines schnellen Abrufes gewonnen werden können,
wird in dieser Arbeit auf eine alternative, separate Ermittlung schneller Faktenabrufe
mithilfe einer Reaktionszeittestung zurückgegriffen. Die Realisierung der Ermittlung
von Lösungszeiten und Lösungsraten erfolgte computerbasiert mit dem Programm
E-Prime 2.0 Professional (SCHNEIDER, ESCHMAN & ZUCCOLOTTO, 2002a, b).
Die Software bietet die Möglichkeit eines computerbasierten Experimentdesigns und
eine bis auf eine Millisekunde genaue Datenerhebung.

Den $N = 144$ an der Studie teilnehmenden Kindern wurden je 50 Einmaleinsaufgaben mit den Faktoren 0–10 gestellt. Die beiden ersten Aufgabenitems dienten als Probeaufgaben. Die verbliebenen 48 Aufgaben[116] wurden anschließend in
fünf aufeinanderfolgenden Sets abgeprüft (3 Sets à 10 Aufgaben, 2 Sets à 9 Aufgaben). Die Aufgaben setzten sich aus 31 Kernaufgaben, 15 Nicht-Kernaufgaben und
zwei Aufgaben mit einem der beiden Faktoren 0 zusammen (siehe Tabelle 20). Innerhalb der Kernaufgaben können 23 Aufgaben der Einmaleinssätze mit 1, 2, 5 und
10 sowie acht Quadrataufgaben unterschieden werden. Die 15 Aufgaben vom Typ
Nicht-Kernaufgabe stellen unter Nichtberücksichtigung der Tauschaufgaben *alle* ver-
bleibenden Ableitungsaufgaben[117] dar.

---

115 Im Zuge der Fragebogenstudie wurde der vorgesehene Zeitraum der Erarbeitung des kleinen Einmaleins zu Beginn des Schuljahres abgeprüft (siehe Abschnitt 4.2.2) und im Dezember erneut in Absprache mit den Lehrkräften auf die Realisierbarkeit überprüft. So konnte die Haupterhebung – je nach individuellem Voranschreiten im Unterrichtsstoff – in allen
Klassen unmittelbar nach Beendigung der Erarbeitung des kleinen Einmaleins angesetzt und
durchgeführt werden.

116 Für eine detaillierte Auflistung der eingesetzten Einmaleinsaufgaben sei auf den Anhang
(A.1) verwiesen.

117 Unter Ableitungsaufgaben werden Aufgaben vom Typ Nicht-Kernaufgabe gefasst, die mithilfe von bereits bekannten Kernaufgaben und unter Anwendung von Rechenstrategien gelöst
werden können.

Tabelle 20: Verschiedene Aufgabentypen im Aufgabenpool der Reaktionszeittestung

48 Einmaleinsaufgaben zum kleinen Einmaleins			
31 Kernaufgaben (KA)		15 Nicht-Kernaufgaben (NKA)	2 Aufgaben mit einem Faktor 0
23 Kernaufgaben (Einmaleinssätze 1, 2, 5 und 10)	8 Kernaufgaben (Quadrataufgaben)		

Die Aufgabenauswahl für die Reaktionszeittestung erfolgte nach den folgenden Kriterien:

- Zunächst wurde bei der Auswahl angestrebt, dass verschiedene – im Lehrplan verankerte – Aufgabentypen, die sogenannten Kernaufgaben und Nicht-Kernaufgaben, abgedeckt sind. Die Lösung letztgenannter wird dabei gemäß den fachdidaktischen Empfehlungen zunächst über Ableitungen vorgesehen (siehe Abschnitt 2.3.1). Darüber hinaus wurden auch Aufgaben abgeprüft, die in einem Faktor die Ziffer 0 aufweisen – erwiesen sich Aufgaben diesen Formats in der fachdidaktischen Literatur doch als besonders fehleranfällig oder in der Unterrichtspraxis zu wenig thematisiert (PADBERG & BENZ, 2011, S. 143; SCHERER & MOSER OPITZ, 2010, S. 127).
- Aufgabenwiederholungen sowie Tauschaufgaben wurden für die Auswahl nicht berücksichtigt.
- Eine annähernde Gleichverteilung der einzelnen Ziffern über alle Testaufgaben wurde angestrebt.
- Ebenfalls im Aufgabenpool der Reaktionszeittestung befinden sich die im Strategieinterview abgeprüften Aufgaben sowie einige Einmaleinsaufgaben, die eventuell unter Strategieeinsatz zur Ableitung dieser Aufgaben in Frage kommen. Für die im Interview eingesetzte Aufgabe 9 · 6 wurden unter anderem die Lösungszeiten der Aufgaben 10 · 6 und 1 · 6 erfasst. Der schnelle Faktenabruf dieser Teilaufgaben stellt eine Voraussetzung für die Lösung über die Nachbaraufgabe (9 · 6 = 10 · 6 – 1 · 6) dar.

Ausgehend von der Annahme, dass der Anteil an schnell abrufbaren Kernaufgaben zum Durchführungszeitpunkt der Testung höher ist als der der Nicht-Kernaufgaben (siehe Abschnitte 2.3.1 und 2.5.2), wurde die Aufgabenschwierigkeit durch eine gezielte Aufgabenanordnung variiert. Jeder Nicht-Kernaufgabe wurde zumindest eine Kernaufgabe voran- und nachgestellt, so dass sich vermeintlich leichtere und schwieriger zu lösende Aufgaben abwechseln. Als Einstieg in die Testung wurde aus motivationalen Aspekten die vermeintlich einfach zu lösende Aufgabe 2 · 5 abgefragt (SELTER & SPIEGEL, 1997, S. 107).

Um einen möglichen „priming-effect" (BIEWALD, 1998, S. 13) und damit einhergehende Verzerrungen bei den Lösungszeiten einzelner Aufgaben zu vermeiden, wurden Aufgaben derselben Einmaleinsreihe nicht unmittelbar aufeinanderfolgend gestellt, sondern im Wechsel zwischen den Reihen: „Einander folgend vorgegebene Aufgaben derselben Multiplikations[reihe] [...] werden schneller gelöst als Aufgaben, die einen Wechsel zwischen verschiedenen Reihen erfordern" (ebd., S. 13; STEEL & FUNNELL, 2001).

Vor der Durchführung der Reaktionszeittestung wurden die Kinder von der Testleiterin bzw. dem Testleiter über den Ablauf der Testung informiert. Zusätzlich dazu erfolgte eine erneute kurze allgemeine computerbasierte Instruktion zum Testablauf mit Beginn der Testung. Explizit hervorgehoben wurde das vordergründige Ziel dieser Untersuchung – das schnelle Lösen der Einmaleinsaufgaben. Vor Beginn der eigentlichen Ermittlung der Lösungszeiten je Aufgabe wurde der Ablauf der Testung an zwei Probeaufgaben exemplarisch veranschaulicht. Durch die Möglichkeit der individuellen Fortsetzung der Testung durch die Testleiterin bzw. den Testleiter konnten bereits nach Lösung des ersten Probeitems eventuell auftretende Fragen bzw. Unklarheiten besprochen werden. Spätestens mit Beantwortung der zweiten Aufgabe und einem möglichen wiederholten Austausch zwischen Testleiterin bzw. Testleiter und Testteilnehmerin bzw. -teilnehmer konnte sichergestellt werden, dass alle Kinder die Aufgabenstellung verstanden haben.

Vor jeder zu lösenden Einmaleinsaufgabe erscheint für 3 Sekunden ein kleines Wartekreuz bzw. Fixationszeichen, das die Aufmerksamkeit der Testteilnehmerin bzw. des Testteilnehmers auf die in Kürze zu lösende Einmaleinsaufgabe lenken soll. Darauf folgt der Bildschirm mit der zentral präsentierten Aufgabenstellung (z.B. 8 · 7). Abbildung 30 veranschaulicht den Ablauf schematisch. Die Reaktionszeitmessung beginnt mit dem Erscheinen der Einmaleinsaufgabe und wird durch die Testleiterin oder den Testleiter möglichst zeitgleich zur ersten verbalen Äußerung durch Drücken einer Taste gestoppt. Die manuelle Zeitauslösung wurde – wie auch in ähnlichen Untersuchungen (CAMPBELL & GRAHAM, 1985, S. 345) – gezielt eingesetzt, um den Schwierigkeiten alternativer Zeiterfassungen entgegenzuwirken.[118]

Nach jedem Aufgabenset erhielten die Kinder ein neutrales, von der Anzahl richtig gelöster Aufgaben unabhängiges Feedback. Pausen von einer vorgesehenen Länge von 10 Sekunden zwischen den einzelnen Sets konnten von den Testleiterinnen bzw. -leitern in Einzelfällen individuell verlängert werden. Ein für die Testleiterin bzw. den Testleiter erstellter Übersichtsbogen mit den aufgelisteten Einmaleinsaufgaben in ihrer getesteten Reihenfolge sowie Anmerkungsfeldern (siehe Anhang A.1) ermöglichte das Festhalten von eventuell falschen Ergebniseingaben oder weiteren unvorhergesehenen Vorfällen. Die Reaktionszeittestung wurde zudem videodokumentiert, um unter anderem im Falle möglicher fehlerhafter Reaktionszeiterfassungen weitere Analysen vornehmen zu können.

---

118 Eine Selbstauslösung der Reaktionszeit durch die Testteilnehmerinnen und -teilnehmer mit nachfolgender Eingabe der Aufgabenlösung hätte eine ökonomische Gruppentestung ermöglicht – die Pilotierung der Reaktionszeittestung in Jahrgangsstufe 4 ($N = 65$) offenbarte allerdings, dass Kinder mit dem Ziel vor Augen, eine Aufgabe möglichst schnell zu lösen, vor der kompletten Berechnung der gestellten Aufgabe die Reaktionszeit durch Drücken der Taste auslösten und deutlich kleinere Lösungszeiten als die tatsächlichen erfasst wurden.

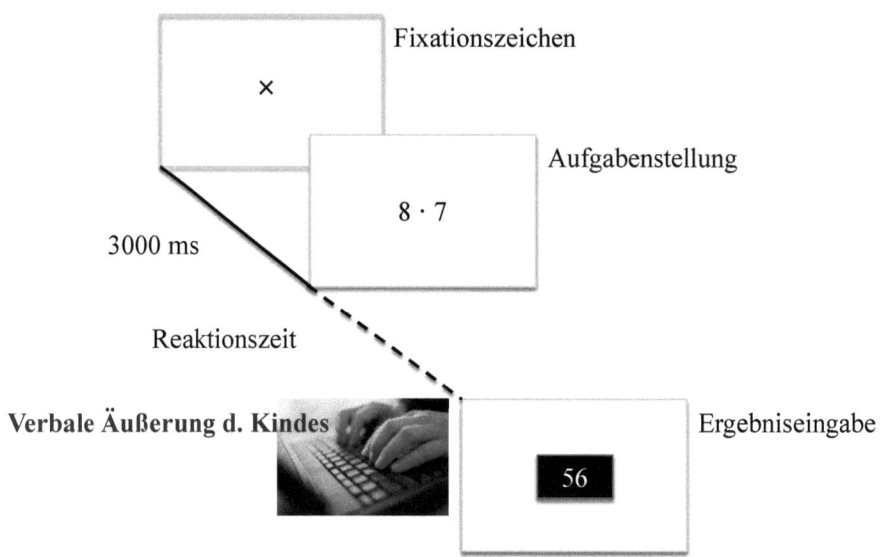

Abbildung 30: Schematische Darstellung der Reaktionszeiterfassung.

5.3.2 Strategieinterview

Zur Erhebung der Herangehensweisen an Aufgaben des kleinen Einmaleins wird die Methode des *klinischen Interviews* eingesetzt. Klinische Interviews stellen eine in der mathematikdidaktischen Forschung weit verbreitete, anerkannte Methode zur Erhebung von Denk- und Vorgehensweisen von Kindern dar (BECK & MAIER, 1993, S. 147ff.; SELTER & SPIEGEL, 1997, S. 100ff.; BENZ, 2005, S. 105ff.). HUINKER (1993) beschreibt die Rolle des Interviews wie folgt: „Interviews, like windows, allow us to see students' mathematical understanding and reasoning more clearly" (ebd., S. 86).

Die von Jean Piaget aus der Psychoanalytik entlehnte und entwickelte Methode ermöglicht Kindern, eine gestellte Aufgabe zunächst so zu lösen, wie sie wollen. Erst in einem zweiten Schritt können durch Nachfragen weitere Denkprozesse der Kinder offengelegt werden. Jean Piaget unterscheidet zwischen der *klassischen* und der *revidierten* klinischen Methode (PIAGET, 1926). In dieser Arbeit bezieht sich der Begriff klinisches Interview auf das klassische Verfahren, das ausschließlich sprachliche Äußerungen der Kinder einbezieht und nicht wie für die revidierte Methode üblich auch Handlungen der Kinder am Material integriert (SELTER & SPIEGEL, 1997, S. 101).

Die klinischen Interviews werden in dieser Arbeit in *halbstandardisierter Form* durchgeführt. Vor allem um eine Vergleichbarkeit der Interviewergebnisse bzw. der Herangehensweisen zu ermöglichen, erweist sich das halbstandardisierte Verfahren als besonders geeignet. Trotz des Einsatzes eines „Interview-Leitfaden[s], der dem Interviewer mehr oder weniger verbindlich die Art und die Inhalte des Gesprächs vorschreibt" (BORTZ & DÖRING, 2006, S. 239, Ergänzung der Autorin), zeichnet sich eine halbstandardisierte Form dennoch durch seine Offenheit aus, individuelle Denkwege der Kinder in alle Richtungen verfolgen zu können (SELTER & SPIEGEL, 1997).

Charakteristisch für diese Methode sind nach SELTER und SPIEGEL (1997) die bewusste Zurückhaltung der interviewenden Person, das Erzeugen kognitiver Konflikte sowie das flexible Reagieren auf die Lösungswege der Kinder. Für eine übersichtliche Darstellung der Vor- und Nachteile eines klinischen Interviews sei auf die Arbeit von BENZ (2005) verwiesen (ebd., S. 106ff.).

Im Folgenden soll ausschließlich die Wahl des klinischen Interviews hinsichtlich der Besonderheiten der vorliegenden Arbeit thematisiert werden:

- In allen Teilbereichen des Strategieinterviews werden neben quantifizierbaren Aussagen wie beispielsweise zur Korrektheit der zu lösenden Aufgaben oder der Anzahl der genannten unterschiedlichen Herangehensweisen auch qualitative Aussagen im Hinblick auf die kindlichen Herangehensweisen an Einmaleinsaufgaben getätigt. Das klinische Interview ermöglicht dabei nicht nur Erkenntnisse hinsichtlich konkreter Ergebnisse, sondern liefert auch Auskünfte zu den eingesetzten Lösungs- bzw. Rechenwegen – dem Lösungsprozess.

- Das klinische Interview bietet zudem in Form der halbstandardisierten Variante die Möglichkeit Nachfragen zu stellen und auf diese Weise Aufschluss über individuelle Denkwege oder Denkprozesse zu erhalten. Dies ist vor allem bei der Testung von Kindern erforderlich, die unter Umständen noch nicht in der Lage sind, ihre Gedanken, Lösungswege oder Reflexionen genau und präzise für jeden nachvollziehbar zu verbalisieren. „Selbst wenn das Kind verstanden hatte, konnte es vielleicht doch noch nicht den gesamten Umfang seines Wissens verbalisieren" (GINSBURG & OPPER, 2004, S. 150). Dieses Verfahren bietet somit die Gelegenheit zunächst vielleicht etwas unverständliche oder unpräzise Gedankengänge der Kinder zu hinterfragen, mit dem vordergründigen Ziel, die Schülerin oder den Schüler in seinem Denken nachvollziehen und verstehen zu können (HOPF, 2008, S. 177). Andersherum können aber auch Verständnisprobleme auf Seiten der Kinder hinsichtlich der Aufgabenstellung entstehen, die aufgrund der Halbstandardisierung ohne weiteres mit der Interviewerin oder dem Interviewer geklärt werden können. Dabei bietet der konzipierte Interviewleitfaden (siehe Anhang A.2) auch weitere Anregungen bzw. Variationen der Fragestellungen oder alternative Formulierungsvorschläge für Aufgabenstellungen.

Nach THRELFALL (2009) können zwei Hauptmethoden zur Untersuchung mentaler Rechenvorgänge bei Kindern unterschieden werden (ebd., S. 549): *self-reports* und *controlled option experiments*. „In self-report approaches, subjects are asked to report what they do, either as it is happening using ‚verbal protocol' methods, or afterwards by description (THRELFALL, 2009, S. 549, Hervorhebung im Original). In der vorliegenden Untersuchung wurde sich für eine Beschreibung der Vorgehensweise bzw. des Rechenweges direkt im Anschluss an die Aufgabenlösung entschieden. Die alternative Methode des lauten Denkens (während des Lösungsprozesses) wurde als eher ungeeignet identifiziert, da nicht sichergestellt werden kann, dass die zusätzlich zur Aufgabenbearbeitung verlangte Anforderung des lauten Denkens nicht den Lösungsprozess selbst beeinflusst.

Als Alternativen zur bereits beschriebenen Methode des self-reports nennt THRELFALL (2009) „experiments involving constrained choices" (ebd., S. 549) wie beispielsweise die *choice/no-choice method*, die von SIEGLER und LEMAIRE (1997) entwickelt und bereits in den Ausführungen des Abschnittes 3.3.2 als Forschungsmethode angeführt wurde. Trotz der beschriebenen Vorteile der besagten Methode (siehe Abschnitte 3.3.2), die Testungen in einer Wahl-Bedingung und mehreren Nicht-Wahl-Bedingungen vorsieht, wurde für die Studie dieser Arbeit bewusst auf die Methode des self-reports zurückgegriffen. Als ausschlaggebendes Kriterium für diese Entscheidung sind die Forschungsfragen bzw. die verfolgten Ziele (siehe Abschnitt 5.1) dieser Studie zu nennen. Im Gegensatz zu den Studien, die die Choice/no-choice-Methode bevorzugt einsetzen und eine adäquate Strategiewahl von der Lösungskorrektheit und der Lösungsgeschwindigkeit festmachen, zeichnet sich die Adäquatheit der Strategiewahl in der vorliegenden Arbeit durch den Einsatz von geeigneten Rechenstrategien unter Berücksichtigung der Aufgabencharakteristik aus (siehe Abschnitt 3.3.2). Es geht somit in erster Linie nicht darum zu überprüfen, ob Kinder bei freier Strategiewahl die Herangehensweise zur Lösung einsetzen, die am schnellsten zur korrekten Lösung führt. Denn eine schnelle Aufgabenlösung kann, wie im Theorieteil (siehe Abschnitt 2.4.3; BROWNELL & CHAZAL, 1935, S. 25) bereits herausgestellt, auch auf die Effektivitätssteigerung einer weniger tragfähigen Herangehensweise zurückgeführt werden. Vielmehr ist davon auszugehen, dass eine Herangehensweise tragfähig ist, wenn die Aufgabenlösung unter bewusstem Einsatz von Zahlbeziehungen erfolgt – der Erwartung entsprechend sollte die Aufgabenlösung allerdings zu einem gewissen Zeitpunkt der Erarbeitung auch möglichst schnell und korrekt ablaufen.

Ein weiterer Nachteil der von LEMAIRE und SIEGLER (1997) entwickelten Methode besteht darin, dass die Vielfalt an verschiedenen Herangehensweisen in der Unterrichtspraxis nur eingeschränkt erfasst werden kann. Da für jede genannte Herangehensweise in der Wahl-Bedingung eine Nicht-Wahl-Bedingung vorgesehen ist, stellt sich das beschriebene Verfahren als sehr umfangreich und zeitaufwendig heraus.[119]

> However, given the rich diversity of strategies that people use to solve cognitive tasks (and which, thus, may occur in the choice condition), the choice/no-choice method runs the risk of becoming a problematically time-consuming and unmanageable investigative tool if one would effectively implement a no-choice condition for every strategy being used in the choice condition. (LUWEL et al., 2009, S. 355)

---

119 Dies soll an einem exemplarischen Beispiel veranschaulicht werden: Nennen Kinder zur Aufgabenlösung von *fünf* Einmaleinsaufgaben beispielsweise *vier* unterschiedliche Herangehensweisen, müsste jede Testteilnehmerin bzw. jeder Testteilnehmer in der Nicht-Wahl-Bedingung 20 Aufgaben lösen (jede der fünf Aufgaben muss auf vier verschiedenen Lösungswegen berechnet werden).

Aus dem geschilderten Grund wird die freie Strategiewahl oft ersetzt durch eine „restricted-choice" oder „multiple-choice condition" (LUWEL et al., 2009, S. 355), die das Individuum in seiner ursprünglich vorgesehenen oder präferierten Strategiewahl durchaus maßgeblich einschränken kann.

Im Vergleich dazu kann der self-report gemäß THRELFALL (2009) einen „relatively direct access" gewährleisten – einen möglichst natürlichen, freien, wenig voreingenommenen Zugang zu den Einmaleinsaufgaben, der den Kindern ihre präferierte Strategiewahl ermöglicht.

ASHCRAFT (1990) führt als Kritikpunkt der Methode des self-reports an: „Verbalised solutions may not reflect the subject's true solution strategy, but merely one that is somewhat easier to verbalise" (ebd., S. 201; siehe auch Abschnitt 3.2.2). Bei der Betrachtung und Interpretation von Ergebnissen sollte dies mitbedacht werden. Im Hinblick auf die Choice/no-choice-Methode muss allerdings ebenfalls festgehalten werden, dass keine Garantie besteht, dass Kinder in der Nicht-Wahl-Bedingung, in der sie aufgefordert werden, eine vorgeschriebene Herangehensweise zur Aufgabenlösung einzusetzen, diese auch wirklich zur Lösung heranziehen. Kinder können unter Umständen schlicht und einfach einen Lösungsweg wählen, den sie bevorzugt anwenden oder der leichter zur Lösung führt. Vor allem, wenn die geforderte Herangehensweise für die Aufgabenstellung höchst unnatürlich ist, dürfte dies eintreten.

Im Folgenden werden die einzelnen Teilbereiche des Strategieinterviews vorgestellt. Das Strategieinterview setzt sich aus drei Teilbereichen zusammen. Alle Teilbereiche wurden ebenso wie die computerbasierte Reaktionszeittestung videodokumentiert. Während des *ersten* Interviewteils haben die Kinder bei der Aufgabenlösung freie Strategiewahl. Sechs verschiedene Aufgaben werden auf diese Weise von den Kindern gelöst. Die Aufgaben wurden in Form von dargebotenen Aufgabenkarten gestellt und mündlich gelöst. Allerdings wurden den Schülerinnen und Schülern Papier und Stift zur Verfügung gestellt, um gegebenenfalls Notizen zu ermöglichen. Das Ziel dieses ersten Teilbereiches bestand darin, die Vielfalt an unterschiedlichen Herangehensweisen an Aufgaben des kleinen Einmaleins zu ermitteln.

Geben Schülerinnen oder Schüler hinsichtlich der Lösung einer Einmaleinsaufgabe an, die Aufgabe *gewusst* zu haben (die Aufgabe womöglich über den Faktenabruf gelöst zu haben), werden sie aufgefordert, eine alternative Herangehensweise bzw. einen alternativen Lösungsweg zur erstgenannten Lösung zu nennen. Eine mögliche Aufforderung oder Hilfestellung des Interviewers für diesen speziellen Fall könnte wie folgt aussehen:

• Stell dir vor, du kannst dich einfach nicht mehr an das Ergebnis erinnern – wie versuchst du dann die Aufgabe zu lösen?

Da sich diese Studie bereits im Zuge der Reaktionszeittestung mit einem schnellen Faktenabruf aus dem Gedächtnis befasst, wurde im Strategieinterview zur Ermittlung der Vielfalt an unterschiedlichen Herangehensweisen eine alternative Lösungsmöglichkeit anstelle des genannten Faktenabrufes gefordert.

Der *zweite* Interviewteil versucht Strategiewahl-Alternativen der Kinder jeweils zu einer konkreten Einmaleinsaufgabe zu ermitteln. Die Schülerinnen und Schüler sollen für die beiden letzten Aufgabenstellungen des ersten Interviewteils weitere mögliche Lösungswege zu den bereits genannten aufzeigen. Durch die Aufforderung zur Nennung zusätzlicher Lösungswege kann gegebenenfalls nicht nur die Vielfalt der verschiedenen Herangehensweisen des ersten Teilbereichs des Strategieinterviews vergrößert werden, sondern auch die Anzahl an verschiedenen Herangehensweisen an eine konkrete Aufgabe erhoben werden. Ein Ziel des Interviews besteht darin, ein möglichst umfassendes Strategie-Repertoire der Kinder hinsichtlich der Lösung von Einmaleinsaufgaben zu erhalten. Da der erste Teilbereich diese Zielsetzung allerdings nicht ausschöpfend erfüllen kann, wurde das Strategieinterview um diesen zweiten Teilbereich erweitert. In einer Pilotierungsstudie mit $N = 25$ Grundschulkindern im 3. Schuljahr wurden verschiedene Methoden zur Erfassung des Strategie-Repertoires erprobt und auf ihre Wirksamkeit hin analysiert und beurteilt. Ergänzende Fragen zur Ermittlung noch weiterer alternativer Herangehensweisen offenbarten – im Vergleich zu den ausschließlich in der freien Strategiewahl ermittelten Herangehensweisen – ein deutlich größeres Strategie-Repertoire der Kinder.

Der *dritte* und zugleich letzte Teil des Strategieinterviews überprüft mögliche Herangehensweisen bzw. Ideen zur Lösung einer Aufgabe aus dem großen Einmaleins. Die Kinder sollen einen möglichen Lösungsweg zur Berechnung dieser Aufgabe kommunizieren und gegebenenfalls vorhandene alternative Lösungswege nennen. Eine Berechnung der Aufgabe wurde in diesem Interviewteil nicht gefordert – lediglich die Beschreibung eines Lösungsweges oder einer Idee.

Eine Übersicht über die drei Teilbereiche des Strategieinterviews sowie die ausgewählten Aufgaben veranschaulicht Tabelle 21.

Tabelle 21: Teilbereiche des Strategieinterviews und Aufgabenauswahl

Kleines Einmaleins			
1	Freie Strategiewahl (*choice*)	6 Aufgaben	$3 \cdot 7$
			$9 \cdot 4$
			$5 \cdot 8$
			$6 \cdot 9$
			$4 \cdot 6$
			$8 \cdot 7$
2	Strategiewahl-Alternativen	2 Aufgaben	$4 \cdot 6$
			$8 \cdot 7$
Großes Einmaleins			
3	Freie Strategiewahl (*choice*)	1 Aufgabe	$18 \cdot 7$

Die Auswahl der Aufgaben für das Strategieinterview wurde für alle Interviewteilbereiche gezielt vorgenommen. Dabei wurden Aufgaben so ausgewählt, dass sie eine Lösung anhand von verschiedenen Rechenstrategien ermöglichen. Die Übersicht der Tabelle 22 veranschaulicht die unterschiedlichen Herangehensweisen bzw. Rechenstrategien, die je Aufgabenstellung zur Aufgabenlösung eingesetzt werden können bzw. sich zur Aufgabenlösung anbieten könnten (Interviewteilbereich 1, 2 und 3).[120] Die sukzessive Addition ist in der Übersicht ebenfalls aufgeführt, auch wenn diese wie dem Theorieteil (siehe Abschnitte 2.2.3) zu entnehmen ist, nicht per se als Rechenstrategie erfasst wird. Erweist sich ein Einsatz aufgrund der Aufgabencharakteristik allerdings als überlegt, kann die sukzessive Addition auch als Rechenstrategie gelistet bzw. angesehen werden. Die Übersicht stellt keine verbindliche Zuordnung zwischen Aufgabenstellung und einzusetzender Herangehensweise dar, veranschaulicht aber, dass sich die ein oder andere Rechenstrategie (wie beispielsweise die Nachbaraufgabe) häufiger als Lösungsweg anbietet als wiederum andere aufgeführte Rechenstrategien. Herangehensweisen wie die Verdopplung bzw. die Halbierung oder das gegensinnige Verändern sind auf eine spezielle Aufgabencharakteristik angewiesen und erweisen sich somit weniger häufig als geeignete Lösungsvarianten (siehe Abschnitt 2.2.2).

Tabelle 22:   Erwartete bzw. mögliche Herangehensweisen zur Aufgabenlösung der Interviewteilbereiche

Aufgabe	Nachbaraufgabe	Zerlegung	Verdoppeln/ Halbieren	gegensinniges Verändern	sukzessive Addition
3 · 7	✓	✓	–	–	✓
9 · 4	✓	✓	✓	(✓)	–
5 · 8	(✓)	✓	✓	✓	✓
6 · 9	✓	(✓)	(✓)	–	–
4 · 6	✓	✓	✓	(✓)	–
8 · 7	✓	✓	(✓)	–	–
18 · 7	–	✓	✓	–	–

Insgesamt setzt sich die Auswahl für den ersten Teilbereich des Strategieinterviews aus einer Kernaufgabe (5 · 8) und fünf Nicht-Kernaufgaben zusammen. Die eingesetzten sechs Einmaleinsaufgaben decken dabei die Faktoren von 3 bis 9 ab.

Die Aufgabe 3 · 7 wurde mit ihrem kleinen Zahlenmaterial berücksichtigt, um einen – je nach zugrundeliegendem Verständnis – sinnvollen Einsatz der sukzessiven Addition zu ermöglichen (siehe Abschnitt 2.2.2). Die sukzessive Addition kann allerdings im konkreten Fall nur als adäquate Herangehensweise bezeichnet werden, wenn der zweite Faktor als Multiplikator angesehen wird und die Aufgabe 3 · 7 dementsprechend über 3 · 7 = 7 + 7 + 7 gelöst wird. Die Wahl der Aufgabe 5 · 8 ist aus ähnlichen Beweggründen in den Pool an Aufgaben aufgenommen worden. Neben der Aufgabe 3 · 7 ist auch bei der Lösung einer Einmaleinsaufgabe mit Faktor 5 eine Berechnung über die sukzessive Addition denkbar. Wenn die Aufga-

---

120 Die in Tabelle 22 aufgeführten, erwarteten bzw. möglichen Herangehensweisen je Aufgabenstellung sind als normative Setzung der Autorin zu verstehen. Häkchen stehen für *eher* naheliegende Aufgabenlösungen. Die Herangehensweisen an Aufgaben, die mit Häkchen in Klammern gekennzeichnet sind, stellen weitere denkbare, aber vermutlich nicht die geläufigsten Herangehensweisen dar.

be $5 \cdot 8$ nicht schon als Kernaufgabe frühzeitig automatisiert zur Verfügung steht, kann zur schnellen Aufgabenlösung der Rechenweg $5 \cdot 8 = 5 + 5 + 5 + 5 + 5 + 5 + 5 + 5 = 10 + 10 + 10 + 10$ herangezogen werden. Die weiteren angeführten Aufgaben können ebenfalls über die sukzessive Addition gelöst werden, aufgrund der Aufgabencharakteristik ist der Einsatz der sukzessiven Addition aber wenig reflektiert bzw. empfehlenswert (siehe Abschnitt 2.2.3).

Zur Lösung der Aufgabe $6 \cdot 9$ scheint die Anwendung der Nachbaraufgabe deutlich naheliegender als eine potentielle Lösung über die Herangehensweise der Zerlegung basierend auf einer Kern- und einer (unter Umständen noch nicht auswendig verfügbaren) Nicht-Kernaufgabe (z.B. $6 \cdot 9 = 4 \cdot 9 + 2 \cdot 9$). Insbesondere die zur Aufgabenlösung benötigte Nicht-Kernaufgabe führt dazu, dass die Faktorzerlegung für die Aufgabenstellung $6 \cdot 9$ in der Tabelle 22 mit eingeklammerten Häkchen versehen ist. Auch die Aufgabe $5 \cdot 8$ kann nur mithilfe einer Nicht-Kernaufgabe über die Rechenstrategie der Nachbaraufgabe gelöst werden und wird aus diesem Grund ebenfalls mit einem Häkchen in Klammern versehen.

Die Anwendung der Rechenstrategie des gegensinnigen Veränderns ist auf eine spezielle Aufgabencharakteristik angewiesen. Eine geeignete Aufgabencharakteristik geht aber nicht zwingend mit einer leichter zu lösenden alternativen Aufgabe einher. Anstelle der Aufgabe $5 \cdot 8$ kann auch auf die vermeintlich leichte Aufgabe $10 \cdot 4$ zur Lösung zurückgegriffen werden. Die Aufgaben $9 \cdot 4$ und $4 \cdot 6$, die in Tabelle 22 beide mit Häkchen in Klammern versehen sind, können aufgrund der Aufgabencharakteristik noch über eine (vermeintlich leichte) Verdopplung gelöst werden ($18 \cdot 2$ bzw. $2 \cdot 12$). Die Aufgaben $8 \cdot 7$ und $6 \cdot 9$ ermöglichen ebenfalls eine Aufgabenlösung mittels gegensinnigen Veränderns ($8 \cdot 7 = 4 \cdot 14 = 2 \cdot 28$ bzw. $6 \cdot 9 = 2 \cdot 27$), die Lösung wird allerdings anhand der alternativen Aufgaben nicht maßgeblich erleichtert. Aus diesem Grund wird das gegensinnige Verändern bei den beiden letztgenannten Aufgaben nicht als erwartete bzw. mögliche Herangehensweise in Tabelle 22 geführt.

Die Aufgaben $9 \cdot 4$ und $4 \cdot 6$ können darüber hinaus auch über die Rechenstrategie des Verdoppelns (z.B. $9 \cdot 4 = 2 \cdot (2 \cdot 9)$ bzw. $4 \cdot 6 = 2 \cdot (2 \cdot 6)$) gelöst werden. Zur Lösung der Aufgabe $5 \cdot 8$ kann auf die Halbierung $5 \cdot 8 = (10 \cdot 8) : 2$ zurückgegriffen werden. Für die Aufgaben $6 \cdot 9$ und $8 \cdot 7$ müssen entweder zwei Nicht-Kernaufgaben verdoppelt ($6 \cdot 9 = 2 \cdot (3 \cdot 9)$ bzw. $8 \cdot 7 = 2 \cdot (4 \cdot 7)$) oder für die Aufgabe $8 \cdot 7$ drei Verdopplungen hintereinander ausgeführt werden ($8 \cdot 7 = 2 \cdot 2 \cdot (2 \cdot 7)$). Da die Verdopplung bei bereits bekannter Nicht-Kernaufgabe denkbar ist ebenso wie eine mehrmalige Verdopplung zur Lösung der Aufgabe $8 \cdot 7$, die Verdopplung allerdings sicherlich nicht die naheliegendste Herangehensweise bei diesen beiden Aufgaben darstellt, werden die letztgenannten Aufgaben in Tabelle 22 mit Häkchen in Klammern versehen.

Generell wurde bei der Aufgabenselektion berücksichtigt, dass sich zusätzliche Rechenstrategien oder Herangehensweisen hinsichtlich der Anwendung der Tauschaufgabe bzw. der Interpretation des zweiten Faktors als Multiplikator anbieten.[121]

Für den zweiten Interviewteilbereich wurden zwei Aufgaben ausgesucht, die sich durch viele verschiedene Rechenstrategien zur Aufgabenlösung auszeichnen. Darüber hinaus sollen zur Lösung auch verschiedene Lösungswege für ein- und dieselbe Rechenstrategie denkbar sein. Diese Voraussetzung erfüllen die beiden ausgewählten Aufgaben $4 \cdot 6$ und $8 \cdot 7$ (siehe Tabelle 23). In Tabelle 23 werden verschiedene mögliche bzw. erwartete Lösungswege über die Nachbaraufgabe, die Zerlegung sowie das Verdoppeln und Halbieren aufgezeigt.

Tabelle 23: Verschiedene denkbare Lösungswege des zweiten Teilbereichs des Strategieinterviews

Aufgabe	Nachbaraufgabe	Zerlegungsaufgabe	Verdoppeln/Halbieren
$4 \cdot 6$	z.B.	z.B.	z.B.
	$5 \cdot 6 - 1 \cdot 6$	$2 \cdot 6 + 2 \cdot 6$	$2 \cdot (2 \cdot 6)$
	$6 \cdot 4 = 5 \cdot 4 + 1 \cdot 4$	$6 \cdot 6 - 2 \cdot 6$	$2 \cdot (4 \cdot 3)$ (keine KA)
		$6 \cdot 4 = 4 \cdot 4 + 2 \cdot 4$	
		$6 \cdot 4 = 2 \cdot 4 + 2 \cdot 4 + 2 \cdot 4$	
$8 \cdot 7$	z.B.	z.B.	z.B.
	$7 \cdot 7 + 1 \cdot 7$	$10 \cdot 7 - 2 \cdot 7$	$2 \cdot 2 \cdot (2 \cdot 7)$
	$7 \cdot 8 = 8 \cdot 8 - 1 \cdot 8$	$5 \cdot 7 + 3 \cdot 7$ (keine KA)	$2 \cdot (4 \cdot 7)$ (keine KA)
		$7 \cdot 8 = 5 \cdot 8 + 2 \cdot 8$	
		$7 \cdot 8 = 10 \cdot 8 - 3 \cdot 8$ (keine KA)	

Zur Lösung beider Aufgaben kann – wie in Tabelle 23 angeführt – auf Quadrataufgaben zurückgegriffen werden. Ebenso bieten sich Aufgabenlösungen auf Basis des Einsatzes von Tauschaufgaben an – kursiv hervorgehoben sind die Lösungswege, bei denen der zweite Faktor als Multiplikator interpretiert wird. Vereinzelte Lösungen, die nicht ausschließlich auf der Anwendung von Kernaufgaben (KA) basieren, wurden in Tabelle 23 als solche gekennzeichnet (keine KA).

Im dritten Interviewteilbereich sollten mögliche Herangehensweisen oder Ideen zur Lösung einer Aufgabe aus dem großen Einmaleins vorgestellt werden (siehe Tabelle 24). Die Aufgabe $18 \cdot 7$ diente der Überprüfung eines möglichen Transfers von Rechenstrategien. Wurde beispielsweise die Rechenstrategie der Zerlegung auf Basis von Einsicht für das kleine Einmaleins angewandt und verinnerlicht, könnten die Kinder unter Umständen auch zur Übertragung dieser Rechenstrategie auf den größeren Zahlenraum fähig sein. Denkbar wäre demnach z.B. die Übertragung des Lösungsweges $8 \cdot 7 = 10 \cdot 7 - 2 \cdot 7$ auf $18 \cdot 7 = 20 \cdot 7 - 2 \cdot 7$. Weitere denkbare Herangehensweisen sind in Tabelle 24 aufgelistet.

---

121 Die Aufgabe $4 \cdot 6$ lässt sich beispielsweise nicht nur über die Nachbaraufgabe $4 \cdot 6 = 5 \cdot 6 - 1 \cdot 6$ lösen, sondern auch wenn der zweite Faktor als Multiplikator interpretiert wird (z.B. $6 \cdot 4 = 5 \cdot 4 + 1 \cdot 4$) (siehe für weitere Beispiele auch Tabelle 23).

Tabelle 24: Verschiedene denkbare Lösungswege für die Einmaleinsaufgabe 18 · 7

Aufgabe	Verdoppeln/Halbieren	Zerlegungsaufgabe	Sukzessive Addition
18 · 7	z.B. 2 · (9 · 7)	z.B. 20 · 7 − 2 · 7	z.B.
		10 · 7 + 8 · 7	7 + 7 + 7 + 7 + 7 + 7 + 7 + 7 + 7 + 7 + 7 + 7 + 7 + 7 + 7 + 7 + 7 + 7
			18 + 18 + 18 + 18 + 18 + 18 + 18

5.4 Kodierung und statistische Methoden der Haupterhebung

Reaktionszeittestung

Für jede zu lösende Einmaleinsaufgabe der Reaktionszeittestung erfasste das computerbasierte Programm E-Prime die benötigte Lösungszeit, das genannte Ergebnis sowie die Korrektheit der Aufgabenlösung. Die Reaktionszeittestung kann als Niveautest angesehen werden, zu dessen Bearbeitung ausreichend Zeit zur Verfügung stand. Nicht gelöste Aufgaben wurden in der dichotomen 0–1 Kodierung daher hinsichtlich der Korrektheit als falsch (0) gewertet. Für einen Teil der anschließenden Auswertung wurden die Variablen in das Statistikprogramm SPSS übertragen.

Strategieinterview

Für alle sechs zu lösenden Einmaleinsaufgaben des ersten Teilbereiches des Strategieinterviews wurden die – bei freier Strategiewahl präferierten – Lösungswege des Kindes sowie das Ergebnis der berechneten Einmaleinsaufgabe erfasst.[122] Der im Detail festgehaltene Lösungs- bzw. Rechenweg ermöglichte dabei die Kodierung der eingesetzten Herangehensweisen sowie die Ermittlung eventueller Fehlertypen. Zusätzlich zum genannten Lösungsweg wurde auch erfasst, inwiefern die Kommutativität bzw. der implizite Einsatz der Tauschaufgabe bei der Aufgabenbeantwortung eine Rolle spielt bzw. flexibel bei der Strategiewahl genutzt wird.[123] Darüber hinaus wurde in einer weiteren Variable kodiert, ob auf Nicht-Kernaufgaben bei der Aufgabenbeantwortung zurückgegriffen wurde.

Die Kodierung der Herangehensweisen an Aufgaben des kleinen Einmaleins erfolgte basierend auf einem in zwei Schritten entwickelten Kodiermanual. In einem ersten theoriegeleiteten, deduktiven Schritt wurde ein Kodierungsschema, orientiert an den in der fachdidaktischen Literatur unterschiedenen Herangehensweisen, ausgearbeitet (siehe Abschnitt 2.2.2 bis 2.2.4). Unterschieden wurden die bereits im Abschnitt 2.2.2 klassifizierten drei Hauptkategorien: der Faktenabruf, die Rechenstrategien sowie das Zählen bzw. wiederholte Addieren. Innerhalb der Katego-

---

122 Im Falle der Angabe eines schnellen Abrufes der Aufgabe aus dem Gedächtnis oder der Äußerung, die Aufgabe gewusst zu haben, wird der geforderte alternative Lösungsweg des Kindes ebenfalls festgehalten.

123 Für jeden Lösungsweg wurde parallel zur Erfassung der Herangehensweise eine mögliche Anwendung der Tauschaufgabe bzw. die Interpretation des 2. Faktors als Multiplikator ermittelt.

rie der Rechenstrategien wurden als typische Herangehensweisen die Tauschaufgabe, die Verdopplung und Halbierung eines Faktors, die Zerlegung eines Faktors, die Nachbaraufgabe und das gegensinnige Verändern beider Faktoren klassifiziert (siehe Tabelle 25). Bei den Lösungswegen über die Nachbaraufgabe und die Faktorzerlegung wurde dabei noch einmal differenziert in additive oder subtraktive Zerlegungen. Ebenso wie in der Klassifizierung der Herangehensweisen im Theorieteil dieser Arbeit stellen das Zählen und wiederholte Addieren gleicher Summanden eine weitere Kategorie dar. Während im Theorieteil die geringe Eleganz und Effizienz dieser Herangehensweisen im Allgemeinen zu einer Zusammenfassung zu einer Hauptkategorie geführt hat, bietet sich aufgrund der unterschiedlich eleganten bzw. effizienten Herangehensweisen innerhalb dieser Kategorie eine separate Kodierung des Zählens und wiederholten Addierens an. Idealtypische Herangehensweisen dieser Kategorie wie die wiederholte Addition oder das Nutzen von Zahlenfolgen können in der Praxis bzw. im Strategieinterview nicht zweifelsfrei voneinander abgegrenzt werden. Ein Kind, das zur Lösung der Aufgabe 4 · 3 beispielsweise folgenden Lösungsweg nennt: 3, 6, 9, 12 – kann durchaus über das Aufsagen der Reihe zur Aufgabenlösung gelangt sein – unter Umständen etwas längere Lösungszeiten zur Aufgabenbeantwortung können aber auch ein Indiz dafür sein, dass Kinder die Aufgabe über die sukzessive Addition gelöst haben. Da auch ein Nachfragen durch die Interviewerin oder den Interviewer unter Umständen keine klare Zuordnung ermöglicht, werden die sukzessive Addition und das Nutzen von Zahlenfolgen in der vorliegenden Untersuchung als *eine* idealtypische Herangehensweise zusammengefasst und unter der Bezeichnung *sukzessive Addition* geführt. Die Herangehensweise des *rhythmischen Zählens* bzw. des *rhythmischen Zählens unter Zuhilfenahme der Finger* kann von der idealtypischen Herangehensweise der sukzessiven Addition unterschieden und als eigene Herangehensweise separat aufgeführt werden.[124] Der Lösungsweg eines Kindes, das zur Lösung einer Aufgabe nicht *offensichtlich* auf das rhythmische Zählen zurückgreift (z.B. 1, 2, 3, 4, 5, 6, 7... zur Lösung der Aufgabe 4 · 3), sondern die Aufgabe 4 · 3 über den bereits beschriebenen Lösungsweg 3, 6, 9, 12 löst – ein rhythmisches Zählen aber vermuten lässt –, wurde ebenfalls als sukzessiven Addition kodiert.[125]

Eine Vorkodierung der ersten Interviews zeigte darüber hinaus, dass auch eine Vielzahl an Mischformen zur Lösung von Einmaleinsaufgaben herangezogen wurden sowie weitere im ersten Kodierungsschema noch unberücksichtigte Herangehensweisen eingesetzt werden. Das Manual wurde aus diesem Grund in einem zweiten

---

124 Die Separierung ist inhaltlich vertretbar, stellt das rhythmische Zählen ohne oder unter Zuhilfenahme der Finger doch eine weniger elegante Herangehensweise im Vergleich zu den anderen Lösungswegen dar.

125 Für den gerade beschriebenen Fall, dass die Lösung einer Aufgabe unter Umständen durch das rhythmische Zählen anstelle der sukzessiven Addition oder dem Nutzen von Zahlenfolgen ermittelt wurde, wurde eine Notiz in einem Anmerkungsfeld des Datensatzes vermerkt. Bei Analysen im Ergebnisteil, die unter Umständen eine ausschließliche Betrachtung der sukzessiven Addition erfordern, können die betroffenen Fälle somit bei Bedarf separiert betrachtet werden.

Schritt im Sinne eines induktiven Vorgehens um die folgenden Herangehensweisen erweitert:

- die verkürzte sukzessive Addition (z.B. $8 \cdot 7 = 14 + 14 + 14 + 14$) sowie
- Mischformen:
    - Zerlegung eines Faktors und anschließende sukzessive Addition des anderen Teilproduktes (z.B. $8 \cdot 7 = 5 \cdot 7 + 7 + 7 + 7$)
    - Verdopplung einer Aufgabe und anschließende sukzessive Addition ($z.B. 5 \cdot 8 = 2 \cdot (2 \cdot 8) + 8$)

Herangehensweisen, die keine der genannten Kategorien zugeordnet werden konnten, wurden in der Kategorie *sonstige Herangehensweisen* zusammengefasst. Das Zusammenwirken eines deduktiven sowie eines induktiven Vorgehens liefert ein umfassendes Kategoriensystem, das in Tabelle 25 veranschaulicht ist.

Tabelle 25: Kodiermanual der Herangehensweisen an Aufgaben des kleinen Einmaleins

Hauptkategorien	Konkrete Herangehensweisen	
Faktenabruf	Abruf aus dem Gedächtnis[126]	
Rechenstrategien	Tauschaufgabe	
	Verdopplung	
	Halbierung	
	Nachbaraufgabe	Additiv
		Subtraktiv
	Zerlegung eines Faktors	Additiv
		Subtraktiv
	gegensinniges Verändern	
Mischformen	Zerlegung eines Faktors u. sukzessive Addition	Additiv
		Subtraktiv
	Halbierung u. sukzessive Addition	
Zählen und sukzessive Addition	sukzessive Addition	
	verkürzte sukzessive Addition	
	rhythmisches Zählen	
Sonstige Herangehensweisen		

Auf Basis der Lösungswege wurden aber nicht nur die jeweiligen Herangehensweisen an Einmaleinsaufgaben erfasst und kodiert, sondern auch die Fehlertypen, die bei der Berechnung der Aufgaben aufgetreten sind. Ähnlich wie für das Kodiermanual der verschiedenen Herangehensweisen beschrieben, wurde das Kodierungssche-

---

126 Getätigte Äußerungen der Kinder wie beispielsweise *Habe ich gewusst!* oder *Kann ich bereits auswendig!* wurden der Hauptkategorie *Faktenabruf* zugeordnet.

ma für die Fehlertypen ebenfalls sowohl auf deduktive als auch auf induktive Art und Weise erstellt. Aufgrund der wenigen Forschungsergebnisse in diesem Teilgebiet (siehe Abschnitt 3.2.1 – Korrektheit der Ausführung und Lösungszeiten) überwog allerdings das induktive Vorgehen. Zwei Haupt-Fehlertypen wurden im Kodiermanual angeführt bzw. unterschieden:

- Rechenfehler (die Rechenoperationen der Addition, Subtraktion, Multiplikation oder Division wurden nicht korrekt ausgeführt)[127]
- Strategiefehler (eine Herangehensweise bzw. das zugrundeliegende prozedurale Wissen wird nicht korrekt bzw. fehlerhaft ausgeführt).

Auch eine Kombination der verschiedenen Fehlerbilder ist denkbar und wurde bei der Kodierung berücksichtigt. Die Tabelle 26 bildet die verschiedenen Fehlertypen sortiert nach Herangehensweisen ab. Anhand exemplarischer Lösungswege werden die Fehlerbilder der einzelnen Herangehensweisen zusätzlich veranschaulicht. Aus Gründen der Übersicht wird auf eine detaillierte Aufsplittung der Fehlerbilder der Strategiefehler verzichtet. Auch die möglichen Kombinationen der Fehlerbilder wurden aus Gründen der Übersichtlichkeit nicht in Tabelle 26 aufgeführt.

Für den zweiten Teilbereich des Strategieinterviews zur Erfassung alternativer Herangehensweisen an ein- und dieselbe Einmaleinsaufgabe bzw. zur Erfassung eines umfangreichen Strategie-Repertoires wurde von den Kindern nur die Nennung des alternativen Lösungsweges gefordert, nicht die erneute Berechnung der Aufgabe anhand der alternativen Herangehensweise. Aus diesem Grund wurden im Zuge der Fehleranalyse für die jeweiligen Herangehensweisen des zweiten Teilbereiches auch nur Strategiefehler sichtbar und konnten erfasst werden, keine Rechenfehler.

Im dritten Teilbereich des Strategieinterviews wird die Übertragbarkeit von Herangehensweisen des kleinen Einmaleins auf das große Einmaleins überprüft. Die genutzten Lösungswege der Kinder werden festgehalten und basierend auf dem Kodierungsschema zur Lösung von Aufgaben aus dem kleinen Einmaleins (siehe Tabelle 27) kodiert. Zusätzlich zu den bereits vorzufindenden Herangehensweisen wird das Schema um eine weitere genannte Herangehensweise erweitert, die im Folgenden mit der Begrifflichkeit *Faktortausch* bezeichnet wird.

---

127 Im Kodiermanual wurden Rechenfehler für die Rechenoperation der Addition, Subtraktion und Division getrennt von den Rechenfehlern der Rechenoperation der Multiplikation geführt.

Tabelle 26: Kodiermanual der Fehlertypen je Herangehensweise

Haupt-kategorie	Konkrete Herangehensweise	Konkretes Fehlerbild/ Fehlertypen	Exemplarisches Beispiel
		Kein Fehler	$3 \cdot 7 = 21$
Fakten-abruf	Abruf aus dem Gedächtnis	Rechenfehler I (Multiplikation)	z.B. $3 \cdot 7 = 20$
Rechenstrategien	Verdopplung/ Halbierung	Rechenfehler I (Multiplikation)	z.B. $4 \cdot 6 = 2 \cdot 6 + 2 \cdot 6$, $14 + 14 = 28$
		Rechenfehler II (Addition/ Subtraktion/Division)	z.B. $4 \cdot 6 = 2 \cdot 6 + 2 \cdot 6$, $12 + 12 = 26$
		Strategiefehler	z.B. $4 \cdot 6 = 2 \cdot 6 + 2 \cdot 6 + 2 \cdot 6$
	Zerlegung eines Faktors	Rechenfehler I (Multiplikation)	z.B. $8 \cdot 7 = 10 \cdot 7 - 2 \cdot 7$, $70 - 16$
		Rechenfehler II (Addition/ Subtraktion)	z.B. $8 \cdot 7 = 10 \cdot 7 - 2 \cdot 7$, $70 - 14 = 58$
		Strategiefehler - z.B. falscher Faktor addiert/ subtrahiert	z.B. $8 \cdot 7 = 10 \cdot 7 - 2 \cdot 8$
		- z.B. falsche Anzahl des Faktors addiert/subtrahiert	z.B. $8 \cdot 7 = 10 \cdot 7 - 3 \cdot 7$
		- falscher Faktor subtrahiert/ addiert (1.	
	Nachbaraufgabe	Rechenfehler I (Multiplikation)	z.B. $8 \cdot 7 = 7 \cdot 7 + 1 \cdot 7$, $48 + 7$
		Rechenfehler II (Addition/ Subtraktion)	z.B. $8 \cdot 7 = 7 \cdot 7 + 1 \cdot 7 = 49 + 7$, 57
		Strategiefehler - z.B. falscher Faktor addiert/ subtrahiert	z.B. $8 \cdot 7 = 8 \cdot 8 - 1 \cdot 7$
		- z.B. falsche Anzahl des Faktors addiert/subtrahiert	z.B. $8 \cdot 7 = 7 \cdot 7 + 2 \cdot 7$
Zählen und sukzessive Addition	Sukzessive Addition Rhythmisches Zählen Verkürzte sukzessive Addition	Rechenfehler II (Addition bzw. Verzählen)	z.B. $3 \cdot 7 = 7 + 7 + 7 = 22$
		Strategiefehler - z.B. falsche Anzahl an Summanden addiert/aufgesagt/ zusammengezählt	z.B. $3 \cdot 7 = 7 + 7 + 7 + 7$
		- z.B. falschen Summanden die korrekte Anzahl an Malen addiert/aufgesagt/ zusammengezählt	z.B. $3 \cdot 7 = 3 + 3 + 3$

Unter einem Faktortausch wird in dieser Arbeit die Fehlvorstellung der Kinder gefasst, dass die Aufgabe 18 · 7 auch alternativ über die Aufgabe 17 · 8 korrekt gelöst werden kann. Da in diesem Teilbereich des Interviews die Lösung der Aufgabe nicht verlangt wurde, erfasst das Kodiermanual erneut nur eventuelle Strategiefehler hinsichtlich der eingesetzten Herangehensweisen. Basierend auf einer erneut überwiegend induktiven Vorgehensweise der Erstellung des Kodiermanuals und der großen Anzahl weitgehend verschiedener individueller Fehlerbilder wird auf eine ausführliche Auflistung des Kodierungsschemas an dieser Stelle verzichtet. In Tabelle 27 sind einige mögliche Strategiefehler je Herangehensweise aufgelistet.

Tabelle 27: Kodiermanual der Strategiefehler je Herangehensweise bei der Aufgabe 18 · 7

Konkrete Herangehensweise	Konkretes Fehlerbild	Exemplarisches Beispiel
	Kein Fehler	18 · 7 = 126
Zerlegung eines Faktors	- z.B. falscher Faktor subtrahiert/addiert - z.B. falsche Anzahl des Faktors addiert/subtrahiert	z.B. 20 · 7 – 2 · 18
		z.B. 20 · 7 – 7
	- z.B. weitere falsche Zerlegungen	z.B. 10 · 7 + 7 z.B. 10 · 7 + 8 z.B. 8 · 7 + 10 z.B. 7 · 8 + 10 z.B. 8 · 7 + 100
Verdopplung	- z.B. unvollständige Zerlegung	18 · 7 = 8 · 7 + 8 · 7
Sukzessive Addition Rhythmisches Zählen	- z.B. falsche Anzahl an Summanden addiert/aufgesagt/zusammengezählt	z.B. 18 · 7 = 18 + 18 + 18 + 18 + 18 + 18
	- z.B. falscher Summand die falsche Anzahl an Malen addiert/aufgesagt/zusammengezählt	z.B. 18 · 7 = 7 + 7 + 7 + 7 + 7 + 7 + 7
Sonstige	- z.B. Faktortausch	18 · 7 = 17 · 8

Zur Ermittlung der Interraterreliabilität des Strategieinterviews wurden zwei unabhängige Beobachter eingesetzt. Für alle drei Interviewteile wurden 15% der Daten einer Übereinstimmungsanalyse unterzogen. Die gemittelten Cohens Kappa-Werte (Cohens κ) der einzelnen Teilbereiche des Strategieinterviews sind Tabelle 28 zu entnehmen. Mit einer prozentualen Übereinstimmung von 84% bis 89% Prozent ergaben sich nach LANDIS und KOCH (1977) beachtliche Raterübereinstimmungen.

Tabelle 28: Gemittelte Interraterreliabilität je Teilbereich des Strategieinterviews

Teilbereiche Strategieinterview	κ
1. Teilbereich: Freie Strategiewahl (kleines Einmaleins)	.86
2. Teilbereich: Strategiewahl-Alternativen	.89
3. Teilbereich: Freie Strategiewahl (großes Einmaleins)	.84

Statistische Methoden

Für alle statistischen Auswertungen wurde das Programm IBM SPSS Statistics herangezogen.

Statt eines klassischen linearen Modells, das sich durch die zentralen statistischen Verfahren der linearen Regression und der Varianzanalyse kennzeichnet und sich ausschließlich zur Analyse metrischer Kriteriumsvariablen eignet sowie unabhängige und varianzhomogen normalverteilte Residuen voraussetzt, wird in der vorliegenden Arbeit auf *GEE-Modelle (Generalized Estimating Equations bzw. generalisierte/verallgemeinerte Schätzgleichungen)* zurückgegriffen.

Das GEE-Verfahren, das durch LIANG und ZEGER (1986) ausgearbeitet und seitdem mehrfach modifiziert und erweitert wurde, stellt die Erweiterung der klassischen generalisierten linearen Modelle (GLM) dar. Durch diese wird bereits die Beschränkung der klassischen linearen Modelle auf metrische (intervallskalierte) Kriterien mit normalverteilten und varianzhomogenen Residuen überwunden.[128] Mithilfe von GEE-Modellen, als Erweiterung der GLM-Modelle, werden zudem *korrelierte* Beobachtungen berücksichtigt.

An der Studie teilnehmende Schülerinnen und Schüler wurden auf Basis einer geschichteten Zufallsstichprobe (siehe Abschnitt 5.2.4) ermittelt. Ähnlich wie bei Cluster-Stichproben (Cluster Sample) (BORTZ & SCHUSTER, 2010, S. 79ff.; BORTZ & DÖRING, 2006, S. 435) werden in der erwähnten Stichprobenziehung die $N = 144$ teilnehmenden Kinder nicht zufällig aus der Population aller Schülerinnen und Schüler ermittelt, sondern die Auswahl erfolgt in einem mehrstufigen Prozess – aus 24 verschiedenen Klassen wurden je sechs Kinder unterschiedlichen Leistungsvermögens zufällig gezogen. Aus der Klassenzugehörigkeit der Kinder geht dabei eine hierarchische Struktur der ermittelten Daten hervor, die Merkmalsausprägungen nicht ausschließlich basierend auf individuellen Fähig- und Fertigkeiten erklärt, sondern unter Umständen auch durch ihre Klassenzugehörigkeit. Die erhobenen Messwerte einzelner Personen, die von ein und derselben Lehrkraft unterrichtet werden, sind demnach nicht mehr als unabhängig voneinander zu verstehen. Das GEE-Modell bietet in diesem Kontext die Möglichkeit, Daten mit korrelierten Residuen – wie in dieser Studie – korrekt zu analysieren. Werden Daten, wie die die-

---

128 Viele Voraussetzungen, die bei der Berechnung eines linearen Modells noch berücksichtigt werden müssen, werden für die klassischen generalisierten linearen Modelle nicht mehr vorausgesetzt. Die sehr wichtige Voraussetzung unabhängiger Beobachtungen bleibt allerdings bei GLM-Modellen bestehen.

ser Arbeit zugrundeliegenden, wie unabhängige Beobachtungen bzw. unkorrelierte Residuen betrachtet, wären deutliche Verzerrungen bzw. gravierende Auswirkungen auf die Interferenzstatistik zu befürchten (BALTES-GÖTZ, 2016, S. 28ff.; GHISLETTA & SPINI, 2004, S. 421f.). BALTES-GÖTZ (2016) hält in diesem Zusammenhang wie folgt fest: „Mit zunehmender Intraklassenkorrelation wächst die Gefahr von falschen Testentscheiden durch Modelle ohne Berücksichtigung der Abhängigkeit" (ebd., S. 7).

Abgesehen von den nicht berücksichtigten korrelierten Beobachtungen wäre es vordergründig der Datenbasis der Untersuchung geschuldet gewesen, dass die Auswertungen nicht anhand des klassischen linearen Modells hätten erfolgen können. Die Datenbasis genügt den Voraussetzungen des linearen Modells nicht bzw. verletzt diese. Insbesondere die Normalverteilung der Zielvariablen wird mit den bevorzugt in dieser Arbeit verwendeten Zählvariablen verletzt.[129] Präsentiert eine Zielvariable, wie häufig ein bestimmtes Ereignis aufgetreten ist, wird die abhängige Variable als Zählvariable bezeichnet. In der konkreten Arbeit können die Ermittlungen der Häufigkeiten einzelner Herangehensweisen oder die Anzahl korrekter Lösungen als exemplarische Beispiele für Zählvariablen angeführt werden. Zählvariablen nehmen dabei nur die Werte 0, 1, 2, 3 … an, sind somit diskret und sicher nicht normalverteilt – die klassische Verteilung für Zählvariablen stellt die Poissonverteilung dar (TUTZ, 2010, S. 887ff.).

Die Attraktivität des GEE-Verfahrens zeichnet sich nach BALTES-GÖTZ (2016) zusammenfassend durch die Flexibilität dieser Methodik aus (ebd., S. 30; SWAN, 2006, S. 336f.). Die generalisierten Schätzgleichungen greifen auf die gesamte Flexibilität der GLM-Modelle zurück und stellen darüber hinaus eine Analysemethode dar, die auch bei korrelierten Beobachtungen zu gültigen Schlüssen gelangt. Die Robustheit des Verfahrens wird als weiterer Pluspunkt angesehen: „Aufgrund einer robusten Schätzmethodik resultieren konsistente Schätzungen für die Parameter und deren Standardfehler selbst dann, wenn eine falsche Annahme über das Korrelationsmuster der Beobachtungen eingeht" (BALTES-GÖTZ, 2016, S. 30). Die Voraussetzung einer hinreichend großen Stichprobe zur Durchführung eines GEE-Modells ist durch die vorgenommene Stichprobenauswahl dieser Arbeit gewährleistet (GHISLETTA & SPINI, 2004, S. 425).

---

129 Neben den erwähnten Zählvariablen wurden auch Zielvariablen alternativer Skalenniveaus analysiert.

6. Ergebnisse der Hauptstudie

„Mhh – wie ich die Aufgabe 18 · 7 rechnen würde? Vielleicht 9 · 14!
Aber wirklich einfach ist das auch nicht.
Dann doch lieber 10 · 7 + 8 · 7."

(Zitat eines an der Hauptstudie teilnehmenden Kindes)

Orientiert an den verschiedenen Zielsetzungen der vorliegenden Arbeit gliedern sich die Ergebnisse der Hauptstudie in die folgenden Abschnitte: Zunächst werden die Ergebnisse der Reaktionszeittestung berichtet (Abschnitt 6.1). Im Abschnitt 6.2 bildet die Auswertung des Strategieinterviews den Schwerpunkt.

6.1 Ergebnisse der Reaktionszeittestung

Wie im Abschnitt 5.1 zu den Fragestellungen der Hauptstudie bereits thematisiert, liegt der Fokus der Hauptstudie nicht ausschließlich auf Analysen zum Strategieeinsatz, sondern auch auf Erkenntnissen zum schnellen Faktenabruf aus dem Gedächtnis. Die Konzeption einer zusätzlich zum Strategieinterview durchgeführten Reaktionszeittestung wurde bewusst gewählt, um nicht lediglich basierend auf Selbstauskünften der Kinder im Strategieinterview Aussagen zum schnellen Faktenabruf aus dem Gedächtnis tätigen zu können. Wenn man Erkenntnisse gewinnen will, ob und vor allem wie häufig Kinder Aufgaben schnell aus dem Gedächtnis abrufen, muss man zunächst klären, wann konkret von einem Faktenabruf gesprochen werden kann bzw. wie sich der Einsatz eines Faktenabrufes von anderen Herangehensweisen unterscheidet. Die folgende Forschungsfrage muss in diesem Kontext primär beantwortet werden (siehe Abschnitt 5.1):

- Woran lässt sich ein schneller Faktenabruf aus dem Gedächtnis charakterisieren bzw. wie lässt sich die Grenze zwischen Faktenabruf und anderen Herangehensweisen charakterisieren?

Bisher publizierten nationalen sowie internationalen Studien gelingt es den theoretischen Erkenntnissen dieser Arbeit zufolge nicht zufriedenstellend, die Anzahl an tatsächlich gedächtnismäßig verfügbaren Einmaleinsaufgaben zu ermitteln (siehe Abschnitt 3.2.2).

Um reliable Erkenntnisse hinsichtlich eines schnellen Abrufes zu gewinnen, wird in dieser Arbeit eine alternative Methode zur Ermittlung schneller Faktenabrufe entwickelt. Diese wird im Abschnitt 6.1.1 vorgestellt. Vorüberlegungen bzw. im Rahmen der Reaktionszeittestung gewonnene Erkenntnisse, die zur Entwicklung dieser alternativen Methode geführt haben, sollen zunächst berichtet werden.

Basierend auf den ermittelten Lösungszeiten der 48 in der Reaktionszeittestung überprüften Einmaleinsaufgaben werden die individuellen Reaktionszeitverläufe der Kinder analysiert. Für die visuelle Betrachtung der individuellen Verläufe werden die Lösungszeiten der korrekt gelösten Aufgaben jedes Kindes aufsteigend nach der Zeitdauer sortiert. Anschließend werden die Lösungszeiten basierend auf dieser aufsteigenden Sortierung – beginnend mit der kürzesten Lösungszeit – in einem Liniendiagramm graphisch veranschaulicht. Auf der x-Achse des Diagrammes ist die jeweilige Einmaleinsaufgabe abgetragen, auf der y-Achse die entsprechend ermittelte Lösungszeit.

Abbildung 31 veranschaulicht in diesem Kontext die individuellen Reaktionszeitverläufe aller Kinder der Gesamtstichprobe. Auffallend bei Betrachtung der individuellen Reaktionszeitverläufe sind die je Kind stabilen, relativ gleichbleibenden Lösungszeiten über die am schnellsten gelösten Einmaleinsaufgaben hinweg. Abbildung 32 verdeutlicht diese Erkenntnis für die Lösungszeiten der Gesamtstichprobe der 12 am schnellsten gelösten Einmaleinsaufgaben. Mit zunehmender Anzahl an Aufgaben ist in den individuellen Reaktionszeitverläufen allerdings ein Anstieg der Lösungszeiten zu erkennen. Bei der Analyse einzelner Verläufe können auch Sprünge in den Lösungszeiten zweier aufeinanderfolgender Aufgaben identifiziert werden. Erste schnelle, annähernd ähnliche Abrufzeiten lassen offensichtlich einen Rückschluss auf mental ähnliche Abrufprozesse zu, die vermutlich für einen Faktenabruf aus dem Gedächtnis stehen. Längere Lösungszeiten oder sogar Sprünge in den Lösungszeiten können in diesem Zusammenhang ein Indiz dafür sein, dass andere Herangehensweisen zur Aufgabenlösung eingesetzt werden, die mit anderen mentalen Abrufprozessen bzw. anderen Anforderungen im Lösungsprozess einhergehen. Bekräftigt wird diese Erkenntnis durch die Ergebnisse der im Theorieteil der vorliegenden Arbeit vorgestellten Studien (siehe Abschnitt 3.2.1 – Korrektheit der Ausführung und Lösungszeiten), die den Faktenabruf als schnellste Herangehensweise an Einmaleinsaufgaben darstellen und längere Lösungszeiten für die Strategieverwendung oder den Einsatz alternativer Herangehensweisen ermitteln.

Wie sich ein schneller Faktenabruf bzw. der Einsatz alternativer Herangehensweisen oder gerade die Grenze zwischen diesen beiden Herangehensweisen charakterisieren lässt, kann folglich mittels der Betrachtung der individuellen Reaktionszeitverläufe gezeigt werden.

Die visuelle Überprüfung der individuellen Reaktionszeitverläufe (siehe Abbildung 31 und Abbildung 32) liefert allerdings noch eine weitere zentrale Erkenntnis: Kinder benötigen zur Lösung von Einmaleinsaufgaben unterschiedlich lange. Auch die Abrufzeiten gedächtnismäßig verfügbarer Einmaleinsaufgaben variieren dementsprechend von Kind zu Kind sehr stark.

Abbildung 33 bestätigt auf deskriptive Weise, dass Kinder sich in den Lösungszeiten unterscheiden – sie verdeutlicht Unterschiede in den Lösungs- bzw. Abrufzeiten von Einmaleinsaufgaben der Kinder unterschiedlichen Leistungsvermögens.

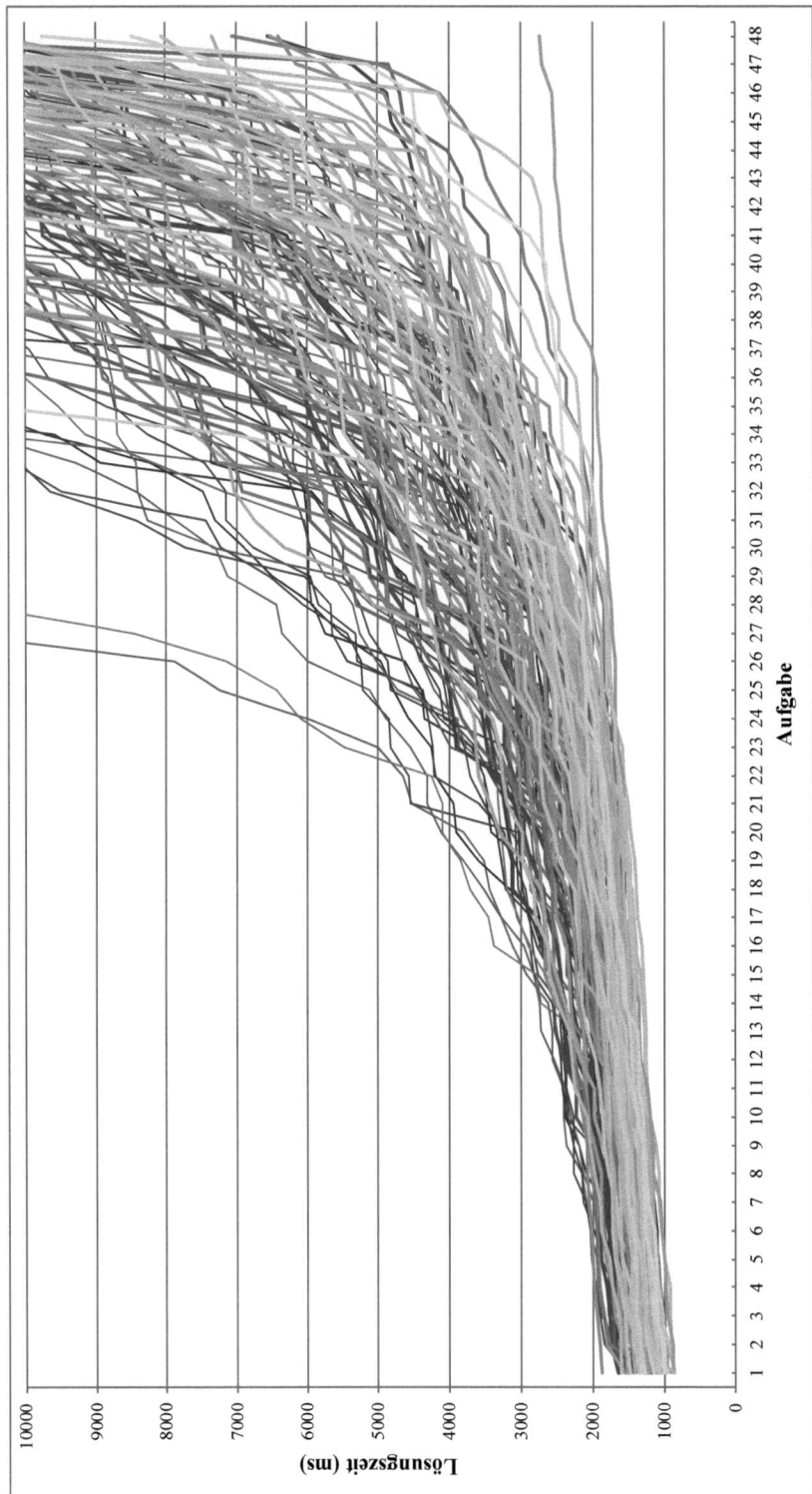

Abbildung 31: Individuelle Reaktionszeitverläufe der Kinder der Gesamtstichprobe – dargestellt sind die für jedes Kind aufsteigend sortierten Lösungszeiten.

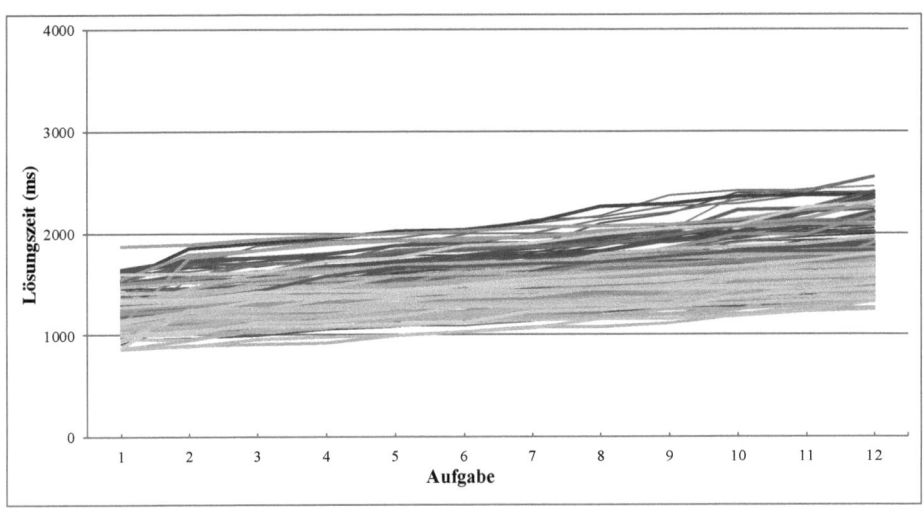

Abbildung 32: Individuelle Reaktionszeitverläufe der Kinder der Gesamtstichprobe für die 12 am schnellsten gelösten Aufgaben.

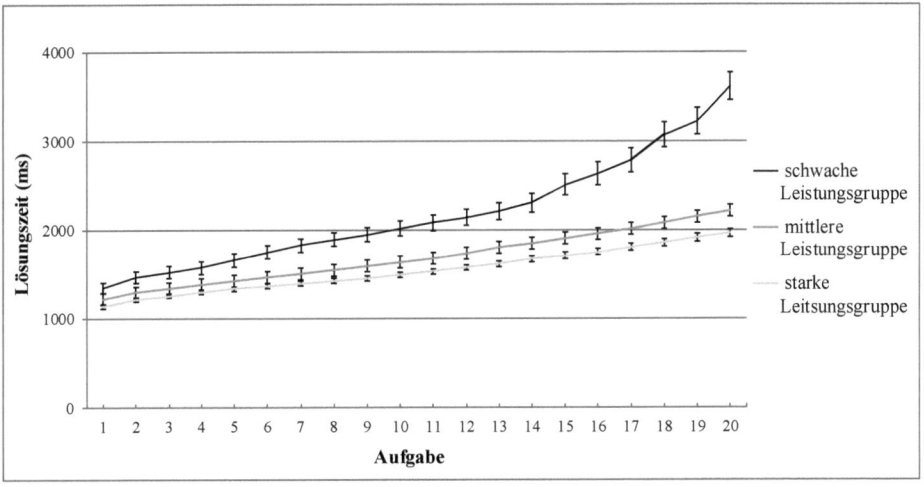

Abbildung 33: Gemittelte Reaktionszeitverläufe je Leistungsgruppe. Die Fehlerbalken repräsentieren den Standardfehler des Mittelwertes.

Bei Betrachtung der deskriptiven Kennwerte wird ersichtlich, dass leistungsschwache Kinder im Durchschnitt länger zur Lösung von Einmaleinsaufgaben benötigen als leistungsstärkere Kinder und die leistungsstarken Kinder Einmaleinsaufgaben durchschnittlich am schnellsten lösen. Die Graphen der Abbildung 33 erweisen sich für die 20 am schnellsten gelösten Aufgaben[130] dabei als sehr ähnlich, weisen

---

130 In Abbildung 33 wurden ausschließlich die gemittelten Lösungszeiten je Leistungsgruppe von 20 Aufgaben präsentiert. In der Gesamtstichprobe befinden sich unter anderem Studienteilnehmerinnen oder -teilnehmer, die nur oder aber nicht viel mehr als 20 Aufgaben der Reaktionszeittestung gelöst haben.

sie doch einen annähernd parallelen Verlauf der Lösungszeiten über alle Leistungsgruppen hinweg auf. Ein weitgehend stabiler Verlauf der Lösungszeiten – wie er bereits für die Gesamtstichprobe berichtet wurde – ist auch über die ersten schnell gelösten Aufgaben je Leistungsgruppe zu erkennen. Mit zunehmender Aufgabenanzahl
verzeichnet die leistungsschwache Gruppe allerdings einen deutlicheren Anstieg der
Lösungszeiten im Vergleich zu den beiden anderen Gruppen. Die längeren Abrufzeiten können dabei ein Indiz für den Einsatz zeitintensiverer Herangehensweisen darstellen, der in der leistungsschwachen Gruppe mehr Lösungszeit beansprucht als bei
den anderen Leistungsgruppen.

Vergleicht man die durchschnittlich schnellste Lösungszeit (in Millisekunden)
der Kinder unterschiedlichen Leistungsvermögens liegen signifikante Unterschiede
bezüglich dieser Abrufzeiten von Einmaleinsaufgaben vor (leistungsstark: $M = 1139$,
$SD = 167$; durchschnittlich: $M = 1273$, $SD = 187$; leistungsschwach: $M = 1358$,
$SD = 360$; $\chi^2(2) = 8.30$, $p < .001$). Paarweisen Vergleichen zufolge unterscheiden sich
die leistungsstarken Kinder signifikant von den leistungsschwachen Kindern sowie
den Kindern durchschnittlichen Leistungsvermögens (beide $p = .001$). Zwischen den
leistungsschwachen und den Kindern durchschnittlichen Leistungsvermögens liegt
ebenfalls ein signifikanter Unterschied vor ($p = .042$).

Basierend auf den gerade beschriebenen Ergebnissen lässt sich vermuten, dass für
die Abweichungen in den Lösungszeiten zwischen unterschiedlich leistungsstarken
Individuen die verschiedenen Abrufprozesse verantwortlich sein können. Ist man
sich dessen bewusst, stellt sich aus gutem Grund die Frage, inwiefern mit einer zeitlich fixen Obergrenze (z.B. 3 Sekunden) wirklich die tatsächliche Anzahl an schnell
abrufbaren Aufgaben ermittelt werden kann bzw. inwiefern dieses Verfahren ohne
Berücksichtigung der stark variierenden mentalen Abrufgeschwindigkeit wirklich
Automatisierungsquoten liefert. Mithilfe zweier Reaktionszeitverläufe der an der
Hauptstudie teilnehmenden Kinder soll die Problematik zeitlich fixer Obergrenzen
abschließend veranschaulicht werden (siehe Abbildung 34).

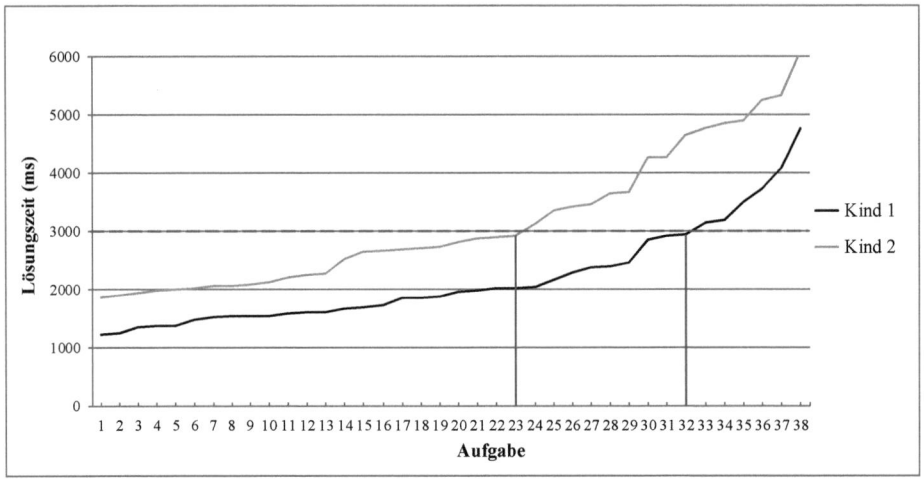

Abbildung 34:   Bestimmung von Automatisierungsquoten anhand einer zeitlich fixen 3-Sekunden-
Obergrenze.

Würde man auf die 3-Sekunden-Obergrenze zurückgreifen, erhält man 23 schnell abgerufene Aufgaben für das Kind 2 und 32 für Kind 1 (siehe Abbildung 34). Die deutlich höhere Anzahl an schnellen Abrufen bei Kind 1 scheint dabei in den insgesamt schnelleren Abrufprozessen begründet zu liegen. Während die schnellste Lösungszeit sich bei Kind 1 auf 1229 ms beläuft, benötigt Kind 2 zum Abruf mehr als 600 ms länger. Kind 2 ruft die schnellste Lösung einer Einmaleinsaufgabe somit mehr als eine halbe Sekunde langsamer ab als die Vergleichsperson und liegt demnach bereits nach der schnellsten ermittelten Lösungszeit sehr viel näher an der 3-Sekunde-Obergrenze. Dies führt zwangsläufig bei einem vergleichbaren Anstieg der Lösungszeiten der beiden Kinder bzw. ähnlichen Reaktionszeitverläufen zu einem schnelleren Erreichen der Obergrenze und einer deutlich geringeren Quote schneller Faktenabrufe.

Zur Bestimmung der Anzahl an *tatsächlichen* Faktenabrufen muss demnach eine alternative Methode zu zeitlich fixen Obergrenzen herangezogen bzw. entwickelt werden. Es scheint, als könnten aussagekräftige Erkenntnisse bezüglich schneller Abrufe von Einmaleinsaufgaben nur basierend auf *individuell ermittelten Schwellen* getätigt werden.

6.1.1 Methode zur Ermittlung einer individuellen Schwelle bzw. zur Ermittlung der Anzahl korrekter Abrufe aus dem Gedächtnis

Ausgehend von den aufgeführten Erkenntnissen des vorausgehenden Abschnittes werden zur Bestimmung einer individuellen Schwelle erneut die Reaktionszeitverläufe für die Gesamtheit der Stichprobe, aber auch für jedes Kind getrennt analysiert. Eine visuelle Prüfung ermittelt, dass für alle Kinder die Lösungszeiten der ersten 12 Aufgaben stabil verlaufen bzw. die Lösungszeiten je Kind annähernd gleich sind (siehe Abbildung 32). Aufgaben werden als schnell abrufbar verstanden, wenn innerhalb einer Lösungszeit von drei Standardabweichungen vom individuellen Mittelwert der zwölf am schnellsten gelösten Aufgaben die Aufgabenlösung erfolgt. Die Begrenzung bzw. Beschränkung auf 12 Aufgaben zur Bestimmung des individuellen Mittelwertes wird festgesetzt, um die Zahl an Ausreißern aufgrund nicht stabiler Reaktionszeitverläufe zu minimieren. Hinsichtlich der Mittelwerte der zwölf am schnellsten gelösten Einmaleinsaufgaben (in Sekunden[131]) zeigen sich zwischen den Kindern unterschiedlichen Leistungsvermögens signifikante Unterschiede (leistungsstark: $M = 1.4$, $SD = 0.2$; durchschnittlich: $M = 1.5$, $SD = 0.2$; leistungsschwach: $M = 1.6$, $SD = 0.3$; Wald $\chi^2(2) = 56.08$, $p < .001$). Paarweisen Vergleichen zufolge unterscheiden sich die leistungsstarken Kinder von den leistungsschwachen Kindern und den Kindern durchschnittlichen Leistungsvermögens signifikant (beide $p < .001$). Zwischen den Kindern durchschnittlichen Leistungsvermögens und den leistungsschwachen Kindern liegt ebenfalls ein signifikanter Unterschied vor ($p = .043$).

---

131 Die ermittelten Lösungszeiten werden in diesem sowie den folgenden Abschnitten in Sekunden berichtet, um die Übersichtlichkeit zu erhöhen – in den Abbildungen dieses Abschnittes wird weiterhin die Einheit Millisekunden (ms) verwendet.

Anhand des in Abbildung 34 bereits skizzierten Reaktionszeitverlaufes von *Kind 2* soll das Vorgehen zur Bestimmung einer individuell ermittelten Schwelle veranschaulicht werden (siehe Abbildung 35). In Abbildung 35 ist der Mittelwert der zwölf am schnellsten gelösten Aufgaben sowie der Standardabweichungskorridor skizziert (Mittelwert ± 3 *SD*).

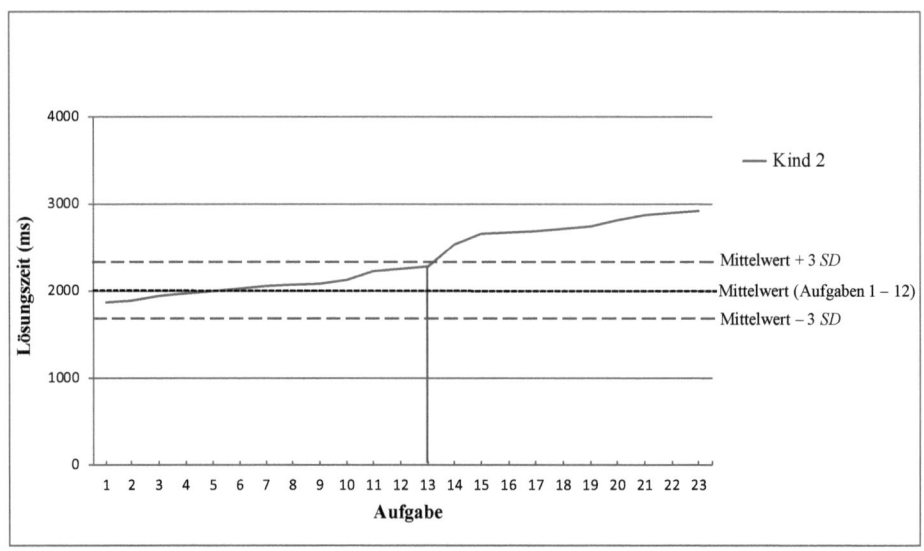

Abbildung 35:   Individuell ermittelte Schwellen für einen schnellen Abruf von Einmaleinsaufgaben.

Kind 2 ruft 13 Aufgaben schnell aus dem Gedächtnis ab. Würde man die 3-Sekunden-Obergrenze anwenden, wären – wie bereits skizziert (siehe Abbildung 34) – 23 Aufgaben im Bereich des so ermittelten Faktenabrufes. Das Kind weist über 13 Aufgaben hinweg ähnliche Lösungszeiten auf, die ein Indiz für gleich ablaufende Abrufprozesse sind und konkret für einen ausschließlich schnellen Abruf von Einmaleinsaufgaben stehen. Ein in der Mehrzahl der Reaktionszeitverläufe erkennbarer Sprung nach der ermittelten individuellen Schwelle (Mittelwert plus drei Standardabweichungen), lässt auf einen veränderten mentalen Ablauf im Lösungsprozess schließen.

Zur Validierung der Anzahl an schnellen Abrufen von Einmaleinsaufgaben werden die einzelnen Reaktionszeitverläufe auf Sprünge oder Knicke im Verlauf überprüft. Der Vergleich zwischen der optischen Prüfung und den statistisch ermittelten Schwellen erfolgt dabei erneut basierend auf der zentralen Idee der gewählten Methodik – weitgehend stabile Lösungszeiten liegen bei gleichen Denkvorgängen vor, ein Sprung oder Knick kann ein Kennzeichen für andere Abrufvorgänge darstellen und sollte idealerweise erst nach der individuellen Schwelle auftreten. Abbildung 36 und Abbildung 37 veranschaulichen anhand zweier exemplarischer Beispiele Verläufe mit einem erkennbaren Sprung nach der *individuellen Obergrenze (Mittelwert plus drei Standardabweichungen)*.

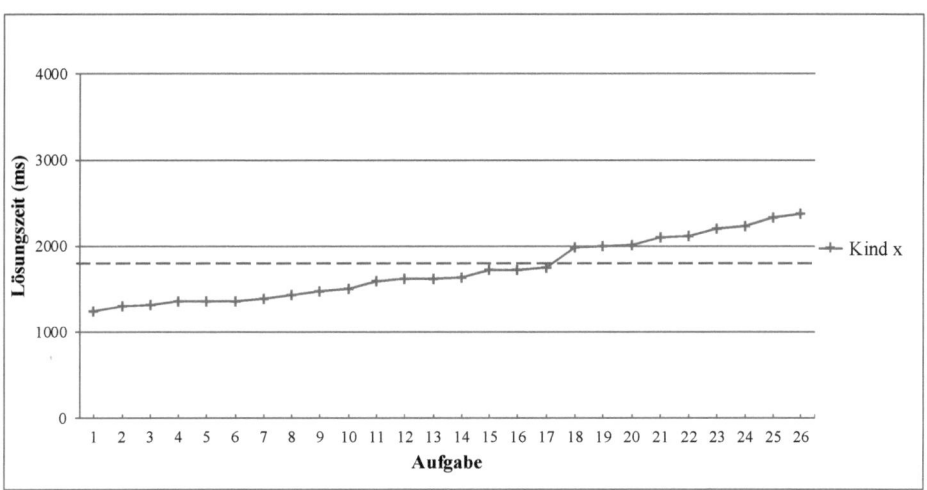

Abbildung 36:   Exemplarischer Reaktionszeitverlauf mit kleinem Sprung bei der abgebildeten Obergrenze (Mittelwert plus drei Standardabweichungen).

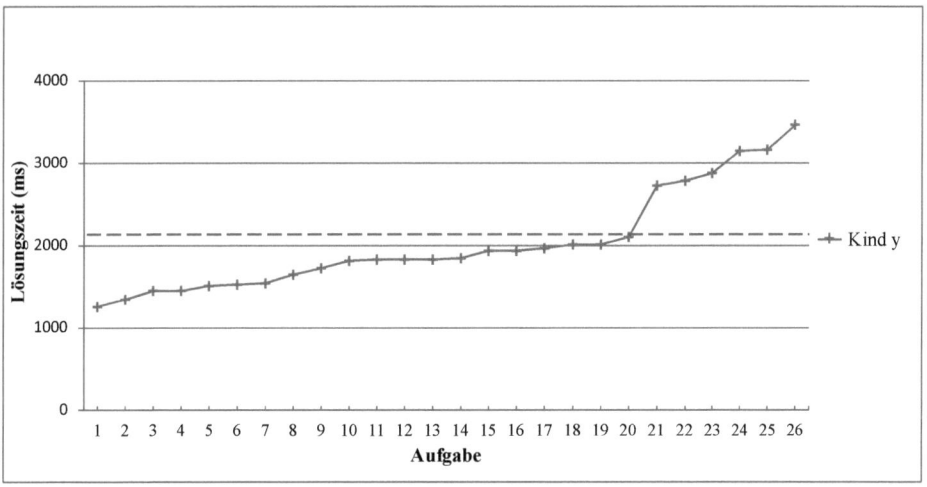

Abbildung 37:   Exemplarischer Reaktionszeitverlauf mit großem Sprung bei der abgebildeten Obergrenze (Mittelwert plus drei Standardabweichungen).

Für die finale Kodierung der Anzahlen an schnell abrufbaren Einmaleinsaufgaben werden in vereinzelten Fällen nach visueller Prüfung Korrekturen der Schwellen und der Anzahlen an verfügbaren schnellen Abrufen vorgenommen. Die charakteristischen Reaktionszeitverläufe und eventuelle Korrekturen werden im Folgenden vorgestellt.

Keine Korrekturen werden in zwei Fällen vorgenommen:

* Sprung in den Lösungszeiten direkt nach der Obergrenze (siehe Abbildung 36 und Abbildung 37) oder
* annähernd linearer Verlauf der Lösungszeiten.

Korrekturen werden in zwei Fällen als notwendig angesehen:

- weitere Lösungszeit/en einer bzw. mehrerer Aufgaben (unmittelbar) nach der Schwelle, Sprung der Lösungszeiten im Anschluss (siehe Abbildung 38) oder
- weitere Lösungszeit/en einer bzw. mehrerer Aufgaben nach der Schwelle, Sprung der Lösungszeiten vor der Schwelle (siehe Abbildung 39).

Im ersten beschriebenen Fall einer notwendigen Korrektur (siehe Abbildung 38) wird die Anzahl der ermittelten Abrufe um die Zahl an Aufgaben erweitert bzw. korrigiert, deren Lösungszeiten in unmittelbarer Nähe der statistisch ermittelten Schwelle und vor einem Sprung liegen. Der Grund für diese Erweiterung wird erneut über die Theorie ähnlicher Abrufvorgänge begründet: der Lösungsprozess der beiden zusätzlichen Aufgaben (dunkel markiert) scheint den Abrufprozessen der Aufgaben, die über einen schnellen Abruf gelöst wurden, deutlich ähnlicher zu sein als den Vorgängen, die nach dem Sprung vorzuherrschen scheinen.

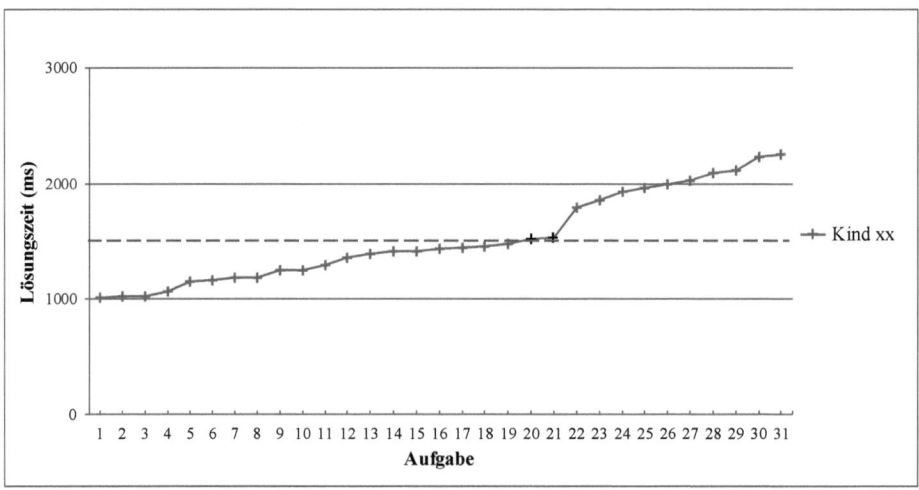

Abbildung 38: Erhöhung der Schwelle bzw. Erweiterung der Anzahl an schnellen Abrufen von Einmaleinsaufgaben (um die dunkel markierten Aufgaben).

Der zweite Fall (siehe Abbildung 39) führt aufgrund einer visuellen Überprüfung des Reaktionszeitverlaufes zur Reduktion der Anzahl an Aufgaben, die ursprünglich als schnell abgerufen ermittelt wurden. Die Lösungszeit und damit einhergehend auch der Lösungsvorgang der dunkel markierten Aufgabe scheint den Abrufprozessen oder Lösungsprozessen der nachfolgenden Aufgaben näher bzw. ähnlicher zu sein als den vorausgegangenen, die sich ebenfalls innerhalb der Schwelle (individueller Mittelwert plus drei Standardabweichungen) befinden.

Insgesamt werden die Reaktionszeitverläufe von 16 Kindern bzw. 11% der Gesamtstichprobe in der visuellen Nachbetrachtung korrigiert. Alle 144 Reaktionszeitverläufe der an der Studie teilnehmenden Kinder werden in diesem Kontext von zwei unabhängigen Ratern auf mögliche vorzunehmende Korrekturen überprüft. Mit

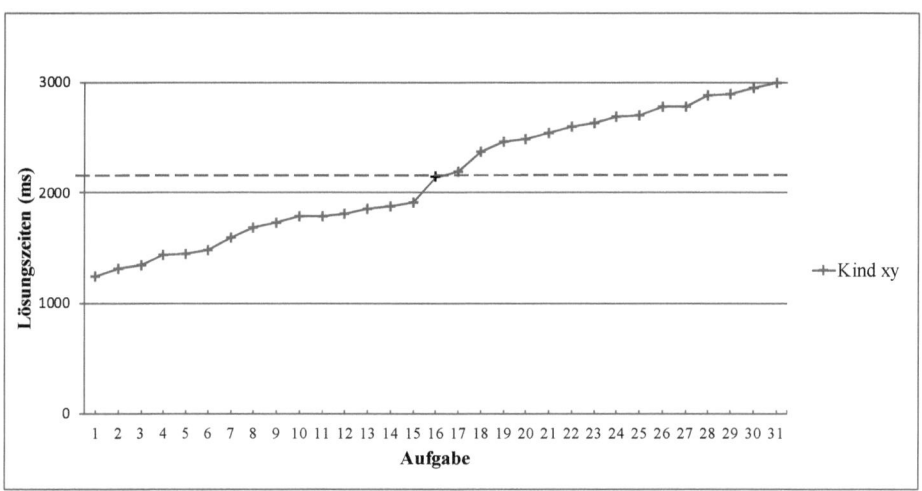

Abbildung 39: Herabsetzung der Schwelle bzw. Reduktion der Anzahl an schnellen Abrufen von Einmaleinsaufgaben (um die dunkel markierte Aufgabe).

einem Cohens Kappa-Wert von κ = .75 ergibt sich nach LANDIS und KOCH (1977) eine hohe durchschnittliche Interraterreliabilität hinsichtlich der Anpassung der individuellen Schwellen.

Welche individuellen Schwellen für die Gesamtstichprobe ermittelt wurden und wie sich diese je individuellem Leistungsvermögen unterscheiden, wird im Folgenden berichtet.

Die im Durchschnitt ermittelte individuelle Schwelle der Gesamtstichprobe beläuft sich auf 2.1 Sekunden (SD = 0.3). Im Hinblick auf die ermittelten Schwellen je Leistungsvermögen werden signifikante Unterschiede zwischen allen Leistungsgruppen sichtbar (Wald $\chi^2(2)$ = 64.82, p < .001). Die leistungsstarken Kinder unterscheiden sich signifikant von den leistungsschwachen und den Kindern durchschnittlichen Leistungsvermögens (beide p < .001). Zwischen den beiden leistungsschwächeren Gruppen liegt ebenfalls ein signifikanter Unterschied vor (p = .002). Die Tabelle 29 veranschaulicht den Mittelwert, die Standardabweichung sowie den Minimal- und den Maximalwert der individuellen Schwellen je Leistungsvermögen.

Tabelle 29: Mittelwert, Standardabweichung sowie Minimal- und Maximalwert der individuellen Schwellen je Leistungsgruppe

Leistungsvermögen	N	M	SD	Min	Max
Leistungsstark	48	1.8	0.2	1.5	2.6
Durchschnittlich	49	2.1	0.3	1.5	2.8
Leistungsschwach	46	2.4	0.3	1.5	3.0
Gesamt	143	2.1	0.3	1.5	3.0

Für die leistungsstarken Kinder zeigen sich im Mittel die niedrigsten individuellen Schwellen (M = 1.8, SD = 0.2). Die beiden leistungsschwächeren Gruppen zeichnen sich durch höhere individuelle Schwellen aus, wobei für die leistungsschwächste Gruppe durchschnittlich die höchsten individuellen Schwellen festgemacht werden. Auffallend bei der deskriptiven Betrachtung der Ergebnisse in Tabelle 29 ist, dass es Kinder gibt, die Einmaleinsaufgaben bis zu einer Zeit von 1.5 Sekunden automatisiert abrufen – und das sogar in allen Leistungsgruppen.

6.1.2 Erfolgsquote, Lösungszeiten und Anzahl schneller Faktenabrufe

Nachdem in den bisherigen Ausführungen die Forschungsfrage geklärt wurde, wann konkret von einem schnellen Faktenabruf gesprochen werden kann, ist es in einem nächsten Schritt möglich, der offenen Frage nachzugehen, wie häufig Kinder auf einen schnellen Abruf aus dem Gedächtnis zurückgreifen (siehe Abschnitt 5.1). Im Fokus stehen in diesem Kontext die ermittelten Lösungszeiten für einen schnellen Abruf aus dem Gedächtnis sowie die Anzahl an schnellen Faktenabrufen. Da nur korrekt gelöste Einmaleinsaufgaben zur Analyse der Lösungszeiten von Faktenabrufen sowie zur Ermittlung der Anzahlen an Faktenabrufen herangezogen werden, wird zunächst die Erfolgsquote der Reaktionszeittestung präsentiert. Sie spiegelt folglich den Anteil an Aufgaben wider, die zur Analyse der Faktenabrufe herangezogen wird. Darüber hinaus sollen, um die ermittelten Lösungszeiten der Kinder beim Faktenabruf besser einschätzen zu können, auch die Lösungszeiten aller korrekt gelösten Aufgaben bzw. der verschiedenen überprüften Aufgabentypen präsentiert werden.

Der Ergebnisteil der Reaktionszeittestung gliedert sich in vier Bereiche:
- Anzahl korrekt gelöster Aufgaben (Erfolgsquote)
- Lösungszeiten korrekt gelöster Aufgaben
- Lösungszeiten korrekter Abrufe aus dem Gedächtnis
- Anzahl korrekter Abrufe aus dem Gedächtnis

Erkenntnisse in diesen vier genannten Bereichen sollen nicht ausschließlich mit Blick auf die Gesamtstichprobe gewonnen werden, sondern ebenfalls unter Berücksichtigung möglicher Einflussfaktoren gesammelt werden. Inwiefern unterrichtliche Herangehensweisen einer Lehrkraft und das individuelle Leistungsvermögen die vier gerade angeführten Bereiche, die Erfolgsquote, die Lösungszeiten und die Anzahl an schnellen Faktenabrufen beeinflussen, soll in den folgenden Ausführungen zusätzlich analysiert werden. Die Forschungsfragen, auf die sich die nachfolgende Ergebnisdarstellung bezieht, sind folgende (siehe Abschnitt 5.1):
- Inwieweit zeigen sich Unterschiede in der Strategieverwendung und im Lernerfolg bei Aufgaben zum kleinen Einmaleins bei Kindern mit unterschiedlichem Leistungsvermögen (leistungsstark, durchschnittlich und leistungsschwach)?
- Machen sich verschiedene unterrichtliche Vorgehensweisen der Lehrpersonen in der Strategieverwendung und im Lernerfolg der Kinder bei Aufgaben zum kleinen Einmaleins bemerkbar? Wenn ja, wie?

Alle im Folgenden präsentierten Unterschiedsanalysen werden mithilfe verallgemeinerter Schätzgleichungen (GEEs) durchgeführt (siehe Abschnitt 5.4). Die durchschnittliche Testdauer der Reaktionszeittestung belief sich auf 10 Minuten ($SD = 3.3$) je Kind.

Zur Überprüfung der Skalen wurden zunächst die Reliabilitäten der Messungen der Reaktionszeittestung betrachtet. Eine Reliabilitätsprüfung wurde sowohl für die Reaktionszeiten als auch für die Lösungsraten der Haupterhebung durchgeführt. Als Kennwert für die interne Konsistenz wurde der Reliabilitätskoeffizient Cronbachs Alpha (α) angegeben. Für die Skala der Reaktionszeiten genügt die Reliabilität mit einem Wert von $\alpha = .81$ den Anforderungen an einen guten Test (BORTZ & DÖRING, 2002, S. 198f.). Bei der Skala der Lösungsraten erweist sich der Reliabilitätswert mit $\alpha = .91$ als hoch.

Nachfolgend werden die Erfolgsquoten der 48 Einmaleinsaufgaben, die in der Reaktionszeittestung abgeprüft wurden, aufgeführt.

Anzahl korrekt gelöster Aufgaben (Erfolgsquote)

Die 48 in der Reaktionszeittestung überprüften Einmaleinsaufgaben setzen sich aus unterschiedlichen Aufgabentypen zusammen (siehe Abschnitt 5.3.1). Eine Hauptunterteilung erfolgt in Kernaufgaben und Nicht-Kernaufgaben. Die 31 ausgewählten Kernaufgaben bestehen aus 23 Aufgaben, die aus den Einmaleinssätzen mit 1, 2, 5 und 10 ausgewählt wurden sowie acht Quadrataufgaben. Die Anzahl an Nicht-Kernaufgaben beläuft sich auf 15, zwei weitere Aufgaben mit einem Faktor 0 wurden ebenfalls abgeprüft. Im Folgenden werden die Lösungsraten unter Berücksichtigung dieser verschiedenen Aufgabentypen vorgestellt sowie Unterschiedsanalysen hinsichtlich des individuellen Leistungsvermögens der Kinder und der Lehrkraft-Gruppen.

Die durchschnittlichen Lösungsraten je Aufgabentyp können Tabelle 30 entnommen werden. Von den 48 in der Reaktionszeittestung abgeprüften Einmaleinsaufgaben wurden von den 144 Kindern durchschnittlich 87% korrekt gelöst. Der Prozentsatz an richtig gelösten Kernaufgaben liegt im Durchschnitt bei 95%. Einmaleinssätze mit 1, 2, 5 und 10 wurden – rein deskriptiv betrachtet – erfolgreicher gelöst (96%) als Quadrataufgaben (90%). Im Vergleich niedrigere Lösungsraten wurden mit 77% für Einmaleinsaufgaben ermittelt, die sich durch eine 0 im Faktor auszeichnen. Mit durchschnittlich 74% korrekten Antworten wurde die niedrigste Erfolgsquote bei der Lösung von Nicht-Kernaufgaben erzielt.

Tabelle 30: Prozentualer Anteil korrekt gelöster Einmaleinsaufgaben verschiedener Aufgabentypen

Aufgabentypen	N	%
Kernaufgaben gesamt (KA)	144	95
Kernaufgaben – Einmaleinssätze mit 1, 2, 5 und 10 (KA1)	144	96
Kernaufgaben – Quadrataufgaben (KA2)	144	90
Nicht-Kernaufgaben (NKA)	144	74
Aufgaben mit einem Faktor 0 (0)	144	77
Gesamt	144	87

Die Unterschiedsanalyse über alle Aufgabentypen hinweg zeigt keinen signifikanten Unterschied zwischen den lehrplankonform und den eher bewusst traditionell unterrichteten Kindern (siehe Tabelle 31). Durchschnittlich 88% der Einmaleinsaufgaben werden von den lehrplankonform unterrichteten Kindern korrekt gelöst, die Kinder der bewusst traditionellen Lehrkraft-Gruppe erzielen eine Quote von im Durchschnitt 87%. Auch die Analyse je Aufgabentyp offenbart keine signifikanten Unterschiede zwischen den Kindern der beiden *Lehrkraft-Gruppen* (siehe Tabelle 31). Lehrplankonform unterrichtete Kinder lösen den deskriptiven Kennwerten zufolge Nicht-Kernaufgaben im Durchschnitt erfolgreicher und erzielen höhere Prozentsätze hinsichtlich der Lösung der Gesamtheit der überprüften Kernaufgaben. Aufgaben mit einem Faktor 0 werden von den Kindern der bewusst traditionellen Lehrkräfte erfolgreicher gemeistert.

Tabelle 31: Prozentualer Anteil korrekt gelöster Einmaleinsaufgaben verschiedener Aufgabentypen in Abhängigkeit von der Lehrkraft-Gruppe

	Lehrkraft-Gruppe			
	Lehrplankonform (N = 72)	Bewusst traditionell (N = 72)		
Aufgabentypen	%	%	Wald $\chi^2(1)$	p
KA (gesamt)	95	94	0.01	.945
KA1	96	96	0.07	.794
KA2	91	89	0.21	.645
NKA	75	73	0.41	.522
0	71	83	3.28	.070
Gesamt	88	87	0.01	.936

Anmerkung: KA (gesamt) = alle Kernaufgaben; KA1 = Einmaleinssätze mit 1, 2, 5 und 10; KA2 = Quadrataufgaben; NKA = Nicht-Kernaufgaben; 0 = Aufgaben mit einem Faktor 0; Gesamt = alle Aufgabentypen.

Signifikante Unterschiede zwischen den verschiedenen *Leistungsgruppen* sind bezüglich der Korrektheit zu lösender Einmaleinsaufgaben für alle Aufgabentypen (KA (gesamt): Wald $\chi^2(2)$ = 17.85, $p < .001$; KA1: Wald $\chi^2(2)$ = 13.70, $p = .001$; KA2: Wald

$\chi^2(2) = 14.44$, $p = .001$; NKA: Wald $\chi^2(2) = 87.51$, $p < .001$; 0: Wald $\chi^2(2) = 12.74$, $p = .002$) sowie über die Gesamtheit an Aufgaben (Wald $\chi^2(2) = 58.97$, $p < .001$) zu erkennen (siehe Abbildung 40).[132] Paarweise Vergleiche zeigen für die Gesamtheit der Einmaleinsaufgaben und für Nicht-Kernaufgaben signifikante Unterschiede zwischen allen Leistungsgruppen, während bei den restlichen Aufgabentypen nur signifikante Unterschiede zwischen den beiden leistungsstärkeren und der schwächeren Gruppe bestehen (siehe auch Abbildung 40).[133] Mit zunehmendem Leistungsvermögen der Kinder steigt der Prozentsatz an fehlerfreien Lösungen: Während leistungsschwache Kinder z.B. insgesamt durchschnittlich 76% der Aufgaben korrekt lösen, ist die durchschnittliche Leistungsgruppe in 91% der Fälle in der Lage Einmaleinsaufgaben korrekt zu lösen, die Leistungsstarken erreichen eine Lösungsrate von 95% korrekt gelöster Aufgaben. Die leistungsschwachen Kinder können nur knapp mehr als die Hälfte der Nicht-Kernaufgaben (55%) korrekt lösen, Schülerinnen und Schüler der anderen beiden Leistungsgruppen erzielen signifikant höhere Prozentsätze (78% und 89%).

Im Anschluss werden die Lösungszeiten der korrekt gelösten Aufgaben der Reaktionszeittestung präsentiert. Unterschiedsanalysen hinsichtlich möglicher Einflussfaktoren, Unterricht und Individuum, werden erneut analysiert.

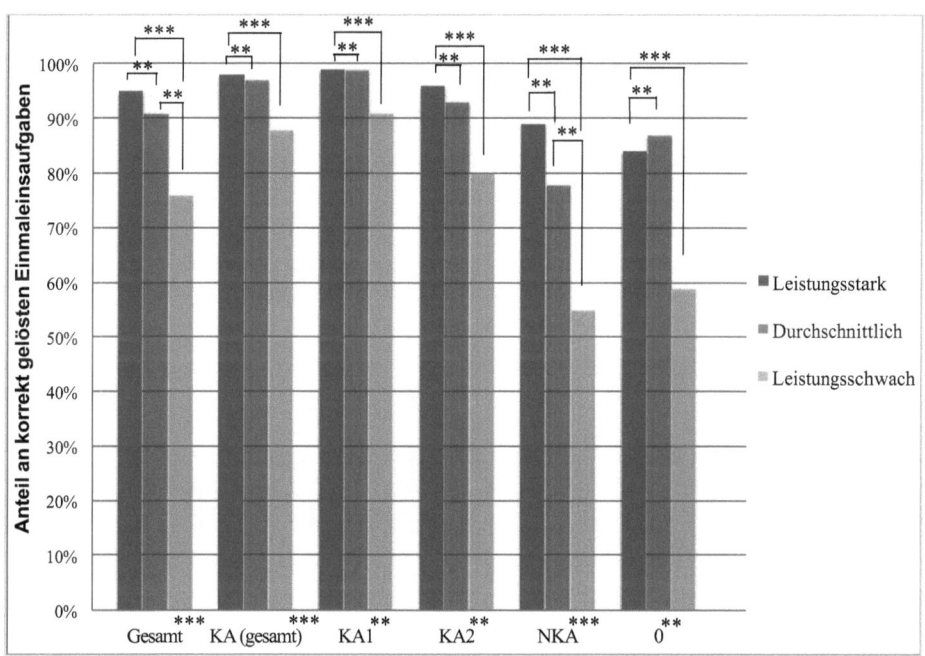

Abbildung 40: Prozentualer Anteil korrekt gelöster Einmaleinsaufgaben verschiedener Aufgabentypen in Abhängigkeit vom Leistungsvermögen, *p < .05, **p < .01, ***p < .001.

---

132 Die Gesamtheit der deskriptiven Kennwerte der Anzahl korrekt gelöster Aufgaben verschiedener Aufgabentypen in Abhängigkeit vom Leistungsvermögen sind im Anhang (B.2) angeführt.

133 Eine detaillierte Übersicht aller paarweisen Vergleiche findet sich im Anhang (B.2).

Lösungszeiten korrekt gelöster Aufgaben

Neben der Ermittlung der Korrektheit der Aufgabenlösung lag ein Hauptaugenmerk der Reaktionszeittestung auf der Erfassung der benötigten Lösungszeiten für Einmaleinsaufgaben. Die im Durchschnitt ermittelten Lösungszeiten der korrekt gelösten Einmaleinsaufgaben sind in Tabelle 32 aufgelistet. Erneut wird auch eine Auflistung getrennt nach Aufgabentypen vorgenommen. Um sicherzustellen, dass auffallend hohe, weit überdurchschnittliche Lösungszeiten einer Testteilnehmerin bei allen Einmaleinsaufgaben nicht das Ergebnis entscheidend verzerren, wird dieses Kind für die Analysen der Lösungszeiten ausgeschlossen – die Gesamtstichprobe setzt sich aus diesem Grund in den folgenden Auswertungen aus lediglich $N = 143$ Kindern zusammen.

Im Durchschnitt benötigt ein Kind 4.0 Sekunden ($SD = 1.9$) zur korrekten Lösung einer Aufgabe.[134] Mit durchschnittlich 8.2 Sekunden zur Aufgabenlösung wurden die Nicht-Kernaufgaben am langsamsten berechnet. Die Einmaleinssätze mit 1, 2, 5 und 10 wurden – deskriptiv betrachtet – nicht nur erfolgreicher gelöst als die Quadrataufgaben, sondern im Durchschnitt auch schneller (siehe Tabelle 32).

Tabelle 32: Durchschnittliche Lösungszeit (in Sekunden) korrekt gelöster Aufgaben verschiedener Aufgabentypen

Aufgabentypen	N	M	SD
KA (gesamt)	143	2.8	0.8
KA1	143	2.6	0.8
KA2	143	3.1	1.7
NKA	143	8.2	6.2
0	143	2.1	1.0
Gesamt	143	4.0	1.6

Im Anschluss werden die Lösungszeiten der Kinder hinsichtlich der *Lehrkraft-Gruppen* betrachtet. Den deskriptiven Kennwerten zufolge lösen lehrplankonform unterrichtete Kinder – mit Ausnahme der Aufgaben vom Aufgabentyp 0 – die Einmaleinsaufgaben schneller als die bewusst traditionell unterrichteten Schülerinnen und Schüler (siehe Tabelle 33). Es liegen über alle Aufgabentypen sowie über die Gesamtheit der Aufgaben allerdings keine signifikanten Unterschiede bezüglich der Lösungszeiten korrekt gelöster Aufgaben vor (siehe Tabelle 33).

---

134 Das aus den Analysen der Reaktionszeittestung ausgeschlossene Kind hat im Vergleich durchschnittlich doppelt so lang zur korrekten Aufgabenlösung benötigt ($M = 7.8$, $SD = 3.2$).

Tabelle 33: Durchschnittliche Lösungszeit (in Sekunden) korrekt gelöster Aufgaben verschiedener Aufgabentypen in Abhängigkeit von der Lehrkraft-Gruppe

| | Lehrkraft-Gruppe | | | | | |
| | Lehrplankonform (N = 71) | | Bewusst traditionell (N = 72) | | | |
Aufgabentypen	M	SD	M	SD	Wald χ^2(1)	p
KA (gesamt)	2.7	0.7	2.8	0.9	0.88	.349
KA1	2.6	0.7	2.7	0.9	0.60	.439
KA2	3.0	1.5	3.3	1.9	< 0.01	.999
NKA	7.8	4.8	8.6	7.4	0.01	.920
0	2.2	0.9	2.1	1.0	0.32	.574
Gesamt	3.9	1.4	4.1	1.8	0.19	.663

Abbildung 41 veranschaulicht die Lösungszeiten der Kinder getrennt nach verschiedenen *Leistungsgruppen*. Hinsichtlich der unterschiedlichen Leistungsgruppen können – mit Ausnahme des Aufgabentyps Aufgaben mit einem Faktor 0 – signifikante Unterschiede über alle Aufgabentypen (KA (gesamt): Wald χ^2(2) = 39.87, p < .001; KA1: Wald χ^2(2) = 37.30, p < .001; KA2: Wald χ^2(2) = 10.81, p = .004; NKA: Wald χ^2(2) = 18.59, p < .001; 0: Wald χ^2(2) = 1.84, p = .399) sowie über die Gesamtheit an Aufgaben (Wald χ^2(2) = 18.53, p < .001) ermittelt werden (siehe Abbildung 41).[135] Den durchgeführten paarweisen Vergleichen zufolge unterscheiden sich die Lösungszeiten für die Nicht-Kernaufgaben über alle Leistungsgruppen signifikant. Die mittleren Lösungszeiten der durchschnittlichen und der leistungsschwachen Kinder unterscheiden sich allerdings für die Aufgabentypen, Kernaufgabe (gesamt) und Kernaufgabe (KA1) sowie für die Gesamtheit der überprüften Einmaleinsaufgaben, nicht signifikant. Für die Lösungszeiten der Quadrataufgaben besteht ausschließlich ein signifikanter Unterschied zwischen den leistungsstarken und den leistungsschwachen Kindern (siehe auch Abbildung 41).[136] Besonders auffallend sind in Abbildung 41 die durchwegs längsten durchschnittlichen Lösungszeiten von Nicht-Kernaufgaben. Leistungsschwache Schülerinnen und Schüler benötigen darüber hinaus für den Abruf von Aufgaben des Aufgabentyps Nicht-Kernaufgabe mehr als doppelt so lang wie die leistungsstarken Kinder.

---

135 Die Gesamtheit der deskriptiven Kennwerte der durchschnittlichen Lösungszeiten verschiedener Aufgabentypen in Abhängigkeit vom Leistungsvermögen sind im Anhang (B.2) angeführt.
136 Eine detaillierte Übersicht aller paarweisen Vergleiche findet sich im Anhang (B.2).

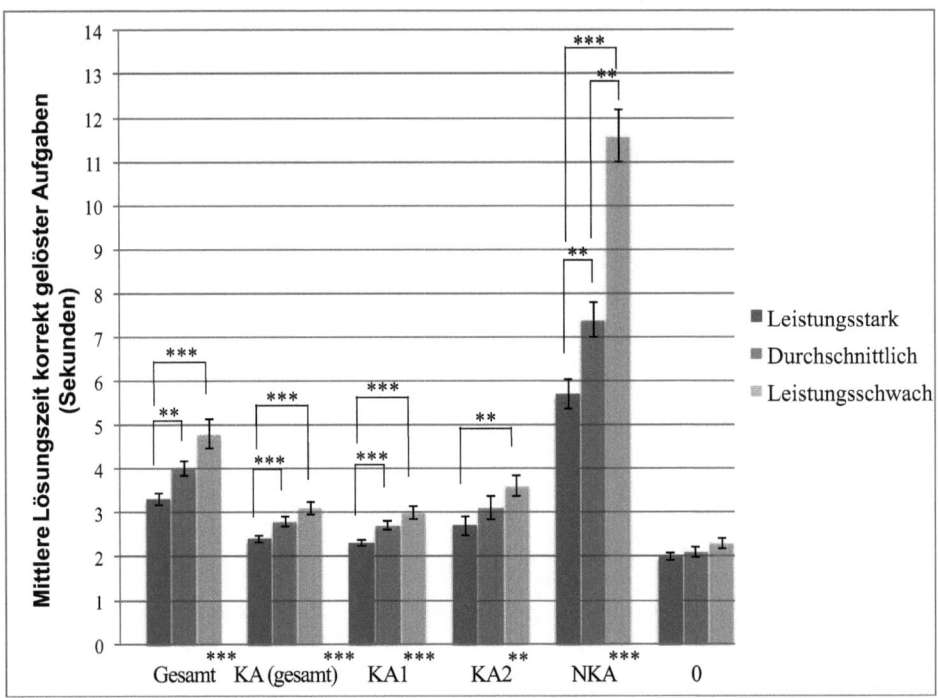

Abbildung 41: Durchschnittliche Lösungszeit (in Sekunden) korrekt gelöster Aufgaben verschiedener Aufgabentypen in Abhängigkeit vom Leistungsvermögen. Die Fehlerbalken repräsentieren den Standardfehler des Mittelwertes, *p < .05, **p < .01, ***p < .001.

Im Folgenden werden die ermittelten Lösungszeiten der Kinder für einen schnellen Abruf aus dem Gedächtnis vorgestellt.

Lösungszeiten schneller korrekter Faktenabrufe

Neben den Lösungszeiten der korrekt gelösten Aufgaben, die bereits erste gute Anhaltspunkte hinsichtlich benötigter Lösungszeiten im Allgemeinen liefern, wird den ermittelten Lösungszeiten für schnelle Abrufe aus dem Gedächtnis ebenfalls eine wichtige Rolle zuteil. Sie dienen dazu, die später vorgestellten Ergebnisse bzw. Erkenntnisse der offenen Forschungsfrage, wie häufig wird zur Aufgabenlösung auf den Faktenabruf zurückgegriffen, besser einordnen bzw. einschätzen zu können.

Wie bereits in den methodischen Ausführungen betont (siehe Kapitel 5), ist *ein* Ziel dieser Arbeit, eine Alternative zur 3-Sekunden-Obergrenze, die in der internationalen Literatur häufig zur Feststellung von Automatisierungsquoten zum Einsatz kommt, zu entwickeln bzw. aufzustellen. Der in dieser Arbeit verfolgte Ansatz ermittelt dabei individuelle Schwellen je Kind (siehe Abschnitt 6.1.1). Aufgaben, die innerhalb der individuell ermittelten Schwelle gelöst werden, können dem schnellen Faktenabruf aus dem Gedächtnis zugeordnet werden.

Basierend auf den individuell ermittelten Schwellen werden die Forschungsergebnisse hinsichtlich der Lösungszeiten korrekter Faktenabrufe vorgestellt. Tabelle 34 veranschaulicht die durchschnittlichen Lösungszeiten der getätigten schnellen Faktenabrufe. Sie präsentiert darüber hinaus die durchschnittlichen Lösungszeiten schneller Faktenabrufe getrennt nach den verschiedenen *Leistungsgruppen*.

Tabelle 34: Mittelwert, Standardabweichung sowie Minimal- und Maximalwert der Lösungszeiten für einen schnellen Abruf aus dem Gedächtnis in Abhängigkeit vom Leistungsvermögen

Leistungsvermögen	N	M	SD	Min	Max
Leistungsstark	48	1.5	0.2	1.1	2.0
Durchschnittlich	49	1.7	0.2	1.3	2.2
Leistungsschwach	46	1.8	0.3	1.3	2.5
Gesamt	143	1.6	0.3	1.1	2.3

Die durchschnittlichen Lösungszeiten für Faktenabrufe der Kinder unterschiedlichen Leistungsvermögens unterscheiden sich mit Werten von 1.5, 1.7 und 1.8 Sekunden signifikant voneinander (Wald $\chi^2(2) = 67.95$, $p < .001$). Den paarweisen Vergleichen zufolge unterscheiden sich die leistungsstarken Kinder von den leistungsschwachen und den Kindern durchschnittlichen Leistungsvermögens signifikant (beide $p < .001$). Darüber hinaus zeigen sich signifikante Unterschiede zwischen den Kindern durchschnittlichen Leistungsvermögens und den leistungsschwachen Kindern ($p = .047$) – signifikante Unterschiede liegen demnach zwischen allen Leistungsgruppen vor.

Zwischen den Kindern der verschiedenen *Lehrkraft-Gruppen* zeigt sich kein signifikanter Unterschied bezüglich der mittleren Lösungszeiten (lehrplankonform: $M = 1.6$, $SD = 0.3$; bewusst traditionell: $M = 1.6$, $SD = 0.3$; Wald $\chi^2(1) < 0.01$, $p = .963$) – die ermittelten Lösungszeiten für einen Faktenabruf unterscheiden sich nur im Millisekundenbereich.

Anzahl schneller Abrufe aus dem Gedächtnis

Mittels der individuellen Schwellen je Kind können nicht nur Erkenntnisse darüber gewonnen werden, wie lange ein Kind im Durchschnitt für den Abruf von Aufgaben aus dem Gedächtnis benötigt – wie gerade vorgestellt –, sondern individuelle Schwellen ermöglichen auch die Anzahl der getätigten schnellen Abrufe zu ermitteln.

Im Folgenden wird berichtet, wie viele der 48 überprüften Einmaleinsaufgaben verschiedener Aufgabentypen im Durchschnitt schnell aus dem Gedächtnis verfügbar sind, d.h. wie viele Aufgaben innerhalb der individuell ermittelten Schwelle für einen Faktenabruf gelöst werden (siehe Tabelle 35).

Tabelle 35: Prozentualer Anteil abrufbarer Einmaleinsaufgaben verschiedener Aufgabentypen

Aufgabentypen	N	%
Kernaufgaben gesamt (KA)	143	50
Kernaufgaben – Einmaleinssätze mit 1, 2, 5 und 10 (KA1)	143	53
Kernaufgaben – Quadrataufgaben (KA2)	143	40
Nicht-Kernaufgaben (NKA)	143	1
Aufgaben mit einem Faktor 0 (0)	143	49
Gesamt	143	35

Betrachtet man die bevorzugt schnell abgerufenen Aufgabentypen, wird ersichtlich, dass fast ausschließlich Kernaufgaben innerhalb der individuell ermittelten Schwelle für einen schnellen Abruf liegen. Insgesamt werden 50% aller Kernaufgaben schnell aus dem Gedächtnis abgerufen. Auffallend ist in diesem Zusammenhang, dass die Einmaleinssätze mit 1, 2, 5 und 10 – deskriptiv betrachtet – häufiger abrufbar zur Verfügung stehen als die Quadrataufgaben, die laut den Forschungsergebnissen internationaler Studien am schnellsten gelöst werden (siehe Abschnitt 3.2.1). Während 53% der zu lösenden Kernaufgaben der Einmaleinssätze mit 1, 2, 5 und 10 schnell abgerufen werden, beläuft sich der Prozentsatz der Quadrataufgaben nur auf 40%. Darüber hinaus wird immerhin im Durchschnitt eine von zwei Aufgaben mit einem Faktor 0 von den Kindern schnell ermittelt. Die Nicht-Kernaufgaben weisen im Vergleich zu den anderen Aufgabentypen die niedrigsten Abrufquoten auf, lediglich 1% der Nicht-Kernaufgaben werden schnell abgerufen. Insgesamt sind in der vorliegenden Studie 35% der Aufgaben gedächtnismäßig verfügbar.

Wie der Tabelle 36 zu entnehmen ist, variieren die Anzahlen bzw. prozentualen Anteile an schnellen Faktenabrufen aus dem Gedächtnis für jeden einzelnen Aufgabentyp und für die Gesamtheit an Aufgaben je *Leistungsgruppe* nur gering. Es liegen keine signifikanten Unterschiede zwischen den Leistungsgruppen hinsichtlich der verschiedenen Aufgabentypen vor sowie im Hinblick auf die Gesamtzahl verfügbarer schneller Abrufe (siehe Tabelle 36).[137]

---

137 Eine detaillierte Übersicht aller paarweisen Vergleiche findet sich im Anhang (B.2).

Tabelle 36: Prozentualer Anteil schnell abrufbarer Einmaleinsaufgaben verschiedener Aufgabentypen in Abhängigkeit vom Leistungsvermögen

| Aufgabentypen | Leistungsvermögen | | | | |
| | Leistungsstark (N = 48) | Durchschnittlich (N = 49) | Leistungsschwach (N = 46) | | |
	%	%	%	Wald $\chi^2(2)$	p
KA (gesamt)	50	50	50	0.02	.992
KA1	52	53	53	0.43	.808
KA2	43	40	39	1.53	.465
NKA	1	1	2	2.01	.365
0	55	55	40	3.10	.212
Gesamt	35	35	34	0.32	.851

Was die unterschiedliche Anzahl an Abrufen unter Berücksichtigung der *Lehrkraft-Gruppen* betrifft (siehe Tabelle 37), existiert einzig ein signifikantes Ergebnis für die Kernaufgaben bestehend aus den Einmaleinssätzen 1, 2, 5 und 10 (Wald $\chi^2(1) = 4.20$, $p = .041$). Die lehrplankonform unterrichteten Kinder rufen im Schnitt signifikant mehr Aufgaben der Einmaleinssätze 1, 2, 5 und 10 schnell ab als die Kinder der bewusst traditionellen Lehrkraft-Gruppe.

Tabelle 37: Prozentualer Anteil abrufbarer Einmaleinsaufgaben verschiedener Aufgabentypen in Abhängigkeit von der Lehrkraft-Gruppe

| Aufgabentypen | Lehrkraft-Gruppen | | | |
| | Lehrplankonform (N = 71) | Bewusst traditionell (N = 72) | | |
	%	%	Wald $\chi^2(1)$	p
KA (gesamt)	50	49	0.78	.378
KA1	54	52	4.20	.041
KA2	39	42	0.72	.396
NKA	1	2	0.86	.353
0	42	55	3.05	.081
Gesamt	35	35	< 0.01	.952

Die vorgestellten Ergebnisse bezüglich der Anzahl verfügbarer Faktenabrufe zeigen, dass Kinder unterschiedlichen Leistungsvermögens annähernd gleiche Anzahlen an Aufgaben aus dem Gedächtnis abrufen. Davon zu sprechen, dass keine Unterschiede zwischen den Leistungsgruppen vorliegen, trifft dabei zwar auf die Anzahl an ermittelten schnellen Faktenabrufen zu, nicht aber darauf, dass leistungsschwächere Kinder im Schnitt für einen Abruf mehr Zeit benötigen. Dies sollte bei der Interpretation der Ergebnisse einbezogen werden.

6.2 Ergebnisse des Strategieinterviews

Nach der Präsentation der Forschungsergebnisse der Reaktionszeittestung und den in diesem Kontext ermittelten Erkenntnissen hinsichtlich eines schnellen Faktenabrufes liegt in den folgenden Ausführungen der Fokus auf der Strategieverwendung von Kindern beim kleinen Einmaleins.

6.2.1 Vielfalt an Herangehensweisen und die Häufigkeit des Einsatzes

Im Zentrum des Strategieinterviews und der Ausführungen des folgenden Abschnittes steht insbesondere die Beantwortung der Leitfrage dieser Arbeit:
- Zeigen sich im Strategieeinsatz bei Kindern nach der Erarbeitung des kleinen Einmaleins Herangehensweisen, die basierend auf Einsicht in operative Beziehungen zur Aufgabenlösung führen?

In einem ersten Schritt sollen die ausdifferenzierten Folgefragen analysiert werden:
- Welche konkreten Herangehensweisen setzen Kinder zur Lösung von Einmaleinsaufgaben ein?
- Wie häufig greifen Kinder auf diese Herangehensweisen zur Lösung von Aufgaben zum kleinen Einmaleins zurück?

Da auch im Strategieinterview ein möglicher Einfluss der individuellen Leistungsfähigkeit eines Kindes sowie der unterrichtlichen Erarbeitung auf die Strategieverwendung nicht unberücksichtigt bleiben soll, werden die vorgestellten Fragen auch hinsichtlich des Einflusses des individuellen Leistungsvermögens und der unterrichtlichen Vorgehensweise der Lehrkräfte analysiert. Die allgemein formulierten Fragen hinsichtlich der Einflussfaktoren Individuum und Unterricht lauten wie folgt:
- Inwieweit zeigen sich Unterschiede in der Strategieverwendung und im Lernerfolg bei Aufgaben zum kleinen Einmaleins bei Kindern mit unterschiedlichem Leistungsvermögen (leistungsstark, durchschnittlich und leistungsschwach)?
- Machen sich verschiedene unterrichtliche Vorgehensweisen der Lehrpersonen in der Strategieverwendung und im Lernerfolg der Kinder bei Aufgaben zum kleinen Einmaleins bemerkbar? Wenn ja, wie?

Da theoretische Erkenntnisse der vorliegenden Arbeit ebenso wie publizierte internationale Forschungsergebnisse zur Strategieverwendung gezeigt haben, dass vor allem hinsichtlich einer geeigneten Art der Erarbeitung des kleinen Einmaleins bei rechenschwachen Kindern noch weitestgehend wenig Konsens besteht, sollen im Strategieinterview nicht ausschließlich die beiden Haupteffekte der Faktoren Individuum und Unterricht analysiert werden, sondern die Strategieverwendung auch hinsichtlich des Interaktionseffektes der beiden Faktoren (Individuum × Unterricht) betrachtet werden. Die in diesem Zusammenhang durchgeführten Unterschiedsanalysen werden, wie bereits bei den Auswertungen der Reaktionszeittestung angemerkt, basierend auf verallgemeinerten Schätzgleichungen durchgeführt.

Der erste Interviewteil sah für $N = 144$ Kinder die Lösung von sechs Einmaleinsaufgaben bei freier Strategiewahl vor. Da im Strategieinterview verschiedene Herangehensweisen abgesehen vom Abruf einer Aufgabe aus dem Gedächtnis ermittelt werden sollten, wurden Kinder, die Aufgaben bevorzugt aus dem Gedächtnis abriefen, aufgefordert, eine alternative Herangehensweise anstelle des Faktenabrufes zu nennen (siehe Abschnitt 5.3.2). Erneut wird – wie bereits bei den Auswertungen der Ergebnisse der Reaktionszeittestung – ein Kind der Stichprobe von den Analysen ausgeschlossen, um Verzerrungen insbesondere im Hinblick auf die Unterschiedsanalysen zu verhindern.[138]

In einem ersten Schritt soll das Verhältnis eingesetzter Rechenstrategien und weniger tragfähiger Herangehensweisen veranschaulicht werden. Die Darstellung dieser und aller folgenden Auswertungen erfolgt dabei immer nach dem Schema, dass zunächst die Haupteffekte der Faktoren Individuum und Unterricht berichtet werden und im Anschluss die Wechselwirkung zwischen diesen beiden Faktoren.

Anteil Rechenstrategien und weniger tragfähiger Herangehensweisen

Tabelle 38 veranschaulicht das Verhältnis zwischen Rechenstrategien und weniger tragfähigen Herangehensweisen[139] bei freier Strategiewahl. Die angeführten absoluten und relativen Häufigkeiten listen dabei die gewählten Herangehensweisen der Kinder unabhängig von möglichen Strategie- bzw. Rechenfehlern auf. Mehr als Zweidrittel der Aufgaben des ersten Interviewteilbereiches bzw. 69% der Aufgaben werden über Rechenstrategien gelöst, 30% über weniger tragfähige Herangehensweisen. Für 1% der Aufgaben ist keine Aufgabenlösung bekannt.

Tabelle 38: Absolute und relative Häufigkeit verwendeter Rechenstrategien und weniger tragfähiger Herangehensweisen bei freier Strategiewahl

Herangehensweisen	Absolute Häufigkeit	Relative Häufigkeit
Rechenstrategien	589	69
Weniger tragfähige Herangehensweisen	258	30
Keine Aufgabenlösung	11	1
Gesamt	858	100

---

138 Nur bei einer von sechs Aufgaben war das Kind in der Lage einen Lösungsweg zur Berechnung zu nennen. Vom Ausschluss betroffen ist dasselbe Kind, das bereits in einem Großteil der Auswertungen zur Reaktionszeittestung nicht in die Analysen einbezogen wurde.

139 Die Herangehensweise der sukzessiven Addition wird in der Tabelle 38 unter eine weniger tragfähige Herangehensweisen gefasst, auch wenn sie bei entsprechender Aufgabencharakteristik als Rechenstrategie angesehen werden kann (siehe auch Abschnitt 2.2.3).

Im Mittel setzt ein Kind demnach bei sechs zu lösenden Aufgaben $M = 4.13$ ($SD = 1.97$) Rechenstrategien ein und $M = 1.77$ ($SD = 1.97$) weniger tragfähige Herangehensweisen.[140] Ein Vergleich der Häufigkeiten aller eingesetzten Rechenstrategien und aller weniger tragfähigen Herangehensweisen unter Berücksichtigung des individuellen Leistungsvermögens wird in Tabelle 39 veranschaulicht.

Tabelle 39: Häufigkeit des Einsatzes von Rechenstrategien und weniger tragfähigen Herangehensweisen je Kind in Abhängigkeit vom Leistungsvermögen

| | Leistungsvermögen | | | | | | | |
Herangehensweisen	Leistungsstark ($N = 48$)		Durchschnittlich ($N = 49$)		Leistungsschwach ($N = 46$)		Wald $\chi^2(2)$	p
	M	SD	M	SD	M	SD		
Rechenstrategien	4.65	1.59	4.71	1.63	2.96	2.17	20.86	< .001
Weniger tragfähige Herang.	1.19	1.56	1.24	1.64	2.93	2.21	23.50	< .001

Die Kinder *unterschiedlichen Leistungsvermögens* unterscheiden sich sowohl hinsichtlich der Häufigkeit des Einsatzes von Rechenstrategien als auch bezüglich der weniger tragfähigen Herangehensweisen signifikant (siehe Tabelle 39). Paarweise Vergleiche offenbaren allerdings nur zwischen der leistungsstarken und der leistungsschwachen Gruppe (Rechenstrategie: $p < .001$, weniger tragfähige Herangehensweise: $p < .001$) sowie den leistungsschwachen Kindern und den Kindern durchschnittlichen Leistungsvermögens signifikante Unterschiede (Rechenstrategie: $p < .001$, weniger tragfähige Herangehensweise: $p = .001$). Wohingegen kein signifikanter Unterschied zwischen den leistungsstarken und den Kindern durchschnittlichen Leistungsvermögens vorliegt (Rechenstrategie: $p = 1.000$, weniger tragfähige Herangehensweise: $p = 1.000$). Im Durschnitt greifen leistungsstarke Kinder und Kinder durchschnittlichen Leistungsvermögens fünfmal auf Rechenstrategien zurück und setzen nur eine weniger tragfähige Herangehensweise ein. Im Vergleich dazu hält sich der Einsatz von Rechenstrategien und weniger tragfähiger Herangehensweisen bei den leistungsschwachen Kindern die Waage.

Wie Tabelle 40 veranschaulicht, unterscheiden sich die Kinder *verschiedener Lehrkraft-Gruppen* im Einsatz von Rechenstrategien und im Einsatz weniger tragfähiger Herangehensweisen signifikant voneinander. Im Durchschnitt setzen die lehrplankonform unterrichteten Kinder eine Rechenstrategie mehr ein als die Vergleichsgruppe und dafür greifen sie im Mittel einmal weniger auf eine weniger tragfähige Herangehensweise zurück.

---

140 Die restlichen Aufgaben wurden im Mittel je Kind nicht gelöst – für die Gesamtstichprobe beläuft sich der Prozentsatz nicht gelöster Aufgaben – wie später noch detailliert berichtet wird – auf 1%.

Tabelle 40: Häufigkeit des Einsatzes von Rechenstrategien und weniger tragfähigen Herangehensweisen je Kind in Abhängigkeit von der Lehrkraft-Gruppe

Herangehens-weisen	Lehrkraft-Gruppe					
	Lehrplankonform (N = 71)		Bewusst traditionell (N = 72)			
	M	SD	M	SD	Wald $\chi^2(1)$	p
Rechenstrategien	4.50	1.76	3.76	2.11	6.72	.010
Weniger trag-fähige Herang.	1.37	1.71	2.17	2.14	4.16	.041

Die bisher vorgestellten Studienergebnisse lassen erkennen, dass leistungsschwächere Kinder im Durchschnitt weniger häufig auf Rechenstrategien zurückgreifen als leistungsstärkere und das Verhältnis des Einsatzes von Rechenstrategien und weniger tragfähigen Herangehensweisen allerdings ausgewogen ist. Zudem offenbaren die Ergebnisse hinsichtlich der Lehrkraft-Gruppen, dass die lehrplankonform unterrichteten Kinder signifikant häufiger Rechenstrategien einsetzen, die bewusst traditionell unterrichteten signifikant mehr weniger tragfähige Herangehensweisen.

Jeweils keine signifikante *Interaktion zwischen den Faktoren Individuum und Unterricht* zeigt sich den Forschungsergebnissen zufolge hinsichtlich der Häufigkeit des Einsatzes von Rechenstrategien sowie von weniger tragfähigen Herangehensweisen (Rechenstrategie: Wald $\chi^2(2)$ = 5.60, p = .050; weniger tragfähige Herangehensweise: Wald $\chi^2(2)$ = 1.35, p = .510).

Tabelle 41 veranschaulicht deskriptiv die Häufigkeit des Einsatzes der Herangehensweisen gruppiert nach Rechenstrategien und weniger tragfähigen Herangehensweisen unter Berücksichtigung des individuellen Leistungsvermögens und der unterrichtlichen Erarbeitung. Zwischen den *leistungsschwachen* Kindern der beiden Lehrkraft-Gruppen liegt ein signifikanter Unterschied hinsichtlich der Häufigkeit des Einsatzes von Rechenstrategien vor (Wald $\chi^2(1)$ = 7.54, p = .006) und im Umkehrschluss demnach auch hinsichtlich der Häufigkeit des Einsatzes weniger tragfähiger Herangehensweisen (Wald $\chi^2(1)$ = 7.91, p = .005). Die leistungsschwachen, lehrplankonform unterrichteten Kinder setzen signifikant mehr Rechenstrategien und signifikant seltener weniger tragfähige Herangehensweisen zur Aufgabenlösung ein als die traditionell unterrichteten Kinder der gleichen Leistungsgruppe.

Tabelle 41: Häufigkeit des Einsatzes von Rechenstrategien und weniger tragfähigen Herangehensweisen je Kind in Abhängigkeit vom Leistungsvermögen und der Lehrkraft-Gruppe

Herangehens-weise	Leistungsvermögen und Lehrkraft-Gruppe											
	Leistungsstark				Durchschnittlich				Leistungsschwach			
	Lehrplan-konform (N = 24)		Bewusst traditionell (N = 24)		Lehrplan-konform (N = 25)		Bewusst traditionell (N = 24)		Lehrplan-konform (N = 23)		Bewusst traditionell (N = 23)	
	M	SD	M	SD	M	SD	M	SD	M	SD	M	SD
Rechen-strategien	4.88	1.51	4.42	1.67	4.72	1.46	4.71	1.83	3.82	2.15	2.17	1.90
Weniger tragfähige Herang.	0.88	1.33	1.50	1.72	1.24	1.48	1.25	1.82	2.05	2.13	3.75	1.98

Kinder der beiden Lehrkraft-Gruppen mit *durchschnittlichem* Leistungsvermögen unterscheiden sich nicht signifikant hinsichtlich der Häufigkeit des Einsatzes von Rechenstrategien und weniger tragfähigen Herangehensweisen (Rechenstrategie: Wald $\chi^2(1)$ = 0.00, p = 1.000; weniger tragfähige Herangehensweisen: Wald $\chi^2(1)$ = 0.00, p = 1.000), da sie deskriptiv betrachtet ähnlich häufig auf Rechenstrategien sowie weniger tragfähige Herangehensweisen zurückgreifen (siehe Tabelle 41).

Ein signifikanter Unterschied zwischen den *leistungsstarken* Kindern der beiden Lehrkraft-Gruppen hinsichtlich der Häufigkeit des Einsatzes von Rechenstrategien und weniger tragfähigen Herangehensweisen liegt ebenfalls nicht vor (Rechenstrategie: Wald $\chi^2(1)$ = 0.92, p = .337; weniger tragfähige Herangehensweise: Wald $\chi^2(1)$ = 1.90, p = .168). Rein deskriptiv setzen leistungsstarke Kinder der bewusst traditionellen Lehrkraft-Gruppe weniger tragfähige Herangehensweisen häufiger und Rechenstrategien seltener ein als die Vergleichsgruppe, deren Lehrkräfte den Fokus der Erarbeitung auf verschiedene Rechenstrategien legen (siehe Tabelle 41).

Vielfalt an Herangehensweisen und Häufigkeit des Einsatzes

Ein Überblick über die verschiedenen eingesetzten Herangehensweisen sowie die Häufigkeit des Einsatzes je Herangehensweise wird in Tabelle 42 gegeben. Die angeführten Prozentsätze listen dabei erneut die gewählten Herangehensweisen der Kinder unabhängig von möglichen Strategie- bzw. Rechenfehlern auf.

Tabelle 42: Absolute und relative Häufigkeit verwendeter Herangehensweisen

	Absolute Häufigkeit	Relative Häufigkeit
Nachbaraufgabe	363	42
Sukzessive Addition	238	28
Verdopplung/Halbierung	118	14
Faktorzerlegung	106	12
Verkürzte sukzessive Addition	15	2
Keine Aufgabenlösung	11	1
Sonstige Herangehensweisen	5	< 1
Gegensinniges Verändern	1	< 1
Tauschaufgabe	1	< 1
Gesamt	858	100

Die insgesamt $N = 143$ Kinder greifen zur Lösung der 858 Aufgaben auf eine Vielfalt an Herangehensweisen zurück. Neben Rechenstrategien, wie der Nachbaraufgabe, der Faktorzerlegung, der Verdopplung und Halbierung, der Tauschaufgabe und dem gegensinnigen Verändern werden auch weitere Herangehensweisen wie die verkürzte sukzessive Addition und die sukzessive Addition[141] zur Aufgabenlösung eingesetzt. Darüber hinaus kamen auch Herangehensweisen zum Einsatz, die keiner der genannten Kategorien bzw. keiner eigenen Kategorie zugeordnet werden können und aus diesem Grund in die Kategorie *sonstige Herangehensweisen* fallen. Ein Teil der Aufgaben wurde zudem – wie bereits erwähnt – nicht gelöst. Die absoluten und relativen Häufigkeiten je Herangehensweise über die sechs zu lösenden Aufgaben sind Tabelle 42 zu entnehmen.

Rein deskriptiv sollen die Häufigkeiten des Einsatzes der verschiedenen Herangehensweisen in den folgenden Ausführungen beschrieben werden: Die Nachbaraufgabe stellt die am häufigsten zur Lösung eingesetzte Herangehensweise dar – auf sie wird bei fast der Hälfte der Aufgaben (42%) zurückgegriffen. Die zweithäufigste gewählte Herangehensweise ist die sukzessive Addition, sie wird in fast einem Drittel der Aufgaben (28%) bevorzugt zur Aufgabenlösung eingesetzt. Zur Lösung von 12% der Aufgaben wird die Faktorzerlegung eingesetzt, 14% der berechneten Aufgaben werden mithilfe der Verdopplung bzw. Halbierung gelöst. Bei den Lösungswegen über die Nachbaraufgabe und die Faktorzerlegung wurde zusätzlich differenziert in additive oder subtraktive Zerlegungen. Je Rechenstrategie können annähernd gleiche Prozentsätze für eine additive (Nachbaraufgabe: 19%, Faktorzerlegung: 6%) bzw. subtraktive (Nachbaraufgabe: 23%; Faktorzerlegung: 6%) Zerlegung ermittelt werden. Die verkürzte sukzessive Addition, das gegensinnige Verändern sowie die Tauschaufgabe erweisen sich als vergleichsweise selten eingesetzte Herangehensweisen.

---

141 Unter die Bezeichnung *sukzessive Addition* fällt in den folgenden Auswertungen der Einsatz der sukzessiven Addition, das Nutzen von Zahlenfolgen sowie gegebenenfalls auch ein nicht offensichtlicher Einsatz des rhythmischen Zählens (siehe Abschnitt 5.4).

Einhergehend mit der Kodierung der gewählten Herangehensweisen wurde auch erfasst, ob Kinder beide Faktoren einer Aufgabe flexibel betrachten und die Kommutativität zur Lösung einer Einmaleinsaufgabe nutzen. Im Durchschnitt betrachten Kinder in zwei von sechs Aufgaben ($M = 2.00$, $SD = 1.17$) beide Faktoren flexibel. Von den $N = 143$ Kindern setzen nur 14 Kinder (10%) keine Tauschaufgabe zur Lösung ihrer Aufgaben ein. Betrachtet man das Verhältnis zwischen keinem Einsatz und dem Einsatz einer Tauschaufgabe für jede Aufgabe getrennt, fällt anhand der deskriptiven Kennwerte vor allem für die Aufgaben $3 \cdot 7$ und $4 \cdot 6$ ein ungleiches Verhältnis im Vergleich zu den restlichen Aufgaben auf (siehe Tabelle 43).

Tabelle 43: Prozentualer Anteil flexibler Faktorbetrachtungen je Aufgabenstellung

Aufgabe	Einsatz der Tauschaufgabe (%)	Kein Einsatz der Tauschaufgabe (%)
$3 \cdot 7$	94	6
$9 \cdot 4$	54	46
$5 \cdot 8$	54	46
$6 \cdot 9$	57	43
$4 \cdot 6$	81	19
$8 \cdot 7$	59	41

Bei den zwei genannten Aufgaben wird seltener auf den Einsatz der Tauschaufgabe zurückgegriffen, was bei Betrachtung der Aufgabencharakteristik allerdings nicht weiter verwunderlich ist. Der Einsatz der Tauschaufgabe würde bei beiden Aufgaben hinsichtlich der sukzessiven Addition bedeuten, dass der kleinere der beiden Faktoren summiert werden würde und mehrere Rechenschritte zur Aufgabenlösung benötigt werden würden. Darüber hinaus bietet sich bei beiden Aufgaben die Lösung über Rechenstrategien an, für die keine Betrachtung bzw. eine Vertauschung der Faktoren erforderlich ist. So kann die Aufgabe $3 \cdot 7$ beispielsweise über die Nachbaraufgabe mit anschließender additiver Veränderung des Ergebnisses, also $2 \cdot 7 + 1 \cdot 7$ gelöst werden. Bei der Aufgabe $4 \cdot 6$ bietet sich unter anderem das zweimalige Verdoppeln von sechs sowie eine Lösung mithilfe der Kernaufgabe $5 \cdot 6$ an.

Im Folgenden soll dargelegt werden, wie häufig Kinder unterschiedlichen Leistungsvermögens auf verschiedene Herangehensweisen zurückgreifen und inwiefern sich die Häufigkeit des Einsatzes je nach zugehöriger Lehrkraft-Gruppe unterscheidet. Darüber hinaus soll untersucht werden, ob ein Interaktionseffekt zwischen dem Faktor Unterricht und dem Faktor Individuum vorliegt. Es wird in diesem Kotext auch untersucht, inwiefern sich Kinder der beiden Lehrkraft-Gruppen gleichen Leistungsvermögens hinsichtlich der Häufigkeit des Einsatzes verschiedener Herangehensweisen unterscheiden.

Häufigkeit des Einsatzes von Herangehensweisen in Abhängigkeit vom Leistungsvermögen und der Lehrkraft-Gruppe

In Abbildung 42 wird angeführt, wie häufig einzelne Herangehensweisen in Abhängigkeit vom individuellen Leistungsvermögen eines Kindes zum Einsatz kommen. Häufigkeiten des Einsatzes der Rechenstrategien des gegensinnigen Veränderns und der Tauschaufgabe sowie sonstige Herangehensweisen werden aufgrund der geringen Anzahl an Nennungen (siehe Tabelle 42) nicht in Abbildung 42 visualisiert.[142]

Auffallend in Abbildung 42 ist vor allem der – anhand der deskriptiven Kennwerte erkennbare – zunehmende Einsatz der Herangehensweisen der Nachbaraufgabe, der Verdopplung bzw. Halbierung sowie der verkürzten sukzessiven Addition mit höherem Leistungsvermögen. Ein dazu gegensätzliches Bild lässt der durchschnittliche Einsatz der sukzessiven Addition der Kinder unterschiedlichen Leistungsvermögens erkennen (siehe auch Tabelle 44): Leistungsschwache Kinder greifen beispielsweise mehr als doppelt so oft auf die weniger tragfähige Herangehensweise der sukzessiven Addition zurück ($M = 2.87$, $SD = 2.21$) als Kinder durchschnittlichen Leistungsvermögens ($M = 1.16$, $SD = 1.56$).

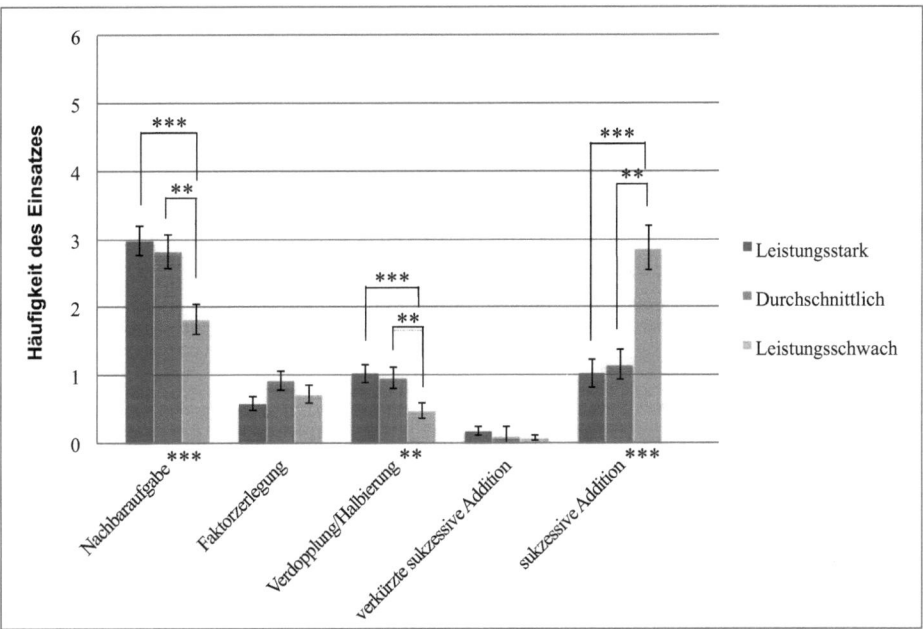

Abbildung 42: Häufigkeit des Einsatzes verschiedener Herangehensweisen je Kind in Abhängigkeit vom Leistungsvermögen. Die Fehlerbalken repräsentieren den Standardfehler des Mittelwertes, *p < .05, **p < .01, ***p < .001.

Signifikante Unterschiede hinsichtlich der Häufigkeit des Einsatzes zwischen den *verschiedenen Leistungsgruppen* liegen nur für den Einsatz der Nachbaraufgabe, der

---

142 Die genannten Herangehensweisen werden nur in den Analysen hinsichtlich des bereits berichteten Anteils an Rechenstrategien und weniger tragfähigen Herangehensweisen berücksichtigt.

Verdopplung bzw. Halbierung und der sukzessiven Addition vor (siehe auch Tabelle 44). Paarweise Vergleiche zeigen für die drei genannten Herangehensweisen signifikante Unterschiede zwischen den leistungsschwachen Kindern und den Kindern durchschnittlichen Leistungsvermögens (NA: $p = .004$, V/H: $p = .003$, sukz. Addition: $p = .009$) sowie zwischen den leistungsschwachen und den leistungsstarken Kindern (NA: $p < .001$, V/H: $p < .001$, sukz. Addition: $p < .001$). Keine signifikanten Unterschiede hinsichtlich der Häufigkeit des Einsatzes werden zwischen der durchschnittlichen und der leistungsstarken Gruppe ermittelt (NA: $p = 1.000$, V/H: $p = .947$, sukz. Addition: $p = 1.000$).[143]

Tabelle 44: Häufigkeit des Einsatzes verschiedener Herangehensweisen je Kind in Abhängigkeit vom Leistungsvermögen

Herangehens-weisen	Leistungsvermögen							
	Leistungsstark (N = 48)		Durchschnittlich (N = 49)		Leistungsschwach (N = 46)		Wald $\chi^2(2)$	p
	M	SD	M	SD	M	SD		
NA	2.98	1.48	2.84	1.72	1.76	1.51	20.55	< .001
FZ	0.58	0.68	0.92	1.00	0.72	0.89	4.03	.133
V/H	1.02	0.91	0.96	1.10	0.48	0.81	6.70	.035
Verk. Addition	0.17	0.43	0.08	0.34	0.07	0.25	1.50	.473
Suk. Addition	1.02	1.41	1.16	1.56	2.87	2.21	28.32	< .001

Anmerkung: NA = Nachbaraufgabe; FZ = Faktorzerlegung; V/H = Verdopplung bzw. Halbierung; Verk. Addition = verkürzte sukzessive Addition; Suk. Addition = sukzessive Addition

Wie bereits in den vorherigen Ausführungen zum Anteil Rechenstrategien und weniger tragfähigen Herangehensweisen berichtet, sind es die beiden leistungsstärkeren Gruppen, die signifikant mehr Rechenstrategien im Vergleich zu leistungsschwachen Kindern zur Aufgabenlösung einsetzen: Die Kinder der beiden leistungsstärkeren Gruppen greifen dabei im Mittel dreimal auf die Nachbaraufgabe zur Aufgabenlösung zurück und je einmal auf die Faktorzerlegung, die Verdopplung bzw. Halbierung sowie die sukzessive Addition. Der ebenfalls bereits berichtete signifikant höhere Einsatz weniger tragfähiger Herangehensweisen der leistungsschwachen Kinder im Vergleich zu den leistungsstärkeren Kindern geht dabei überwiegend auf den Einsatz der sukzessiven Addition zurück. Durchschnittlich drei von sechs Aufgaben und demnach die Hälfte der Aufgaben werden über diese Herangehensweise gelöst.

Neben den Forschungsergebnissen hinsichtlich des Leistungsvermögens sollen auch mögliche Unterschiede in der Häufigkeit des Einsatzes verschiedener Herangehensweisen zwischen den *verschiedenen Lehrkraft-Gruppen* analysiert werden. Die deskriptiven Daten (siehe Tabelle 45) zeigen, dass alle eingesetzten Rechenstrategien

---

143 Alle paarweisen Vergleiche der nicht signifikanten Unterschiedsanalysen werden im Anhang (B.2) berichtet.

von den lehrplankonform unterrichteten Kindern häufiger zur Aufgabenlösung genutzt werden als von den bewusst traditionell unterrichteten Kindern. Auf die sukzessive Addition greifen zur Aufgabenlösung vermehrt Kinder der bewusst traditionellen Lehrkraft-Gruppe zurück als Kinder der lehrplankonformen Gruppe. Kinder, die eine bewusst traditionelle Erarbeitung des kleinen Einmaleins erfahren, nutzen durchschnittlich fast doppelt so häufig die sukzessive Addition zur Aufgabenlösung als ihre Vergleichsgruppe: Im Durchschnitt wird eine aus sechs Aufgaben von den lehrplankonform unterrichteten Kindern über die sukzessive Addition gelöst ($M = 1.24$, $SD = 1.67$) und durchschnittlich zwei Aufgaben von den bewusst traditionell unterrichteten Kindern ($M = 2.08$, $SD = 2.08$). Signifikante Unterschiede hinsichtlich der Häufigkeit des Einsatzes liegen zwischen den Lehrkraft-Gruppen nur für die Herangehensweisen der Verdopplung bzw. Halbierung sowie der sukzessiven Addition vor (siehe Tabelle 45).

Tabelle 45: Häufigkeit des Einsatzes verschiedener Herangehensweisen je Kind in Abhängigkeit von der Lehrkraft-Gruppe

| Herangehens-weisen | Lehrkraft-Gruppe | | | | | |
| | Lehrplankonform ($N = 71$) | | Bewusst traditionell ($N = 72$) | | | |
	M	SD	M	SD	Wald $\chi^2(1)$	p
NA	2.58	1.66	2.50	1.66	0.71	.339
FZ	0.79	0.89	0.69	0.85	0.69	.406
V/H	1.10	1.11	0.56	0.73	6.34	.012
Verk. Addition	0.13	0.38	0.08	0.33	0.08	.778
Suk. Addition	1.24	1.67	2.08	2.08	5.93	.015

Neben der Betrachtung der beiden Haupteffekte soll auch die *Wechselwirkung* zwischen dem Faktor Individuum und dem Faktor Unterricht (Individuum × Unterricht) hinsichtlich der Häufigkeit des Einsatzes der verschiedenen Herangehensweisen analysiert werden. Dabei ergibt sich nur für die Herangehensweise der Nachbaraufgabe eine signifikante Interaktion der beiden genannten Faktoren (NA: Wald $\chi^2(2)$ = 7.09, p = .029; FZ: Wald $\chi^2(2)$ = 1.18, p = .555; V/H: Wald $\chi^2(2)$ = 5.74, p = .017; verk. Addition: Wald $\chi^2(2)$ = 1.50, p = .473; sukz. Addition: Wald $\chi^2(2)$ = 1.66, p = .436). Entsprechend kann hinsichtlich der Häufigkeit des Einsatzes der Nachbaraufgabe in diesem Kontext festgehalten werden, dass sich die unterrichtliche Erarbeitung je nach kindlichem Leistungsvermögen auswirkt: Eine lehrplankonforme Erarbeitung des kleinen Einmaleins geht dabei mit einem signifikant häufigeren Einsatz des Aufgabentyps der Nachbaraufgabe bei leistungsschwachen Kindern ($M = 2.23$, $SD = 1.63$) einher im Vergleich zu einer bewusst traditionellen Erarbeitung ($M = 1.33$, $SD = 1.27$; Wald $\chi^2(1)$ = 5.74, p = .017).

Trotz keiner signifikanten Interaktionen der Faktoren Individuum und Unterricht bei fast allen verschiedenen Aufgabentypen sollen weitere Unterschiedsanalysen hinsichtlich der Häufigkeiten des Einsatzes der genannten Herangehensweisen zwischen den Kindern der beiden Lehrkraft-Gruppe gleichen Leistungsvermögens berichtet werden. Die in diesem Zusammenhang ermittelten deskriptiven Ergebnisse können Tabelle 46 entnommen werden.

Tabelle 46: Häufigkeit des Einsatzes verschiedener Herangehensweisen je Kind in Abhängigkeit vom Leistungsvermögen und der Lehrkraft-Gruppe

	Leistungsvermögen und Lehrkraft-Gruppe											
	Leistungsstark				Durchschnittlich				Leistungsschwach			
	Lehrplan-konform (N = 24)		Bewusst traditionell (N = 24)		Lehrplan-konform (N = 25)		Bewusst traditionell (N = 24)		Lehrplan-konform (N = 23)		Bewusst traditionell (N = 23)	
Herangehens-weisen	M	SD	M	SD	M	SD	M	SD	M	SD	M	SD
NA	3.00	1.64	2.96	1.33	2.48	1.69	3.21	1.72	2.23	1.63	1.33	1.27
FZ	0.71	0.69	0.46	0.66	0.88	0.97	0.96	1.04	0.77	1.02	0.67	0.76
V/H	1.08	0.97	0.96	0.86	1.36	1.32	0.54	0.69	0.82	0.96	0.17	0.48
Verk. Addition	0.25	0.53	0.08	0.28	0.08	0.28	0.08	0.41	0.05	0.21	0.08	0.28
Suk. Addition	0.63	1.01	1.42	1.64	1.16	1.46	1.17	1.68	2.00	2.16	3.67	1.97

Auffallend ist vor allem bei Betrachtung der deskriptiven Kennwerte, dass die leistungsschwachen, lehrplankonform unterrichteten Kinder Rechenstrategien (Nachbaraufgabe, Faktorzerlegung, Verdopplung bzw. Halbierung) im Durchschnitt häufiger anwenden als die Vergleichsgruppe der bewusst traditionell unterrichteten Kinder (siehe Tabelle 46). In der Häufigkeit der Anwendung der Nachbaraufgabe – dies wurde bereits im Zusammenhang mit einem signifikanten Interaktionseffekt berichtet –, der Verdopplung bzw. Halbierung sowie der sukzessiven Addition unterscheiden sich die *leistungsschwachen* Kinder der beiden Lehrkraft-Gruppen signifikant voneinander (NA: Wald $\chi^2(1) = 5.74$, $p = .017$; V/H: Wald $\chi^2(1) = 4.13$, $p = .042$; sukz. Add.: Wald $\chi^2(1) = 7.92$, $p = .007$). Die leistungsschwachen lehrplankonform unterrichteten Kinder nutzen signifikant häufiger die Nachbaraufgabe sowie die Verdopplung bzw. Halbierung zur Aufgabenlösung, wohingegen sie signifikant seltener die sukzessive Addition heranziehen. Keine signifikanten Unterschiede hinsichtlich der Häufigkeit des Einsatzes liegen für die Herangehensweise der Faktorzerlegung und der verkürzten sukzessiven Addition vor (FZ: Wald $\chi^2(1) = 0.27$, $p = .604$; verk. Add.: Wald $\chi^2(1) = 0.26$, $p = .611$).

Lehrplankonform unterrichtete, *durchschnittliche* Kinder greifen signifikant häufiger auf den Einsatz der Verdopplung bzw. Halbierung zurück (V/H: Wald $\chi^2(1) = 7.83$, $p = .005$). Keine signifikanten Unterschiede liegen für die restlichen Herangehensweisen an Einmaleinsaufgaben hinsichtlich der Häufigkeit des

Einsatzes vor (NA: Wald $\chi^2(1)$ = 1.62, p =.203; FZ: Wald $\chi^2(1)$ = 0.07, p = .792; verk. Add.: Wald $\chi^2(1)$ = 0.01, p = .972; sukz. Add.: Wald $\chi^2(1)$ = 0.00, p = .990).

Für die Häufigkeit des Einsatzes der Herangehensweise der sukzessiven Addition kann für die *leistungsstarken* Kinder deskriptiv berichtet werden (siehe Tabelle 46), dass die lehrplankonformen Kinder im Mittel bei M = 0.63 (SD = 1.01) von sechs Aufgaben auf die sukzessive Addition zurückgreifen, während die bewusst traditionell unterrichteten, leistungsstarken Kinder bei durchschnittlich M = 1.42 (SD = 1.64) Aufgaben die sukzessive Addition zur Lösung von Einmaleinsaufgaben nutzen. Der ermittelte Unterschied zwischen den leistungsstarken Kindern der beiden Lehrkraft-Gruppen erweist sich hinsichtlich des Einsatzes der sukzessiven Addition als signifikant (sukz. Addition: Wald $\chi^2(1)$ = 4.11, p = .043). Keine signifikanten Unterschiede liegen für die Häufigkeit des Einsatzes der anderen Herangehensweisen an Einmaleinsaufgaben vor (NA: Wald $\chi^2(1)$ = 0.01, p = .916; FZ: Wald $\chi^2(1)$ = 1.24, p = .231; V/H: Wald $\chi^2(1)$ = 0.28, p = .594; verk. Add.: Wald $\chi^2(1)$ = 1.98, p = .160).

Der Einsatz der Kommutativität soll zum Abschluss dieses Abschnittes ebenfalls unter Berücksichtigung des individuellen Leistungsvermögens von Kindern und der unterrichtlichen Erarbeitung analysiert werden.

Signifikante Unterschiede zwischen den Kindern unterschiedlichen *Leistungsvermögens* lassen sich hinsichtlich einer flexiblen Betrachtung der beiden Faktoren einer Aufgabe erkennen (Wald $\chi^2(2)$ = 18.61, p < .001). Leistungsschwache Kinder setzen im Mittel M = 2.48 (SD = 1.30) Herangehensweisen ein, die eine Vertauschung der Faktoren erfordern. Im Vergleich greifen die beiden Gruppen der leistungsstärkeren Kinder signifikant seltener auf die Tauschaufgabe zurück. Signifikante Unterschiede liegen zwischen den leistungsstarken und den leistungsschwachen Kindern (p = .002) sowie zwischen den leistungsschwachen und den Kindern durchschnittlichen Leistungsvermögens vor (p < .001). Aufgrund ähnlicher Mittelwerte der beiden leistungsstärkeren Gruppen (durchschnittlich: M = 1.82, SD = 1.09; leistungsstark: M = 1.73, SD = 0.98) existiert zwischen diesen beiden Gruppen kein signifikanter Unterschied (p = .999).

Zwischen den beiden *Lehrkraft-Gruppen* zeigt sich ebenfalls kein signifikanter Unterschied hinsichtlich des Einsatzes der Tauschaufgabe (lehrplankonform: M = 2.08, SD = 1.14; bewusst traditionell: M = 1.92, SD = 1.20; Wald $\chi^2(1)$ = 0.72, p = .396).

6.2.2 Fehlerquoten und Fehlertypen je Herangehensweise

Die berichteten Häufigkeiten der eingesetzten Herangehensweisen für die sechs zu berechnenden Aufgaben bei freier Strategiewahl wurden unberücksichtigt eventueller Fehler bei der Ausführung vorgestellt. Im Folgenden soll das Hauptaugenmerk auf die Fehlerquoten und Fehlertypen je Herangehensweise gelegt werden. Eine weitere zu beantwortende Frage lautet demnach:

- Wie fehlerfrei erfolgt der Einsatz der ermittelten Herangehensweisen und welche Fehlertypen lassen sich unterscheiden?

Insgesamt werden 87% der Einmaleinsaufgaben des ersten Interview-Teilbereichs korrekt gelöst. Dies entspricht 746 fehlerfreien Aufgabenbeantwortungen von insgesamt 858 zu lösenden Einmaleinsaufgaben oder im Durchschnitt M = 5.22 (SD = 1.26) von 6 Einmaleinsaufgaben. Abbildung 43 veranschaulicht die durchschnittlich korrekt gelöste Anzahl an Aufgaben in Abhängigkeit vom individuellen Leistungsvermögen bei den sechs zu berechnenden Aufgaben im ersten Interviewteilbereich. Neben der Gesamtstichprobe wird auch die im Mittel je Kind fehlerfrei gelöste Anzahl an Aufgaben der beiden Teilstichproben – lehrplankonform und bewusst traditionell unterrichteter Kinder – unter Berücksichtigung des individuellen Leistungsvermögens veranschaulicht.

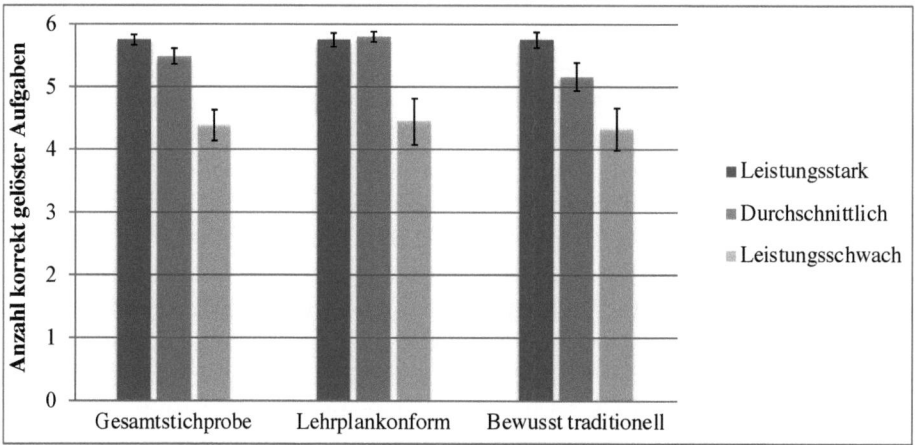

Abbildung 43:   Anzahl korrekt gelöster Aufgaben in Abhängigkeit vom Leistungsvermögen und der Lehrkraft-Gruppe. Die Fehlerbalken repräsentieren den Standardfehler des Mittelwertes.

Anhand der deskriptiven Kennwerte wird ersichtlich, dass je leistungsstärker die Kinder basierend auf den Ergebnissen des HRT 1–4 eingestuft werden, desto fehlerfreier lösen sie die gestellten Einmaleinsaufgaben. Kinder mit durchschnittlichem Leistungsvermögen der lehrplankonform unterrichteten Gruppe stellen in diesem Kontext eine Ausnahme dar – sie lösen mehr Aufgaben korrekt als die Kinder der leistungsstarken Gruppe.

Mittels verallgemeinerter Schätzgleichungen kann zwischen den verschiedenen *Leistungsgruppen* der Gesamtstichprobe ein signifikanter Unterschied bezüglich der Anzahl korrekt gelöster Aufgaben ermittelt werden (leistungsstark: M = 5.75, SD = 0.56; durchschnittlich: M = 5.49, SD = 0.87; leistungsschwach: M = 4.39, SD = 1.68; Wald $\chi^2(2)$ = 23.41, p < .001). Paarweise Vergleiche zeigen, dass sich die Gruppe der leistungsschwachen Kinder signifikant unterscheidet von der Gruppe der leistungsstarken Kinder und der Kinder durchschnittlichen Leistungsvermögens (beide $p < .001$). Kein signifikanter Unterschied liegt zwischen den beiden leistungs-stärkeren Gruppen vor ($p = .222$).

Das Ergebnis der verallgemeinerten Schätzgleichung zeigt darüber hinaus, dass zwischen den *Lehrkraft-Gruppen* kein signifikanter Unterschied bezüglich der Anzahl korrekt gelöster Einmaleinsaufgaben vorliegt (lehrplankonform: $M = 5.37$, $SD = 1.20$; bewusst traditionell: $M = 5.08$, $SD = 1.32$; Wald $\chi^2(1) = 1.49$, $p = .222$).

Auch die *Interaktion* der beiden Faktoren Individuum und Unterricht erweist sich als nicht signifikant (Wald $\chi^2(1) = 4.34$, $p = .114$). Die durchgeführten Unter-schiedsanalysen zwischen Kindern der beiden Lehrkraft-Gruppen gleichen Leis-tungsvermögens liefern die folgenden Erkenntnisse: Die Betrachtung der Abbil-dung 43 lässt bereits vermuten, dass sich die Kinder der beiden Lehrkraft-Gruppen *durchschnittlichen Leistungsvermögens* hinsichtlich der Anzahl korrekt gelöster Ein-maleinsaufgaben signifikant unterscheiden. Bestätigt wird dieser signifikante Unter-schied mittels der durchgeführten Unterschiedsanalyse (Wald $\chi^2(1) = 7.45$, $p = .006$). Während die Gruppe der lehrplankonformen Kinder mit durchschnittlichem Leis-tungsvermögen im Mittel alle sechs Aufgaben ($M = 5.80$, $SD = 0.41$) korrekt lö-sen, berechnet die bewusst traditionelle Gruppe im Mittel lediglich fünf Aufgaben ($M = 5.17$, $SD = 1.09$) fehlerfrei. Ein Vergleich der Anzahl korrekt gelöster Aufgaben der *leistungsschwachen* (lehrplankonform: $M = 4.45$, $SD = 1.74$; bewusst traditionell: $M = 4.33$, $SD = 1.66$; Wald $\chi^2(1) = 0.06$, $p = .803$) sowie der *leistungsstarken* Kinder (lehrplankonform: $M = 5.75$, $SD = 0.53$; bewusst traditionell: $M = 5.75$, $SD = 0.53$; Wald $\chi^2(1) = 0.00$, $p = 1.000$) der beiden Lehrkraft-Gruppen liefert keine signifikan-ten Unterschiede.

In Summe lösen Kinder 12% der Aufgaben nicht korrekt, ein Prozent der Aufgaben wurde nicht bearbeitet. Zwei Fehlertypen können dabei differenziert werden – der Rechenfehler bzw. Multiplikationsfehler sowie der Strategiefehler. Der Strategiefehler überwiegt mit einem doppelt so hohen Prozentsatz (8%) im Vergleich zum Rechen- bzw. Multiplikationsfehler (4%). Abbildung 44 veranschaulicht erneut die Häufigkeit des Einsatzes verschiedener Herangehensweisen in Abhängigkeit vom individuellen Leistungsvermögen der Kinder (siehe Abbildung 42). Allerdings wird in der wiederholten Veranschaulichung der Anteil an gemachten Fehlern in einem gestapeltem Säulendiagramm angeführt: Die schwarzen Säulen kennzeichnen die Strategiefehler, die grauen Säulen stehen für Rechen- bzw. Multiplikationsfehler.

Insgesamt 363 Mal greifen Kinder zur Aufgabenlösung auf die Nachbaraufgabe zurück. Sieben Einsätze führen dabei aufgrund von *Rechenfehlern* nicht zu einem korrekten Ergebnis, was bei der Anwendung der Nachbaraufgabe für einen lediglich 2%igen fehlerhaften Einsatz spricht. Die Faktorzerlegung wird in 3% der Anwendun-gen fehlerhaft ausgeführt, der Einsatz der Verdopplung bzw. Halbierung führt in 5% der Anwendungen ebenfalls zu einer fehlerhaften Lösung. Mit 8% werden prozentual am meisten Rechenfehler beim Einsatz der sukzessiven Addition gemacht.

Bei 26 Aufgaben wird die Rechenstrategie der Nachbaraufgabe von den Kindern nicht korrekt ausgeführt, das entspricht einem Prozentsatz von 7% *Strategiefehlern* über alle Lösungsversuche mittels der Nachbaraufgabe. Die Faktorzerlegung weist einen deskriptiv deutlich höheren Anteil an Strategiefehlern auf (19%). Die verkürzte sukzessive Addition wurde in 7% der Anwendungen nicht korrekt ausgeführt, die sukzessive Addition in 8% der Anwendungen.

Als fehleranfällige Herangehensweisen erweisen sich den deskriptiven Ergebnissen der Studie zufolge mit insgesamt 22% *Rechen- und Strategiefehlern* die Faktorzerlegung sowie mit 16% die sukzessive Addition. Insgesamt 9% Strategie- und Rechenfehler wurden beim Einsatz der Nachbaraufgabe ermittelt, 7% bei der verkürzten sukzessiven Addition und 5% beim Einsatz der Verdopplung bzw. Halbierung.

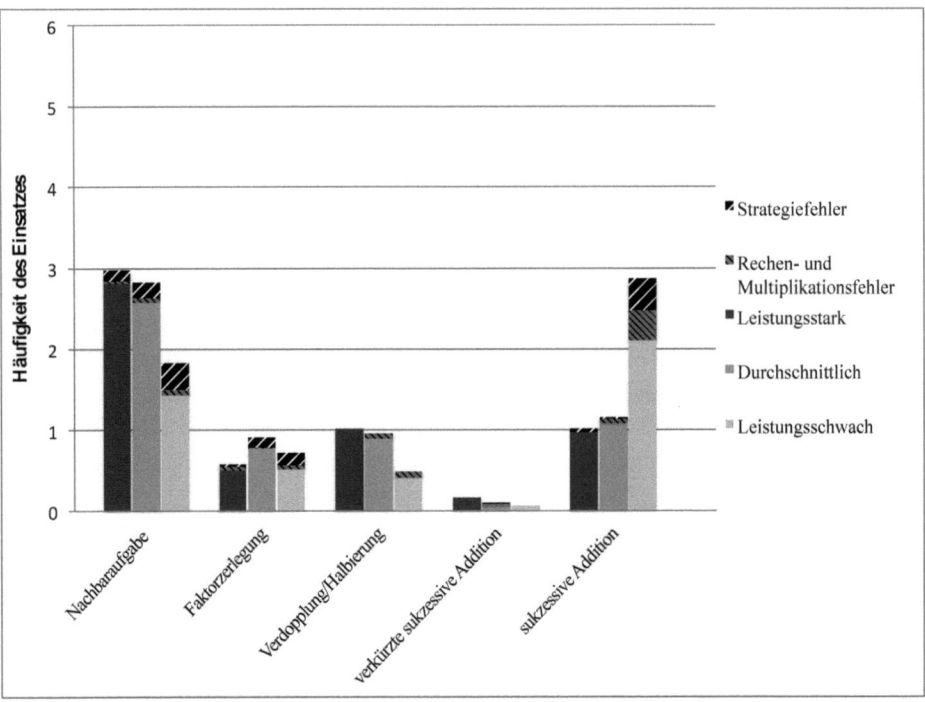

Abbildung 44: Gestapeltes Säulendiagramm zur Darstellung der Häufigkeit des Einsatzes einzelner Herangehensweisen unter Berücksichtigung von Rechen- bzw. Multiplikationsfehlern und Strategiefehlern.

Dass leistungsschwächere Kinder im Durchschnitt mehr Rechen- bzw. Multiplikationsfehler sowie Strategiefehler als leistungsstärkere Kinder begehen, lassen die deskriptiven Kennwerte des gestapelten Säulendiagramms in Abbildung 44, das die Rechen- bzw. Strategiefehler je Herangehensweise veranschaulicht, bereits vermuten. Die statistischen Werte, die im Folgenden angeführt werden, untermauern diese Vermutung: Kinder unterschiedlichen *Leistungsvermögens* unterscheiden sich signifikant hinsichtlich ihrer gemachten Rechen- bzw. Multiplikationsfehler sowie Strategiefehler (siehe Tabelle 47).

Tabelle 47: Häufigkeit von Rechen- bzw. Multiplikationsfehlern und Strategiefehlern in Abhängigkeit vom Leistungsvermögen

| | Leistungsvermögen | | | | | | | |
| | Leistungsstark (N = 48) | | Durchschnittlich (N = 49) | | Leistungsschwach (N = 46) | | | |
Fehlertypen	M	SD	M	SD	M	SD	Wald $\chi^2(2)$	p
Rechenfehler	0.04	0.20	0.18	0.49	0.54	0.72	21.91	< .001
Strategiefehler	0.13	0.33	0.33	0.80	1.00	1.53	37.80	< .001

Signifikante Unterschiede liegen hinsichtlich der Häufigkeit gemachter *Rechen- bzw. Multiplikationsfehler* mit Ausnahme der leistungsstarken und durchschnittlichen Leistungsgruppe ($p = .119$) zwischen der Gruppe der leistungsstarken und leistungsschwachen Kinder sowie zwischen der leistungsschwachen und der durchschnittlichen Leistungsgruppe vor (beide $p < .001$). Während leistungsschwache Kinder im Durchschnitt bei einer von sechs Aufgaben einen Rechenfehler machen ($M = 0.54$, $SD = 0.72$), treten Rechenfehler bei leistungsstarken Kindern und Kindern durchschnittlichen Leistungsvermögens signifikant weniger häufig auf (leistungsstark: $M = 0.04$, $SD = 0.20$; durchschnittlich: $M = 0.18$, $SD = 0.49$). Hinsichtlich gemachter *Strategiefehler* unterscheiden sich die Kinder unterschiedlichen Leistungsvermögens ebenfalls signifikant (siehe Tabelle 47). Paarweise Vergleiche offenbaren allerdings erneut keinen signifikanten Unterschied zwischen den leistungsstarken Kindern und den Kindern durchschnittlichen Leistungsvermögens ($p = .632$), während die leistungsschwachen Kinder sich von den leistungsstarken und den Kindern durchschnittlichen Leistungsvermögens signifikant unterscheiden (beide $p < .001$).

Darüber hinaus sollen die beiden *Lehrkraft-Gruppen* hinsichtlich ihrer Rechen- bzw. Strategiefehler verglichen werden. Die Kinder der verschiedenen Lehrkraft-Gruppen unterscheiden sich dabei weder hinsichtlich der Rechenfehler (lehrplankonform: $M = 0.17$, $SD = 0.41$; bewusst traditionell: $M = 0.33$, $SD = 0.65$; Wald $\chi^2(1) = 0.90$, $p = .343$) noch hinsichtlich der Strategiefehler (lehrplankonform: $M = 0.42$, $SD = 1.05$; bewusst traditionell: $M = 0.53$, $SD = 1.09$; Wald $\chi^2(1) = 1.35$, $p = .246$) signifikant voneinander. Deskriptiv betrachtet, werden Rechen- sowie Strategiefehler dabei im Mittel häufiger bei den Kindern erfasst, die bewusst traditionell unterrichtet werden.

Die *Interaktionseffekte* des individuellen Leistungsvermögens und der unterrichtlichen Erarbeitung des kleine Einmaleins (Individuum × Unterricht) sind hinsichtlich der Rechen- bzw. Strategiefehler nicht signifikant (Rechenfehler: Wald $\chi^2(2) = 1.89$, $p = .388$; Strategiefehler: Wald $\chi^2(2) = 2.46$, $p = .184$). Der getrennte Vergleich der Kinder der beiden Lehrkraft-Gruppen desselben Leistungsvermögens offenbart ebenfalls für jede Leistungsgruppe keine signifikanten Unterschiede hinsichtlich gemachter Rechenfehler (leistungsstark: $M_{\text{lehrplankonform}} = 0.04$, $SD = 0.20$; $M_{\text{bewusst traditionell}} = 0.04$, $SD = 0.20$; Wald $\chi^2(1) = 0.00$, $p = 1.000$; leistungsschwach: M

$_{\text{lehrplankonform}}$ = 0.41, SD = 0.59; M $_{\text{bewusst traditionell}}$ = 0.67, SD = 0.82; Wald $\chi^2(1)$ = 1.56, p = .211) sowie der gemachten Strategiefehler (leistungsstark: M $_{\text{lehrplankonform}}$ = 0.13, SD = 0.34; M $_{\text{bewusst traditionell}}$ = 0.13, SD = 0.34; Wald $\chi^2(1)$ = 0.00, p = 1.000; leistungsschwach: M $_{\text{lehrplankonform}}$ = 0.90, SD = 1.20; M $_{\text{bewusst traditionell}}$ = 0.92, SD = 1.44; Wald $\chi^2(1)$ = 0.75, p = .403). Einzig zwischen den beiden Lehrkraft-Gruppen der Kinder *durchschnittlichen* Leistungsvermögens liegen fast signifikante Unterschiede hinsichtlich der Rechenfehler vor (lehrplankonform: M = 0.08, SD = 0.28; bewusst traditionell: M = 0.04, SD = 0.20; Wald $\chi^2(1)$ = 3.18, p = .074) sowie im Hinblick auf die Strategiefehler (lehrplankonform: M = 0.04, SD = 0.20; bewusst traditionell: M = 0.29, SD = 0.62; Wald $\chi^2(1)$ = 3.84, p = .050). Die deskriptiven Ergebnisse zeigen, dass weniger Rechen- und Strategiefehler über alle Leistungsgruppen bei den lehrplankonform unterrichteten Kindern ermittelt werden, deren Lehrkräfte verschiedene Rechenstrategien im Unterricht erarbeiten.

6.2.3 Strategierepertoire

Im Folgenden wird die Vielfalt an zur Verfügung stehenden Rechenstrategien, das ermittelte Strategierepertoire eines Kindes, vorgestellt. Erkenntnisse zu folgender konkreten Forschungsfrage werden ermittelt:
- Über welches Repertoire an verschiedenen Rechenstrategien verfügen Kinder?

Erfasst wird der Einsatz der Nachbaraufgabe, der Faktorzerlegung, der Verdopplung bzw. Halbierung, der Tauschaufgabe sowie des gegensinnigen Veränderns. Für die Analysen zum Strategierepertoire werden nur korrekt ausgeführte Rechenstrategien berücksichtigt. Ist einer nicht korrekten Aufgabenlösung mittels einer Rechenstrategie ein Rechenfehler vorausgegangen, wird die eingesetzte Rechenstrategie als Strategie-Alternative erfasst – ganz im Gegensatz zu einer Rechenstrategie, die aufgrund eines Strategiefehlers zu einer fehlerhaften Lösung der Aufgabe führt. Neben den ermittelten Rechenstrategien der sechs Aufgaben des ersten Interviewteilbereiches, die zur Bestimmung des Repertoires herangezogen werden, werden mithilfe des zweiten Interviewteils bei zwei der sechs Aufgaben des ersten Interviewteilbereiches zusätzliche Rechenstrategien erfasst (siehe Abschnitt 5.3.2), die ebenfalls bei der Bestimmung des Repertoires berücksichtigt werden.

Strategievielfalt bei der Lösung mehrerer Aufgaben

Insgesamt verfügen Kinder im Mittel über M = 2.06 (SD = 1.02) verschiedene Rechenstrategien zur Lösung der Aufgaben des ersten und zweiten Interviewteilbereiches. Während leistungsstarke Kinder über durchschnittlich M = 2.56 (SD = 0.68) unterschiedliche Rechenstrategien verfügen, weisen die Kinder durchschnittlichen Leistungsvermögens M = 2.20 (SD = 0.93) und die leistungsschwachen Kinder M = 1.34 (SD = 1.03) verschiedene Rechenstrategien auf. Es liegen signifikante Unterschiede zwischen den Kindern verschiedenen *Leistungsvermögens* hinsichtlich des Repertoires an Rechenstrategien vor (Wald $\chi^2(2) = 35.46$, $p < .001$). Paarweise Vergleiche zeigen signifikante Unterschiede zwischen allen drei Leistungsgruppen – leistungsschwache Kinder verfügen über signifikant weniger verschiedene Rechenstrategien als leistungsstarke Kinder und Kinder durchschnittlichen Leistungsvermögens (beide $p < .001$), die Kinder durchschnittlichen Leistungsvermögens verfügen über signifikant weniger Rechenstrategien als die leistungsstarken Kinder ($p = .033$).

Das ermittelte Repertoire an Rechenstrategien soll im Folgenden auch für die beiden *Lehrkraft-Gruppen* analysiert werden. Hinsichtlich der Anzahl durchschnittlich verfügbarer Rechenstrategien liegt ein signifikanter Unterschied zwischen den beiden Lehrkraft-Gruppen vor (Wald $\chi^2(1) = 6.49$, $p = .011$). Ein lehrplankonform unterrichtetes Kind verfügt im Durchschnitt über signifikant mehr Rechenstrategien als ein bewusst traditionell unterrichtetes Kind (lehrplankonform: $M = 2.25$, $SD = 0.85$; bewusst traditionell: $M = 1.82$, $SD = 0.93$).

Keine signifikante *Interaktion* zeigt sich für die Faktoren Individuum und Unterricht hinsichtlich des Strategierepertoires (Wald $\chi^2(2) = 2.90$, $p = .235$). Abbildung 45 legt die deskriptiven Kennwerte der Anzahl verfügbarer Rechenstrategien je individuellem Leistungsvermögen und der Lehrkraft-Gruppe dar. Die signifikant größere Anzahl berichteter Rechenstrategien der lehrplankonform unterrichteten Gruppe spiegelt sich auch deskriptiv für jede Leistungsgruppe der lehrplankonform unterrichteten Kinder wider: Alle lehrplankonform unterrichteten Kinder unterschiedlichen Leistungsvermögens verfügen im Mittel über mehr Rechenstrategien als die Kinder der entsprechenden Leistungsgruppe, die bewusst traditionell unterrichtet wurden (siehe Abbildung 45). Ein signifikanter Unterschied zwischen den Lehrkraft-Gruppen liegt für die *leistungsschwachen* Kinder (lehrplankonform: $M = 1.59$, $SD = 1.10$; bewusst traditionell: $M = 1.09$, $SD = 0.92$; Wald $\chi^2(1) = 4.59$, $p = .032$) sowie die Kinder *durchschnittlichen* Leistungsvermögens vor (lehrplankonform: $M = 2.48$, $SD = 0.92$; bewusst traditionell: $M = 1.92$, $SD = 0.88$; Wald $\chi^2(1) = 3.89$, $p = .049$). Einzig zwischen den *leistungsstarken*, lehrplankonform unterrichteten sowie den leistungsstarken, bewusst traditionell unterrichteten Kindern ist der Unterschied nicht signifikant (lehrplankonform: $M = 2.67$, $SD = 0.64$; bewusst traditionell: $M = 2.46$, $SD = 0.72$; Wald $\chi^2(1) = 1.88$, $p = .171$).

Um ein möglichst großes Strategie-Repertoire je Kind erfassen zu können, wurden, wie bereits in den einleitenden Ausführungen dieses Abschnittes erwähnt, gezielt Strategiewahl-Alternativen erfragt. Ob und inwiefern mittels der ergänzenden Fragen weitere alternative Herangehensweisen bzw. Rechenstrategien zu den bereits genannten bei freier Strategiewahl (im ersten Interviewteil) ermittelt werden können, soll im Folgenden kurz aufgezeigt werden. Die Anzahl an zusätzlich ermittelten Herangehensweisen bzw. Rechenstrategien soll anhand der Aufgabe 4 · 6, die zur Erfassung der alternativen Herangehensweisen im zweiten Interviewteilbereich eingesetzt wurde, veranschaulicht werden.[144] Mittels des Erfragens von Strategiewahl-Alternativen können im Mittel je Kind $M = 0.61$ ($SD = 0.68$) andere *Herangehensweisen*

---

144 Hinsichtlich der Erfassung alternativer Herangehensweisen bzw. Rechenstrategien wurden für die Aufgabe 8 · 7 ähnliche Ergebnisse wie für die Aufgabe 4 · 6 ermittelt, so dass auf eine detaillierte Darstellung der erzielten Ergebnisse der Aufgabe 8 · 7 verzichtet wird.

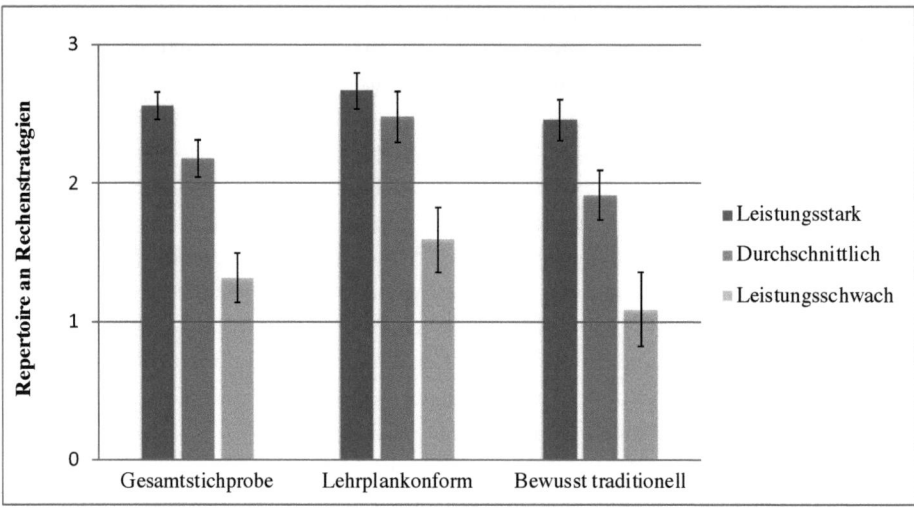

Abbildung 45: Anzahl verfügbarer Rechenstrategien je Kind in Abhängigkeit vom Leistungsvermögen und der Lehrkraft-Gruppe. Die Fehlerbalken repräsentieren den Standardfehler des Mittelwertes.

zu den im ersten Strategieinterviewteil bereits eingesetzten Herangehensweisen erfasst werden. Die durch den zweiten Interviewteilbereich zusätzlich zum ersten Teilbereich ermittelte Anzahl an *Rechenstrategien* beläuft sich für die Aufgabe 4 · 6 auf im Mittel $M = 0.34$ ($SD = 0.52$) alternative Rechenstrategien zur Aufgabenlösung.

Strategie-Vielfalt zur Lösung einer Aufgabe

Durch die Aufforderung zur Nennung zusätzlicher Lösungswege im zweiten Interviewteilbereich kann nicht nur die Vielfalt der verschiedenen ermittelten Herangehensweisen bzw. Rechenstrategien des ersten Teilbereichs des Strategieinterviews vergrößert werden, sondern auch die Anzahl verschiedener Herangehensweisen bzw. Rechenstrategien bei *einer* konkreten Aufgabe erhoben werden. Im Folgenden sollen die Ergebnisse für die Aufgabe 4 · 6 des zweiten Interviewteilbereiches präsentiert werden.[145]

Im Mittel können Kinder $M = 2.06$ ($SD = 0.85$) verschiedene *Herangehensweisen* zur Lösung ein und derselben Aufgabe (4 · 6) nennen. Die Anzahl variiert dabei allerdings von keiner Lösung bis zu vier verschiedenen aufgeführten Herangehensweisen. Die Anzahl an ermittelten verschiedenen *Rechenstrategien* liegt bei durchschnittlich $M = 1.23$ ($SD = 0.74$) – Kinder verfügen demzufolge im Mittel über je eine Rechenstrategie und eine weniger tragfähige Herangehensweise.

---

145 Für die Aufgabe 8 · 7 wurden hinsichtlich der Strategie-Vielfalt zur Lösung einer Aufgabe ähnliche Ergebnisse wie für die Aufgabe 4 · 6 ermittelt, so dass erneut auf eine detaillierte Darstellung der erzielten Ergebnisse der Aufgabe 8 · 7 verzichtet wird.

Tabelle 48: Häufigkeit verfügbarer Herangehensweisen bzw. Rechenstrategien zur Lösung einer Aufgabe in Abhängigkeit vom Leistungsvermögen

Herangehens-weisen	Leistungsvermögen							
	Leistungsstark (N = 48)		Durchschnittlich (N = 49)		Leistungsschwach (N = 46)		Wald χ²(2)	p
	M	SD	M	SD	M	SD		
Herangehens-weisen	2.38	0.67	2.20	0.76	1.57	0.89	29.68	< .001
Rechen-strategien	1.50	0.85	1.43	0.67	0.74	0.74	28.20	< .001

Unterschiedliche Anzahlen an verfügbaren Herangehensweisen bzw. Rechenstrategien liegen für die einzelnen *Leistungsgruppen* vor. Rein deskriptiv betrachtet verfügen die leistungsstarken Kinder über mehr verschiedene Herangehensweisen bzw. Rechenstrategien zur Lösung ein und derselben Aufgabe als die Kinder durchschnittlichen Leistungsvermögens und leistungsschwache Kinder (siehe Tabelle 48). Im Mittel verfügt ein leistungsstarkes Kind beispielsweise über zwei verschiedene Rechenstrategien ($M = 1.50$, $SD = 0.85$), ein leistungsschwaches Kind allerdings lediglich über eine einzige Rechenstrategie ($M = 0.74$, $SD = 0.74$). Die beschriebenen Unterschiede zwischen den Leistungsgruppen erweisen sich für die Vielfalt an Herangehensweisen (Wald $\chi^2(2) = 29.68$, $p < .001$) ebenso wie für die Vielfalt an Rechenstrategien (Wald $\chi^2(2) = 28.20$, $p < .001$) als signifikant. Paarweise Vergleiche zeigen, dass die leistungsschwache Gruppe sich hinsichtlich der Vielfalt an Herangehensweisen signifikant unterscheidet von der Gruppe der leistungsstarken Kinder ($p = .011$) sowie der Gruppe der Kinder durchschnittlichen Leistungsvermögens ($p = .015$). Kein signifikanter Unterschied liegt allerdings zwischen den leistungsstarken und den Kindern durchschnittlichen Leistungsvermögens vor ($p = 1.000$). Hinsichtlich der Anzahl an verfügbaren Rechenstrategien existieren ebenfalls nur zwischen den beiden leistungsstärkeren und der leistungsschwachen Gruppe (beide $p < .001$) signifikante Unterschiede, die beiden leistungsstärkeren Gruppen unterscheiden sich nicht signifikant ($p = 1.000$).

Im Hinblick auf die beiden *Lehrkraft-Gruppen* kann festgehalten werden, dass bezüglich der Vielfalt an verfügbaren Herangehensweisen bzw. Rechenstrategien zur Lösung ein und derselben Aufgabe keine signifikanten Unterschiede vorliegen (Herangehensweisen: Wald $\chi^2(1) = 1.95$, $p = .163$; Rechenstrategien: Wald $\chi^2(1) = 79.01$, $p = .400$). Die deskriptiven Kennwerte legen dar, dass die lehrplankonform unterrichteten Kinder durchschnittlich über mehr Herangehensweisen bzw. Rechenstrategien (Herangehensweisen: $M = 2.15$, $SD = 0.90$; Rechenstrategien: $M = 1.28$, $SD = 0.68$) verfügen als die bewusst traditionell unterrichteten Kinder (Herangehensweisen: $M = 1.96$, $SD = 0.90$; Rechenstrategien: bewusst traditionell: $M = 1.18$, $SD = 0.79$).

Interaktionseffekte (Individuum × Unterricht) der beiden Faktoren Individuum und Unterricht hinsichtlich der Vielfalt an Herangehensweisen bzw. Rechenstrategien zur Lösung einer Aufgabe liegen nicht vor (Herangehensweisen: Wald $\chi^2(2) = 2.61$, $p = .271$; Rechenstrategien: Wald $\chi^2(2) = 1.50$, $p = .472$). Abbildung 46 veranschaulicht die Anzahl zur Verfügung stehender Herangehensweisen zur Lösung einer einzelnen Einmaleinsaufgabe in Abhängigkeit vom individuellen Leistungsvermögen und der unterrichtlichen Erarbeitung.

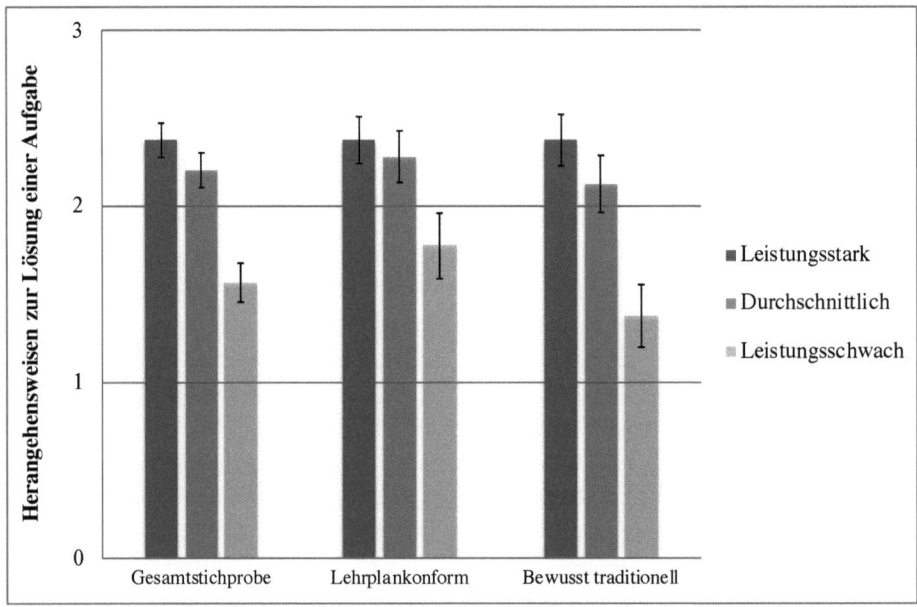

Abbildung 46: Anzahl verfügbarer Herangehensweisen zur Lösung einer Einmaleinsaufgabe in Abhängigkeit vom Leistungsvermögen und der Lehrkraft-Gruppe. Die Fehlerbalken repräsentieren den Standardfehler des Mittelwertes.

Der Vergleich der deskriptiven Kennwerte je Leistungsgruppe über die verschiedenen Lehrkraft-Gruppen offenbart durchschnittlich geringere Anzahlen genannter *Herangehensweisen* bei allen Leistungsgruppen der bewusst traditionell unterrichteten Kinder. Auch wenn ein Unterschied zwischen den *leistungsschwachen* Kindern der beiden Lehrkraft-Gruppen – rein deskriptiv betrachtet – deutlich ins Auge fällt, unterscheiden sich die leistungsschwachen Kinder der lehrplankonform unterrichteten Kinder im Vergleich zu den Kindern der bewusst traditionellen Gruppe nicht signifikant voneinander (lehrplankonform: $M = 1.77$, $SD = 0.87$; bewusst traditionell: $M = 1.38$, $SD = 0.88$; Wald $\chi^2(1) = 1.28$, $p = .258$). Ebenfalls keine signifikanten Unterschiede existieren zwischen den beiden Lehrkraft-Gruppen der Kinder *durchschnittlichen* Leistungsvermögens (lehrplankonform: $M = 2.28$, $SD = 0.74$; bewusst traditionell: $M = 2.13$, $SD = 0.80$; Wald $\chi^2(1) = 0.66$, $p = .418$) und den *leistungsstarken* Kindern (lehrplankonform: $M = 2.38$, $SD = 0.65$; bewusst traditionell: $M = 2.38$, $SD = 0.56$; Wald $\chi^2(1) = 0.00$, $p = 1.000$).

Ein ähnliches Bild, wie das gerade beschriebene, liefert Abbildung 47, die die Anzahl verschiedener verfügbarer *Rechenstrategien* zur Lösung ein und derselben Aufgabe in Abhängigkeit vom Leistungsvermögen und der Lehrkraft-Gruppe veranschaulicht. Ein Unterschied hinsichtlich der deskriptiven Kennwerte verfügbarer Rechenstrategien ist erneut zwischen den *leistungsschwachen* Kindern der beiden Lehrkraft-Gruppen zu erkennen – die lehrplankonform unterrichteten Kinder verfügen im Mittel über $M = 0.86$ ($SD = 0.77$) verschiedene Rechenstrategien, die bewusst traditionell unterrichteten Kinder über $M = 0.63$ ($SD = 0.71$) Rechenstrategien. Ein signifikanter Unterschied liegt allerdings zwischen diesen leistungsschwachen Kindern nicht vor (Wald $\chi^2(1) = 1.28$, $p = .258$). Aufgrund der exakt gleichen Anzahl verfügbarer Rechenstrategien der *leistungsstarken* Kinder beider Gruppen (lehrplankonform: $M = 1.50$, $SD = 0.51$; bewusst traditionell: $M = 1.50$, $SD = 0.66$) oder sehr ähnlicher deskriptiver Kennwerte der Kinder beider Lehrkraft-Gruppen *durchschnittlichen* Leistungsvermögens (lehrplankonform: $M = 1.44$, $SD = 0.58$; bewusst traditionell: $M = 1.42$, $SD = 0.72$) unterscheiden sich die Kinder je Leistungsgruppe hinsichtlich der Anzahl verfügbarerer Rechenstrategien zur Lösung einer Aufgabe zwischen den Lehrkraft-Gruppen auch nicht signifikant (leistungsstark: Wald $\chi^2(1) = 0.01$, $p = .999$; durchschnittlich: Wald $\chi^2(1) = 0.02$, $p = .896$).

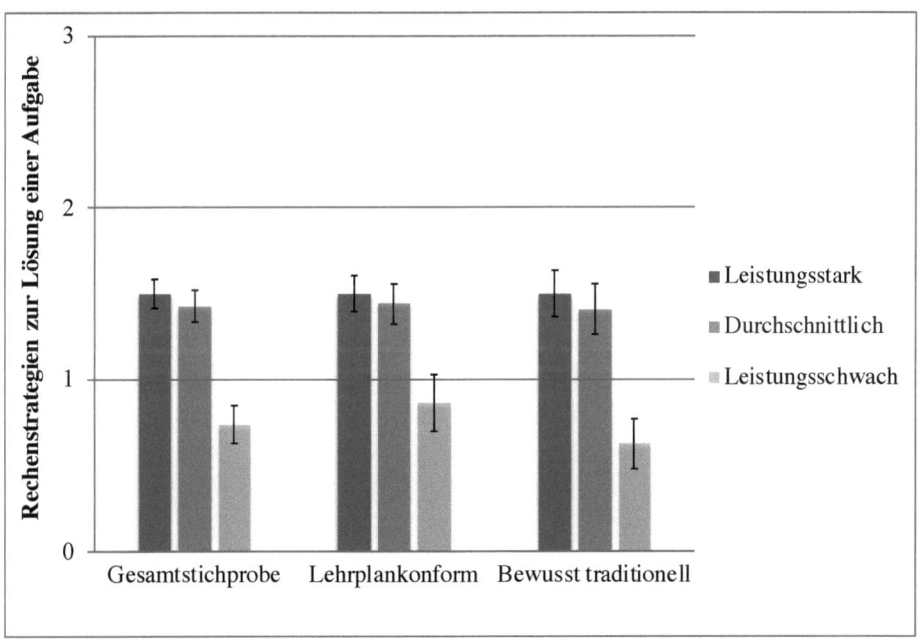

Abbildung 47: Anzahl verfügbarer Rechenstrategien zur Lösung einer Einmaleinsaufgabe in Abhängigkeit vom Leistungsvermögen und der Lehrkraft-Gruppe. Die Fehlerbalken repräsentieren den Standardfehler des Mittelwertes.

Individuelle Strategiepräferenzen

Im Zusammenhang mit den Erkenntnissen zur Vielfalt an verschiedenen Rechenstrategien bei der Lösung mehrerer Aufgaben, aber auch für eine einzige Aufgabe liegt das Forschungsinteresse auch auf Auskünften zu möglicherweise vorliegenden individuellen Strategiepräferenzen – Erkenntnisse liefern ein noch umfassenderes bzw. detaillierteres Bild des in diesem Abschnitt beschriebenen Strategie-Repertoires. Wenn man von einer individuellen Strategiepräferenz eines Kindes spricht, wenn bei sechs zu beantwortenden Fragen mindestens drei mithilfe dergleichen *Herangehensweise* gelöst werden, kann in 86% der Gesamtstichprobe von einer individuellen Strategiepräferenz ausgegangen werden.

Keine signifikanten Unterschiede hinsichtlich individueller Strategiepräferenzen existieren zwischen den Kindern verschiedener *Leistungsgruppen* (leistungsstark: 85%, durchschnittlich: 88%, leistungsschwach: 85%; Wald $\chi^2(2) = 0.25$, $p = .881$) sowie den Kindern der beiden *Lehrkraft-Gruppen* (lehrplankonform: 83%, bewusst traditionell: 89%; Wald $\chi^2(1) = 0.94$, $p = .333$). Auch der *Interaktionseffekt* (Individuum × Unterricht) hinsichtlich einer individuellen Strategiepräferenz erweist sich als nicht signifikant (Wald $\chi^2(2) = 5.79$, $p = .055$).

Überprüft man die individuellen Strategiepräferenzen nur für die *Rechenstrategien*, ergeben sich durchwegs andere Kennwerte. Insgesamt 59% der Gesamtstichprobe greift dreimal oder häufiger auf ein und dieselbe Rechenstrategie zur Lösung der Einmaleinsaufgaben zurück.

Während 73% der leistungsstarken Kinder und 72% der Kinder durchschnittlichen Leistungsvermögens mindestens dreimal oder häufiger ein und dieselbe Rechenstrategie zur Aufgabenlösung heranziehen, fällt der Prozentsatz der leistungsschwachen Kinder um mehr als die Hälfte geringer aus in diesem Kontext (leistungsschwach: 33%). Ein signifikanter Unterschied hinsichtlich individueller Präferenzen beim Einsatz ein und derselben Rechenstrategie liegt zwischen den *Leistungsgruppen* vor (Wald $\chi^2(2) = 16.32$, $p < .001$). Paarweisen Vergleichen zufolge unterscheiden sich, wie anhand der Kennwerte zu vermuten, allerdings nur die leistungsschwachen Kinder von den leistungsstarken und den Kindern durchschnittlichen Leistungsvermögens (beide $p < .001$). Kein signifikanter Unterschied liegt zwischen der leistungsstarken und der durchschnittlichen Gruppe vor ($p = 1.000$).

Die Kinder der beiden *Lehrkraft-Gruppen* unterscheiden sich darüber hinaus auch signifikant voneinander (Wald $\chi^2(1) = 5.37$, $p = .049$): Lehrplankonform unterrichtete Kinder setzen signifikant häufiger ein und dieselbe Rechenstrategie zur Lösung von mindestens drei Aufgaben ein als die Vergleichsgruppe (lehrplankonform: 63%, bewusst traditionell: 56%).

Neben den beiden signifikanten Haupteffekten ist auch ein signifikanter *Interaktionseffekt* (Individuum × Unterricht) zu erkennen (Wald $\chi^2(2) = 7.38$, $p = .025$). Der Vergleich der beiden Lehrkraft-Gruppen eines Leistungsvermögens zeigt dabei zwischen den *leistungsschwachen* Kindern einen signifikanten Unterschied (lehrplankonform: 50%, bewusst traditionell: 17%; Wald $\chi^2(1) = 6.30$, $p = .012$). Eine lehrplankonforme Erarbeitung bewirkt demnach unter Umständen, dass leistungsschwache Kinder häufiger drei oder mehr Aufgaben über ein und dieselbe Rechenstrategie lösen (50%) im Vergleich zu Kindern, die bewusst traditionell unterrichtet werden (17%). Die beiden Lehrkraft-Gruppen der *leistungsstarken* Kinder (lehrplankonform: 75%, bewusst traditionell: 71%; Wald $\chi^2(1) = 0.10$, $p = .751$) sowie der Kinder *durch-*

schnittlichen Leistungsvermögens (lehrplankonform: 64%, bewusst traditionell: 79%; Wald $\chi^2(1) = 1.11$, $p = .291$) unterschieden sich nicht signifikant voneinander.

Eine Analyse der eingesetzten Herangehensweisen bzw. Rechenstrategien legt dar, dass bevorzugt die Nachbaraufgabe und die sukzessive Addition bei mindestens der Hälfte der zu lösenden Aufgaben eingesetzt werden. Die Nachbaraufgabe wurde von 53% der Kinder in der Hälfte oder mehr als der Hälfte der Aufgaben eingesetzt, die sukzessive Addition von 27% der Kinder. Darüber hinaus setzen 4% die Faktorzerlegung mehr als zweimal zur Aufgabenlösung ein, auf den dreimaligen Einsatz des Verdoppelns bzw. Halbierens greifen 6% der Kinder zurück.[146] Im Folgenden soll der prozentuale Anteil des mindestens dreimaligen Einsatzes der bevorzugt verwendeten Herangehensweisen, der sukzessiven Addition und der Nachbaraufgabe, detailliert untersucht werden.

Tabelle 49: Prozentualer Anteil des Einsatzes ein und derselben Herangehensweise bei mehr als zwei Aufgaben in Abhängigkeit vom Leistungsvermögen

Herangehens-weisen	Leistungsvermögen			Wald $\chi^2(2)$	p
	Leistungsstark ($N = 48$)	Durchschnittlich ($N = 49$)	Leistungsschwach ($N = 46$)		
	%	%	%		
NA	69	59	28	16.96	$< .001$
Sukz. Addition	15	16	52	21.19	$< .001$

Signifikante Unterschiede zwischen den verschiedenen *Leistungsgruppen* liegen hinsichtlich eines drei- oder mehrmaligen Einsatzes der Nachbaraufgabe und der sukzessiven Addition vor (siehe Tabelle 49). Die Kinder durchschnittlichen Leistungsvermögens unterscheiden sich dabei signifikant von den leistungsstarken Kindern (NA: $p < .001$, sukz. Addition: $p < .001$) und den leistungsschwachen Kindern (NA: $p = .001$, sukz. Addition: $p < .001$). Kein signifikanter Unterschied je Herangehensweise liegt erneut zwischen den beiden leistungsstärkeren Gruppen vor (NA: $p = .646$, sukz. Addition: $p = 1.000$).

Zwischen den verschiedenen *Lehrkraft-Gruppen* sind keine signifikanten Unterschiede zu erkennen, weder für die Nachbaraufgabe (lehrplankonform: 51%, bewusst traditionell: 54%; Wald $\chi^2(1) = 2.36$, $p = .627$) noch für die sukzessive Addition (lehrplankonform: 21%, bewusst traditionell: 33%; Wald $\chi^2(1) = 1.46$, $p = .228$). Der Interaktionseffekt offenbart sich als nicht signifikant für die sukzessive Addition

---

146 Das Aufsummieren der einzelnen Prozentsätze der verschiedenen Rechenstrategien bzw. Herangehensweisen liefert höhere Prozentsätze als die für die Gesamtstichprobe aufgeführten hinsichtlich eines drei- oder mehrmaligen Einsatzes ein und derselben Rechenstrategie bzw. Herangehensweise. Die niedrigeren Prozentsätze für die Gesamtstichprobe sind darauf zurückzuführen, dass für die Gesamtstichprobe je Kind nur erfasst wird, ob *ein* mehrmaliger Einsatz erfolgt und unberücksichtigt bleibt, wenn ein Kind *zweimal* auf einen mindestens dreimaligen Einsatz ein und derselben Herangehensweise bzw. Rechenstrategie zurückgreift.

(Wald $\chi^2(2)$ = 0.74, p = .692), allerdings als signifikant für die Rechenstrategie der Nachbaraufgabe (Wald $\chi^2(2)$ = 8.93, p = .011).

Wie Abbildung 48 vermuten lässt, liegen signifikante Unterschiede hinsichtlich des Einsatzes der Nachbaraufgabe zwischen den Lehrkraft-Gruppen der *leistungsschwachen* Kinder (lehrplankonform: 40%, bewusst traditionell: 17%; Wald $\chi^2(1)$ = 3.80, p = 0.49) und der Kinder *durchschnittlichen* Leistungsvermögens (lehrplankonform: 44%, bewusst traditionell: 75%; Wald $\chi^2(1)$ = 4.30, p = .038) vor. Die leistungsschwachen, bewusst traditionell unterrichteten Kinder setzen die Nachbaraufgabe bei mindestens drei von sechs Aufgaben signifikant seltener ein als die lehrplankonform unterrichteten Kinder. Für die Kinder *durchschnittlichen* Leistungsvermögens der beiden Lehrkraft-Gruppen zeichnet sich der Einsatz je Lehrkraft-Gruppe genau umgekehrt ab (siehe Abbildung 48). Kein signifikanter Unterschied zeigt sich hinsichtlich des prozentualen Einsatzes der Nachbaraufgabe zwischen den *leistungsstarken* Kindern der beiden Lehrkraft-Gruppen (lehrplankonform: 67%, bewusst traditionell: 71%; Wald $\chi^2(1)$ = 1.40, p = .747).

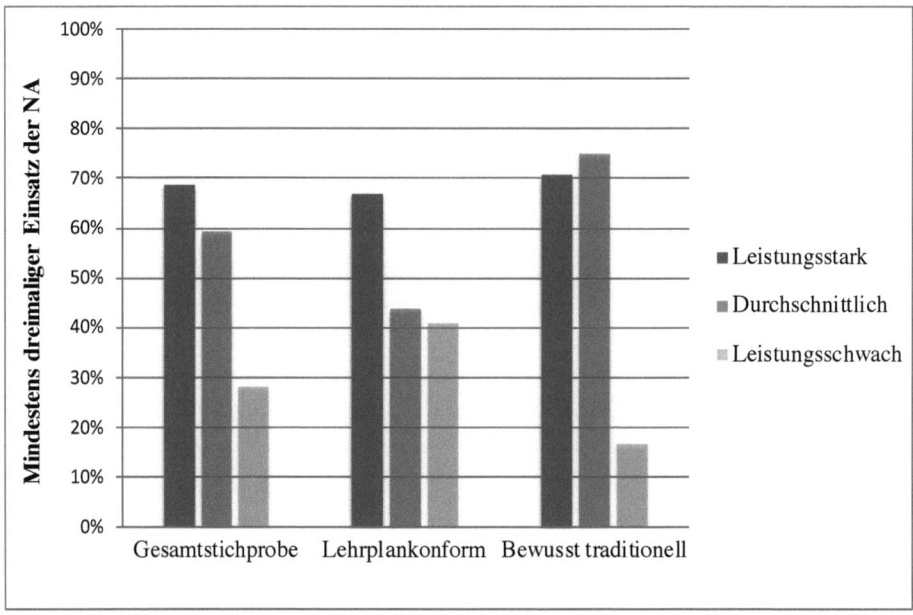

Abbildung 48:   Prozentualer Anteil des Einsatzes der Nachbaraufgabe bei mindestens drei von sechs Aufgaben in Abhängigkeit vom Leistungsvermögen und der Lehrkraft-Gruppe.

Hinsichtlich des prozentualen Anteils eines mindestens dreimaligen Einsatzes der sukzessiven Addition liegt einzig zwischen den *leistungsschwachen* Kindern der beiden Lehrkraft-Gruppen ein signifikanter Unterschied vor (lehrplankonform: 41%, bewusst traditionell: 63%; Wald $\chi^2(1)$ = 3.78, p = .049). Während durchschnittlich 63% der leistungsschwachen, bewusst traditionell unterrichteten Kinder mehr als zweimal die sukzessive Addition zur Aufgabenlösung einsetzen, liegt der Prozentsatz der leistungsschwachen Kinder, die lehrplankonform unterrichtet werden, bei lediglich 41%

(siehe Abbildung 49). Kein signifikanter Unterschied zeigt sich hingegen zwischen den beiden Lehrkraft-Gruppen der *leistungsstarken* Kinder (lehrplankonform: 8%, bewusst traditionell: 21%; Wald $\chi^2(1) = 1.57$, $p = .210$) und der Kinder *durchschnittlichen* Leistungsvermögens (lehrplankonform: 16%, bewusst traditionell: 17%; Wald $\chi^2(1) = 0.01$, $p = .950$).

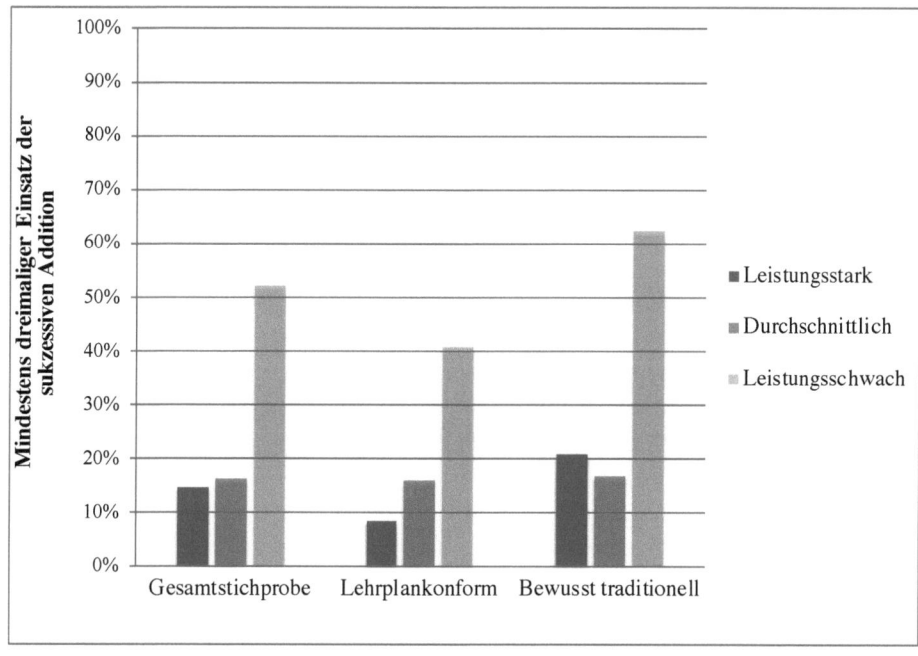

Abbildung 49: Prozentualer Anteil des Einsatzes der sukzessiven Addition bei mindestens drei von sechs Aufgaben in Abhängigkeit vom Leistungsvermögen und der Lehrkraft-Gruppe.

6.3.4 Kompetenz der Strategiewahl – Flexibilität, Adaptivität und Transferierbarkeit

Eine weitere Frage dieser Arbeit beschäftigt sich mit der in der Forschungsliteratur noch weitgehend unbeantworteten Frage, inwiefern die Strategiewahl bei Einmaleinsaufgaben flexibel, adaptiv oder transferierbar erfolgt. Das Erreichen einer möglichst hohen Kompetenz der Strategiewahl soll zudem unter den möglichen Einflussfaktoren der individuellen Leistungsfähigkeit und der unterrichtlichen Erarbeitung des kleinen Einmaleins untersucht werden. Zur Analyse werden die Herangehensweisen der sechs Aufgaben des ersten Interviewteilbereiches herangezogen, die mithilfe des zweiten Strategieinterviews ermittelten Strategiealternativen sowie die Herangehensweisen der Einmaleinsaufgabe des großen Einmaleins des dritten Interviewteilbereiches. Zunächst werden Erkenntnisse hinsichtlich eines flexiblen Strategieeinsatzes von Kindern gewonnen.

Flexible Strategiewahl

Eine Strategiewahl lässt sich dem Verständnis dieser Arbeit zufolge als *flexibel* bezeichnen, wenn sie basierend auf Strategie-Alternativen erfolgt (siehe Abschnitt 3.3.1). Zwischen wie vielen Rechenstrategien Kinder allerdings wechseln bzw. über wie viele Alternativen sie verfügen müssen, ist jedoch eine offene Frage. Im Folgenden sollen die ermittelten Forschungsergebnisse vorgestellt werden. Dabei werden die beiden Fälle betrachtet, dass mindestens zwei verschiedene Rechenstrategien für eine flexible Strategiewahl vorausgesetzt werden, und mindestens drei unterschiedliche Rechenstrategien. Unter unterschiedlichen Rechenstrategien werden die im Abschnitt 2.2.2 beschriebenen Herangehensweisen, die Nachbaraufgabe, die Faktorzerlegung, das Verdoppeln bzw. Halbieren, die Tauschaufgabe und das gegensinnige Verändern verstanden. Unterschiedliche Lösungswege einer Rechenstrategie, wie beispielsweise die additive und die subtraktive Faktorzerlegung werden als *eine* alternative Rechenstrategie erfasst und nicht als zwei separate Rechenstrategien. Darüber hinaus werden zur Ermittlung der Strategie-Alternativen im Hinblick auf eine flexible Strategiewahl – ebenso wie bereits zur Analyse des Strategierepertoires – nur korrekt ausgeführte Rechenstrategien berücksichtigt. Solche, die aufgrund eines Strategiefehlers eines Kindes nicht zur korrekten Aufgabenlösung führen, werden nicht als Strategie-Alternativen erfasst. Rechenstrategien, die allerdings zu einem fehlerhaften Ergebnis führen, weil ein Multiplikations- bzw. Rechenfehler vorausgegangen ist, werden als Strategie-Alternativen gewertet.

Wenn als Voraussetzung bzw. als Grundlage für eine flexible Strategiewahl ein möglicher Wechsel zwischen mindestens zwei verschiedenen Rechenstrategien vorgesehen ist, dann erfüllen 71% der an der Studie teilnehmenden Kinder diese Voraussetzung. Werden drei oder mehr Strategie-Alternativen für eine flexible Wahl vorausgesetzt, dann liegt der Prozentsatz der Kinder, die in der Lage sind, Rechenstrategien flexibel einzusetzen, bei lediglich 24%. Wie den deskriptiven Kennwerten der Tabelle 50 zu entnehmen ist, sind es die leistungsstarken Kinder, die häufiger über Strategie-Alternativen verfügen, die eine flexible Strategiewahl ermöglichen. Die leistungsstarken Kinder sind im Vergleich zu den leistungsschwachen Kindern im Durchschnitt sogar fast doppelt so häufig dazu in der Lage. Ins Auge fallen in Tabelle 50 auch die – rein deskriptiv betrachtet – geringeren Prozentsätze, wenn für eine flexible Strategiewahl der Wechsel zwischen mindestens drei verschiedenen Rechenstrategien gefordert wird.

Unabhängig von der Anzahl zur Verfügung stehender Strategie-Alternativen unterscheidet sich die Grundlage für eine flexible Strategiewahl signifikant zwischen den Kindern verschiedener *Leistungsgruppen* (siehe Tabelle 50). Wenn mindestens zwei Strategie-Alternativen vorausgesetzt werden, zeigen paarweise Vergleiche signifikante Unterschiede zwischen den verschiedenen Leistungsgruppen (beide $p < .001$), mit Ausnahme der beiden leistungsstärkeren Gruppen ($p = 1.000$). Bei mindestens drei verfügbaren Rechenstrategien liegen zwischen den Kindern der verschiedenen Leistungsgruppen paarweisen Vergleichen zufolge nur zwischen den leistungsstarken und den leistungsschwachen signifikante Unterschiede vor ($p = .035$). Die Kinder durchschnittlichen Leistungsvermögens unterscheiden sich im Hinblick auf die Möglichkeit, Strategien flexibel einsetzen zu können, nicht signifikant von den leistungsschwachen Kindern ($p = .522$) und von den leistungsstarken Kindern ($p = 1.000$).

Tabelle 50: Prozentualer Anteil (möglicher) flexibler Strategiewahlen in Abhängigkeit vom Leistungsvermögen

	Leistungsvermögen				
	Leistungsstark (N = 48)	Durchschnittlich (N = 49)	Leistungsschwach (N = 46)		
Voraussetzung	%	%	%	Wald $\chi^2(2)$	p
> 1 RS	85	82	44	15.82	< .001
> 2 RS	33	25	15	7.00	.030

Ein signifikanter Unterschied hinsichtlich der Voraussetzung bzw. der Grundlage für einen flexiblen Strategieeinsatz ist auch zwischen den beiden *Lehrkraft-Gruppen* zu verzeichnen – allerdings nur, wenn mindestens drei Strategie-Alternative für einen flexiblen Einsatz verlangt werden (siehe Tabelle 51). Die deskriptiven Kennwerte legen dar, dass die lehrplankonform unterrichteten Kinder unabhängig von den festgelegten Voraussetzungen für eine flexible Strategiewahl höhere Prozentsätze erreichen, was einen möglichen flexiblen Einsatz von Rechenstrategien betrifft, als die bewusst traditionell unterrichteten Kinder.

Tabelle 51: Prozentualer Anteil (möglicher) flexibler Strategiewahlen in Abhängigkeit von der Lehrkraft-Gruppe

	Lehrkraft-Gruppen			
	Lehrplankonform (N = 71)	Bewusst traditionell (N = 72)		
Voraussetzung	%	%	Wald $\chi^2(1)$	p
> 1 RS	76	65	2.43	.119
> 2 RS	35	13	5.96	.015

Die *Interaktion* der beiden Faktoren Individuum und Unterricht (Individuum × Unterricht) zeigt hinsichtlich der Voraussetzung für einen flexiblen Strategieeinsatz – unabhängig von der Anforderung über mindestens zwei oder drei verschiedene Strategie-Alternativen verfügen zu müssen – keine Signifikanz (> 1 RS: Wald $\chi^2(2) = 1.71$, $p = .425$; > 2 RS: Wald $\chi^2(2) = 1.01$, $p = .602$). Über den Vergleich der prozentualen Anteile der Kinder verschiedener Lehrkraft-Gruppen einer Leistungsgruppe, die über Strategie-Alternativen als Voraussetzung für eine flexible Strategiewahl besitzen, wird im Folgenden berichtet. Abbildung 50 veranschaulicht in diesem Kontext Forschungsergebnisse basierend auf mindestens zwei vorausgesetzten Strategie-Alternativen, Abbildung 51 für drei oder mehr als drei verschiedene geforderte Rechenstrategien.

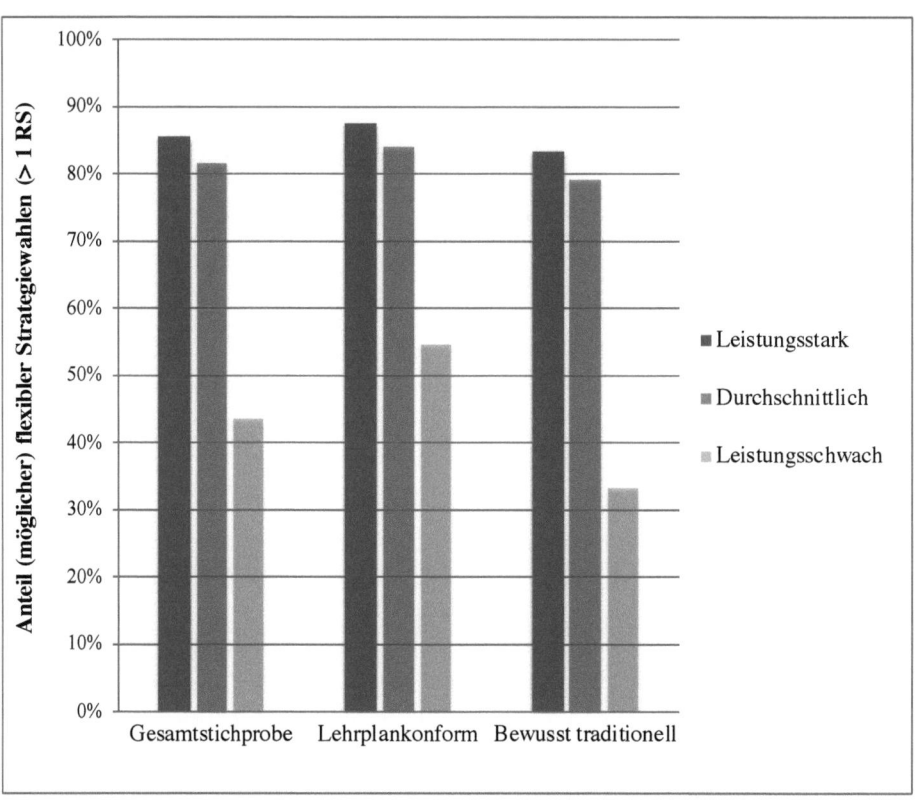

Abbildung 50:   Prozentualer Anteil (möglicher) flexibler Strategiewahlen (mindestens zwei
verschiedene Rechenstrategien) in Abhängigkeit vom Leistungsvermögen und der
Lehrkraft-Gruppe.

Wird für einen flexiblen Strategieeinsatz verlangt, über mindestens zwei Strategie-Alternativen zu verfügen, fallen in erster Linie die deskriptiven Kennwerte zwischen den leistungsschwachen Kindern der beiden Lehrkraft-Gruppen ins Auge (siehe Abbildung 50). Während 55% der lehrplankonform unterrichteten Kinder über
zwei oder mehr verschiedene Rechenstrategien zur Aufgabenlösung verfügen und
demnach die Möglichkeit für eine flexible Strategiewahl besitzen, kann man lediglich bei 33% der bewusst traditionell unterrichteten Kinder davon ausgehen, dass
die Grundlage für eine flexible Strategiewahl gegeben ist. Der Unterschied zwischen
den *leistungsschwachen* Kindern der beiden Lehrkraft-Gruppen stellt sich allerdings
als nicht signifikant heraus (lehrplankonform: 55%, bewusst traditionell: 33%; Wald
$\chi^2(1) = 2.27$, $p = .132$). Neben den leistungsschwachen Kindern unterscheiden sich
auch die *leistungsstarken* Kinder beider Lehrkraft-Gruppen nicht signifikant hinsichtlich ihrer Voraussetzungen für eine flexible Strategiewahl (lehrplankonform:
88%, bewusst traditionell: 83%; Wald $\chi^2(1) = 0.20$, $p = .653$) – ebenso die Kinder
durchschnittlichen Leistungsvermögens (lehrplankonform: 84%, bewusst traditionell:
79%; Wald $\chi^2(1) = 0.19$, $p = .667$).

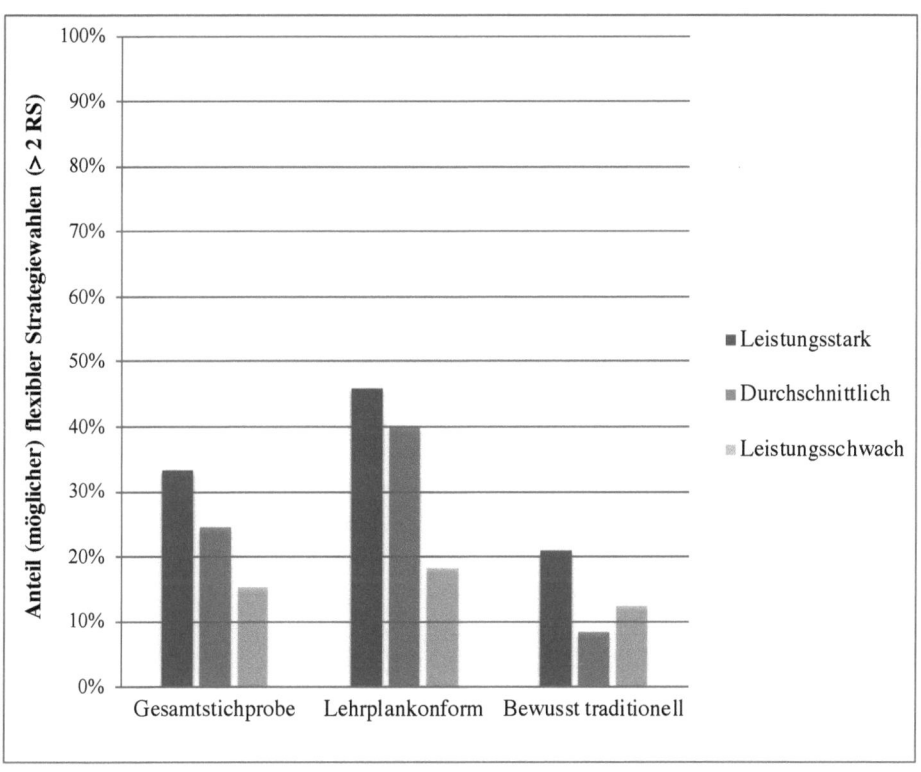

Abbildung 51:   Prozentualer Anteil (möglicher) flexibler Strategiewahlen (mindestens drei verschiedene Rechenstrategien) in Abhängigkeit vom Leistungsvermögen und der Lehrkraft-Gruppe.

Während sich die Kinder je Leistungsgruppe, die über mindestens zwei verschiedene Rechenstrategen verfügen, zwischen den beiden Lehrkraft-Gruppen hinsichtlich der prozentualen Anteile flexibler Strategiewahlen nicht signifikant unterscheiden, zeichnet sich hinsichtlich der Voraussetzung von mindestens drei verschiedenen Rechenstrategien ein anderes Bild ab. Hinsichtlich einer flexiblen Strategiewahl, die als Voraussetzung mindestens drei verschiedene Rechenstrategien vorsieht, besteht zwischen den *leistungsstarken* Kindern der beiden Lehrkraft-Gruppen (lehrplankonform: 46%, bewusst traditionell: 21%; Wald $\chi^2(1)$ = 3.95, p = .047) sowie zwischen den Lehrkraft-Gruppen der Kinder *durchschnittlichen* Leistungsvermögens jeweils ein signifikanter Unterschied (lehrplankonform: 40%, bewusst traditionell: 8%; Wald $\chi^2(1)$ = 4.91, p = .027). Bei mehr als doppelt so vielen leistungsstarken, lehrplankonform unterrichteten Kindern kann im Vergleich zu leistungsstarken Kindern, die bewusst traditionell unterrichtet wurden, von einer (möglichen) flexiblen Strategiewahl ausgegangen werden. Die deskriptiven Kennwerte berücksichtigend, fällt die Möglichkeit für eine flexible Strategiewahl der bewusst traditionell unterrichteten Kinder durchschnittlichen Leistungsvermögens sogar niedriger aus als für die Leistungsschwachen: Nur 8% der Kinder durchschnittlichen Leistungsvermögens verfügen über mindestens drei verschiedene Rechenstrategien, bei den leistungsschwachen Kindern derselben Lehrkraft-Gruppe insgesamt 13%. Kein signifikanter Unterschied existiert darüber hinaus zwischen den *leistungsschwachen* Kindern beider Lehrkraft-Gruppen (lehrplankonform: 18%, bewusst traditionell: 13%; Wald $\chi^2(1) = 0.22$, $p = .643$).

Adaptivität

Neben den Forschungsergebnissen hinsichtlich einer flexiblen Strategiewahl soll im Folgenden analysiert werden, ob und inwiefern Kinder eine Strategie adaptiv wählen können. Eine Strategie lässt sich dem Verständnis dieser Arbeit zufolge als *adaptiv* bezeichnen, wenn aus einem Strategie-Repertoire auf eine jeweils adäquate bzw. geeignete Herangehensweise zur Lösung zurückgegriffen wird (siehe Abschnitt 3.3.1). Ob und inwiefern Kinder über ein Strategie-Repertoire bzw. Strategie-Alternativen verfügen, konnte anhand der Forschungsergebnisse des vorausgehenden Abschnittes bereits geklärt werden, das Verfügen über *adäquate* bzw. geeignete Herangehensweisen soll im Folgenden untersucht werden.

Eine adäquate Strategiewahl setzt den Einsatz von Rechenstrategien zur Aufgabenlösung voraus. Da sich in Abhängigkeit vom Aufgabentyp bzw. den Aufgabenmerkmalen nicht jede Rechenstrategie als in gleichem Maße geeignet zur Aufgabenlösung erweist, erfolgt eine adäquate Strategiewahl auch unter Berücksichtigung der Aufgabencharakteristika (siehe Abschnitt 3.3.2). Die im Abschnitt 5.3.2 aufgeführte Tabelle 22 veranschaulicht erwartete bzw. mögliche Herangehensweisen an Aufgaben des ersten Interviewteilbereiches. Alle mit Häkchen versehenen Herangehensweisen (mit oder ohne Klammern) in Tabelle 22 werden in dieser Arbeit als adäquate Herangehensweisen verstanden.[147] Detaillierte Begründungen für diese normative Auswahl sind im Abschnitt 5.3.2 zu finden. Zur Analyse werden die Herangehensweisen der sechs Aufgaben des ersten Interviewteilbereiches herangezogen.

Im Durchschnitt werden zur Lösung von 69% aller Aufgaben im vorher genannten Sinne geeignete bzw. adäquate Rechenstrategien herangezogen. Das entspricht einer Anzahl von durchschnittlich 4 von 6 Aufgaben ($M = 4.15$, $SD = 1.84$), die mittels adäquater Rechenstrategien gelöst werden. Von Person zu Person variiert die Anzahl adäquat eingesetzter Herangehensweisen dabei zwischen keinem adäquaten Einsatz und sechs Einsätzen.

Signifikante Unterschiede bezüglich eines adäquaten Einsatzes zwischen Kindern unterschiedlichen *Leistungsvermögens* liegen vor (Wald $\chi^2(2) = 32.46$, $p < .001$). Paarweise Vergleiche zeigen signifikante Unterschiede zwischen der leistungsschwachen und den beiden leistungsstärkeren Gruppen von Kindern (beide $p < .001$). Kein signifikanter Unterschied liegt zwischen den leistungsstarken und den Kindern durchschnittlichen Leistungsvermögens vor ($p = 1.000$). Die deskriptiven Kennwer-

---

147 Zur Lösung der beiden Aufgaben 3 · 7 und 5 · 8 wird auch der Einsatz der sukzessiven Addition als adäquat gewertet. Da allerdings nur eine wiederholte sukzessive Addition oder das Nutzen von Zahlenfolgen sich aufgrund der Aufgabencharakteristik auch als geeignet erweisen, aber nicht ein unter Umständen *verdeckter* Einsatz des rhythmischen Zählens, wurde überprüft, dass ein möglicherweise verdeckter Einsatz nicht bei den beiden Aufgaben 3 · 7 und 5 · 8 zum Einsatz kam.

te zeigen in diesem Zusammenhang, dass leistungsstarke Kinder adäquate Herangehensweisen durchschnittlich häufiger einsetzen als Kinder durchschnittlichen Leistungsvermögens (leistungsstark: $M = 4.85$, $SD = 1.38$; durchschnittlich: $M = 4.71$, $SD = 1.47$). Den geringsten Einsatz geeigneter Herangehensweisen verzeichnen die leistungsschwachen Kinder, die weniger als die Hälfte der gestellten Aufgaben (leistungsschwach: $M = 2.80$, $SD = 1.92$) mittels adäquater Rechenstrategien lösen.

Die Kinder der beiden *Lehrkraft-Gruppen* unterscheiden sich ebenfalls hinsichtlich einer adäquaten Strategiewahl: Lehrplankonform unterrichtete Kinder lösen signifikant mehr Aufgaben adäquat ($M = 4.42$, $SD = 1.66$) als Kinder, die bewusst traditionell unterrichtet werden ($M = 3.88$, $SD = 1.98$; Wald $\chi^2(1) = 4.13$, $p = .042$).

Während Unterschiedsanalysen signifikante Haupteffekte hinsichtlich adäquater Strategiewahlen zeigen, liegt keine signifikante *Interaktion* Individuum × Unterricht hinsichtlich eines adäquaten Strategieeinsatzes vor (Wald $\chi^2(2) = 2.70$, $p = .259$). Der Vergleich der Kinder der beiden Lehrkraft-Gruppen gleichen Leistungsvermögens soll im Folgenden präsentiert werden (siehe Abbildung 52). Der Einsatz adäquater Herangehensweisen erfolgt von den *leistungsschwachen* Kindern, die lehrplankonform unterrichtet wurden, signifikant häufiger als von den bewusst traditionell unterrichteten Kindern (Wald $\chi^2(1) = 4.61$, $p = .049$). Während leistungsschwache Kinder der lehrplankonform unterrichteten Lehrkraft-Gruppe bei drei von sechs Aufgaben eine geeignete Herangehensweise wählen ($M = 3.32$, $SD = 2.06$) setzen die leistungsschwachen Kinder der anderen Lehrkraft-Gruppe im Mittel nur bei zwei Aufgaben adäquate Herangehensweisen ein ($M = 2.33$, $SD = 1.67$). Keine signifikanten Unterschiede können zwischen den beiden Lehrkraft-Gruppen der Kinder *durchschnittlichen* Leistungsvermögens (lehrplankonform: $M = 4.92$, $SD = 1.12$; bewusst traditionell: $M = 4.50$, $SD = 1.77$; Wald $\chi^2(1) = 0.58$, $p = .447$) und der *leistungsstarken* Kinder (lehrplankonform: $M = 4.92$, $SD = 1.25$; bewusst traditionell: $M = 4.79$, $SD = 1.53$; Wald $\chi^2(1) = 0.10$, $p = .754$) ermittelt werden.

Direkt im Anschluss an die Forschungsergebnisse hinsichtlich einer adäquaten Strategiewahl soll der Frage nachgegangen werden, inwiefern die Strategiewahl bei Einmaleinsaufgaben adaptiv erfolgt.[148] Wie der Definition zu entnehmen ist, kann eine Strategiewahl nur dann als adaptiv bezeichnet werden, wenn sich die *Wahl* als geeignet hinsichtlich der Aufgabencharakteristik herausstellt und zudem basierend auf einem Strategie-Repertoire erfolgt. Eine adaptive Strategiewahl setzt demnach die Flexibilität des Einsatzes voraus (siehe Abschnitt 3.3.4) – von einem flexiblen Einsatz wird im weiteren Verlauf der Analyse der Adaptivität gesprochen, wenn Kinder sich durch ein Strategie-Repertoire von mindestens zwei verschiedenen Rechenstrategien auszeichnen. Offen bleibt allerdings die Frage, wie häufig der Einsatz einer Rechenstrategie adäquat erfolgen muss. Von einer adaptiven Strategiewahl wird in dieser Arbeit ausgegangen, wenn ein Kind nicht nur in der Lage ist, zwischen mindestens zwei verschiedenen Rechenstrategien zu wählen, sondern darüber hinaus für *alle* Aufgaben im Stande ist adäquate Rechenstrategien einzusetzen.

---

148 Eine Strategiewahl kann dem Verständnis dieser Arbeit zufolge als *adaptiv* verstanden werden, wenn aus einem Strategie-Repertoire auf eine jeweils *adäquate bzw. geeignete* Herangehensweise zur Lösung zurückgegriffen wird (siehe Abschnitt 3.3.1).

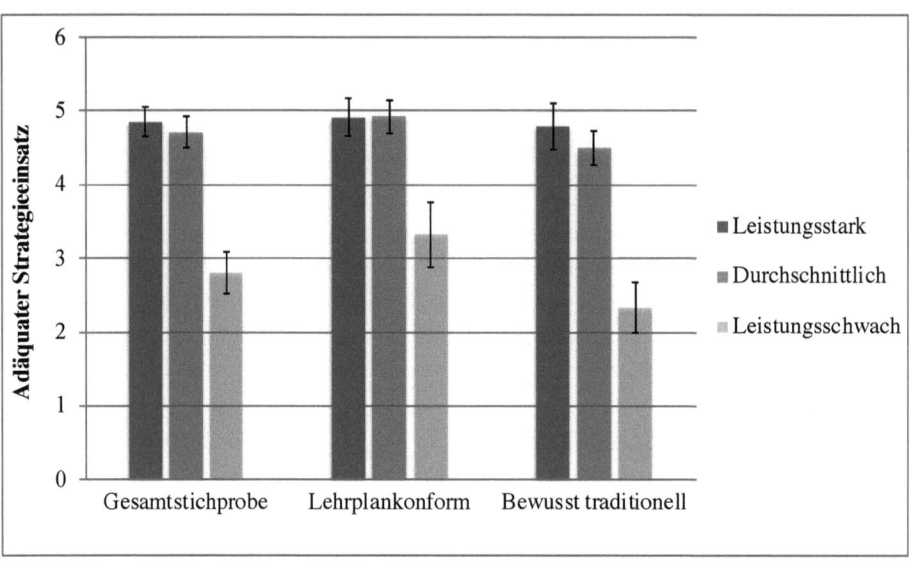

Abbildung 52:   Häufigkeit eines adäquaten Strategieeinsatzes je Kind in Abhängigkeit vom Leistungsvermögen und der Lehrkraft-Gruppe. Die Fehlerbalken repräsentieren den Standardfehler des Mittelwertes.

Von den 143 an der Studie teilnehmenden Kindern wird aufgrund der Forderung alle Aufgaben über eine adäquate Herangehensweise lösen zu müssen, der Anteil an Kindern, die sich durch eine adaptive Strategiewahl auszeichnen, sehr limitiert. Etwas weniger als ein Drittel der Kinder (33%) zieht zur Lösung aller sechs Aufgaben eine adäquate Herangehensweise heran. Wie viele dieser Kinder bei der Lösung zudem noch auf mindestens zwei verschiedene Rechenstrategien (Definition Flexibilität) zurückgreifen bzw. über mindestens zwei Strategie-Alternativen verfügen, muss für die Analyse einer adaptiven Strategiewahl ebenfalls berücksichtigt werden. Wie sich die Anteile adaptiver Strategiewahlen zudem in Abhängigkeit von der individuellen Leistungsfähigkeit und der unterrichtlichen Erarbeitung verteilen, sollen die folgenden Ergebnisse veranschaulichen.

Der Prozentsatz an Kindern, den man als adaptive Rechner bezeichnen kann, liegt bei im Durchschnitt 29%. Bei 42% der leistungsstarken Kinder werden alle gestellten Aufgaben mithilfe von adäquaten Herangehensweisen basierend auf mindestens zwei Strategie-Alternativen gelöst. Die Kinder durchschnittlichen Leistungsvermögens zeichnen sich durch 31% adaptive Rechner aus, 13% der leistungsschwachen Kinder verfügen ebenfalls über diese Kompetenz. Es liegen signifikante Unterschiede hinsichtlich einer adaptiven Strategiewahl zwischen den verschiedenen *Leistungsgruppen* vor (Wald $\chi^2(2) = 11.84$, $p = .003$). Paarweise Vergleiche zeigen nur signifikante Unterschiede zwischen der leistungsstarken und der leistungsschwachen ($p < .001$) sowie zwischen der durchschnittlichen und der leistungsschwachen Gruppe ($p = .041$), nicht aber zwischen den beiden leistungsstärkeren Gruppen ($p = .581$).

Für die Kinder der verschiedenen *Lehrkraft-Gruppen* soll ebenfalls eine Analyse hinsichtlich einer adaptiven Strategiewahl präsentiert werden. Die Unterschiedsanalyse mittels der verallgemeinerten Schätzgleichung zeigt, dass zwischen den Kindern der beiden Lehrkraft-Gruppen kein signifikanter Unterschied hinsichtlich einer adaptiven Strategiewahl vorliegt (Wald $\chi^2(1)$ = 1.05, p = .305). Von den lehrplankonform unterrichteten Kindern sind 30% in der Lage aus einem Repertoire von mindestens zwei Rechenstrategien eine jeweils adäquate Herangehensweise zur Lösung aller Aufgaben einzusetzen – einen deskriptiv annähernd vergleichbaren Prozentsatz erreichen die bewusst traditionell unterrichteten Kinder (28%).

Darüber hinaus soll auch der Einfluss verschiedener unterrichtlicher Erarbeitungen auf eine adaptive Strategiewahl der Kinder je nach kindlichem Leistungsvermögen untersucht werden. Die *Interaktion* der Faktoren Individuum × Unterricht erweist sich allerdings als nicht signifikant (Wald $\chi^2(2)$ = 3.66, p = .161). Interessante Ergebnisse bezüglich eines adaptiven Strategieeinsatzes liefert der Vergleich der Kinder der beiden Lehrkraft-Gruppen einer Leistungsgruppe (siehe Abbildung 53). Die *leistungsstarken* Kinder beider Lehrkraft-Gruppen sind gleich häufig in der Lage Strategiewahlen adaptiv durchzuführen und demnach liegt zwischen den Kindern dieser Gruppe kein signifikanter Unterschied vor (lehrplankonform: 42%, bewusst traditionell: 42%; Wald $\chi^2(1)$ = 0.00, p = 1.000). Ebenfalls keine signifikanten Unterschiede existieren für die Kinder der beiden Lehrkraft-Gruppen *durchschnittlichen* Leistungsvermögens (lehrplankonform: 24%, bewusst traditionell: 38%; Wald $\chi^2(1)$ = 1.18, p = .277) sowie die für die *leistungsschwachen* Kinder (Wald $\chi^2(1)$ = 2.81, p = .094). Allerdings fast ein Viertel (23%) der leistungsschwachen Kinder der lehrplankonform unterrichteten Gruppe wählt Rechenstrategien adaptiv –

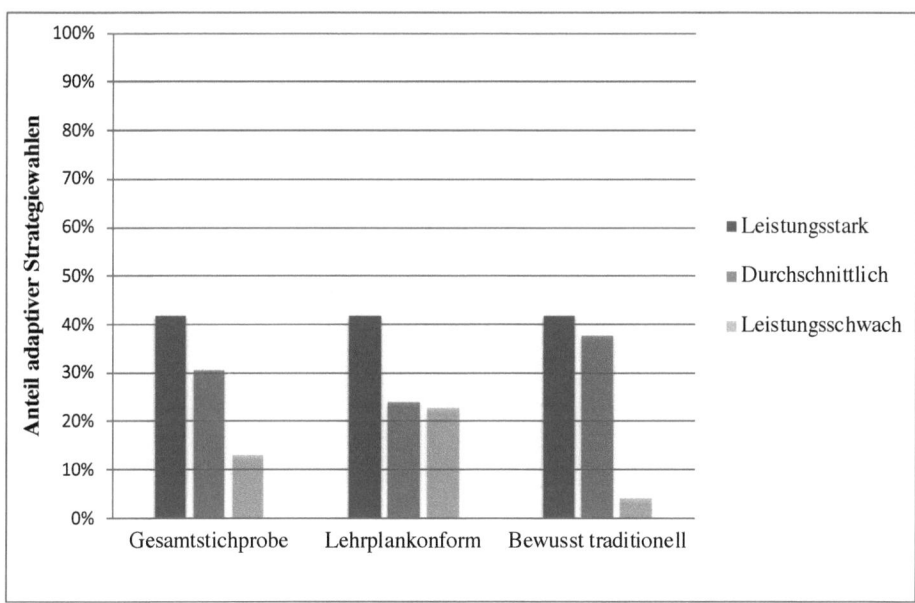

Abbildung 53: Prozentualer Anteil adaptiver Strategiewahlen in Abhängigkeit vom Leistungsvermögen und der Lehrkraft-Gruppe.

diese Kinder sind somit mehr als fünfmal häufiger in der Lage adaptive Strategiewahlen durchzuführen als die leistungsschwachen Kinder der bewusst traditionellen Lehrkraft-Gruppe (4%).

Transferierbarkeit

Eine wichtige Kompetenz stellt das Übertragen von Herangehensweisen bzw. den erworbenen Erkenntnissen zur Aufgabenlösung des kleinen Einmaleins auf das große Einmaleins dar. Aus diesem Grund sieht die Studie auch die Ermittlung von Erkenntnissen hinsichtlich der Transferierbarkeit vor, die im Folgenden präsentiert werden. Kinder wurden im dritten Interviewteilbereich gebeten verschiedene Lösungswege bzw. Lösungsideen der Einmaleinsaufgabe 18 · 7 zu nennen. Über ein korrektes Ergebnis der angewandten Lösungsidee bzw. des Lösungsweges kann in dieser Studie keine Aussage getroffen werden, da die Lösung der Einmaleinsaufgabe aus dem großen Einmaleins nicht vorgesehen bzw. gefordert wurde. Zunächst wird die Anzahl korrekter Lösungsideen bzw. Lösungswege der Aufgabe 18 · 7 unabhängig von der eingesetzten Herangehensweise vorgestellt. Herangehensweisen oder Rechenstrategien, die fehlerhaft angewandt wurden (Strategiefehler), fallen nicht unter korrekte Lösungsideen bzw. Lösungswege.

Im Durchschnitt sind die Kinder in der Lage $M = 1.71$ ($SD = 1.14$) verschiedene *Herangehensweisen* zur Lösung der Aufgabe 18 · 7 zu nennen. Die Anzahl an verfügbaren Herangehensweisen je Kind variiert dabei zwischen keiner und vier verschiedenen Herangehensweisen. In Tabelle 52 sind die absoluten und relativen Häufigkeiten je unterschiedlicher Anzahl verfügbarer Herangehensweisen aufgelistet.

Tabelle 52: Absolute und relative Häufigkeiten je Anzahl verfügbarer Herangehensweisen

Anzahl verfügbarer Herangehensweisen	Absolute Häufigkeit	Relative Häufigkeit
0	23	16
1	39	27
2	49	34
3	21	15
4	11	8
Gesamt	143	100

Über ein Drittel der Kinder verfügt über zwei verschiedene Lösungsideen bzw. Lösungswege für die Aufgabe 18 · 7 – die Prozentsätze an Kindern, die keine, eine, drei oder vier Herangehensweisen nennen, fallen den deskriptiven Kennwerten zufolge im Vergleich geringer aus (siehe Tabelle 52).

Signifikante Unterschiede liegen für die Anzahl an verschiedenen Herangehensweisen für die Aufgabe 18 · 7 zwischen den *verschiedenen Leistungsgruppen* vor (Wald $\chi^2(2) = 29.84$, $p < .001$). Auf $M = 1.13$ ($SD = 0.83$) verschiedene Lösungswege gelangen leistungsschwache Kinder, Kinder durchschnittlichen Leistungsvermögens nennen $M = 1.76$ ($SD = 1.03$) und leistungsstarke Kinder im Mittel $M = 2.21$ ($SD = 1.25$) verschiedene Herangehensweisen. Die leistungsstarken Kinder verfügen demnach rein deskriptiv mit im Mittel zwei verschiedenen genannten Herangehensweisen zur Aufgabenlösung über die meisten potentiellen Lösungswege. Paarweisen Vergleichen zufolge unterscheiden sich erneut – wie bereits in einer Vielzahl der vorausgegangenen Ergebnisse – nur die beiden leistungsstärkeren Gruppen und die leistungsschwache Gruppe signifikant voneinander (beide $p < .001$). Kein signifikanter Unterschied liegt zwischen den leistungsstarken und den Kindern durchschnittlichen Leistungsvermögens vor ($p = .094$).

Auch zwischen den beiden *Lehrkraft-Gruppen* ist kein signifikanter Unterschied hinsichtlich der Anzahl genannter potentieller Aufgabenlösungen zu verzeichnen (Wald $\chi^2(1) = 0.64$, $p < .424$). Die lehrplankonform unterrichteten Kinder verfügen bei Betrachtung der deskriptiven Kennwerte im Durchschnitt ebenso wie die bewusst traditionell unterrichteten Kinder über zwei verschiedene Lösungswege zur Lösung der Aufgabe aus dem großen Einmaleins (lehrplankonform: $M = 1.76$, $SD = 1.05$; bewusst traditionell: $M = 1.65$, $SD = 1.22$).

Auch die *Wechselwirkung* der beiden Faktoren Individuum und Unterricht (Individuum × Unterricht) wird hinsichtlich der Anzahl verschiedener Herangehensweisen an die Aufgabe 18 · 7 nicht signifikant (Wald $\chi^2(2) = 4.13$, $p < .127$).

Als potentielle Rechenstrategien zur Lösung der Aufgabe 18 · 7 verweisen die Kinder auf die Faktorzerlegung, die Verdopplung sowie das gegensinnige Verändern[149]. Darüber hinaus wird auch die sukzessive Addition als Herangehensweise zur Lösung angeführt.

Insgesamt nennen Kinder 94 korrekte Lösungswege basierend auf operativen Beziehungen (Rechenstrategien). Dies entspricht einem Mittelwert von $M = 0.66$ ($SD = 0.75$) verschiedenen *Rechenstrategien* je Kind, um die Aufgabe 18 · 7 zu lösen. Zur Interpretation der Ergebnisse sei erneut darauf verwiesen, dass Kinder in der Anzahl genannter Herangehensweisen bzw. Rechenstrategien von Individuum zu Individuum durchaus variieren zu scheinen. Wie sich die Häufigkeiten auf die verschiedenen Rechenstrategien verteilen, soll Tabelle 53 veranschaulichen.

Tabelle 53: Absolute und relative Häufigkeiten korrekt angewandter Rechenstrategien

Rechenstrategie	Absolute Häufigkeit	Relative Häufigkeit
Faktorzerlegung	83	88
Verdopplung/Halbierung	6	6
gegensinniges Verändern	5	5
Gesamt	94	100

---

149 Die vereinzelten Nennungen des gegensinnigen Veränderns erfolgen von den Kindern sehr reflektiert – Kinder, die diese Rechenstrategie anführen, verweisen darauf, dass der jeweilige Einsatz nicht maßgeblich zur Vereinfachung der Aufgabe beiträgt.

Ähnlich wie für den Einsatz von Herangehensweisen bereits berichtet, verfügen Kinder mit zunehmendem Leistungsvermögen auch über signifikant mehr verschiedene Rechenstrategien zur Lösung der Aufgabe aus dem großen Einmaleins – es liegen signifikante Unterschiede zwischen Kindern unterschiedlichen *Leistungsvermögens* vor (Wald $\chi^2(2)$ = 18.63, p < .001). Paarweise Vergleiche zeigen signifikante Unterschiede zwischen den Kindern der beiden leistungsstärkeren und der leistungsschwachen Gruppe (beide p < .001) sowie einen signifikanten Unterschied zwischen den leistungsstarken Kindern und den Kindern durchschnittlichen Leistungsvermögens (p = .036). Im Durchschnitt verfügen leistungsstarke Kinder über M = 1.06 (SD = 0.70) Rechenstrategien, Kinder durchschnittlichen Leistungsvermögens nennen M = 0.70 (SD = 0.80) sowie leistungsschwache M = 0.20 (SD = 0.45) verschiedene Rechenstrategien.

Auch zwischen den Kindern der beiden *Lehrkraft-Gruppen* ist ein signifikanter Unterschied zu erkennen hinsichtlich der Anzahl genannter Rechenstrategien zur Lösung der Aufgabe aus dem großen Einmaleins (Wald $\chi^2(1)$ = 5.02, p = .025). Die lehrplankonform unterrichteten Kinder kennen im Durchschnitt M = 0.72 (SD = 0.70) verschiedene Rechenstrategien. Die bewusst traditionelle Gruppe lediglich M = 0.60 (SD = 0.80) verschiedene und demnach signifikant weniger als die lehrplankonform Gruppe.

Der *Interaktionseffekt* Individuum × Unterricht zeigt sich hinsichtlich der Anzahl verschiedener eingesetzter Rechenstrategien als nicht signifikant (Wald $\chi^2(2)$ = 4.77, p = .002). Abbildung 54 veranschaulicht die Anzahl an aufgeführten Rechenstrategien der Kinder unter Berücksichtigung des individuellen Leistungsvermögens und der unterrichtlichen Erarbeitung. Im Mittel werden M = 0.36 (SD = 0.58) verschiedene Rechenstrategien von *leistungsschwachen*, lehrplankonform unterrichteten Kindern als mögliche Lösungswege der Aufgabe 18 · 7 aufgeführt, während nur durchschnittlich M = 0.04 (SD = 0.20) verschiedene Rechenstrategien bei den leistungsschwachen Kindern der bewusst traditionellen Lehrkraft-Gruppe verfügbar sind. Das heißt nur ein leistungsschwaches, bewusst traditionelles Kind von 24 hat einmal eine Rechenstrategie zur Aufgabenlösung eingesetzt. Zwischen den leistungsschwachen Kindern der genannten Lehrkraft-Gruppen liegt ein signifikanter Unterschied vor (Wald $\chi^2(1)$ = 4.73, p = .030). Die *leistungsstarken* Kinder (lehrplankonform: M = 1.00, SD = 0.72; bewusst traditionell: M = 1.13, SD = 0.68; Wald $\chi^2(1)$ = 5.67, p = .452) und die Kinder *durchschnittlichen* Leistungsvermögens (lehrplankonform: M = 0.76, SD = 0.66; bewusst traditionell: M = 0.63, SD = 0.92; Wald $\chi^2(1)$ = 2.97, p = .586) unterscheiden sich jeweils nicht signifikant zwischen den beiden Lehrkraft-Gruppen.

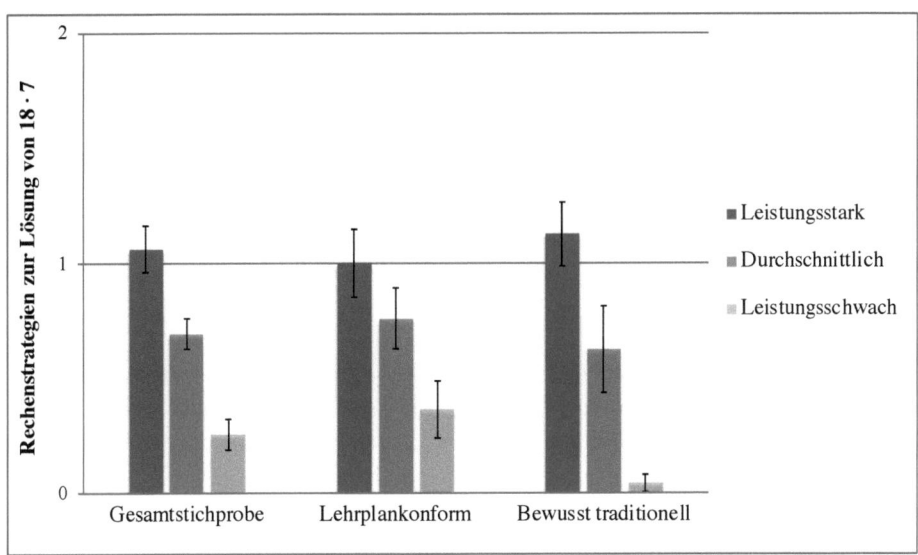

Abbildung 54: Anzahl verschiedener Rechenstrategien zur Lösung der Aufgabe 18 · 7 in Abhängigkeit vom Leistungsvermögen und der Lehrkraft-Gruppe. Die Fehlerbalken repräsentieren den Standardfehler des Mittelwertes.

Im Anschluss an die detaillierten Ergebnisse hinsichtlich der Anzahl verfügbarer Rechenstrategien je Kind soll bezüglich der Transferierbarkeit von Rechenstrategien auch noch berichtet werden, wie viele Kinder über mindestens eine Rechenstrategie zur Lösung der Aufgabe 18 · 7 verfügen. Im Durchschnitt sind mehr als die Hälfte der Kinder (51%) in der Lage, mindestens eine Rechenstrategie auf das große Einmaleins zu übertragen.

Je leistungsstärker Kinder sind, desto signifikant erfolgreicher gelingt ihnen dies. Zwischen den Kindern *unterschiedlichen Leistungsvermögens* liegen signifikante Unterschiede vor hinsichtlich der Anzahl an Kindern, die mindestens eine Rechenstrategie zur Lösung der Aufgabe 18 · 7 nennen können (siehe Tabelle 54). Paarweise Vergleiche lassen signifikante Unterschiede zwischen allen Leistungsgruppen erkennen (alle $p \leq .001$).

Tabelle 54: Prozentualer Anteil transferierbarer Strategiewahlen in Abhängigkeit vom Leistungsvermögen

	Leistungsvermögen				
	Leistungsstark (N = 48)	Durchschnittlich (N = 49)	Leistungsschwach (N = 46)		
Herangehensweisen	%	%	%	Wald $\chi^2(2)$	p
RS	81	53	17	20.31	< .001

Auch die Kinder der beiden *Lehrkraft-Gruppen* unterscheiden sich signifikant. Die Anzahl an Kindern, die über mindestens eine Rechenstrategie zur Lösung der Aufgabe 18 · 7 verfügen, ist signifikant größer in der Lehrkraft-Gruppe, die das Einmaleins lehrplankonform unterrichtet als in der bewusst traditionellen Lehrkraft-Gruppe (lehrplankonform: 59%, bewusst traditionell: 43%; Wald $\chi^2(1)$ = 5.39, p = .020).

Während die Haupteffekte für die Faktoren Individuum und Unterricht signifikant sind, liegt keine signifikante *Interaktion* der Faktoren Individuum und Unterricht hinsichtlich der Transferierbarkeit von Rechenstrategien vor (Wald $\chi^2(2)$ = 5.76, p = .056). Der Vergleich der Kinder der beiden Lehrkraft-Gruppen gleichen Leistungsvermögens soll im Folgenden erneut dargelegt werden (siehe Abbildung 55). Die Kinder *durchschnittlichen* Leistungsvermögens der beiden Lehrkraft-Gruppen unterscheiden sich hinsichtlich einer transferierbaren Strategiewahl nicht signifikant voneinander (lehrplankonform: 64%, bewusst traditionell: 42%; Wald $\chi^2(1)$ = 2.04, p = .153). Die Unterschiedsanalysen ermitteln ebenfalls keine signifikanten Unterschiede für die *leistungsstarken* Kinder beider Leistungsgruppen (lehrplankonform: 79%, bewusst traditionell: 83%; Wald $\chi^2(1)$ = 0.18, p = .673). Während die Kinder durchschnittlichen Leistungsvermögens, die lehrplankonform unterrichtet wurden, deskriptiv häufiger über mindestens eine Rechenstrategie zur Lösung der Aufgabe 18 · 7 verfügen als die Vergleichsgruppe, sind es die leistungsstarken, bewusst traditionell unterrichteten Kinder, die häufiger mindestens eine Rechenstrategie besitzen. Ein signifikanter Unterschied liegt einzig für die *leistungsschwachen* Kinder der beiden Lehrkraft-Gruppen vor (lehrplankonform: 32%, bewusst traditionell: 4%; Wald $\chi^2(1)$ = 4.21, p = .040): Während 32% der leistungs-

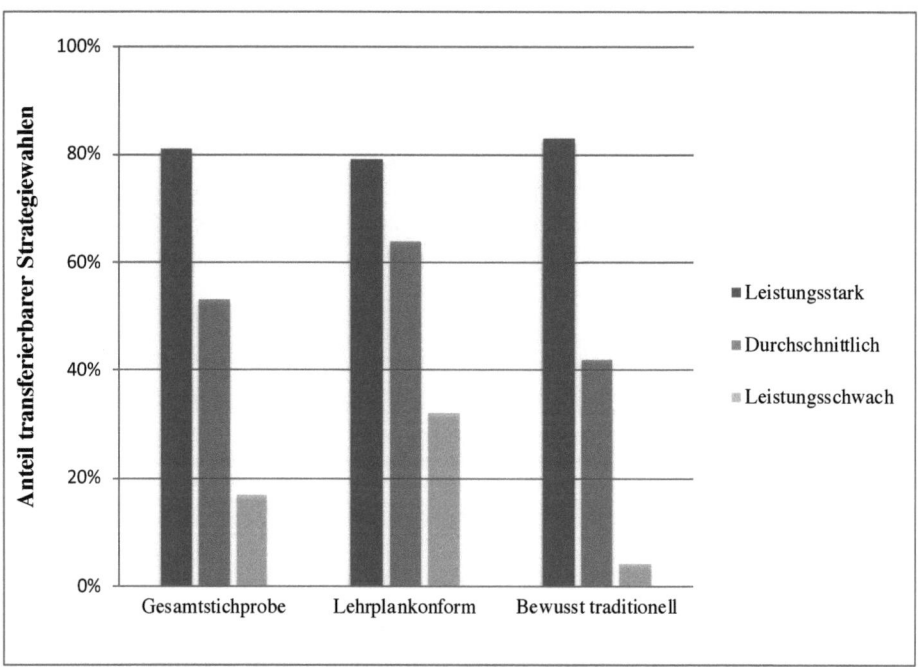

Abbildung 55: Prozentualer Anteil transferierbarer Strategiewahlen in Abhängigkeit vom Leistungsvermögen und der Lehrkraft-Gruppe.

schwachen, lehrplankonform unterrichteten Kinder über mindestens eine Rechen-strategie verfügen, besitzen nur 4% der traditionell unterrichteten, leistungsschwachen Kinder mindestens über eine Rechenstrategie, die auf das große Einmaleins übertragen wird. Bei einer Teilstichprobengröße von $N = 23$ leistungsschwachen, traditionell unterrichteten Kindern entspricht dies genau einem einzigen Kind.

Kompetenz der Strategiewahl

Final soll die Frage geklärt werden, inwiefern Kinder nach der Erarbeitung des kleinen Einmaleins über eine ausgesprochen hohe Kompetenz der Strategiewahl verfügen – nicht nur zwischen Rechenstrategien flexibel wechseln können, sondern auch adäquate Rechenstrategien für alle gestellten Aufgaben auswählen und geeignete Rechenstrategien des kleinen Einmaleins auf das große Einmaleins übertragen können. Im Durchschnitt gelingt diese anspruchsvolle Aufgabe 21% aller teilnehmenden Kinder der Studie.

Mehr als ein Drittel aller leistungsstarken Kinder (35%) zeichnen sich durch diese ausgesprochen hohe Kompetenz der Strategiewahl aus. Durchschnittlich fast ein Fünftel der Kinder durchschnittlichen Leistungsvermögens (18%) sind ebenfalls in der Lage eine Strategiewahl flexibel, adaptiv und transferierbar zu bewältigen. Unter den leistungsschwachen Kindern befinden sich 9%, die eine ausgesprochen hohe Kompetenz bei der Strategiewahl besitzen. Zwischen den verschiedenen *Leistungsgruppen* liegen signifikante Unterschiede hinsichtlich der Kompetenz der Strategiewahl vor (Wald $\chi^2(2) = 10.74$, $p = .005$). Signifikant fällt der Unterschied zwischen den leistungsstarken und den leistungsschwachen Kindern aus ($p < .001$), nicht signifikant unterscheiden sich die Kinder durchschnittlichen Leistungsvermögens von den leistungsstarken ($p = .233$) und den leistungsschwachen Kindern ($p = .497$).

Die lehrplankonform unterrichteten Kinder erreichen deskriptiv betrachtet höhere Prozentsätze (23%) im Vergleich zu den bewusst traditionell unterrichteten Kindern (19%) – ein signifikanter Unterschied zwischen den beiden *Lehrkraft-Gruppen* bezüglich der Kompetenz des Strategieeinsatzes liegt allerdings nicht vor (Wald $\chi^2(1) = 1.05$, $p = .305$).

Trotz eines erneut nicht signifikanten *Interaktionseffektes* Individuum × Unterricht (Wald $\chi^2(2) = 1.58$, $p = .453$) soll der Unterschied zwischen den Kindern der beiden Lehrkraft-Gruppen gleichen Leistungsvermögens hinsichtlich einer ausgesprochen hohen Kompetenz der Strategiewahl analysiert werden (siehe Abbildung 56). Der Unterschied zwischen den *leistungsschwachen* Kindern der beiden Lehrkraft-Gruppen ist nicht signifikant (Wald $\chi^2(1) = 1.18$, $p = .277$). Bei 14% der leistungsschwachen, lehrplankonform unterrichteten Kindern gelingt eine flexible, adaptive sowie transferierbare Strategiewahl, im Vergleich gelingt dies lediglich 4% der Kinder, die bewusst traditionell unterrichtet werden. Auch zwischen den Kindern der beiden Lehrkraft-Gruppen *durchschnittlichen* Leistungsvermögens liegt kein signifikanter Unterschied vor (lehrplankonform: 20%, bewusst traditionell: 17%, Wald $\chi^2(1) = 0.08$, $p = .778$). Die *leistungsstarken* Kinder unterscheiden sich zwischen den beiden Lehrkraft-Gruppen ebenfalls nicht signifikant (Wald $\chi^2(1) = 0.18$, $p = .733$)

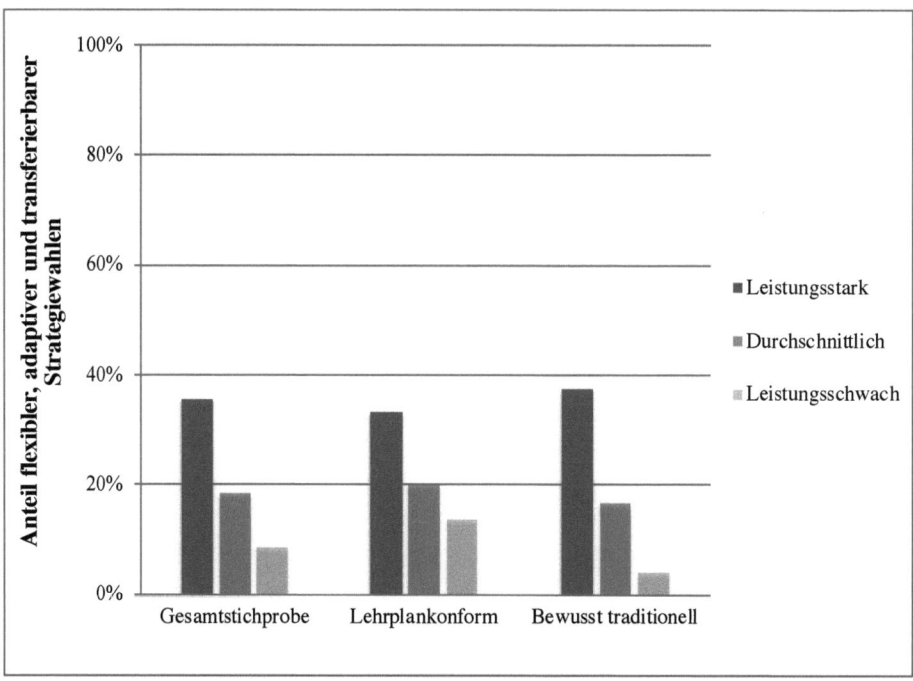

Abbildung 56: Anteil flexibler, adaptiver und transferierbarer Strategiewahlen in Abhängigkeit vom Leistungsvermögen und der Lehrkraft-Gruppe.

– die Kinder der bewusst traditionell unterrichten Lehrkräfte (38%) zeigen sich basierend auf den deskriptiven Kennwerten erfolgreicher hinsichtlich einer flexiblen, adaptiven sowie transferierbaren Strategiewahl als die Vergleichsgruppe der lehrplankonform unterrichteten Kinder (33%).

7. Diskussion und Ausblick

„Ein reines Ableiten von noch unbekannten Aufgaben über Kernaufgaben halte ich nicht für sinnvoll. Die schwachen Kinder sind damit überfordert, das Auswendiglernen der einzelnen Reihen hilft ihnen. Nur die starken Kinder können aus den Kernaufgaben andere Ergebnisse erschließen."

(Zitat einer an der Hauptstudie teilnehmenden Lehrkraft)

In dieser Arbeit wurden bei 144 Kindern basierend auf zwei entwickelten Testinstrumenten Erkenntnisse hinsichtlich verschiedener Herangehensweisen zur Lösung von Aufgaben des kleinen Einmaleins im 3. Schuljahr ermittelt. Eine Reaktionszeittestung sah in diesem Zusammenhang in erster Linie die Ermittlung eines schnellen Faktenabrufes vor, ein Strategieinterview kam zur Erfassung verschiedener weiterer Herangehensweisen an Einmaleinssätze zum Einsatz. Die kindliche Strategieverwendung wurde unter Berücksichtigung möglicher Einflussfaktoren analysiert. Neben einem möglichen Einfluss der individuellen Leistungsfähigkeit eines Kindes sollte auch untersucht werden, ob und wie sich verschiedene unterrichtliche Vorgehensweisen der Lehrpersonen in der Strategieverwendung und im Lernerfolg der Kinder bemerkbar machen. In den folgenden Abschnitten sollen die Forschungsergebnisse der Reaktionszeittestung sowie des Strategieinterviews zusammenfassend berichtet sowie kritisch reflektiert und diskutiert werden. Bezüge zu den publizierten Ergebnissen werden angeführt. Die Grenzen dieser Arbeit werden dargelegt und es wird aufgezeigt, welchen Beitrag diese Arbeit für weitere Forschung liefert. Abschließend sollen die Konsequenzen für die Unterrichtspraxis aufgezeigt werden.

7.1 Reaktionszeittestung

Im Rahmen der Reaktionszeittestung wurden 48 Einmaleinsaufgaben[150] hinsichtlich der Korrektheit der Aufgabenlösung überprüft sowie die dafür benötigten Lösungszeiten erfasst. Die Reaktionszeittestung kam dabei mit dem vordergründigen Ziel zum Einsatz, die folgende Forschungsfrage zu klären:

- Wie häufig wird zur Aufgabenlösung auf den Faktenabruf aus dem Gedächtnis zurückgegriffen?

Die Konzeption einer Reaktionszeittestung zusätzlich zum Strategieinterview wurde dabei gezielt vorgenommen, um die Ermittlung gedächtnismäßig verfügbarer Einmaleinsaufgaben getrennt von der Erfassung anderer Herangehensweisen an Einmaleinsaufgaben zu ermöglichen. Die bisher publizierten internationalen Studien,

---

150 Die 48 Einmaleinsaufgaben setzen sich aus Aufgaben vom Typ Kernaufgabe (Quadrataufgaben und Einmaleinssätze mit 1, 2, 5 und 10) und Nicht-Kernaufgabe sowie aus Aufgaben mit einem Faktor 0 zusammen.

die ihren Fokus auf die Strategieverwendung beim kleinen Einmaleins legen (z.B. COONEY et al., 1988; HEIRDSFIELD et al., 1999; LEFEVRE et al., 1996; LEMAIRE & SIEGLER, 1995; MABBOTT & BISANZ, 2003; SHERIN & FUSON, 2005; SIEGLER, 1988; STEEL & FUNNELL, 2001), erfassen den Faktenabruf – entgegen der vorliegenden Arbeit – als eine mögliche Herangehensweise neben einer Vielzahl weiterer Herangehensweisen, die im Rahmen eines Strategieinterviews ermittelt werden. Eine in diesem Kontext korrekte und als schnell beurteilte Aufgabenlösung lässt allerdings noch keinen Rückschluss auf einen Faktenabruf zu, ebenso wenig wie kindliche Äußerungen (z.B. „Die Aufgabe habe ich gewusst."). Auch die Ermittlung der Anzahl gelöster Aufgaben in einem vorgegebenem Zeitintervall, wodurch z.B. in den Studien von KROESBERGEN et al. (2004), WONG und EVANS (2007) sowie WOODWARD (2006) eine Aufgabenlösung als Faktenabruf kategorisiert wird, lässt sich eigentlich nicht mit der Lösungsquote für einen *tatsächlichen* Faktenabruf gleichsetzen. Auch in diesem Kontext ist es möglich, dass Kinder andere Herangehensweisen als den Faktenabruf (zügig) zur Aufgabenlösung anwenden. Eine in der Forschungsliteratur häufig angeführte Methode zur Ermittlung von Faktenabrufen stellt das Aufstellen einer zeitlich fixen Obergrenze dar. Der häufig empfohlene Einsatz der 3-Sekunden-Obergrenze zur Ermittlung eines Faktenabrufes wird allerdings wiederholt kritisiert, weil es auch mit dieser Obergrenze nicht gelingt, den Faktenabruf von anderen alternativen Herangehensweisen, die sich ebenfalls durch eine schnelle Aufgabenlösung auszeichnen, zu trennen (z.B. BAROODY, 1999; SHERIN & FUSON, 2005; WOODWARD, 2006). Der Forschungsbedarf hinsichtlich einer *neuen* Methode zur Unterscheidung eines Faktenabrufes von anderen Herangehensweisen wird in dem in dieser Arbeit bereits vorher erwähnten Zitat von BAROODY (1999) deutlich ersichtlich: „Researchers will need to devise methods that disentangle retrieved and nonretrieved responses" (ebd., S. 191).

Um den Einsatz einer Herangehensweise bzw. Rechenstrategie möglichst präzise und vertretbar von dem Abruf einer Aufgabe aus dem Gedächtnis unterscheiden und Erkenntnisse hinsichtlich des *tatsächlichen* Faktenabrufes gewinnen zu können, bestand ein Ziel dieser Arbeit darin, eine Alternative zur zeitlichen Obergrenze für die Ermittlung schneller Abrufe zu entwickeln. In diesem Zusammenhang musste demnach der folgenden offenen Frage nachgegangen werden:
- Woran lässt sich ein schneller Faktenabruf aus dem Gedächtnis charakterisieren bzw. wie lässt sich die Grenze zwischen einem Faktenabruf und anderen Herangehensweisen charakterisieren?

7.1.1 Individuelle Schwellen zur Ermittlung von Faktenabrufen

Ein Faktenabruf aus dem Gedächtnis scheint sich den Erkenntnissen der vorliegenden Reaktionszeittestung zufolge durch schnelle, annähernd ähnliche Abrufzeiten auszuzeichnen, die offensichtlich einen Rückschluss auf mental ähnliche Abrufprozesse ermöglichen. Längere Lösungszeiten zur Aufgabenbeantwortung scheinen hingegen in längeren mentalen Abrufprozessen begründet zu liegen, die aufgrund des

Einsatzes zeitintensiverer Herangehensweisen vonnöten sind. Die im Theorieteil präsentierten Studien, die Lösungszeiten verschiedener Herangehensweisen erfassen, bestätigen dabei, dass der Faktenabruf am schnellsten zur Lösung einer Einmaleinsaufgabe führt (LEFEVRE et al., 1996; LEMAIRE & SIEGLER, 1995; MABBOTT & BISANZ, 2003; SIEGLER, 1988; STEEL & FUNNELL, 2001; siehe Abschnitt 3.2.1).[151]

Die vorliegende Arbeit konnte ermitteln, dass Kinder unterschiedlichen Leistungsvermögens unterschiedlich lange zur Lösung von Einmaleinsaufgaben oder dementsprechend auch für einen Abruf aus dem Gedächtnis benötigen. Je leistungsstärker die Kinder, desto schneller werden Aufgaben gelöst. Basierend auf dieser Erkenntnis fungieren vor allem individuelle Schwellen als geeignete Obergrenzen zur Ermittlung eines Faktenabrufes aus dem Gedächtnis. Nur mithilfe einer individuellen Schwelle scheint es erfolgreich gelingen zu können, die von Kind zu Kind unterschiedlich langen, mentalen Abrufprozesse zu berücksichtigen und für Kinder unterschiedlichen Leistungsvermögens vertretbare Aussagen bezüglich eines Faktenabrufes zu tätigen. Aufgaben wurden in der vorliegenden Arbeit als schnell abrufbar verstanden, wenn innerhalb einer Lösungszeit von drei Standardabweichungen vom individuellen Mittelwert der zwölf am schnellsten gelösten Aufgaben die Aufgabenlösung erfolgte. Dass mithilfe dieser alternativen Schwelle die Trennung zwischen dem Faktenabruf aus dem Gedächtnis und anderen Herangehensweisen zu gelingen scheint, verdeutlichen auch die identifizierten Sprünge in den Lösungszeiten bzw. der abrupte Anstieg der Lösungszeiten zwischen den Aufgaben, die in der vorliegenden Arbeit als schnell abgerufen klassifiziert werden und den Aufgaben, die nicht mit einem Faktenabruf gleichgesetzt werden. Die Sprünge zeigen offensichtlich die Unterschiede in der Bearbeitung von Einmaleinsaufgaben: Sie trennen Aufgaben, die sich durch andere mentale Abrufvorgänge auszeichnen, voneinander.

Die in der vorliegenden Arbeit ermittelte Schwelle der Gesamtstichprobe, die unter Berücksichtigung der individuell unterschiedlichen Abrufprozesse eruiert wurde, beläuft sich auf durchschnittlich $M = 2.1$ Sekunden ($SD = 0.3$, $Min = 1.5$, $Max = 3.0$). Verglichen mit der alternativen 3-Sekunden-Obergrenze fällt die in dieser Arbeit aufgestellte Schwelle, die zwischen Faktenabrufen und dem Einsatz anderer Herangehensweisen trennt, eher *streng* aus. D. h. Aufgaben, die aufgrund einer Obergrenze von drei Sekunden als aus dem Gedächtnis verfügbar angesehen werden, werden auf Basis der individuellen Schwelle unter Umständen nicht als gedächtnismäßig verfügbar erfasst. Weitere in der Theorie angeführte oder in empirischen Studien eingesetzte fixe Referenzwerte für einen schnellen Faktenabruf aus dem Gedächtnis zeichnen sich allerdings – ebenso wie in der vorliegenden Studie – durch niedrigere Obergrenzen im Vergleich zur 3-Sekunden-Grenze aus (z.B. THORNTON, 1990; BORN & OEHLER, 2009a).

Im Folgenden werden die Erkenntnisse hinsichtlich eines schnellen Faktenabrufes basierend auf den individuellen Schwellen zusammengefasst dargelegt und kritisch reflektiert.

---

151 Die Lösungszeiten für einen Faktenabruf aus dem Gedächtnis wurden in den angeführten Studien dabei allerdings auf Basis korrekter und als schnell beurteilter Aufgabenlösung oder basierend auf kindlichen Äußerungen ermittelt.

7.1.2 Anzahl korrekter Faktenabrufe aus dem Gedächtnis

Die Reaktionszeittestung kam mit dem vordergründigem Ziel zum Einsatz, zu klären, wie häufig Kinder zur Aufgabenlösung auf den Faktenabruf aus dem Gedächtnis zurückgreifen. Das entwickelte Testinstrument zeigt, dass insgesamt 35% der überprüften Einmaleinsaufgaben gedächtnismäßig zur Verfügung stehen. Im Durchschnitt sind Kinder in der Lage 17 von 48 Aufgaben über einen Faktenabruf zu lösen. Unterschiede im prozentualen Anteil abgerufener Fakten sind für die verschiedenen überprüften Aufgabentypen zu erkennen. Von den zu lösenden Kernaufgaben wird durchschnittlich die Hälfte gedächtnismäßig abgerufen. Ein ähnlicher Prozentsatz (49%) wurde für Aufgaben mit einem Faktor 0 ermittelt. Die durchschnittlich 17 aus dem Gedächtnis abrufbaren Einmaleinsaufgaben setzen sich den Forschungsergebnissen der Reaktionszeittestung zufolge größtenteils aus gedächtnismäßig verfügbaren Kernaufgaben zusammen, im Durchschnitt ist *keine* der abgeprüften Nicht-Kernaufgaben aus dem Gedächtnis abrufbar.

Die Forschungsergebnisse bzw. die angeführten Prozentsätze für einen Faktenabruf erweisen sich insgesamt als eher niedrig, wenn man bedenkt, dass die verpflichtenden Lehrplaninhalte die Automatisierung aller Kernaufgaben bereits am Ende des 2. Schuljahres vorsehen und die Verfügbarkeit aller Einmaleinssätze am Ende des 3. Schuljahres voraussetzen (siehe Abschnitt 2.5.2).[152] Ein möglicher Erklärungsansatz könnte wie folgt aussehen: Die geringen Prozentsätze lassen sich darauf zurückzuführen, dass Kinder zum Untersuchungszeitraum vielleicht noch vermehrt auf alternative Herangehensweisen zurückgreifen. Die Kinder, deren Lehrkräfte Rechenstrategien erarbeiten, nutzen beispielsweise bevorzugt das schnelle Ableiten über Rechenstrategien, die bewusst traditionell unterrichten Kinder womöglich in erster Linie das Aufsagen der Reihe. Bestärkt kann diese Erklärung werden durch den Zeitpunkt der Studiendurchführung. Die Erarbeitung war zum Zeitpunkt der Testungen für alle Klassen bereits abgeschlossen, allerdings konnte zum Halbjahr in Jahrgangsstufe 3 noch nicht davon ausgegangen werden, dass bereits alle Einmaleinssätze automatisiert zur Verfügung stehen.

Zieht man die publizierten Ergebnisse der internationalen Studien und deren prozentualen Anteile an Faktenabrufen bzw. anderen Herangehensweisen als Vergleich heran, kann der in dieser Arbeit vorliegende Prozentsatz an Faktenabrufen erneut als eher gering angesehen bzw. bewertet werden. Der Anteil der ermittelten Faktenabrufe der publizierten internationalen Studien beläuft sich zwischen 55% und 92%. Die Ergebnisse müssen allerdings im Vergleich zu den vorliegenden Ergebnissen dieser Arbeit etwas relativiert betrachtet werden. Es muss in diesem Kontext abermals betont werden, dass in den verwiesenen Studien nicht ausschließlich ein Faktenabruf aus dem Gedächtnis erfasst wurde, sondern vermutlich auch weitere zur Aufgabenlösung eingesetzte Herangehensweisen. Zudem sollte berücksichtigt werden, dass in den erwähnten Studien das Erarbeiten von Rechenstrategien – wenn

---

152 Die geforderten Lehrplaninhalte bzw. die verpflichtenden Vorgaben hinsichtlich des kleinen Einmaleins für das 2. und 3. Schuljahr entstammen dem bayerischen Lehrplan von 2000, der zum Zeitpunkt der Untersuchung Gültigkeit besaß.

überhaupt – einen geringfügigen Stellenwert eingenommen hat und der Abruf von Einmaleinsaufgaben überwiegend im Fokus stand. Auf ähnlich niedrige Prozentsätze für Faktenabrufe wie in der vorliegenden Studie trifft man nur in der nationalen Studie von GASTEIGER und PALUKA-GRAHM (2013): Während ein hoher Prozentsatz für den Einsatz von Rechenstrategien ermittelt werden kann, beläuft sich der Prozentsatz für – in dieser Studie zwar nur selbstberichtete – Faktenabrufe auf lediglich 20%, was sogar einen noch geringeren Prozentsatz darstellt, als in der vorliegenden Studie ermittelt.

Unterschiede im prozentualen Anteil abgerufener Fakten der verschiedenen überprüften Aufgabentypen, vor allem zwischen dem Aufgabentyp Kernaufgabe und Nicht-Kernaufgabe, sind nicht weiter überraschend. Die verhältnismäßig hohen Prozentsätze des Aufgabentyps Kernaufgabe – im Vergleich zu den Nicht-Kernaufgaben – lassen sich durch den enormen Stellenwert dieser Einmaleinssätze unabhängig von der unterrichtlichen Erarbeitung des kleinen Einmaleins begründen: Nehmen Rechenstrategien eine wichtige Rolle bei der Erarbeitung des kleinen Einmaleins ein, stellen Kernaufgaben einen benötigten Grundstock für die Anwendung von Rechenstrategien dar und müssen gedächtnismäßig zuallererst zur Verfügung stehen. Liegt das Hauptaugenmerk eher auf der Automatisierung von Einmaleinsaufgaben, werden es vermutlich ebenfalls die vermeintlich einfacheren Einmaleinsaufgaben sein, die in einem ersten Schritt behandelt werden und auswendig verfügbar sind.

Im Folgenden sollen auch die Erkenntnisse hinsichtlich eines möglichen Einflusses der Faktoren Unterricht und Individuum auf den Faktenabruf präsentiert und reflektiert bzw. diskutiert werden.

Einflussfaktor Individuum und Unterricht

Den theoretischen und empirischen Erkenntnissen des Theorieteils zufolge wirkt sich eine verständnisbasierte Erarbeitung des kleinen Einmaleins, die ihren Fokus auf das Erarbeiten und Anwenden von Rechenstrategien legt, positiv auf die Automatisierung von Einmaleinsaufgaben aus – sie scheint nach SCHERER und MOSER OPITZ (2010) dazu beizutragen, „das Erlernen, Verinnerlichen und Behalten [zu erleichtern] und […] eine erfolgreiche Automatisierung [der Einmaleinssätze zu erreichen]" (ebd., S. 122, Ergänzungen der Autorin). Dass sich allerdings auch eine Erarbeitung als erfolgversprechend hinsichtlich des Faktenabrufes von Einmaleinsaufgaben erweist, die der Automatisierung einen großen Stellenwert zuteilwerden lässt, bzw. mehr Wert auf die Automatisierung legt im Vergleich zu einer verständnisbasierten Erarbeitung, scheint nicht vollkommen abwegig. In der vorliegenden Arbeit zeigt sich kein signifikanter Unterschied hinsichtlich der Anzahl aus dem Gedächtnis abgerufener Einmaleinsaufgaben zwischen den Kindern der beiden untersuchten Lehrkraft-Gruppen. In der vorliegenden Studie besitzen Kinder, die das kleine Einmaleins basierend auf Rechenstrategien erarbeiten, über die im Durchschnitt gleiche Anzahl gedächtnismäßig verfügbarer Einmaleinsaufgaben wie die Vergleichsgruppe, in der vordergründig die Automatisierung im Fokus steht. Wenn mittels einer Erarbeitung, die ihren Fokus nicht ausschließlich auf die Automatisierung legt, sondern basierend auf Einsicht und Verständnis Rechenstrategien erarbeitet, der Faktenabruf aus dem Gedächtnis gleich erfolgreich bewerkstelligt wird, wie bei einer Erarbeitung, bei der das Hauptaugenmerk überwiegend auf der Automatisierung liegt, scheint sich das Anwenden von Rechenstrategien als durchaus positiv bzw. zumindest nicht negativ auf den Faktenabruf auszuwirken.

Auf den ersten Blick vermeintlich unerwartete Forschungsergebnisse werden bezüglich der Anzahl schneller Faktenabrufe aus dem Gedächtnis je individuellem Leistungsvermögen erzielt. Entgegen der Vermutung, dass leistungsstärkere Kinder mehr Aufgaben gedächtnismäßig zur Verfügung haben als leistungsschwächere Kinder unterscheiden sich die verschiedenen Leistungsgruppen nicht signifikant in der Anzahl ermittelter Faktenabrufe. Davon zu sprechen, dass sich Kinder unterschiedlichen Leistungsvermögens *nicht* hinsichtlich des Faktenabrufes unterscheiden, trifft zwar für die Anzahl an ermittelten Abrufen aus dem Gedächtnis zu, nicht allerdings für die Abrufzeiten der Einmaleinsaufgaben. Ein möglicher Erklärungsansatz für ähnliche Anzahlen an Faktenabrufen zwischen den verschiedenen Leistungsgruppen kann unter Umständen auf die eingesetzte Methode zur Ermittlung schneller Faktenabrufe zurückgeführt werden bzw. auf die zur Erfassung schneller Faktenabrufe herangezogene individuelle Obergrenze, die basierend auf dem Mittelwert plus drei Standardabweichungen der 12 am schnellsten gelösten Aufgaben eines Kindes ermittelt wird (siehe Abschnitt 6.1.1). Die Standardabweichungen der individuell berechneten Mittelwerte der leistungsschwachen Kinder sind im Durchschnitt höher als die Standardabweichungen der leistungsstärkeren Kinder, was bei leistungsschwächeren Kinder mit verhältnismäßig größeren Standardabweichungskorridoren einhergehen kann. Diese können wiederum zu einer größeren Anzahl unter Umständen ermittelter Faktenabrufe führen bzw. sich günstig auf die Anzahl an Faktenabrufen bei leistungsschwachen Kindern auswirken.

In den folgenden Ausführungen soll noch zusammenfassend auf die benötigten Lösungszeiten der Kinder unterschiedlichen Leistungsvermögens für einen Abruf aus dem Gedächtnis verwiesen werden. Bezüglich des Faktenabrufes lassen sich die verschieden leistungsfähigen Kinder – wie bereist erwähnt – nur unter dem Gesichtspunkt der benötigten Lösungszeit unterscheiden.

Im Durchschnitt hat ein Kind eine Einmaleinsaufgabe aus dem Gedächtnis in 1.6 Sekunden ($SD = 0.3$) abgerufen. Keine signifikanten Unterschiede liegen zwischen den beiden Lehrkraft-Gruppen hinsichtlich der durchschnittlichen Lösungszeiten von Faktenabrufen vor. Kinder der beiden Lehrkraft-Gruppen verfügen demnach nicht nur – wie bereits erwähnt – über die gleiche Anzahl an aus dem Gedächtnis abrufbaren Aufgaben, sondern sie unterscheiden sich auch noch in ihren Abrufzeiten nicht wesentlich. Der bereits beschriebene positive oder zumindest nicht negative Einfluss einer verständnisbasierten Erarbeitung auf den Faktenabruf spiegelt sich demnach auch in den Lösungszeiten für Faktenabrufe wider.

Für die Kinder der verschiedenen Leistungsgruppen zeigen sich – wie bereits angedeutet – signifikante Unterschiede in den benötigten Lösungszeiten für einen Abruf. Je leistungsstärker die Kinder, desto signifikant niedriger fallen die im Durchschnitt ermittelten Lösungszeiten der gedächtnismäßig korrekt abgerufenen Einmaleinsaufgaben aus. Leistungsschwache Kinder benötigen für einen Abruf aus dem Gedächtnis basierend auf individuell ermittelten Schwellen im Durchschnitt 1.8 Sekunden ($SD = 0.3$), Kinder durchschnittlichen Leistungsvermögens 1.7 ($SD = 0.3$) und leistungsstarke Kinder lediglich 1.5 Sekunden ($SD = 0.3$). Diese Unterschiede sind dabei nicht weiter verwunderlich. Die Reaktionszeitverläufe zeigten systematische Unterschiede bei Kindern unterschiedlichen Leistungsvermögens, was dazu führte, eine individuelle Schwelle vorzuschlagen. Nutzt man eine individuelle Schwelle, so geht man davon aus, dass die mentalen Abrufprozesse bei Kindern unterschiedlichen Leistungsvermögens unterschiedlich ablaufen.

Für Kinder unterschiedlichen Leistungsvermögens kann demnach resümiert werden, dass sie sich in der Anzahl an verfügbaren Faktenabrufen nicht unterscheiden, leistungsschwache Kinder allerdings für den gedächtnismäßigen Abruf einer Aufgabe im Durchschnitt länger benötigen als die leistungsstärkeren Kinder.

Neben der Reflexion und Interpretation der gewonnen Erkenntnisse bezüglich der Häufigkeit des Einsatzes eines Faktenabrufes und möglicher Einflussfaktoren in diesem Kontext sollen die ebenfalls im Zuge der Reaktionszeittestung ermittelten allgemeinen Lösungsraten und Lösungszeiten korrekt gelöster Einmaleinsaufgaben kurz dargestellt und diskutiert werden. Vor allem gilt das Hauptaugenmerk in diesem Kontext den Unterschieden zwischen den verschiedenen Aufgabentypen, die bereits im Zuge der Diskussion der Anzahl verfügbarer Faktenabrufe kurz erwähnt, in bisher publizierten Studien allerdings noch nicht in den Blick genommen wurden.

7.1.3 Allgemeine Lösungsraten und Lösungszeiten korrekt gelöster Aufgaben je Aufgabentyp

Der Prozentsatz korrekt gelöster Aufgaben der 48 in der Reaktionszeittestung überprüften Einmaleinsaufgaben beläuft sich auf insgesamt 87%. Für eine korrekte Lösung werden im Durchschnitt genau 4 Sekunden ($SD = 1.6$) benötigt. Kernaufgaben werden – den deskriptiven Kennwerten zufolge – nicht nur am erfolgreichsten gelöst (95%), Kernaufgaben werden im Vergleich zu den anderen Aufgabentypen auch am schnellsten gelöst ($M = 2.8$, $SD = 0.8$). Vergleichsweise geringere Lösungsquoten erzielen die Kinder beim Lösen von Aufgaben mit einem Faktor 0 (77%) sowie bei der Berechnung von Nicht-Kernaufgaben (74%). Für Aufgaben vom Typ Nicht-Kernaufgabe fallen darüber hinaus vor allem die vergleichsweise hohen Lösungszeiten ins Auge ($M = 8.2$, $SD = 6.2$).

Der vergleichsweise geringere Prozentsatz an korrekten Aufgabenlösungen des Typs Nicht-Kernaufgabe sowie die benötigten hohen Lösungszeiten sind nicht wirklich überraschend: Wie bereits im Theorieteil ausgeführt, setzen sich Kernaufgaben aus vermeintlich trivialen Multiplikationen $1 \cdot x$ und $10 \cdot x$ sowie aus der Verdopplung und Halbierung dieser Aufgaben zusammen, sind demnach vergleichsweise einfach korrekt zu lösen oder stehen bereits früh automatisiert zur Verfügung. Denn Kernaufgaben gehören – wie bereits erwähnt – vermutlich zu den ersten Aufgaben, die im Zuge der Erarbeitung des kleinen Einmaleins thematisiert werden und im

Laufe der Erarbeitung demnach sehr häufig von den Kindern gelöst werden. Aufgaben vom Typ Nicht-Kernaufgabe sind unter anderem aufgrund der Aufgabencharakteristik deutlich anspruchsvoller (siehe Abschnitt 2.3.1). Greifen Kinder auf weniger tragfähige Herangehensweisen zur Lösung von Nicht-Kernaufgaben zurück, sind vor allem bei Aufgaben mit größeren Faktoren mehr Zwischenschritte zur Aufgabenlösung vonnöten, die nicht nur zeitintensiver sind, sondern auch das Fehlerpotential deutlich erhöhen. Um Nicht-Kernaufgaben über Rechenstrategien korrekt zu lösen, muss das korrekte Ergebnis von mindestens einer, zur Anwendung der Faktorzerlegung sogar von zwei Kernaufgaben bekannt sein und die jeweilige Rechenstrategie noch korrekt ausgeführt werden. Bestätigen lässt sich die Erkenntnis, dass Nicht-Kernaufgaben schwieriger zu lösen sind und länger für die Lösung benötigt wird, durch Forschungsergebnisse zum *problem-size effect*: Es sind vor allem die Aufgaben mit größeren Faktoren, die weniger häufig korrekt und langsamer gelöst werden (CAMPBELL & GRAHAM, 1985; DE BRAUWER et al., 2006; KOSHMIDER & ASHCRAFT, 1991; LEFEVRE et al., 1996; LEFEVRE, SHANAHAN & DESTEFANO, 2004; MABBOTT & BISANZ, 2003, S. 1092; SIEGLER, 1988; siehe Abschnitt 3.2.1 – Forschungsergebnisse in Abhängigkeit von der Aufgabencharakteristik). Nicht-Kernaufgaben setzen sich größtenteils aus Aufgaben mit einem oder sogar zwei großen Faktoren zusammen.

Neben Nicht-Kernaufgaben erweisen sich auch Aufgaben mit einem Faktor 0 als vergleichsweise fehleranfällig. Dies kann unter anderem darauf zurückzuführen sein, dass Einmaleinssätzen mit 0 in der unterrichtlichen Erarbeitung wenig bzw. zu wenig Aufmerksamkeit zuteil wird (PADBERG & BENZ, 2011, S. 143; SCHERER & MOSER OPITZ, 2010, S. 127). Der besonderen Rolle der *Null* sollte nicht nur bei der Rechenoperation der Multiplikation, sondern auch bei den anderen Rechenoperationen ein bedeutender Stellenwert zuteilwerden (siehe Abschnitt 2.1.1). Bei fehlender Thematisierung der Multiplikation mit 0 kann die *Null* beispielsweise fortwährend als neutral betrachtet werden – wie dies für die zum Zeitpunkt der Erhebung geläufigen Rechenoperationen der Addition und Subtraktion korrekt ist – und so zu einer fehlerhaften Berechnung führen.

Ein widersprüchliches Ergebnis zur publizierten Literatur ergibt sich in den vorliegenden Erkenntnissen hinsichtlich des Einsatzes von Quadrataufgaben. Nationalen sowie internationalen Studien zufolge werden Quadrataufgaben schneller und fehlerfreier gelöst als Nicht-Quadrataufgaben. Man spricht in diesem Kontext vom sogenannten *tie effect* (z.B. CAMPBELL & GRAHAM, 1985; siehe Abschnitt 3.2.1 – Forschungsergebnisse in Abhängigkeit von der Aufgabencharakteristik). Dieser Effekt kann allerdings in der vorliegenden Arbeit nicht gänzlich bestätigt werden – Quadrataufgaben werden zwar schneller und fehlerfreier als Nicht-Kernaufgaben oder Aufgaben mit einem Faktor 0 gelöst, Einmaleinssätze mit 1, 2, 5 und 10 offenbaren im Vergleich zu den Quadrataufgaben aber im Durchschnitt schnellere und fehlerfreiere Aufgabenlösungen.

Einflussfaktor Individuum und Unterricht

Die Lösungsraten und -zeiten der verschiedenen Aufgabentypen sollen auch noch in Abhängigkeit von den beiden Einflussfaktoren Unterricht und Individuum diskutiert werden. Zwischen den beiden Lehrkraft-Gruppen existieren keine signifikanten Unterschiede hinsichtlich der Lösungsraten und Lösungszeiten korrekt gelöster Einmaleinsaufgaben – weder über die Gesamtheit der zu lösenden Aufgaben noch für die Einmaleinsaufgaben getrennt nach den verschiedenen Aufgabentypen betrachtet.

Zunächst werden die Ergebnisse hinsichtlich des Einflussfaktors der *unterrichtlichen Erarbeitung* diskutiert.

Die Kinder, deren Lehrkräfte Rechenstrategien im Unterricht erarbeiten lassen, erzielen – deskriptiv betrachtet – überwiegend etwas höhere Lösungsraten als die Vergleichsgruppe oder zumindest gleich hohe Lösungsraten. Eine Ausnahme stellt die Lösungsrate der Aufgaben mit einem Faktor 0 dar – die Lösung dieses Aufgabentyps wurde fast signifikant häufiger von den Kindern, deren Lehrkräfte der Erarbeitung verschiedener Rechenstrategien einen geringeren Stellenwert zukommen lassen, korrekt gelöst. Der Unterschied in der Lösungsrate der Aufgaben mit einem Faktor 0 kann unter Umständen darin begründet liegen, dass die Lehrkräfte der traditionell unterrichteten Kinder der Automatisierung dieses Aufgabentyps einen großen Stellenwert zuteilwerden lassen oder die verständnisorientierte Erarbeitung der speziellen Rolle der Null in der Vergleichsgruppe kein spezieller Stellenwert zukommt.

Bezüglich der Lösungszeiten korrekt gelöster Aufgaben kann festgehalten werden, dass die Kinder, deren Lehrkräfte den Fokus auf die Erarbeitung von Rechenstrategien legen, rein deskriptiv niedrigere Lösungszeiten erzielen. Die Unterschiede in den Lösungszeiten der beiden Lehrkraft-Gruppen können den Erkenntnissen zum Faktenabruf zufolge nicht in der *Lösungszeit korrekter Faktenabrufe* begründet liegen – in den benötigten Lösungszeiten für einen korrekten Faktenabruf unterscheiden sich die Kinder der beiden Lehrkraft-Gruppen nämlich nicht signifikant. Erklärungsansätze für die bestehenden deskriptiven Unterschiede scheinen viele vorzuliegen: Die Unterschiede könnten beispielsweise auf den Einsatz zeitintensiverer Herangehensweisen der traditionell unterrichteten Kinder zurückzuführen zu sein oder unter Umständen auf eine schnellere Ausführung der gleichen Herangehensweisen der Kinder, deren Lehrkräfte Rechenstrategien erarbeiten. Betrachtet man die Lösungszeiten je Aufgabentyp, sind vor allem hinsichtlich der deskriptiven Kennwerte der Nicht-Kernaufgaben Unterschiede in den Lösungszeiten zu verzeichnen. Kinder, deren Lehrkräfte den Fokus der Erarbeitung auf verschiedene Rechenstrategien legen, lösen Nicht-Kernaufgaben fast eine Sekunde schneller als Kinder, deren Lehrkräfte insbesondere die Automatisierung von Einmaleinsaufgaben anstreben. Denkbar wäre dem vorherigen Erklärungsansatz zufolge, dass traditionell unterrichtete Kinder vermehrt zur Lösung von Nicht-Kernaufgaben auf die sukzessive Addition oder das Aufsagen der Reihe zurückgreifen, die bekanntlich zeitintensivere Herangehensweisen zur Lösung von Aufgaben mit großen Faktoren darstellen, während in der anderen Gruppe vermehrt weniger zeitintensive Rechenstrategien eingesetzt werden.

Während sich die Kinder der verschiedenen Lehrkraft-Gruppen hinsichtlich der allgemeinen Lösungsraten und Lösungszeiten korrekt gelöster Aufgaben – wie gerade dargelegt – nicht signifikant unterscheiden, zeigen sich signifikante Unterschiede zwischen den Kindern unterschiedlichen Leistungsvermögens hinsichtlich der Lösungsraten und benötigten Lösungszeiten von Einmaleinsaufgaben. Diese Ergebnisse sind wenig verwunderlich. Dass vor allem leistungsschwache Kinder weniger erfolgreich – weniger fehlerfrei und langsamer – Einmaleinsaufgaben lösen, kann ebenfalls verschiedene Gründe haben. Leistungsschwache Kinder greifen unter Umständen auf vermeintlich fehleranfälligere und/oder zeitintensivere Herangehensweisen zurück. Dies kann darin begründet liegen, dass es sich um ihre präferierte Herangehensweise handelt oder die einzig anwendbare Herangehensweise darstellt, weil bestimmte individuelle Voraussetzungen zur Anwendungen anderer Herangehensweisen nicht gegeben sind. Denkbar sind die Unterschiede in den Lösungsraten und Lösungszeiten aber auch, wenn vermeintlich komplexere Herangehensweisen eingesetzt werden, die aufgrund eines geringeren Leistungsvermögens weniger erfolgreich bewältigt bzw. ausgeführt werden oder zur Ausführung mehr Zeit benötigt wird.

Die Erkenntnis, dass Nicht-Kernaufgaben *allen* Kindern nicht leicht von der Hand gehen, zeigt sich durch die bereits erwähnten niedrigen Lösungsquoten und hohen Lösungszeiten dieses Aufgabentyps. Den deskriptiven Kennwerten dieser Arbeit zufolge, weisen vor allem die leistungsschwachen Kinder bei diesem Aufgabentyp vergleichsweise niedrige Lösungsquoten und hohe Lösungszeiten auf. Die leistungsschwachen Kinder sind nur in der Lage, knapp mehr als die Hälfte der Nicht-Kernaufgaben (55%) korrekt zu lösen, im Durchschnitt werden dabei 11.6 Sekunden ($SD = 9.4$) zur Lösung benötigt. Für die – rein deskriptiv – niedrigeren Lösungsraten und höheren Lösungszeiten der Nicht-Kernaufgaben im Vergleich zu den anderen Aufgabentypen kann erneut auf den bereits vorher im Zuge der korrekten Aufgabenlösungen und der benötigten Lösungszeiten beschriebenen Erklärungsansatz verwiesen werden.

7.1.4 Grenzen der Reaktionszeittestung und Forschungsperspektiven

Resümierend kann bezüglich der Reaktionszeittestung festgehalten werden, dass es sich anbietet, den Faktenabruf aus dem Gedächtnis separat von der Strategieverwendung zu erfassen. Nur über eine Ermittlung losgelöst von der Strategieverwendung sind aussagekräftige Erkenntnisse hinsichtlich des Faktenabrufes zu gewinnen. Um die Anzahl gedächtnismäßig verfügbarer Faktenabrufe bzw. die entsprechenden benötigten Lösungszeiten zu ermitteln, hat es sich basierend auf den Erkenntnissen dieser Arbeit darüber hinaus als sinnvoll bzw. vertretbar erwiesen, die unterschiedlich langen mentalen Abrufprozesse der Kinder zu berücksichtigen. Für die Replikation dieser Studie bzw. für Studien, die Faktenabrufe unter Beachtung individuell unterschiedlicher Abrufprozesse vorsehen, wäre eine statistische Absicherung dieser Methode wünschenswert. Ebenfalls sollte das eingesetzte Testinstrument zur Ermittlung von Faktenabrufen auch dahingehend kritisch reflektiert werden, inwiefern die Anzahl an ermittelten Faktenabrufen unter Umständen auch durch vorhandene Unterschiede in den Standardabweichungen der individuell berechneten Mittelwerte der Kinder, die zur Berechnung der individuellen Obergrenze herangezogen werden, begründet liegen können.

Eine sehr spannende bisher noch weitgehend offene Frage, die sich hinsichtlich des Faktenabrufes anschließt und für weitere Forschungsarbeiten von Interesse sein kann, ist, inwieweit eine langfristige Automatisierung von Einmaleinsaufgaben anhand der verschiedenen Zugänge zum Einmaleins erlangt werden kann. Den Erkenntnissen der vorliegenden Arbeit zufolge erweist sich eine Erarbeitung der Einmaleinssätze basierend auf Einsicht und Verständnis hinsichtlich der Automatisierung als ebenso wirkungsvoll, als ob der überwiegende Fokus auf der Automatisierung von Einmaleinsaufgaben liegt. Könnte sich in Anschlussstudien an diese Arbeit bestätigen, dass mithilfe einer verständnisbasierten Erarbeitung auch eine langfristige Automatisierung gelingt, dann könnte die Wirksamkeit dieser Erarbeitung noch deutlicher ersichtlich werden. Eine weitere sich anschließende Forschungsfrage könnte in diesem Kontext sein, inwiefern sich eine verständnisbasierte Erarbeitung positiv auf das weitere algebraische bzw. zukünftige Lernen im Mathematikunterricht auswirkt. Dabei wäre es nach WONG und EVANS (2007) sogar denkbar die Wirksamkeit nicht nur auf mathematische Themengebiete zu beschränken – ein positiver Einfluss besteht ihrem Verständnis gemäß für „many tasks across all domains of mathematics and across many subject areas" (ebd., S. 91).

7.2 Strategieinterview

Im Zentrum dieser Arbeit, aber insbesondere im Fokus der Ermittlungen des Strategieinterviews steht die Strategieverwendung von Kindern im 3. Schuljahr nach der Erarbeitung des kleinen Einmaleins. Mithilfe der Methode des *self-reports* wurden die zur Aufgabenlösung von sechs Einmaleinsaufgaben eingesetzten Herangehensweisen bzw. Rechenstrategien überprüft.

Das Strategieinterview sah das vordergründige Ziel darin, die folgenden Forschungsfragen zu klären:

- Welche konkreten Herangehensweisen setzen Kinder zur Lösung von Einmaleinsaufgaben ein?
- Wie häufig greifen Kinder auf diese Herangehensweisen zur Lösung von Aufgaben zum kleinen Einmaleins zurück?
- Über welches Repertoire an verschiedenen Rechenstrategien verfügen Kinder?
- Wie fehlerfrei erfolgt der Einsatz der ermittelten Herangehensweisen und welche Fehlertypen lassen sich unterscheiden?

Eine weitere Frage dieser Arbeit beschäftigte sich darüber hinaus mit der noch weitgehend unbeantworteten Frage:

- Inwiefern erfolgt die Strategiewahl bei Einmaleinsaufgaben flexibel, adäquat oder transferierbar?

Darüber hinaus sollten die gerade angeführten Forschungsfragen hinsichtlich des Strategieeinsatzes bzw. der Strategiewahl von Kindern in der vorliegenden Arbeit auch differenziert unter Berücksichtigung des individuellen Leistungsvermögens eines Kindes und verschiedener unterrichtlicher Vorgehensweisen beim kleinen Einmaleins analysiert sowie der Lernerfolg der Kinder in Abhängigkeit von diesen Einflussfaktoren untersucht werden.

In den folgenden Ausführungen sollen die Ergebnisse des Strategieinterviews getrennt nach den verschiedenen Forschungsfragen zusammengefasst vorgestellt, kritisch reflektiert und diskutiert werden.

7.2.1 Erkenntnisse bezogen auf die Gesamtstichprobe

Vielfalt an Herangehensweisen, Häufigkeit eines korrekten Einsatzes und Strategie-Repertoire

Die Studie offenbart viele verschiedene Herangehensweisen an Aufgaben des kleinen Einmaleins. Erfreulicherweise wurde auch eine Vielfalt an verschiedenen Rechenstrategien zur Aufgabenlösung eingesetzt. In den publizierten Ergebnissen der Forschungsliteratur zeichnet sich in diesem Kontext ein dazu eher widersprüchliches Bild ab. Eine Vielfalt an verschiedenen Rechenstrategien wird nur in den wenigsten Studien ermittelt. Die Studie von GASTEIGER und PALUKA-GRAHM (2013), die eine dieser wenigen Studien darstellt, zeichnet sich dabei durch eine ähnlich große Vielfalt an Rechenstrategien aus, wie sie in der vorliegenden Arbeit ermittelt wurde. Es gibt nur eine begrenzte Anzahl an Untersuchungen, die den Fokus auf die Strategieverwendung legt – häufig wird dabei der Strategieeinsatz auch nur wenig detailliert erfasst oder es werden Rechenstrategien von den untersuchten Kindern erst gar nicht zur Aufgabenlösung eingesetzt. Die Vielfalt ermittelter Herangehensweisen scheint demnach in einem gewissen Maß von der unterrichtlichen Thematisierung abhängig zu sein (SHERIN & FUSON, 2005). Für die Vielzahl zur Aufgabenlösung eingesetzter Rechenstrategien in der vorliegenden Arbeit ist vermutlich überwiegend die verständnisbasierte Erarbeitung verantwortlich, die verschiedene Rechenstrategien auch im Unterricht thematisiert.

In der vorliegenden Arbeit erweist sich aber nicht allein die Vielfalt an Herangehensweisen als erfreulich, sondern vor allem die Häufigkeit des Einsatzes von Rechenstrategien im Vergleich zu den weniger tragfähigen Herangehensweisen. Bei vier von sechs Aufgaben setzen Kinder im Durchschnitt Rechenstrategien zur Aufgabenlösung ein – der Anteil der mit Rechenstrategien gelösten Aufgaben beläuft sich auf 69%, der Anteil der weniger tragfähigen Herangehensweisen auf 30%. Fast die Hälfte der Aufgaben wird über die Rechenstrategie der Nachbaraufgabe gelöst, die sukzessive Addition stellt die zweithäufigste angewandte Herangehensweise dar (siehe Abschnitt 3.2.1 – Häufigkeit des Einsatzes). Deutlich seltener wird auf die Faktorzerlegung und die Verdopplung bzw. Halbierung zurückgegriffen, ein sehr geringer, fast zu vernachlässigender Prozentsatz an Aufgaben wird über das gegensinnige Verändern, die Tauschaufgabe oder die verkürzte sukzessive Addition gelöst. Als Bezug zur veröffentlichten Literatur bietet sich erneut die Untersuchung von GASTEIGER und PALUKA-GRAHM (2013) an. Der Rückgriff auf Rechenstrategien zur Aufgabenlösung zeichnet sich dort durch einen sehr ähnlichen Prozentsatz wie in der vorliegenden Studie aus. In den Häufigkeiten des Einsatzes je Rechenstrategie unterscheiden sich die Studien ebenso nur unwesentlich. Einzig der Rückgriff auf die sukzessive Addition erfolgt seltener als in der vorliegenden Arbeit. Der Einsatz der sukzessiven Addition bei durchschnittlich zwei von sechs Aufgaben in der vorliegenden Arbeit ist allerdings vollkommen vertretbar, bedenkt man, dass sich bei zwei der sechs gestellten Aufgaben (3 · 7 und 5 · 8) der Einsatz der sukzessiven Addition als durchaus sinnvoll bzw. tragfähig erweist. Die Nachbaraufgabe zeichnet sich den Erkenntnissen zufolge als die bevorzugt angewandte Rechenstrategie aus, was sicherlich auch auf die Tatsache zurückzuführen ist, dass sich die Anwendung dieser Herangehensweise bei annähernd jeder Aufgabe anbietet. Die Häufigkeit des Einsatzes einer Herangehensweise sollte demnach auch immer im Bezug darauf beurteilt werden, wie häufig sich die Herangehensweise zur Lösung der verschiedenen Aufgabenstellungen anbietet. Internationale Studien, auf die in diesem Kontext Bezug genommen werden kann, ermitteln alle den Faktenabruf als bevorzugt eingesetzte Herangehensweise. Rechenstrategien werden entweder – wie bereits erwähnt – in den publizierten Studien nicht zur Aufgabenlösung eingesetzt (z.B. LEMAIRE & SIEGLER, 1995; SIEGLER, 1988) oder nur vergleichsweise selten genutzt (COONEY et al., 1988; MABOTT & BISANZ, 2001; SHERIN & FUSON, 2005).

Ein Großteil der an der vorliegenden Arbeit teilnehmenden Kinder erweist sich darüber hinaus in der Lage, bei der Anwendung verschiedener Herangehensweisen beide Faktoren einer Aufgabe flexibel betrachten zu können und die Kommutativität zur Lösung einer Einmaleinsaufgabe heranzuziehen. Dass die Kommutativität bzw. der implizite Einsatz der Tauschaufgabe bei der Aufgabenbeantwortung eine Rolle spielt bzw. flexibel bei der Strategiewahl genutzt wird, spiegelt sich in den Ergebnissen der vorliegenden Arbeit wider, die erste Erkenntnisse in diesem Zusammenhang der Studie von GASTEIGER und PALUKA-GRAHM (2013) bestätigt. Der hohe Prozentsatz für einen mindestens einmaligen Einsatz der Tauschaufgabe pro Kind scheint ein Indiz dafür zu sein, dass unabhängig von der unterrichtlichen Erarbeitung die Kommutativität zur Aufgabenlösung nutzbar gemacht werden kann.

Des Weiteren offenbaren die Forschungsergebnisse dieser Arbeit eine Fehlerquote von 12%. Der Strategiefehler überwiegt mit einem doppelt so hohen Prozentsatz im Vergleich zum Rechen- bzw. Multiplikationsfehler (siehe Abschnitt 6.2.2). Die Fehlerquote dieser Arbeit deckt sich mit der Quote fehlerhafter Aufgabenlösungen der publizierten Studie von LEMAIRE und SIEGLER (1995), die – nach der Erarbeitung des kleinen Einmaleins – ebenfalls bei genau 12% liegt. Geht man davon aus, wie die veröffentlichen Studien ebenfalls verdeutlichen (COONEY et al., 1988; HEIRDSFIELD et al., 1999; LEMAIRE & SIEGLER, 1995; SIEGLER, 1988; STEEL & FUNNELL, 2001; siehe auch Abschnitt 3.2.1 – Korrektheit der Ausführungen und

Lösungszeiten), dass mit zunehmender Erfahrung der Kinder in der Anwendung verschiedener Herangehensweisen in der Regel weniger Fehler verzeichnet werden, erscheint die vorliegende Fehlerquote dieser Arbeit niedrig bzw. durchaus in einem akzeptablen Bereich. Bestätigen kann die vorliegende Studie die Fehleranfälligkeit der Herangehensweise der sukzessiven Addition, auf die die publizierten Studien bereits verweisen (HEIRDSFIELD et al., 1999; LEMAIRE & SIEGLER, 1995; SIEGLER, 1988). Eine vergleichsweise hohe Fehlerquote in der vorliegenden Arbeit geht darüber hinaus mit dem Einsatz der Faktorzerlegung einher. Wie bereits im ersten Diskussionsteil zur Reaktionszeittestung angeführt, werden beim Lösen einer Aufgabe über das Zerlegen eines Faktors zwei Aufgaben zur Lösung der ursprünglichen Aufgabe herangezogen. Für eine korrekte Aufgabenlösung müssen allerdings nicht nur diese Teilaufgaben korrekt gelöst werden, sondern auch deren schrittweise Berechnung im Anschluss fehlerfrei erfolgen. Das Heranziehen bzw. die Auswahl der richtigen Teilaufgaben, die schrittweise berechnet zum Ergebnis der ursprünglichen Aufgabe führen, kann eine weitere Hürde für eine korrekte Aufgabenbeantwortung darstellen und die Fehlerquote beim Einsatz der Faktorzerlegung erhöhen. Die Herangehensweise der Faktorzerlegung weist demnach vergleichsweise viel Fehlerpotential auf. Während die Fehlerquote der sukzessiven Addition sich zu gleichen Teilen aus Rechen- sowie Strategiefehlern zusammensetzt, wird bei der Analyse der Fehlertypen der Faktorzerlegung überwiegend die Schwierigkeit in der Anwendung der Rechenstrategie ersichtlich.

Die Vielfalt an Rechenstrategien spiegelt sich in der vorliegenden Arbeit auch im Strategierepertoire eines Kindes wider: Durchschnittlich über zwei verschiedene Rechenstrategien verfügt ein Kind. Zur Lösung ein und derselben Aufgabe ist ein Kind sogar in der Lage im Durchschnitt zwei verschiedene Herangehensweisen zu nennen, davon eine Rechenstrategie. Erkenntnisse der publizierten Studien hinsichtlich des kindlichen Strategierepertoires bieten sich kaum dazu an, einen Vergleich zu den Forschungsergebnissen der vorliegenden Arbeit zu ziehen. Die im Durchschnitt ermittelten zwei, drei oder sogar mehr als drei verfügbaren Herangehensweisen der publizierten Studien zeigen eher die Vielzahl an wenig tragfähigen Herangehensweisen und nicht die Vielfalt an verschiedenen eingesetzten Rechenstrategien, die in der vorliegenden Arbeit zur Ermittlung eines Strategie-Repertoires herangezogen werden (siehe Abschnitt 3.2.1). Der Mangel an Bezugsnahmen auf publizierte Studien der Forschungsliteratur liegt vermutlich daran, dass nur eine geringe Anzahl an Studien den Einsatz von verschiedenen Rechenstrategien zur Lösung von Einmaleinsaufgaben detailliert analysiert. Diese Tatsache kann unter Umständen auch darauf zurückzuführen sein, dass der Erarbeitung von Rechenstrategien in der Unterrichtspraxis ein eher zu vernachlässigender Stellenwert zuteil wird.

Auch auf individuelle Strategiepräferenzen wurde der Strategieeinsatz untersucht. Spricht man von einer individuellen Strategiepräferenz, wenn bei sechs zu beantwortenden Fragen mindestens drei Aufgaben mithilfe der gleichen Herangehensweise gelöst werden, haben 86% der Kinder eine individuelle Strategiepräferenz. Die sukzessive Addition wird von 27% der Kinder mindestens dreimal zur Aufgabenlösung genutzt. Insgesamt 59% der Kinder der Gesamtstichprobe greifen dreimal oder häufiger auf ein und dieselbe Rechenstrategie zur Lösung der Einmaleinsaufgaben zurück (siehe Abschnitt 6.2.3), dabei wird die Nachbaraufgabe von 53% der Kinder mindestens dreimal eingesetzt. Der relativ hohe Prozentsatz an Kindern, die persönliche Vorlieben haben, was die Wahl einer Herangehensweise betrifft, kann wie folgt erklärt werden: Die Strategiewahl kann beispielsweise mit dem Wunsch gepaart sein, eine möglichst leichte Herangehensweise zu wählen oder eine im Rahmen des Interviews leicht zu beschreibende Herangehensweise (ASHCRAFT, 1990; THRELFALL, 2009). Vor allem aber das Vertrauen in den Erfolg einer Herangehensweise könnte für einen wiederholten Einsatz dergleichen Herangehensweise im Strategieinterview verantwortlich sein (LEMAIRE & SIEGLER, 1995). Eine Wahl ein und derselben Herangehensweise für mehrere Aufgaben kann im Mangel an alternativen Herangehensweisen begründet liegen oder in den fehlenden individuellen Fähig- bzw. Fertigkeiten, die zur Anwendung anderer Herangehensweisen vonnöten sind (siehe auch Abschnitt 3.3.3). Nach LEMAIRE und SIEGLER (1995) geht ein Erklärungsansatz für einen vermehrten Einsatz dergleichen Herangehensweise darauf zurück, dass „a single strategy potentially works best on all problems" (ebd., S. 88). Vermutlich trifft diese Erklärung auf die Kinder zu, die sich durch einen hohen Prozentsatz individueller Strategiepräferenzen der Nachbaraufgabe sowie der sukzessiven Addition charakterisieren. Neben der sukzessiven Addition, die zur Lösung aller überprüften Aufgaben des Strategieinterviews möglich ist, stellt die Nachbaraufgabe die einzige Rechenstrategie dar, die zur Lösung aller sechs Aufgaben eingesetzt werden kann.

Kompetenz der Strategiewahl – Flexibilität, Adaptivität und Transferierbarkeit

Insbesondere aufgrund der enormen Bedeutung flexibler Rechenkompetenzen im Allgemeinen und der aktuellen Forderung nach einer automatisierten und zugleich flexiblen Anwendung von Einmaleinssätzen in Lehr-, Bildungs- und Rahmenlehrplänen (z.B. BAYERISCHES STAATSMINISTERIUM FÜR BILDUNG UND KULTUS, WISSENSCHAFT UND KUNST, 2014, S. 282; siehe auch Abschnitt 2.5.2), zielt die vorliegende Arbeit auch auf Erkenntnisse in diesem Kontext. Die Strategiewahl wurde hinsichtlich der Flexibilität, der Adaptivität und der Transferierbarkeit analysiert.

Wenn lediglich der Wechsel zwischen mindestens zwei verschiedenen Rechenstrategien verlangt ist, dann verfügen den Forschungsergebnissen des Strategieinterviews zufolge 71% der Kinder über die Voraussetzung für eine flexible Strategiewahl. Bei drei oder mehr geforderten Strategie-Alternativen für eine flexible Wahl fällt der Prozentsatz deutlich geringer aus (24%). Ein Prozentsatz von 71% bedeutet demnach, dass mehr als zwei Drittel der Kinder die Voraussetzungen für eine flexible Strategiewahl erfüllen. Der vermeintlich hohe Prozentsatz scheint dabei aus dem insgesamt relativ großen Strategierepertoire der an der Studie teilnehmenden Kinder zu resultieren. Der fast dreimal niedrigere Prozentsatz für eine flexible Wahl bei drei oder mehr geforderten Rechenstrategien kann einerseits darin begründet liegen, dass Kinder über nicht mehr Strategie-Alternativen verfügen oder dass für sie die Notwendigkeit zum Einsatz von drei oder mehr als drei verschiedenen Rechenstrategien bei den sechs zu lösenden Aufgaben schlicht und einfach nicht besteht. Unter dem letztgenannten Gesichtspunkt kann ein Prozentsatz von 24% als durchaus hoch bewertet werden – ein Viertel der Kinder verfügt über drei oder sogar mehr Strategiealternativen.

Der Prozentsatz an Kindern, die in der vorliegenden Arbeit als adaptive Rechnerinnen bzw. Rechner bezeichnet werden können, liegt bei 29%. Die Voraussetzung einer adaptiven Strategiewahl setzt dabei eine adäquate Strategiewahl bei allen sechs Aufgaben voraus sowie den Einsatz von mindestens zwei verschiedenen Rechenstrategien. Der Prozentsatz mag auf den ersten Blick nicht besonders hoch erscheinen, allerdings muss hinsichtlich der Forderungen für eine adaptive Strategiewahl berücksichtigt werden, dass in diesem Zusammenhang bereits von einer besonders hohen Kompetenz der Strategiewahl beim kleinen Einmaleins gesprochen werden kann. Vor allem die Voraussetzung, alle Aufgaben mit einer jeweils adäquaten Strategie lösen zu müssen, um von einer adaptiven Strategiewahl sprechen zu können, limitiert den Anteil an Kindern, die sich durch eine adaptive Strategiewahl auszeichnen, deutlich. Während insgesamt 69% der Aufgaben von den Kindern mittels adäquater Rechenstrategien gelöst werden, zieht weniger als ein Drittel der Kinder (33%) zur Lösung *aller* sechs Aufgaben eine jeweils adäquate Rechenstrategie heran.

Der Strategietransfer bzw. das Übertragen von Rechenstrategien auf das große Einmaleins gelingt etwas mehr als der Hälfte der Kinder (51%). Berücksichtigt man, dass das Übertragen von Rechenstrategien des kleinen Einmaleins auf das große Einmaleins curricular noch nicht gefordert wird, sind die erzielten Forschungsergebnisse als sehr erfreulich zu werten. Ob eine explizite Thematisierung für den Transfer verantwortlich ist bzw. inwiefern die unterrichtliche Erarbeitung womöglich einen Einfluss auf die Übertragung hat, soll anhand der späteren Ausführungen zum Einflussfaktor Unterricht beantwortet werden.

Bezüglich einer ausgesprochen hohen Kompetenz der Strategiewahl kann resümiert werden, dass etwas mehr als ein Fünftel der Kinder (21%) in der Lage ist, nicht nur zwischen Rechenstrategien flexibel zu wechseln, sondern auch adäquate Rechenstrategien für alle gestellten Aufgaben auszuwählen und geeignete Rechenstrategien des kleinen Einmaleins auf das große Einmaleins zu übertragen. Ein Prozentsatz von 21% kann alles in allem als durchaus beachtlich gewertet werden, berücksichtigt man, dass hierfür eine sehr hohe mögliche Ausprägung der Kompetenz einer Strategiewahl abgeprüft bzw. untersucht wurde, die zusätzlich – wie bereits angeführt – sogar voraussetzt, zu diesem Zeitpunkt noch nicht curricular geforderte Inhalte erfolgreich zu bewältigen. Beachtet man zudem, dass die bislang vorgenommenen Interpretationen der Forschungsergebnisse unabhängig von der unterrichtlichen Erarbeitung vorgenommen wurden, scheint eine positive Bewertung des Prozentsatzes durchwegs gerechtfertigt.

Inwiefern sich diese positive Interpretation der gewonnenen Forschungsergebnisse auch für die verschiedenen unterrichtlichen Vorgehensweisen der Erarbeitung bewahrheitet sowie für Kinder unterschiedlichen Leistungsvermögens, soll in den folgenden Ausführungen zusammengefasst dargelegt und reflektiert werden. Zu Beginn wird das individuelle Leistungsvermögen als beeinflussender Faktor der Strategieverwendung in den Blick genommen.

7.2.2 Einflussfaktor Individuum

Für den Einflussfaktor der individuellen Leistungsfähigkeit kann zusammengefasst berichtet werden, dass für *alle* untersuchten Aspekte (die Vielfalt an Rechenstrategien, die Häufigkeit des Einsatzes von Rechenstrategien, das Repertoire an Rechenstrategien, die Fehlerfreiheit der angewandten Herangehensweisen sowie eine flexible, adaptive und transferierbare Strategiewahl) signifikante Unterschiede zwischen Kindern unterschiedlichen Leistungsvermögens vorliegen. Je leistungsfähiger ein Kind, desto erfolgreicher gelingt der Strategieeinsatz bzw. die Strategiewahl. Mit nur vereinzelten Ausnahmen unterscheiden sich dabei immer die beiden leistungsstärkeren Gruppen von der leistungsschwachen Gruppe signifikant. Die Unterschiede zwischen den leistungsstarken Kindern und den Kindern durchschnittlichen Leistungsvermögens lassen ein durchwegs erfolgreicheres Abschneiden der leistungsstärkeren Kinder erkennen, signifikante Unterschiede liegen zwischen diesen beiden Gruppen meistens allerdings nicht vor.

Unterschiede in der Strategieverwendung bzw. bei der Strategiewahl zwischen Kindern unterschiedlichen Leistungsvermögens sind nicht unerwartet. Der erfolgreichere Strategieeinsatz bzw. die erfolgreichere Strategiewahl der leistungsstärkeren Kinder im Vergleich zu den leistungsschwachen Kindern scheint dabei auf einem relativ einfachen Erklärungsansatz zu basieren: Der Strategieeinsatz bzw. die Strategiewahl eines jeden Individuums wird vom individuellen Wissen einer Person beeinflusst – von den individuell vorhanden oder nicht vorhandenen Voraussetzungen (THRELFALL, 2002, 2009). THRELFALL (2009) beschreibt diese Erkenntnis sehr treffend in dem bereits erwähnten Zitat: „Some possible strategies for some students are not feasible because of what they know, or more precisely do not know" (ebd., S. 548). Mithilfe der vorliegenden Studie kann empirisch bestätigt werden, dass der Strategieeinsatz bzw. die Strategiewahl beim kleinen Einmaleins maßgeblich von der individuellen Leistungsfähigkeit beeinflusst wird. Wenn vom Vorhandensein von Voraussetzungen gesprochen wird, dann wird insbesondere den mathematischen Wissensbausteinen für einen erfolgreichen Strategieeinsatz ein besonderer Stellenwert zuteil. Unter anderem stellen das Wissen über Zahlen, über spezielle Zahleigenschaften und Zahlbeziehungen sowie das Operationsverständnis der Rechenoperation die Grundvoraussetzungen für individuelle Strategieentscheidungen dar (LORENZ, 1998; SCHÜTTE, 2004; THRELFALL, 2009). Das in der vorliegenden Arbeit entwickelte Modell zur Kompetenz der Strategiewahl beim Einmaleins skizziert die mathematischen Fähig- und Fertigkeiten über die ein Kind verfügen muss, um dem Verständnis dieser Arbeit zufolge Rechenstrategien erfolgreich einsetzen bzw. wählen zu können. Weitere die Strategiewahl beeinflussende Faktoren wie beispielsweise die Intelligenz des Kindes oder das Arbeitsgedächtnis werden in dem beschriebenen Modell ebenfalls aufgelistet. Leistungsschwächere Kinder, die über den ein oder anderen benötigten Wissensbaustein für eine erfolgreiche Strategiewahl nicht verfügen, müssen demzufolge weniger erfolgreich als leistungsstärkere Kinder sein, die sich unter anderem durch das Vorhandensein dieser Wissensbausteine auszeichnen.

Warum zwischen den leistungsstarken Kindern und den Kindern durchschnittlichen Leistungsvermögens, die sich in ihren mathematischen Grundlagenkenntnissen signifikant voneinander unterscheiden, überwiegend keine signifikanten Unterschiede hinsichtlich der Strategieverwendung ermittelt werden, scheint weniger eindeutig zu beantworten zu sein und ist doch etwas überraschend. Eine Erklärung könnte darin liegen, dass Kinder, die insgesamt als durchschnittlich bezüglich ihres mathematischen Leistungsvermögens eingestuft werden, dennoch größtenteils über die mathematischen Voraussetzungen für einen erfolgreichen Strategieeinsatz bzw. eine erfolgreiche Strategiewahl bei Einmaleinsaufgaben verfügen. Ein weiterer Erklärungsansatz kann unter Umständen auch auf die nicht signifikant unterschiedlichen IQ-Werte der beiden Leistungsgruppen zurückgeführt werden (siehe Abschnitt 5.2.4), deren Lehrkräfte im Unterricht verschiedene Rechenstrategien thematisieren. Den leistungsstarken Kindern der genannten Lehrkraft-Gruppe fehlen vermutlich die kognitiven Grundfähigkeiten, die benötigt werden, um den ein oder anderen Zusammenhang im Hinblick auf eine erfolgreiche Strategiewahl herstellen und sich dementsprechend von den Kindern durchschnittlichen Leistungsvermögens signifikant unterscheiden zu können.

Vielfalt an Herangehensweisen, Häufigkeit eines korrekten Einsatzes und Strategie-Repertoire

Resümierend konnten in der vorliegenden Arbeit folgende Erkenntnisse gewonnen werden: Das individuelle Leistungsvermögen wirkt sich auf die Strategieverwendung beim kleinen Einmaleins aus – je leistungsfähiger ein Kind ist umso erfolgreicher lässt sich der Strategieeinsatz bzw. die Strategiewahl bewältigen: Leistungsstärkere Kinder setzen demnach Rechenstrategien nicht nur häufiger ein und greifen seltener auf weniger tragfähige Herangehensweisen zurück, sondern sie verwenden die Herangehensweisen auch fehlerfreier. Sie verfügen über ein größeres Repertoire an Rechenstrategien für die Lösung verschiedener Aufgaben, zeichnen sich aber auch durch eine größere Anzahl an verschiedenen Herangehensweisen sowie Rechenstrategien aus, die sie für die Lösung ein und derselben Aufgabe nennen können.

Diese Ergebnisse lassen sich ebenso anhand des bereits angeführten Erklärungsansatzes begründen: Leistungsstärkere Kinder verfügen basierend auf ihrem individuellen Leistungsvermögen über mehr Wissensbausteine, die für eine erfolgreiche Strategieverwendung benötigt werden. Sie sind dementsprechend in der Lage, neben weniger tragfähigen Herangehensweisen auch anspruchsvollere Rechenstrategien zur Aufgabenlösung einzusetzen. Um Rechenstrategien anwenden zu können, müssen Kinder nicht nur über das entsprechende Fakten- und Strategiewissen verfügen, sondern unter anderem auch zahlspezifische Rechenfertigkeiten sowie eine Vielzahl weiterer kognitiver Kompetenzen besitzen (HEIRDSFIELD & COOPER, 2002; LAMPERT, 1986; MABBOTT & BISANZ, 2003; RATHGEB-SCHNIERER, 2006;

SHERIN & FUSON, 2005; THRELFALL, 2002), was die Komplexität des Einsatzes einer Rechenstrategie verdeutlicht. Ein hoher IQ-Wert, wie ihn vor allem die leistungsstärkeren Kinder der vorliegenden Arbeit besitzen, scheint sich demnach als ebenfalls förderlich bei der Anwendung anspruchsvollerer Rechenstrategien zu erweisen. Für einige leistungsschwächere Kinder bietet sich im Gegensatz zur Anwendung anspruchsvoller Rechenstrategien eher der Einsatz weniger tragfähiger Herangehensweisen an, die unter Berücksichtigung der individuellen Leistungsfähigkeit vermeintlich weniger anspruchsvoll in der Anwendung und vermutlich mit den individuellen Voraussetzungen durchführbar sind. Auch der geringe Prozentsatz an fehlerhaften Aufgabenlösungen der leistungsstarken Kinder scheint in den höheren mathematischen Grundkenntnissen dieser Leistungsgruppe begründet zu liegen. Bezugnehmend auf die Studien von IMBO und VANDIERENDONCK (2007) sowie von WOODWARD (2006) bestätigen die Ergebnisse der vorliegenden Arbeit anhand einer vergleichsweise großen Stichprobe, dass die leistungsstärkeren Kinder Einmaleinsaufgaben erfolgreicher lösen. Wie bereits in den Ausführungen des Theorieteils betont und anhand der Forschungsergebnisse der vorliegenden Arbeit bestätigt, sind es vor allem auch die weniger tragfähigen Herangehensweisen, die sich als fehleranfälliger bei der Ausführung erweisen (HEIRDSFIELD et al., 1999; LEMAIRE & SIEGLER, 1995; SIEGLER, 1988). Mit einem vergleichsweise hohen Einsatz weniger tragfähiger Herangehensweisen der leistungsschwachen Kinder kann demnach auch ihre vergleichsweise höhere Fehlerquote erklärt werden.

Kompetenz der Strategiewahl – Flexibilität, Adaptivität und Transferierbarkeit

Es sind auch die leistungsstärkeren Kinder, die häufiger über Strategie-Alternativen verfügen, die wiederum eine flexible Strategiewahl ermöglichen. Auch was die Adaptivität einer Strategiewahl betrifft, erreichen leistungsstärkere Kinder höhere Prozentsätze im Vergleich zu den leistungsschwächeren Kindern der Studie. Darüber hinaus wird auch der Transfer mindestens einer Rechenstrategie auf das große Einmaleins im Durchschnitt erfolgreicher von den Kindern der leistungsstärkeren Gruppen bewerkstelligt. Zu guter Letzt zeigt sich der signifikante Unterschied zwischen den verschiedenen Leistungsgruppen, der bereits für die getrennte Betrachtung einer flexiblen, adaptiven bzw. transferierbaren Strategiewahl ermittelt werden konnte, auch für die ausgesprochen hohe Kompetenz, eine Strategiewahl *sowohl* flexibel *als auch* adaptiv *und* transferierbar wählen zu können. Erneut sind es die leistungsstarken Kinder, die sich durch den höchsten Prozentsatz auszeichnen.

Auch die geschilderten Erkenntnisse hinsichtlich einer flexiblen, adaptiven und transferierbaren Strategiewahl der Kinder unterschiedlichen Leistungsvermögens sollen kurz reflektiert und diskutiert werden. Erneut lassen sich die Unterschiede in der Strategiewahl der verschiedenen Leistungsgruppen vermutlich auf die unterschiedlichen individuellen Voraussetzungen der Kinder zurückführen. Leistungsschwache Kinder, die aufgrund fehlender mathematischer Kompetenzen bzw. Fähigkeiten zur Lösung von Einmaleinsaufgaben ein geringeres Repertoire an Rechenstrategien im

Vergleich zu leistungsstärkeren Kindern besitzen, sind wiederum in ihren Voraussetzungen für eine flexible Strategiewahl limitiert – wird für eine flexible Strategiewahl doch der Wechsel zwischen mindestens zwei verschiedenen Rechenstrategien gefordert. Auch die niedrigeren Prozentsätze der leistungsschwachen Kinder hinsichtlich einer adäquaten bzw. adaptiven Strategiewahl lassen sich durch die bereits fehlenden Voraussetzungen für eine flexible Strategiewahl erklären; wird, um von einer adaptiven Strategiewahl sprechen zu können, doch wiederum eine flexible Strategiewahl vorausgesetzt (siehe Abschnitt 3.3.4). Erschwerend, insbesondere für die leistungsschwachen Kinder, kommt noch hinzu, dass Kinder über einen weiteren Wissensbaustein verfügen müssen: Eine adäquate bzw. adaptive Strategiewahl erfordert, wie bereits im Theorieteil dieser Arbeit herausgearbeitet, das Erkennen spezifischer Aufgabenmerkmale, Zahleigenschaften und -beziehungen (RATHGEB-SCHNIERER, 2006; SCHÜTTE, 2002; THRELFALL, 2009) – erst im Wechselspiel zwischen diesem Erkennen und dem Wissen über Zahlen und Zahlbeziehungen kann eine adäquate bzw. adaptive Strategiewahl erfolgen (RATHGEB-SCHNIERER, 2006). Dieses Wahrnehmen von spezifischen Aufgabeneigenschaften wird auch bei einer erfolgreichen Übertragung von Rechenstrategien des kleinen auf das große Einmaleins vorausgesetzt. Nur wenn diese erkannt werden, können sie auch zur Aufgabenlösung genutzt werden, indem darauf ausgerichtet eine adäquate Rechenstrategie für die zu lösende Aufgabe des großen Einmaleins ausgewählt werden kann. Die Ergebnisse der vorliegenden Arbeit bestätigen somit die Erkenntnisse der publizierten Studien (IMBO & VANDIERENDONCK, 2007; WOODWARD, 2006), dass es vor allem den leistungsschwachen Kindern schwer fällt, geeignete Rechenstrategien des kleinen Einmaleins auf das große Einmaleins zu übertragen.

Insgesamt kann basierend auf den vorliegenden Forschungsergebnissen dieser Arbeit die folgende Erkenntnis empirisch untermauert werden: *Die Strategiewahl eines jeden Individuums bei Aufgaben zum kleinen Einmaleins wird von individuellen Leistungsvoraussetzungen einer Person beeinflusst.*

Um bei der Diskussion der bisherigen Ergebnisse der Kinder unterschiedlichen Leistungsvermögens nicht den Eindruck zu erwecken, dass die Strategieverwendung beim kleinen Einmaleins ausschließlich von den leistungsstärkeren Kindern erfolgreich zu bewerkstelligen ist bzw. bewerkstelligt wird[153], sollen die zentralen Ergebnisse der vorliegenden Arbeit bezogen auf die leistungsschwachen Kinder kurz zusammengefasst und reflektiert werden.

Leistungsschwache Kinder greifen bei drei von sechs Einmaleinsaufgaben auf Rechenstrategien zur Aufgabenlösung zurück und verfügen im Durchschnitt sogar über $M = 1.34$ $(SD = 1.03)$ verschiedene Rechenstrategien. Auch hinsichtlich einer flexiblen Strategiewahl, die einen Wechsel zwischen mindestens zwei verschiedenen Rechenstrategien erfordert, sind die erzielten Ergebnisse der leistungsschwachen Kinder durchaus beachtlich. Zwar verfügen sie im Vergleich zu den leistungsstar-

---

153 Von einer ähnlich erfolgreichen Strategieverwendung wie bei den leistungsstarken Kindern ist bei den Kindern durchschnittlichen Leistungsvermögens auszugehen, da sich diese beiden Gruppen in einer Vielzahl der erhobenen abhängigen Variablen nicht signifikant unterscheiden.

ken Kindern nur etwa halb so oft über die Voraussetzung für eine flexible Strategiewahl, allerdings beläuft sich der Prozentsatz der leistungsschwachen Kinder dabei auf noch immerhin 44%. Auch der Anteil der Aufgaben, für die leistungsschwache Kinder eine Rechenstrategie adäquat wählen, soll nicht unerwähnt bleiben: Er liegt bei knapp der Hälfte der gestellten Aufgaben ($M = 2.80$, $SD = 1.92$). Eine Strategiewahl sowohl flexibel als auch adaptiv ausführen zu können, gelingt 13% der leistungsschwachen Kinder. Den Transfer mindestens einer Rechenstrategie auf das große Einmaleins schafft fast ein Fünftel dieser Personengruppe. Durch die ausgesprochen hohe Kompetenz der flexiblen, adäquaten und transferierbaren Strategiewahl zeichnen sich darüber hinaus zumindest 9% aller leistungsschwachen Kinder aus – im Vergleich dazu, dass diese anspruchsvolle Aufgabe *lediglich* 21% aller teilnehmenden Kinder der Studie gelingt, ist der erzielte Anteil der leistungsschwachen Kinder durchaus nennenswert.

Das Individuum stellt einen beeinflussenden Faktor der Strategieverwendung bzw. der Strategiewahl beim kleinen Einmaleins dar, das steht den Ergebnissen der vorliegenden Arbeit zufolge außer Frage. Die Beantwortung der Forschungsfrage, inwieweit Unterschiede bei Kindern unterschiedlichen Leistungsvermögens vorliegen, zeigt dabei, dass es auch leistungsschwachen Kindern oder zumindest einem Teil dieser Leistungsgruppe gelingt, Einmaleinssätze gemäß den aktuellen Vorgaben basierend auf Rechenstrategien „flexibel" (BAYERISCHES STAATSMINISTERIUM FÜR BILDUNG UND KULTUS, WISSENSCHAFT UND KUNST, 2014, S. 282) anzuwenden. Die in diesem Kontext gewonnenen Erkenntnisse sind womöglich noch viel höher zu bewerten, wenn man bedenkt, dass sich die Stichprobe aus Kindern zusammensetzt, die das kleine Einmaleins unterschiedlich erarbeitet haben – unter anderem teilweise auch nach einer unterrichtlichen Vorgehensweise, die die Strategiethematisierung im Unterricht nicht in den Fokus der Erarbeitung stellt. Welche Rolle dem unterrichtlichen Vorgehen bei der Erarbeitung des kleinen Einmaleins zuteil wird, wird im folgenden Abschnitt diskutiert.

7.2.3 Einflussfaktor Unterricht

Nicht nur das individuelle Leistungsvermögen eines Kindes beeinflusst die Strategieverwendung beim kleinen Einmaleins bzw. im weiteren Sinne den Lernerfolg eines Kindes in diesem Kontext, sondern auch die unterrichtliche Vorgehensweise scheint sich auf den Strategieeinsatz bzw. die Strategiewahl auszuwirken. Wie bereits im Theorieteil angemerkt, ist zu bedenken, dass das Unterrichtsgeschehen vermutlich weniger als beeinflussender Einzelfaktor zu sehen ist, sondern vielmehr als Wirkungskette. Eine Lehrperson prägt beispielsweise mit ihren Zielen und Einstellungen das Unterrichtsgeschehen, sie gibt die unterrichtliche Erarbeitung eines mathematischen Lerninhaltes vor und versucht die benötigten individuellen Voraussetzungen für das Gelingen des Strategieeinsatzes bzw. der Strategiewahl zu vermitteln. Der Unterricht stellt dabei eher einen das Individuum beeinflussenden Faktor dar. Wie sich die verschiedenen unterrichtlichen Vorgehensweisen der Lehrpersonen in der Strategieverwendung und im Lernerfolg der Kinder beim kleinen Einmaleins bemerkbar machen, soll im Folgenden kurz zusammengefasst dargelegt, kritisch reflektiert und diskutiert werden.

Vielfalt an Herangehensweisen, Häufigkeit eines korrekten Einsatzes und Strategie-Repertoire

Eine Erarbeitung des kleinen Einmaleins, die Rechenstrategien im Unterricht thematisiert, beeinflusst die kindliche Strategieverwendung durchwegs positiv, sie macht sich im Lernerfolg der Kinder deutlicher bemerkbar als die bewusst traditionelle Erarbeitung, deren Fokus insbesondere auf der Automatisierung der Einmaleinsaufgaben liegt: Die Kinder, die verschiedene Rechenstrategien im Unterricht erarbeiten, setzen diese auch signifikant häufiger zur Aufgabenlösung ein und greifen im Umkehrschluss signifikant seltener auf weniger tragfähige Herangehensweisen zurück. Sie lösen zudem – deskriptiv betrachtet –Einmaleinsaufgaben häufiger korrekt. Auch hinsichtlich der Anzahl durchschnittlich verfügbarer Rechenstrategien liegt ein signifikanter Unterschied zwischen den beiden Lehrkraft-Gruppen vor – ein Kind, deren Lehrkraft Rechenstrategien im Unterricht erarbeitet, verfügt demnach im Durchschnitt über mehr Rechenstrategien als ein Kind, das eine eher bewusst traditionelle Erarbeitung des Einmaleins erfährt und bei der die Erarbeitung von Rechenstrategien demnach nur einen geringeren Stellenwert einnimmt.

Einigen theoretischen und vereinzelten empirischen Erkenntnissen zufolge wird dem Unterrichtsgeschehen beim Strategieeinsatz bzw. der Strategiewahl eine entscheidende Rolle zuteil. Vor allem eine Erarbeitung des kleinen Einmaleins mit dem Fokus auf der Erarbeitung von Rechenstrategien soll sich in diesem Kontext als besonders positiv auswirken (KROESBERGEN et al., 2004; SHERIN & FUSON, 2005). Die berichteten Forschungsergebnisse der vorliegenden Arbeit können den positiven Einfluss einer unterrichtlichen Behandlung, die dem Erarbeiten von Rechenstrategien einen bedeutenden Stellenwert zukommen lässt, in jeder Hinsicht bestätigen. Um mögliche Erklärungsansätze für die vorliegenden Unterschiede zwischen den beiden unterrichtlichen Vorgehensweisen im Hinblick auf den Strategieeinsatz ausfindig zu machen, müssen vor allem die charakteristischen Merkmale der überprüften Herangehensweisen der beiden Lehrkraft-Gruppen bei der Reflexion bzw. Interpretation berücksichtigt werden. Ein wesentliches Merkmal, in dem sich die beiden Lehrkraft-Gruppen unterscheiden, ist wie bereits mehrmals erwähnt, der *Stellenwert,* den die unterrichtliche Erarbeitung von Rechenstrategien einnimmt. Während die eine Lehrkraft-Gruppe eine Vielfalt an verschiedenen Rechenstrategien thematisiert bzw. zusammen mit den Kindern erarbeitet, werden in der anderen Gruppe nur vereinzelt Rechenstrategien im Unterricht behandelt. Auch die Rolle des *Arbeitsmitteleinsatzes* bei der Erarbeitung von Rechenstrategien unterscheidet sich – die Lehrkraft-Gruppe, die verschiedene Rechenstrategien erarbeiten lässt, zeigt nicht nur verschiedene Lösungswege anhand des Arbeitsmittels auf, sondern ermöglicht ihren Kindern auch, an geeigneten Arbeitsmitteln das gezielte Entdecken von verschiedenen Lösungswegen. Die eher traditionell unterrichtenden Lehrkräfte behaupten zwar anhand von Arbeitsmitteln verschiedene Lösungswege für Einmaleinsaufgaben aufzuzeigen, geeignete Arbeitsmittel können sie dafür aber nicht nennen. Zudem ist ihnen das Potential von Arbeitsmitteln wie beispielsweise dem Hunderterfeld oder der Einmaleinstafel nicht bekannt oder sie setzen diese bewusst nicht ein.

Dass Kinder, die verschiedene Rechenstrategien im Unterricht erarbeiten, dementsprechend über vergleichsweise mehr Rechenstrategien verfügen und Rechenstrategien demnach auch vermehrt zur Aufgabenlösung einsetzen als die Vergleichsgruppe, scheint eine logische Konsequenz der unterrichtlichen Thematisierung zu sein. Die Ergebnisse der vorliegenden Studie können demnach bestätigen, dass der Einsatz von Rechenstrategien maßgeblich vom Ausmaß der in der Unterrichtspraxis erarbeiteten operativen Beziehungen und Zusammenhänge abhängt (SHERIN & FUSON, 2005). Auch die Forschungsergebnisse der Studie von KROESBERGEN et al. (2004) können mithilfe der vorliegenden Ergebnisse der Arbeit untermauert werden: Die explizite Behandlung von Rechenstrategien, Zahlbeziehungen und verschiedenen Lösungswegen wirkt sich positiv auf die Vielfalt der verfügbaren Rechenstrategien aus. Das Entdecken verschiedener Rechenstrategien bzw. ihrer zugrundeliegenden Eigenschaften mittels des Einsatzes von Arbeitsmitteln kann sich unter Umständen ebenfalls positiv auf den Strategieeinsatz der Kinder auswirken, deren Lehrkräfte verschiedene Rechenstrategien in den Fokus der Erarbeitung stellen.

Trotz überwiegend signifikanter Unterschiede hinsichtlich des Strategieeinsatzes zwischen den beiden Lehrkraft-Gruppen soll nicht unerwähnt bleiben, dass Kinder, bei denen der Fokus der unterrichtlichen Erarbeitung nicht ausschließlich auf die Thematisierung verschiedener Rechenstrategien gelegt wird, durchaus in der Lage sind Rechenstrategien einzusetzen. Auch die Lehrpersonen dieser Lehrkraft-Gruppe thematisieren Rechenstrategien – allerdings nicht in der Vielzahl und dem Ausmaß, wie dies in der anderen Gruppe der Fall ist. Der positive Einfluss einer Erarbeitung, die Rechenstrategien thematisiert, scheint allerdings nicht ausschließlich auf die reine Thematisierung zurückzuführen zu sein, sondern auch von der *Art* der Thematisierung abzuhängen. Was konkret darunter verstanden werden kann, soll im Zusammenhang mit der kritischen Reflexion der Ergebnisse zur Strategiewahl veranschaulicht werden.

Kompetenz der Strategiewahl – Flexibilität, Adaptivität und Transferierbarkeit

Im Durchschnitt signifikant mehr Strategie-Alternativen als Voraussetzung für eine flexible Strategiewahl besitzen die Kinder, deren Lehrkräfte Rechenstrategien im Unterricht erarbeiten. Bei der adaptiven Strategiewahl unterscheiden sich die Kinder der beiden Lehrkraft-Gruppen nicht signifikant – den Kindern, deren Lehrkräfte verschiedene Rechenstrategien im Unterricht thematisieren, wird allerdings ein größerer Anteil adaptiver Strategiewahlen attestiert. Darüber hinaus gelingt diesen Kindern im Durchschnitt signifikant häufiger die Übertragung mindestens einer Rechenstrategie zur Lösung der Aufgabe 18 · 7. Hinsichtlich einer ausgesprochen hohen Kompetenz der Strategiewahl, Rechenstrategien flexibel, adaptiv sowie transferierbar zu wählen, unterscheiden sich Kinder der beiden Lehrkraft-Gruppen nicht signifikant. Erneut erfolgreicher hinsichtlich der Strategiewahl zeigen sich – den deskriptiven Kennwerten der vorliegenden Arbeit zufolge – die Kinder, deren Lehrkräfte den Fokus auf das Erarbeiten und Entdecken von verschiedenen Rechenstrategien legen.

Auch die beschriebenen Unterschiede zwischen den Kindern der verschiedenen Lehrkraft-Gruppen hinsichtlich einer erfolgreichen Strategiewahl scheinen sich durchaus logisch zu erschließen. Bauen kognitive Kompetenzen, wie im konkreten Fall für die Kompetenz der Strategiewahl beim kleinen Einmaleins, aufeinander auf, können Unterschiede im Hinblick auf die Strategiewahl bereits auf die nicht oder nicht ausreichend verfügbaren Voraussetzungen zurückzuführen zu sein, auf die im vorausgehenden Abschnitt bereits verwiesen wurde. Kindern, die mangels unterrichtlicher Thematisierung ein geringeres Repertoire an Strategien zur Verfügung haben, ist es unter Umständen schon aus besagtem Grund nicht möglich, Rechenstrategien beispielsweise flexibel einzusetzen und dann gegebenenfalls auch nicht adaptiv.

Ein zusätzlich positiver Einfluss neben dem Ausmaß der Thematisierung von Rechenstrategien scheint aber auch der Art der Erarbeitung zuteilzuwerden – dem *aktiv-entdeckenden* Lernen, dass sich als weiteres charakteristisches Merkmal der Lehrkraft-Gruppe anführen lässt, die verschiedene Rechenstrategien in den Mittelpunkt der Erarbeitung stellt. Dieses aktiv-entdeckende Lernen geht auf eine eher konstruktivistische Sichtweise der Lehrpersonen auf das Lehren und Lernen zurück und stellt eigene mathematische Entdeckungen in den Fokus (siehe Abschnitt 1.5.4). Dabei wird vor allem dem Verständnisaufbau die höchste Bedeutung zugemessen. Im Zuge der Erarbeitung des kleinen Einmaleins basierend auf einem aktiv-entdeckenden Lernen wird das Entdecken verschiedener Lösungswege angestrebt, auf mögliche Zahlbeziehungen und Zusammenhänge zwischen den Aufgaben verwiesen und eine Rechenstrategie basierend auf Einsicht und Verständnis angewendet. Vor allem das tiefere Verständnis erzeugt dabei Strukturen, die sich durch Beweglichkeit und Flexibilität auszuzeichnen scheinen (DROLLINGER-VETTER, 2011). Ein weiterer Erklärungsansatz für diese erfolgreichere Strategiewahl scheint demnach auch im angestrebten Aufbau eines tieferen Verständnisses durch das aktiv-entdeckende Lernen begründet zu liegen. Basierend auf den gewonnen Erkenntnissen der vorliegenden Arbeit kann darüber hinaus bestätigt werden, dass sich eine Erarbeitung von Rechenstrategien basierend auf Einsicht und Verständnis auch auf die Angemessenheit der eingesetzten Herangehensweise auswirkt und zwar positiv (KROESBERGEN et al., 2004). Da ein tieferes Verständnis den Transfer begünstigt (DROLLINGER-VETTER, 2011), scheint sich die verständnisbasierte Erarbeitung positiv auf die Übertragbarkeit auswirken zu können. Erneut bezugnehmend auf die Studie von WOODWARD (2006) gelingt es Kindern, deren Lehrkraft Rechenstrategien erarbeitet, erfolgreicher diese Rechenstrategien auf das große Einmaleins zu übertragen im Vergleich zu Kindern, deren Lehrkraft den Fokus ausschließlich auf Automatisierungsübungen von Einmaleinsaufgaben legt. Gemäß den Erkenntnissen der vorliegenden Arbeit kann der positive Einfluss einer verständnisbasierten Erarbeitung auf die erfolgreiche Übertragung von Aufgaben des kleinen Einmaleins auf das große Einmaleins bekräftigt werden.

Resümierend kann festgehalten werden, dass neben dem individuellen Leistungsvermögen die *unterrichtliche Erarbeitung* einer Lehrperson den Strategieeinsatz bzw. die Strategiewahl beeinflusst. Positive Auswirkungen auf den Lernerfolg gehen in diesem Kontext mit einer *verständnisbasierten Erarbeitung* einher.

Auffällig hinsichtlich der Signifikanz der Unterschiede ist allerdings, dass sich die Kinder der beiden Lehrkraft-Gruppen vor allem in den zwei höheren Kompetenzen der Strategiewahl (Adaptivität sowie einer flexiblen, adaptiven und transferierbaren Strategiewahl) nicht signifikant voneinander unterscheiden. Die unterrichtliche Erarbeitung scheint demnach einen weniger einflussreichen Faktor für das Erreichen höherer Kompetenzen beim Kleinen Einmaleins darzustellen. Mögliche Erklärungsansätze in diesem Zusammenhang können unter Umständen im Vergleich der Kinder der beiden Lehrkraft-Gruppen gleichen Leistungsvermögens gewonnen werden.

7.2.4 Interaktion der Faktoren Individuum und Unterricht

Die ebenfalls betrachteten Interaktionseffekte, die die kombinierte Wirkung der Faktoren Individuum und Unterricht auf die abhängigen Variablen erfassen, erweisen sich als größtenteils nicht signifikant. Der Vergleich der Kinder der beiden Lehrkraft-Gruppen innerhalb einer Leistungsgruppe offenbart Unterschiede in der kindlichen Strategieverwendung. Der für die Gesamtstichprobe ermittelte durchwegs positive Einfluss einer verständnisbasierten Erarbeitung von Einmaleinsaufgaben, setzt sich auch in der überwiegenden Mehrzahl der Fälle für die Unterschiedsanalysen zwischen den Kindern der beiden Lehrkraft-Gruppen einer Leistungsgruppe fort. Während – deskriptiv betrachtet – mögliche Unterschiede der Kinder der beiden Lehrkraft-Gruppen innerhalb einer Leistungsgruppe für die beiden leistungsstärkeren Gruppen weniger deutlich ins Auge fallen, ist vor allem für die leistungsschwachen Kinder evident, dass diese von einer Erarbeitung zu profitieren scheinen, deren Hauptaugenmerk auf der Erarbeitung von Rechenstrategien liegt. Über alle untersuchten abhängigen Variablen hinweg schneiden leistungsschwache Kinder, die Rechenstrategien erarbeitet haben, besser hinsichtlich der Strategieverwendung ab als die bewusst traditionell unterrichteten leistungsschwachen Kinder – größtenteils sogar signifikant besser. Entgegen der Einwände und Vorbehalte einiger Lehrkräfte gegenüber einem auf Verständnis angelegten Lernen für leistungsschwache Kinder (DONALDSON, 1982; KRAUTHAUSEN, 2000; WITTMANN, 1990) scheinen den Ergebnissen der vorliegenden Studie zufolge gerade die leistungsschwächeren Kinder von dieser Art der Erarbeitung bei der Rechenoperation der Multiplikation profitieren zu können. Die vorliegende Arbeit bestätigt demnach Erkenntnisse, wonach vor allem leistungsschwache Kinder einen Lerngewinn aus einem aktiv-entdeckenden Unterricht erzielen (LORENZ, 1992; MOSER OPITZ, 2001; SCHERER, 1995). Als positiv im Gegensatz zu einem eher belehrenden Unterricht wird für leistungsschwächere Kinder der größere Spielraum beim aktiv-entdeckenden Unterricht angeführt (SCHERER 1995) sowie der für jedes Kind angestrebte Verständnisaufbau (HECKMANN & PADBERG, 2014; LORENZ, 1992). Unter einem größeren Spielraum für leistungsschwache Kinder sind Freiräume für die Eigendynamik kindlicher Lernprozesse zu verstehen, die auch eine Differenzierung vom Kinde aus ermöglichen. Die beiden letztgenannten Argumente dienen demnach auch als möglicher Erklärungsansatz für einen insgesamt erfolgreicheren Strategieeinsatz bzw. eine erfolgreichere Strategiewahl der leistungsschwachen Kinder, die eine verständnisbasierte Erarbeitung des kleinen Einmaleins erfahren.

Eine Erklärung soll dieser Abschnitt auch dafür liefern, dass sich – wie bereits im Abschnitt 7.2.3 erwähnt – Kinder verschiedener Lehrkraft-Gruppen in einem Teil der ausgesprochen hohen Kompetenzen der Strategiewahl (Adaptivität sowie einer flexiblen, adaptiven und transferierbaren Strategiewahl) nicht signifikant voneinander unterscheiden. Während sich die signifikanten Unterschiede der Lehrkraft-Gruppen hinsichtlich des Strategieeinsatzes auf das in allen Leistungsgruppen bessere Abschneiden der Kinder, deren Lehrkräfte verschiedene Rechenstrategien thematisieren, zurückführen lassen, zeigt der Vergleich der Lehrkraft-Gruppen hinsichtlich der genannten höheren Kompetenzen der Strategiewahl in je einer Leistungsgruppe eine – deskriptiv betrachtet – erfolgreichere Strategiewahl der traditionell unterrichteten Kinder. Bezüglich der Adaptivität erzielen die traditionell unterrichteten Kinder durchschnittlichen Leistungsvermögens einen vergleichsweise höheren – wenn auch nicht signifikant höheren – Prozentsatz als die Kinder, deren Lehrkräfte verschiedene Rechenstrategien erarbeiten lassen. Was eine ausgesprochen hohe Kompetenz der Strategiewahl betrifft, sind es die leistungsstärkeren Kinder, die eher traditionell unterrichtet werden, die erneut einen höheren, wiederum nicht signifikant höheren Prozentsatz an flexiblen, adaptiven sowie transferierbaren Strategiewahlen erzielen im Vergleich zu den Kindern, die eine verständnisbasierte Erarbeitung des kleine Einmaleins erfahren.

7.2.5 Grenzen des Strategieinterviews und Forschungsperspektiven

Als ein genereller Kritikpunkt der Methode des *self-reports*, die im Strategieinterview der vorliegenden Arbeit zur Ermittlung verschiedener Herangehensweisen zum Einsatz kommt, wird angeführt, dass die Methode unter Umständen nicht die tatsächlich eingesetzte Herangehensweise erfasst, sondern eine unter Umständen leichter zu verbalisierende (ASHCRAFT, 1990; siehe auch Abschnitt 5.3.2). Bei der Interpretation der Ergebnisse des Strategieinterviews sollte dies ebenfalls berücksichtigt werden.

Bei der Interpretation der Ergebnisse sollte allerdings noch einmal betont werden, dass im Strategieinterview bei einem Teil der Kinder nicht die bevorzugt eingesetzte Herangehensweise ermittelt wurde, sondern nur die als Alternative zum Faktenabruf genannte. Da Kinder, die zunächst angaben über den Faktenabruf zur Aufgabenlösung gelangt zu sein, im Anschluss aufgefordert wurden eine alternative Herangehensweise zu nennen, entsprechen die ermittelten Forschungsergebnisse zumindest bei dem genannten Teil der Stichprobe nicht zwingend den präferiert zur Lösung von Aufgaben des kleinen Einmaleins eingesetzten Herangehensweisen.

Während ein Testinstrument dieser Arbeit, das Strategieinterview, in den vorausgehenden Ausführungen kritisch reflektiert wurde, soll im Folgenden basierend auf den Erkenntnissen dieser Arbeit weiterer Forschungsbedarf hinsichtlich der Strategieverwendung beim kleinen Einmaleins aufgezeigt werden. Die Studie der vorliegenden Arbeit stellt eine der wenigen Studien dar, die basierend auf einer im Vergleich zu bereits publizierten Studien eher großen Stichprobe die Strategieverwendung beim kleinen Einmaleins in Abhängigkeit von der individuellen Leistungsfähigkeit sowie der unterrichtlichen Erarbeitung untersucht. Die ermittelten Daten legen unter anderem nahe, dass sich eine Erarbeitung, die den curricularen Vorgaben und didaktischen Empfehlungen entspricht, in verschiedenen Aspekten positiv im Lernerfolg der Kinder bemerkbar macht. Welche charakteristischen Merkmale einer verständnisbasierten unterrichtlichen Erarbeitung den Lernerfolg der Kinder unterschiedlichen Leistungsvermögens beim kleinen Einmaleins bewirken, könnte eine spannende Anschlussfrage an die vorliegende Arbeit darstellen. Rechenkonferenzen oder der Einsatz von Arbeitsmitteln können in diesem Kontext als exemplarische Beispiele angeführt werden. Die besondere Relevanz dieser Frage für die Unterrichtspraxis ist dabei bereits unbestritten.

7.3 Fazit und Konsequenzen

Die theoretischen Ausführungen der vorliegenden Arbeit haben die enorme Relevanz der Verfügbarkeit von schnellen Abrufen aus dem Gedächtnis betont. Nicht nur zur Anwendung von Rechenstrategien, beim halbschriftlichen Rechnen, dem schriftlichen Rechenverfahren der Rechenoperation der Multiplikation, sondern auch in vielen weiteren Bereichen der Schulmathematik und Lebenssituationen nehmen die gedächtnismäßig verfügbaren Einmaleinsaufgaben eine entscheidende Rolle ein (siehe Abschnitt 2.4.2 und 2.4.5). Ein Zitat aus den Bildungsstandards, auf das im Verlauf der Arbeit Bezug genommen wurde, soll in diesem Kontext erneut verdeutlichen, dass gemäß einem aktuellen Verständnis von Lehren und Lernen nicht ausschließlich die Entwicklung und Aneignung von prozeduralem Wissen wünschenswert bzw. erstrebenswert ist: „Das Mathematiklernen in der Grundschule darf nicht auf die Aneignung von Kenntnissen und Fertigkeiten reduziert werden. Das Ziel ist die Entwicklung eines gesicherten *Verständnisses* mathematischer Inhalte" (KMK, 2004, S. 6, Hervorhebung im Original). Auch die Erarbeitung des kleinen Einmaleins zielt demnach nicht ausschließlich auf die Automatisierung der Einmaleinssätze ab. Die Automatisierung ist und bleibt zwar das finale Ziel der unterrichtlichen Behandlung, sie soll aber auf Basis von Einsicht erfolgen und folglich zu einem *gesicherten Verständnis* dieses mathematischen Lerninhaltes beitragen.

Bereits die Prozentsätze der in der Reaktionszeittestung *korrekt gelösten* Einmaleinsaufgaben der vorliegenden Arbeit liefern ein erstes kleines Indiz dafür, dass in der Zukunft dem korrekten Abruf von Einmaleinsaufgaben aus dem Gedächtnis im Unterricht ein größerer Stellenwert eingeräumt werden muss. An dieser Stelle soll noch einmal auf die Modellrechnung von LÖRCHER (1998) Bezug genommen werden. Er berechnet, dass die Erfolgswahrscheinlichkeit der Multiplikation einer 4- mit einer 3-stelligen Zahl unter 30% liegt, sollte eine 90%ige Sicherheit hinsichtlich der Beherrschung von Einmaleinsaufgaben vorliegen. Bei einer 87%igen Sicherheit[154], wie sie in der vorliegenden Arbeit vorherrscht, würde die Erfolgswahrscheinlichkeit dementsprechend noch niedriger ausfallen. Die Ergebnisse der vorliegenden Reaktionszeittestung verdeutlichen insbesondere, dass in erster Linie Nicht-Kernaufgaben und Aufgaben mit einem Faktor 0 mehr in den Fokus der unterrichtlichen Erarbeitung rücken müssen. Nicht-Kernaufgaben müssen dies den Erkenntnissen der Reaktionszeittestung zufolge dabei in zweierlei Hinsicht: Einerseits muss der Automatisierung der Nicht-Kernaufgaben ein größerer Stellenwert zuteilwerden, da die Automatisierung aller Nicht-Kernaufgaben ebenso wie der gedächtnismäßige Abruf der restlichen Einmaleinsaufgaben gegen Ende der Jahrgangsstufe 3 gefordert ist. Andererseits sollte aber auch dem korrekten Ableiten von Nicht-Kernaufgaben für den Fall, dass diese Aufgaben einmal nicht gedächtnismäßig verfügbar sind, eine zentrale Rolle im Unterricht zukommen. Fehler mit der 0 stellen unter anderem auch bei den schriftlichen Rechenverfahren der Multiplikation und Division eine große Fehlerquelle dar, der bereits bei der Erarbeitung des kleinen Einmaleins entscheidend entgegengewirkt werden kann. Bezüglich der Fehler mit 0 soll noch erwähnt werden, dass diese Fehler nicht in Zusammenhang mit der Erarbeitung oder Thematisierung von Rechenstrategien stehen, sondern vermutlich in einer mangelnden verständnisorientierten Erarbeitung der Rechenoperation der Multiplikation begründet liegen.

Der in der vorliegenden Arbeit ermittelte Prozentsatz gedächtnismäßig verfügbarer Einmaleinsaufgaben verweist noch offensichtlicher als bisher publizierte Studien daraufhin, der Automatisierung *aller* Einmaleinssätze einen deutlich größeren Stellenwert in der Grundschule einzuräumen. Auch eine verständnisbasierte Erarbeitung, die zunächst das Entdecken und Anwenden von Rechenstrategien in den Fokus der Erarbeitung stellt, zielt auf die Beherrschung von Einmaleinssätzen ab. Auch wenn die Automatisierung in den meisten Lehr-, Bildungs- und Rahmenplänen als verpflichtender Lerninhalt angeführt wird, muss diese Tatsache besonders im Zuge einer verständnisbasierten Erarbeitung viel mehr ins Bewusstsein der ein oder anderen Lehrkraft gerufen werden – um einer etwaigen Fehlvorstellung entgegenzuwirken, dass dem Faktenabruf bei einer verständnisbasierten Erarbeitung ein geringerer Stellenwert zuteil wird. Das Ziel, *alle* Einmaleinsaufgaben am Ende des 3. Schuljahres gedächtnismäßig verfügbar zu haben, sollen Lehrkräfte immer vor Auge haben.

---

154 Wird von einer in dieser Arbeit vorliegenden 87%ige Sicherheit gesprochen, ist die Sicherheit ausschließlich auf die korrekte Aufgabenlösung bezogen, nicht aber auf einen schnellen Abruf von Einmaleinsaufgaben.

Ein Vorteil einer verständnisbasierten Erarbeitung wird in der Theorie darin gesehen, dass damit nicht nur die Automatisierung ermöglicht wird, sondern auch das Erlernen, Behalten und Verinnerlichen der Abrufe aus dem Gedächtnis erleichtert werden kann (ANTHONY & KNIGHT, 1999; SCHERER & MOSER OPITZ, 2010). Die Ergebnisse der vorliegenden Arbeit bestätigen, dass basierend auf einer solchen verständnisorientierten Erarbeitung die Automatisierung gelingt, im Vergleich zu den Kindern, deren Lehrkräfte den Fokus überwiegend auf die Automatisierung legen, sogar genauso erfolgreich. Der Vorteil dieser Erarbeitung soll sich einigen theoretischen und empirischen Erkenntnissen zufolge nicht nur auf diesen einen positiven Effekt bzw. Aspekt beschränken. Sie besitzt eine bedeutende propädeutische Funktion für das weitere algebraische bzw. zukünftige Lernen im Mathematikunterricht (z.B. ANTHONY & KNIGHT, 1999; BASTABLE & SHIFTER, 2008; FRENCH, 2005; TER HEEGE, 1985; WONG & EVANS, 2007; WOODWARD, 2006; siehe auch Abschnitt 2.4.5). Eine verständnisbasierte Erarbeitung scheint sich dadurch auszuzeichnen, das grundlegende Verständnis eines Lerninhaltes sichern zu können und somit vereinzelten Studien zufolge sich positiv auf den Lern- und Wissensprozess bei der Erarbeitung des kleinen Einmaleins auszuwirken (siehe Abschnitt 2.4.2). Insbesondere die positiven Auswirkungen einer verständnisbasierten Erarbeitung auf den Strategieeinsatz bzw. die Strategiewahl können anhand der Forschungsergebnisse der vorliegenden Arbeit bestätigt werden – und zwar überwiegend für *alle* Kinder.

Neben der unterrichtlichen Erarbeitung beeinflusst den Ergebnissen der vorliegenden Arbeit zufolge auch das individuelle Leistungsvermögen eines Kindes den Strategieeinsatz bzw. die Strategiewahl: Je leistungsstärker Kinder sind, desto häufiger setzen Kinder zur Lösung Rechenstrategien ein, desto häufiger führen sie diese korrekt aus, desto mehr Rechenstrategien befinden sich in ihrem Repertoire und desto erfolgreicher sind sie in der Lage, Strategiewahlen flexibel, adaptiv und transferierbar durchzuführen. Im Hinblick auf die beschriebenen Erkenntnisse hinsichtlich der Kinder unterschiedlichen Leistungsvermögens kann allerdings betont werden, dass auch leistungsschwache Kinder den Strategieeinsatz bzw. die Strategiewahl erfreulicherweise erfolgreich bewerkstelligen. Als Resümee zeigt sich in diesem Kontext auch, dass insbesondere eine verständnisbasierte Erarbeitung ermöglicht, die leistungsschwachen Kinder entsprechend ihrer Leistungsfähigkeit zu fördern. Das einleitende Zitat der Diskussion kann demnach basierend auf den Erkenntnissen der vorliegenden Studie widerlegt werden.

Eingeräumte Zweifel, hinsichtlich einer verständnisbasierten Erarbeitung des kleinen Einmaleins in Theorie und Unterrichtspraxis vor allem für leistungsschwächere Kinder bzw. auf die in dieser Arbeit verwiesen wurde, können bezugnehmend auf die Erkenntnisse der Studie dieser Arbeit sowohl für eine erfolgreiche Automatisierung der Einmaleinsaufgaben als auch für einen erfolgreichen Strategieeinsatz bzw. eine erfolgreiche Strategiewahl ausgeräumt werden. Die verständnisbasierte Erarbeitung wirkt sich im Gegensatz zur traditionellen Erarbeitung positiv auf den Strategieeinsatz und die Strategiewahl aus. Berücksichtigt man zudem, welche weitere wichtige propädeutische Funktion dieser Erarbeitung zukommt, kann in dieser Arbeit nur appelliert werden, *alle* Kinder – aber vor allem auch *leistungsschwache*

Kinder – auf Basis von Einsicht und Verständnis zur Automatisierung der Einmaleinsaufgaben gelangen zu lassen.

Bleibt final noch die Frage für die Unterrichtspraxis zu klären, wie eine verständnisbasierte Erarbeitung, die den Lernerfolg der Kinder beim kleinen Einmaleins positiv zu beeinflussen scheint, aussehen und definiert werden kann. In diesem Kontext von *einem einzigen* korrekten Weg zu sprechen, der es Kindern ermöglicht Strategiewahlen flexibel, adaptiv und transferierbar auszuführen, ist nicht beabsichtigt bzw. gibt die vorliegende Studie auch nicht her. Vielmehr geht es darum, charakteristische Merkmale für eine verständnisbasierte Erarbeitung zu nennen, die in der vorliegenden Studie unter Umständen zu den Lernerfolgen beitragen bzw. für diese verantwortlich sind. Die folgenden kennzeichnenden Merkmale lassen sich dabei aus den allgemeinen theoretischen und empirischen Erkenntnissen dieser Arbeit sowie aus der in der Studie praktizierten Vorgehensweise der Lehrpersonen ableiten. Eine enorme Bedeutung einer unterrichtlichen Erarbeitung, die noch unbekannte Aufgaben basierend auf bereits bekannten Aufgaben und mithilfe operativer Beziehungen zu erschließen versucht, wird den folgenden vier Merkmalen zuteil:

- dem aktiv-entdeckenden Lernen
- der Vielfalt an Rechenstrategien
- den Verstehensprozessen
- der Balance zwischen Instruktion und Konstruktion.

Das aktiv-entdeckende Lernen stellt einen konzeptionellen Weg dar, den aktuellen Anforderungen und Zielsetzungen im Mathematikunterricht gerecht zu werden. Es zielt darauf ab, Rechenstrategien anhand eigenständiger entdeckerischer Tätigkeiten zu erarbeiten, die vor allem das grundlegende Verständnis der Rechenoperation und ihrer Eigenschaften sichern. Basierend auf dieser Einsicht bzw. diesem Verständnis wird die Automatisierung von Einmaleinsaufgaben angestrebt. Von bedeutender Relevanz scheint auch die Erarbeitung einer Vielfalt an Rechenstrategien zu sein. Leistungsschwache Kinder scheinen in diesem Kontext allerdings von einer expliziten unterrichtlichen Erarbeitung eines kleinen aber adäquaten Strategierepertoires zu profitieren (KROESBERGEN et al., 2004). Die explizite unterrichtliche Erarbeitung, wie sie im vorausgehenden Satz für leistungsschwache Schülerinnen und Schüler gefordert wurde – verweist dabei schon auf ein weiteres charakteristisches Merkmal einer verständnisbasierten Erarbeitung. Eine zentrale Rolle nimmt die Balance zwischen Instruktion und Konstruktion ein – Kinder sollen individuelle Lernwege gehen, die Konstruktion von Wissen eigenständig vorantreiben, aber diese Selbstständigkeit erfordert immer ein ausgewogenes Maß an Instruktion. Der Unterricht bzw. das Ausmaß an Instruktion muss dabei so konzipiert sein, dass er vor allem den speziellen Status rechenschwacher Kinder berücksichtigt. Vor allem für diese Kinder muss immer wieder aufs Neue abgewogen werden, wann sie auf die explizite Instruktion durch die Lehrperson angewiesen sind. Während den leistungsstarken Kindern z.B. das eigenständige Entdecken verschiedener Rechenstrategien durchaus auch ohne Anleitung gelingen kann, benötigen die leistungsschwächeren Kinder diesbezüglich Lenkung bzw. Unterstützung. Insbesondere um Verstehensprozesse beim kleinen Einmaleins anzuleiten, wird der Lehrperson als *Vermittler/in bzw. Lernbegleiter/in* eine entscheidende Rolle zuteil.

In den vorausgehenden Ausführungen wurde bereits darauf verwiesen, dass die Ziele einer verständnisbasierten Erarbeitung des kleinen Einmaleins vereinzelten Lehrpersonen ins Bewusstsein gerufen werden müssen. Eine erste Hilfestellung wäre in diesem konkreten Fall, die Ausführlichkeit der Darstellung dieses Lerninhaltes in den aktuellen Lehr-, Bildungs- und Rahmenplänen zu erhöhen. Eine Vielzahl an aktuellen Lehr-, Bildungs- und Rahmenplänen enthält keinerlei Ausführungen, die den Weg oder den Prozess zur Automatisierung beschreiben (siehe Abschnitt 2.5.2).

Insgesamt ist es überaus erfreulich, dass Kinder *unabhängig* von ihrem individuellen Leistungsvermögen von einer verständnisbasierten Erarbeitung des kleinen Einmaleins profitieren. Die Erkenntnisse dieser Arbeit haben aber gezeigt, dass vor allem die Automatisierung von Einmaleinsaufgaben viel mehr in den Fokus der unterrichtlichen Erarbeitung in der Grundschule rücken muss. Zudem sollte der Weg, wie Schülerinnen und Schüler zur Automatisierung – durch Einsicht – gelangen können, viel mehr im Bewusstsein der unterrichtenden Lehrkräfte sein bzw. ins Bewusstsein gerufen werden und für *alle* klar skizziert sein. Basierend auf den theoretischen und empirischen Erkenntnisse im Theorieteil dieser Arbeit sowie den ermittelten Erkenntnissen der vorliegenden Studie, kann der Weg anders als im bereits einleitenden Zitat von Carl Friedrich Gauß nämlich für *alle* klar skizziert werden.

> *„Das Ergebnis habe ich schon, jetzt brauche ich nur noch den Weg, der zu ihm führt.“*[155]

---

155 CARL FRIEDRICH GAUß, siehe Einleitung.

Literatur

Aebli, H. (1951). *Didactique psychologique. Application* à *la didactique de la psychologie de Jean Piaget.* Neuchâtel: Delachaux et Niestlé.

Aebli, H. (1980). *Denken: das Ordnen des Tuns. Band I: Kognitive Aspekte der Handlungstheorie.* Stuttgart: Klett.

Aebli, H. (1981). *Denken: das Ordnen des Tuns. Band II: Denkprozesse.* Stuttgart: Klett.

Aeschbacher, U. (1994). Verstehen als operatorische Beweglichkeit und Einsicht. In K. Reusser & M. Reusser-Weyeneth (Hrsg.), *Verstehen. Psychologischer Prozess und didaktische Aufgabe* (S. 127–141). Bern: Huber.

Ahmed, A. (1987). *Better mathematics: A curriculum development study based on the Low Attainers in Mathematics Project.* London: HMSO.

Akinwunmi, K. (2012). *Zur Entwicklung von Variablenkonzepten beim Verallgemeinern mathematischer Muster.* Wiesbaden: Springer Spektrum.

Albers, S., Klapper, D., Konradt, U., Walter, A. & Wolf, J. (Hrsg.) (2009). *Methodik der empirischen Forschung.* Wiesbaden: Gabler Verlag.

Altmann, W., Anselm, H., Gierlinger, W., Kobr, R. & Langen, H. (1982). *Rechne mit uns 2.* München: Oldenbourg.

Altmann, W., Gierlinger, W., Kobr, R., Kraus, A., Kraus, E. & Langen, H. (1997). *Rechne mit uns 2.* München: Oldenbourg.

Ames, C. & Ames, R. (1989). *Research on motivation in education.* San Diego, CA: Academic Press.

Andresen, S. & Diehm, I. (2006). *Kinder, Kindheiten, Konstruktionen. Erziehungswissenschaftliche Perspektiven und sozialpädagogische Verortungen.* Wiesbaden: VS Verlag für Sozialwissenschaften.

Anghileri, J. (1989). An investigation of young children's understanding of multiplication. *Educational Studies in Mathematics, 20*(4), 367–385.

Anghileri, J. (2008). Use of counting in multiplication and division. In I. Thompson (Hrsg.), *Teaching and learning early number* (S. 110–122). Buckingham: Open University Press.

Anthony, G. & Knight, G. (1999). Basic facts: The role of memory and understanding. *The New Zealand Mathematics Magazine, 36*(3), 28–40.

Aron, A., Coups, E.J. & Aron, E. (2013). *Statistics for psychology.* Boston, MA: Pearson.

Ashcraft, M. (1990). Strategic processing in children's mental arithmetic: A review and proposal. In D.F. Bjorklund (Hrsg.), *Children's Strategies. Contemporary Views of Cognitive Development* (S. 185–211). Hillsdale: Erlbaum.

Ashcraft, M. H. (1987). Children's knowledge of simple arithmetic: A developmental model and simulation. In C.J. Brainerd, R. Kail & J. Bisanz (Hrsg.), *Formal methods in developmental psychology* (S. 302–338). New York: Springer Spektrum.

Axman, A. & Bönig, D. (1994). „Da kann ich auf meinen Vater zurückgreifen, der ist Mathematiker…" Zum Vorwissen von Schülern des 2. Schuljahres zur Multiplikation und Division. *Mathematische Unterrichtspraxis, 1,* 7–14.

Backhaus, K., Erichson, B., Plinke, W. & Weiber, R. (2016). *Multivariate Analysemethoden: eine anwendungsorientierte Einführung.* Berlin: Springer.

Baltes-Götz, B. (2016). *Generalisierte lineare Modelle und GEE-Modelle in SPSS Statistics.* Verfügbar unter http://www.uni-trier.de/fileadmin/urt/doku/gzlm_gee/gzlm_gee.pdf [20.11.2016].

Baroody, A.J. (1985). Mastery of Basic Number Combinations: Internalization of Relationships or Facts? *Journal for Research in Mathematics Education, 16*(2), 83–98.

Baroody, A.J. (1993). Early mental multiplication performance and the role of relational knowledge in mastering combinations involving "two". *Learning and Instruction, 3*, 93–111.

Baroody, A.J. (1999). The roles of estimation and the commutativity Principle in the Development of Third Graders' Mental Multiplication. *Journal of Experimental Child Psychology, 74*(3), 157–193.

Baroody, A.J. (2003). The development of adaptive expertise and flexibilty: The integration of conceptual and procedural knowledge. In A. J. Baroody & A. Dowker (Hrsg.), *The development of arithmetic concepts and skills: Constructing adaptive expertise* (S. 1–33). Mahwah/NJ: Lawrence Erlbaum.

Bastable, V. & Schifter, D. (2008). Classroom Stories: Examples of Elementary Students Engaged in Early Algebra. In J.J. Kaput, D.W. Carrahrer & M.L. Blanton (Hrsg.), *Algebra in the Early Grades* (S. 165–184). New York: Lawrence Erlbaum Associates.

Bauer, L. (1995). Objektive mathematische Stoffstruktur und Subjektivität des Mathematiklernens. In H.-G. Steiner & H.-J. Vollrath (Hrsg.), *Neue problem- und praxisbezogene Forschungsansätze* (S. 9–16). Köln: Aulis.

Bauersfeld, H. (2000). Radikaler Konstruktivismus, Interaktionismus und Mathematikunterricht. In E. Begemann (Hrsg.), *Lernen verstehen – Verstehen lernen* (S. 117–145). Frankfurt: Peter Lang.

Baumert, J., Kunter, M., Blum, W., Brunner, M., Voss, T., Jordan, A. et al. (2010). Teacher's mathematical knowledge, cognitive activation in the classroom, and student progress. *American Educational Research Journal, 47*(1), 133–180.

Bayerisches Staatsministerium für Bildung und Kultus, Wissenschaft und Kunst (2014). *LehrplanPLUS Grundschule. Lehrplan für die bayerische Grundschule.* Verfügbar unter https://www.km.bayern.de/download/9528_lehrplanplus_grundschule.pdf [12.07.2015].

Bayerisches Staatsministerium für Unterricht und Kultus (1976). *Neufassung des Lehrplans für die Grundschule.* Amtsblatt des bayerischen Saatsministeriums für Unterricht und Kultus – Teil 1: Sondernummer 12 (S. 289–313).

Bayerisches Staatsministerium für Unterricht und Kultus (2000). *Lehrplan für die bayerische Grundschule.* Verfügbar unter http://www.isb.bayern.de/isb/index.asp?MNav=3&QNav=4&TNav=0&INav=0&Fach=&LpSta= 6&STyp=1 [04.03.2012].

Bayerisches Staatsministerium für Unterricht und Kultus, Wissenschaft und Kunst (1981). *Einführung des Lehrplans für die bayerischen Grundschulen.* Amtsblatt des bayerischen Staatsministeriums für Unterricht und Kultus – Teil 1: Sondernummer 20 (S. 549–606).

Beck, Ch. & Maier H. (1993). Das Interview in der mathematikdidaktischen Forschung. *Journal für Mathematik-Didaktik, 14*(2), 147–179.

Beck, E., Bachmann, T., Geering, P., Guldimann, T., Niedermann, R., Uhland-Mogg, E., Wigger, A. & Zutavern, M. (1992). *Projekt Eigenständige Lerner: Förderung des eigenständigen Lernens, Denkens und Problemlösens von Schülern durch die Erleichterung der Selbststeuerung, Selbstbeobachtung und Reflexion der eigenen Lernerfahrungen.* St. Gallen: Pädagogische Hochschule.

Beck, E., Guldimann, T. & Zutavern, M. (1994). Eigenständiges Lernen verstehen und fördern. In K. Reusser & M. Reusser-Weyeneth (Hrsg.), *Verstehen. Psychologischer Prozess und didaktische Aufgabe* (S. 207–226). Bern: Huber.

Behörde für Schule und Berufsbildung Freie und Hansestadt Hamburg (2011). *Bildungsplan Grundschule Mathematik*. Verfügbar unter http://www.hamburg.de/contentblob/2481796/data/mathematik-gs.pdf [12.12.14].

Bendorf, M. (2002). *Bedingungen und Mechanismen des Wissenstransfers*. Wiesbaden: Deutscher Universitätsverlag.

Benezet, L.P. (1988). Die Geschichte eines Unterrichtsexperiments. *Sachunterricht und Mathematik in der Primarstufe, 16*(8), 351–366.

Benz, C. (2007). Die Entwicklung der Rechenstrategien bei Aufgaben des Typs ZE+ZE im Verlauf des zweiten Schuljahrs. *Journal für Mathematik-Didaktik, 28*(1), 49–73.

Benz, Ch. (2005). *Erfolgsquoten, Rechenmethoden, Lösungswege und Fehler von Schülerinnen und Schülern bei Aufgaben zur Addition und Subtraktion im Zahlenraum bis 100*. Hildesheim: Franzbecker.

Berliner Senatsverwaltung für Bildung, Jugend und Wissenschaft & Ministerium für Bildung, Jugend und Sport des Landes Brandenburg (2015). *Rahmenlehrplan. Teil C Mathematik. Jahrgangsstufe 1–10*. Verfügbar unter http://bildungsserver.berlin-brandenburg.de/fileadmin/bbb/unterricht/rahmenlehrplaene/Rahmenlehrplanprojekt/amtliche_Fassung/Teil_C_Mathematik_2015_11_10_WEB.pdf [15.12.15].

Betz, B., Bezold, A., Dolenc-Petz, R., Flamm, C., Gasteiger, H., Ihn-Huber, P., Kullen, C., Plankl, E., Pütz, B., Schraml, C. & Schweden, K.-W. (2010). *Zahlenzauber 3 – Mathematikbuch für die Grundschule*. München: Oldenbourg.

Bezold, A. (2009). *Förderung von Argumentationskompetenzen durch selbstdifferenzierende Lernangebote – eine Studie im Mathematikunterricht der Grundschule*. Hamburg: Verlag Dr. Kovač.

Biewald, C. (1998). *Arbeitsgedächtnisprozesse bei mentaler Addition und Multiplikation. Zwei Untersuchungen an Grundschülern*. Hamburg: Dr. Kovač.

Bisanz, J. & LeFevre, J.-A. (1990). Strategic and nonstrategic processing in the development of mathematical cognition. In D.F. Bjorklund (Hrsg.), *Children's Strategies. Contemporary Views of Cognitive Development* (S. 213–244). Hillsdale: Erlbaum.

Blöte, A.W., Klein, A.S. & Beishuizen, M. (2000). Mental computation and conceptual understanding. *Learning and Instruction, 10*(1), 221–247.

Blöte, A.W., Van der Burg, E. & Klein, A.S. (2001). Students' flexibility in solving two-digit addition and subtraction problems: Instruction effects. *Journal of Educational Psychology, 93*, 627–638.

Böhm, O., Dreizehnter, E., Eberle, G. & Reiss, G. (1990). *Die Übung im Unterricht bei lernschwachen Schülern. Probleme und praktische Anregungen aus der Schule für Lernbehinderte*. Heidelberg: Edition Schindele.

Bönig, D. (1995). *Multiplikation und Division. Empirische Untersuchungen zum Operationsverständnis von Grundschülern*. Münster: Waxmann.

Born, A. & Oehler, C. (2009a). *Kinder mit Rechenschwäche erfolgreich fördern. Ein Praxishandbuch für Eltern, Lehrer und Therapeuten*. Stuttgart: Kohlhammer.

Born, A. & Oehler, C. (2009b). *Lernen mit Grundschulkindern. Praktische Hilfen und erfolgreiche Fördermethoden für Eltern und Lehrer*. Stuttgart: Kohlhammer.

Bortz, J. & Döring, N. (2006). *Forschungsmethoden und Evaluation für Human- und Sozialwissenschaftler*. Heidelberg: Springer.

Bortz, J. & Lienert, G.A. (2008). *Kurzgefasste Statistik für die klinische Forschung*. Heidelberg: Springer.

Bortz, J. & Schuster, C. (2010). *Statistik für Human- und Sozialwissenschaftler*. Berlin: Springer.

Brauwer, J.D. & Fias, W. (2009). A Longitudinal Study of Children's Performance on Simple Multiplication and Division Problems. *Developmental Psychology*, 45(5), 1480–1496.

Brauwer J.D., Verguts T. & Fias, W. (2006). The representation of multiplication facts: Developmental changes in the problem size, five, and tie effect. *Journal of Experimental Child Psychology*, 94(1), 43–56.

Breidenbach, W. (1963). *Rechnen in der Volksschule. Eine Methodik.* Hannover: Schroedel.

Bright, G.W., Harvey, J.G. & Wheeler , M.M. (1979). Using Games to Retrain Skills with Basic Multiplication Facts. *Journal for Research in Mathematics Education*, 10(2), 103–110.

Brownell, W.A. & Carper, D.V. (1943). *Learning multiplication combinations.* Durham, NC: Duke University Press.

Brownell, W.A. & Chazal, Ch.B. (1935). The effects of premature drill in third-grade arithmetic. *The Journal of Educational Research*, 29(1), 17–28.

Brügelmann, H. (2005). *Schule verstehen und gestalten: Perspektiven der Forschung auf Probleme von Erziehung und Unterricht.* Konstanz: Libelle.

Bruner, J.S. (1966). Some elements of discovery. In L.S. Shulman & E.R. Keislar (Hrsg.), *Learning by discovery: a citical appraisal* (S. 101–113). Chicago: Rand McNally & Company.

Bruner, J.S. (1971). *Toward a theory of instruction.* Cambridge: Belknap Press of Harvard University Press.

Bruns, M. (1994). Arithmetic: the last holdout. *Phi Delta Kappan*, 75(6), 471–476.

Bühner, M. (2011). *Einführung in die Test- und Fragebogenkonstruktion.* München: Pearson Studium.

Buschkühle, C.-P., Duncker, L. & Oswalt V. (Hrsg.) (2009). *Bildung zwischen Standardisierung und Heterogenität – ein interdisziplinärer Diskurs.* Wiesbaden: VS Verlag.

Campbell, J.I. & Graham, D.J. (1985). Mental multiplication skill: Structure, process, and acquisition. *Canadian Journal of Psychology*, 39(2), 338–366.

Campbell, J.I.D. (1987). Network interference and mental multiplication. *Journal of Experimental Psychology: Learning, Memory, and Cognition*, 13(1), 109–123.

Campbell, J.I.D. (1987). The Role of Associative Interference in Learning and Retrieving Arithmetic Facts. In J.A. Sloboda & D. Rogers (Hrsg.), *Cognitive Processes in Mathematics* (S. 102–122). Oxford: University Press.

Campbell, J.I.D. (1991). Conditions of error priming in number-fact retrieval. *Memory & Cognition*, 19(2), 197–209.

Campbell, J.I.D. & Graham, D.J. (1985). Mental multiplication skill: Structure, process, and acquisition. *Canadian Journal of Psychology*, 39, 338–366.

Canobi, K., Reeve, R. & Pattinson, P. (1998). The role of conceptual understanding in children's addition problem solving. *Developmental Psychology*, 34 (5), 882–891.

Carpenter, T.P. & Lehrer, R. (1999). Teaching and learning mathematics with understanding. In E. Fennema & T.A. Romberg (Hrsg.), *Classrooms that promote mathematical understanding* (S. 19–32). Mahwah, NJ: Erlbaum.

Carr, M. & Hettinger, H. (2003). Perspectives on mathematics strategy development. In. J. M. Royer (Hrsg.), *Mathematical cognition* (S. 33–68). Greenwich, CT: Information Age Publishing.

Carraher, D.W. & Schliemann, A. D. (2007). Early Algebra and Algebraic Reasoning. In F.K. Lester (Hrsg.), *Second Handbook of Research on Mathematics Teaching and Learning* (S. 669–705). Charlotte, NC: Information Age Publishing.

Cattell, R.B. (1971). *Abilities: Their structure, growth, and action.* New York: Houghton Mifflin.

Cattell, R.B. (1987). *Intelligence. Its structure, growth and action.* Amsterdam: Elsevier Science.

Cattell, R.B., Weiß, R.H. & Osterland, J. (1997). *Grundintelligenztest Skala 1: CFT 1.* Göttingen: Hogrefe.

Cawley, J.F., Parmar, R.S., Yan, W. & Miller, J.H. (1998). Arithmetic computation performance of students with learning disabilities: Implications for curriculum. *Learning Disabilities Research & Practice, 13*(2), 68–74.

Clapp, F.L. (1924). The number combinations: Their relative difficulty and the frequency of their appearance in textbooks. *University of Wisconsin Bureau of Educational Research, Bulletin No. 2.*

Cobb, P., Wood, T., Yackel, E., Nichills, J., Wheatleym, G., Trigatti, B. & Perlwitz, M. (1991). Assessment of a problem-centered second-grade mathematics project. *Journal for Research in Mathematics Education, 22,* 3–29.

Cooney, J.B., Swanson, H.L. & Ladd, S.F. (1988). Acquisition of Mental Multiplication Skill: Evidence for the Transition Between Counting and Retrieval Strategies. *Cognition and Instruction, 5*(4), 323–345.

Cowan, R. (2003). Does it all add up? Changes in children's knowledge of addition combinations, strategies, and principles. In A.J. Baroody & A. Dowker (Hrsg.), *The development of arithmetic concepts and skills: Constructing adaptive expertise* (S. 35–74). Mahwah, NJ: Lawrence Erlbaum Associates.

De Rammelaere, S., Stuyven, E. & Vandierendonck, A. (2001). Verifying simple arithmetic sums and products: Are the phonological loop and the central executive involved? *Memory & Cognition, 29,* 267–273.

Dehaene, S. (1992). Varieties of numerical abilities. *Cognition, 44,* 1–40.

DeStefano, D. & LeFevre, J.-A. (2004). The role of working memory in mental arithmetic. *European Journal of Cognitive Psychology, 16*(3), 353–386.

Dewey, J. (1976). The child and the curriculum. In J.A. Boydston (Hrsg.), *The Middle Works 1899 – 1924* (S. 271–291). Carbondale: Southern Illinois University Press.

Dinter, F. (1998). Zur Diskussion des Konstruktivismus im Instruktionsdesign. *Unterrichtswissenschaft. Zeitschrift für Lernforschung, 26*(3), 254–287.

Donaldson, M. (1982). *Wie Kinder denken.* Bern: Verlag Hans Huber.

Drollinger-Vetter, B. (2011). *Verstehenselemente und strukturelle Klarheit. Fachdidaktische Qualität der Anleitung von mathematischen Verstehensprozessen im Unterricht.* Münster: Waxmann.

Duit, R. (1995). Zur Rolle der konstruktivistischen Sichtweise in der naturwissenschaftlichen Lehr- und Lernforschung. *Zeitschrift für Pädagogik, 41*(6), 905–923.

English, L. D., & Halford, G. S. (1995). *Mathematics education: Models and processes.* Mahwah, NJ: Lawrence Erlbaum.

Ernest, P. (1994). Constructivism: Which form provides the most adequate theory of mathematics learning? *Journal für Mathematik-Didaktik, 15*(3-4), 327–342.

Eubanks, L.J. (2013). The Effects of Mnemonics to Increase Accuracy of Multiplication Facts in Upper-Elementary School Students with Mild to Moderate Disabilities. *All Graduate Plan B and other Reports.* Paper 297.

Fatke, R. (1979). Jean Piaget. In H. Scheuerl (Hrsg.), *Klassiker der Pädagogik 2. Von Karl Marx bis Jean Piaget* (S. 290–314). München: Beck.

Fischbein, E., Deri, M., Nello, M. & Marino, M. (1985). The role of implicit models in solving verbalproblems in multiplication and division. *Journal for Research in Mathematics Education, 16*(1), 3–17.

Freesemann, O. (2014): *Schwache Rechnerinnen und Rechner fördern. Eine Interventionsstudie an Haupt-, Gesamt- und Förderschulen.* Wiesbaden: Springer Spektrum.

French, D. (2005). Double, double, double. *Mathematics in School, 34*(5) 8–9.

Freudenthal, H. (1973). *Mathematik als pädagogische Aufgabe.* Stuttgart: Klett.

Freudenthal, H. (1982). Mathematik – eine Geisteshaltung. *Die Grundschule, 4,* 140–142.

Freudenthal, H. (1991). *Revisiting Mathematics Education. China Lectures.* Dordrecht: Kluwer Academic Publishers.

Fricke, A. (1970). Operative Lernprinzipien im Mathematikunterricht der Grundschule. In A. Fricke & H. Besuden (Hrsg.), *Mathematik. Elemente einer Didaktik und Methodik* (S. 79–116). Stuttgart: Klett.

Fujii, T. & Stephens, M. (2008). Using Number Sentences to Introduce the Idea of Variable. In C.E. Greenes & R. Rubenstein (Hrsg.), *Algebra and Algebraic Thinking in School Mathematics. Seventieth Yearbook* (S. 127–140). Reston, VA: The National Council of Teachers of Mathematics.

Gabrys, G., Weiner, A. & Lesgold, A. (1993). Learning by problem solving in a coached apprentice system. In M. Rabinowitz (Hrsg.), *Cognitive science foundations of instruction* (S. 119–147). Hillsdale, NJ: Erlbaum.

Gaidoschik, M. (2008). „Rechenschwäche" in der Sekundarstufe: Was tun? *Journal für Mathematikdidaktik, 29*(3/4), 287–294.

Gaidoschik, M. (2010). Die Entwicklung von Lösungsstrategien zu den additiven Grundaufgaben im Laufe des ersten Schuljahres. Dissertation. Universität Wien. Verfügbar unter http://othes.univie.ac.at/9155/1/2010-01-18_8302038.pdf [12.09.2012].

Gallin, P. & Ruf, U. (1990). *Sprache und Mathematik in der Schule: Auf eigenen Wegen zur Fachkompetenz.* Seelze: Kallmeyer.

Gallin, P., Ruf, U., Sitta, H. (1985). Verbindung von Deutsch und Mathematik – ein Angebot für entdeckendes Lernen. *Mathematik lehren, 9,* 17–27.

Gasteiger, H. & Paluka-Grahm, S. (2013). Strategieverwendung bei Einmaleinsaufgaben – Ergebnisse einer explorativen Interviewstudie. *Journal für Mathematik-Didaktik, 34*(1), 1–20.

Gersten, R. & Chard, D. (1999). Number sense: Rethinking arithmetic instruction for students with mathematical disabilities. *Journal of Special Education, 33*(1), 18–28.

Gerstenmaier, J. & Mandl, H. (1995). Wissenserwerb unter konstruktivistischer Perspektive. *Zeitschrift für Pädagogik, 41*(6), 867–888.

Gerster, H.-D. (1994). Arithmetik im Anfangsunterricht. In A. Abele & H. Kalmbach (Hrsg.), *Handbuch zur Grundschulmathematik. 1. und 2. Schuljahr* (S. 35–102). Stuttgart: Klett.

Gerster, H.-D. (2005). Anschaulich rechnen – im Kopf, halbschriftlich, schriftlich. In M. v. Aster & J.H. Lorenz (Hrsg.), *Rechenstörungen bei Kindern. Neurowissenschaft, Psychologie, Pädagogik* (S. 202–236). Göttingen: Vandenhoeck & Ruprecht.

Gerster, H.-D. & Schulz, R. (1998). *Schwierigkeiten beim Erwerb mathematischer Konzepte im Anfangsunterricht.* Verfügbar unter https://phfr.bsz-bw.de/files/16/gerster.pdf [20.12.2014].

Ghisletta, P. & Spini, D. (2004). An Introduction to Generalized Estimating Equations and an Application to Assess Selectivity Effects in a Longitudinal Study on Very Old Individuals. *Journal of Educational and Behavioral Statistics, 29*(4), 421–437.

Ginsburg, H.P. & Opper, S. (2004). *Piagets Theorie der geistigen Entwicklung.* Stuttgart: Klett-Cotta.

Ginsburg-Block, M.D. & Fantuzzo, J. W. (1998). An evaluation of the relative effectiveness of NCTM Standards-based interventions for low-achieving urban elementary students. *Journal of Educational Psychology, 90,* 560–569.

Graham, D.J. (1987). An Associative Retrieval Model of Arithmetic Memory: How Children Learn to Multiply. In J.A. Sloboda & D. Rogers (Hrsg.), *Cognitve Processes in Mathematics* (S. 123–141). Oxford: University Press.

Graumann, G. (2002). *Mathematikunterricht in der Grundschule.* Bad Heilbrunn: Klinkhardt.

Greene, G. (1999). Mnemonic multiplication fact instruction for students with learning disabilities. *Learning Disabilities Research & Practice, 14,* 141–148.

Grube, D. (2005). Entwicklung des Rechnens im Grundschulalter. In M. Hasselhorn, W. Schneider & H. Marx (Hrsg.), *Diagnostik von Mathematikleistungen* (Tests und Trends – Jahrbuch der pädagogisch-psychologischen Diagnostik, N.F. Bd.4, S. 105–124). Göttingen: Hogrefe.

Gudjons, H. (2006). *Neue Unterrichtskultur – veränderte Lehrerrolle.* Bad Heilbrunn: Klinkhardt.

Haffner, J., Baro, K., Parzer, P. & Resch, F. (2005). *Heidelberger Rechentest – HRT 1-4.* Göttingen: Hogrefe.

Hasemann, K. & Gasteiger, H. (2014). *Anfangsunterricht Mathematik.* Berlin: Springer Spektrum.

Hasselhorn, M. & Gold, A. (2006). *Pädagogische Psychologie. Erfolgreiches Lernen und Lehren.* Stuttgart: Kohlhammer.

Hasselhorn, M., Marx, H. & Schneider, W. (2005). Diagnostik von Mathematikleistungen, -kompetenzen und -schwächen: Eine Einführung. In M. Hasselhorn, H. Marx & W. Schneider (Hrsg.), *Test und Trends Band 4 Diagnostik von Matheleistungen* (S. 1–4). Göttingen: Hogrefe.

Hatano, G. (2003). Foreword. In A.J. Baroody & A. Dowker (Hrsg.), *The development of arithmetic concepts and skills* (S. xi–xiii). Mahwah, NJ: Lawrence Erlbaum Associates.

Hatfield, M., Edwards, N. & Bitter, G. (2000). *Mathematics methods for elementary and middle school teachers.* New York: John Wiley & Sons.

Heckmann, K. & Padberg, F. (2014). *Unterrichtsentwürfe Mathematik Primarstufe. Band 2.* Berlin: Springer Spektrum.

Heinze, A., Marschick, F. & Lipowsky, F. (2009). Addition and subtraction of three-digit numbers: Adaptive strategy use and the influence of instruction in German third grade. *Zentralblatt Didaktik für Mathematik (ZDM), 41(5),* 591–604.

Heinze, A., Star, J.R. & Verschaffel, L. (2009). Flexible and adaptive use of strategies and representations in mathematics education. *Zentralblatt Didaktik für Mathematik (ZDM), 41(5),* 535–540.

Heirdsfield, A.M. (2011). Teaching mental computation strategies in early mathematics. *Young Children, 66(2),* 96–102.

Heirdsfield, A.M. & Cooper, T.J. (2002). Flexibility and inflexibility in accurate mental addition and subtraction: two case studies. *Journal of Mathematical Behaviour, 21,* 57–74.

Heirdsfield, A.M., Cooper, T.J., Mulligan, J. & Irons C.J. (1999). Children's mental multiplication and division strategies. In O. Zaslavsky (Hrsg.), *Proceedings of the 23rd Psychology of Mathematics Education Conference* (S. 89–96). Haifa, Israel.

Helmke, A., Helmke, T., Heyne, N., Hosenfeld, A., Kleinbub, I., Schrader, F.-W. & Wagner, W. (2007). Erfassung, Bewertung und Verbesserung des Grundschulunterrichts: Forschungsstand, Probleme und Perspektiven. In K. Möller, P. Hanke, C. Beinbrech, A. K. Hein, T. Kleickmann & R. Schages (Hrsg.), *Qualität von Grundschulunterricht entwickeln, erfassen und bewerten* (S. 17–34). Wiesbaden: VS Verlag für Sozialwissenschaften.

Hengartner, E. (1992). Für ein Recht der Kinder auf eigenes Denken. *Die neue Schulpraxis, 7/8,*15–27.

Hess, K. (2002). *Lehren. Zwischen Belehrung und Lernbegleitung.* Zürich: hep.

Hess, K. (2012). *Kinder brauchen Strategien. Eine frühe Sicht auf mathematisches Verstehen.* Seelze: Klett & Kallmeyer.

Hessisches Kultusministerium (1995). *Rahmenplan Grundschule.* Verfügbar unter https://kultusministerium.hessen.de/sites/default/files/HKM/rahmenplan_grund schule_95.pdf [14.08.2014].

Hiebert, J. (1986). *Conceptual and Procedural Knowledge: The Case of Mathematics.* Hillsdale, NJ: Erlbaum.

Hiebert, J. & Carpenter, T.P. (1992). Learning and teaching with understanding. In D. A. Grouws (Hrsg.), *Handbook of research on mathematics teaching and learning* (S. 65–97). New York: Macmillan.

Hiebert, J. & Grouws, D.A. (2007). The effects of classroom mathematics teaching on students' learning. In F. K. Lester (Hrsg.), *Second handbook of research on mathematics teaching and learning. A project of the National Council of Teachers of Mathematics* (S. 371–404). Charlotte, NC: Information Age Publishing/NCTM.

Hiebert, J. & Lefevre, P. (1986). Conceptual and Procedural Knowledge: An Introductory Analysis. In J. Hiebert (Hrsg.), *Conceptual and Procedural Knowledge: The Case of Mathematics* (S. 1–27). Hillsdale, NJ: Erlbaum.

Hiebert, J. & Wearne, D. (1986). Procedures Over Concepts: The Aquisition of Decimal Number Knowledge. In J. Hiebert (Hrsg.), *Conceptual and Procedural Knowledge: The Case of Mathematics* (S. 199–221). Hillsdale, NJ: Erlbaum.

Holling, H., Preckel, F. & Vock, M. (2004). *Intelligenzdiagnostik.* Göttingen: Hogrefe.

Holt, J. (1979). *Wie Kinder lernen.* Weinheim: Beltz.

Holt, J. (2003). *Wie kleine Kinder schlau werden. Selbstständiges Lernen im Alltag.* Weinheim: Beltz.

Hoops, W. (1998). Konstruktivismus. Ein neues Paradigma für Didaktisches Design? *Unterrichtswissenschaft. Zeitschrift für Lernforschung, 26*(3), 229–253.

Hopf, Ch. (2008). Qualitative Interviews – ein Überblick. In U. Flick, E. von Kardorff & I. Steinke (Hrsg.), *Qualitative Forschung – Ein Handbuch* (S. 349–360). Reinbeck: Rowohlt.

Hörmann, H. (1983). Über einige Aspekte des Begriffes „Verstehen". In L. Montada, K. Reusser & G. Steiner (Hrsg.), *Kognition und Handeln* (S. 13–22). Stuttgart: Klett-Cotta.

Huber, L. (2004). Förderung selbstständigen Lernens – eine fächerübergreifende Aufgabe. *Der Mathematikunterricht, 50*(3), 25–35.

Huinker, D.M. (1993). Interviews: a Window to Students' Conceptual Knowledge of the Operations. In N.L. Webb & A.F. Coxford (Hrsg.), *Assessment in the Mathematics Classroom* (S. 80–86). Reston, Va: National Council of Teachers of Mathematics.

Humbach, M. (2008). *Arithmetische Basiskompetenzen in der Klasse 10. Quantitative und qualitative Analysen.* Berlin: Dr. Köster.

Hußmann, S. (2004). Selbstgesteuertes Lernen – ein Grundbedürfnis der Menschen. *Der Mathematikunterricht, 50*(3), 5–24.

Imbo, I. & Vandierendonck, A. (2007). Do multiplication and division strategies rely on executive and phonological working-memory resources? *Memory and Cognition, 35*(7), 1759–1771.

Isaacs, A. & Carroll, W. (1999). Strategies for basic fact instruction. *Teaching Children Mathematics, 5*(9), 508–515.

Jankisz, E. & Moosbrugger, H. (2008). Planung und Entwicklung von psychologischen Tests und Fragebogen. In H. Moosbrugger & A. Kelava (Hrsg.), *Testtheorie und Fragebogenkonstruktion* (S. 27–72). Heidelberg: Springer.

Jerman, M. (1970). Some strategies for solving simple multiplication combinations. *Journal for Research in Mathematics Education, 1*(2), 95–128.

Johnson, A.J. & Rising, G.R. (1967). *Guidelines for Teaching Mathematics*. Wadsworth: Belmont.

Junker, W. & Sczyrba, K. (1964). *Lebensnahes Rechnen. Unterrichtsentwürfe für die Einführungen aller wesentlichen Gebiete des Rechnens*. Ratingen: A. Henn.

Käpnick, F. (2014). *Mathematiklernen in der Grundschule*. Berlin: Springer Spektrum.

Kempinsky, H. (1951). *So rechnen wir bis hundert und darüber hinaus. Eine Anleitung für einen wesenhaften Rechenunterricht besonders des zweiten Schuljahres*. Bonn-Rhein: Dürrsche Buchhandlung.

Klein, A.S. (1998). *Flexibilization of Mental Arithmetic Strategies on a Different Knowledge Base: The Empty Number Line in a Realistic versus Gradual Program Design*. Utrecht: CD-ß Press.

Klein, A.S., Beishuizen, M. & Treffers, A. (1998). The empty number line in Dutch second grades: Realistic versus gradual program design. *Journal for Research in Mathematics Education, 29*(4), 443–464.

Kluge, S. & Kelle, U. (1999). *Vom Einzelfall zum Typus: Fallvergleich und Fallkontrastierung in der qualitativen Sozialforschung*. Wiesbaden: VS Verlag.

KMK (2004). *Bildungsstandards im Fach Mathematik für den Primarbereich. Beschluss vom 15.10.2004*. Neuwied: Luchterhand.

KMK (2005): *Bildungsstandards der Kultusministerkonferenz. Erläuterungen zur Konzeption und Entwicklung*. München: Luchterhand.

Köhler, K. & Gasteiger, H. (2014). Verschiedene unterrichtliche Vorgehensweisen bei der Erarbeitung des kleinen Einmaleins – Ergebnisse einer clusteranalytischen Klassifizierung von Lehrkräften, in Zeitschrift für Grundschulforschung. *Zeitschrift für Grundschulforschung, 7*(1), 100–112.

Koller, E. (1958). *Der neue Weg im ersten Rechenunterricht. Erstes und zweites Schuljahr*. München: Ehrenwirth.

Konrad, K. & Traub, S. (1999). *Selbstgesteuertes Lernen in Theorie und Praxis*. München: Oldenbourg.

Koshmider, J.W. & Ashcraft, M.H. (1991). The Development of children's mental multiplication skills. *Journal of Experimental Child Psychology, 51*(1), 53–89.

Kouba, V. L. (1989). Children's solution strategies for equivalent set multiplication and division word problems. *Journal for Research in Mathematics Education, 20*(2), 147–158.

Krauthausen, G. (2000). *Lernen – lehren – Lehren lernen: Zur mathematik-didaktischen Lehrerbildung am Beispiel der Primarstufe*. Leipzig: Klett.

Krauthausen, G. (2007). *Einführung in die Mathematikdidaktik*. München: Springer Spektrum.

Krauthausen, G. (2012). *Digitale Medien im Mathematikunterricht der Grundschule*. Berlin: Springer Spektrum.

Krauthausen, G. & Scherer, P. (2007). *Einführung in die Mathematikdidaktik*. Heidelberg: Springer Spektrum.

Kroesbergen, E.H. & Van Luit, J.E.H. (2002). Teaching multiplication to low math performers: Guided versus structured instruction. *Instructional Science, 30*, 361–378.

Kroesbergen, E.H., van Luit, J.E.H. & Maas, C.J.M. (2004). Effectiveness of explicit and constructivist mathematics instruction for low-achieving students in the Netherlands. *The Elementary School Journal, 104*(3), 233–251.

Kuhn, D. (1984). Cognitive development. In M.H. Bornstein & M.E. Lamb (Hrsg.), *Developmental psychology: An advanced textbook* (S. 133–180). Hillsdale, NJ: Erlbaum.

Kuhn, T. (1993). *Die Struktur wissenschaftlicher Revolutionen*. Frankfurt am Main: Suhrkamp.

Kühnel, J. (1916). *Neubau des Rechenunterrichts. Ein Handbuch für alle, die sich mit Rechenunterricht zu befassen haben. Band 1*. Leipzig: Klinkhardt.

Kuhnke, K. (2013). *Vorgehensweisen von Grundschulkindern beim Darstellungswechsel: Eine Untersuchung am Beispiel der Multiplikation im 2. Schuljahr*. Wiesbaden: Springer Spektrum.

Kultusministerium Sachsen-Anhalt (2007). *Fachlehrplan Grundschule. Mathematik*. Verfügbar unter https://www.bildung-lsa.de/pool/RRL_Lehrplaene/Entwuerfe/lpgsmat he.pdf [13.12.2014].

Lamnek, S. (2005). *Qualitative Sozialforschung*. Weinheim: Beltz.

Lampert, M. (1986). Knowing, Doing, and Teaching Multiplication. *Cognition and Instruction, 3*(4), 305–342.

Landis, J.R. & Koch, G.G. (1977). The measurement of observer agreement for categorical data. *Biometrics, 33*(1), 159–174.

Lauter, J. (1982). *Methodik der Grundschulmathematik*. Donauwörth: Auer.

Lee, K.-M. & Kang, S.-Y. (2002). Arithmetic operation and working memory: Differential suppression in dual tasks. *Cognition, 83*, B63–B68.

LeFevre, J.-A., Bisanz, J., Daley, K.E., Buffone, L., Greenham, S.L. & Sadesky, G.S. (1996). Multiple routes to solution of single-digit multiplication problems. *Journal of Experimental Psychology: General, 125*(3), 284–306.

LeFevre, J.-A., Shanahan, T. & DeStefano, D. (2004). The tie effect in simple arithmetic: An access-based account. *Memory & Cognition, 32*(6), 1019–1031.

Leininger, P., Wallrabenstein, H. & Ernst, G. (1989). *Nussknacker 2. Unser Rechenbuch*. Stuttgart: Klett.

Lemaire, P. & Fayol, M. (1995). When plausibility judgments supersede fact retrieval: the example of the odd-even effect on product verification. *Memory and Cognition, 23*, 34–48.

Lemaire, P. & Siegler, R.S. (1995). Four aspects of strategic change: contributions to children's learning of multiplication. *Journal of Experimental Child Psychology, 124*(1), 83–97.

Leuders, T. (2007a). Fachdidaktik und Unterrichtsqualität im Bereich Mathematik. In K.-H. Arnold (Hrsg.), *Fachdidaktik und Unterrichtsqualität* (S. 205–234). Bad Heilbrunn: Klinkhardt.

Leuders, T. (2007b). *Mathematik-Didaktik: Praxishandbuch für die Sekundarstufe I und II*. Berlin: Cornelsen Scriptor.

Leuders, T. (2016). *Erlebnis Algebra zum aktiven Entdecken und selbstständigen Erarbeiten*. Berlin: Springer Spektrum.

Liang, K. & Zeger, S.L. (1986). Longitudinal data analysis using generalized linear models. *Biometrika, 73*(1), 13–22.

Link, M. (2012). *Grundschulkinder beschreiben operative Zahlenmuster. Entwurf, Erprobung und* Überarbeitung *von Unterrichtsaktivitäten als ein Beispiel für Entwicklungsforschung.* Vieweg: Springer Spektrum.

Lipowsky, F. (2007). Was wissen wir über guten Unterricht? Im Fokus: die fachliche Lernentwicklung. *Friedrich Jahresheft, 15,* 26–30.

Lörcher, G.A. (1985). Einmaleinskenntnisse bei Schülern der Sekundarstufe. In *Beiträge zum Mathematikunterricht* (S. 191–194). Bad Salzdetfurth: Franzbecker.

Lorenz, J.H. (1992). *Anschauung und Veranschaulichungsmittel im Mathematikunterricht. Mentales visuelles Operieren und Rechenleistung.* Göttingen: Hogrefe.

Lorenz, J.H. (1998a). Das arithmetische Denken von Grundschulkindern. In A. Peter-Koop (Hrsg.), *Das besondere Kind im Mathematikunterricht der Grundschule* (S. 59–81). Offenburg: Mildenberger.

Lorenz, J.H. (1998b). Rechenstrategien und Zahlensinn. Grundschulunterricht, 6, 11–13.

Lorenz, J.H. & Radatz, H. (1993). *Handbuch des Förderns im Mathematikunterricht.* Braunschweig: Schroedel.

Luwel, K., Onghena, P., Torbeyns, J., Schillemans, V. & Verschaffel, L. (2009). Strengths and Weaknesses of the Choice/No-Choice Method in Research on Strategy Use. *European Psychologist. 14*(4), 351–362.

Mabbott, D.J. & Bisanz, J. (2003). Developmental change and individual differences in children's multiplication. *Child development, 74*(4), 1091–1107.

Mabbott, D.J. & Bisanz, J. (2008). Computational skills, working memory, and conceptual knowledge in older children with mathematics learning disabilities. *Journal of Learning Disabilities, 41*(1), 15–28.

Mastropieri, M.A. & Scruggs, T.E. (1991). *Teaching students ways to remember: Strategies for learning mnemonically.* Cambridge, MA: Brookline Books.

Mayring, P. (1990). *Qualitative Inhaltsanalyse. Grundlagen und Techniken.* Weinheim: Beltz Verlag.

Mayring, P. (2010). Teil 2: Methodologische Ziellinien und Designs qualitativ-psychologischer Studien. Design. In G. Mey & K. Mruck (Hrsg.), *Handbuch – Qualitative Forschung in der Psychologie* (S. 225–238). Wiesbaden: VS Verlag für Sozialwissenschaften.

Mercer, C.D., Jordan, L. & Miller, S.P. (1994). Implications of Constructivism for Teaching Math to Students with Moderate to Mild Disabilities. *The Journal of Special Education, 28*(3), 290–306.

Meyer, A. (2015). *Diagnose algebraischen Denkens. Von der Diagnose- zur Förderaufgabe mithilfe von Denkmustern.* Wiesbaden: Springer Spektrum.

Mietzel, G. (2007). *Pädagogische Psychologie des Lernens und Lehrens.* Göttingen: Hogrefe.

Ministerium für Bildung, Familie, Frauen und Kultur Saarland (2009). *Kernlehrplan Mathemtik.* Verfügbar unter http://www.saarland.de/dokumente/thema_bildung/KLPGSMathematik.pdf [16.09.2014].

Ministerium für Bildung, Jugend und Sport des Landes Brandenburg, Senatsverwaltung für Bildung, Jugend und Sport Berlin, Senator für Bildung und Wissenschaft Bremen & Ministerium für Bildung, Wissenschaft und Kultur Mecklenburg-Vorpommern (2004). *Rahmenplan Grundschule – Mathematik.* Berlin: Wissenschaft und Technik.

Ministerium für Bildung, Wissenschaft, Forchung und Kultur des Landes Schleswig-Holstein (1997). *Lehrplan Grundschule*. Verfügbar unter http://lehrplan.lernnetz. de/intranet1/index.php?wahl=156 [14.08.2014].

Ministerium für Bildung, Wissenschaft, Weiterbildung und Kultur Rheinland-Pfalz (2014). *Rahmenplan Grunschule. Teilrahmenplan Mathematik*. Verfügbar unter http://grundschule.bildungrp.de/fileadmin/user_upload/grundschule.bildungrp.de/ Downloads/Rahmenplan/Rahmenplan_Grundschule_TRP_Mathe_01_08_2015.pdf [13.09.2015].

Ministerium für Kultus, Jugend und Sport Baden-Württemberg (2016). *Bildungsplan Grundschule – Mathematik*. Verfügbar unter http://www.bildungsplaenebw.de/site/ bildungsplan/get/documents/lsbw/exportpdf/depotpdf/ALLG/BP2016BW_ALLG_ GS_M.pdf [16.06. 2016].

Ministerium für Schule und Weiterbildung des Landes Nordrhein-Westfalen (2008). Lehrplan Mathematik. In Ministerium für Schule und Weiterbildung des Landes Nordrhein-Westfalen (Hrsg.), *Richtlinien und Lehrpläne für die Grundschule in Nordrhein-Westfalen* (S. 53–68). Frechen: Ritterbach.

Moser Opitz, E. (2001). *Zählen, Zahlbegriff, Rechnen. Theoretische Grundlagen und eine empirische Untersuchung zum mathematischen Erstunterricht in Sonderklassen*. Bern: Haupt.

Moser Opitz, E. (2013). *Rechenschwäche/Dyskalkulie. Theoretische Klärungen und empirische Studien an betroffenen Schülerinnen und Schülern*. Bern: Haupt.

Müller, G. & Wittmann, E. (1977). *Der Mathematikunterricht in der Primarstufe*. Braunschweig: Vieweg.

Müller, G.N., Steinbring, H., Wittmann, E.C. (Hrsg.) (2004). *Arithmetik als Prozess*. Seelze: Kallmeyer.

Mulligan, J.T. & Mitchelmore, M.C. (1997). Young children's intuitive models of multiplication and division. *Journal for Research in Mathematics Education, 28*(3), 309–330.

National Council of Teachers of Mathematics (NCTM) (2000). *Principles and Standards for School Mathematics: An Overview*. Reston, Va: NCTM.

Niedersächsisches Kultusministerium (2006). *Kerncurriculum für die Grundschule. Jahrgänge 1–4*. Verfügbar unter http://db2.nibis.de/1db/cuvo/datei/druckfassung_kc_ma_ gs.pdf [15.12.2014].

Norwich, B. (2013). *Addressing Tensions and Dilemmas in Inclusive Education: Living with uncertainty*. London: Routledge.

Nunes, T. & Bryant, P. (1996). *Children Doing Mathematics*. Blackwell: Oxford.

Oehl, W. (1962). *Der Rechenunterricht in der Grundschule*. Hannover: Schroedel.

Oelkers, J. & Reusser, K. (2008). *Qualität entwickeln – Standards sichern – mit Differenz umgehen. Eine Expertise*. Berlin: BMBF. Verfügbar unter https://www.bmbf.de/pub/ Bildungsforschung_Band_27.pdf [16.08.2015].

Padberg, F. (1986). *Didaktik der Arithmetik*. Mannheim: Bibliogr. Institut.

Padberg, F. (2005). *Didaktik der Arithmetik für Lehrerausbildung und Lehrerfortbildung*. München: Elsevier.

Padberg, F. (2007). *Einführung in die Mathematik I. Arithmetik*. Berlin: Springer Spektrum.

Padberg, F. & Benz, C. (2011). *Didaktik der Arithmetik für Lehrerausbildung und Lehrerfortbildung*. Berlin: Springer Spektrum.

Padberg, F. & Büchter, A. (2015). *Einführung Mathematik Primarstufe – Arithmetik*. Berlin: Springer Spektrum.

Padberg, F. & Ventker, G. (1997). Multiplikationsstrategien von Zweitklässlern – eine empirische Untersuchung. *Mathematische Unterrichtspraxis, 18*(3), 31–37.

Park, J. & Nunes, T. (2000). The development of the concept of multiplication. *Cognitive Development, 16*, 763–773.

Pawlow, I.P., Baader, G., Schnapper, U. & Drischel, H. (1972). *Die bedingten Reflexe. Eine Auswahl aus dem Gesamtwerk.* München: Kindler.

Peschel, F. (2009). *Offener Unterricht. Idee, Realität, Perspektive und ein praxiserprobtes Konzept zur Diskussion.* Baltmannsweiler: Schneider Verlag Hohengehren.

Piaget, J. (1926). *The language and thought of the child.* Oxford, England: Harcourt, Brace.

Piaget, J. (1976). *Psychologie der Intelligenz.* München: Kindler.

Piaget, J. (1999). *Über Pädagogik.* Weinheim: Beltz.

Planck, M. (1948). *Wissenschaftliche Selbstbiographie.* Leipzig: Barth.

Prediger, S. (2009). Inhaltliches Denken vor Kalkül – Ein didaktisches Prinzip zur Vorbeugung und Förderung bei Rechenschwierigkeiten. In A. Fritz & S. Schmidt (Hrsg.), *Fördernder Mathematikunterricht in der Sekundarstufe I.* (S. 213–234). Weinheim: Beltz.

Prediger, S., Hußmann, S., Leuders, T. & Barzel, B. (2011). „Erst mal alle auf einen Stand bringen…" Diagnosegeleitete und individualisierte Aufgabenbearbeitung arithmetischen Basiskönnens. *Pädagogik, 63*(5), 20–24.

Radatz, H., Schipper, W., Ebeling, A. & Dröge, R. (1998). *Handbuch für den Mathematikunterricht. 2. Schuljahr.* Hannover: Schroedel.

Rakoczy, K., Klieme, E., Lipowsky, F. & Drollinger-Vetter, B. (2010). Strukturierung, kognitive Aktivität und Leistungsentwicklung im Mathematikunterricht. *Unterrichtswissenschaft, 38* (3), 229–246.

Rasch, R. (2009). Textaufgaben in der Grundschule. Lernvoraussetzungen und Konsequenzen für den Unterricht. *Mathematica didactica, 32*, 67–92.

Rathgeb-Schnierer, E. (2006). *Kinder auf dem Weg zum flexiblen Rechnen. Eine Untersuchung zur Entwicklung von Rechenwegen bei Grundschulkindern auf der Grundlage offener Lernangebote und eigenständiger Lösungsansätze.* Hildesheim: Franzbecker.

Rathgeb-Schnierer, E. (2010). Entwicklung flexibler Rechenkompetenzen bei Grundschulkindern des 2. Schuljahres. *Journal für Mathematik-Didaktik, 31*(2), 257–283.

Ratz, C. (2009). *Aktiv-entdeckendes Lernen im Mathematikunterricht bei Schülern mit geistiger Behinderung. Eine qualitative Studie am Beispiel von mathematischen Denkspielen.* Oberhausen: Athena.

Rechtsteiner-Merz, C. (2013). *Flexibles Rechnen und Zahlenblicksschulung. Entwicklung und Förderung von Rechenkompetenzen bei Erstklässlern, die Schwierigkeiten beim Rechnenlernen haben.* Münster: Waxmann.

Reich, K. (2008). *Konstruktivistische Didaktik.* Weinheim: Beltz.

Reinmann-Rothmeier, G. & Mandl, H. (1997). Lehren im Erwachsenenalter. Auffassungen vom Lehren und Lernen, Prinzipien und Methoden. In F.E. Weinert & H. Mandl (Hrsg.), *Psychologie der Erwachsenenbildung* (S. 355–403). Göttingen: Hogrefe.

Reiss, K. & Schmieder, G. (2014). Basiswissen Zahlentheorie. Berlin: Springer Spektrum.

Resnick, L.B. & Ford, W.W. (1981). *The Psychology of Mathematics for Instruction.* Hillsdale: Lawrence Erlbaum Associates.

Reusser, K. (1994). Die Rolle von Lehrerinnen und Lehrern neu denken. Kognitionspädagogische Anmerkungen zur „neuen Lernkultur". *Beiträge zur Lehrerbildung, 12*(1), 19–37.

Reusser, K. (1999a). „Und sie bewegt sich doch" – Aber man behalte die Richtung im Auge. Zum Wandel der Schule und zum neu-alten pädagogischen Rollenverständnis von Lehrerinnen und Lehrern. *Die neue Schulpraxis, 7/8*, 11–15.

Reusser, K. (1999b). *Konstruktivismus – vom epistemologischen Leitbegriff zur „Neuen Lernkultur". Plenarvortrag anlässlich der 7. Tagung Entwicklungspsychologie und Pädagogische Psychologie.* Freiburg im Üechtland: Deutsche Gesellschaft für Psychologie.

Reusser, K. (2006). Konstruktivismus – vom epistemologischen Leitbegriff zur Erneuerung der didaktischen Kultur. In M. Baer, M. Fuchs, K. Reusser, H. Wyss & P. Füglister (Hrsg.), *Didaktik auf psychologischer Grundlage: Von Hans Aeblis kognitionspsychologischer Didaktik zur modernen Lehr- und Lernforschung* (S. 151–168). Bern: h.e.p. Verlag.

Reusser, K. & Reusser-Weyeneth, M. (1994). Verstehen als psychologischer Prozess und als didaktische Aufgabe: Einführung und Überblick. In K. Reusser & M. Reusser-Weyeneth (Hrsg.), *Verstehen. Psychologischer Prozess und didaktische Aufgabe* (S. 9–39). Bern: Huber.

Revuz, A. (1980). *Est-il impossible d'enseigner les mathématiques?* Paris: Presses universitaires de France.

Ricken, G. & Fritz, A. (2009). Überblick über Ansätze zur Diagnostik arithmetischer Kompetenzen. In A. Fritz, G. Ricken & S. Schmidt (Hrsg.), *Handbuch Rechenschwäche: Lernwege, Schwierigkeiten und Hilfen bei Dyskalkulie* (S. 308–331). Weinheim: Beltz.

Royar, T. (2013). *Handlung – Vorstellung – Formalisierung. Enwicklung und Evaluation einer Aufgabenreihe zur* Überprüfung *des Operationsverständnisses für Regel- und Förderklassen.* Hamburg: Dr. Kovac.

Ruwisch, S. (1999). *Angewandte Multiplikation: Klassenfest, Puppenhaus und Kinderbowle. Eine qualitative empirische Studie zum Lösungsverhalten von Grundschulkindern beim Bearbeiten multiplikativer Sachsituationen.* Frankfurt: Peter Lang.

Sächsisches Staatsministerium für Kultus (2009). *Lehrplan Grundschule – Mathematik.* Verfügbar unter http://www.schule.sachsen.de/lpdb/web/downloads/lp_gs_mathematik_2009.pdf?v2 [16.08.2014].

Schendera, C. (2010). *Clusteranalyse mit SPSS. Mit Faktorenanalyse.* München: Oldenburg.

Scherer, P. (1995). *Entdeckendes Lernen im Mathematikunterricht der Schule für Lernbehinderte. Theoretische Grundlegung und evaluierte unterrichtspraktische Erprobung.* Heidelberg: Edition Schindele.

Scherer, P. (1999). *Produktives Lernen für Kinder mit Lernschwächen: Fördern durch Fordern. Band 1: Zwanzigerraum.* Leipzig: Ernst Klett Verlag.

Scherer, P. (2008). Förderung bei Rechenschwierigkeiten. In K.-H. Arnold, O. Graumann & A. Rakhkochkine (Hrsg.), *Handbuch Förderung* (S. 275–283). Weinheim und Basel: Beltz.

Scherer, P. & Moser Opitz, E. (2010). *Fördern im Mathematikunterricht der Primarstufe.* Heidelberg: Springer Spektrum.

Scherer, P. & Steinbring, H. (2001). Strategien und Begründungen an Veranschaulichungen – Statische und dynamische Deutungen. In W. Weiser & B. Wollring (Hrsg.), *Beiträge zur Didaktik der Mathematik in der Primarstufe* (S. 188–201). Hamburg: Dr. Kovac.

Schipper, W. (1990). Kopfrechnen: Mathematik im Kopf. *Die Grundschulzeitschrift, (31),* 22–25 & 45–49.

Schipper, W. (2009). *Handbuch für den Mathematikunterricht an Grundschulen*. Hannover: Schroedel.

Schipper, W., Ebling, A. & Dröge, R. (2015). *Handbuch für den Mathematikunterricht. 2. Schuljahr*. Braunschweig: Schroedel.

Schmidt, R., Rieger, H., Schmittdiel, W., Tietze, G. & Vespermann, A. (1978). *Denken und Rechnen 2*. Braunschweig: Westermann.

Schneider, W., Eschman, A. & Zuccolotto, A. (2002a). *E-Prime User's Guide*. Pittsburgh: Psychology Software Tools Inc.

Schneider, W., Eschman, A. & Zuccolotto, A. (2002b). *E-Prime Reference Guide*. Pittsburgh: Psychology Software Tools Inc.

Schneider, W., Küspert, P. & Krajewski, K. (2013). *Die Entwicklung mathematischer Kompetenz*. Paderborn: Schöningh.

Schoenfeld, A.H. (1988). When good teaching leads to bad results: The disasters of „well-taught" mathematics courses. *Educational Psychologist, 23*(2), 145–166.

Schulz, A. (2014). *Fachdidaktisches Wissen von Grundschullehrkräften. Diagnose und Förderung bei besonderen Problemen beim Rechnenlernen*. Wiesbaden: Springer Spektrum.

Schulz, W. (1989). Offene Fragen beim Offenen Unterricht. *Grundschule, 2*, 30–37.

Schütte, S. (2002). Aktivitäten zur Schulung des „ Zahlenblicks". *Praxis Grundschule, 2*, 5–12.

Schütte, S. (2004). Rechenwegsnotation und Zahlenblick als Vehikel des Aufbaus flexibler Rechenkompetenzen. *Journal für Mathematik-Didaktik, 25*(2), 130–148.

Schütte, S. (2008). *Qualität im Mathematikunterricht der Grundschule sichern. Für eine zeitgemäße Unterrichts- und Aufgabenkultur*. München: Oldenbourg.

Scruggs, T.E. & Mastropieri, M.A. (1994). The Construction of Scientific Knowledge by Students with Mild Disabilities. *The Journal of Special Education, 28*(3), 307–321.

Seitz, K. & Schumann-Hengsteler, R. (2000). Mental multiplication and working memory. *European Journal of Cognitive Psychology, 12*, 552–570.

Sekretariat der Ständigen Konferenz der Kultusminister der Länder in der Bundesrepublik Deutschland (KMK) (2005). *Bildungsstandards im Fach Mathematik für den Primarbereich*. München: Wolters Kluwer.

Selter, Ch. (1994). *Eigenproduktionen im Arithmetikunterricht der Grundschule. Grundsätzliche Überlegungen und Realisierungen in einem Unterrichtsversuch zum multiplikativen Rechnen im zweiten Schuljahr*. Wiesbaden: Deutscher Universitätsverlag.

Selter, Ch. (1996). Grundschüler-Vorstellungen zum multiplikativen Rechnen. *Mathematik lernen, 78*, 10–14.

Selter, Ch. (2000). Vorgehensweisen von Grundschüler(inne)n bei Aufgaben zur Addition und Subtraktion im Zahlenraum bis 1000. *Journal für Mathematik-Didaktik, 3*(4), 227–258.

Selter, Ch. (2001). Addition and subtraction of three-digit numbers: German elementary children's success, methods and strategies. *Educational Studies in Mathematics, 47*, 145–173.

Selter, Ch. (2009). Creativity, flexibility, adaptivity, and strategy use in mathematics. *Zentralblatt Didaktik für Mathematiok (ZDM), 41*(5), 619–625.

Selter, Ch. & Spiegel H. (1997). *Wie Kinder rechnen*. Leipzig: Klett-Verlag.

Sherin, B., & Fuson, K. (2005). Multiplication strategies and the appropriation of computational resources. *Journal for Research in Mathematics Education, 36*(4), 347–395.

Siebert, H. (1999). *Pädagogischer Konstruktivismus. Eine Bilanz der Konstruktivismusdiskussion für die Bildungspraxis*. Neuwied: Luchterhand.

Siegler, R. (1987). The Perils of Averaging Data Over Strategies: An Example From Children's Addition. *Journal of Experimental Psychology: General, 116*(3), 250–264.

Siegler, R. (2006). Microgenetic Analyses of Learning. In D. Juhn & R. Siegler (Hrsg.), *Handbook of Child Psychology: Vol. 2: Cognition, Perception, and Language* (S. 464–510). Hoboken, NJ: Wiley.

Siegler, R. S. (1988). Strategy choice procedures and the development of multiplication skill. *Journal of Experimental Psychology, 117*(3), 258–275.

Siegler, R.S. & Jenkins, E. (1989). *How children discover new strategies.* Hillsdale: Lawrence Erlbaum Associates.

Siegler, R.S. & Lemaire, P. (1997). Older and younger adults' strategy choices in multiplication: Testing predictions of ASCM using the choice/no-choice method. *Journal of Experimental Psychology: General, 126,* 71–92.

Skinner, B.F. (1958). Teaching machines. From the experimental study of learning come devices which arrange optimal conditions for self-instruction. *Science, 24*(128), 969–977.

Skinner, B.F. (1978). *Was ist Behaviorismus?* Hamburg: Rowohlt.

Specht, B.J. (2009). *Variablenverständnis und Variablen verstehen.* Hildesheim: Franzbecker.

Star, J.R., Rittle-Johnson, B., Lynch, K. & Perova, N. (2009): The role of prior knowledge in the development of strategy flexibility: The case of computational estimation. *Zentralblatt Didaktik für Mathematiok (ZDM), 41*(5), 569–579.

Staub, F.C. & Stern, E. (2002). The nature of teachers' pedagogical content beliefs matters for students' achievement gains: Quasi-experimental evidence from elementary mathematics. *Journal of Educational Psychology, 94*(2), 344–355.

Stebler, R., Reusser, K. & Pauli, C. (1994). Interaktive Lehr-Lern-Umgebungen: Didaktische Arrangements im Dienste des gründlichen Verstehens. In K. Reusser & M. Reusser-Weyeneth (Hrsg.), *Verstehen. Psychologischer Prozess und didaktische Aufgabe* (S. 227–259). Bern: Huber.

Steel, S. & Funnell, E. (2001). Learning multiplication facts: a study of children taught by discovery methods in England. *Journal of Experimental Child Psychology, 79*(1), 37–55.

Steiner, G. (2008). *Lernen. 20 Szenarien aus dem Alltag.* Bern: Huber.

Steinweg, A.S. (2013). *Algebra in der Grundschule.* Berlin: Springer Spektrum.

Stern, E. (1992). Die spontane Strategieentdeckung in der Arithmetik. In H. Mandl, & H. F. Friedrich (Hrsg.), *Lern- und Denkstrategien* (S. 101–122). Göttingen: Hofgrefe.

Stern, E. (1998). *Die Entwicklung des mathematischen Verständnisses im Kindesalter.* Lengerich: Pabst.

Stern, E. (2005). Kognitive Entwicklungspsychologie des mathematischen Denkens. In M. von Aster & J.H. Lorenz (Hrsg.), *Rechenstörungen bei Kindern. Neurowissenschaft, Psychologie, Pädagogik* (S. 137–149). Göttingen: Vandehoeck & Ruprecht.

Stern, E. & Staub, F.C. (2000). Mathematik lernen und verstehen: Anforderungen an den Unterricht. In J. Kahlert, E. Inckermann & A. Speck-Hamdan (Hrsg.), *Grundschule: Sich Lernen leisten: Theorie und Praxis* (S. 90–100). Neuwied: Luchterhand.

Stern E. & Staub F.C. (2002). The nature of teacher's pedagogical content beliefs matters for students achievement gains: Quasi-experimental evidence from elementary mathematics. *Journal of Educational Psychology, 94,* 344–355.

Suydam, M. (1967). The status of research on elementary mathematics. *Arithmetic Teacher, 14,* 684–689.

Swan, T. (2006). *Generalized estimating equations when the response variable has a Twee-die distribution.* Verfügbar unter http://eprints.usq.edu.au/3388/ [19.11.2015].

Swanson, H. & Beebe-Frankenberger, M. (2004). The relationship between working memory and mathematical problem solving in children at risk and not at risk for serious math difficulties. *Journal of Educational Psychology, 96,* 471–491.

Ter Heege, H. (1985). The Aquisition of basic multiplication skills. *Educational Studies in Mathematics, 16*(4), 375–388.

Terhart, E. (1999). Konstruktivismus und Unterricht. Gibt es einen neuen Ansatz in der Allgemeinen Didaktik? *Zeitschrift für Pädagogik, 45*(5), 629–647.

Thornton, C.A. (1990). Strategies for the basic facts. In J.N. Payne (Hrsg.), *Mathematics for the young child* (S. 132–151). Reston, VA: The National Council of Teachers of Mathematics.

Threlfall, J. (2002). Flexible Mental Calculation. *Educational Studies in Mathematics, 50*(1), 29–47.

Threlfall, J. (2009). Strategies and flexibility in mental calculation. *Zentralblatt Didaktik für Mathematik (ZDM), 41*(5), 541–555.

Thüringer Ministerium für Bildung, Wissenschaft und Kultur (2010): *Lehrplan für die Grundschule und für die Förderschule mit dem Bildungsgang Grundschule – Mathematik.* Verfügbar unter http://www.schulportal-thueringen.de/tip/resources/medien/13959?dateiname=lp_gs_Ma_2010.pdf [08.12.2014].

Torbeyns, J., De Smedt, B., Ghesquière, P. & Verschaffel, L. (2009). Acquisition and use of shortcut strategies by traditionally schooled children. *Educational Studies in Mathematics, 71*(1), 1–17.

Torbeyns, J., Verschaffel, L. & Ghesquière, P. (2005). Simple addition strategies in a first-grade class with multiple strategy instruction. *Cognition and Instruction, 23*(1), 1–21.

Torbeyns, J., Verschaffel, L., & Ghesquière, P. (2006). The development of children's adaptive expertise in the number domain 20 to 100. *Cognition and Instruction, 24,* 439–465.

Treffers, A. (1991). Didactical background of a mathematics program for primary education. In L. Streefland (Hrsg.), *Realistic mathematics education in primary school. On the occasion of the opening of the Freudenthal Institute* (S. 21–56). Utrecht: Freudenthal Institute.

Treffers, A. (1997). Angewandtes Rechnen – realistischer Unterricht in den Niederlanden. *Grundschule, 29*(3), 19–21.

Trickett, L. & Sulke, F. (1993). Fördern heißt fordern! Mathematikunterricht mit schulschwachen Kindern. *Die Grundschulzeitschrift,* (68), 35–38.

Trivett, J. V. (1977). Which Researchers Help teachers do their job? *Mathematics teaching, 87,* 39–43.

Tutz, G. (2010). Regression für Zählvariablen. In Ch. Wolf & H. Best (Hrsg.), *Handbuch der sozialwissenschaftlichen Datenanalyse* (S. 887–904). Wiesbaden: VS Verlag für Sozialwissenschaften.

Van de Walle, J. (2007). *Elementary and middle school mathematics. Teaching developmentally.* Boston: Pearson Education.

Van de Walle, J. & Watkins, K. (1993). Early development of number sense. In R. Jensen (Hrsg.), *Research ideas for the classroom early childhood mathematics.* New York: McMillan Publishing.

Van Luit, J.E.H. & Naglieri, J.A. (1999). Effectiveness of the MASTER strategy training program for teaching special children multiplication and division. *Journal of Learning Disabilities, 32*, 98–107.

Verschaffel, L., Greer, B. & DeCorte, E. (2007).Whole number concepts and operations. In F.K. Lester Jr. (Hrsg.), *Second handbook of research on mathematics teaching and learning* (S. 557–628). Charlotte: Information Age Publishing.

Verschaffel, L., Luwel, K., Torbeyns, J. & Van Dooren, W. (2009). Conceptualising, investigating and enhancing adaptive expertise in elementary mathematics education. *European Journal of Psychology of Education, 24*(3), 335–359.

von Glasersfeld, E. (1991). *Radical constructivism in mathematics education*. Dordrecht: Kluwer.

von Glasersfeld, E. (1994). Einführung in den radikalen Konstruktivismus. In P. Watzlawick (Hrsg.), *Die erfundene Wirklichkeit* (S. 16–38). München: Piper.

von Glasersfeld, E. (1996). *Radikaler Konstruktivismus. Ideen, Ergebnisse, Probleme*. Frankfurt am Main: Suhrkamp Verlag.

von Glasersfeld, E. (1997a): Kleine Geschichte des Konstruktivismus. Österreichische *Zeitschrift für Geschichtswissenschaft, 8*(1), 9–17.

von Glasersfeld, E. (1997b). *Wege des Wissens. Konstruktivistische Erkundungen durch unser Denken*. Heidelberg: Carl-Auer-Systeme.

von Hofe, R. (2001). Mathematik entdecken. *Mathematik lehren, 105*, 4–8.

Walther, G., van den Heuvel-Panhuizen, M., Granzer, D. & Köller, O. (2011). *Bildungsstandards für die Grundschule: Mathematik konkret*. Berlin: Cornelsen.

Wearne, D. & Hiebert, J. (1988). A cognitive approach to meaningful mathematics instruction: Testing a local theory using decimal numbers. *Journal for Research in Mathematics Education, 5*(19), 371–384.

Weinert, F.E. (2001). Leitsungsmessung in Schulen. Weinheim: Beltz.

Weiß, R.H. & Osterland, J. (2013). *CFT 1-R. Grundintelligenztest Skala 1. Manual*. Göttingen: Hogrefe.

Wertheimer, M. (1964). *Produktives Denken*. Frankfurt am Main: Kramer.

Whitney, H. (1973). Are we off the track in teaching mathematical concepts? In A.G. Howson (Hrsg.), *Developments in Mathematical Education. Proceedings of the Second International Congress on Mathematical Education* (S. 283–296). Cambridge: Cambridge University Press.

Winter, H. (1984a). Begriff und Bedeutung des Übens im Mathematikunterricht. *Mathematik lehren, 2*, 4–16.

Winter, H. (1984b). Entdeckendes Lernen im Mathematikunterricht. *Grundschule, 16*(4), 26–29.

Winter, H. (1987). Mathematik entdecken: neue Ansätze für den Unterricht in der Grundschule. Frankfurt am Main: Scriptor Verlag.

Winter, H. (1996). *Praxishilfe Mathematik. Didaktik im Überblick, kreatives Üben, Beispiele für die Klasse 1 bis 4*. Berlin: Cornelsen Scriptor.

Winter, H. (2016). *Entdeckendes Lernen im Mathematikunterricht. Einblicke in die Ideengeschichte und ihre Bedeutung für die Pädagogik*. Wiesbaden: Springer Spektrum.

Wittmann, E.C. (1993). Wider die Flut der „bunten Hunde" und der „grauen Päckchen": Die Konzeption des aktiv-entdeckenden Lernens und des produktiven Übens. In E.C. Wittmann & G.N. Müller (Hrsg.), *Handbuch produktiver Rechenübungen. Vom Einspluseins zum Einmaleins* (S. 157–171). Stuttgart: Klett.

Wittmann, E.C. (1995a). Aktiv-entdeckendes und soziales Lernen im Rechenunterricht – vom Kind und vom Fach aus. In G.N. Müller & E.C. Wittmann (Hrsg.), *Mit Kindern rechnen* (S. 10–41). Frankfurt am Main: Arbeitskreis Grundschule.

Wittmann, E.C. (1995b). *Grundfragen des Mathematikunterrichts.* Braunschweig: Vieweg.

Wittmann, E.C. (1997). Das Projekt „mathe 2000" – Modell für fachdidaktische Entwicklungsforschung. In E.C. Wittmann, G.N. Müller & H. Steinbring (Hrsg.), *10 Jahre „mathe 2000". Bilanz und Perspektiven* (S. 41–65). Leipzig: Klett.

Wittmann, E.C. (1998). Standard Number Representations in the Teaching of Arithmetic. *Journal für Mathematik-Didaktik, 19*(2), 149–178.

Wittmann, E.C. (2011). Vom Zählen über das „rechnende Zählen" zum „denkenden Rechnen" – mathematisch fundiert. *Grundschulzeitschrift, 248/249*, 52–55.

Wittmann, E.C. & Müller, G.N. (1990). *Handbuch produktiver Rechenübungen. Band 1: Vom Einspluseins zum Einmaleins.* Stuttgart: Klett.

Wittmann, E.C. & Müller, G.N. (1994a). *Handbuch produktiver Rechenübungen. Band 2: Vom halbschriftlichen zum schriftlichen Rechnen.* Stuttgart: Klett.

Wittmann, E.Ch. & Müller, G.N. (2007). Muster und Strukturen als fachliches Grundkonzept. In G. Walther, M. van den Heuvel-Panhuizen, D. Danzer & O. Köller (Hrsg.), *Bildungsstandards für die Grundschule: Mathematik konkret* (S. 42–65). Berlin: Cornelsen.

Wong, M. & Evans, D. (2007). Improving Basic Multiplication Fact Recall for Primary School Students. *Mathematics Education Research Journal, 19*(1), 89–106.

Wood D.K., Frank, A.R. & Wacker, D.P. (1998). Teaching multiplication facts to students with lerning disabilities. *Journal of Applied Behavior Analysis, 31*(3), 323–338.

Woodward, J. (2006). Developing automaticity in multiplication facts integrating strategy instruction with timed practice drills. *Learning Disability Quarterly, 29*(4), 269–289.

Woodward, J. & Baxter, J. (1997). The effects of an innovative approach to mathematics on academically low-achieving students in inclusive settings. *Exceptional Students, 63*, 373–388.

Yackel, E. & Cobb, P. (1996). Sociomathematical norms, argumentation, and autonomy in mathematics. *Journal for Research in Mathematics Education, 27*(4), 458–477.

Zhang, D., Xin, Y.P., Harris, K. & Ding, Y. (2014). Improving Multiplication Strategic Development in Children With Math Difficulties. *Learning Disability Quarterly, 37*(1), 15–30.

Tabellenverzeichns

Abbildungsverzeichnis

Anhang

A. Ergänzendes zur Konzeption der Studie

A.1 Übersichtsbogen Reaktionszeittestung

Reaktionszeittest E-Prime (Forschungsprojekt EmuS)

Schülercode: _____

Aufg.	Erg.	Anmerkungen

Beispielaufgaben

Aufg.	Erg.	Anmerkungen
10 · 1	10	
9 · 10	90	

Aufgabenset 1

Aufg.	Erg.	Anmerkungen
2 · 5	10	
3 · 3	9	
10 · 6	60	
9 · 7	63	
1 · 4	4	
8 · 6	48	
4 · 2	8	
8 · 7	56	
5 · 3	15	
0 · 9	0	

Aufgabenset 4

Aufg.	Erg.	Anmerkungen
7 · 4	28	
5 · 6	30	
8 · 9	72	
10 · 7	70	
6 · 6	36	
2 · 8	16	
9 · 4	36	
5 · 7	35	
8 · 8	64	

Aufgabenset 2

Aufg.	Erg.	Anmerkungen
3 · 7	21	
5 · 9	45	
10 · 4	40	
6 · 3	18	
1 · 8	8	
4 · 4	16	
2 · 3	6	
8 · 4	32	
1 · 9	9	
6 · 7	42	

Aufgabenset 5

Aufg.	Erg.	Anmerkungen
3 · 9	27	
2 · 6	12	
10 · 5	50	
9 · 9	81	
4 · 6	24	
1 · 7	7	
8 · 3	24	
5 · 4	20	
2 · 9	18	

Aufgabenset 3

Aufg.	Erg.	Anmerkungen
4 · 3	12	
10 · 8	80	
6 · 9	54	
2 · 7	14	
5 · 5	25	
1 · 6	6	
3 · 0	0	
5 · 8	40	
2 · 2	4	
7 · 7	49	

FE	Falsche Ergebniseingabe
Zeit	zu frühe **Zeit**erfassung

Abbildung 57: Übersichtsbogen der Reaktionszeittestung mit den aufgelisteten Einmaleinsaufgaben in ihrer getesteten Reihenfolge.

A.2 Leitfaden

 LUDWIG-
MAXIMILIANS-
UNIVERSITÄT
MÜNCHEN

LEHRSTUHL FÜR DIDAKTIK DER MATHEMATIK

Leitfaden – Projekt EmuS

Reaktionszeittestung

Begrüßung, Einführung		Ich habe dir heute wieder ein paar Aufgaben mitgebracht – wie bei meinem letzten Besuch. Vielleicht kannst du dich ja noch daran erinnern [Vortestung]. Heute allerdings nur Einmaleinsaufgaben. Sicherlich hast du auch schon die Kamera entdeckt. Sie ist dazu da, dass ich unser Gespräch aufnehmen kann und ich nicht alles mitschreien muss, was du mir erzählst. Ganz wichtig – es ist auch heute wieder nicht schlimm, wenn du eine Aufgabe nicht lösen kannst. Ich möchte nur schauen, was du schon alles kannst.
Reaktionszeit-testung		Dann lass uns gleich anfangen. Zunächst geht es darum, verschiedene Einmaleinsaufgaben so schnell wie möglich zu lösen. Dazu benötigen wir den Laptop, den ich mitgebracht habe.

Durchführung Reaktionszeittest (siehe Übersichtsblatt)

Abbildung 58:   Interviewleitfaden des Projektes EmuS (Teil 1).

Strategieinterview

Strategie-interview		Super, jetzt hast du schon den ersten Teil hinter dich gebracht. Jetzt möchte ich mit dir noch ein paar Einmaleinsaufgaben genauer anschauen. Ich weiß mittlerweile schon, dass du Einmaleinsaufgaben richtig schnell lösen kannst. Bei den folgenden Aufgaben ist es nicht mehr wichtig, wie schnell du die Aufgaben löst. Mich würde vielmehr interessieren, wie du die Aufgaben gelöst hast. Was du also genau gerechnet hast, um auf das Ergebnis der Aufgabe zu kommen.

1. Interview-teil
 	
(freie Strategiewahl)
	1. Aufgabenstellung
	2. Lösung des Kindes
	3. Strategieerklärung
	
	3 · 7
	9 · 4
	5 · 8
	6 · 9
	4 · 6
	8 · 7
		Ich lege dir immer eine Karte auf den Tisch – auf der Karte siehst du die Einmaleinsaufgabe, die du lösen sollst. Ich lese die Aufgabe vor und du sagst mir das Ergebnis der Aufgabe. Vielleicht kannst du mir auch erklären, wie du zum Ergebnis gelangt bist?
		
		Vor dir liegen auch noch Papier und Stift, falls du deine Rechnung notieren möchtest.
		
		[Karte auf den Tisch legen – Laut vorlesen - Kind rechnen lassen]
		
		Mögliche Fragestellungen zur Ermittlung der Vorgehensweise:
		  o *Wie bist du vorgegangen?*
		  o *Kannst du mir erklären, was genau du gerechnet hast?*
		  o *Wie kommst du darauf?*
		  o *Wie hast du gerechnet?*

		Variante 1: Kind nennt einen Rechenweg → *ggfs. Nachfragen bzgl. des Rechenweges*
		Variante 2: Kind braucht zur Aufgabenlösung relativ lang – nennt den Faktenabruf als Herangehensweise. → *Nachfragen:* *Jetzt hast du aber doch etwas Zeit gebraucht, was hast du denn gerechnet?*

Abbildung 59:   Interviewleitfaden des Projektes EmuS (Teil 2).

		Variante 3: Kind löst die Aufgabe relativ schnell – nennt den Faktenabruf als Herangehensweise. → *Nachfragen:* *Stell dir vor, dir ist die Lösung einer Aufgabe entfallen. Du kannst dich einfach nicht mehr an das Ergebnis erinnern - wie versuchst du dann die Aufgabe zu lösen?* *Hast du einen Tipp für mich, wie ich die Aufgabe lösen kann, wenn ich mich nicht mehr an das Ergebnis erinnern kann?*

2. Interview-teil	Zusatzfragen
	
	$4 \cdot 6$
	$8 \cdot 7$
		Jetzt möchte ich mit dir zusammen die beiden letzten Aufgaben, die du gerechnet hast, noch einmal genauer anschauen.
		Die Aufgabe $4 \cdot 6$ hast du folgendermaßen gelöst.
		
		[Lösung nochmals wiederholen]
		
		Kennst du denn noch andere Lösungswege für diese Aufgabe?
		
		[Gleiches Vorgehen bei der Aufgabe $8 \cdot 7$]
		
		Mögliche Fragestellungen zur Ermittlung weiterer Strategien:
		
		<u>allgemein:</u>
		  ○ *Bestimmt fällt dir noch eine andere Herangehensweise/ein anderer Lösungsweg ein, wie du die Aufgabe lösen kannst?*
		
		  ○ *Stell dir vor, dir ist die Lösung einer Aufgabe entfallen. Du kannst dich einfach nicht mehr an das Ergebnis erinnern - wie versuchst du dann die Aufgabe zu lösen?*
		
		  ○ *Kannst du diese Aufgabe vielleicht auch lösen, indem du eine andere Einmaleinsaufgabe zur Hilfe nimmst, die du bereits kennst?*

Abbildung 60:   Interviewleitfaden des Projektes EmuS (Teil 3).

		speziell: *(zur Überprüfung suk. Addition)* o *Kannst du dich vielleicht daran erinnern, wie du Einmaleinsaufgaben am Anfang (als du sie noch nicht auswendig gewusst hast) gerechnet hast?* o *Wie würdest du einem Grundschulkind, welches noch keine Einmaleinsaufgaben berechnet hat (demnach noch keine Erfahrungen zu diesem Thema hat) erklären, wie es Einmaleinsaufgaben lösen kann?*
3. Interview-teil	Große Einmaleinsaufgabe 18 · 7	Jetzt habe ich dir zum Abschluss noch eine Aufgabe mitgebracht, die du eigentlich noch gar nicht rechnen kannst, weil sie ziemlich schwer ist. Vielleicht hast du eine Idee, wie man diese Einmaleinsaufgabe lösen kann. Du brauchst die Aufgabe nicht unbedingt rechnen! **[Laut vorlesen - Kind erklären lassen]** Hast du vielleicht auch noch einen anderen Lösungsweg/ eine weitere Idee zur Lösung dieser großen Einmaleinsaufgabe?

Abbildung 61:   Interviewleitfaden des Projektes EmuS (Teil 4).

B. Ergänzende Teststatistik

B.1 Deskriptive Kennwerte und Teststatistik

Tabelle 55: Prozentualer Anteil korrekt gelöster Einmaleinsaufgaben je Aufgabentyp in Abhängigkeit vom Leistungsvermögen

Aufgaben-typen	Leistungsvermögen			Wald $\chi^2(2)$	p
	Leistungsstark (N = 48)	Durchschnittlich (N = 49)	Leistungsschwach (N = 46)		
	%	%	%		
KA (ges.)	98	97	88	17.85	< .001
KA1	99	99	91	13.70	.001
KA2	96	93	80	14.44	.001
NKA	89	78	55	87.51	< .001
0	85	87	59	12.74	.002
Gesamt	95	91	76	58.97	< .001

Tabelle 56: Durchschnittliche Lösungszeit (in Sekunden) korrekt gelöster Aufgaben je Aufgabentyp in Abhängigkeit vom Leistungsvermögen

Aufgaben-typen	Leistungsvermögen						Wald $\chi^2(2)$	p
	Leistungsstark (N = 48)		Durchschnittlich (N = 49)		Leistungsschwach (N = 46)			
	M	SD	M	SD	M	SD		
KA (ges.)	2.4	0.5	2.8	0.8	3.1	1.8	39.87	< .001
KA1	2.3	0.5	2.7	0.7	3.0	2.0	37.30	< .001
KA2	2.7	1.5	3.1	1.8	3.6	1.6	10.81	.004
NKA	5.7	2.3	7.4	2.8	11.6	9.4	18.59	< .001
0	2.0	1.3	2.1	0.6	2.3	1.1	1.83	.399
Gesamt	3.3	0.8	4.0	1.2	4.8	2.4	18.53	< .001

B.2   Post-hoc-Tests

Tabelle 57:   Paarweise Vergleiche hinsichtlich der mittleren Lösungsraten korrekt gelöster Einmaleinsaufgaben verschiedener Aufgabentypen in Abhängigkeit vom Leistungsvermögen

Aufgabentyp	Leistungsvermögen		p
KA (gesamt)	Leistungsstark	Durchschnittlich	.016
		Leistungsschwach	< .001
	Durchschnittlich	Leistungsstark	.016
		Leistungsschwach	< .001
	Leistungsschwach	Leistungsstark	< .001
		Durchschnittlich	< .001
KA1	Leistungsstark	Durchschnittlich	.881
		Leistungsschwach	< .001
	Durchschnittlich	Leistungsstark	.881
		Leistungsschwach	.002
	Leistungsschwach	Leistungsstark	< .001
		Durchschnittlich	.002
KA2	Leistungsstark	Durchschnittlich	.520
		Leistungsschwach	< .001
	Durchschnittlich	Leistungsstark	.520
		Leistungsschwach	.001
	Leistungsschwach	Leistungsstark	< .001
		Durchschnittlich	.001
NKA	Leistungsstark	Durchschnittlich	.003
		Leistungsschwach	< .001
	Durchschnittlich	Leistungsstark	.003
		Leistungsschwach	.105
	Leistungsschwach	Leistungsstark	< .001
		Durchschnittlich	.105
0	Leistungsstark	Durchschnittlich	.999
		Leistungsschwach	< .001
	Durchschnittlich	Leistungsstark	.999
		Leistungsschwach	.001
	Leistungsschwach	Leistungsstark	< .001
		Durchschnittlich	.001
Gesamt	Leistungsstark	Durchschnittlich	.390
		Leistungsschwach	< .001
	Durchschnittlich	Leistungsstark	.390
		Leistungsschwach	< .001
	Leistungsschwach	Leistungsstark	< .001
		Durchschnittlich	< .001

Tabelle 58: Paarweise Vergleiche der durchschnittlichen Lösungszeiten korrekt gelöster Aufgaben verschiedener Aufgabentypen in Abhängigkeit vom Leistungsvermögen

Aufgabentyp	Leistungsvermögen		p
KA (gesamt)	Leistungsstark	Durchschnittlich	.016
		Leistungsschwach	< .001
	Durchschnittlich	Leistungsstark	.016
		Leistungsschwach	.054
	Leistungsschwach	Leistungsstark	< .001
		Durchschnittlich	.054
KA1	Leistungsstark	Durchschnittlich	< .001
		Leistungsschwach	< .001
	Durchschnittlich	Leistungsstark	< .001
		Leistungsschwach	.131
	Leistungsschwach	Leistungsstark	< .001
		Durchschnittlich	.131
KA2	Leistungsstark	Durchschnittlich	.340
		Leistungsschwach	.004
	Durchschnittlich	Leistungsstark	.340
		Leistungsschwach	.307
	Leistungsschwach	Leistungsstark	.004
		Durchschnittlich	.307
NKA	Leistungsstark	Durchschnittlich	.010
		Leistungsschwach	< .001
	Durchschnittlich	Leistungsstark	.010
		Leistungsschwach	.019
	Leistungsschwach	Leistungsstark	< .001
		Durchschnittlich	.019
0	Leistungsstark	Durchschnittlich	.949
		Leistungsschwach	.580
	Durchschnittlich	Leistungsstark	.949
		Leistungsschwach	.689
	Leistungsschwach	Leistungsstark	.580
		Durchschnittlich	.689
Gesamt	Leistungsstark	Durchschnittlich	.008
		Leistungsschwach	< .001
	Durchschnittlich	Leistungsstark	.008
		Leistungsschwach	.105
	Leistungsschwach	Leistungsstark	< .001
		Durchschnittlich	.105

Tabelle 59: Paarweise Vergleiche des prozentualen Anteils schnell abrufbarer Einmaleinsaufgaben verschiedener Aufgabentypen in Abhängigkeit vom Leistungsvermögen

Aufgabentyp	Leistungsvermögen		p
KA (gesamt)	Leistungsstark	Durchschnittlich	1.000
		Leistungsschwach	1.000
	Durchschnittlich	Leistungsstark	1.000
		Leistungsschwach.	1.000
	Leistungsschwach	Leistungsstark	1.000
		Durchschnittlich	1.000
KA1	Leistungsstark	Durchschnittlich	1.000
		Leistungsschwach	1.000
	Durchschnittlich	Leistungsstark	1.000
		Leistungsschwach	1.000
	Leistungsschwach	Leistungsstark	1.000
		Durchschnittlich	1.000
KA2	Leistungsstark	Durchschnittlich	1.000
		Leistungsschwach	.729
	Durchschnittlich	Leistungsstark	1.000
		Leistungsschwach	1.000
	Leistungsschwach	Leistungsstark	.729
		Durchschnittlich	1.000
NKA	Leistungsstark	Durchschnittlich	1.000
		Leistungsschwach	.532
	Durchschnittlich	Leistungsstark	1.000
		Leistungsschwach	.964
	Leistungsschwach	Leistungsstark	.532
		Durchschnittlich	.964
0	Leistungsstark	Durchschnittlich	1.000
		Leistungsschwach	.204
	Durchschnittlich	Leistungsstark	1.000
		Leistungsschwach	.227
	Leistungsschwach	Leistungsstark	.204
		Durchschnittlich	.227
Gesamt	Leistungsstark	Durchschnittlich	1.000
		Leistungsschwach	1.000
	Durchschnittlich	Leistungsstark	1.000
		Leistungsschwach	1.000
	Leistungsschwach	Leistungsstark	1.000
		Durchschnittlich	1.000

Tabelle 60: Paarweise Vergleiche der Häufigkeit des Einsatzes verschiedener Herangehensweisen je Kind in Abhängigkeit vom Leistungsvermögen

Herangehensweisen	Leistungsvermögen		p
FZ	Leistungsstark	Durchschnittlich	.154
		Leistungsschwach	.888
	Durchschnittlich	Leistungsstark	.154
		Leistungsschwach	.713
	Leistungsschwach	Leistungsstark	.888
		Durchschnittlich	.713
Verk. Addition	Leistungsstark	Durchschnittlich	1.000
		Leistungsschwach	.775
	Durchschnittlich	Leistungsstark	1.000
		Leistungsschwach	1.000
	Leistungsschwach	Leistungsstark	.775
		Durchschnittlich	1.000